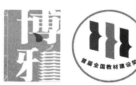

全国优秀教材二等奖

"十二五"普通高等教育本科国家级规划教材

北京高等教育经典教材

21世纪化学规划教材·基础课系列

结 构 化 学 基 础

（第 5 版）

周公度　段连运　编著

北京大学出版社

PEKING UNIVERSITY PRESS

图书在版编目(CIP)数据

结构化学基础/周公度,段连运编著. —5 版. —北京：北京大学出版社，2017.6
（21 世纪化学规划教材·基础课系列）

ISBN 978-7-301-28307-3

Ⅰ.①结…　Ⅱ.①周…　②段…　Ⅲ.①结构化学—高等学校—教材　Ⅳ.O641

中国版本图书馆 CIP 数据核字(2017)第 091344 号

书　　　　名	结构化学基础（第5版）	
	JIEGOU HUAXUE JICHU	
著作责任者	周公度　段连运　编著	
责 任 编 辑	郑月娥	
标 准 书 号	ISBN 978-7-301-28307-3	
出 版 发 行	北京大学出版社	
地　　　　址	北京市海淀区成府路 205 号　　100871	
网　　　　址	http://www.pup.cn　　新浪微博：@北京大学出版社	
电 子 邮 箱	编辑部 lk2@pup.cn　总编室 zpup@pup.cn	
电　　　　话	邮购部 62752015　发行部 62750672　编辑部 62767347	
印 刷 者	大厂回族自治县彩虹印刷有限公司	
经 销 者	新华书店	
	787 毫米×1092 毫米　16 开本　25.75 印张　650 千字	
	2002 年 7 月第 3 版　2008 年 1 月第 4 版	
	2017 年 6 月第 5 版　2024 年 7 月第 13 次印刷	
印　　　　数	549104～564103 册	
定　　　　价	69.00 元	

内 容 简 介

本书是北京大学化学学院结构化学基础课教材。全书共10章，约65万字，主要包括量子力学基础、原子的结构和性质、各类物质（双原子分子、多原子分子、配位化合物、金属、离子化合物和超分子）的结构化学、化学键理论、对称性基础、晶体的点阵结构以及研究结构的实验方法等内容。本书注重介绍结构化学的基本原理、新成就和新进展，以及作者在多年教学实践中的经验和体会。

本书第1版在1992年获国家级优秀教材奖。1995年第2版问世，共印刷了10次，印数超过5万册。2002年第3版与读者见面，5年来共印刷了14次，印数超过10万册，并于2006年获第七届全国高校出版社优秀畅销书一等奖。2008年第4版出版，共印刷了17次，印数超过30万册，并获得"十一五"和"十二五"国家级规划教材、北京高等教育经典教材等奖项。在本书第5版中，作者从学科的发展出发，并吸收了读者反馈的意见，再次对全书进行了修订。作者同时还对与该书配套使用的《习题解析》进行了修订（精选习题，修改解析内容和重画插图），使其能充分发挥它的导读作用、释疑作用和联系作用。

本书可作为综合大学和师范院校的化学专业和应用化学专业结构化学基础课的教材，也可供工科院校相关专业师生及有关科技人员使用。

第 5 版序言

回顾历史,结构化学课由我国著名化学家唐有祺、徐光宪、卢嘉锡、唐敖庆、吴征铠等老师们创立,将它定为大学化学专业本科生的一门必修基础课,和无机化学、有机化学、分析化学、物理化学并列,它与欧美大学的课程设置不同,具有我国的特色。经过半个多世纪的实践,学习过这门课程的大批毕业生,在以后的工作和学习中,普遍反映深受得益。

本书是我们两位编著者继承先辈的教导,根据长期的教学实践经验编写而成。它经过前面四个版本的写作,不断总结归纳教学的心得体会,关注和学习化学科学的发展以及广大读者反映的宝贵意见,加以增补和修订。前面四个版本的教材,每版都受到读者的欢迎,先后获得国家级优秀教材奖,成为"十五""十一五"和"十二五"国家级规划教材,第 4 版还被评为北京高等教育经典教材。每版的销售量都较前一版成倍地增加,从第 1 版算起累计已达数十万册。

随着新世纪科学的快速发展,人们对化学物质的认识水平不断提高,研究物质结构的方法也不断更新发展。结构化学和化学的各个分支学科的联系更加紧密;结构化学和物理学、生命科学、材料科学、能源科学等学科的相互依存和发展也更为密切,需要结构化学提供认识化学物质各个层次的组成、结构、性质和应用的坚实基础知识,为编写教材提出更高的要求。我们只能以勤补拙,多方请教,尽力而为。本书在深入关注基础知识的充实和提高以及介绍化学科学的新进展的同时,对下列章节作了较多修改和增补。第 1 章修订对实物粒子和光子波粒二象性异同的表述,以及隧道效应和扫描隧道显微镜的简介;第 2 章增加 f 轨道简介及元素周期表的表述;第 5 章归纳多原子分子结构的一些原理和概念;第 7 章增加倒易点阵以及准晶和液晶的结构化学;第 8 章增加钢铁和形状记忆合金的结构和性质;第 10 章加强表述氢键在生物大分子中的作用、纳米材料和软物质的结构化学,以及结构化学研究方法的新进展等。有些增补和修改内容通过本书的配套教材《结构化学基础(第 5 版)习题解析》来阐述。

衷心希望广大读者在教学和参阅时对本书中的差错和不妥之处给予指正。

周公度　段连运

2017 年 3 月于北京大学化学学院

第 4 版序言

本书第 3 版自 2002 年面世以来,5 年间已印刷了 14 次,共计发行 10 万多册。面对这种良好的销售情况,我们衷心地感谢广大读者对本书的厚爱,更倍感自己责任的重大,反复地思考和探索怎样进一步提高本书的质量,使广大读者能有更多的得益。

这次再版,我们根据读者反馈的信息、化学科学的新发展以及我们在教学中积累的经验,对全书的内容、文字、图表和习题,再次全面地进行修改。首先,对部分章节重新写作。例如,多电子原子结构和晶体学基础的论述,作了较大的改动,希望读者更易理解和学习。其次,删去一些不是很基本的内容和图表,增加一些有助于对基本原理明确理解的要点以及近年来结构化学的新进展。第三,根据学习的系统性和连贯性,对部分章节次序作了一些调整。第四,对全书半数以上的插图,重新设计和绘画,希望它们更加准确、规范和美观。

在对本书进行修订的同时,我们也认真地对和本书配套的《结构化学基础(第 4 版)习题解析》进行了修订,精选习题、修改解析内容和重画插图,使其能充分地发挥它的导读作用、释疑作用和联系作用。

本书第 4 版列入高等教育"十一五"国家级规划教材。我们认真地对照在第 3 版序言中对结构化学的教学内容和教学方法提出的"三二一"目标,希望通过这次修订,形成一本新而精的好教材,有利于读者学习掌握结构化学的内容,加强基础,扩展思维,培育创新能力。尽管我们力求精益求精,但因水平所限,书中难免存在着缺点和错误,恳请专家们和广大读者指正。

周公度　段连运

2007 年 8 月于北京大学化学学院

第 3 版序言

本书第 2 版问世已 6 年多了,在此期间先后印刷了 10 次,共计发行 5 万余册,被许多兄弟院校用作教材或教学参考书。为了进一步提高教材质量,使它更符合教学的需要,我们根据广大读者对本书的意见和建议,特别是使用本教材的兄弟院校反馈的信息,并结合化学科学的发展以及教学过程中所积累的经验和体会,对本书全面加以修订。

在教学过程中,我们和同行们一起探讨结构化学的教学内容和教学方法时,归纳出一些体会,为了便于记忆,用"三二一"3 个字表达。"三"指引导学生全面地学习微观体系三方面的内容:三种理论(量子理论、化学键理论和点阵理论),三种结构(原子结构、分子结构和晶体结构),打好三个基础(量子力学基础、对称性基础和晶体学基础)。"二"指在教学中要注意两个方法:一是用电子因素和几何因素两条主线阐明化学物质的结构、性能和应用;二是注意"精"和"新",即精细地分析典型结构,巩固基本概念和原理,以学科的新进展,启迪学生的思维。"一"指阐述结构决定性能,性能反映结构的原则,沟通结构-性能-应用的一条渠道。我们力求在这次修订中体现出这些特色。

周公度　段连运

2002 年 1 月于北京大学化学学院

第 2 版序言

本书第 1 版问世后,受到了国内学生和教师的欢迎。许多大学的化学系和应用化学系采用本书作为教材。4 年多来已印刷了 4 次,累计达 2 万册。在 1992 年国家教育委员会举办的全国优秀教材评选中,本书第 1 版获国家级优秀教材奖。马来西亚马来亚大学化学系陈晖教授将本书第 1 版译成了英文,由新加坡世界科学出版社(World Scientific Publishing Co.)于 1993 年出版。我衷心地感谢国内外同行、学者和读者对本书的关注和爱护,这是给我最大的荣誉、鼓励和鞭策。

随着近年来科学的发展和从事教学的实践,我们感到本书第 1 版的若干内容需要更新、修订和重写。我很高兴地与段连运教授一起对它做了全面的修订:删去不太重要的内容,增补新的进展,改写若干章节,每章列出参考文献(有的参考文献涉及全章内容,正文中未加编号)。希望它能够更适合于教学的要求(文中排楷体部分为参考内容)。

作者衷心地感谢北京大学化学系领导和同志们的关怀和帮助,感谢北京大学出版社领导对本书出版的支持,感谢赵学范和段晓青副编审认真细致的编辑加工。

周公度
1994 年 8 月于北京大学

第 1 版序言

本书是作者根据在北京大学化学系教授结构化学时所用的讲义以及教学心得体会编写而成的。

作者认为结构化学基础中应当包括下面两个核心内容：一是描述微观粒子运动规律的波函数，即原子轨道和分子轨道，通过轨道的相互作用了解化学键的本质；二是分子和晶体中原子的空间排布，了解分子和晶体的立体结构。这两部分内容是学生进入结构化学园地所必经的台阶。另外，为了使学生学好结构化学，要引导他们注意实验基础，注意理论和实际的联系，了解"结构决定性能，性能反映结构"的结构和性能相互联系的原则。所以在编写教材时，作者除注意正确阐述各个理论的实验依据、基本原理的正确表达外，还注意选择适当实例，沟通"结构-性能-应用"的渠道，注意基本原理和实际应用的联系，启迪学生的思维，提高解决实际问题的能力。

教学工作是一项不断继承和发展的集体事业。本书的编写出版也是集体的劳动成果。

早在 50 年代，唐有祺教授和徐光宪教授为化学系学生开设了结晶化学和物质结构两门基础课，编写了相应的教材，为本课程打下了坚实的基础。两位老师在化学系进行的教学实践和科学研究的思想、方法和成果，是作者编写本书的重要依据。

赵深、谢有畅、邵美成、桂琳琳、林炳雄、郝润蓉、徐晓杰、张婉静等同志多年来在从事结构化学课的教学工作中，积累了丰富的教学资料和教学经验。谢、邵两位同志还合编了《结构化学》。他们都为作者从事教学和本书的编写提供了重大的帮助。

在作者从事本课程的教学过程中，郭国霖、张玉芬、段连运、张泽莹、金祥林、潘佐华、杨清传、刘英骏、卜乃瑜、赵璧英、褚德莹、蔡小海、李旺荣、郭沁林、章士伟、李翠娟、徐万丽以及许多位参加教学实习的研究生和进修教师积极参加了本课程的教学工作，对改进教学、提高教学质量作出了重大的努力，不仅使教学工作顺利完成，也为本教材的编写提供了很大的帮助。特别是张玉芬和段连运两位同志，从事本课程教学工作时间较长，在本教材中有一部分习题和实习是他们编写的。

本书的出版还得到北京大学出版社孙德中和赵学范同志的关心和帮助，以及本书的责任编辑段晓青同志认真细致的编辑工作。

作者谨向上述同志们表示衷心的感谢。

在我多年的教学工作中一直得到我的导师唐有祺教授的关心和指导，本书的编写出版正是得益于此的结果。

由于作者水平所限，加以本书涉及的面很广，有些内容又非作者之所长，错误和缺点在所难免，谨请读者给予批评指正。

周公度

1987 年 8 月 2 日于北京大学

目　　录

第1章 量子力学基础知识

1.1 微观粒子的运动特征

结构化学是研究单质、化合物、试剂和材料等各种化学物质,在原子和分子水平上的微观结构、运动规律、性能和应用的科学,是化学科学的重要理论基础。

电子、原子、分子和光子等微观粒子,具有波粒二象性的运动特征,它们在一些场合显示粒性,在另一些场合又显示波性。人们对这种波粒二象性的认识是和20世纪物理学的发展密切联系的,是20世纪初期20多年自然科学发展的集中体现。1900年以前,物理学的发展处于经典物理学阶段,它主要由Newton(牛顿)力学、Maxwell(麦克斯韦)电磁场理论、Gibbs(吉布斯)热力学和Boltzmann(玻尔兹曼)统计物理学等组成。这些理论构成一个相当完善的体系,当时常见的物理现象都可以由此得到说明。但是事物总是不断向前发展的,人们的认识也是不断发展的。在经典物理学取得上述成就的同时,通过实验又发现了一些新现象,它们是经典物理学理论无法解释的。本节简要讨论黑体辐射、光电效应、电子波性等几个经典物理学无法解释的现象,以说明微观粒子的运动特征,原子光谱留待2.6节讨论。

1.1.1 黑体辐射和能量量子化

黑体是一种能全部吸收照射到它上面的各种波长辐射的物体。带有一个微孔的空心金属球,非常接近于黑体,进入金属球微孔的辐射,经过多次吸收、反射,实际上全部被吸收。当空腔受热时,空腔壁会发出辐射,极小部分通过微孔逸出。黑体是理想的吸收体,也是理想的发射体,若把几种物体加热到同一温度,黑体放出的能量最多。用棱镜把黑体发射的各种频率的辐射分开,就能在指定狭窄的频率范围内测量黑体辐射的能量。若以 E_ν 表示黑体在单位时间、单位表面积上辐射的能量,则 $E_\nu d\nu$ 表示频率在 $\nu \sim (\nu + d\nu)$ 范围内、单位时间、单位表面积上辐射的能量。以 E_ν 对 ν 作图,得能量分布曲线。图1.1.1示出不同温度下实验观测到的黑体辐射的能量分布曲线。

由图中不同温度的曲线可见,随着温度升高,同一频率的 E_ν 增大,并且其极大值向高频移动。许多物理学家曾试图用经典热力学和统计力学理论来解释此现象,其中比较好的有Rayleigh-Jeans(瑞利-金斯)。他用经典力学能量连续的概念,把分子物理学中能量按自由度均分原则用到电磁辐射上,得到辐射强度公式。和实验结果比较,它在长波长处很接近实验曲线,但在短波长处与实验显著不符。另一位是Wien(维恩),他假设辐射波长的分布类似于Maxwell 的分子

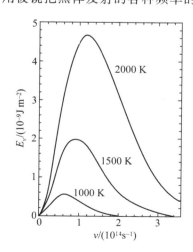

图 1.1.1 黑体在不同温度下辐射能量的分布曲线

速率分布,所得公式在短波处与实验比较接近,但长波处与实验曲线相差很大。1900 年 Planck(普朗克)在深入分析实验数据和经典力学计算结果的基础上,假定黑体中的原子或分子在辐射能量时作简谐振动,它只能发射或吸收频率为 ν、能量为 $E = h\nu$ 的整数倍的电磁能,即频率为 ν 的振子发射的能量可以等于 $0h\nu, 1h\nu, 2h\nu, \cdots, nh\nu$($n$ 为整数)等。它们出现的概率之比为:$1 : \mathrm{e}^{-h\nu/kT} : \mathrm{e}^{-2h\nu/kT} : \cdots : \mathrm{e}^{-nh\nu/kT}$。因此,频率为 ν 的振动的平均能量为

$$\frac{h\nu}{\mathrm{e}^{h\nu/kT} - 1}$$

根据统计物理学可得到单位时间、单位表面积上辐射的能量为

$$E_\nu = \frac{2\pi h\nu^3}{c^2}(\mathrm{e}^{h\nu/kT} - 1)^{-1} \tag{1.1.1}$$

用(1.1.1)式计算 E_ν,与实验观察到的黑体辐射非常吻合。式中 k 是 Boltzmann 常数[①];T 是热力学温度;c 是光速;h 称为 Planck 常数。将此式和观察到的曲线拟合,得到 h 的数值,目前测得 $h = 6.626 \times 10^{-34}$ J s。

由此可见,在定温下黑体辐射能量只与辐射频率有关。频率为 ν 的能量,其数值是不连续的,只能为 $h\nu$ 的整数倍,称为能量量子化。这一概念是和经典物理学不相容的,因为,经典物理学认为谐振子的能量由振幅决定,而振幅可连续变化,并不受限制,因此能量可连续地取任意数值,而不受量子化的限制。

Planck 能量量子化假设的提出,标志着量子理论的诞生。Planck 是在黑体辐射这个特殊场合中引进能量量子化概念的。在此后的 1900—1926 年间,能量量子化的概念逐渐被推广到所有的微观体系。

1.1.2　光电效应和光子学说

首先认识到 Planck 能量量子化假设重要性的是 Einstein(爱因斯坦),他将能量量子化的概念应用于电磁辐射,并用以解释光电效应。

光电效应是光照射在金属表面上使金属发射出电子的现象。金属中的电子从照射光获得足够的能量而逸出金属,称为光电子。1900 年前后,许多实验已经证实:

● 只有当照射光的频率 ν 超过某个最小频率 ν_0(称临阈频率)时,金属才能发射光电子;不同金属的 ν_0 值不同,大多数金属的 ν_0 值位于紫外区。

● 随着照射光强度的增加,发射的光电子数也增加,但不影响光电子的动能 E_k。

● 增加照射光的频率,光电子的动能也随之增加。

这些实验结果示于图 1.1.2 中。

根据光波的经典图像,波的能量与它的强度成正比,而与频率无关。因此,只要有足够的强度,任何频率的光都能产生光电效应,而光电子的动能将随光强的增加而增加,与光的频率无关,这些经典物理学的推测与实验事实不符。

1905 年,Einstein 提出光子学说,圆满地解释了光电效应。光子学说的内容如下:

(1) 光是一束光子流,每一种频率的光的能量都有一个最小单位,称为光子,光子的能量

---

① 有专家认为此类带有单位的"常数",应改用"常量"表示。因"量和单位"国家标准仍未作相应修改,本书仍沿用"常数"来表示。

与光子的频率成正比,即

$$E = h\nu \tag{1.1.2}$$

式中 h 为 Planck 常数, ν 为光子的频率。

(2) 光子不但有能量,而且有质量(m),但光子的静止质量为零。按相对论的质能联系定律, $E=mc^2$,光子的质量为

$$m = h\nu/c^2 \tag{1.1.3}$$

所以不同频率的光子有不同的质量。

(3) 光子具有一定的动量(p)

$$p = mc = h\nu/c = h/\lambda \tag{1.1.4}$$

光子有动量在光压实验中得到了证实。

(4) 光的强度取决于单位体积内光子的数目,即光子密度。

将频率为 ν 的光照射到金属上,当金属中的电子受到光子撞击时,产生光电效应,光子消失,并把它的能量 $h\nu$ 转移给电子。电子吸收的能量,一部分用于克服金属对它的束缚力,其余部分则变为光电子的动能。

$$h\nu = W + E_k = h\nu_0 + \frac{1}{2}mv^2 \tag{1.1.5}$$

式中 W 是电子逸出金属所需要的最低能量,称为脱出功(又称功函数),它等于 $h\nu_0$; E_k 是光电子的动能,它等于 $mv^2/2$。(1.1.5)式能解释全部实验观测结果:当 $h\nu < W$ 时,光子没有足够的能量使电子逸出金属,不发生光电效应;当 $h\nu = W$ 时,光子的频率是产生光电效应的临阈频率(ν_0);当 $h\nu > W$ 时,从金属中发射的电子具有一定的动能,它随 ν 的增加而增加,与光强无关。由图 1.1.2 可见: E_k 和 ν 呈线性关系,直线的斜率为 Planck 常数 h,直线和 ν 轴的交点 ν_0 为临阈频率,直线和 E_k 轴的交点($-W$)为脱出功 W 的负值。增加光的强度可增加光束中单位体积内的光子数,因而增加发射电子的速率。在后面 3.6 节中讨论的光电子能谱,就是利用光电效应以测定分子轨道能级的高低。

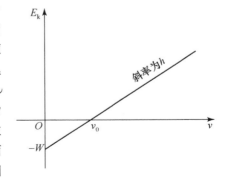

图 1.1.2　光电子的动能 E_k 和照射光频率 ν 的关系

由上可见,只有把光看成是由光子组成的光束,才能理解光电效应;而只有把光看成波,才能解释衍射和干涉现象。光表现出波粒二象性,即在一些场合其行为像粒子,在另一些场合其行为像波。粒子在空间定域,而波却不能定域。由光子模型得到的光能是量子化的,而由波动模型得到的光能却是连续的。因此,粒和波两者从表面上看是互相矛盾、互不相容的。在(1.1.2)和(1.1.4)式中, E 和 p 是粒的概念, ν 和 λ 是波的概念,彼此通过 Planck 常数 h 联系在一起。粗略地看,这两个方程本身是矛盾的,但实际上这两个方程把光具有波粒二象性的运动特征统一起来了。

关于光的本质,历史上曾以 Newton 为代表的微粒说(1680 年)和以 Huygens(惠更斯)为代表的波动说(1690 年)之争,争论结果波动说获胜。到 19 世纪 Maxwell 发展了波动说,建立了电磁波理论。1905 年 Einstein 光子学说又提出微粒说,但他的微粒说和 Newton 的微粒说本质上是不同的。光子学说和光的波动说并不矛盾。

1907 年,Einstein 把能量量子化的概念用于固体中原子的振动,证明当温度趋于 0 K 时,固体热容也趋于零。这个结论与实验结果一致,却和经典的能量均分定理不同。

1.1.3　实物微粒的波粒二象性

波粒二象性是微观粒子的基本特性,这里所指的微观粒子既包括静止质量为零的光子,也包括静止质量不为零的实物微粒,如电子、质子、原子和分子等,其运动速度 v 远小于光速 c。

1924 年 de Broglie(德布罗意)受到光的波粒二象性理论的启发,提出实物微粒也有波性的假设。他认为,在光学上,比起波动的研究方法,是过于忽略了粒子的研究方法;在实物微粒上,是否发生了相反的错误? 是不是过多地考虑了粒子的图像,而过于忽略了波的图像? 他提出实物微粒也有波性,后来称这种波为德布罗意波。

光的波粒二象性表明:光的波动性指光是电磁波,光的粒子性指光具有量子性。光在介质中以光速 c 传播时,它的二象性通过下列公式联系着:

$$\begin{cases} E = h\nu \\ m = h\nu/c^2 \\ p = h\nu/c \end{cases} \tag{1.1.6}$$

式中描述波动性的物理量是光的频率 ν;描述粒子性的物理量是光子的运动质量 m,能量 E 和动量 p。光的波性和粒性通过 Planck 常数 h 联系起来。

de Broglie 指出,静止质量为 m 的实物微粒的波粒二象性,也可按波动的频率 ν 和波长 λ 将粒子运动的动能 E,动量 p 和运动速度 v 联系起来:

$$\begin{cases} E = h\nu \\ p = h/\lambda = mv \end{cases} \tag{1.1.7}$$

对(1.1.7)式要注意波动速度的两个概念:相速度 u 和群速度 v_g。粒子的波以波函数 ψ 表示(参见 1.2.1 节),ψ 位相的运动速度为相速度 $u=\lambda/T=\lambda\nu$,式中 T 是周期。由于实物粒子波动能量由粒子概率密度函数 ψ^2 体现出来,ψ^2 的波可看作波包,它传播的位相速度要用群速度 v_g 表达,这时 ψ^2 的波动周期缩小一半,群速度 v_g 比相速度 u 快一倍,即 $v_g=2u$。

通常文献中报道实物微粒(如电子)以速度 v 运动时,粒子具有波长 λ,这时应用(1.1.7)式进行计算时,v 为群速度 v_g。粒子的动能 $E=p^2/2m$,同时

$$\lambda = h/p = h/mv \tag{1.1.8}$$

描述实物粒子和光子波粒二象性的运动规律,可分别按下述联系公式计算:

实物粒子

$$\lambda = \frac{u}{\nu} = \frac{v_g}{2\nu} \quad \begin{array}{c} \lambda \underline{\quad p = \frac{h}{\lambda} \quad} p = mv_g = mv \\ \left| \begin{array}{l} E = \dfrac{p^2}{2m} = \dfrac{1}{2} mv_g^2 \\ = \dfrac{1}{2} mv^2 \end{array} \right. \\ \nu \overline{\quad E = h\nu \quad} E \end{array}$$

光子

$$\lambda = \frac{c}{\nu} \quad \begin{array}{c} \lambda \underline{\quad p = \frac{h}{\lambda} \quad} p = mc \\ \left| \; E = pc = mc^2 \right. \\ \nu \overline{\quad E = h\nu \quad} E \end{array}$$

按上述关系可计算实物微粒运动的波长,例如以 1.0×10^6 m s^{-1} 的速度运动的电子,其德布罗意波波长为

$$\lambda = \frac{h}{mv} = \frac{6.6\times10^{-34}\,\text{J s}}{(9.1\times10^{-31}\,\text{kg})\times(1.0\times10^6\,\text{m s}^{-1})} = 7.0\times10^{-10}\,\text{m}$$

这个波长相当于分子大小的数量级,说明原子和分子中电子运动的波效应是重要的。而宏观粒子观察不到波性,例如质量为 1.0×10^{-3} kg 的宏观粒子以 1.0×10^{-2} m s^{-1} 的速度运动时,通过类似的计算得 $\lambda = 7.0 \times 10^{-29}$ m,其数值非常小,观察不到波动效应。

电子运动的波长 $\lambda = h/mv$,v 是电子运动速度,它由加速电子运动的电场电势差(V)决定,即

$$\frac{1}{2}mv^2 = eV$$

$$v = \left(\frac{2eV}{m}\right)^{1/2} \tag{1.1.9}$$

若 V 的单位是 V(伏[特]),则波长为

$$\lambda = h/mv = h/(\sqrt{2me}\sqrt{V})$$

$$= \frac{6.626 \times 10^{-34} \text{ J s}}{\sqrt{2 \times (9.110 \times 10^{-31} \text{ kg}) \times (1.602 \times 10^{-19} \text{C})}} \frac{1}{\sqrt{V}}$$

$$= 1.226 \times 10^{-9} (1/\sqrt{V}) \text{m}$$

由上式可知,若加速电压为 1000 V,则所得波长为 39 pm,波长的数量级和 X 射线相近,用普通光栅无法检验出它的波性。

1927 年,C. J. Davisson(戴维逊)和 L. H. Germer(革末)用单晶体电子衍射实验,观察到完全类似于 X 射线衍射的结果;G. P. Thomson(汤姆逊)用多晶金属箔进行电子衍射实验,得到和 X 射线多晶衍射相同的结果。这些实验证实电子运动具有波性,验证了 de Broglie 的假设。

此后,人们相继采用中子、质子、氢原子和氦原子等粒子流,也同样观察到衍射现象,充分证明了实物微粒具有波性。电子显微分析以及用电子衍射和中子衍射测定分子结构都是实物微粒波性的应用。由此可见,一切微观体系都是粒性和波性的对立统一体。$E = h\nu$,$p = h/\lambda$ 两式具体揭示了波性和粒性的内在联系,等号左边体现粒性,右边体现波性,它们彼此联系,互相渗透,构成矛盾对立的统一体。微观体系的这种波粒二象性是它们运动的本质特性。

电子等实物微粒具有波性,实物微粒波代表什么物理意义,这是许多科学家关心和研究的问题。1926 年,M. Born(玻恩)提出实物微粒波的统计解释。他认为,在空间任何一点上波的强度(即振幅的平方)和粒子出现的概率成正比。按照这种解释描述的粒子的波称为概率波。为了说明 Born 的统计解释,再分析上述电子衍射实验。人们发现,较强的电子流可以在短时间内得到电子衍射照片,但用很弱的电子流,让电子先后一个一个地到达底片,只要时间足够长,也能得同样的衍射图形。这说明,电子衍射不是电子之间相互作用的结果,而是电子本身运动所固有的规律。用很弱的电子流做衍射实验,电子一个一个地通过晶体,因为电子具有粒性,开始只能得到照相底片上的一个个点,得不到衍射图像,但电子每次到达的点并不重合在一起,经过足够长的时间,通过的电子数目足够多时,照片上就得到衍射图像,显示出波性。可见,电子的波性是和其行为的统计性联系在一起的。对大量粒子而言,衍射强度(即波的强度)大的地方,粒子出现的数目就多;衍射强度小的地方,粒子出现的数目就少。对一个粒子而言,通过晶体到达底片的位置不能准确预测。若将相同速度的粒子,在相同条件下重复做多次相同的实验,一定会在衍射强度大的地方出现的机会多,在衍射强度小的地方出现的机会少。

由上可见,实物微粒波的物理意义与机械波(水波、声波)和电磁波等不同,机械波是介质

质点的振动,电磁波是电场和磁场的振动在空间传播的波,而实物微粒波的本质正有待阐明。实物微粒波的强度反映粒子出现概率的大小,故称概率波。

实物微粒有波性,我们对其粒性的理解也应和经典物理学的概念有所不同。在经典物理学中,粒子的运动服从牛顿力学,它在一定的运动条件下有可以预测的运动轨道,一束电子在同样条件下通过晶体,每个电子都应到达底片上同一点,观察不到衍射现象。事实上,电子通过晶体时并不遵循牛顿力学,它有波性,每次到达的地方无法准确预测,只有一定的与波的强度成正比的概率分布,出现衍射现象。

由上可知,对衍射实验,一个粒子不能形成一个波,一个粒子通过晶体到达底片上,出现的是一个衍射点,而不是强度很弱的衍射图像。但是从大量微观粒子的衍射图像,可揭示出微观粒子运动的波性和这种波的统计性,这个重要的结论适用于原子或分子中电子的行为。原子和分子中的电子,其运动具有波性,其分布具有概率性。原子和分子中电子的运动可用波函数描述,而电子出现的概率密度可用电子云描述。

在经典物理学中,既没有具有粒性的波,也没有具有波性的粒子。宏观世界中总结出的概念并不完全适用于微观物体。要正确理解实物微粒的波粒二象性,必须摆脱波和粒子的经典概念的束缚,用量子力学的概念去理解。在 1925—1927 年间,不确定度关系(有的书称测不准关系)和 Schrödinger(薛定谔)方程的提出,标志着量子力学的诞生。

1.1.4　不确定度关系

宏观体系的共轭物理量(例如动量与坐标、方位角与动量矩等)可同时被准确测定。而微观体系的共轭物理量不能同时被准确测定,若其中一种物理量被测定得越精确,则其共轭物理量被测定得越不精确。微观体系的这种性质被称为不确定原理(uncertainty principle)。它是由德国物理学家 W. K. Heisenberg(海森伯)于 1927 年首先提出的。

为了说明不确定原理,先简介电子的单缝衍射。如图 1.1.3 所示,一个沿 y 方向运动的电子,通过宽度为 D 的狭缝,落在荧光屏上。通过狭缝之前,电子在 x 方向的速度 v_x 为 0。对于宏观粒子,通过狭缝后一直沿着原直线方向前进,在屏幕上显示的宽度仍为 D。而对于电子,通过狭缝后会展宽,得到衍射图,图中曲线表示荧光屏上各点的波强度。

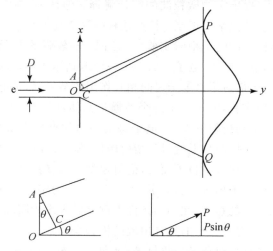

图 1.1.3　电子的单缝衍射实验示意图

各点的波强度是从狭缝不同部位发出的波互相叠加的结果。当两列波同相时,互相叠加得到更强的波;当两列波反相时,互相叠加使强度减弱。在荧光屏上显示的第一极小值(P 点和 Q 点),是从狭缝顶端(如 A 点)发出到达 P 点的波比从狭缝中部(O 点)发出的波少走半个波长,这两列波反相,恰好互相抵消。因此,出现第一衍射极小值的条件是

$$\overline{OP} - \overline{AP} = \lambda/2 = \overline{OC}$$

由于从狭缝到屏幕的距离比狭缝的宽度大得多,当 $\overline{CP} = \overline{AP}$,$\angle PAC$,$\angle PCA$,$\angle ACO$ 均接近 $90°$。这样,出现第一极小值的角度(θ)可由下式给出

$$\sin\theta = \overline{OC}/\overline{AO} = \frac{\lambda/2}{D/2} = \lambda/D$$

从电子的粒性考虑,狭缝的衍射会使电子改变运动方向,大部分电子在 $-\theta$ 到 $+\theta$ 范围内。落在屏幕上 P 点附近的电子,在狭缝处的动量 p 的 x 分量为

$$p_x = p\,\sin\theta$$

此 p_x 即为动量 p 在 x 方向的不确定度 Δp_x,所以

$$\Delta p_x = p\,\sin\theta = p\lambda/D = h/D$$

如图所示,坐标 x 的不确定度为狭缝宽度 D,即 $\Delta x = D$,故得

$$\Delta x \Delta p_x = h \tag{1.1.10}$$

这里只考虑了落在主峰范围内的一级衍射,若将二级、三级等衍射也考虑在内,则有

$$\Delta x \Delta p_x \geqslant h \quad \text{或} \quad \Delta x \Delta p_x \geqslant h/4\pi \tag{1.1.11}$$

此即不确定度关系(uncertainty relation)。它表明,微观粒子的坐标和动量不能同时被准确测定。当它的坐标确定得愈准确,其相应的动量就愈不准确,反之亦然。两个共轭物理量不确定度之积为 h 的数量级。(1.1.11)式虽然是从电子的单缝衍射实验推引出的,但它是微观领域的普遍规律。1929 年 Robertson(罗伯逊)从量子力学出发对它作了严格证明。

更一般的不确定度关系式如下:

$$\Delta Q \Delta p \geqslant h$$

式中,ΔQ 和 Δp 分别为微观粒子的广义坐标的不确定度和广义动量的不确定度。

时间 t 和能量 E 也有类似于(1.1.11)式的关系

$$\Delta E \Delta t \geqslant h/4\pi \tag{1.1.12}$$

式中 Δt 是微粒处于某一状态的时间(即平均寿命),ΔE 是该状态的能量不确定范围(即能级宽度)。

(1.1.11)式提供了判断哪些物体的运动规律可用经典力学处理,哪些物体的运动规律必须用量子力学处理的客观标准。对于宏观物体,由(1.1.11)式表明的不确定数量实在太小了,以至于对我们所讨论的实际问题不起作用,运动中的波性可忽略,Planck 常数 h 可视为零,即宏观物体同时具有确定的坐标和动量,服从经典力学规律。而对于微观物体,运动中的波性不能忽略,Planck 常数 h 不能视为零,服从量子力学规律。见习题 1.7。

在任意一时刻 t,宏观物体的坐标 x 和动量 p_x 都有确定值。$p_x = m(\mathrm{d}x/\mathrm{d}t)$,经 $\mathrm{d}t$ 时间间隔后,粒子位置变为

$$x + \mathrm{d}x = x + p_x \mathrm{d}t/m$$

因此在时间进程中,粒子沿着确定的轨道运动。而由不确定度关系可见,微观粒子的 x 和 p_x 不可能同时有确定值,正好说明它不存在确定的运动轨道,这正是具有波性的微观粒子本质上

区别于宏观物体的标志。不确定原理是微观粒子波粒二象性的客观反映,是人们对微观粒子运动规律认识的深化。不确定原理不是限制人们认识的限度,而是限制经典力学适用的范围。具有波粒二象性的微观粒子没有运动轨道,要求人们建立起能反映微观粒子特有的规律去加以研究,这就是量子力学的任务。

比较微观粒子和宏观物体的特性,可见:

(1) 宏观物体同时具有确定的坐标和动量,其运动规律可用经典物理学描述;而微观粒子没有同时确定的坐标和动量,其运动规律需用量子力学描述。

(2) 宏观物体有连续、可测的运动轨道,可追踪各个物体的运动轨迹来加以分辨;微观粒子具有概率分布的特性,不可能分辨出各个粒子的轨迹。

(3) 宏观物体可处于任意的能量状态,体系的能量可以为任意的、连续变化的数值;微观粒子只能处于某些确定的能量状态,能量的改变量不能取任意的、连续变化的数值,只能是分立的,即量子化的。

(4) 不确定原理对宏观物体无实际意义,在不确定度关系式中,Planck 常数 h 可当作 0;微观粒子遵循不确定度关系,h 不能被看作 0。所以,可以用不确定度关系式作为区分宏观物体与微观粒子的判别标准。

直径处于纳米(nm)量级的粒子,如纳米材料(见 10.7 节),常常表现出既不同于宏观物体、又不同于微观粒子的特性,称为介观粒子。

1.2 量子力学基本假设

如上节所述,微观粒子具有波粒二象性,它们的运动规律不服从经典物理学而服从量子力学。量子力学是描述微观体系运动规律的科学,它充分体现了微观粒子波性和粒性的对立统一及相互制约。量子力学的基本原理是由许多科学家,如 E. Schrödinger(薛定谔)、W. K. Heisenberg(海森伯)、M. Born(玻恩)以及 P. A. M. Dirac(狄拉克)等人,经过大量工作总结出来的,它是自然界的基本规律之一。

量子力学包含若干基本假设,从这些基本假设出发,可推导出一些重要结论,用以解释和预测许多实验事实。经过百余年实践的考验,证明作为量子力学理论基础的这些基本假设是正确的。下面介绍量子力学的基本假设以及由这些假设引出的基本原理。

1.2.1 波函数和微观粒子的状态

假设 I 对于一个微观体系,它的状态和由该状态所决定的各种物理性质可用波函数 $\Psi(x,y,z,t)$ 表示。Ψ 是体系的状态函数,是体系中所有粒子坐标的函数,也是时间的函数。

例如对一个两粒子体系,$\Psi = \Psi(x_1, y_1, z_1, x_2, y_2, z_2, t)$,其中:$x_1, y_1, z_1$ 为粒子 1 的坐标;x_2, y_2, z_2 为粒子 2 的坐标;t 是时间。波函数的名称源于这一函数采用了经典物理学中波动的数学形式,该形式可由光波推演而得:将波粒二象性关系 $E = h\nu$,$p = h/\lambda$ 代入平面单色光的波动方程 $\Psi = A\exp[i2\pi(x/\lambda - \nu t)]$,得单粒子一维运动的波函数

$$\Psi = A\exp\left[\frac{i2\pi}{h}(xp_x - Et)\right] \tag{1.2.1}$$

不含时间的波函数 $\psi(x,y,z)$ 称为定态波函数。在本书中主要讨论定态波函数,后面的 ψ

都是代表定态波函数 $\psi(x,y,z)$。

ψ 一般是复数形式：$\psi=f+\mathrm{i}g$，f 和 g 是坐标的实函数。ψ 的共轭复数为 ψ^*，其定义为 $\psi^*=f-\mathrm{i}g$。为了求 ψ^*，只需在 ψ 中出现 i 的地方都用 $-\mathrm{i}$ 代替即可。由于

$$\psi^*\psi=(f-\mathrm{i}g)(f+\mathrm{i}g)=f^2+g^2 \tag{1.2.2}$$

因此 $\psi^*\psi$ 是实数，而且是正值。为了书写方便，有时也用 ψ^2 代替 $\psi^*\psi$。

由于空间某点波的强度与波函数的平方成正比，即在该点附近找到粒子的概率正比于 $\psi^*\psi$，所以通常将用波函数 ψ 描述的波称为概率波。在原子或分子等体系中，将 ψ 称为原子轨道或分子轨道；将 $\psi^*\psi$ 称为概率密度，它就是通常所说的电子云；$\psi^*\psi\mathrm{d}\tau$ 为空间某点附近体积元 $\mathrm{d}\tau(\equiv\mathrm{d}x\mathrm{d}y\mathrm{d}z)$ 中电子出现的概率。

用量子力学处理微观体系时，要设法求出波函数 ψ 的具体形式。虽然不能把 ψ 看成物理波（如电场或磁场的波动），但 ψ 是状态的一种数学表示，能给出关于体系状态和该状态各种物理量的取值及其变化信息，对了解体系的各种性质极为重要。例如氢原子 1s 态的波函数为

$$\psi_{1s}=\frac{1}{\sqrt{\pi a_0^3}}\exp[-r/a_0]$$

这是将氢原子核放在极坐标系的原点时，描述电子运动状态的波函数。式中 r 表示电子到核的距离，$a_0=52.92\ \mathrm{pm}$（称玻尔半径）。体系处在该状态的各种物理性质，如能量、动量、角动量等可由 ψ 求得（见假设Ⅲ）。氢原子 1s 态的概率密度，即电子云的分布为

$$\psi_{1s}^2=\frac{1}{\pi a_0^3}\exp[-2r/a_0]$$

$\psi(x,y,z)$ 在空间某点的数值，可能是正值，也可能是负值或零。微粒的波性通过 ψ 的 $+$、$-$ 号反映出来，这和光波是相似的。$+$、$-$ 号涉及状态函数（如原子轨道等）的重叠。

ψ 的性质与它是奇函数还是偶函数有关：

偶函数：$\psi(x,y,z)=\psi(-x,-y,-z)$

奇函数：$\psi(x,y,z)=-\psi(-x,-y,-z)$

波函数的奇、偶性涉及微粒从一个状态跃迁至另一个状态的概率性质等。

由上可见，描述微观体系运动状态的波函数 ψ，对了解该体系的性质和运动规律是十分重要的，因为它全面地规定了体系的各种性质，而并不局限于只和某一个物理量相联系。有人认为 ψ 本身没有什么物理意义，它的物理意义要通过 ψ^2 来体现。这种理解带有局限性，只看到了 ψ^2 的性质，即只看到 ψ 性质的一个侧面。其实，ψ 和体系的各种性质都有联系，而不局限在电子云这一点上。

由于波函数 ψ 描述的波是概率波，因而它必须满足下列 3 个条件：

(1) 波函数必须是单值的，即在空间每一点 ψ 只能有一个值。

(2) 波函数必须是连续的，即 ψ 的值不出现突跃；ψ 对 x,y,z 的一阶微商也是连续函数。

(3) 波函数必须是平方可积的，即 ψ 在整个空间的积分 $\int\psi^*\psi\mathrm{d}\tau$ 为一个有限数（式中球坐标系的微体积元 $\mathrm{d}\tau=r^2\sin\theta\mathrm{d}r\mathrm{d}\theta\mathrm{d}\phi$）。通常要求波函数归一化，即

$$\int\psi^*\psi\mathrm{d}\tau=1 \tag{1.2.3}$$

符合这 3 个条件的波函数称为合格波函数或品优波函数。

1.2.2　物理量和算符

假设Ⅱ　对一个微观体系的每个可观测的物理量，都对应着一个线性自轭算符。

对某一函数进行运算操作，规定运算操作性质的符号称为算符，例如 $\dfrac{d}{dx}$，$\sin$，$\lg$ 等等。在量子力学中，为了和用波函数作为描述状态的数学工具相适应，以算符作为表示物理量的数学工具。体系的每个可观测的物理量都和一个线性自轭算符相对应。例如，微观粒子的动量和波长相关，由于波长是整个波的量，所以严格地说，"空间某一点的波长"或"微观粒子在空间某点的动量"都是没有意义的。为了计算该状态的平均动量，需要引进动量算符。

设物理量为 A，相应的算符为 $\hat{A}$，若满足下一条件

$$\hat{A}(\psi_1 + \psi_2) = \hat{A}\psi_1 + \hat{A}\psi_2 \tag{1.2.4}$$

则称 $\hat{A}$ 为线性算符。若 $\hat{A}$ 能满足

$$\int \psi_1^* \, \hat{A}\psi_1 \, d\tau = \int \psi_1 (\hat{A}\psi_1)^* \, d\tau$$

或

$$\int \psi_1^* \, \hat{A}\psi_2 \, d\tau = \int \psi_2 (\hat{A}\psi_1)^* \, d\tau \tag{1.2.5}$$

则称 $\hat{A}$ 为自轭算符，又称厄米算符（Hermitian operator）。

例如，$\hat{A} = i\dfrac{d}{dx}$，$\psi_1 = \exp[ix]$，$\psi_1^* = \exp[-ix]$，则

$$\int \exp[-ix]\left(i\frac{d}{dx}\right)\exp[ix]dx = \int \exp[ix]\left\{\left(i\frac{d}{dx}\right)\exp[ix]\right\}^* dx = -x$$

量子力学需要用线性自轭算符，是为了使和算符对应的本征值能为实数（见假设Ⅲ）。若干物理量对应的算符列于表 1.2.1 中。

表 1.2.1　若干物理量及其算符

物　理　量		算　　　符
位置	x	$\hat{x} = x$
动量的 x 轴分量	p_x	$\hat{p}_x = -\dfrac{ih}{2\pi}\dfrac{\partial}{\partial x}$
角动量的 z 轴分量	$M_z = xp_y - yp_x$	$\hat{M}_z = -\dfrac{ih}{2\pi}\left(x\dfrac{\partial}{\partial y} - y\dfrac{\partial}{\partial x}\right)$
动能	$T = p^2/2m$	$\hat{T} = -\dfrac{h^2}{8\pi^2 m}\left(\dfrac{\partial^2}{\partial x^2} + \dfrac{\partial^2}{\partial y^2} + \dfrac{\partial^2}{\partial z^2}\right) = -\dfrac{h^2}{8\pi^2 m}\nabla^2$
势能	V	$\hat{V} = V$
总能	$E = T + V$	$\hat{H} = -\dfrac{h^2}{8\pi^2 m}\nabla^2 + V$

表 1.2.1 所列的算符中，动量的 x 轴分量 p_x 所对应的算符 $\hat{p}_x$ 至关重要，其来源可从下面的推演过程理解，但注意这种推演只是说明假设是怎样提出来的，而不是一种严格的证明。将 (1.2.1) 式

$$\Psi = A\exp\left[\frac{i2\pi}{h}(xp_x - Et)\right]$$

对 x 微分, 得

$$\frac{\partial \Psi}{\partial x} = A \exp\left[\frac{\mathrm{i}2\pi}{h}(xp_x - Et)\right]\frac{\mathrm{d}}{\mathrm{d}x}\left[\frac{\mathrm{i}2\pi}{h}(xp_x - Et)\right] = \frac{\mathrm{i}2\pi}{h}p_x\Psi$$

可见

$$p_x\Psi = -\frac{\mathrm{i}h}{2\pi}\frac{\partial \Psi}{\partial x}$$

$$\hat{p}_x = -\frac{\mathrm{i}h}{2\pi}\frac{\partial}{\partial x} \tag{1.2.6}$$

动量沿 y 轴和 z 轴的分量 p_y, p_z, 角动量沿 z 轴的分量 M_z, 动能 T 等的算符形式即可根据 (1.2.6) 式推演得到。角动量在球极坐标中的分量及角动量平方的算符见 2.1.1 节。

为了获得相应物理量的算符, 首先是为该物理量写出包含坐标 q (即 x, y, z) 和动量沿坐标 q 的分量 p_q 的经典表达式, 然后以

$$\hat{q} = q, \quad \hat{p}_q = -\frac{\mathrm{i}h}{2\pi}\frac{\partial}{\partial q}$$

代入, 整理、化简即得。

算符和波函数的关系是一种数学关系, 通过算符的运算可获得有关微观体系的各种信息。实践证明, 利用算符和波函数能正确地描述微观体系的状态和性质。

1.2.3   本征态、本征值和 Schrödinger 方程

假设 Ⅲ   若某一物理量 A 的算符 $\hat{A}$ 作用于某一状态函数 ψ 等于某一常数 a 乘以 ψ, 即

$$\hat{A}\psi = a\psi \tag{1.2.7}$$

那么对 ψ 所描述的微观状态, 物理量 A 具有确定的数值 a。a 称为物理量算符 $\hat{A}$ 的本征值, ψ 称为 $\hat{A}$ 的本征态或本征波函数, (1.2.7) 式称为 $\hat{A}$ 的本征方程。

这一假设把量子力学数学表达式的计算值与实验测量值沟通起来。当 ψ 是 $\hat{A}$ 的本征态, 在这个状态下, 实验测定的数值将与 $\hat{A}$ 的本征值 a 对应。例如, 欲知一个原子可能的能量数值, 只需将能量算符作用于该状态的原子波函数 ψ, 求出能量算符的本征值, 此值应与实验测得的该状态的能量数值一致。

1.   自轭算符的第一项重要性质

自轭算符的本征值一定为实数, 这和本征值的物理意义是相适应的, 这是自轭算符的第一项重要性质。现证明如下。

将 (1.2.7) 式两边取共轭

$$\hat{A}^*\psi^* = a^*\psi^* \tag{1.2.8}$$

由 (1.2.7), (1.2.8) 两式, 可得

$$\int \psi^*(\hat{A}\psi)\mathrm{d}\tau = a\int \psi^*\psi\mathrm{d}\tau$$

$$\int \psi(\hat{A}^*\psi^*)\mathrm{d}\tau = a^*\int \psi\psi^*\mathrm{d}\tau$$

根据 (1.2.5) 式, 得

$$\int \psi^* (\hat{A}\psi)\,\mathrm{d}\tau = \int \psi(\hat{A}^* \psi^*)\,\mathrm{d}\tau$$

故

$$a \int \psi^* \psi\,\mathrm{d}\tau = a^* \int \psi\psi^*\,\mathrm{d}\tau$$

$$a = a^*$$

即 a 为实数。

一个保守体系的总能量 E 在经典物理学中用 Hamilton(哈密顿)函数 H 表示,即

$$H = T + V = \frac{1}{2m}(p_x^2 + p_y^2 + p_z^2) + V$$

将算符形式代入,得 Hamilton 算符 $\hat{H}$

$$\hat{H} = -\frac{h^2}{8\pi^2 m}\left(\frac{\partial^2}{\partial x^2} + \frac{\partial^2}{\partial y^2} + \frac{\partial^2}{\partial z^2}\right) + \hat{V} = -\frac{h^2}{8\pi^2 m}\nabla^2 + \hat{V} \tag{1.2.9}$$

式中 $\nabla^2 = \left(\dfrac{\partial^2}{\partial x^2} + \dfrac{\partial^2}{\partial y^2} + \dfrac{\partial^2}{\partial z^2}\right)$,称为 Laplace 算符(读作 del 平方)。

将总能量算符代入(1.2.7)式,得到

$$\hat{H}\psi = E\psi$$

$$\left(-\frac{h^2}{8\pi^2 m}\nabla^2 + \hat{V}\right)\psi = E\psi \tag{1.2.10}$$

(1.2.10)式即为 Schrödinger 方程,它是决定体系能量算符的本征值和本征函数的方程,是量子力学中的一个基本方程,式中 ψ 不含时间。这种本征态给出的概率密度不随时间而改变,称为定态。这个本征态对应的本征值,就是该状态的能量。

含时间的 Schrödinger 方程为

$$\hat{H}\Psi = \frac{\mathrm{i}h}{2\pi}\frac{\partial}{\partial t}\Psi \tag{1.2.11}$$

或

$$\left(-\frac{h^2}{8\pi^2 m}\nabla^2 + \hat{V}\right)\Psi = \frac{\mathrm{i}h}{2\pi}\frac{\partial}{\partial t}\Psi \tag{1.2.12}$$

2. 自轭算符的第二项重要性质

对一个微观体系,自轭算符 $\hat{A}$ 给出的本征函数 $\psi_1, \psi_2, \psi_3, \cdots$ 形成一个正交性和归一性的函数组。这是自轭算符的第二项重要性质,现证明如下。

(1) 归一性　是指粒子在整个空间出现的概率为 1,即

$$\int \psi_i^* \psi_i\,\mathrm{d}\tau = 1 \tag{1.2.13}$$

(2) 正交性　是指

$$\int \psi_i^* \psi_j\,\mathrm{d}\tau = 0 \qquad (i \neq j) \tag{1.2.14}$$

设有　　　　　　　$\hat{A}\psi_i = a_i\psi_i, \qquad \hat{A}\psi_j = a_j\psi_j \qquad (a_i \neq a_j)$

当取前式复共轭时,得

$$(\hat{A}\psi_i)^* = a_i^* \psi_i^* = a_i\psi_i^*$$

由于　　　　　　　$\int \psi_i^* \hat{A}\psi_j\,\mathrm{d}\tau = a_j \int \psi_i^* \psi_j\,\mathrm{d}\tau$

而

$$\int (\hat{A}\psi_i)^* \psi_j \mathrm{d}\tau = a_i \int \psi_i^* \psi_j \mathrm{d}\tau$$

按(1.2.5)式自轭算符定义,上两式左边应相等,故

$$(a_i - a_j) \int \psi_i^* \psi_j \mathrm{d}\tau = 0$$

因 $a_i \neq a_j$,故

$$\int \psi_i^* \psi_j \mathrm{d}\tau = 0$$

本征函数组的正交性是由它们的对称性决定的。例如作氢原子的 ψ_{1s} 和 ψ_{2p_x} 图形,由图中 ψ 的正负号即可看出 $\int \psi_{1s}\psi_{2p_x} \mathrm{d}\tau = 0$,注意这里是对整个波函数分布空间的积分。

本征函数组 $\psi_1, \psi_2, \psi_3, \cdots$ 间的正交归一的关系,文献中常用 δ_{ij}[δ_{ij} 称为 Kronecker(克罗内克)delta]表示如下:

$$\int \psi_i^* \psi_j \mathrm{d}\tau = \int \psi_j^* \psi_i \mathrm{d}\tau = \delta_{ij}$$

$$\delta_{ij} = \begin{cases} 0, & \text{当 } i \neq j \\ 1, & \text{当 } i = j \end{cases} \tag{1.2.15}$$

一个原子中电子所处的状态,可用一个函数组(或称原子轨道) $\psi_1, \psi_2, \psi_3, \cdots$ 描述,各个函数间的正交性和归一性对了解原子的结构和性质有重大意义。

1.2.4 态叠加原理

假设 Ⅳ 若 $\psi_1, \psi_2, \cdots, \psi_n$ 为某一微观体系的可能状态,则由它们线性组合所得的 ψ 也是该体系可能存在的状态。

$$\psi = c_1\psi_1 + c_2\psi_2 + \cdots + c_n\psi_n = \sum_i c_i\psi_i \tag{1.2.16}$$

式中 $c_1, c_2, \cdots, c_n$ 为任意常数,称为线性组合系数。

例如原子中的电子可能以 s 轨道存在,也可能以 p 轨道存在,将 s 轨道和 p 轨道进行线性组合,所得的杂化轨道(sp,sp^2,sp^3 等)也是该电子可能存在的状态。

系数 $c_1, c_2, \cdots, c_n$ 等数值的大小,反映 ψ_i 对 ψ 的贡献:c_i 大,相应 ψ_i 的贡献大;c_i^2 表示 ψ_i 在 ψ 中所占的百分数。可由 c_i 值求出和力学量 A 对应的平均值 $\langle a \rangle$。

1. 本征态的物理量的平均值

设与 $\psi_1, \psi_2, \cdots, \psi_n$ 对应的本征值分别为 $a_1, a_2, \cdots, a_n$,当体系处于状态 ψ 并且 ψ 已归一化时,物理量 A 的平均值

$$\langle a \rangle = \int \psi^* \hat{A}\psi \mathrm{d}\tau = \int \left(\sum_i c_i^* \psi_i^* \right) \hat{A} \left(\sum_i c_i\psi_i \right) \mathrm{d}\tau = \sum_i |c_i|^2 a_i \tag{1.2.17}$$

体系在状态 ψ 时,物理量 A 的平均值 $\langle a \rangle$ 和实验测定值相对应,从而将体系的量子力学数学表达与实验测量沟通起来。

2. 非本征态的物理量的平均值

若状态函数 ψ 不是物理量 A 的算符 $\hat{A}$ 的本征态,当体系处于这个状态时,$\hat{A}\psi \neq a\psi$,这时可用积分计算其平均值

$$\langle a \rangle = \int \psi^* \hat{A}\psi \mathrm{d}\tau \tag{1.2.18}$$

例如氢原子基态波函数为 ψ_{1s}，其半径 (r) 和势能 $\left(-\dfrac{e^2}{4\pi\varepsilon_0 r}\right)$ 等均没有确定的数值，不是一个常数，但可以从 (1.2.18) 式求出平均半径 $\langle r\rangle$ 和平均势能 $\left\langle-\dfrac{e^2}{4\pi\varepsilon_0 r}\right\rangle$。

在化学中，态叠加原理可用于原子轨道的杂化、分子轨道的形成以及共振结构理论等。

1.2.5　Pauli(泡利)原理

假设 V　在同一原子轨道或分子轨道上，最多只能容纳两个电子，这两个电子的自旋状态必须相反。或者说，两个自旋相同的电子不能占据同一轨道。

这一假设在量子力学中通常表达为：描述多电子体系轨道运动和自旋运动的全波函数，对任意两电子的全部坐标（空间坐标和自旋坐标）进行交换，一定得反对称的波函数。

许多实验现象都证明电子除轨道运动外还有其他运动，例如光谱的 Zeeman(塞曼)效应(Zeeman 效应是在磁场中观察到光谱谱线出现分裂的现象，1896 年由 Zeeman 发现)，Stern(施特恩)和 Gerlach(革拉赫)的实验(1921 年他们发现，将银、锂、氢等原子束经过一个不均匀磁场后，原子束分裂成两束)以及光谱的精细结构等。1925 年，G. Uhlenbeck(乌仑贝克)和 S. Goudsmit(哥希密特)提出电子自旋的假设，认为电子具有不依赖于轨道运动的自旋运动，具有固有的自旋角动量和相应的自旋磁矩。描述电子运动状态的完全波函数，除了包括空间坐标 (x,y,z) 外，还应包括自旋坐标 (w)。对一个具有 n 个电子的体系，其完全波函数应为

$$\psi = \psi(x_1,y_1,z_1,w_1;\cdots;x_n,y_n,z_n,w_n) = \psi(q_1,\cdots,q_n)$$

式中 q 是广义坐标，例如 q_1 代表第 1 号电子的坐标 (x_1,y_1,z_1,w_1)。

根据微观粒子的波性，相同微粒是不可分辨的，它和宏观粒子不同：

宏观粒子　当一组粒子具有相同的质量和电量，从它们的运动轨道可以标记和辨认出各个粒子的坐标和动量，即各个粒子可以区分。

微观粒子　例如一组电子或一组光子，因它具有波粒二象性，服从不确定度关系，即便它们的质量、电量和自旋都相同，当任意两个坐标 q_1 和 q_2 相互交换，也无法观察到任何物理效应的变化，彼此不可区分。对由两个粒子组成的体系，其波函数 $\psi(q_1,q_2)$ 和交换后的波函数 $\psi(q_2,q_1)$ 具有等同结果，即

$$\psi^2(q_1,q_2) = \psi^2(q_2,q_1) \tag{1.2.19}$$

由此推得

$$\psi(q_1,q_2) = \pm\,\psi(q_2,q_1) \tag{1.2.20}$$

对称的全同粒子波函数：

$$\psi(q_1,q_2) = +\,\psi(q_2,q_1) \tag{1.2.21}$$

适用于玻色子(bosons)，如光子、π 介子、氘 $(^2\mathrm{H})$ 和 α 粒子 $(^4\mathrm{He})$，它们的自旋量子数为整数，运动行为遵循玻色-爱因斯坦(Bose-Einstein)统计规则。

反对称的全同粒子波函数：

$$\psi(q_1,q_2) = -\,\psi(q_2,q_1) \tag{1.2.22}$$

适用于费米子(fermions)，如电子、质子和中子等，它们的自旋量子数为半整数，运动行为遵循费米-狄拉克(Fermi-Dirac)统计规律。

倘若电子 1 和电子 2 具有相同的空间坐标 $(x_1=x_2,y_1=y_2,z_1=z_2)$，自旋相同 $(\omega_1=\omega_2)$，

可得

$$q_1 = q_2$$

将其代入(1.2.22)式,得

$$\psi(q_1, q_1) = -\psi(q_1, q_1)$$

移项并除以 2,得

$$\psi(q_1, q_1) = 0$$

这个结论说明,处在三维空间同一坐标位置上,两个自旋相同的电子,其存在的概率密度为零。Pauli 原理的这一结果可引申出两个常用的规则:

(1) Pauli 不相容原理——在一个多电子体系中,两个自旋相同的电子不能占据同一个轨道。也就是说,在同一原子中,两个电子的量子数不能完全相同。

(2) Pauli 排斥原理——在一个多电子体系中,自旋相同的电子尽可能分开、远离。

如前所述,量子力学的这些基本假设以及由这些假设引出的基本原理,已得到大量实验的检验,证明它们是正确的。后面将以一维势箱粒子和氢原子等体系为例,用这些假设和原理求解这些微观体系的运动状态及其性质,并由此了解量子力学解决问题的途径和方法。

1.3 箱中粒子的 Schrödinger 方程及其解

1.3.1 箱中粒子

本节以一维势箱中粒子为例,说明如何用量子力学的原理、方法和步骤来处理微观体系的运动状态及有关的物理量。

一维势箱中粒子是指一个质量为 m、在一维方向上运动的粒子,它受到如图 1.3.1 所示的势能的限制,图中横坐标表示粒子的运动范围,纵坐标为势能。

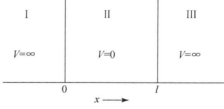

图 1.3.1 一维势箱中粒子的势能

当粒子处在 $0 \sim l$ 之间(Ⅱ区)时,势能 $V = 0$;粒子处在其他地方,势能为无穷大。

$$V = \begin{cases} 0, & 0 < x < l \\ \infty, & x \leqslant 0 \text{ 和 } x \geqslant l \end{cases}$$

这个势能把粒子限制在 x 轴上 $0 \sim l$ 的范围内运动。因而在 Ⅰ,Ⅲ 这两个区域内粒子出现的概率为 0,ψ 为 0;而在箱子内部,$V = 0$,Schrödinger 方程为

$$-\frac{h^2}{8\pi^2 m}\frac{\mathrm{d}^2\psi}{\mathrm{d}x^2} = E\psi \tag{1.3.1}$$

或

$$\frac{\mathrm{d}^2\psi}{\mathrm{d}x^2} + \frac{8\pi^2 mE}{h^2}\psi = 0$$

这是二阶齐次方程,其通解为

$$\psi = c_1 \cos\left(\frac{8\pi^2 mE}{h^2}\right)^{\frac{1}{2}} x + c_2 \sin\left(\frac{8\pi^2 mE}{h^2}\right)^{\frac{1}{2}} x \tag{1.3.2}$$

根据品优波函数的连续性和单值条件,当 $x = 0$ 时,ψ 应为 0,即 $\psi(0) = c_1\cos(0) + c_2\sin(0) = 0$。由此推出 $c_1 = 0$。当 $x = l$ 时,

$$\psi(l) = c_2 \sin\left(\frac{8\pi^2 mE}{h^2}\right)^{\frac{1}{2}} l = 0$$

由于 c_2 不能为 0（若 c_2 也为 0，则箱内 ψ 处处为 0），因而必须是

$$\sin\left(\frac{8\pi^2 mE}{h^2}\right)^{\frac{1}{2}} l = 0$$

即
$$\left(\frac{8\pi^2 mE}{h^2}\right)^{\frac{1}{2}} l = n\pi \qquad n = 1,2,3,\cdots \qquad (1.3.3)$$

n 不能为 0，因为 $n=0$ 也会使箱中 ψ 值处处为 0，失去意义。n 也不能为负值，因为 n 取负值会影响物理参数的表达，如节点数目等。由(1.3.3)式，可得

$$E = \frac{n^2 h^2}{8ml^2} \qquad (1.3.4)$$

只有按(1.3.4)式取值的 E，才能使 ψ 成为品优波函数。因此，将粒子束缚在 $0\sim l$ 之间的条件是：在 $x=0$ 和 $x=l$ 这两点上波函数 ψ 必须等于零，这称为边界条件。

将(1.3.4)式及 $c_1=0$ 代入(1.3.2)式，得

$$\psi(x) = c_2 \sin(n\pi x/l)$$

式中 c_2 的数值可由归一化条件 $\int |\psi|^2 \mathrm{d}\tau = 1$ 求出。由于箱外的 $\psi = 0$，因而 $\int_0^l |\psi|^2 \mathrm{d}x = 1$。将 ψ 值代入，根据积分公式

$$\int \sin^2 x \mathrm{d}x = \frac{1}{2}x - \frac{1}{4}\sin(2x)$$

可以得到

$$c_2^2 \int_0^l \sin^2\left(\frac{n\pi x}{l}\right)\mathrm{d}x = c_2^2\left(\frac{l}{2}\right) = 1, \qquad c_2 = (2/l)^{\frac{1}{2}}$$

所以在箱中波函数为

$$\psi_n(x) = (2/l)^{\frac{1}{2}} \sin(n\pi x/l) \qquad (1.3.5)$$

下面我们根据(1.3.4)式和(1.3.5)式，讨论由量子力学处理一维势箱中粒子所得的结果及一些基本概念，并和经典力学模型进行对比。

(1) 由(1.3.4),(1.3.5)两式，可得出一维势箱中粒子可以存在的能级的能量值及相应的波函数

$$E_1 = h^2/8ml^2, \qquad \psi_1 = (2/l)^{\frac{1}{2}} \sin(\pi x/l) \qquad (1.3.6)$$

$$E_2 = 4h^2/8ml^2, \qquad \psi_2 = (2/l)^{\frac{1}{2}} \sin(2\pi x/l) \qquad (1.3.7)$$

$$E_3 = 9h^2/8ml^2, \qquad \psi_3 = (2/l)^{\frac{1}{2}} \sin(3\pi x/l) \qquad (1.3.8)$$

$$\cdots \qquad\qquad \cdots \qquad\qquad \cdots$$

图 1.3.2 示出一维势箱中粒子的能级 E、波函数 ψ 及概率密度 $\psi^* \psi$。

(2) 根据经典物理学模型，粒子可在箱内各处运动，其能量可为零及零以上的任意数值。由于在箱内势能为零，所以粒子的能量全部是动能；粒子的速度 v 可为任意非负值，因而 $mv^2/2$ 也为任意非负值。根据量子力学模型，能量只能按(1.3.4)式取分立的数值，如图 1.3.2 所示。在量子力学中，能量是量子化的，而在经典力学中能量是连续的。

(3) 按经典力学模型，箱中粒子能量最小值为零。按量子力学模型，箱中粒子能量的最小

值为 $h^2/8ml^2$，叫作零点能。零点能的存在是不确定性原理的必然结果。能量最低的状态为基态，基态的能量即为零点能。

（4）按经典力学模型，对箱中粒子来说，箱内所有位置都是一样的。但按照量子力学模型，箱中各处粒子的概率密度是不均匀的，呈现波性，如图 1.3.2 所示。但并不是粒子本身像波一样分布。粒子在箱中没有经典的运动轨道，只是描述粒子在箱中运动状态及概率密度的函数的分布像波，并服从波动方程。

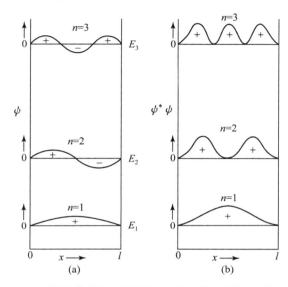

图 1.3.2　一维势箱中粒子的能级 E、波函数 ψ 及概率密度 $\psi^*\psi$

（5）箱中粒子由于呈现波性，ψ 可以为正值，可以为负值，也可以为零。$\psi=0$ 的点称为节点，其数目为 $n-1$。基态没有节点，每当量子数 n 增加 1 时，节点数目也增加 1。从经典力学角度来看，存在节点是很难想象的，很难用直观的模型合理地解释。

综上所述，由量子力学处理箱中粒子，获得有关受一定势能场束缚的粒子的共同特性：

● 粒子可以存在多种运动状态，它们可由 $\psi_1,\psi_2,\cdots,\psi_n$ 等描述；

● 能量量子化；

● 存在零点能；

● 没有经典运动轨道，只有概率分布；

● 存在节点，节点多，能量高。

上述这些微观粒子的特性，统称量子效应。随着粒子质量 m 的增大，箱子的长度 l 增长，量子效应减弱。当 m,l 增大到宏观的数量时，量子效应消失，体系变为宏观体系，其运动规律又可用经典力学描述。

根据上节叙述的量子力学假设，已知状态函数 ψ，就可用各物理量算符计算一维势箱中粒子的各种物理量：

（1）粒子在箱中的平均位置

位置的算符 $\hat{x}=x$，因为 $\hat{x}\psi_n\neq c\psi_n$，所以 $\hat{x}$ 无本征值，只能求位置的平均值 $\langle x\rangle$。

$$\langle x\rangle=\int_0^l \psi_n^* x\psi_n\,\mathrm{d}x=\frac{2}{l}\int_0^l x\sin^2\left(\frac{n\pi x}{l}\right)\mathrm{d}x=\frac{l}{2}$$

由计算结果可知,粒子的平均位置在势箱的中央,其物理意义是很明显的。

(2) 粒子的动量沿 x 轴分量 p_x

动量算符 $\hat{p}_x = -\dfrac{ih}{2\pi}\dfrac{d}{dx}$,可以验证 $\hat{p}_x\psi_n \neq c\psi_n$,表明 ψ_n 不是 $\hat{p}_x$ 的本征函数,c 不是 $\hat{p}_x$ 的本征值,这时只能求粒子在箱中的平均动量 $\langle p_x \rangle$。

$$\langle p_x \rangle = \int_0^l \psi_n^* \hat{p}_x \psi_n \, dx = -\frac{2}{l}\int_0^l \sin\left(\frac{n\pi x}{l}\right)\frac{ih}{2\pi}\frac{d}{dx}\sin\left(\frac{n\pi x}{l}\right)dx = 0$$

由于箱中粒子正向运动倾向和逆向运动倾向应当相等,因此平均动量应当为零。

(3) 粒子的动量平方 p_x^2 值

p_x^2 的算符 $\hat{p}_x^2 = -\dfrac{h^2}{4\pi^2}\dfrac{d^2}{dx^2}$,这是一个具有本征值的算符。

$$\hat{p}_x^2\psi_n = -\frac{h^2}{4\pi^2}\frac{d^2}{dx^2}\left[\sqrt{\frac{2}{l}}\sin\left(\frac{n\pi x}{l}\right)\right] = \frac{n^2h^2}{4l^2}\psi_n$$

由计算结果可见,箱中粒子的 p_x^2 有确定的数值:$n^2h^2/4l^2$。根据假设,箱中粒子的势能 $V=0$,其总能量即等于它的动能

$$E = \frac{1}{2}mv_x^2 = \frac{1}{2m}p_x^2 = \frac{n^2h^2}{8ml^2}$$

这与(1.3.4)式是完全一致的。

许多实际体系的性质可近似用一维势箱模型来理解。线形共轭分子中的 π 电子的行为,用一维势箱模型处理,可对共轭效应的微观结构根源深入理解。

【例 1.3.1】　丁二烯的离域效应

丁二烯有 4 个碳原子,每个碳原子以 sp^2 杂化轨道成 3 个 σ 键后,尚余 1 个 p_z 轨道和 1 个 π 电子。假定有两种情况:(a) 4 个 π 电子形成两个定域 π 键;(b) 4 个 π 电子形成 π_4^4 离域 π 键。设相邻碳原子间距离均为 l,按一维势箱中粒子模型,(a) 和 (b) 中 π 电子的能级及电子充填情况可进行估算,其结果如图 1.3.3 所示。

$$E_{(a)} = \frac{2 \times 2h^2}{8ml^2} = 4E_1, \quad E_{(b)} = \frac{2h^2 + 2 \times 2^2 h^2}{8m(3l)^2} = \frac{10}{9}E_1$$

共轭分子 (b) 中离域效应使体系 π 电子的能量比定域双键分子 (a) 中电子的能量低,所以离域效应扩大了 π 电子的活动范围,即增加一维势箱的长度使分子能量降低,稳定性增加。离域效应降低的是分子的动能,分子中电子能否发生离域效应,需视体系的实际情况而定。

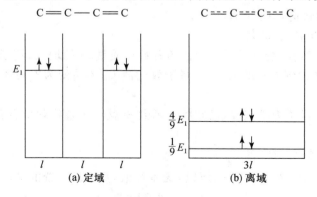

图 1.3.3　丁二烯分子中 π 电子的能级

【例 1.3.2】　花菁染料的吸收光谱

通式为 $R_2\overset{\cdots}{N}$—(CH=CH—)$_r$CH=$\overset{+}{N}R_2$ 的花菁染料(一价正离子),其 π 电子能级近似于一维势箱体系的能级。势箱长度 l 可以根据分子结构近似计算。从分子结构可知,r 个烯基贡献 $2r$ 个 π 电子,再加上 N 原子的孤对电子和次甲基双键的 2 个 π 电子,总计 $2r+4$ 个 π 电子。在基态时,这些电子占据 $r+2$ 个分子轨道;当吸收适当波长的光时,可发生电子从最高占据轨道($r+2$)到最低空轨道($r+3$)的跃迁。这一跃迁所吸收的光的频率为

$$\nu=\frac{\Delta E}{h}=\frac{h\left[(r+3)^2-(r+2)^2\right]}{8ml^2}=\frac{h(2r+5)}{8ml^2}$$

波长为

$$\lambda=\frac{c}{\nu}=\frac{8ml^2c}{h(2r+5)}=\frac{3.30l^2}{2r+5}$$

烯基发色团(—CH=CH—)的平均长度为 248 pm,势箱两端共向外延伸 565 pm(根据实验结果拟合),势箱总长 $l=(248r+565)$ pm。将这些数据代入上式,得

$$\lambda=\frac{3.30(248r+565)^2}{2r+5}\text{pm}$$

现将花菁染料 Me_2N—(CH=CH—)$_r$CH=$\overset{+}{N}Me_2$ 跃迁时吸收的光的波长的计算值与实验值列于表 1.3.1 中。由表中数据可见,计算值和实验值符合得较好。

表 1.3.1　花菁染料 Me_2N—(CH=CH—)$_r$CH=$\overset{+}{N}Me_2$ 的吸收光谱

r	λ_{max}(计算值)/nm	λ_{max}(实验值)/nm
1	311.6	309.0
2	412.8	409.0
3	514.0	511.0

从一维势箱中粒子的实例可见,用量子力学处理微观体系的一般步骤是:

(1) 根据体系的物理条件,写出它的势能函数,进一步写出 $\hat{H}$ 算符及 Schrödinger 方程。

(2) 解 Schrödinger 方程,根据合格条件求得 ψ 和 E。

(3) 描绘 ψ,ψ^2 等的图形,讨论它们的分布特点。

(4) 由所得的 ψ,求各个对应状态的各种物理量的数值,了解体系的性质。

(5) 联系实际问题,对所得结果加以应用。

将一维势箱中粒子扩充到长、宽、高分别为 a,b,c 的三维势箱,其 Schrödinger 方程为

$$-\frac{h^2}{8\pi^2m}\left(\frac{\partial^2}{\partial x^2}+\frac{\partial^2}{\partial y^2}+\frac{\partial^2}{\partial z^2}\right)\psi=E\psi \tag{1.3.9}$$

假定 $\psi=\psi_x(x)\psi_y(y)\psi_z(z)$,用类似方法可得

$$\psi=\left(\frac{8}{abc}\right)^{\frac{1}{2}}\sin\left(\frac{n_x\pi x}{a}\right)\sin\left(\frac{n_y\pi y}{b}\right)\sin\left(\frac{n_z\pi z}{c}\right) \tag{1.3.10}$$

$$E=\frac{h^2}{8m}\left(\frac{n_x^2}{a^2}+\frac{n_y^2}{b^2}+\frac{n_z^2}{c^2}\right) \tag{1.3.11}$$

式中量子数(整数)n_x,n_y,n_z 均等于 $1,2,3,\cdots$。

对于 $a＝b＝c$ 的三维势箱,(1.3.11)式变为

$$E=\frac{h^2}{8ma^2}(n_x^2+n_y^2+n_z^2)\tag{1.3.12}$$

有时,量子数 n_x,n_y,n_z 不同的状态,具有相同的平方和数值,例如,量子数分别为 2,2,3 和 3,2,2 的两个状态,平方和均为 17,这时体系在这两个状态的能量数值相同。这种能量相同的各个状态,称为体系的简并态,体系的这种性质称为简并性。简并态的数目称为简并度。

1.3.2　隧道效应和扫描隧道显微镜

用量子力学方法处理箱中粒子体系时,假定在箱外粒子出现的概率为 $0,\phi＝0$。但是由于不确定度关系的制约和粒子运动的波性,当箱壁势垒不为无限大时,若概率密度在箱壁内侧有非零值,在箱壁势垒中概率密度就不能简单地为零,而是从其箱内边界值按指数向零衰减。此时在箱外发现粒子的概率不为零,意味着粒子能穿透势垒跑出箱子,此即隧道效应。隧道效应涉及许多物理现象,有重要的应用,如扫描隧道显微镜。

20 世纪 80 年代,G. Binning 和 H. Rohrer 等基于上述电子通过超高真空势垒的隧道效应,发明了扫描隧道显微镜(scanning tunneling microscope,STM),图 1.3.4 简单地示意它的装置。上部探针和下部样品均处在超高真空的环境之中,探针尖端非常细小,尺寸在纳米量级,在针尖金属中离域电子的波函数伸入超高真空势垒,波函数呈指数衰减,阻止电子前进到下部样品表面。但当针尖逐渐接近表面,约几个纳米以下时,针尖上电子的波函数和样品的电子波函数互相叠加,通过外加电压(V)的作用,电子通过超高真空势垒,形成微弱的电流(I_t),即出现隧道效应。隧道电流 I_t 和针尖与样品表面的距离 x 呈指数函数的关系,如下式所示:

$$I_t = V\exp[-4\pi(2m\psi)^{1/2}x/h]\tag{1.3.13}$$

式中 m 是电子的质量,ψ 是样品表面电子的波函数,h 是 Planck 常数。控制 V 值,将针尖在样品表面移动扫描,得不同大小的 I_t 值。它测得表面电子态密度分布,反映样品表面原子的大小、形状和排列情况,即"看见"了原子。STM 的放大倍数可达千万倍,成为人们直接认识原子的工具。

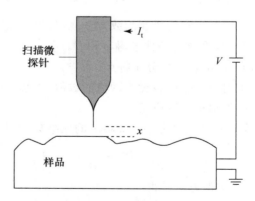

图 1.3.4　扫描隧道显微镜原理示意图

在 STM 的基础上,为了解决绝缘体表面的结构成像以及利用隧道电流破坏样品的化学键,移动和操纵分子碎片,按所需的方式重新结合等的需要,相继发明了多种新型扫描探针显微镜,如原子力显微镜(atomic force microscope,AFM)、静电力显微镜(EFM)、磁力显微镜

(MFM)等,统称为扫描探针显微技术(SPM),对研究表面结构、单个分子的结构和性质起了重大作用。

习　题

1.1　将锂在火焰上燃烧,放出红光,波长 $\lambda = 670.8$ nm,这是 Li 原子由电子组态 $(1s)^2(2p)^1 \rightarrow (1s)^2(2s)^1$ 跃迁时产生的,试计算该红光的频率、波数以及以 kJ mol^{-1} 为单位的能量。

1.2　实验测定金属钠的光电效应数据如下:

照射光波长 λ/nm	312.5	365.0	404.7	546.1
光电子最大动能 E_k/(10^{-19} J)	3.41	2.56	1.95	0.75

作"动能-频率"图,从图的斜率和截距计算出 Planck 常数(h)值、钠的脱出功(W)和临阈频率(ν_0)。

1.3　金属钾的临阈频率为 5.464×10^{14} s^{-1},如用它作为光电池的阴极,当用波长为 300 nm 的紫外光照射该电池时,发射的光电子的最大速度是多少?

1.4　计算下述粒子的德布罗意波的波长:

(1) 质量为 10^{-10} kg,运动速度为 0.01 m s^{-1} 的尘埃;

(2) 动能为 0.1 eV 的中子;

(3) 动能为 300 eV 的自由电子。

1.5　用透射电子显微镜摄取某化合物的选区电子衍射图,加速电压为 200 kV,计算电子加速后运动时的波长。

1.6　子弹(质量 0.01 kg,速度 1000 m s^{-1})、尘埃(质量 10^{-9} kg,速度 10 m s^{-1})、作布朗运动的花粉(质量 10^{-13} kg,速度 1 m s^{-1})、原子中电子(速度 1000 m s^{-1})等,其速度的不确定度均为原速度的 10%。判断在确定这些质点位置时,不确定度关系是否有实际意义?

1.7　电视机显像管中运动的电子,假定加速电压为 1000 V,电子运动速度的不确定度 Δv 为 v 的 10%,判断电子的波性对荧光屏上成像有无影响?

1.8　试阐述相速度(u)和群速度(v_g)所表达的波的物理意义和图像,用波函数(ψ)和概率密度函数(ψ^2)的图像说明它们的差别。

1.9　根据不确定度关系

(1) 将下列微粒按最小速度的不确定度 Δv_{min} 增加的顺序排列起来:(a) H_2 分子中的电子,(b) H_2 中的 H 原子,(c) C 原子核中的质子,(d) 纳米管中的 H_2 分子,(e) 5 m 宽箱中的 O_2 分子。

(2) 计算(a)和(e)中粒子的 Δv_{min}。

1.10　$\psi = x e^{-ax^2}$ 是算符 $\left(\dfrac{d^2}{dx^2} - 4a^2 x^2 \right)$ 的本征函数,求其本征值。

1.11　下列函数中,哪几个是算符 $\dfrac{d^2}{dx^2}$ 的本征函数? 若是,求出其本征值。

$$e^x, \sin x, 2\cos x, x^3, \sin x + \cos x$$

1.12　$e^{im\phi}$ 和 $\cos m\phi$ 对算符 $i\dfrac{d}{d\phi}$ 是否为本征函数? 若是,求出其本征值。

1.13　证明在一维势箱中运动的粒子的各个波函数互相正交。

1.14　已知一维势箱中粒子的归一化波函数为

$$\psi_n(x) = \sqrt{\frac{2}{l}} \sin\left(\frac{n\pi x}{l}\right) \qquad n = 1, 2, 3, \cdots$$

式中 l 是势箱的长度，x 是粒子的坐标（$0 < x < l$）。求：(1) 粒子的能量，(2) 粒子的坐标，(3) 动量的平均值。

1.15　求一维势箱中粒子在 ψ_1 和 ψ_2 状态时，在箱中 $0.49\,l \sim 0.51\,l$ 范围内出现的概率，并与图 1.3.2(b) 相比较，讨论所得结果是否合理。

1.16　设粒子处在 $0 \sim a$ 范围内的一维无限深势阱中运动，其状态可用波函数

$$\psi(x) = \frac{4}{\sqrt{a}} \sin\left(\frac{\pi x}{a}\right)\cos^2\left(\frac{\pi x}{a}\right)$$

表示，试估算：

(1) 该粒子能量的可能测量值及相应的概率；

(2) 能量平均值。

[提示：利用三角函数展开 $\psi(x)$，再用一维势箱中粒子的归一化波函数的线性组合 $\psi = \sum c_n \psi_n$ 形式表达，由组合系数进行计算。]

1.17　链形共轭分子 $CH_2CHCHCHCHCHCHCH_2$ 在长波方向 460 nm 处出现第一个强吸收峰，试按一维势箱模型估算其长度。

1.18　一个粒子处在 $a = b = c$ 的三维势箱中，试求能级最低的前 5 个能量值 [单位为 $h^2/(8ma^2)$]，计算每个能级的简并度。

1.19　在边长为 a 和 b 的长方形二维势箱中存在质量为 m 的自由粒子，写出它的两个方向的 Schrödinger 方程、存在能级的能量值，以及总波函数和总能量。

1.20　若在下一离子中运动的 π 电子可用一维势箱近似表示其运动特征：

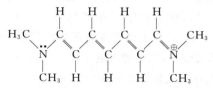

估计这一势箱的长度 $l = 1.3$ nm，根据能级公式 $E_n = n^2 h^2 / 8ml^2$ 估算 π 电子跃迁时所吸收的光的波长，并与实验值 510.0 nm 比较。

1.21　已知封闭的圆环中粒子的能级为

$$E_n = \frac{n^2 h^2}{8\pi^2 mR^2} \qquad n = 0, \pm 1, \pm 2, \pm 3, \cdots$$

式中 n 为量子数，R 是圆环的半径。若将此能级公式近似地用于苯分子中的 π_6^6 离域 π 键，取 $R = 140$ pm，试求其电子从基态跃迁到第一激发态所吸收的光的波长。

1.22　一个质量为 m 的粒子被束缚在一个长度为 l 的一维势箱中运动，其本征函数和本征能量分别为

$$\psi_n(x) = \sqrt{\frac{2}{l}} \sin\left(\frac{n\pi x}{l}\right), \quad E_n = \frac{n^2 h^2}{8ml^2} \qquad n = 1, 2, 3, \cdots$$

若该粒子的某一运动状态用下列波函数表示：

$$\phi(x) = 0.6\psi_1(x) + 0.8\psi_2(x)$$

(1) 指出该粒子处于基态和第二激发态的概率；

(2) 计算该粒子出现在 $0 \leqslant x \leqslant l/3$ 范围内的概率；

（3）对此粒子的能量作一次测量,估算可能的实验结果。

参 考 文 献

［1］ 麦松威,周公度,李伟基.高等无机结构化学.第 2 版(第 4 次印刷).北京:北京大学出版社,2014.

［2］ 徐光宪,王祥云.物质结构.第二版.北京:科学出版社,2010.

［3］ 江元生.结构化学.北京:高等教育出版社,1997.

［4］ 赖文(Levine I N).物理化学.第二版.褚德莹,李芝芬,张玉芬,译.北京:北京大学出版社,1987.

［5］ 徐光宪,黎乐民,王德民.量子化学:基本原理和从头计算法.第二版,上册.北京:科学出版社,2007.

［6］ 李炳瑞.结构化学.第 2 版.北京:高等教育出版社,2011.

［7］ 郭用猷,张冬菊,等.物质结构基本原理.第 3 版.北京:高等教育出版社,2015.

［8］ Levine I N. Quantum Chemistry. 5th ed. New Jersey:Prentice Hall,2000.

［9］ Fitts D D. Principles of Quantum Mechanics, as Applied to Chemistry and Chemical Physics. Cambridge:Cambridge University Press,1999.

［10］ Atkins P W. Quanta, A Handbook of Concepts. 2nd ed. Oxford:Oxford University Press,1991.

［11］ Zhang J Z,Wang Z L,Liu J,Chen S,Liu G Y. Self-assembled Nanostructures. New York:Kluwer Academic/Plenum Publishers,2003.

第 2 章 原子的结构和性质

化学是研究原子之间的化合和分解的科学。化学运动的物质承担者是原子,通过原子间的化合与分解而实现物质的转化。为了说明和掌握化学运动的规律,并运用它认识、改造和保护客观世界,就要从研究原子的结构及其运动规律入手。

原子是由一个原子核和若干个核外电子组成的微观体系。由于核外电子所带的负电荷可以大于、等于或小于核所带的正电荷,因而在讨论原子问题时,既包括中性原子,也包括正、负离子。

早在 19 世纪初,Dalton(道尔顿)就提出了原子学说,认为元素的最终组成者是原子;原子是不能创造、不能毁灭、不可再分、在化学变化中保持不变的质点;同一元素的原子,其形状、质量和性质都相同;原子以简单数目的比例组成化合物。Dalton 的学说对化学的发展具有重大意义,恩格斯曾给予高度评价,认为"化学中的新时代是随着原子论开始的(所以近代化学之父不是拉瓦锡,而是道尔顿)"(《自然辩证法》)。在高度评价道尔顿的原子学说的同时,恩格斯对原子不可再分的观点提出了异议,认为"原子决不能被看作简单的东西或已知的最小的实物粒子"(《自然辩证法》),指明原子应有一定结构。1897 年,Thomson(汤姆逊)发现了电子,打开了原子内部结构的大门,化学从此进入现代时期。

在认识原子结构的过程中,原子光谱及 α 粒子穿透金箔等实验提供了重要基础。1885—1910年间,Balmer(巴耳末)、Rydberg(里德伯)和其他一些学者,先后对氢原子的光谱进行归纳,得出下列经验公式:

$$\tilde{\nu} = \frac{\nu}{c} = \frac{1}{\lambda} = R\left(\frac{1}{n_1^2} - \frac{1}{n_2^2}\right) \tag{2.1}$$

式中 n_1, n_2 为正整数($n_2 > n_1$);R 为 Rydberg 常数,它的物理意义在 Bohr(玻尔)氢原子模型提出后,得到了正确的解释。1909—1911 年间,Rutherford(卢瑟福)用 α 粒子做穿透金箔的实验,证明原子不是实体球,它有一极小的核,直径仅约 10^{-15} m,原子的质量几乎全部集中在原子核上,核带正电荷,电子绕核运动,此即原子结构的"行星绕日"模型。

1913 年,Bohr 综合了 Planck 量子论、Einstein 光子学说和 Rutherford 原子模型,提出两点假设:

(1) 定态规则——原子有一系列定态,每一个定态有一相应的能量 E,电子在这些定态上绕核做圆周运动,既不放出能量,也不吸收能量,而处于稳定的状态。原子可能存在的定态受一定的限制,即电子做圆周运动的角动量 M 必须等于 $h/2\pi$ 的整数倍,此为量子化条件

$$M = nh/2\pi \qquad n = 1, 2, 3, \cdots \tag{2.2}$$

(2) 频率规则——当电子由一个定态跃迁到另一个定态时,就会吸收或发射频率为 $\nu = \Delta E/h$ 的光子,式中 ΔE 为两个定态之间的能量差。

按 Bohr 提出的氢原子模型,质量为 m 的电子稳定地绕核运动,其圆周运动的向心力与电子和核间的库仑引力数值应相等

$$mv^2/r = e^2/4\pi\varepsilon_0 r^2 \tag{2.3}$$

电子在稳定轨道上运动的能量 E,等于电子的动能和静电吸引的势能之和

$$E = \frac{1}{2}mv^2 - \frac{e^2}{4\pi\varepsilon_0 r} = -\frac{e^2}{8\pi\varepsilon_0 r} \tag{2.4}$$

同时,根据量子化条件,电子轨道运动角动量为

$$M = mvr = nh/2\pi \tag{2.5}$$

由此可推得电子绕核运动的半径

$$r = n^2 h^2 \varepsilon_0 / \pi m e^2 = n^2 a_0 \tag{2.6}$$

$$a_0 = h^2 \varepsilon_0 / \pi m e^2 \tag{2.7}$$

当 $n=1$ 时

$$r = \frac{(6.626 \times 10^{-34} \text{ J s})^2 (8.854 \times 10^{-12} \text{ J}^{-1} \text{ C}^2 \text{ m}^{-1})}{\pi (9.110 \times 10^{-31} \text{ kg})(1.602 \times 10^{-19}\text{C})^2} = 52.92 \text{ pm} = a_0 \tag{2.8}$$

a_0 称为 Bohr 半径。

对应于一定的 n,电子具有一定的能量 E_n,将(2.6)式的 r 值代入(2.4)式,得

$$E_n = -me^4/8\varepsilon_0^2 h^2 n^2 \tag{2.9}$$

当电子由能量为 E_1 的轨道跃迁到能量为 E_2 的轨道时,原子将发射($E_1 > E_2$)或吸收($E_1 < E_2$)光子,其频率 ν 满足下列关系

$$h\nu = E_2 - E_1 = h\tilde{\nu}c \tag{2.10}$$

$$\tilde{\nu} = \frac{me^4}{8ch^3\varepsilon_0^2}\left(\frac{1}{n_1^2} - \frac{1}{n_2^2}\right) \tag{2.11}$$

上式等号右边前面的常数称为 Rydberg 常数(R),即

$$R = me^4/8ch^3\varepsilon_0^2 \tag{2.12}$$

式中 c 为光速。m 若以电子的质量 m_e($= 9.10953 \times 10^{-31}$ kg)代入(这时是假定核的质量为 ∞,电子绕核运动时,核不动),按此计算的常数用 R_∞ 表示

$$R_\infty = 109737 \text{ cm}^{-1} \tag{2.13}$$

式中 m 若以氢原子的折合质量 $\mu_H[= m_e m_p/(m_e + m_p) = 9.10458 \times 10^{-31}\text{kg}]$ 代入,这时算得氢原子的 Rydberg 常数用 R_H 表示

$$R_H = 109678 \text{ cm}^{-1} \tag{2.14}$$

Bohr 当时所得的 R_H 的计算值和归纳所得的实验值符合得很好,这是 Bohr 模型的一大成就,因而 Bohr 原子结构模型曾风行一时。但是把 Bohr 模型应用到多电子原子时,即使只有 2 个电子的氦原子,计算结果也和光谱实验相差很远,说明此模型有缺点。从理论上看,Bohr 假设本身就存在矛盾:它一方面把电子运动看作服从 Newton 力学,因而像行星绕太阳那样运动;另一方面又加进角动量要量子化,能量也要量子化这两个和 Newton 力学矛盾的条件。从经典电磁理论看,Bohr 模型也是不合理的:电荷做圆周运动,就会辐射能量,发出电磁波,原子不能稳定存在。Bohr 模型的原子是个带心铁环状原子,与后来实验测定的球形原子不同。所以 Bohr 模型有很大的局限性,不能正确地表达原子的结构。究其根源是由于原子、电子等微观粒子不仅具有微粒性,而且具有波动性。这种波粒二象性是微观粒子最基本的特性,而 Bohr 模型没有涉及波性,因而不能正确地表达原子的结构。

原子、分子中的电子并无"行星绕日"式的轨道可循,也无其他方式的明确、连续、可跟踪、

可预测的轨道可循,它们只能以一定的概率分布出现在空间某一区域。在量子力学中,用波函数描述原子、分子中电子的运动状态,这样的状态函数俗称轨道,在原子中称作原子轨道,在分子中称作分子轨道,但它们都不具有经典力学中运动轨道的含义。

下面用量子力学原理和方法处理单电子原子的结构,而由处理单电子原子结构发展起来的思想为处理多电子原子的结构奠定了基础。

2.1　单电子原子的 Schrödinger 方程及其解

2.1.1　单电子原子的 Schrödinger 方程

核电荷数为 Z,核外只有一个电子的原子称为单电子原子,如 H 原子和 $\mathrm{He^+}$,$\mathrm{Li^{2+}}$ 等类氢离子。若把原子的质量中心放在坐标原点上,电子到核的距离为 r,电子的电荷为 $-e$,则势能算符即静电作用势能函数为

$$V = -\frac{Ze^2}{4\pi\varepsilon_0 r} \tag{2.1.1}$$

将该势能算符 V 代入算符 $\hat{H}$,得到单电子原子的 Schrödinger 方程

$$\left[-\frac{h^2}{8\pi^2\mu}\nabla^2 - \frac{Ze^2}{4\pi\varepsilon_0 r} \right]\psi = E\psi \tag{2.1.2}$$

式中,$\nabla^2 = \dfrac{\partial^2}{\partial x^2} + \dfrac{\partial^2}{\partial y^2} + \dfrac{\partial^2}{\partial z^2}$,为 Laplace 算符;$\mu = m_e m_N / (m_e + m_N)$,为原子的约化质量或折合质量。

上述方程的动能算符项是笛卡儿坐标形式,而势能算符项是球极坐标形式,为了便于分离变量及求解,必须统一到球极坐标系(若统一到笛卡儿坐标系,则势能算符项中的 r 无法分离变量)。为此,需将 ∇^2 变换为球极坐标形式。方法是利用复合函数链式求导法则和图 2.1.1 所示的两种坐标的关系。

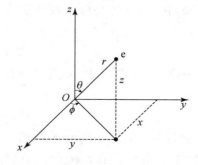

图 2.1.1　直角坐标系和球极坐标系的关系

$$\begin{cases} x = r\sin\theta\cos\phi \\ y = r\sin\theta\sin\phi \\ z = r\cos\theta \end{cases} \tag{2.1.3}$$

$$r^2 = x^2 + y^2 + z^2 \tag{2.1.4}$$

$$\cos\theta = z/(x^2 + y^2 + z^2)^{\frac{1}{2}} \tag{2.1.5}$$

$$\tan\phi = y/x \tag{2.1.6}$$

按偏微分关系

$$\frac{\partial}{\partial x} = \left(\frac{\partial r}{\partial x}\right)\frac{\partial}{\partial r} + \left(\frac{\partial\theta}{\partial x}\right)\frac{\partial}{\partial\theta} + \left(\frac{\partial\phi}{\partial x}\right)\frac{\partial}{\partial\phi} \tag{2.1.7}$$

将(2.1.4)式对 x 偏导,并按(2.1.3)式关系代入,得

$$2r\left(\frac{\partial r}{\partial x}\right) = 2x = 2r\sin\theta\cos\phi$$

$$\frac{\partial r}{\partial x} = \sin\theta\cos\phi \tag{2.1.8}$$

将(2.1.5)式和(2.1.6)式对 x 偏导,并按(2.1.3)式关系代入,可得

$$\frac{\partial\theta}{\partial x} = \frac{\cos\theta\,\cos\phi}{r} \tag{2.1.9}$$

$$\frac{\partial\phi}{\partial x} = -\frac{\sin\phi}{r\,\sin\theta} \tag{2.1.10}$$

将(2.1.8)~(2.1.10)式代入(2.1.7)式,得

$$\frac{\partial}{\partial x} = \sin\theta\,\cos\phi\,\frac{\partial}{\partial r} + \frac{\cos\theta\,\cos\phi}{r}\,\frac{\partial}{\partial\theta} - \frac{\sin\phi}{r\,\sin\theta}\,\frac{\partial}{\partial\phi} \tag{2.1.11}$$

类似,可得

$$\frac{\partial}{\partial y} = \sin\theta\,\sin\phi\,\frac{\partial}{\partial r} + \frac{\cos\theta\,\sin\phi}{r}\,\frac{\partial}{\partial\theta} + \frac{\cos\phi}{r\,\sin\theta}\,\frac{\partial}{\partial\phi} \tag{2.1.12}$$

$$\frac{\partial}{\partial z} = \cos\theta\,\frac{\partial}{\partial r} - \frac{\sin\theta}{r}\,\frac{\partial}{\partial\theta} \tag{2.1.13}$$

Laplace 算符为

$$\nabla^2 = \frac{1}{r^2}\,\frac{\partial}{\partial r}\left(r^2\,\frac{\partial}{\partial r}\right) + \frac{1}{r^2\sin\theta}\,\frac{\partial}{\partial\theta}\left(\sin\theta\,\frac{\partial}{\partial\theta}\right) + \frac{1}{r^2\sin^2\theta}\,\frac{\partial^2}{\partial\phi^2} \tag{2.1.14}$$

将 ∇^2 的球极坐标形式代入(2.1.2)式,得氢原子和类氢离子的球极坐标形式的 Schrödinger 方程

$$\frac{1}{r^2}\,\frac{\partial}{\partial r}\left(r^2\,\frac{\partial\psi}{\partial r}\right) + \frac{1}{r^2\sin\theta}\,\frac{\partial}{\partial\theta}\left(\sin\theta\,\frac{\partial\psi}{\partial\theta}\right) + \frac{1}{r^2\sin^2\theta}\,\frac{\partial^2\psi}{\partial\phi^2} + \frac{8\pi^2\mu}{h^2}\left(E + \frac{Ze^2}{4\pi\varepsilon_0 r}\right)\psi = 0 \tag{2.1.15}$$

式中 $\psi = \psi(r,\theta,\phi)$。解此偏微分方程可采用变数分离法,即把含 3 个变量的偏微分方程分解为 3 个各含 1 个变量的常微分方程来求解。

根据直角坐标 (x,y,z) 和球极坐标 (r,θ,ϕ) 之间的变换关系可推出球极坐标形式的物理量算符。例如角动量沿 z 轴分量的算符 $(\hat{M}_z$,见表 1.2.1),可由(2.1.11),(2.1.12)式推得

$$\hat{M}_z = -\left(\frac{\mathrm{i}h}{2\pi}\right)\left(x\,\frac{\partial}{\partial y} - y\,\frac{\partial}{\partial x}\right) = -\left(\frac{\mathrm{i}h}{2\pi}\right)\frac{\partial}{\partial\phi} \tag{2.1.16}$$

角动量沿 x,y 轴分量的算符 $\hat{M}_x,\hat{M}_y$ 分别为

$$\hat{M}_x = \frac{\mathrm{i}h}{2\pi}\left(\sin\phi\,\frac{\partial}{\partial\theta} + \cot\theta\,\cos\phi\,\frac{\partial}{\partial\phi}\right) \tag{2.1.17}$$

$$\hat{M}_y = \frac{\mathrm{i}h}{2\pi}\left(-\cos\phi\,\frac{\partial}{\partial\theta} + \cot\theta\,\sin\phi\,\frac{\partial}{\partial\phi}\right) \tag{2.1.18}$$

因为 $|M^2| = M_x^2 + M_y^2 + M_z^2$,角动量平方算符 $(\hat{M}^2)$ 为

$$\hat{M}^2 = -\left(\frac{h}{2\pi}\right)^2\left[\frac{1}{\sin\theta}\,\frac{\partial}{\partial\theta}\left(\sin\theta\,\frac{\partial}{\partial\theta}\right) + \frac{1}{\sin^2\theta}\,\frac{\partial^2}{\partial\phi^2}\right] \tag{2.1.19}$$

2.1.2 变数分离法

令 $\psi(r,\theta,\phi) = R(r)\Theta(\theta)\Phi(\phi)$,代入(2.1.15)式,并乘以 $\dfrac{r^2\sin^2\theta}{R\Theta\Phi}$,经微分运算,移项,可得

$$\frac{1}{\Phi}\,\frac{\mathrm{d}^2\Phi}{\mathrm{d}\phi^2} = -\frac{\sin^2\theta}{R}\,\frac{\mathrm{d}}{\mathrm{d}r}\left(r^2\,\frac{\mathrm{d}R}{\mathrm{d}r}\right) - \frac{\sin\theta}{\Theta}\,\frac{\mathrm{d}}{\mathrm{d}\theta}\left(\sin\theta\,\frac{\mathrm{d}\Theta}{\mathrm{d}\theta}\right) - \frac{8\pi^2\mu}{h^2}r^2\sin^2\theta(E-V) \tag{2.1.20}$$

因(2.1.20)式等号左边不含 r,θ,右边不含 ϕ,欲使左右两边相等,必须等于同一常数。令此常

数为 $-m^2$，则得

$$\frac{\mathrm{d}^2\Phi}{\mathrm{d}\phi^2} = -m^2\Phi \tag{2.1.21a}$$

$$\frac{1}{R}\frac{\mathrm{d}}{\mathrm{d}r}\left(r^2\frac{\mathrm{d}R}{\mathrm{d}r}\right)+\frac{8\pi^2\mu r^2}{h^2}(E-V) = \frac{m^2}{\sin^2\theta}-\frac{1}{\Theta\sin\theta}\frac{\mathrm{d}}{\mathrm{d}\theta}\left(\sin\theta\frac{\mathrm{d}\Theta}{\mathrm{d}\theta}\right) \tag{2.1.22}$$

(2.1.22)式等号左右两边所含变量不同，要相等必须等于同一常数，令这一常数为 $l(l+1)$，则得

$$-\frac{1}{\sin\theta}\frac{\mathrm{d}}{\mathrm{d}\theta}\left(\sin\theta\frac{\mathrm{d}\Theta}{\mathrm{d}\theta}\right)+\frac{m^2\Theta}{\sin^2\theta} = l(l+1)\Theta \tag{2.1.23}$$

$$\frac{1}{r^2}\frac{\mathrm{d}}{\mathrm{d}r}\left(r^2\frac{\mathrm{d}R}{\mathrm{d}r}\right)+\frac{8\pi^2\mu}{h^2}(E-V)R = l(l+1)\frac{R}{r^2} \tag{2.1.24}$$

(2.1.21a)式、(2.1.23)式和(2.1.24)式分别称为 Φ 方程、Θ 方程和 R 方程。有时令波函数 ψ 的角度部分为 $Y(\theta,\phi)$，即 $\Phi(\phi)\Theta(\theta)=Y(\theta,\phi)$。

将(2.1.15)式分解成 3 个常微分方程：R 方程、Θ 方程和 Φ 方程，用解常微分方程的办法求这 3 个方程满足品优条件的解，将它们乘在一起，便得 Schrödinger 方程的解 ψ

$$\psi(r,\theta,\phi) = R(r)\Theta(\theta)\Phi(\phi) \tag{2.1.25}$$

在解(2.1.21a)，(2.1.23)和(2.1.24)这 3 个方程时，其解都需要符合波函数所必须满足的 3 个品优条件，并从中得到对应于各个方程的量子数和能量量子化的结果。下面以解 Φ 方程为例进行讨论。

2.1.3　Φ 方程的解

将(2.1.21a)式整理，得

$$\frac{\mathrm{d}^2\Phi}{\mathrm{d}\phi^2}+m^2\Phi = 0 \tag{2.1.21b}$$

这是一个常系数二阶齐次线性方程，它有 2 个复函数形式的独立特解

$$\Phi_m = A\exp[im\phi] \qquad m = \pm|m| \tag{2.1.26}$$

常数 A 可由归一化条件 $\displaystyle\int_0^{2\pi}\Phi_m^*\Phi_m\mathrm{d}\phi = \int_0^{2\pi}A^2\exp[-im\phi]\exp[im\phi]\mathrm{d}\phi = 1$ 求出

$$A = \frac{1}{\sqrt{2\pi}}$$

$$\Phi_m = \frac{1}{\sqrt{2\pi}}\exp[im\phi] \tag{2.1.27}$$

根据波函数的品优条件，Φ_m 应是 ϕ 的单值函数。由于 ϕ 是循环坐标，在 ϕ 变化一周后，Φ_m 值应保持不变，即

$$\Phi_m(\phi) = \Phi_m(\phi+2\pi) \tag{2.1.28}$$

$$\exp[im\phi] = \exp[im(\phi+2\pi)] = \exp[im\phi]\exp[im2\pi]$$

即

$$\exp[im2\pi] = 1$$

根据 Euler 公式

$$\exp[im\phi] = \cos m\phi + i\sin m\phi$$

$$\cos m2\pi + i\,\sin m2\pi = 1$$

m 的取值必须为

$$m = 0, \pm 1, \pm 2, \cdots$$

m 的取值是量子化的,称为磁量子数。

(2.1.27)式为复数形式的 Φ 函数,对角动量沿 z 轴分量的算符 $\left(-\dfrac{ih}{2\pi}\dfrac{d}{d\phi}\right)$ 是本征函数(见习题 1.12),它对了解角动量在 z 方向上的分量具有重要的意义。但是复数不便于作图,不能用图形了解原子轨道和电子云的分布。根据态叠加原理(量子力学基本假设Ⅳ),将两个独立特解进行线性组合,仍是 Φ 方程的解。由于

$$\Phi_m = \frac{1}{\sqrt{2\pi}}\exp[im\phi] = \frac{1}{\sqrt{2\pi}}\cos m\phi + \frac{i}{\sqrt{2\pi}}\sin m\phi$$

$$\Phi_{-m} = \frac{1}{\sqrt{2\pi}}\exp[-im\phi] = \frac{1}{\sqrt{2\pi}}\cos m\phi - \frac{i}{\sqrt{2\pi}}\sin m\phi$$

将它们线性组合,得实函数解:

$$\Phi_{\pm m}^{\cos} = C(\Phi_m + \Phi_{-m}) = \frac{2C}{\sqrt{2\pi}}\cos m\phi$$

$$\Phi_{\pm m}^{\sin} = D(\Phi_m - \Phi_{-m}) = \frac{i2D}{\sqrt{2\pi}}\sin m\phi$$

根据归一化条件可求出 $C = \dfrac{1}{\sqrt{2}}, D = \dfrac{1}{i\sqrt{2}}$,得

$$\Phi_{\pm m}^{\cos} = \frac{1}{\sqrt{\pi}}\cos m\phi \qquad (2.1.29)$$

$$\Phi_{\pm m}^{\sin} = \frac{1}{\sqrt{\pi}}\sin m\phi \qquad (2.1.30)$$

Φ 函数的三角函数形式对算符 $\left(-\dfrac{ih}{2\pi}\dfrac{d}{d\phi}\right)$ 不是本征函数,不能用以了解角动量沿 z 轴的分量,但它便于作图。复函数解和实函数解是线性组合关系,它们彼此之间没有一一对应关系。现将 $m = 0, \pm 1, \pm 2$ 时 Φ 方程的解列于表 2.1.1 中。

表 2.1.1　Φ 方程的解

m	复 函 数 解	实 函 数 解
0	$\Phi_0 = \dfrac{1}{\sqrt{2\pi}}$	$\Phi_0 = \dfrac{1}{\sqrt{2\pi}}$
1	$\Phi_1 = \dfrac{1}{\sqrt{2\pi}}\exp[i\phi]$	$\begin{cases}\Phi_{\pm 1}^{\cos} = \dfrac{1}{\sqrt{\pi}}\cos\phi \\[2mm] \Phi_{\pm 1}^{\sin} = \dfrac{1}{\sqrt{\pi}}\sin\phi\end{cases}$
-1	$\Phi_{-1} = \dfrac{1}{\sqrt{2\pi}}\exp[-i\phi]$	
2	$\Phi_2 = \dfrac{1}{\sqrt{2\pi}}\exp[i2\phi]$	$\begin{cases}\Phi_{\pm 2}^{\cos} = \dfrac{1}{\sqrt{\pi}}\cos 2\phi \\[2mm] \Phi_{\pm 2}^{\sin} = \dfrac{1}{\sqrt{\pi}}\sin 2\phi\end{cases}$
-2	$\Phi_{-2} = \dfrac{1}{\sqrt{2\pi}}\exp[-i2\phi]$	

2.1.4 单电子原子的波函数

上面叙述了 Φ 方程的求解过程,解 Θ 方程和 R 方程比较复杂,可参看有关量子力学专著。今将解得的一些波函数列于表 2.1.2 中。

表 2.1.2 氢原子和类氢离子的波函数[a]

n	l	m	ψ
1	0	0	$\psi_{1s} = \dfrac{1}{\sqrt{\pi}}\left(\dfrac{Z}{a_0}\right)^{3/2} e^{-\sigma}$
2	0	0	$\psi_{2s} = \dfrac{1}{4\sqrt{2\pi}}\left(\dfrac{Z}{a_0}\right)^{3/2}(2-\sigma)e^{-\frac{\sigma}{2}}$
2	1	0	$\psi_{2p_z} = \dfrac{1}{4\sqrt{2\pi}}\left(\dfrac{Z}{a_0}\right)^{3/2}\sigma\, e^{-\frac{\sigma}{2}}\cos\theta$
2	1	± 1	$\psi_{2p_x} = \dfrac{1}{4\sqrt{2\pi}}\left(\dfrac{Z}{a_0}\right)^{3/2}\sigma\, e^{-\frac{\sigma}{2}}\sin\theta\,\cos\phi$
			$\psi_{2p_y} = \dfrac{1}{4\sqrt{2\pi}}\left(\dfrac{Z}{a_0}\right)^{3/2}\sigma\, e^{-\frac{\sigma}{2}}\sin\theta\,\sin\phi$
3	0	0	$\psi_{3s} = \dfrac{1}{81\sqrt{3\pi}}\left(\dfrac{Z}{a_0}\right)^{3/2}(27-18\sigma+2\sigma^2)e^{-\frac{\sigma}{3}}$
3	1	0	$\psi_{3p_z} = \dfrac{\sqrt{2}}{81\sqrt{\pi}}\left(\dfrac{Z}{a_0}\right)^{3/2}(6-\sigma)\sigma\, e^{-\frac{\sigma}{3}}\cos\theta$
3	1	± 1	$\psi_{3p_x} = \dfrac{\sqrt{2}}{81\sqrt{\pi}}\left(\dfrac{Z}{a_0}\right)^{3/2}(6-\sigma)\sigma\, e^{-\frac{\sigma}{3}}\sin\theta\,\cos\phi$
			$\psi_{3p_y} = \dfrac{\sqrt{2}}{81\sqrt{\pi}}\left(\dfrac{Z}{a_0}\right)^{3/2}(6-\sigma)\sigma\, e^{-\frac{\sigma}{3}}\sin\theta\,\sin\phi$
3	2	0	$\psi_{3d_{z^2}} = \dfrac{1}{81\sqrt{6\pi}}\left(\dfrac{Z}{a_0}\right)^{3/2}\sigma^2\, e^{-\frac{\sigma}{3}}(3\cos^2\theta-1)$
3	2	± 1	$\psi_{3d_{xz}} = \dfrac{\sqrt{2}}{81\sqrt{\pi}}\left(\dfrac{Z}{a_0}\right)^{3/2}\sigma^2\, e^{-\frac{\sigma}{3}}\sin\theta\,\cos\theta\,\cos\phi$
			$\psi_{3d_{yz}} = \dfrac{\sqrt{2}}{81\sqrt{\pi}}\left(\dfrac{Z}{a_0}\right)^{3/2}\sigma^2\, e^{-\frac{\sigma}{3}}\sin\theta\,\cos\theta\,\sin\phi$
3	2	± 2	$\psi_{3d_{x^2-y^2}} = \dfrac{1}{81\sqrt{2\pi}}\left(\dfrac{Z}{a_0}\right)^{3/2}\sigma^2\, e^{-\frac{\sigma}{3}}\sin^2\theta\,\cos 2\phi$
			$\psi_{3d_{xy}} = \dfrac{1}{81\sqrt{2\pi}}\left(\dfrac{Z}{a_0}\right)^{3/2}\sigma^2\, e^{-\frac{\sigma}{3}}\sin^2\theta\,\sin 2\phi$

[a] 表中 $\sigma = \dfrac{Z}{a_0}r$。

表中 ψ 由 n,l 和 m 规定,可表示为 ψ_{nlm},常称为原子轨道函数,俗称原子轨道(atomic orbital,AO);n,l 和 m 分别称为主量子数、角量子数和磁量子数,它们的物理意义及取值范围将在 2.2 节中介绍。

ψ_{nlm} 又可表示为

$$\psi_{nlm} = R_{nl}(r)\Theta_{lm}(\theta)\Phi_m(\phi) = R_{nl}(r)Y_{lm}(\theta,\phi) \qquad (2.1.31)$$

其中 $R_{nl}(r)$ 称为波函数的径向部分;$Y_{lm}(\theta,\phi)$ 称为波函数的角度部分,它是球谐函数。$R_{nl}(r)$

和 $Y_{lm}(\theta,\phi)$ 的具体表述形式可查阅有关参考书。下面列出几个球谐函数：

$$Y_{00} = \mathrm{s} = \frac{1}{\sqrt{4\pi}}$$

$$Y_{10} = \mathrm{p}_z = \sqrt{\frac{3}{4\pi}}\cos\theta$$

$$Y_{1,\pm1} = \begin{cases} \mathrm{p}_y = \sqrt{\dfrac{3}{4\pi}}\sin\theta\,\sin\phi \\[2mm] \mathrm{p}_x = \sqrt{\dfrac{3}{4\pi}}\sin\theta\,\cos\phi \end{cases}$$

其中 p_x 和 p_y 都是球谐函数 $Y_{11}(l=1,m=1)$ 和 $Y_{1,-1}(l=1,m=-1)$ 线性组合的结果。并非 p_x 对应于 $m=1$, p_y 对应于 $m=-1$; 或 p_x 对应于 $m=-1$, p_y 对应于 $m=1$。

可以证明

$$\sum_{m=-l}^{l} \left| Y_{lm}(\theta,\phi) \right|^2 = \frac{2l+1}{4\pi} = 常数 \tag{2.1.32}$$

这一关系称为球谐函数加法定理，或称 Unsöld 定理，它表明任一亚层上各轨道电子云的角度分布总和各个方向是相同的，为球形分布，与 θ,ϕ 无关。

Φ,Θ,R,Y,ψ 都已归一化，即

$$\int_0^{2\pi} \Phi^* \Phi \,\mathrm{d}\phi = 1 \tag{2.1.33}$$

$$\int_0^{\pi} \Theta^* \Theta \,\sin\theta \,\mathrm{d}\theta = 1 \tag{2.1.34}$$

$$\int_0^{\infty} R^* R r^2 \mathrm{d}r = 1 \tag{2.1.35}$$

$$\int_0^{\pi}\int_0^{2\pi} Y^* Y \,\sin\theta \,\mathrm{d}\theta \,\mathrm{d}\phi = 1 \tag{2.1.36}$$

$$\int_0^{\infty}\int_0^{\pi}\int_0^{2\pi} \psi^* \psi r^2 \,\sin\theta \,\mathrm{d}r \,\mathrm{d}\theta \,\mathrm{d}\phi = \int_0^{\infty}\int_0^{\pi}\int_0^{2\pi} \psi^* \psi \,\mathrm{d}\tau = 1 \tag{2.1.37}$$

对于由角量子数 l 规定的波函数，通常用符号 s,p,d,f,g,h,$\cdots$ 依次代表 $l=0,1,2,3,4,5,\cdots$ 的状态。例如，$n=2,l=0$ 的状态可写为 $\psi_{2\mathrm{s}}$; $n=3,l=2$ 的状态可写为 $\psi_{3\mathrm{d}}$，等等。

2.2 量子数的物理意义

波函数 ψ 不但决定电子在空间的概率密度分布，而且还规定了它所描述的状态下微观体系的各种性质(有些性质可通过做习题来理解)。本节将通过对量子数的物理意义的讨论，进一步说明波函数和电子自旋状态如何决定原子的各种性质。

1. 主量子数 n

在解 R 方程中，为了使解得的函数 $R_{nl}(r)$ 收敛，必须使

$$E_n = -\frac{\mu e^4}{8\varepsilon_0^2 h^2}\frac{Z^2}{n^2} \tag{2.2.1}$$

此即单电子原子的能级公式。式中 Z 是核电荷数; n 是主量子数，它只能取正整数，这也是解 R 方程的限制。

E_n 也可由能量算符 $\hat{H}$ 直接作用波函数 ψ 得到。它取负值,是因为把电子距核无穷远处的能量算作零。

由(2.2.1)式可见,n 由小到大,体系的能量由低到高,所以主量子数 n 决定了体系能量的高低。相邻两个能级的差 $\Delta E_n = \dfrac{\mu e^4 Z^2}{8\varepsilon_0^2 h^2} \dfrac{2n+1}{n^2(n+1)^2}$,它随着 n 的增大而减小,这与一维箱中粒子的情况正好相反。

对于氢原子,$Z=1$,其基态($n=1$)能量为

$$
\begin{aligned}
E_1 &= -\frac{\mu e^4}{8\varepsilon_0^2 h^2} \\
&= -\frac{(9.1046 \times 10^{-31}\ \text{kg})(1.6022 \times 10^{-19}\ \text{C})^4}{8 \times (8.8542 \times 10^{-12}\ \text{J}^{-1}\ \text{C}^2\ \text{m}^{-1})^2 (6.6262 \times 10^{-34}\ \text{J s})^2} \\
&= -2.1788 \times 10^{-18}\ \text{J} \\
&= -13.595\ \text{eV}
\end{aligned}
$$

其他状态能量为

$$
E_n = -13.595\ \frac{1}{n^2}\ \text{eV} \qquad\qquad n = 1,2,3,\cdots \tag{2.2.2}
$$

如第 1 章所述,零点能效应是所有受一定势能场束缚的微观粒子的一种量子效应,它反映微粒在能量最低的基态时仍在运动,所以叫作零点能。怎样理解氢原子基态(1s 态)能量 $E_{1s} = -13.6\ \text{eV}$ 而它仍有零点能呢?这要用位力定理(即维里定理)。

位力定理(virial theorem, virial 意思是力,所以第一个字母小写)指出,对势能服从 r^n 规律的体系,其平均势能 $\langle V \rangle$ 与平均动能 $\langle T \rangle$ 的关系为

$$
\langle T \rangle = \frac{1}{2} n \langle V \rangle
$$

对于氢原子,势能服从 r^{-1} 规律,所以

$$
\langle T \rangle = -\frac{1}{2} \langle V \rangle
$$

$$
E_{1s} = -13.6\ \text{eV} = \langle T \rangle + \langle V \rangle = \frac{1}{2} \langle V \rangle
$$

$$
\langle T \rangle = -\frac{1}{2} \langle V \rangle = 13.6\ \text{eV}
$$

即其动能为正值,这也就是体系的零点能。

2. 角量子数 l

将角动量平方算符

$$
\hat{M}^2 = -\left(\frac{h}{2\pi}\right)^2 \left[\frac{1}{\sin\theta} \frac{\partial}{\partial\theta}\left(\sin\theta \frac{\partial}{\partial\theta}\right) + \frac{1}{\sin^2\theta} \frac{\partial^2}{\partial\phi^2} \right] \tag{2.2.3}
$$

作用氢原子波函数 ψ_{nlm},可得下一关系式

$$
\hat{M}^2 \psi = l(l+1)\left(\frac{h}{2\pi}\right)^2 \psi
$$

根据量子力学基本假设Ⅲ,ψ 所代表的状态其角动量平方有确定值

$$
M^2 = l(l+1)\left(\frac{h}{2\pi}\right)^2 \qquad\qquad l = 0,1,2,\cdots,n-1
$$

或者说角动量的绝对值有确定值

$$|M| = \sqrt{l(l+1)} \frac{h}{2\pi} \tag{2.2.4}$$

可见,量子数 l 决定电子的原子轨道角动量的大小,这就是称其为角量子数的原因。

原子的角动量和原子的磁矩有关。原子只要有角动量,也就有磁矩。磁矩 $\boldsymbol{\mu}$ 与角动量 $\boldsymbol{M}$ 的关系为

$$\boldsymbol{\mu} = -\frac{e}{2m_e} \boldsymbol{M} \tag{2.2.5}$$

式中 m_e 为电子质量,e 为电子电荷,加负号是由于电子带负电荷。$-e/2m_e$ 为轨道磁矩和轨道角动量的比值,称为轨道运动的磁旋比。所以具有量子数 l 的电子,磁矩的大小 $|\mu|$ 与量子数的关系为

$$\begin{aligned}
|\mu| &= \frac{e}{2m_e} \sqrt{l(l+1)} \frac{h}{2\pi} \\
&= \sqrt{l(l+1)} \frac{eh}{4\pi m_e} \\
&= \sqrt{l(l+1)} \beta_e
\end{aligned} \tag{2.2.6}$$

β_e 称为 Bohr 磁子,是磁矩的一个自然单位[①],即

$$\beta_e = \frac{eh}{4\pi m_e} = 9.274 \times 10^{-24} \text{ J T}^{-1}$$

3. 磁量子数 m

磁量子数是在解 Φ 方程中得到的,也可按下述思路来推求和理解。

角动量在 z 方向的分量 M_z 的算符为

$$\hat{M}_z = -\frac{ih}{2\pi} \frac{\partial}{\partial \phi} \tag{2.2.7}$$

将 $\hat{M}_z$ 算符作用于氢原子 Φ 方程复函数解形式的解 ψ_{nlm},可得

$$\hat{M}_z \psi = m \frac{h}{2\pi} \psi \tag{2.2.8}$$

说明 ψ_{nlm} 所代表的状态其角动量在 z 方向上的分量 M_z 有确定值

$$M_z = m \frac{h}{2\pi} \qquad m = 0, \pm 1, \pm 2, \cdots, \pm l \tag{2.2.9}$$

在磁场中,z 方向就是磁场的方向,因此 m 称为磁量子数。m 的物理意义是决定电子的轨道角动量在 z 方向上的分量,也决定轨道磁矩在磁场方向上的分量 μ_z。磁矩在磁场方向上的分量为

$$\mu_z = -m\beta_e \tag{2.2.10}$$

角动量在磁场方向分量的量子化,已由 Zeeman 效应得到证实。

上述用波函数 ψ 描述的原子中电子的运动,称为轨道运动。电子的轨道运动由 3 个量子数 n, l, m 决定:n 决定轨道的能量,l 和 m 分别决定轨道角动量的大小和角动量在磁场方向上的分量,也决定相应的轨道磁矩及其在磁场方向的分量。若 n 确定,E_n 即确定,但 ψ 还未完全

---

① 在一些文献中,Bohr 磁子用 μ_B 表示。本书因考虑将核磁子 β_N 与电子的 Bohr 磁子 β_e 统一用同类记号,而避免核磁子 β_N 和核磁矩 μ_N 相混。

确定,因为对应于一个 n,l 可为 $0,1,2,\cdots,n-1$;而对应于一个 l,还可有 $0,\pm1,\pm2,\cdots,\pm l$ 等 $(2l+1)$ 个 m。所以,l,m 不同,ψ_{nlm} 也不同。对应于一个 n,有 $\sum\limits_{0}^{n-1}(2l+1)=n^2$ 个 ψ,即简并度为 n^2。

4. 自旋量子数 s 和自旋磁量子数 m_s

实验证明,除了轨道运动外,电子还有自旋运动,自旋角动量的大小 $|M_s|$ 由自旋量子数 s 决定。

$$|M_s|=\sqrt{s(s+1)}\,\frac{h}{2\pi} \qquad (2.2.11)$$

s 的数值只能为 $1/2$。

自旋角动量在磁场方向的分量 M_{sz} 由自旋磁量子数 m_s 决定

$$M_{sz}=m_s\frac{h}{2\pi} \qquad (2.2.12)$$

自旋磁量子数 m_s 只有两个数值:$\pm\dfrac{1}{2}$。

电子的自旋磁矩 $\boldsymbol{\mu}_s$ 及自旋磁矩在磁场方向的分量 $\boldsymbol{\mu}_{sz}$ 分别为

$$\mu_s=g_e\frac{e}{2m_e}\sqrt{s(s+1)}\,\frac{h}{2\pi}=g_e\sqrt{s(s+1)}\beta_e \qquad (2.2.13)$$

$$\mu_{sz}=-g_e\frac{e}{2m_e}m_s\frac{h}{2\pi}=-g_em_s\beta_e \qquad (2.2.14)$$

式中 $g_e=2.00232$,称为电子自旋因子。因电子磁矩方向与角动量方向相反,故加负号。

5. 总量子数 j 和总磁量子数 m_j

电子既有轨道角动量,又有自旋角动量,两者的矢量和即电子的总角动量 $\boldsymbol{M}_j$,其大小由总量子数 j 来规定

$$|M_j|=\sqrt{j(j+1)}\,\frac{h}{2\pi} \qquad j=l+s,l+s-1,\cdots,|l-s| \qquad (2.2.15)$$

电子的总角动量沿磁场方向的分量 M_{jz} 则由总磁量子数 m_j 规定

$$M_{jz}=m_j\frac{h}{2\pi} \qquad m_j=\pm\frac{1}{2},\pm\frac{3}{2},\cdots,\pm j \qquad (2.2.16)$$

2.3　波函数和电子云的图形

波函数(ψ,原子轨道)和电子云(ψ^2 在空间的分布)是三维空间坐标的函数,将它们用图形表示出来,使抽象的数学表达式成为具体的图像,对于了解原子的结构和性质、了解共价键的形成,从而了解原子化合为分子的过程都具有重要的意义。

波函数和电子云的分布和特征可用多种图形表示。下面对几种图形分别加以讨论。

2.3.1　$\psi\text{-}r$ 图和 $\psi^2\text{-}r$ 图

这两种图一般只用来表示 s 态的分布,因为 s 态的波函数只与 r 有关,而与 θ,ϕ 无关(参见表 2.1.2)。ψ_{ns} 的这一特点使它的分布具有球体对称性,即离核为 r 的球面上各点波函数 ψ 的

数值相同,概率密度 ψ^2 的数值也相同。只要知道 ψ 与 r 的关系,便知道整个空间波函数与电子云的分布了。

由表 2.1.2 查得单电子原子的 ψ_{1s} 和 ψ_{2s} 的表达式如下:

$$\psi_{1s} = \left(\frac{Z^3}{\pi a_0^3}\right)^{\frac{1}{2}} \exp\left[-\frac{Zr}{a_0}\right] \tag{2.3.1}$$

$$\psi_{2s} = \left(\frac{1}{4}\right)\left(\frac{Z^3}{2\pi a_0^3}\right)^{\frac{1}{2}} \left(2 - \frac{Zr}{a_0}\right)\exp\left[-\frac{Zr}{2a_0}\right] \tag{2.3.2}$$

对于氢原子,采用原子单位(附录,表 5),(2.3.1),(2.3.2)两式可化简为

$$\psi_{1s} = \left(\frac{1}{\pi}\right)^{\frac{1}{2}} \exp[-r] = 0.56\exp[-r] \tag{2.3.3}$$

$$\psi_{2s} = \left(\frac{1}{4}\right)\left(\frac{1}{2\pi}\right)^{\frac{1}{2}} (2-r)\exp\left[-\frac{r}{2}\right] = 0.1(2-r)\exp\left[-\frac{r}{2}\right] \tag{2.3.4}$$

它们的 ψ-r 图及 ψ^2-r 图示于图 2.3.1 中。

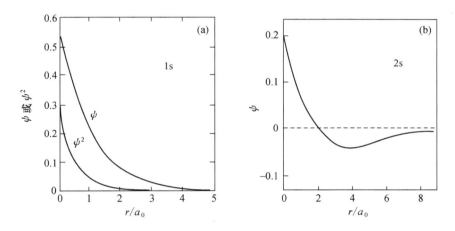

图 2.3.1 氢原子 1s 态的 ψ-r 图及 ψ^2-r 图(a)和 2s 态的 ψ-r 图(b)
(因 r 不能为 0,曲线实际上不和纵轴相交,后面的图形,如图 2.3.2 同此)

由图可见,对于 1s 态,电子出现的概率密度在核附近最大,随 r 的增加而逐渐稳定地下降。对于 2s 态,在 $r < 2a_0$ 时,分布情况和 1s 态相似,在核附近 ψ 数值较大,随 r 增加而逐渐下降;在 $r = 2a_0$ 时,出现一个 ψ 为零的球面,称为节面;在 $r > 2a_0$ 时,ψ 为负值,先是负的绝对值加大,至 $r = 4a_0$ 时达最低点,此后,随 r 增加逐渐接近于 0。

在主量子数为 n 的状态中,有 $n-1$ 个节面。2s 态有一个节面,在球形节面之内电子出现的概率为 5.4%,节面之外为 94.6%。3s 态有两个球形节面:在第一个节面之内,电子出现的概率为 1.5%;两个节面之间,为 9.5%;在第二个节面之外,为 89.0%。

2.3.2 径向分布图

为了计算在半径为 r 的球面和半径为 $r + \mathrm{d}r$ 的球面之间(即厚度为 $\mathrm{d}r$ 的薄壳层内)电子出现的概率,引入径向分布函数(D)。

$\psi^2(r,\theta,\phi)$ 表示在点 (r,θ,ϕ) 处电子的概率密度,因而在点 (r,θ,ϕ) 附近的小体积元 $d\tau$ 中,电子出现的概率为 $\psi^2(r,\theta,\phi)d\tau$。将 $\psi^2(r,\theta,\phi)d\tau$ 在 θ 和 ϕ 的全部区域积分,其结果表示离核为 r 处,厚度为 dr 的球壳内电子出现的概率。若将

$$\psi(r,\theta,\phi) = R(r)\Theta(\theta)\Phi(\phi)$$
$$d\tau = r^2\sin\theta dr d\theta d\phi$$

代入,并令
$$\begin{aligned} Ddr &= \int_{\phi=0}^{2\pi}\int_{\theta=0}^{\pi}\psi^2(r,\theta,\phi)d\tau \\ &= \int_{\phi=0}^{2\pi}\int_{\theta=0}^{\pi}[R(r)\Theta(\theta)\Phi(\phi)]^2 r^2\sin\theta dr d\theta d\phi \\ &= r^2 R^2 dr\int_0^{\pi}\Theta^2\sin\theta d\theta\int_0^{2\pi}\Phi^2 d\phi \\ &= r^2 R^2 dr \\ D &= r^2 R^2 \end{aligned}$$

式中 D 的物理意义是,Ddr 代表在半径为 r 和半径为 $r+dr$ 的两个球面间夹层内找到电子的概率,它反映电子云分布随半径 r 的变化情况。由表 2.1.2 可知,对于 s 态,ψ 只是 r 的函数,与 θ,ϕ 无关。由于 s 态中 $\Theta(\theta)\Phi(\phi)$ 函数的数值为 $1/\sqrt{4\pi}$,因而

$$D = r^2 R^2 = 4\pi r^2\psi_s^2$$

对于 1s 态,在核附近,r 趋于 0,夹层的体积趋于 0,因而 D 的数值趋于 0。随 r 增加,D 增大,到 $r=a_0$ 处出现极大值。这是由于概率密度 ψ^2 随 r 值增加而下降,但壳层体积 $4\pi r^2 dr$ 随 r 增加而上升,两个随 r 变化趋势相反的因素乘在一起导致的结果。它表明,在 $r=a_0$ 附近,在厚度为 dr 的球壳夹层内找到电子的概率要比任何其他地方同样厚度的球壳夹层内找到电子的概率大。在这个意义上,可以说 Bohr 轨道是氢原子结构的粗略近似。图 2.3.2 示出氢原子的几种状态的径向分布图。

由图可见,主量子数为 n、角量子数为 l 的状态,径向分布图中有 $(n-l)$ 个极大值峰和 $(n-l-1)$ 个节面(不算原点),虽然主峰位置随 l 增加而向核移近,但 l 值愈小,峰数目愈多,最内层的峰离核愈近。n 值不同而 l 值相同的轨道,如 1s,2s,3s;2p,3p,4p;3d,4d,5d 等,其主峰按照主量子数增加的顺序向离核远的方向排列,例如:3p 态的主峰在 2p 态外面,4p 态的主峰在 3p 外面等等。这说明,主量子数小的轨道在靠近原子核的内层,所以能量低;主量子数大的轨道在离核远的外层,所以能量高。这一点也与 Bohr 模型的结论一致,但却有本质的区别:Bohr 模型是行星绕太阳式的轨道,n 值大的轨道绝对在外,n 值小的轨道绝对在内。由于电子具有波性,其活动范围并不局限在主峰上,主量子数大的

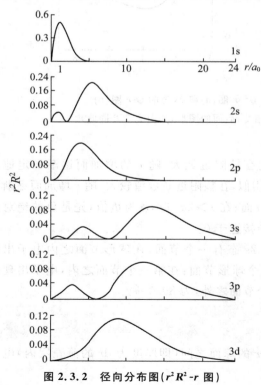

图 2.3.2　径向分布图($r^2 R^2$-r 图)

也有一部分钻到离核很近的内层。

2.3.3 原子轨道等值线图

原子轨道 ψ 是 r, θ, ϕ 的函数。ψ 在原子核周围空间各点上的数值随 r, θ, ϕ 的变化而改变。由于三维数值在纸面上不易表达,通常在通过原子核及某些坐标轴的截面上,把二维截面上各点的 r, θ, ϕ 值代入 ψ 中,然后根据 ψ 值的正负和大小画出二维等值线,即为原子轨道二维等值线图。将等值线图围绕对称轴转动,可将平面图形扩展成原子轨道空间分布图,故等值线图是绘制原子轨道空间分布图的基础。二维等值线图的描绘方法可参看本书配套的《习题解析》。

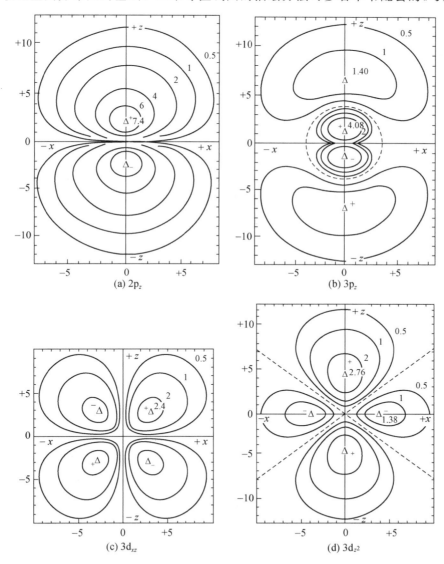

图 2.3.3　氢原子的原子轨道二维截面等值线图

[坐标轴上的单位是 a_0,离核距离已乘以 $2/n$,(b)和(d)中的虚线代表节面]

图 2.3.3 中分别画出氢原子 $2p_z$, $3p_z$, $3d_{xz}$ 及 $3d_{z^2}$ 的二维截面等值线图。图中等值线上注

明的数字是取原子单位并乘以 100 后的 ψ 值。$\triangle$ 表示绝对值最高的点，$\triangle$ 附近的＋、－号代表在它的周围 ψ 的正、负号。图中水平轴为 x 轴，垂直轴为 z 轴。

$2p_z$ 最大值点在 z 轴上，离核 $\pm 2a_0$ 处，xy 平面是节面；$3p_z$ 的二维等值线图大体轮廓和 $2p_z$ 相似，但多一个球形节面，此节面离核距离为 $6a_0$［在图 2.3.3(b) 中画出时已按 $2/n$ 即 $2/3$ 比例缩小，所以节面出现在离核为 4 单位长度上］。在各种原子轨道中，主量子数愈大，节面愈多，能级愈高。节面的多少及其形状是了解原子轨道空间分布的重要信息。s 轨道的节面是球形对称的；3 个 p 轨道都是中心反对称的，各有 1 个平面形的节面；5 个 d 轨道都是中心对称的，其中 d_{z^2} 轨道绕 z 轴旋转对称，有 2 个锥形节面，其顶点和核相连，锥体角度为 $110°$，其余 4 个 d 轨道均有 2 个平面形节面，只是空间分布取向不同。

以原子轨道二维等值线图为基础，可以派生出下面几种图形：

1. 电子云分布图

绘制出原子轨道 ψ 的等值线图后，概率密度（即电子云）ψ^2 的等值线图很容易得到，因为 ψ 的等值线也就是 ψ^2 的等值线；ψ 在空间分布的等值面，也是 ψ^2 在空间分布的等值面（仅数值不同）。ψ^2 空间分布图中的最高点 ($\triangle$) 的位置以及节面的数目、形状和位置均与 ψ 空间分布图相同，只是 ψ^2 均为正值，而 ψ 则有正有负。

对应于同一个 ψ^2，有 $+\psi$ 和 $-\psi$ 两种，$+\psi$ 和 $-\psi$ 均可以描述同一状态。对于孤立原子，任意选择 $+\psi$ 和 $-\psi$ 均可。例如 2s 轨道可以将节面内靠近核的 ψ 选为正值，如图 2.3.1(b) 所示。而通常考虑成键时，节面内靠近核的 ψ 值选为负值，节面外的 ψ 则为正值。原子间相互成键时，ψ 的正负号十分重要，应正确选择。

2. 原子轨道网格线图

原子轨道 ψ 的等值线图可用网格线的弯曲情况表示。网格线平面为截面，网格平整的平面表示 ψ 为 0；网格线向上凸起，表示该处 ψ 为正值；向下凹陷，表示该处 ψ 为负值。对于 s 态，平面上峰的中心位置为原子核位置；对于 $2p_x$ 态，高峰和低谷连线的中点为原子核位置。

3. 电子云界面图

从上面三种图形可见，电子在空间的分布并没有明确的边界，在离核很远的地方，ψ^2 并不为零，仍有一定的概率密度，但实际上在离核不到 1 nm 以外，电子出现的概率已微不足道了。为了了解电子分布的概率，可以取一个等密度面，使在面内出现的概率达到总概率的一定百分数，如 $50\%,90\%,99\%$ 等，这种面称为电子云界面。将面上的电子云值（即概率密度）开方，得到原子轨道界面图，它和电子云界面图是一样的，但面上的数值不同，且不同部分正负号可能不同。界面图实际上表示了原子在不同状态时的大小和形状。

4. 原子轨道轮廓图

把 ψ 的大小轮廓和正负在直角坐标系中表达出来，选用一个合适的等值曲面，以反映 ψ 在空间分布的图形叫作原子轨道轮廓图，简称原子轨道图。它和电子云界面图不同，界面图没有正、负号。它也和二维等值线图（图 2.3.3）不同，二维等值线图反映原子轨道在通过原点的某一平面上的等值线，能定量地反映 ψ 数值的大小和正负。而原子轨道轮廓图是在三维空间中反映 ψ 的空间分布情况，体现对称性，具有大小和正负，但它的图线只有定性的意义。原子轨道轮廓图是原子轨道空间分布图简化的实用图形。它在化学中有重要意义，为了解分子内部原子之间轨道重叠形成化学键的情况提供明显的图像。图 2.3.4 示出 1s,2p,3d 等共 9 种原子轨道轮廓图。图中加的网格只是使等值曲面的弯曲形状更生动些。

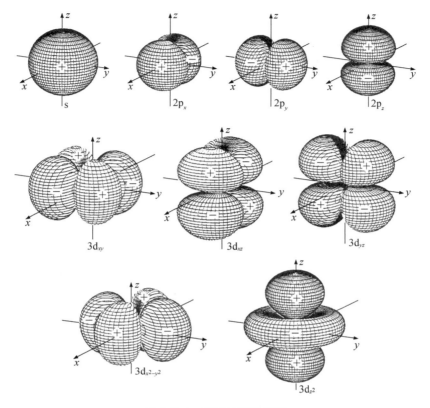

图 2.3.4　原子轨道轮廓图

（图中 s,p,d 态的标度并不相同）

关于角度分布图,通常是在极坐标上画出,它将 ψ 的角度部分 $Y(\theta,\phi)$ 函数的数值按给定的 θ,ϕ 值代入求出。作图时从原点(核的位置)开始,沿着给定的 θ 和 ϕ 值方向,取一定长度线段 $|Y|$,再注明正负号。将空间各方向上代表 Y 值大小的线段的端点连成曲面,即得角度分布图。

图 2.3.5 示出 $2p_z$ 态的角度分布图。由于角度分布图的含义和原子轨道等值线图完全不同,它不能代表空间某点 (r,θ,ϕ) 上 ψ 和 ψ^2 的大小,而又容易使初学者将 Y 图和原子轨道等值线图混淆。图中画的圆不是 $|Y|$ 的等值面,所以改用 $|Y|^2$ 作图,得到的是沿 z 轴拉长的椭圆。另外,原子轨道等值线图和原子轨道轮廓图等在讨论轨道叠加时的作用比角度分布图更好,所以本书中不讨论角度分布图。

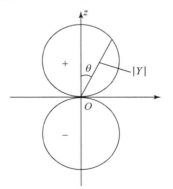

图 2.3.5　$2p_z$ 态的角度分布图

[图中的圆不是等值面的圆,而是表示由原点(O)到该面上的距离等于 $|Y|$,即反映 $|Y|$ 值随不同角度而改变的曲面图形]

2.3.4　f 轨道轮廓图

本小节介绍 4f 原子轨道在直角坐标系中的相对大小、轮廓和正负值,示于图 2.3.6 中。它对于了解镧系元素的性质具有一定的指导意义。

按 2.1.4 节叙述的方法,对单电子原子 4f 轨道进行计算,得到表 2.3.1 所列的波函数 ψ 的表达式。图 2.3.6 是根据这些表达式作图得到的。

表 2.3.1　单电子原子的 4f 轨道的波函数[a]

n	l	m	ψ
4	3	0	$4f_{z^3} = \left(\dfrac{1}{3072}\dfrac{1}{\sqrt{5\pi}}\right)\left(\dfrac{z}{a_0}\right)^{9/2} r^3 e^{-\sigma/4}(5\cos^3\theta - 3\cos\theta)$
4	3	±1	$4f_{xz^2} = \left(\dfrac{1}{6144}\sqrt{\dfrac{6}{5\pi}}\right)\left(\dfrac{z}{a_0}\right)^{9/2} r^3 e^{-\sigma/4}\sin\theta(5\cos^2\theta - 1)\cos\phi$
			$4f_{yz^2} = \left(\dfrac{1}{6144}\sqrt{\dfrac{6}{5\pi}}\right)\left(\dfrac{z}{a_0}\right)^{9/2} r^3 e^{-\sigma/4}\sin\theta(5\cos^2\theta - 1)\sin\phi$
4	3	±2	$4f_{xyz} = \left(\dfrac{1}{3072}\sqrt{\dfrac{3}{\pi}}\right)\left(\dfrac{z}{a_0}\right)^{9/2} r^3 e^{-\sigma/4}\sin^2\theta\cos\theta\sin2\phi$
			$4f_{z(x^2-y^2)} = \left(\dfrac{1}{3072}\sqrt{\dfrac{3}{\pi}}\right)\left(\dfrac{z}{a_0}\right)^{9/2} r^3 e^{-\sigma/4}\sin^2\theta\cos\theta\cos2\phi$
4	3	±3	$4f_{x(x^2-3y^2)} = \left(\dfrac{1}{6144}\sqrt{\dfrac{2}{\pi}}\right)\left(\dfrac{z}{a_0}\right)^{9/2} r^3 e^{-\sigma/4}\sin^3\theta\cos3\phi$
			$4f_{y(3x^2-y^2)} = \left(\dfrac{1}{6144}\sqrt{\dfrac{2}{\pi}}\right)\left(\dfrac{z}{a_0}\right)^{9/2} r^3 e^{-\sigma/4}\sin^3\theta\sin3\phi$

[a] 表中 $\sigma = \dfrac{z}{a_0}r$。

4f 轨道的形状和分布特点,宜复习 1s,2p,3d 的轨道轮廓图中各个轨道的节面分布,通过比较来认识。从图 2.3.4 看出,1s 轨道没有节面。2p 轨道有 1 个节面,$2p_x$,$2p_y$ 和 $2p_z$ 的节面分别垂直于 x,y 和 z 轴,通过原点,在 yz,xz 和 xy 平面上。3d 轨道有两个节面,其中 $3d_{xy}$,$3d_{xz}$ 和 $3d_{yz}$ 中的两个节面都通过原点和两个下标标出的坐标轴与未标明的坐标轴所形成的平面:(xz 面和 yz 面),(xy 面和 yz 面),(xy 面和 xz 面);$3d_{x^2-y^2}$ 中的两个节面分别是通过两个 x 轴和 y 轴的平分线与 z 轴形成的平面;$3d_{z^2}$ 中的两个节面为通过原点围绕 z 轴上、下取向的开口圆锥形面。

4f 轨道有 3 个节面。在 $4f_{z^3}$ 中,两个锥形节面和 $3d_{z^2}$ 相似,第三个为通过原点垂直 z 轴的平面形节面;$4f_{xz^2}$ 和 $4f_{yz^2}$ 轨道中的两个节面保持和 $3d_{z^2}$ 相似的锥形节面,再分别加一个通过原点的 yz 平面形节面和 xz 平面形节面;$4f_{xyz}$ 的 3 个节面分别为通过原点和 x,y,z 坐标轴中两个轴平行的节面;$4f_{z(x^2-y^2)}$ 轨道中两个节面和 $3d_{x^2-y^2}$ 相似,另外加一个通过原点和 z 轴垂直的节面;$4f_{y(3x^2-y^2)}$ 和 $4f_{x(x^2-3y^2)}$ 中的全部节面都和 z 轴平行,都相隔 $60°$,在 $4f_{y(3x^2-y^2)}$ 中节面和 xz 平面的夹角为 $30°$,在 $4f_{x(x^2-3y^2)}$ 中节面和 xz 平面的夹角为 $60°$。

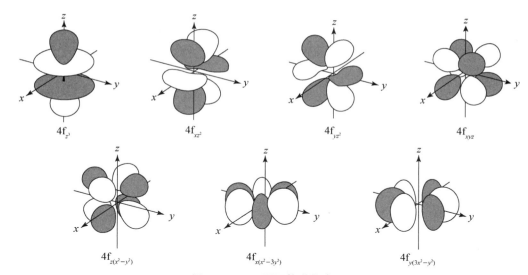

图 2.3.6　4f 原子轨道轮廓图

（图中曲线表示等值线,颜色深浅表示数值的正负）

2.4　多电子原子的结构

在多电子原子中,由于电子间存在着复杂的瞬时相互作用,其势能函数形式比较复杂,Schrödinger 方程的求解比较困难,一般采用近似方法。

2.4.1　多电子原子的 Schrödinger 方程及其近似解

最简单的多电子原子是氦原子(He),它由带 2 个正电荷($Z=2$)的原子核(处于坐标原点)和 2 个电子(1 和 2)组成,其坐标系示于图 2.4.1 中。

考虑电子的动能、电子和核以及电子之间的势能,得 Schrödinger 方程为

$$\left[-\frac{h^2}{8\pi^2 m}(\nabla_1^2 + \nabla_2^2) - \frac{Ze^2}{4\pi\varepsilon_0}\left(\frac{1}{r_1} + \frac{1}{r_2}\right) + \frac{e^2}{4\pi\varepsilon_0}\frac{1}{r_{12}}\right]\psi = E\psi$$

式中 r_1 和 r_2 分别是电子 1 和 2 与核的距离,r_{12} 是电子 1 和 2 间的距离。用附录(表 5)的原子单位($h/2\pi = 1$ au, $m = m_e$ $=1$ au, $e=1$ au, $4\pi\varepsilon_0 = 1$ au)化简得

$$\left[-\frac{1}{2}(\nabla_1^2 + \nabla_2^2) - \frac{Z}{r_1} - \frac{Z}{r_2} + \frac{1}{r_{12}}\right]\psi = E\psi$$

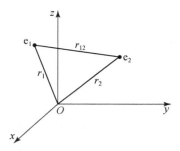

图 2.4.1　氦原子的坐标系

对于原子序数为 Z、含 n 个电子的原子,若不考虑电子自旋运动及其相互作用,并假定质心和核心重合,用原子单位表示,则 Hamilton 算符为

$$\hat{H} = -\frac{1}{2}\sum_{i=1}^{n}\nabla_i^2 - \sum_{i=1}^{n}\frac{Z}{r_i} + \sum_{i=1}^{n}\sum_{i>j}\frac{1}{r_{ij}} \qquad (2.4.1)$$

式中第一项是各电子的动能算符,第二项为各电子与原子核相互作用的势能算符,第三项是各电子之间相互作用的势能算符。因为其中有 r_{ij},涉及两个电子的坐标,无法分离变量,不能按 2.1

节的方法解决。如将第三项当作 0，即假定电子间没有相互作用，这时体系的 Schrödinger 方程为

$$\left[-\frac{1}{2} \sum_{i=1}^{n} \nabla_i^2 - \sum_{i=1}^{n} \frac{Z}{r_i} \right] \psi = E\psi \qquad (2.4.2)$$

令 $\psi(1,2,\cdots,n) = \psi_1(1)\psi_2(2)\cdots\psi_n(n)$，则(2.4.2)式可分离变量，分解为 n 个方程

$$\hat{H}_i \psi_i(i) = E_i \psi_i(i) \qquad (2.4.3)$$

这时 $\hat{H}_i$ 类似于单电子原子能量算符，可按 2.1 节的方法解出 ψ_i 和 E_i。ψ_i 称为单电子波函数，E_i 为和 ψ_i 对应的能量，称为单电子原子轨道能。在基态，电子按 Pauli 原理、能量最低原理和 Hund(洪特)规则填充在这些原子轨道中。

体系的近似波函数

$$\psi = \psi_1 \psi_2 \cdots \psi_n$$

体系总能量

$$E = E_1 + E_2 + \cdots + E_n \qquad (2.4.4)$$

实际上原子中电子之间存在不可忽视的相互作用。在不忽略电子相互作用的情况下，用单电子波函数来描述多电子原子中单个电子的运动状态，这种近似称为单电子近似。这时体系中各个电子都分别在某个势场中独立运动，犹如单电子体系那样。为了从形式上把电子间的势能变成与 r_{ij} 无关的函数，便于解出 Schrödinger 方程，常用自洽场(self-consistent field, SCF)法和中心力场法等方法。

自洽场法[此方法最早是由 Hartree(哈特里)提出的，后来被 Fock(福克)改进，故又称为 Hartree-Fock 法]假定电子 i 处在原子核及其他 $(n-1)$ 个电子的平均势场中运动。为了计算平均势场，先引进一组近似波函数求 $\sum_{i>j} \dfrac{1}{r_{ij}}$ 的平均值，使之成为只与 r_i 有关的函数 $V(r_i)$。如此得

$$\hat{H}_i = -\frac{1}{2} \nabla_i^2 - \frac{Z}{r_i} + V(r_i) \qquad (2.4.5)$$

$V(r_i)$ 是由其他电子的波函数决定的，例如求 $V(r_1)$ 时，需用 $\psi_2,\psi_3,\psi_4,\cdots$ 来计算；求 $V(r_2)$ 时，需用 $\psi_1,\psi_3,\psi_4,\cdots$ 来计算。有了 $\hat{H}_i$，解这一组方程得新一轮的 $\psi_i^{(1)}$，用它计算新一轮的 $V^{(1)}(r_i)$。如法解出第二轮的 $\psi_i^{(2)}$，$\cdots$；如此循环，直至前一轮的波函数和后一轮的波函数很好地符合，即自洽为止。

自洽场法提供了单电子原子轨道图像，它把原子中任一电子 i 的运动看成在原子核及其他电子的平均势场中独立运动，犹如单电子体系那样，所以 ψ_i 可看作原子中单电子的运动状态，即单电子原子轨道，E_i 即单电子原子轨道能。但自洽场法所得的单电子原子轨道能之和，不正好等于原子的总能量，而应扣除多计算的电子间的互斥能。

中心力场法是将原子中其他电子对第 i 个电子的排斥作用看成是球对称的、只与径向有关的力场。这样，第 i 个电子受其余电子的排斥作用被看成相当于 σ_i 个电子在原子中心与之相互排斥。因此，第 i 个电子的势能函数为

$$V_i = -\frac{Z}{r_i} + \frac{\sigma_i}{r_i} = -\frac{Z - \sigma_i}{r_i} = -\frac{Z_i^*}{r_i} \qquad (2.4.6)$$

(2.4.6)式在形式上和单电子原子的势能相似。式中 Z_i^* 为对 i 电子的有效核电荷；σ_i 称为屏蔽常数，其意义是除 i 电子外，其他电子对 i 的排斥作用，使核的正电荷减小 σ_i。所以，多电子原子中第 i 个电子的单电子 Schrödinger 方程为

$$\left[-\frac{1}{2}\nabla_i^2 - \frac{Z-\sigma_i}{r_i}\right]\psi_i = E_i\psi_i \tag{2.4.7}$$

(2.4.7)式的 ψ_i 称单电子波函数,它近似地表示原子中第 i 个电子的运动状态,也称单电子原子轨道;E_i 近似地为这个状态的能量,即单电子原子轨道能。按 2.1 节中解单电子原子的 Schrödinger 方程的方法,将 Z 换成 Z_i^*,即得 ψ_i 和相应的 E_i,ψ_i 仍由 n,l,m 这三个量子数确定,而且

$$\psi_{nlm} = R'_{nl}(r)Y_{lm}(\theta,\phi) \tag{2.4.8}$$

因为解 Θ 方程和 Φ 方程时与势能项 $V(r_i)$ 无关,故 $Y_{lm}(\theta,\phi)$ 的形式和单电子原子相同,而 $R'_{nl}(r)$ 则和单电子原子的 $R_{nl}(r)$ 不相同。和 ψ_i 对应的单电子原子轨道能(以 eV 单位表达)为

$$E_i = -13.6(Z_i^*)^2/n^2 \tag{2.4.9}$$

原子的总能量近似地由各个电子的能量 E_i 加和得到,也可通过实验测定全部电子电离所需的能量得到。原子中全部电子电离能之和等于单电子原子轨道能总和的负值。

2.4.2 单电子原子轨道能和电子结合能

单电子原子轨道能是指和单电子波函数 ψ_i 相应的能量 E_i。原子的总能量近似等于各个电子的单电子原子轨道能之和。电子结合能是指在中性原子中当其他电子均处在可能的最低能态时,某电子从指定的轨道上电离所需能量的负值。电子结合能反映了原子轨道能级的高低,又称为原子轨道能级。

为了阐明上述两个概念及有关问题,下面分 4 个问题展开讨论。

1. 屏蔽效应和钻穿效应

电子间的相互作用可从屏蔽效应和钻穿效应两方面来认识。这两种效应有着密切的联系,它们都是根据单电子波函数和中心力场的近似模型提出来的,是在多电子原子中由于各个电子的量子数 n,l 不同,电子云分布不同,电子和电子之间、电子和核电荷之间相互的作用不同,引起单电子原子轨道能和电子结合能发生变化的能量效应。屏蔽效应是指核外某个电子 i 感受到核电荷的减少,使能级升高的效应;钻穿效应则是指电子 i 避开其余电子的屏蔽,其电子云钻到近核区而感受到较大核电荷作用,使能级降低的效应。这两种效应从不同的角度出发:钻穿效应把电子看作主体,从它自身分布的特点来理解;屏蔽效应把电子看作客体,考察它受其他电子的屏蔽影响。

从钻穿效应来看,主量子数 n 相同而角量子数 l 不同的轨道,能级由低到高的次序为:$n\text{s},n\text{p},n\text{d},n\text{f}$。这是因为主量子数相同的各态中,s 态峰的数目最多,它的分布特点是:主峰离核最远,小峰靠核最近,随着核电荷的增加,最靠近核的小峰在能量上的作用越来越明显。这一方面是小峰所代表的电子云有效地避开其他电子的屏蔽,作用在小峰上的 Z^* 大;另一方面,小峰离核近,r 小。两个因素都使电子和核的相互作用能增加,对该轨道的能级降低影响较大。

对 n 和 l 都不相同的轨道,能级高低可根据屏蔽效应和钻穿效应做些估计,但不能准确地判断,而且各种轨道能级高低不是固定不变的,而是随原子序数的改变而变化。例如,3d 和 4s 轨道能级高低随原子序数 Z 增加而出现交错:当 $Z \leqslant 7$,如 H 原子,3d 轨道能级较低;当 $8 \leqslant Z \leqslant 20$,如 K 原子,4s 轨道能级较低

$$E(4\text{s}) = E(\text{K}[\text{Ar}]4\text{s}^1) - E(\text{K}^+[\text{Ar}]) = -4.34 \text{ eV}$$

$$E(3\text{d}) = E(\text{K}[\text{Ar}]3\text{d}^1) - E(\text{K}^+[\text{Ar}]) = -1.67 \text{ eV}$$

当 $Z \geqslant 21$,如 Sc 原子,3d 轨道能级较低。一般说来,原子序数增加到足够大时,n 相同的内层轨道,能级随 l 不同而引起的分化相当小,原子轨道能级主要由主量子数决定。

2. 由屏蔽常数近似计算单电子原子轨道能

单电子原子轨道能可利用屏蔽常数近似计算。Slater(斯莱特)归纳了一些实验数据,提出估算屏蔽常数 σ 的经验方法:

(1) 将电子按内外次序分组:1s|2s,2p|3s,3p|3d|4s,4p|4d|4f|5s,5p|等;

(2) 外层电子对内层电子无屏蔽作用,$\sigma=0$;

(3) 同一组电子 $\sigma=0.35$(1s 组内电子间的 $\sigma=0.30$);

(4) 对于 s,p 电子,相邻内一组的电子对它的屏蔽常数是 0.85;对于 d,f 电子,相邻内一组的电子对它的屏蔽常数均为 1.00;

(5) 更内的各组 $\sigma=1.00$。

这个方法可用于主量子数为 1~4 的轨道,主量子数更高轨道的准确性较差。下面以碳原子为例,说明该法的应用。碳原子的电子组态为 $1s^2 2s^2 2p^2$,1s 电子的屏蔽常数 $\sigma=0.30$,因而有效核电荷 $Z^*=6-0.30=5.70$,碳原子的 1s 态单电子轨道能为

$$E_{1s}=-(13.6\,\text{eV})\times(5.70)^2=-442\,\text{eV}$$

2s 电子的屏蔽常数 $\sigma=2\times0.85+3\times0.35=2.75$,有效核电荷为 $Z^*=6-2.75=3.25$,碳原子 2s(或 2p)单电子轨道能为

$$E_{2s}=-(13.6\,\text{eV})\times\frac{3.25^2}{2^2}=-35.9\,\text{eV}$$

按 Slater 方法,E_{2s} 和 E_{2p} 相同,在 2s 和 2p 轨道上的 4 个电子的单电子原子轨道能之和为 $4\times(-35.9\,\text{eV})=-143.6\,\text{eV}$,此数值与 C 原子的第一至第四电离能之和的负值相近,即

$$-(I_1+I_2+I_3+I_4)=-(11.26+24.38+47.89+64.49)\,\text{eV}=-148.0\,\text{eV}$$

同理,两个处在 1s 轨道上的电子的单电子原子轨道能之和为

$$2\times\left[-(13.6\,\text{eV})\times\frac{(6-0.30)^2}{1}\right]=-884\,\text{eV}$$

与实验测定的 $(I_5+I_6)=(392.1+490.0)\,\text{eV}=882\,\text{eV}$ 的负值相近。这说明,原子总能量近似等于用 Slater 方法计算所得的各个电子的单电子原子轨道能之和。

按 Slater 方法计算,E_{2s} 和 E_{2p} 相等,但实际上多电子原子的 E_{2s} 和 E_{2p} 是不等的[①],这说明此方法过于粗略。徐光宪教授等给出的改进的 Slater 法考虑了 s,p,d,f 等轨道的差异,得到较好的结果。

在用屏蔽常数及原子的电离能时,应注意电子间的相互作用。如前所述,He 原子 $I_1=24.6\,\text{eV}$,$I_2=54.4\,\text{eV}$。这时不能简单地认为 He 原子 1s 单电子原子轨道能为 $-24.6\,\text{eV}$,并用以求算一个 1s 电子对另一个 1s 电子的屏蔽常数 σ

$$-24.6\,\text{eV}=-(13.6\,\text{eV})\times(2-\sigma)^2$$

这样得 $\sigma=0.65$,其原因是一个电子对另一个电子既有屏蔽作用,又有互斥作用。当一个电子电离时,既摆脱了核的吸引,也把互斥作用带走了。根据定义,I_1 对应于下一过程的能量变化

$$I_1=E(\text{He}^+)-E(\text{He})$$

He^+ 是单电子原子,其能量为

---

① 实验测定 2s 和 2p 单电子原子轨道能的平均差值为

原子	Li	Be	B	C	N	O	F
$(E_{2p}-E_{2s})/\text{eV}$	1.85	3.36	5.75	8.77	12.39	16.53	21.54

$$E(\text{He}^+) = -(13.6\text{ eV}) \times \frac{Z^2}{n^2} = -54.4\text{ eV}$$

而根据屏蔽常数,有

$$E(\text{He}) = -2 \times (13.6\text{ eV}) \times \frac{(2-\sigma)^2}{n^2} = -27.2 \times (2-\sigma)^2\text{ eV}$$

将这些数据代入,得

$$24.6 = -54.4 + 27.2 \times (2-\sigma)^2$$

解之,得

$$\sigma = 0.30$$

He 原子的 I_1 和 I_2 都不是 He 原子的 1s 单电子轨道能的负值,它的 1s 单电子原子轨道能为两者的平均值的负值 -39.5 eV。

利用屏蔽常数,还可按下式近似估算原子中某一原子轨道的有效半径 r^*

$$r^* = \frac{n^2}{Z^*}a_0 \tag{2.4.10}$$

例如 C 原子基态($1s^2 2s^2 2p^2$),2p 轨道 $Z^* = 3.25$,2p 轨道的有效半径 r^* 为

$$r^* = \frac{2^2}{3.25} \times 52.9\text{ pm} = 65\text{ pm}$$

3. 电子结合能

假定中性原子中从某个原子轨道上电离掉一个电子,而其余的原子轨道上电子的排布不因此而发生变化(即"轨道冻结"),这个电离能的负值即为该轨道的电子结合能。在徐光宪和王祥云编著的《物质结构》(第二版)中称为中性原子的原子轨道能量,并于表 2.5 中给出 1~100 号元素各个轨道的数据。通常所说的当原子结合成分子时,能量相近的原子轨道才能有效地组成分子轨道,所指的能量就是电子结合能。表2.4.1列出若干原子的电子结合能的实验值。现以 He 原子为例说明:He 原子基态有 2 个电子处在 1s 轨道上,如前所述,它的第一电离能(I_1)为 24.6 eV,第二电离能(I_2)为 54.4 eV。根据上述定义,He 原子 1s 轨道的电子结合能为 -24.6 eV,而 He 原子的 1s 单电子原子轨道能为

$$-\frac{(24.6+54.4)\text{eV}}{2} = -39.5\text{ eV}$$

表 2.4.1 若干原子的原子轨道电子结合能实验值(负值,eV)

原　子	1s	2s	2p	3s	3p	3d	4s
H	13.6						
He	24.6						
Li	58	5.4					
Be	115	9.3					
B	192	12.9	8.3				
C	288	16.6	11.3				
N	403	20.3	14.5				
O	538	28.5	13.6				
F	694	37.9	17.4				
Ne	870	48.5	21.6				
Na	1075	66	34	5.1			
K	3610	381	298	37	19	1.7	4.3
Sc	4494	503	406	55	33	8.0	6.6

电子结合能与单电子原子轨道能互有联系:对单电子原子,两者数值相同;对 Li,Na,K 的最外层一个电子,两者也相同;但在其他情况下就不相同了。这正说明电子间存在互斥能等相互作用的因素。

4. 电子互斥能

电子互斥能由原子中同号电荷的库仑排斥作用所引起。处在不同状态的电子,其分布密度不同,电子互斥能不同。例如 Sc 原子,2 个处在 3d 轨道上的电子其互斥能 $J(d,d)$ 要比 2 个处在 4s 轨道上的电子的互斥能 $J(s,s)$ 大。

原子中能级高低与电子互斥能有关。实验测得,Sc 原子:

$$E(4s) = E[Sc(3d^1 4s^2)] - E[Sc^+(3d^1 4s^1)] = -6.62 \text{ eV}$$

$$E(3d) = E[Sc(3d^1 4s^2)] - E[Sc^+(3d^0 4s^2)] = -7.98 \text{ eV}$$

式中将 Sc[Ar]$3d^1 4s^2$ 简写为 Sc($3d^1 4s^2$),下面也按此简写表示。由此数据可见,Sc 原子的 4s 轨道能级高。但 Sc 的基态电子组态却为 Sc($3d^1 4s^2$)。由基态 Sc($3d^1 4s^2$)向激发态 Sc($3d^2 4s^1$) 跃迁时,需要吸收能量 2.03 eV,即

$$E[Sc(3d^2 4s^1)] - E[Sc(3d^1 4s^2)] = 2.03 \text{ eV}$$

现将 Sc 原子和 Sc$^+$ 离子有关组态的相对能级示意于图 2.4.2 中。

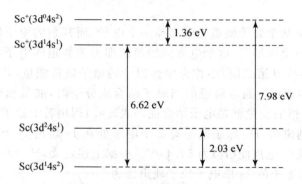

图 2.4.2　Sc 原子和 Sc$^+$ 离子一些组态的能级

分析上述有关数据,会出现下面两个问题:

(1) Sc 原子基态的电子组态为什么是 $3d^1 4s^2$,而不是 $3d^2 4s^1$ 或 $3d^3 4s^0$ 呢?

(2) 为什么 Sc 原子(及其他过渡金属原子)电离时先失去的是 4s 电子,而不是 3d 电子?

通过实验测定原子及离子的电离能(I),推出原子中不同轨道上电子的互斥能(J),进行比较,就可回答上述问题。

Sc^{2+} 的电离能实验值为

$$Sc^{2+}(3d^1 4s^0) \longrightarrow Sc^{3+}(3d^0 4s^0) + e^- \qquad I_d = 24.75 \text{ eV}$$

$$Sc^{2+}(3d^0 4s^1) \longrightarrow Sc^{3+}(3d^0 4s^0) + e^- \qquad I_s = 21.60 \text{ eV}$$

根据这些数据,可以推得 Sc 原子的电子互斥能为

$$J(d,d) = 11.78 \text{ eV}$$

$$J(d,s) = 8.38 \text{ eV}$$

$$J(s,s) = 6.60 \text{ eV}$$

当电子进入 Sc^{3+}($3d^0 4s^0$),因 3d 能级低,先进入 3d 轨道;再有一个电子进入 Sc^{2+}($3d^1 4s^0$)时,因

为 $J(d,d)$ 较大,电子填充在 4s 轨道上,成为 $Sc^+(3d^1 4s^1)$;若继续有电子进入,也因同样原因,电子应进入 4s 轨道。这样,基态 Sc 的电子组态为 $Sc(3d^1 4s^2)$。所以,电子填充次序应使体系总能量保持最低,而不单纯按轨道能级高低的次序。电离时先失去 4s 电子,因为 4s 的能级高。(参看本书配套的《习题解析》综合题 C.5。)过渡金属原子最外层 ns 轨道能级要比 $(n-1)d$ 的能级高。这些原子中电子的增填次序和电离次序常与 Sc 原子相似,其原因可从电子互斥能来理解。

2.4.3　基态原子的电子排布

原子的核外电子排布遵循下面 3 个原则:

(1) Pauli 原理——在一个原子中,没有两个电子有完全相同的 4 个量子数。即一个原子轨道最多只能排两个电子,而且这两个电子的自旋状态必须不同。这两种不同的自旋态通常用自旋函数 α 和 β 表示。

(2) 能量最低原理——在不违背 Pauli 原理的前提下,电子优先占据能级较低的原子轨道,使整个原子体系能量最低,这样的状态被称作原子的基态。

(3) Hund 规则——在能级高低相等的轨道上,电子尽可能分占不同的轨道,且自旋相同。

作为 Hund 规则的补充,能级高低相等的轨道上全充满和半充满的状态比较稳定,因为这时电子云分布近于球形。

根据上述原则,可将核外电子进行填充。由 n,l 表示的一种电子排布方式,叫作一种电子组态。电子在原子轨道中填充的顺序为

$$1s,2s,2p,3s,3p,4s,3d,4p,5s,4d,5p,6s,4f,5d,6p,7s,5f,6d,\cdots$$

在此填充顺序中,3d 排在 4s 之后,4d 排在 5s 之后,4f、5d 排在 6s 之后,5f、6d 排在 7s 之后,使得周期表中过渡元素"延迟"出现。电子在原子轨道中的填充顺序,并不是原子轨道能级高低的顺序,填充次序遵循的原则是使原子的总能量保持最低。填充次序表示随着核电荷数目 Z 增加的各个原子,电子数目增加时,外层电子排布的规律。原子轨道能级的高低随原子序数而改变,甚至对同一原子,电子占据的原子轨道变化之后,各电子间的相互作用情况改变,各原子轨道的能级也会发生变化。

核外电子组态一般可按上述规则写出,例如:

$$Fe:1s^2 2s^2 2p^6 3s^2 3p^6 3d^6 4s^2$$

通常为了简化组态的表示法,采用原子实加价电子层表示,即

$$Fe:[Ar]3d^6 4s^2$$

这里,原子实 $[Ar]$ 是指 Fe 的原子核及 Ar 的基态核外电子组态。在表达式中,将主量子数小的写在前面。

电子在原子轨道中的填充次序,在最外层常出现不规则现象,它们有 Cr,Cu,Nb,Mo,Ru,Rh,Pd,Ag,La,Ce,Gd,Pt,Au,Ac,Th,Pa,U,Np,Cm 等。出现这种现象的原因一部分是由于满足 d 和 f 轨道为全充满或半充满的需要。

对多电子原子,在知道它的组态及电子的自旋态后,可用一总的波函数 $\psi(1,2,\cdots,n)$ 来表示 n 个电子组成的原子的状态。

以 He 原子为例,它的 2 个电子均处在 1s 轨道,自旋相反,即一个电子的自旋为 α,另一个电子的自旋为 β,可有 4 种自旋-轨道组合方式。这时若仅用下式

$$\psi_{1s}(1)\alpha(1)\psi_{1s}(2)\beta(2)$$

表示,则坐标的交换结果为

$$\psi_{1s}(2)\alpha(2)\psi_{1s}(1)\beta(1)$$

它们中的任一个都不能满足 Pauli 原理,即交换任意 2 个电子的坐标,全波函数为反对称,即

$$\psi(1,2) = -\psi(2,1)$$

所以需要将上面两部分进行线性组合,即

$$\psi(1,2) = \frac{1}{\sqrt{2}}\left[\psi_{1s}(1)\alpha(1)\psi_{1s}(2)\beta(2) - \psi_{1s}(2)\alpha(2)\psi_{1s}(1)\beta(1)\right]$$

式中 $1/\sqrt{2}$ 为归一化因子。这一表达式通常写成 Slater(斯莱特)行列式的形式

$$\psi(1,2) = \frac{1}{\sqrt{2}}\begin{vmatrix} \psi_{1s}(1)\alpha(1) & \psi_{1s}(2)\alpha(2) \\ \psi_{1s}(1)\beta(1) & \psi_{1s}(2)\beta(2) \end{vmatrix}$$

含 n 个电子的 Slater 行列式为

$$\psi(1,2,\cdots,n) = \frac{1}{\sqrt{n!}}\begin{vmatrix} \phi_1(1) & \phi_1(2) & \cdots & \phi_1(n) \\ \phi_2(1) & \phi_2(2) & \cdots & \phi_2(n) \\ \cdots & \cdots & \cdots & \cdots \\ \phi_n(1) & \phi_n(2) & \cdots & \phi_n(n) \end{vmatrix}$$

式中 $\phi_1,\phi_2,\cdots,\phi_n$ 表示由轨道波函数和自旋波函数共同组成的一种波函数(旋-轨函数)。在 Slater 行列式中,每一行对应 1 个自旋-轨道,每一列对应 1 个电子。

2.5 元素周期表与元素周期性质

2.5.1 元素周期表

元素周期表的确立是化学发展史上的里程碑。19 世纪后半叶,B. de Chancourtois(尚古尔多,法国)、W. Odling(欧德林,英国)、J. L. Meyer(迈耶尔,德国)、D. I. Mendeleev(门捷列夫,俄国)以及 B. Brauner(布劳纳尔,捷克)等化学家,根据当时已发现的几十种元素的原子量和元素的性质,总结出元素的性质是它的原子量的函数,它周期性地随着它们的原子量的变化而改变等元素周期律,制作出形式多样的元素周期表。门捷列夫并深入地在周期律的应用上下工夫,预言了类硼(Eb,即钪 Sc)、类铝(Ea,即镓 Ga)、类硅(Es,即锗 Ge)和类锰(Em,即锝 Tc)的存在和性质。他的这些预言,为以后对元素及其化合物的研究工作指明了方向,并得到充分的实验的证实,增加了元素周期表的可信度及理解它的重要性。

在以后的科学发展进程中,随着对原子结构的了解、新元素的发现以及对原子性质的深入研究,学者们先后提出了几十种形式的元素周期表,其中使用最多的是将元素分成 7 个周期、18 个族的横排周期表。本书考虑读者阅读的方便,采用竖排周期表,如表 2.5.1 所示。下面就表中所列数据加以说明。表中 113,115,117,118 号元素的中文名称分别为钚(音你,nǐ),镆(音莫,mó),硱(音田,tián),鿫(音奥,ào)。

1. 周期

周期是和原子处在基态时核外电子填充的最高量子数 n 相对应的,即第 n 周期元素的原子都有电子处在 ns 原子轨道中,根据最高的 n 值从 1 到 7 分成 7 个能级层,依大小次序分别用大写英文字母 K,L,M,N,O,P,Q 表示,列于表 2.5.2 中。表中右边列出各个能级层中的原子轨道和容纳元素的数目。表中各个能级层高低表示了基态原子的核外电子填充的次序。不同的元素能级高低会有变化,例如 H 原子 n 相同的各个轨道(例如 3s,3p,3d),它的能级高低是相同的,但多电子原子就不同了,如表 2.4.1 所示。

表 2.5.1 元素周期表

图例说明：原子序数 / 元素名称 / 元素符号 / （*表示人造元素）

19 钾 **K** 39.098 $4s^1$ （常规的原子量(2016) / []同位素的质量数/半衰期最长的 / 价电子组态）

族 \ 周期	1	2	3	4	5	6	7		镧系 57~71	锕系 89~103
1 (1A)	1 氢 H 1.008 $1s^1$	3 锂 Li 6.94 $2s^1$	11 钠 Na 22.990 $3s^1$	19 钾 K 39.098 $4s^1$	37 铷 Rb 85.468 $5s^1$	55 铯 Cs 132.91 $6s^1$	87 钫 Fr* [223] $7s^1$	s区		
2 (2A)		4 铍 Be 9.0122 $2s^2$	12 镁 Mg 24.305 $3s^2$	20 钙 Ca 40.078 $4s^2$	38 锶 Sr 87.62 $5s^2$	56 钡 Ba 137.33 $6s^2$	88 镭 Ra* [226] $7s^2$			
3 (3B)				21 钪 Sc 44.966 $3d^14s^2$	39 钇 Y 88.906 $4d^15s^2$	57~71 La~Lu	89~103 Ac~Lr		镧系	锕系
4 (4B)				22 钛 Ti 47.867 $3d^24s^2$	40 锆 Zr 91.224 $4d^25s^2$	72 铪 Hf 178.49 $5d^26s^2$	104 鑪 Rf* [267] $6d^27s^2$		57 镧 La 138.91 $5d^16s^2$	89 锕 Ac* [227] $6d^17s^2$
5 (5B)				23 钒 V 50.942 $3d^34s^2$	41 铌 Nb 92.906 $4d^45s^1$	73 钽 Ta 180.95 $5d^36s^2$	105 𨧀 Db* [268] $6d^37s^2$		58 铈 Ce 140.12 $4f^15d^16s^2$	90 钍 Th* 232.04 $6d^27s^2$
6 (6B)				24 铬 Cr 51.996 $3d^54s^1$	42 钼 Mo 95.95 $4d^55s^1$	74 钨 W 183.84 $5d^46s^2$	106 𨭆 Sg* [271] $6d^47s^2$	d区	59 镨 Pr 140.91 $4f^36s^2$	91 镤 Pa* 231.04 $5f^26d^17s^2$
7 (7B)				25 锰 Mn 54.938 $3d^54s^2$	43 锝 Tc* [98] $4d^55s^2$	75 铼 Re 186.21 $5d^56s^2$	107 𨨏 Bh* [270] $6d^57s^2$		60 钕 Nd 144.24 $4f^46s^2$	92 铀 U* 238.03 $5f^36d^17s^2$
8 (8B)				26 铁 Fe 55.845 $3d^64s^2$	44 钌 Ru 101.07 $4d^75s^1$	76 锇 Os 190.23 $5d^66s^2$	108 𨭳 Hs* [277] $6d^67s^2$		61 钷 Pm* [145] $4f^56s^2$	93 镎 Np* [237] $5f^46d^17s^2$
9 (8B)				27 钴 Co 58.933 $3d^74s^2$	45 铑 Rh 102.91 $4d^85s^1$	77 铱 Ir 192.22 $5d^76s^2$	109 鿏 Mt* [276] $6d^77s^2$		62 钐 Sm 150.36 $4f^66s^2$	94 钚 Pu* [244] $5f^67s^2$
10				28 镍 Ni 58.693 $3d^84s^2$	46 钯 Pd 106.42 $4d^{10}$	78 铂 Pt 195.08 $5d^96s^1$	110 𫟼 Ds* [281] $6d^87s^2$		63 铕 Eu 151.96 $4f^76s^2$	95 镅 Am* [243] $5f^77s^2$
11 (1B)				29 铜 Cu 63.546 $3d^{10}4s^1$	47 银 Ag 107.87 $4d^{10}5s^1$	79 金 Au 196.97 $5d^{10}6s^1$	111 𬬭 Rg* [282] $6d^{10}7s^1$	ds区	64 钆 Gd 157.25 $4f^75d^16s^2$	96 锔 Cm* [247] $5f^76d^17s^2$
12 (2B)				30 锌 Zn 65.38 $3d^{10}4s^2$	48 镉 Cd 112.41 $4d^{10}5s^2$	80 汞 Hg 200.59 $5d^{10}6s^2$	112 鎶 Cn* [285] $6d^{10}7s^2$		65 铽 Tb 158.93 $4f^96s^2$	97 锫 Bk* [247] $5f^97s^2$
13 (3A)			5 硼 B 10.81 $2s^22p^1$	13 铝 Al 26.982 $3s^23p^1$	31 镓 Ga 69.723 $4s^24p^1$	49 铟 In 114.82 $5s^25p^1$	81 铊 Tl 204.38 $6s^26p^1$	113 鉨 Nh* [285] $7s^27p^1$	66 镝 Dy 162.50 $4f^{10}6s^2$	98 锎 Cf* [251] $5f^{10}7s^2$
14 (4A)			6 碳 C 12.011 $2s^22p^2$	14 硅 Si 28.085 $3s^23p^2$	32 锗 Ge 72.630 $4s^24p^2$	50 锡 Sn 118.71 $5s^25p^2$	82 铅 Pb 207.2 $6s^26p^2$	114 𫓧 Fl* [289] $7s^27p^2$	67 钬 Ho 164.93 $4f^{11}6s^2$	99 锿 Es* [252] $5f^{11}7s^2$
15 (5A)			7 氮 N 14.007 $2s^22p^3$	15 磷 P 30.974 $3s^23p^3$	33 砷 As 74.922 $4s^24p^3$	51 锑 Sb 121.76 $5s^25p^3$	83 铋 Bi 208.98 $6s^26p^3$	115 镆 Mc* [289] $7s^27p^3$ p区	68 铒 Er 167.26 $4f^{12}6s^2$	100 镄 Fm* [257] $5f^{12}7s^2$
16 (6A)			8 氧 O 15.999 $2s^22p^4$	16 硫 S 32.06 $3s^23p^4$	34 硒 Se 78.971 $4s^24p^4$	52 碲 Te 127.60 $5s^25p^4$	84 钋 Po [209] $6s^26p^4$	116 𫟷 Lv* [293] $7s^27p^4$	69 铥 Tm 168.93 $4f^{13}6s^2$	101 钔 Md* [258] $5f^{13}7s^2$
17 (7A)			9 氟 F 18.998 $2s^22p^5$	17 氯 Cl 35.45 $3s^23p^5$	35 溴 Br 79.904 $4s^24p^5$	53 碘 I 126.90 $5s^25p^5$	85 砹 At [210] $6s^26p^5$	117 鿬 Ts* [294] $7s^27p^5$	70 镱 Yb 173.05 $4f^{14}6s^2$	102 锘 No* [259] $5f^{14}7s^2$
18 (8A)	2 氦 He 4.0026 $1s^2$	10 氖 Ne 20.180 $2s^22p^6$	18 氩 Ar 39.95 $3s^23p^6$	36 氪 Kr 83.80 $4s^24p^6$	54 氙 Xe 131.3 $5s^25p^6$	86 氡 Rn [222] $6s^26p^6$	118 鿫 Og* [294] $7s^27p^6$	71 镥 Lu 175.07 $4f^{14}5d^16s^2$	103 铹 Lr* [262] $5f^{14}6d^17s^2$	f区

表 2.5.2　周期和能级层

周期	能级层	能级层中的原子轨道	容纳元素数目
1	K	K：1s	2
2	KL	L：2s2p	8
3	KLM	M：3s3p	8
4	KLMN	N：4s3d4p	18
5	KLMNO	O：5s4d5p	18
6	KLMNOP	P：6s4f5d6p	32
7	KLMNOPQ	Q：7s5f6d7p	32

能级层的概念和一些书中所指的"主量子数为 n 的一个壳层"意义不同。后者是指 n 相同的壳层,例如 $n=3$,它包含 3s,3p,3d 共计 9 个轨道,可容纳 18 个电子,按此可以推得容纳电子数目为 $2n^2$。

2. 族

20 世纪 80 年代 IUPAC 建议元素周期表中元素的分族用阿拉伯数字从 1～18 进行标记,代替原有按主族元素用 ⅠA～ⅧA 和副族元素用 ⅠB～ⅧB 的分族方法。本书采用 1～18 分族法,并考虑到主族和副族分族习惯以及许多教材还在使用,所以将主、副族分族记号加括号标出,而把罗马数字Ⅰ～Ⅷ改为阿拉伯数字 1～8。

3. 标准原子量

原子量是相对原子质量的简称。标准原子量是 IUPAC 于 2009 年提出的,于 2011 年、2013 年和 2016 年加以修正。表 2.5.1 中所列的数值是 2016 年 IUPAC 给出的 84 种元素的常规的原子量,略去误差。12 种元素的标准原子量的区间值的数值如下:

H [1.0078,1.0082]，　　Li [6.938,6.997]，　　B [10.806,10.821]，
C [12.009,12.012]，　　N [14.006,14.008]，　　O [15.999,16.000]，
Mg [24.304,24.307]，　　Si [28.084,28.086]，　　S [32.069,32.076]，
Cl [35.446,35.457]，　　Br [79.901,79.907]，　　Tl [204.38,204.39].

为了读者使用方便,表 2.5.1 只给出常规的原子量的单一数值。除上述 84 种元素外,其余 34 种元素(IUPAC)没有列出原子量的数值,因为这些元素都没有稳定的同位素。本表中用方括号[　]标出的是它的半衰期最长的同位素的质量数。

4. 元素的分区

根据元素的价电子组态,周期表中通常将元素分成 5 个区,如表 2.5.3 所示。

s 区(第 1～2 族)和 p 区(第 13～18 族)元素只有最外层未填满电子或全填满电子,称为主族元素。主族元素共计 44 种,其余为副族元素。d 区(第 3～10 族)元素常称为过渡元素,它们是d轨道未填满电子的元素,d轨道将参加成键。有时可把过渡元素的范围扩大到 ds 区(第 11～12 族)和f 区元素。

表 2.5.3　元素的分区

元素分区	范　　围	价电子组态
s 区	1～2 族	$ns^{1\sim2}$(ns^1 为碱金属，ns^2 为碱土金属)
p 区	13～18 族	$ns^2np^{1\sim6}$
d 区	3～10 族	$(n-1)d^{1\sim10}ns^{0\sim2}$
ds 区	11～12 族	$(n-1)d^{10}ns^{1\sim2}$
f 区	镧系和锕系	$(n-2)f^{0\sim14}(n-1)d^{0\sim2}ns^2$

表 2.5.1 中画出一条粗的折线，它是金属元素和非金属元素的分界线，它对于研究 s 区和 p 区元素的性质有重要意义。

2.5.2　原子结构参数

原子的性质常用原子结构参数表示。例如原子的大小用原子半径表示，化合物中原子吸引价电子能力的相对大小用电负性表示，原子电离所需能量用电离能表示。原子结构参数是指原子半径(r)、原子核荷电量(Z)、有效核电荷(Z^*)、第一电离能(I_1)、第二电离能(I_2)、电子亲和能(Y)、电负性(χ)、化合价、电子结合能，等等。有时还用两个原子结构参数组合成新的参数，如 Z^*/r，Z^2/r，(I_1+Y) 等来表示原子的性质。

原子结构参数可分两类：

（1）和自由原子的性质关联，如原子的电离能、电子亲和能、原子光谱谱线的波长等，它们是指气态原子的性质，与其他原子无关，因而数值单一。当然实验测定这些性质时，各种不同的实验方法会有不同的误差和不同的准确度。这类结构参数的理论计算值也会随所用模型和计算方法不同而有差异。

（2）化合物中表征原子性质的参数，如原子半径、电负性和电子结合能等，同一种原子在不同条件下有不同的数值。例如，原子中电子的分布是连续的，没有明显的边界，因而原子的大小没有单一的、绝对的含义，表示原子大小的原子半径是指化合物中相邻两个原子的接触距离为该两个原子的半径之和。不同的化合物原子间的距离不同，原子半径随所处环境而变。原子间距离可通过实验准确测定，但对两个原子半径的划分和推求又受到所给条件的制约。因此标志原子大小的半径有共价单键半径、共价双键半径、离子半径、金属原子半径和范德华半径等等，而且其数值具有统计平均的含义。

2.5.3　原子的电离能

从气态基态原子移去一个电子成为一价气态正离子所需的最低能量称为原子的第一电离能(I_1)，通常用该过程的焓的改变量 ΔH 表示：

$$A(g) \longrightarrow A^+(g) + e^-(g) \qquad \Delta H = I_1$$

气态 A^+ 失去一个电子成二价气态正离子(A^{2+})所需的能量为第二电离能(I_2)，以此类推。

原子的电离能用来衡量一个原子或离子丢失电子的难易程度，它具有明显的周期性。表 2.5.4 列出主族元素原子的第一电离能。图 2.5.1 示出原子的 I_1 和 I_2 与原子序数 Z 的关系。

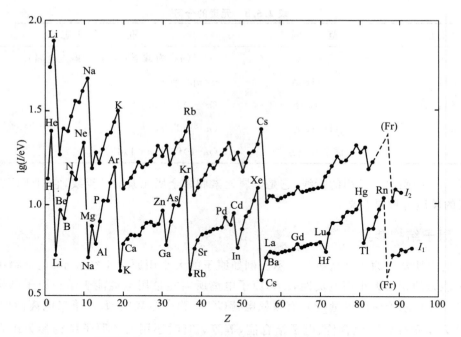

图 2.5.1　原子的第一电离能(I_1)和第二电离能(I_2)与原子序数(Z)的关系

表 2.5.4　主族元素的第一电离能(I_1)和电子亲和能(Y)（单位：eV）[a]

H							He
13.5984							24.5874
0.7542							(−0.5)
Li	Be	B	C	N	O	F	Ne
5.3917	9.3227	8.2980	11.2603	14.5341	13.6181	17.4228	21.5646
0.6180	(−0.5)	0.2797	1.2621	−0.07	1.4611	3.4012	(−1.2)
Na	Mg	Al	Si	P	S	Cl	Ar
5.1391	7.6462	5.9858	8.1517	10.4867	10.3600	12.9676	15.7596
0.5479	(−0.4)	0.433	1.3895	0.7465	2.0771	3.6127	(−1.0)
K	Ca	Ga	Ge	As	Se	Br	Kr
4.3407	6.1132	5.9993	7.8994	9.7886	9.7524	11.8138	13.9996
0.5015	(−0.3)	0.43	1.2327	0.814	2.0207	3.3636	(−1.0)
Rb	Sr	In	Sn	Sb	Te	I	Xe
4.1771	5.6949	5.7864	7.3439	8.6084	9.0096	10.4513	12.1298
0.4859	(−0.3)	0.3	1.1121	1.046	1.9708	3.0590	(−0.8)
Cs	Ba	Tl	Pb	Bi	Po	At	Rn
3.8939	5.2117	6.1082	7.4167	7.2856	8.417	—	10.7485
0.4716	(−0.3)	0.2	0.364	0.946	1.9	2.8	(−0.7)

[a] 元素符号下面第一个数为 I_1，第二个数为 Y。

由图 2.5.1 中 I_1-Z 曲线可见：

（1）稀有气体的电离能总是处于极大值，而碱金属的电离能处于极小值。这是由于稀有气体的原子形成完满电子层，从完满电子层移去一个电子是很困难的。碱金属只有一个电子在完满电子层之外,容易失去,但若再电离第二个电子就困难了,所以碱金属容易形成一价正离子。碱土金属的 I_1 比碱金属稍大一些,I_2 仍比较小,其原因和碱金属的 I_1 较小一样,因此碱土金属较易成二价正离子。

（2）除过渡金属元素外,同一周期元素的 I_1,基本上随着原子序数的增加而增加,例如 H～He,Li～Ne,Na～Ar,K～Kr,等等。而同一族元素,随原子序数的增加,I_1 趋于减小。因此,碱金属的第一电离能最小,最容易丢失电子成正离子,金属性最强,而稀有气体元素的 I_1 最大,最不易丢失电子。

（3）过渡金属元素的第一电离能不甚规则地随原子序数的增加而增加。对于同一周期的元素,最外层电子组态 (ns^2) 相同,当核增加一个正电荷,在 $(n-1)d$ 轨道增加一个电子,这个电子大部分处在 ns 轨道以内,故随核电荷增加,有效核电荷增加不多。

（4）同一周期中,第一电离能的变化具有起伏性,如由 Li 到 Ne 并非单调上升,Be,N,Ne 都较相邻两元素为高,这是由于能量相同的轨道电子填充出现全满、半满或全空等情况。Li 的第一电离能最低,由 Li 到 Be 随核电荷升高电离能升高,这是由于 Be 为 $2s^2$ 电子组态。B 失去一个电子可得 $2s^2 2p^0$ 的结构,所以 B 的第一电离能反而比 Be 低;N 原子有较高的电离能,因它为半充满的 p^3 组态;O 原子的电离能又低于氮原子,因失去一个电子可得半充满的 p^3 组态;Ne 为 $2s^2 2p^6$ 的稳定结构,在这一周期中电离能最高。

由图 2.5.1 中 $I_2\text{-}Z$ 曲线可见:

（1）I_2 总是大于 I_1,所以 $I_2\text{-}Z$ 曲线在 $I_1\text{-}Z$ 曲线的上方。曲线形状相似,但峰值向 Z 增大（一个）的方向移动。

（2）碱金属的 I_2 具有极大值,即 Li^+,Na^+,K^+,Rb^+,Cs^+ 分别和 He,Ne,Ar,Kr,Xe 为等电子体,具有完整的闭壳层电子组态,而且这些离子比中性稀有气体原子有更多的有效核正电荷吸引住电子,使外层电子束缚更紧。在一般化学反应条件下,碱金属不可能变成 M^{2+} 离子。

（3）碱土金属 Be,Mg,Ca,Sr,Ba 在 $I_2\text{-}Z$ 曲线上处于极小值,容易电离成二价正离子。可以预见,在 $I_3\text{-}Z$ 曲线中将处于极大值,不能形成 M^{3+} 离子。

2.5.4 电子亲和能

气态原子获得一个电子成为一价负离子时所放出的能量称为电子亲和能,常用 Y 表示,即

$$A(g) + e^-(g) \longrightarrow A^-(g) \qquad -\Delta H = Y$$

由于负离子的有效核电荷较原子少,电子亲和能的绝对数值一般约比电离能小一个数量级,加之数据测定的可靠性较差,重要性不如电离能。

电子亲和能的大小涉及核的吸引和核外电荷相斥两个因素。原子半径减小,核的吸引力增大;但电子云密度也大,电子间排斥力增强。虽然一般说来,电子亲和能随原子半径减小而增大,但同一周期和同一族的元素都没有单调变化规律。

表 2.5.4 列出主族元素的电子亲和能。从原子结构的直观概念分析,原子核外电子的屏蔽不会大于核电荷数,中性原子的有效核电荷必定大于零。所以,负值大的电子亲和能是不合理的。表中除 N 外,所有的负值都是由理论计算得到的（可能计算所用的模型不够完善）。因此,在电子亲和能的实验测定数据为负值时,可以将它看作零,在表 2.5.4 中将这些数据加上括号。

2.5.5　电负性

电负性概念由 Pauling 提出,用以量度原子对成键电子吸引能力的相对大小。当 A 和 B 两种原子结合成双原子分子 AB 时,若 A 的电负性大,则生成分子的极性是 $A^{\delta-} B^{\delta+}$,即 A 原子带有较多的负电荷,B 原子带有较多的正电荷;反之,若 B 的电负性大,则生成分子的极性是 $A^{\delta+} B^{\delta-}$ 。分子的极性愈大,离子键成分愈高,因此电负性也可看作原子形成负离子倾向相对大小的量度。

Pauling 的电负性标度 χ_P 是用两元素形成化合物时的生成焓的数值来计算的。他认为,若 A 和 B 两个原子的电负性相同,A—B 键的键能应为 A—A 键和 B—B 键键能的几何平均值。而大多数 A—B 键的键能均超过此平均值,此差值可用以测定 A 原子和 B 原子电负性的依据。例如,H—F 键的键能为 $565 \ kJ \ mol^{-1}$,而 H—H 和 F—F 键的键能分别为 $436 \ kJ \ mol^{-1}$ 和 $155 \ kJ \ mol^{-1}$ 。它们的几何平均值为 $(155 \times 436)^{\frac{1}{2}} \ kJ \ mol^{-1} = 260 \ kJ \ mol^{-1}$,差值 Δ 为 $305 \ kJ \ mol^{-1}$ 。根据一系列电负性数据拟合,可得方程

$$\chi_A - \chi_B = 0.102\Delta^{\frac{1}{2}}$$

F 的 χ 为 4.0,这样 H 的电负性为

$$4.0 - 0.102 \times (305)^{\frac{1}{2}} = 2.2$$

Mulliken(马利肯)认为,比较原子电负性的大小应综合考虑原子吸引外层电子的能力和抵抗丢失电子的能力。前者和电子亲和能成正比,后者和第一电离能成正比。Mulliken 的电负性标度 χ_M 为 I_1 和 Y 数值之和(以 eV 为单位)乘以一个因子,使之与 χ_P 接近。

Allred(阿尔雷特)和 Rochow(罗昭)提出计算电负性的方法。这一方法对大多数元素更容易应用,因为根据静电引力,核对外层价电子的引力是

$$F = \frac{Z^* e^2}{4\pi\varepsilon_0 r^2}$$

式中 Z^* 是作用于价电子上的有效核电荷数,可按 Slater 提出的方法计算(见 2.4 节); e 代表一个电子的电荷; r 是原子的共价半径(单位为 pm)。为使计算出的电负性与 Pauling 的电负性数值尽可能符合,引入两个常数,得

$$\chi_{AR} = 3590 \frac{Z^*}{r^2} + 0.744$$

1989 年,L. C. Allen(阿伦)根据光谱数据提出电负性的定义——基态时自由原子价层电子的平均单电子能量。他用下式计算主族元素(包括稀有气体)的电负性,获得电负性的绝对值为

$$\chi_S = \frac{m\varepsilon_p + n\varepsilon_s}{m + n}$$

式中 m 和 n 分别为 p 轨道和 s 轨道上的电子数; ε_p 和 ε_s 为一个原子的 p 轨道和 s 轨道上的电子的平均能量,可从光谱数据获得。为了和 Pauling 电负性值拟合,将 χ 的 eV 单位乘以 $(2.30/13.60)$ 因子,即得电负性的光谱标度 χ_S 。

表 2.5.5 列出主族元素及第一过渡系列元素的电负性。

表 2.5.5　元素的电负性[a]

H							He		
2.20							—		
2.30							4.16		
Li	Be	B	C	N	O	F	Ne		
0.98	1.57	2.04	2.55	3.04	3.44	3.98	—		
0.91	1.58	2.05	2.54	3.07	3.61	4.19	4.79		
Na	Mg	Al	Si	P	S	Cl	Ar		
0.93	1.31	1.61	1.90	2.19	2.58	3.16			
0.87	1.29	1.61	1.92	2.25	2.59	2.87	3.24		
K	Ca	Ga	Ge	As	Se	Br	Kr		
0.82	1.00	1.81	2.01	2.18	2.55	2.96			
0.73	1.03	1.76	1.99	2.21	2.42	2.69	2.97		
Rb	Sr	In	Sn	Sb	Te	I	Xe		
0.82	0.95	1.78	1.96	2.05	2.10	2.66	—		
0.71	0.96	1.66	1.82	1.98	2.16	2.36	2.58		
Sc	Ti	V	Cr	Mn	Fe	Co	Ni	Cu	Zn
1.36	1.54	1.63	1.66	1.55	1.83	1.88	1.91	1.90	1.65
1.15	1.28	1.42	1.57	1.74	1.79	1.82	1.80	1.74	1.60

[a] 元素符号下面第一个数为 χ_P，第二个数为 χ_S。

由表 2.5.5 中的电负性数据可见：

(1) 金属元素的电负性较小，非金属元素的较大。电负性是判断元素金属性的重要参数。$\chi=2$ 可作为近似标志金属元素和非金属元素的分界点。

(2) 同一周期的元素，由左向右随着族次增加，电负性增加。对第二周期元素，原子序数每增加一个，电负性约增加 0.5。同一族元素，其电负性随着周期的增加而减小。因此，电负性大的元素集中在周期表的右上角，而小的分布于左下角。

(3) 电负性差别大的元素之间的化合物以离子键为主，电负性相近的非金属元素相互以共价键结合、金属元素相互以金属键结合。离子键、共价键和金属键是 3 种极限键型。由于键型变异，在化合物中出现一系列过渡性的化学键，电负性数据是研究键型变异的重要参数。

(4) 稀有气体在同一周期中电负性最高，这是因为它们具有极强的保持电子的能力，即 I_1 特别大。Ne 的电负性比所有开壳层电子结构的元素都高，它对价电子抓得极紧，以至于不能形成化学键。Xe 和 F，O 比较，电负性较低，可以形成氧化物和氟化物；Xe 和 C 的电负性相近，可以形成共价键。第一个测定出晶体结构的包含 Xe—C 共价键的化合物为

$$[F_5C_6XeNCMe]^+[(C_6F_5)_2BF_2]^- MeCN$$

2.5.6　相对论效应对元素周期性质的影响

相对论效应可理解为光速 c 的有限值

$$c = 2.99792458 \times 10^8 \text{ m s}^{-1} = 137.036 \text{ au}$$

与把光速看作 $c=\infty$ 时互相比较所产生的差异的效应。从相对论推得物质质量 m 的表达式为

$$m = \frac{m_0}{\sqrt{1-(v/c)^2}}$$

式中 m_0 为静止质量，v 为物质运动速度。

下面近似地在 Bohr 理论基础上对相对论效应作一些定性的解释。按 Bohr 模型，H 原子 1s 电子的运动速度为

$$v = \frac{e^2}{2\varepsilon_0 h} = 1 \text{ au} = 2.187 \times 10^6 \text{ m s}^{-1}$$

此数值只有光速的 1/137。此时质量 m 为 m_0 的 1.00003 倍，差别不大。对原子序数为 Z 的原子，可近似算得 1s 电子的平均速度为 Z au，速度增大到 Z 倍。对重原子，Z 值很大，相对论效应显著。例如 Hg 原子，$Z=80$，可估算其质量 m

$$m = \frac{m_0}{\sqrt{1 - (80/137)^2}} = 1.23\, m_0$$

m 约为 m_0 的 1.23 倍。m 增大，电子绕核运动的半径（r）收缩，这可从 Bohr 原子结构模型推出的半径

$$r = \frac{n^2 h^2 \varepsilon_0}{\pi m e^2 Z}$$

来理解。电子靠近原子核，能量降低，此即相对论的稳定效应。因为同一原子中所有原子轨道必须互相正交，所以 2s,3s,4s,5s 和 6s 等轨道也必将产生大小相当的轨道收缩和相应的能量降低效应。而 p,d,f 等轨道却不会因为轨道正交性在 1s 变小时必须产生收缩效应。

第六周期元素的许多性质可据 6s 轨道上的电子具有特别大的相对论稳定效应得到解释。

1. 基态电子组态

对比第五周期和第六周期 d 区元素的电子组态，可以明显看出：由于第六周期元素 6s 轨道电子相对论稳定效应大，导致元素的基态电子组态从第五周期价层 $4d^n 5s^1$ 变为第六周期价层的 $5d^{n-1} 6s^2$，如表 2.5.6 所示。

表 2.5.6　第五、六周期过渡元素的电子组态

周期数	族　数					
	5	6	7[a]	8	9	10
五	Nb $d^4 s^1$	Mo $d^5 s^1$	Tc $d^5 s^2$	Ru $d^7 s^1$	Rh $d^8 s^1$	Pd d^{10}
六	Ta $d^3 s^2$	W $d^4 s^2$	Re $d^5 s^2$	Os $d^6 s^2$	Ir $d^7 s^2$	Pt $d^9 s^1$

[a] Tc 的 d^5 是半充满。

2. $(6s)^2$ 惰性电子对效应

相对论效应使第六周期元素的 6s 能级下降幅度大于第五周期元素的 5s 能级，是促成惰性电子对效应出现的重要因素。Tl,Pb,Bi 在化合物中常保持低价态，出现 Tl^+，Pb^{2+}，Bi^{3+} 化合物。从电离能数据可看出其根源，Tl^+ 的半径 150 pm，比 In^+ 的 140 pm 大，但第二、第三电离能 I_2，I_3 的平均值对 Tl 为 4848 kJ mol^{-1}，对 In 为 4524 kJ mol^{-1}，相差达 7%。即 Tl^+ 的半径虽大，但最外层的 6s 电子却比 In^+ 更难于电离。

3. 金和汞性质的差异

金和汞有相似的电子结构

$$^{79}\text{Au [Xe]}4f^{14}5d^{10}6s^1 \quad 和 \quad ^{80}\text{Hg [Xe]}4f^{14}5d^{10}6s^2$$

由于 6s 轨道收缩,能级显著下降,与 5d 轨道一起形成最外层的价轨道。这时金具有类似于卤素的电子组态,差一个电子即为满壳层,它的有些化学性质和卤素相似,例如金能生成 Au_2 分子,存在于气相之中;金可生成 RbAu 和 CsAu 等离子化合物,其中 Au^{-1} 为 -1 价离子,如同卤素得一电子形成稳定的闭壳层结构。汞具有类似于稀有气体的电子组态,气态以单原子分子存在。在图 2.5.1 中 I_1-Z 曲线上,汞和稀有气体相似,I_1 处于极大值点。和金相比,金属汞性质上有显著差异(见下表)。

金 $Au[Xe]4f^{14}(5d,6s)^{11}$	汞 $Hg[Xe]4f^{14}(5d,6s)^{12}$
密度高,为 $19.32\ \mathrm{g\,cm^{-3}}$	密度低,为 $13.53\ \mathrm{g\,cm^{-3}}$
熔点高达 $1064\ ℃$	熔点低($-39\ ℃$),常温下是液体
熔化热高,为 $12.8\ \mathrm{kJ\,mol^{-1}}$	熔化热低,为 $2.30\ \mathrm{kJ\,mol^{-1}}$
良导体,电导率为 $426\ \mathrm{kS\,m^{-1}}$	导电性差,电导率为 $10.4\ \mathrm{kS\,m^{-1}}$
Au_2 是 Hg_2^{2+} 的等电子体	存在 Hg_2^{2+} 离子

4. 金属的熔点

第六周期过渡金属及同周期的碱金属和碱土金属的熔点分布示于图 2.5.2 中。由图可见,从 Cs 起随着原子序数增加,熔点稳定上升,到 W 达极大;从 W 起随原子序数增加,熔点逐步下降,到 Hg 为最低。

上述现象的出现和相对论效应有关,即 6s 轨道收缩,能级降低,与 5d 轨道一起共同组成 6 个价轨道。在金属中,这 6 个价轨道和周围配位的相同原子的价轨道产生相互叠加作用。由于这 6 个价轨道和配位环境的对称性都很高,各个轨道均能参加成键作用,不会出现非键轨道。不论周围金属原子的配位型式如何,平均而言,每个原子形成 3 个成键轨道和 3 个反键轨道(金属中这些轨道进一步叠加形成能带),电子按能量由低到高顺序填在这些轨道上。若简单地从每个原子的轨道填充情况分析,价电子数少于 6 个时,电子填入成键轨道。随着电子数的增加,能量降低增多,结合力加强,熔点稳定地逐步上升。当价电子数为 6 时(W 原子),能级低的成键轨道占满,而能级高的反键轨道全空,这时结合力最强,熔点最高。多于 6 个电子时,电子填在反键轨道上,结合力随着电子数的增加逐步减弱,相应地,熔点随着电子数增加逐步稳定下降,直至 Hg,这时 12 个价电子将成键轨道和反键轨道全部填满,原子间没有成键效应,与稀有气体相似,熔点最低。

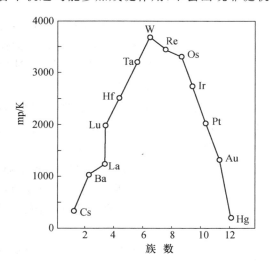

图 2.5.2 第六周期从 Cs 到 Hg 金属熔点的分布

相似的变化趋势也出现在第四周期由 K 到 Zn 和第五周期由 Rb 到 Cd 的金属中,但其效应不如第六周期显著。

　　金属的硬度、电导等其他一些物理性质也可从这种电子填充情况进行分析,理解其规律。

　　原子的结构和元素周期律为我们认识复杂多样的元素性质、了解百余种元素之间的相互联系和内部结构以及结构和性质间的联系提供了重要的途径。按照原子的内部结构和元素的周期律,依循量变与质变的关系,可预示和系统掌握元素及其化合物的各种性质,从而提高了指导实际工作的预见性,减少了盲目性。

　　人们对原子结构和元素周期律的认识是不断发展的。例如曾被人们称为惰性气体的元素,以往认为它们不和其他元素化合,是化学惰性物质。但在 1962 年,Bartllett(巴特利特)考虑到室温下 O_2 和 PtF_6 可反应生成红色晶体 O_2PtF_6(由 O_2^+ 和 PtF_6^- 形成的盐),而 Xe 的第一电离能与 O_2 很接近(O_2 的第一电离能为 12.07 eV,而 Xe 的第一电离能为 12.13 eV)。从这一事实出发,他认为 Xe^+ 和 PtF_6^- 很可能有足够的点阵能使 Xe 和 PtF_6 化合。他用 Xe 和 PtF_6 在室温下反应,果然制得橙红色固体,以化学式 $XePtF_6$ 表示。(在当时 Bartllet 并未准确测定其组成和结构,现在认为该反应较复杂,所得产品是一种混合物。)从此以后,人们将 Xe 和 F_2 直接化合,获得 XeF_2,XeF_4,XeF_6 等化合物,掀开了惰性气体的新篇章,并以"稀有气体"的名词代替"惰性气体"。又如,人们又相继制得了 $Ni(CO)_4$,$K_4Ni(CN)_4$,$K_4Pd(CN)_4$ 等化合物,其中 Ni 和 Pd 均为零价。

　　这些实例说明,人们的认识在改造客观世界中不断深化,世界上并不存在绝对不变的事物,也不存在绝对不可逾越的鸿沟,只要条件合适就能发生转化。

2.6　原 子 光 谱

2.6.1　原子光谱和光谱项

　　原子中的电子都处于一定的运动状态,每一状态都具有一定的能量。在无外来作用时,原子中各个电子都尽可能处于最低能级,从而使整个原子的能量最低。原子的这种状态称为基态。当原子受到外来作用(例如光照或快速电子的冲击)时,它的一个或几个电子吸收能量后跃迁到较高能级,从而使原子处于能量较高的新状态,此状态称作激发态。原子由基态跃迁到激发态的过程称为激发。激发态是一种寿命极短的不稳定状态,原子随即跃迁回基态,这一过程叫作退激。与此相应的是原子以发光或其他形式将多余的能量释放出来。

　　原子从某一激发态跃迁回基态,发射出具有一定波长的一条光线,而从其他可能的激发态跃迁回基态以及在某些激发态之间的跃迁都可发射出具有不同波长的光线,这些光线形成一个系列(谱),称为原子发射光谱。另一方面,将一束白光通过某一物质,若该物质中的原子吸收其中某些波长的光而发生跃迁,则白光通过物质后将出现一系列暗线,如此产生的光谱称为原子吸收光谱。

　　当某一原子由高能级 E_2 跃迁到低能级 E_1 时,发射出与两能级之差相应的谱线,其波数可表达为下列两项之差,即

$$\tilde{\nu} = \frac{E_2 - E_1}{hc} = \frac{E_2}{hc} - \frac{E_1}{hc}$$

事实上,原子光谱中的任何一条谱线的波数都可写成两项之差,每一项与一能级对应,其大小相当于该能级的能量除以 hc。通常称这些项为光谱项,记为 T_n,即 $T_n = E_n/hc$。

如前所述,氢原子光谱中各谱线的波数可用式

$$\tilde{\nu} = \frac{R}{n_1^2} - \frac{R}{n_2^2}$$

表示。根据光谱项的定义及 R 和 E_n 的表达式(见 p.25 及 p.31),氢原子的光谱项可表示为:$T_n = -R/n^2$。表 2.6.1 列出氢原子光谱用光谱项表达的波数表达式(由实验数据归纳得到)。

表 2.6.1 氢原子光谱用光谱项表达的波数表达式

Lyman(赖曼)系	$\tilde{\nu} = T_n - T_1$	$(n=2,3,4,\cdots)$
Balmer(巴尔末)系	$\tilde{\nu} = T_n - T_2$	$(n=3,4,5,\cdots)$
Paschen(帕邢)系	$\tilde{\nu} = T_n - T_3$	$(n=4,5,6,\cdots)$
Brackett(布拉开)系	$\tilde{\nu} = T_n - T_4$	$(n=5,6,7,\cdots)$
Pfund(普丰德)系	$\tilde{\nu} = T_n - T_5$	$(n=6,7,8,\cdots)$

氢原子光谱各谱线的波数的规律性,已从氢原子的结构获得圆满的解释。对于多电子原子,虽然其原子光谱复杂得多,但仍可根据原子的结构进行合理的解释和预测。这说明,原子光谱是原子结构的反映,是由结构决定的。不同元素的原子,结构不同,能级不同,因而其光谱的性质(成分和强度)也不相同。光谱和结构之间存在着一一对应的内在联系。因此,我们一方面要了解原子光谱是原子结构理论的重要实验基础之一,了解原子光谱实验在原子结构理论的产生、发展和不断完善过程中所起的作用;另一方面,又要重视原子结构理论在原子光谱的测定、解释及应用等方面的指导意义。在下面几小节中,首先介绍与原子结构相关的一些基本概念和原理,然后用这些概念和原理讨论一些简单的原子光谱。

2.6.2 电子的状态和原子的能态

由上一小节讨论可知,和光谱实验结果直接对应的是原子所处的能级,而原子的能级与原子的整体运动状态有关。那么,如何描述原子的运动状态呢?

对于单电子原子,由于只有一个核外电子,因而其运动状态可用该电子的运动状态来表示。换言之,电子的量子数就是原子的量子数,即 n,l,j 和 m_j 或 n,l,m 和 m_s。

对于多电子原子,可近似地认为原子中的电子在各自的轨道上运动,其运动状态由轨道波函数或量子数 n,l,m 描述。每个电子还有自旋运动,其运动状态由自旋波函数或量子数 s 和 m_s 来描述。在这 5 个量子数中,n,l,s 与磁场无关,而 m 和 m_s 则与磁场有关。人们常用各电子的量子数 n,l 表示无磁场作用下的原子状态,如此表示的状态称为组态。而把量子数 m 和 m_s 也考虑进去的状态称为原子的微观状态,它是原子在磁场作用下的运动状态。

整个原子的运动状态应是各个电子所处的轨道和自旋状态的总和。但是,上述量子数是从量子力学的近似处理得到的,它们既未涉及电子间的相互作用,也未涉及轨道运动和自旋运动的相互作用,因而用各个电子的运动状态的简单加和还不足以表达原子真实的运动状态,故不能和原子光谱实验观测到的数据直接联系。和原子光谱实验结果直接相联系的是原子的能态,它由一套原子的量子数 L,S,J 来描述。这些量子数分别规定了原子的轨道角动量 M_L、自旋角动量 M_S 和总角动量 M_J,这些角动量在磁场方向上的分量则分别由量子数 m_L,m_S 和 m_J 规定,其含义及表达式列于表 2.6.2 中。

表 2.6.2　原子的量子数和角动量表达式

原子的量子数	符　号	角动量表达式
角量子数	L	$\lvert M_L \rvert = \sqrt{L(L+1)}\,\dfrac{h}{2\pi}$
磁量子数	m_L	$(M_L)_z = m_L\,\dfrac{h}{2\pi}$
自旋量子数	S	$\lvert M_S \rvert = \sqrt{S(S+1)}\,\dfrac{h}{2\pi}$
自旋磁量子数	m_S	$(M_S)_z = m_S\,\dfrac{h}{2\pi}$
总量子数	J	$\lvert M_J \rvert = \sqrt{J(J+1)}\,\dfrac{h}{2\pi}$
总磁量子数	m_J	$(M_J)_z = m_J\,\dfrac{h}{2\pi}$

原子的每一个光谱项都与一确定的原子能态相对应,而原子的能态可由原子的量子数表示。因此,原子的光谱项可由原子的量子数来表示。表示的方法是:L 值为 $0,1,2,3,4,\cdots$ 的能态用大写字母 S,P,D,F,G,$\cdots$ 表示,将 $(2S+1)$ 的具体数值写在 L 的左上角,^{2S+1}L 即原子的光谱项,如 ^{1}S,^{3}P 等。$2S+1$ 称作光谱项的多重性。轨道-自旋相互作用使每个光谱项分裂为 $(2S+1)$ 或 $(2L+1)$ 个光谱支项,即有 $(2S+1)$ 或 $(2L+1)$ 个不同的 J。在光谱项的右下角写出 J 的具体数值,便可得到相应的光谱支项 $^{2S+1}L_J$,如 ^{1}S$_0$,^{3}P$_2$ 等。

多电子原子的能态可用原子的量子数 L,S 和 J 来表示,而原子在磁场中表现的微观能态又与原子的磁量子数 m_L,m_S 和 m_J 有关,那么,这些量子数可取哪些数值,且怎样推求?这里的关键是抓住角动量矢量加和这个实质问题,并且正确理解电子的量子数和原子的量子数之间的关系,特别是磁量子数在联系两套量子数中的作用。

每个电子都有轨道角动量和自旋角动量,而原子的总角动量等于这些电子的轨道角动量和自旋角动量的矢量和。加和的方法有两种:

(1) 将每一电子的轨道角动量加和得到原子的轨道角动量,将每一电子的自旋角动量加和得到原子的自旋角动量,然后将原子的轨道角动量和自旋角动量合成为原子的总角动量。此法称为 L-S 耦合法(注意,虽然如此称谓,但不意味着是量子数的加和——量子数本身不是矢量)。

(2) 先把每一电子的轨道角动量和自旋角动量合成为该电子的总角动量,然后将每个电子的总角动量合成为原子的总角动量。此法称为 j-j 耦合法。实验表明,L-S 耦合法适用于原子序数小于 40 的轻原子,而 j-j 耦合法适用于重原子。

2.6.3　单电子原子的光谱项和原子光谱

1. 氢原子光谱项的推引

氢原子核外只有一个电子,该电子的轨道角动量和自旋角动量的矢量和就是氢原子的总角动量。当其组态为 $(2p)^1$ 时,轨道角动量和自旋角动量在磁场中的取向分别示于图 2.6.1 (a)和(b)中。p 电子的 $l=1$,m 可为 $1,0,-1$;$s=1/2$,m_s 可为 $1/2,-1/2$。图中矢量长度以 $h/2\pi$ 为单位。在图(a)中,$l=1$,角动量矢量长度为 $\sqrt{1(1+1)}=\sqrt{2}$,它在 z 轴上的投影(即 m 值)分别为 $1,0,-1$。当 $m=1$,角动量矢量与 z 轴形成 45° 的锥角,即该矢量可处在绕该角锥的任意方向上。在图(b)中,$s=1/2$,自旋角动量矢量长度为 $\sqrt{[(1/2)+1]/2}=0.866$,它在

z 轴上的投影(即 m_s 值)分别为 $1/2$ 和 $-1/2$。当 $m_s=1/2$,自旋角动量与 z 轴形成 $54.7°$ 锥角,将 $m=1$ 和 $m_s=1/2$ 的两个角动量矢量进行加和,得到 $m_J=3/2$ 的总角动量矢量,如图(c)。把 $m=1$ 和 $m_s=-1/2$ 的角动量矢量加和,得到 $m_J=1/2$ 的总角动量矢量,如图(d)。继续进行其他 m 和 m_s 的矢量加和,共得到 $m_J=3/2,1/2,1/2,-1/2,-1/2,-3/2$ 这 6 个矢量。从 $m_J=3/2,1/2,-1/2,-3/2$ 这 4 个值,推得原子的总量子数 $J=3/2$;从 $m_J=1/2,-1/2$ 这两个数值,推得原子的总量子数 $J=1/2$。

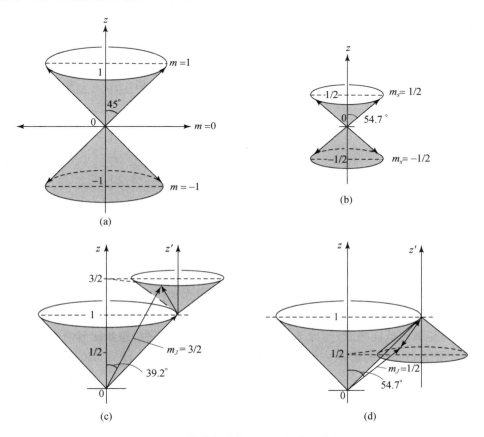

图 2.6.1　轨道角动量和自旋角动量的加和

一个矢量包括大小和方向两方面内容。由图可见,$(2p)^1$ 电子的轨道角动量和自旋角动量相互耦合,是通过 m 和 m_s 数值的加和关系求出 m_J 的数值,进而得到 J。由 $J=3/2$ 和 $1/2$ 得到两个总角动量矢量,其大小分别为

$$\sqrt{\frac{3}{2}\left(\frac{3}{2}+1\right)}\,\frac{h}{2\pi} \quad \text{和} \quad \sqrt{\frac{1}{2}\left(\frac{1}{2}+1\right)}\,\frac{h}{2\pi}$$

若不加外磁场,这两个总角动量没有特定的取向。在磁场中则有严格的定向关系,前者在磁场方向的分量只能为 $3/2,1/2,-1/2,-3/2$ 个 $h/2\pi$;后者为 $1/2,-1/2$ 个 $h/2\pi$。当 $J=3/2$,$m_J=3/2$ 时[见图 2.6.1(c)],可计算出该向量和 z 轴的夹角

$$\theta = \arccos\left[\frac{3}{2}\middle/\sqrt{\frac{3}{2}\left(\frac{3}{2}+1\right)}\right] = 39.2°$$

由上述结果可见,当无外加磁场且不考虑轨道运动和自旋运动相互作用时,$(2p)^1$ 组态只

有一个能级,对应的光谱项是$^2P(L=1,S=1/2)$。由于轨道运动和自旋运动的相互作用,原子能态出现两个能级,对应的光谱支项分别为

$$^2P_{\frac{3}{2}}(L=1,S=1/2,J=3/2)$$

和

$$^2P_{\frac{1}{2}}(L=1,S=1/2,J=1/2)$$

在外加磁场中,这两个能级又分别分裂为 4 个和 2 个微观能级,即^2P谱项对应的 6 种微观能态,它与$(2p)^1$组态对应的 6 种微观状态数相等,如表 2.6.3 所示。

表 2.6.3　氢原子的微观状态和微观能态

电子的状态			原子的能态		
			无外加磁场		在外加磁场中
l	m	m_s	不考虑 L-S 耦合　考虑 L-S 耦合		考虑 L-S 耦合
1	$+1$	$+\frac{1}{2}$			
1	$+1$	$-\frac{1}{2}$		$J=3/2(^2P_{3/2})$	$m_J=3/2$ ①
1	-1	$+\frac{1}{2}$	$l=1(^2P)$		$1/2$ ②　$-1/2$ ③
1	-1	$-\frac{1}{2}$			$-3/2$ ④
1	0	$+\frac{1}{2}$		$J=1/2(^2P_{1/2})$	$1/2$ ⑤
1	0	$-\frac{1}{2}$			$-1/2$ ⑥

同理,可推得氢原子$(1s)^1$组态的光谱项为^2S,光谱支项为$^2S_{\frac{1}{2}}$,m_J为 1/2 和$-1/2$。

2. 氢原子$(2p)^1\rightarrow(1s)^1$跃迁的光谱

电子由高能级向低能级跃迁,原子就会发射出光。实验证明,并非任何两个能级之间都可发生跃迁,而要满足一定的选律。氢原子发射光谱的选律为:Δn 任意;$\Delta l=\pm1$;$\Delta j=0,\pm1$;$\Delta m_j=0,\pm1$。

根据选律,可得 H 原子 2p→1s 态跃迁的光谱情况,示于图 2.6.2 中。在无外磁场影响,使用低分辨光谱仪时,2p→1s 出现一条谱线,$\tilde{\nu}=82259\ \text{cm}^{-1}$,此即 H 原子光谱 Lyman 系的第一条谱线。若无外加磁场,用高分辨光谱仪,可观察到上述谱线的精细结构,这条谱线是由相隔很近的两条谱线组成。若外加很强的磁场,而且用分辨率很高的光谱仪,则可观察到 5 条谱线,这 5 条谱线外侧两条线相处极近;若当作 3 条谱线,称为正常 Zeeman 效应;若当作 5 条线看,称为反常 Zeeman 效应。

3. 碱金属原子光谱

碱金属原子只有 1 个价电子,其余$(Z-1)$个电子与核一起构成原子实,在普通的原子光谱中,原子实没有变化,所以碱金属原子光谱类似于氢原子光谱。

钠原子的基态为$[\text{Ne}]3s^1$,激发态的价电子组态可为$(np)^1$,$(nd)^1(n=3,4,5,\cdots)$或者为$(ns)^1$,$(nf)^1(n=4,5,6,\cdots)$。根据选律,钠原子光谱只包括如图 2.6.3 所示的谱线系。

通常观察到钠的黄色谱线(D 线)为 3p→3s 态跃迁所得谱线。$(3p)^1$组态有两个光谱支项:$^2P_{\frac{3}{2}}$和$^2P_{\frac{1}{2}}$,所以 D 线为双线,它们对应的跃迁及波数如下:

$$3p(^2P_{\frac{1}{2}})\rightarrow 3s(^2S_{\frac{1}{2}})\quad 16960.85\ \text{cm}^{-1}\quad(\lambda=589.5930\ \text{nm})$$

$$3\mathrm{p}(^2\mathrm{P}_{\frac{3}{2}})\rightarrow 3\mathrm{s}(^2\mathrm{S}_{\frac{1}{2}})\quad 16978.04\,\mathrm{cm}^{-1}\quad(\lambda=588.9963\,\mathrm{nm})$$

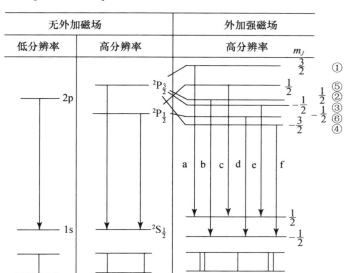

图 2.6.2 H 原子 2p → 1s 跃迁的能级和谱线

(单位: cm^{-1})

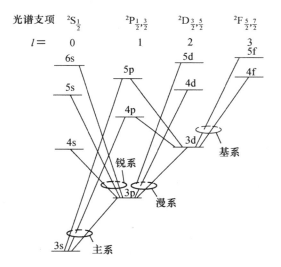

图 2.6.3 钠原子的能级和允许的单电子跃迁

np→3s 主系($n\geqslant 3$)，$\quad n$s→3p 锐系($n\geqslant 4$)

nd→3p 漫系($n\geqslant 3$)，$\quad n$f→3d 基系($n\geqslant 4$)

2.6.4 多电子原子的光谱项

1. 多电子原子光谱项的推求

对多电子原子,可先利用下式由各个电子的 m 和 m_s 求得原子的 m_L 和 m_S

63

$$m_L = \sum_i m_i$$

$$m_S = \sum_i (m_s)_i$$

进一步求出 L 和 S，再由 L 和 S 求出 J。

m_L 的最大值即 L 的最大值。L 还可能有较小的值，但必须相隔整数 1。L 的最小值不一定为 0。根据矢量加和规则，就能判断 L 的最小值，从而可写出与组态对应的全部 L 值。一个 L 之下可有 $0, \pm 1, \pm 2, \cdots, \pm L$，共 $(2L+1)$ 个不同的 m_L 值。

m_S 的最大值即 S 的最大值。S 还可能有较小的值，但也必须不断减 1。S 的最小值为 $1/2$ 或 0。一个 S 之下可以有 $S, S-1, S-2, \cdots, -S$，共 $(2S+1)$ 个不同的 m_S 值。

有了 L 和 S，即可求出 $J(J = L+S, L+S-1, \cdots, |L-S|)$。每个 J 之下可有 $J, J-1$，$J-2, \cdots, -J$，共 $(2J+1)$ 个 m_J 值。

对多电子原子，用 L-S 耦合法推引原子的光谱项和光谱支项，可分两种情况讨论：(i) 等价电子组态，即电子具有完全相同的主量子数和角量子数的组态，如 $(np)^2$；(ii) 非等价电子组态，即电子的主量子数和角量子数中至少有一个是不相同的组态，如 $(2p)^1 (3p)^1$ 或 $(3p)^1 (3d)^1$ 等。由于受 Pauli 原理及电子不可分辨性的限制，两种组态光谱项的推求方法不同。

(1) 非等价电子组态

由于至少已有一个量子数不同，光谱项推引较容易。只要将 L 和 S 组合起来，即可求出所有可能的光谱项。例如 $(2p)^1 (3p)^1$ 组态，由 $l_1 = 1$ 和 $l_2 = 1$，可得 $L = 2, 1, 0$；由 $s_1 = 1/2$ 和 $s_2 = 1/2$，可得 $S = 1, 0$。将 L 和 S 组合在一起，可得 6 个光谱项：$^3D, ^3P, ^3S, ^1D, ^1P, ^1S$。将 L 和 S 进行矢量加和求出 J 值，得到每个光谱项对应的光谱支项。由每个光谱支项 $^{2S+1}L_J$ 中的 J 值，可得 $2J+1$ 个 m_J，从而获得体系的全部微观能态。每个 ^{2S+1}L 光谱项的微观能态数目为 $(2S+1)(2L+1)$[①]。按此式计算，$^3D, ^3P, ^3S, ^1D, ^1P, ^1S$ 的微观能态数分别为 15, 9, 3, 5, 3, 1，共计 36 个。由上一小节 $(2p)^1$ 组态推得该单电子体系共有 6 个微观能态，所以 $(2p)^1 (3p)^1$ 两个非等价电子组合，共有 $6 \times 6 = 36$ 种。这与由各光谱项加和所得数目完全相同。

(2) 等价电子组态

由于受 Pauli 原理和电子的不可分辨性的限制（有些书上把这两种限制统称为 Pauli 原理的限制），光谱项和微观状态的数目要大大减少。如在 $(np)^2$ 组态中，Pauli 原理使左下图上面同一方框中两个自旋相同的 6 个微观状态不再出现。而电子的不可分辨性，也限制了微观状态数〔若电子可分辨，由左图中下面的方框所示的两个电子分别标记为(1)和(2)，则成了两种状态〕。这样，对同一组轨道上有 v 个电子，若每个电子可能存在的状态数为 u，则其微观状态数可按下式组合计算。

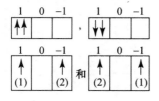

$$C_u^v = \frac{u!}{v!(u-v)!}$$

$(np)^2$ 组态的微观状态数为 15 种，即

$$C_6^2 = \frac{6!}{2!(6-2)!} = 15$$

---

① 因为每个 J 值只能取 $(L+S)$ 到 $(L-S)$ 间的数值，将它们加和，即得到 $(2S+1)(2L+1)$。

表 2.6.4 排列出 $(np)^2$ 组态的 15 种微观状态。表中 m_L 的最大值是 2,说明有 $L=2$ 的光谱项 D;而此 m_L 只与 $m_S=0$ 一起出现,说明 $S=0$,则 $2S+1=1$,故有光谱项 ^1D。谱项 ^{2S+1}L 对应的微观状态数为 $(2L+1)(2S+1)$,故 ^1D 对应 5 个状态,这 5 个状态的 m_S 都等于 0,而 m_L 分别为 $2,1,0,-1,-2$。挑出这 5 个状态(m_L 相同、m_S 也相同的态任选一个)后,按同样的道理和手续再挑选出 9 个状态,相应的 $m_L=0,\pm1$,$m_S=0,\pm1$,它们都属于光谱项 ^3P。最后剩下一个微观状态,其 $m_L=0$,$m_S=0$,即 $L=0$,$S=0$,为 ^1S 谱项。这样,我们得到了 $(np)^2$ 组态的全部光谱项:$^1D,^3P,^1S$。

表 2.6.4　$(np)^2$ 组态的 15 种微观状态

1	0	−1	$m_L=\sum m_l$	$m_S=\sum m_s$	T_n
↑↓			2	0	^1D
↑	↑		1	1	^3P
↑	↓		1	0	$\Big\}\,^1D,\,^3P$
↓	↑		1	0	
↑		↑	0	1	^3P
↑		↓	0	0	
↓		↑	0	0	$\Big\}\,^1D,\,^3P,\,^1S$
	↑↓		0	0	
↓	↓		1	−1	^3P
↓		↓	0	−1	^3P
	↑	↑	−1	1	^3P
	↑	↓	−1	0	$\Big\}\,^1D,\,^3P$
	↓	↑	−1	0	
	↓	↓	−1	−1	^3P
		↑↓	−2	0	^1D

正是由于 Pauli 原理的限制,等价电子组态存在着"电子-空位"关系,即有 n 个电子的某一组态的光谱项与有 n 个空位的组态的光谱项相同。例如,p 轨道有 6 个状态,$(np)^4$ 组态有 2 个空位,$(np)^2$ 与 $(np)^4$ 组态具有相同的光谱项。同理,$(np)^1$ 与 $(np)^5$,$(nd)^1$ 与 $(nd)^9$,$(nd)^2$ 与 $(nd)^8$ 等也有相同的光谱项。

2. 多电子原子的能级

如前所述,组态和微观状态是原子状态的表示,而光谱项、光谱支项和微观能态则是原子能级的表示。

对某一多电子原子组态,若忽略电子间的相互作用,则单个电子的能量只与主量子数有关,即该组态只对应一个能级。例如,$(np)^2$ 组态在图 2.6.4 中用一短线表示。由于电子间有相互作用,每个组态分裂成多个光谱项,不同谱项的能量不再相同。$(np)^2$ 组态分裂为 3 个光谱项:$^3P,^1D$ 和 ^1S,其中能量最低的光谱项 ^3P 称为基态光谱项。再考虑自旋-轨道相互作用,同一光谱项按光谱支项进行分裂。每个光谱项分裂为 $(2S+1)$ 或 $(2L+1)$ 个光谱支项,相当于有 $(2S+1)$ 或 $(2L+1)$ 个不同的 J 值。当将原子置于磁场时,每一光谱支项又进一步分裂为 $(2J+1)$ 个不同的微观能态,相当于有 $(2J+1)$ 个不同的 m_J,这是原子的角动量与磁场相互作用的结果。这种分裂称为 Zeeman 效应。

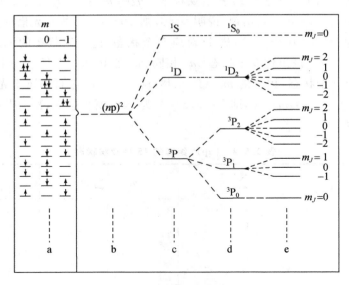

图 2.6.4　$(n\text{p})^2$ 组态的能级分裂

a—微状态(有磁场);b—组态,不考虑电子相互作用(无磁场);

c—谱项,分别考虑电子的轨道和自旋的作用(无磁场);

d—光谱支项,考虑 L-S 的相互作用(无磁场);e—微能态(有磁场)

　　$(n\text{p})^2$ 组态对应的原子能级的逐步分裂情况示于图 2.6.4 中。由图可见,当忽略电子的相互作用时,原子能级只与主量子数有关。随着考虑电子相互作用、自旋-轨道相互作用及外磁场的加入等,原子能级逐步分裂。每一组态所包含的微观状态数与微观能态数严格相等。但由于两者是从不同的出发点得来的,彼此并无一一对应的关系。

　　多电子原子光谱的选律是:$\Delta S=0$;$\Delta L=0,\pm1(L=0\rightarrow L'=0$ 除外$)$;$\Delta J=0,\pm1(J=0\rightarrow J'=0$ 除外$)$;$\Delta m_J=0,\pm1(\Delta J=0$ 时,$m_J=0\rightarrow m'_J=0$ 除外$)$。根据这些选律所预测的多电子原子光谱与实验结果完全相符。

3. 谱项能级高低的判断

　　在判断由光谱项标记的原子能态的高低时,可按下述 Hund 规则进行,这是前述(2.4.3 小节)Hund 规则的另一种表达方式。

　　(1) 原子在同一组态时,S 值最大者最稳定。

　　(2) S 值相同时,L 值最大者最稳定。

　　(3) 一般地,L 和 S 值相同时,电子少于半充满时,J 值小,能量低;电子多于半充满时,J 值大,能量低。电子等于半充满时,$L=0,J=S$,只有 1 个支项。

　　根据上述规则,并考虑对全充满的电子层,自旋抵消,各电子的轨道角动量的矢量和也正好抵消,可以不考虑,这样就很容易推导出基态的最稳定能态的光谱项。以下数例给出了原子的组态、最外层电子排列、L 和 S 的最大值以及最稳定的光谱支项。

$$C(1s)^2(2s)^2(2p)^2$$

1	0	-1
↑	↑	

$m_S=1,S=1$

$m_L=1,L=1$

$L-S=0,{}^3P_0$

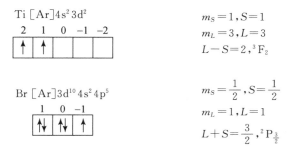

同理,可以得到氢原子、氮原子、氧原子、氟原子和氖原子等最稳定的光谱支项,它们分别为 $^2S_{\frac{1}{2}}$,$^4S_{\frac{3}{2}}$,$^3P_2$,$^2P_{\frac{3}{2}}$ 和 $^1S_0$。

2.6.5 原子光谱的应用

1. 原子发射光谱和原子吸收光谱

不同元素的原子产生不同波长的发射光谱或吸收光谱。根据试样光谱中特征谱线是否出现,就可判断某元素是否存在,这是光谱定性分析的根据。而谱线的强度与试样中的元素的含量有一定的关系,这是光谱定量分析的依据。

当基态原子受到加热或光照的激发,原子外层电子跃迁到较高的激发态,激发态的原子是不稳定的,在很短时间内(约 $10^{-8} \sim 10^{-10}$ s),电子又从高能态回到低能态或基态上,同时以光的形式放出多余的能量。研究原子发射谱线的波长、强度和试样中元素组分和含量的关系,是原子发射光谱分析的任务。

原子由基态激发至高能态时,需要的能量是一定的,只有符合此能值的光才会被基态原子所吸收。这样,由一已知的光源发出辐射透过基态原子蒸气后,在光源光谱中就出现了为蒸气中基态原子所吸收的谱线(暗线)。研究光源中特征谱线被吸收的情况与试样蒸气中元素组分的含量的关系,是原子吸收光谱分析的任务。

在一般火焰温度下(2000~3000 K),原子蒸气中激发态原子数目(其中绝大多数是在第一激发态)只占基态原子数目的 $10^{-3} \sim 10^{-15}$ 左右。因此,一般条件下原子蒸气中参与产生吸收光谱的基态原子数远远大于可能产生发射光谱的激发态原子数,这是原子吸收光谱较原子发射光谱具有较高灵敏度的理论依据。

原子吸收光谱中常用待测元素的空心阴极灯作为光源,发射出待测元素由基态到第一激发态所需能量的光,它只能激发待测元素的原子,虽然样品中存在着其他元素,但这些元素的原子不能吸收,干扰较小,测定前可避免大量繁杂的分离手续。实验时,在火焰中基态原子和激发态原子处于动态平衡中,但是由于吸收的光是从空心阴极灯照射到原子化器经过基态原子吸收减弱后,通过光缝进入单色仪,而由激发态原子跃迁回基态发出的光是向四面八方发射的,虽然发射和吸收数量一样,但通过光缝进入单色仪的是极少的一部分,可予忽略。

原子吸收光谱的定量根据是吸光度(A)与火焰中基态原子浓度(c)成正比。设有一波长为 λ 的光束,通过长度为 L 的原子蒸气,吸光度 A 和吸收系数 k、火焰中基态原子的浓度 c、光通过原子蒸气长度 L 之间的关系为

$$A = kcL$$

当试样和标准溶液喷雾、燃烧等条件相同时,火焰中基态原子的浓度正比于试液中待测元素的

浓度。同一仪器中 L 值固定，k 为常数，因此吸光度与待测元素的浓度成正比。实验证明，在低浓度时，以吸光度对浓度作图，呈直线关系，可作为工作曲线，进行定量分析。

2. 原子的 X 射线谱

原子的特征 X 射线谱是由原子的内层电子跃迁时产生的。当高速电子冲击阳极靶面时，靶面原子的内层（如 K 层）电子被击出，转到能级较高的外层，甚至离开原子而电离，这时较外层的电子跃迁至 K 层以填补空位，发出的 X 射线称为 K 系辐射，填补 L 层空位发出的 X 射线称 L 系辐射，等等。原子的特征 X 射线谱中各谱线的波长是一定的。由 L 层→K 层称为 Kα，M 层→K 层称为 Kβ，等等。L 层有 3 个细小差别的能级，其高低次序为 $L_{Ⅲ} > L_{Ⅱ} > L_{Ⅰ}$，由于选律限制，Kα 只有两条线，$Kα_1$ 系由 $L_{Ⅲ}$→K 跃迁产生；$Kα_2$ 由 $L_{Ⅱ}$→K 跃迁产生。$Kα_1$ 波长较短，强度较高。例如，Cu $Kα_1$ 为 154.056 pm，Cu $Kα_2$ 为 154.439 pm，$Kα_1$ 强度大约比 $Kα_2$ 大一倍。若分辨率较低，$Kα_1$ 和 $Kα_2$ 分不开，就用平均的 Kα。Cu Kα 的平均波长为 154.18 pm。由 M 层跃迁至 K 层的 Kβ 线也是由几条谱线组成，Cu $Kβ_1$（$M_{Ⅲ}$→K 跃迁）波长为 139.22 pm，其强度约为 $Kα_1$ 的 1/5。

各种原子 Kα 线的波数 $\tilde{\nu}$ 可按下式近似计算

$$\tilde{\nu} = R(Z - \sigma_1)^2 \left(\frac{1}{1^2} - \frac{1}{2^2} \right) = \frac{3}{4} R(Z - \sigma_1)^2$$

式中 Rydberg 常数 $R = 109737 \text{ cm}^{-1}$；$Z$ 为原子序数；σ_1 为屏蔽常数，数值约为 0.90，此为拟合所得常数，与由 Slater 法计算略有不同。所以

$$\tilde{\nu}(Kα) = \frac{3}{4} R(Z - 0.9)^2$$

这一关系正是早年 Moseley（莫塞莱）将各元素按所产生的特征 X 射线的波长排列，得到经验公式

$$\sqrt{\frac{1}{\lambda}} = a(Z - b)$$

对进一步确定元素的原子序数 Z 及其在周期表中的位置，起了重大作用。

原子的 X 射线谱中，尚有波长连续的 X 射线，它们的波长比特征 X 射线还要短，这是因为具有能量为某一定值的电子，在靶面突然减速，周围电磁场发生急剧变化，产生电磁波，发出光子。电子深入靶面程度不同，能量损失程度不同，故有各种波长的 X 射线，但最短波长可由碰撞靶面前电子所具有的动能换算。

3. X 射线荧光分析

利用能量足够高的 X 射线（或电子）照射试样，激发出来的光叫 X 射线荧光。利用 X 射线荧光光谱仪分析 X 射线荧光光谱，鉴定样品的化学成分称为 X 射线荧光分析。

X 射线荧光分析基于下述原理：当样品中元素的原子受到高能 X 射线照射时，即发射出具有一定特征的 X 射线谱，特征谱线的波长只与元素的原子序数（Z）有关，而与激发 X 射线的能量无关。谱线的强度和元素含量的多少有关，所以测定谱线的波长，就可知道试样中包含什么元素，测定谱线的强度，就可知该元素的含量。

X 射线荧光分析有下列特点：

（1）不破坏样品的原有状态，且用量很少。

（2）除最轻的几种元素外都能分析，固体（包括无定形态）、液态样品均可，而且不受元素

价态的限制。

（3）谱线数目少，波长和原子序数关系简单，便于鉴定。

（4）和化学分析法比较，它简便快速，特别是对稀土、铌钽、锆铪等不易分离的元素，更显示出其优越性。

4. 电子探针

电子探针是对试样进行微小区域成分分析的仪器，全名为电子探针 X 射线显微分析仪，又叫微区 X 射线谱分析仪。它可分析体积在数个立方微米以内元素的成分，除 H，He，Li，Be 等几种较轻元素外，都可用来进行定性定量分析。其特点是不必把分析的对象从样品中取出，而直接对大块试样中的微小区域进行分析。

电子探针的原理是利用经过加速和聚焦的极细的电子束（直径约 $0.1 \sim 1\,\mu\mathrm{m}$）当作探针，激发试样中某一微小区域，使其发出特征 X 射线，然后测定该 X 射线的波长和强度，即可对该微区所含的元素作定性或定量分析。

将电子显微镜和电子探针结合，在显微镜下把观察到的显微组织和元素成分联系起来，解决材料显微不均匀性的问题，成为人们研究亚微观结构的有力工具。还可用于研究材料中元素分布情况和显微不均匀性，研究扩散情况和氧化腐蚀机理，分析矿物、合金、炉渣、耐火材料和催化剂等微细物相的成分和结构。

习　题

2.1　氢原子光谱可见波段相邻 4 条谱线的波长分别为 $656.47, 486.27, 434.17$ 和 $410.29\,\mathrm{nm}$，试通过数学处理将谱线的波数归纳成下式表示，并求出常数 R 及整数 n_1, n_2 的数值。

$$\tilde{\nu} = R\left(\frac{1}{n_1^2} - \frac{1}{n_2^2}\right)$$

2.2　按 Bohr 模型计算氢原子处于基态时电子绕核运动的半径（分别用原子的折合质量和电子的质量计算，并准确到 5 位有效数字）和线速度。

2.3　对于氢原子：

（1）分别计算从第一激发态和第六激发态跃迁到基态所产生的光谱线的波长，说明这些谱线所属的线系及所处的光谱范围。

（2）上述两谱线产生的光子能否使：(a) 处于基态的另一氢原子电离？（b）金属铜中的铜原子电离（铜的功函数为 $7.44 \times 10^{-19}\,\mathrm{J}$）？

（3）若上述两谱线所产生的光子能使金属铜晶体的电子电离，请计算从金属铜晶体表面发射出的光电子的德布罗意波的波长。

2.4　请通过计算说明，用氢原子从第六激发态跃迁到基态所产生的光子照射长度为 $1120\,\mathrm{pm}$ 的线形分子 $CH_2CHCHCHCHCHCHCH_2$，该分子能否产生吸收光谱？若能，计算谱线的最大波长；若不能，请提出将不能变为可能的思路。

2.5　计算氢原子 ψ_{1s} 在 $r=a_0$ 和 $r=2a_0$ 处的比值。

2.6　计算氢原子的 1s 电子出现在 $r=100\,\mathrm{pm}$ 的球形界面内的概率。

$$\left(\int x^n \mathrm{e}^{ax}\,\mathrm{d}x = \frac{x^n \mathrm{e}^{ax}}{a} - \frac{n}{a}\int x^{n-1}\mathrm{e}^{ax}\,\mathrm{d}x + c\right)$$

2.7　计算氢原子的积分：$P(r) = \int_0^{2\pi}\int_0^\pi\int_r^\infty \psi_{1s}^2 r^2 \sin\theta \mathrm{d}r\mathrm{d}\theta\mathrm{d}\phi$，作 $P(r)$-r 图，求 $P(r)=0.1$ 时的 r

值,说明在该 r 值以内电子出现的概率是 90%。

2.8　已知氢原子的归一化基态波函数为

$$\psi_{1s} = (\pi a_0^3)^{-\frac{1}{2}} \exp\left[-\frac{r}{a_0}\right]$$

(1) 利用量子力学基本假设求该基态的能量和角动量;

(2) 利用位力定理求该基态的平均势能和零点能。

2.9　已知氢原子的 $\psi_{2p_z} = \dfrac{1}{4\sqrt{2\pi a_0^3}}\left(\dfrac{r}{a_0}\right)\exp\left[-\dfrac{r}{2a_0}\right]\cos\theta$,试计算回答下列问题:

(1) 原子轨道能 $E = ?$

(2) 轨道角动量 $|M| = ?$　轨道磁矩 $|\mu| = ?$

(3) 轨道角动量 M 和 z 轴的夹角是多少度?

(4) 列出计算电子离核平均距离的公式(不必算出具体的数值)。

(5) 节面的个数、位置和形状怎样?

(6) 概率密度极大值的位置在何处?

(7) 画出径向分布示意图。

2.10　根据表 2.1.2 所列的波函数,以原子单位表示氢原子的 ψ_{1s} 和 ψ_{2s},证明它们各自是归一化函数并且相互正交。

2.11　根据氢原子 2s 态的波函数,求算径向概率分布函数 $D = r^2 R^2$ 中的节点、极大值位置和球形节面内电子存在的概率,作图表示,并和图 2.3.2 比较。

2.12　对氢原子,$\psi = c_1\psi_{210} + c_2\psi_{211} + c_3\psi_{31\bar{1}}$,所有波函数都已归一化。请对 ψ 所描述的状态计算:

(1) 能量平均值及能量 $-3.4\,\text{eV}$ 出现的概率;

(2) 角动量平均值及角动量 $\sqrt{2}h/2\pi$ 出现的概率;

(3) 角动量在 z 轴上的分量的平均值及角动量 z 轴分量 h/π 出现的概率。

2.13　作氢原子 ψ_{1s}^2-r 图及 D_{1s}-r 图,证明 D_{1s} 极大值在 $r = a_0$ 处,说明两图形不同的原因。

2.14　试在直角坐标系中画出氢原子的 5 种 3d 轨道的轮廓图,比较这些轨道在空间的分布,正、负号,节面及对称性。

2.15　写出 He 原子的 Schrödinger 方程,说明用中心力场模型解此方程时要作哪些假设,计算其激发态 $(2s)^1(2p)^1$ 的轨道角动量和轨道磁矩。

2.16　写出 Li^{2+} 离子的 Schrödinger 方程,说明该方程中各符号及各项的意义;写出 Li^{2+} 离子 1s 态的波函数并计算:

(1) 1s 电子径向分布最大值离核的距离;

(2) 1s 电子离核的平均距离;

(3) 1s 电子概率密度最大处离核的距离;

(4) 比较 Li^{2+} 离子的 2s 和 2p 态能量的高低;

(5) Li 原子的第一电离能(按 Slater 屏蔽常数算有效核电荷)。

2.17　Li 原子的 3 个电离能分别为 $I_1 = 5.392\,\text{eV}$,$I_2 = 75.638\,\text{eV}$,$I_3 = 122.451\,\text{eV}$,请计算 Li 原子的 1s 电子结合能。

2.18　已知 He 原子的第一电离能 $I_1 = 24.59\,\text{eV}$,试计算:

(1) 第二电离能,1s 的单电子原子轨道能和电子结合能;

（2）基态能量；

（3）在 1s 轨道中两个电子的互斥能；

（4）屏蔽常数；

（5）根据（4）所得结果求 H^- 的基态能量。

2.19 用 Slater 法计算 Be 原子的第一至第四电离能，将计算结果与 Be 的常见氧化态联系起来。

2.20 用 2.4 节（2.4.10）式计算 Na 和 F 的 3s 和 2p 轨道的有效半径 r^*。

2.21 写出下列原子的基态光谱支项的符号：

（1）Si,（2）Mn,（3）Br,（4）Nb,（5）Ni。

2.22 写出 Na 和 F 原子基组态以及碳的激发态 $C(1s^2 2s^2 2p^1 3p^1)$ 存在的光谱支项符号。

2.23 对 Sc 原子（$Z=21$），写出：

（1）能级最低的光谱支项；

（2）在该光谱支项表征的状态中，原子的总轨道角动量；

（3）在该光谱支项表征的状态中，原子的总自旋角动量；

（4）在该光谱支项表征的状态中，原子的总角动量；

（5）在磁场中此光谱支项分裂为多少个微观能态？

2.24 基态 Ni 原子可能的电子组态为：（1）$[Ar]3d^8 4s^2$,（2）$[Ar]3d^9 4s^1$。由光谱实验确定其能量最低的光谱支项为 $^3F_4$，试判断它是哪种组态。

2.25 列式表明电负性的 Pauling 标度和 Mulliken 标度是怎样定的。

2.26 原子吸收光谱较原子发射光谱有哪些优缺点？产生优缺点的原因是什么？

参 考 文 献

[1] 徐光宪,王祥云.物质结构.第二版.北京:科学出版社,2010.

[2] 李炳瑞.结构化学.第 2 版.北京:高等教育出版社,2011.

[3] 谢有畅,邵美成.结构化学.北京:人民教育出版社,1983.

[4] 鲍林(Pauling L).化学键的本质.第三版.卢嘉锡,黄耀曾,曾广植,陈元柱,译.上海:上海科学技术出版社,1981.

[5] 麦松威,周公度,李伟基.高等无机结构化学.第 2 版(第 4 次印刷).北京:北京大学出版社,2014.

[6] 周公度.相对论效应在结构化学中的作用.大学化学,2005,20(6):50～59.

[7] 周公度,王颖霞.元素周期表和元素知识集萃.北京:化学工业出版社,2016.

[8] Kuhn H, Försterling H - D. Principles of Physical Chemistry: Understanding Molecules, Molecular Assemblies, Supramolecular Machines. Chichester: Wiley, 2000.

[9] Dekock R, Gray H. Chemical Structure and Bonding. Reading, Mass: Benjamin/Cummings, 1980.

[10] Richards W G, Scott P R. Energy Levels in Atoms and Molecules. Oxford: Oxford University Press, 1994.

[11] Pilar F L. Elementary Quantum Chemistry. 2nd ed. New York: McGraw-Hill,1991.

[12] Emsley J. The Elements. 3rd ed. Oxford: Oxford University Press, 1998.

[13] Allen L C. Electronegativity is the average one-electron energy of the valence-shell electrons in

ground-state free-atom. J Am Chem Soc,1989，111:9003~9014. // Schleyer Pvon R. Electronegativity and the Periodic Table. Encyclopedia of Computational Chemistry. New York: Wiley, 1998，835~852.

[14] Pyykkö P. Relativistic effects in structural chemistry. Chem Rev, 1988，88:563~594; Strong closed-shell interaction in inorganic chemistry. Chem Rev,1997，97:579~636.

[15] Kaltsoyannis N. Relativistic effects in inorganic and organometallic chemistry. J Chem Soc, Dalton Trans,1997，1~11.

第 3 章　共价键和双原子分子的结构化学

3.1　化学键概述

3.1.1　化学键的定义和类型

什么是化学键？广义地说，化学键是将原子结合成物质世界的作用力。在物质世界里，原子互相吸引、互相推斥，以一定的次序和方式结合成分子或晶体。分子是保持化合物特性的最小微粒，是参与化学反应的基本单元。随着科学的发展，分子的概念发展成泛分子(pan-molecule)，它是泛指 21 世纪化学的研究对象，包括从原子、分子片、分子、高分子、生物大分子、超分子、分子聚集体，直到分子器件和分子机器。正是由于分子的概念扩展到泛分子，化学键的含义也相应地扩展到将原子结合成物质世界的作用力，或泛化学键。但物理学所探讨的万有引力不包括在化学键中，因为在分子内部原子间的万有引力相对于化学键力是微不足道的，完全可以忽略。

通常，化学键定义为在分子或晶体中两个或多个原子间的强烈相互作用，导致形成相对稳定的分子和晶体。共价键、离子键和金属键是化学键的 3 种极限键型，在这三者之间通过键型变异而偏离极限键型，出现多种多样的过渡型式的化学键。这 3 种极限键型的特征列于表 3.1.1 中，表中 A 和 B 表示相互成键的原子。

表 3.1.1　共价键、离子键和金属键的比较

性　　质	共价键	离子键	金属键
A 和 B 的电性	A 负电性 B 负电性	A 正电性 B 负电性	A 正电性 B 正电性
结合力性质	成键电子轨道叠加将 A,B 结合在一起	A^+ 和 B^- 间的静电吸引	自由电子和金属正离子间相互吸引
结合的几何形式	由轨道叠加和价电子数控制	A-B 间接近，A-A 和 B-B 间远离	金属原子密堆积
键强度性质	由净的成键电子数决定	由离子的电价和配位数决定	6 个价电子最高，大于 6 和小于 6 都逐渐减小
电学性质	固态和熔态均为绝缘体或半导体	固态为绝缘体，熔态为导体	导体

分子之间以及分子以上层次的超分子及有序高级结构的聚集体，则是依靠氢键、盐键、一些弱的共价键和相互作用以及范德华力等将分子结合在一起的。这些作用能比一般强相互作用的化学键键能小 1～2 个数量级。有的作者将强相互作用的化学键和范德华力之间的种种键力统称为次级键(secondary bond)。由于这种次级键和范德华力间并没有明确的界限，它们在超分子和分子聚集体中所起的作用都很重要。有些作者提出范德华力也是一种类型的化

学键,称它为范德华键。

现将共价键、离子键、金属键和次级键(包括范德华力)等 4 种不同的键型排列在四面体的 4 个顶点上,构成化学键四面体关系图,如图 3.1.1 所示。

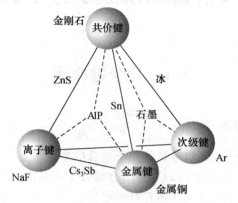

图 3.1.1　化学键四面体关系图

由于键型变异及结构的复杂性,在一种单质或化合物中常常包含多种类型的化学键,例如石墨晶体是由 C 原子组成层形分子,然后再堆积而成的。层形分子中的 C 原子除形成共价 C—C σ 键外,整个层中的 n 个 C 原子还形成 π_n^n 离域 π 键,它可看作一种二维的金属键,使石墨分子具有金属光泽和导电性;层形石墨分子依靠 $\pi\cdots\pi$ 相互作用和范德华力结合成晶体。表 3.1.2 列出若干种单质和化合物中包含的键型的概况。

表 3.1.2　若干单质和化合物中存在的化学键类型

单质和化合物	键　型
ZnS	共价键,离子键
NbO	离子键,金属键
Sn	金属键,共价键
石墨	共价键,金属键,范德华力
$8Ar \cdot 46H_2O$	共价键,氢键,范德华力
AlP	共价键,离子键,金属键
明矾$\left[K(H_2O)_6\right]^+\left[Al(H_2O)_6\right]^{3+}(SO_4^{2-})_2$	共价键,离子键,离子-偶极子作用,氢键

3.1.2　键型的多样性

物质的多样性由物质内部原子的空间排布的多样性以及它们之间存在的各种类型的化学键所决定。

已知世界上有 118 种元素,除了 26 种人造元素外,天然存在而数量较多、在地壳中按重量计超过十万分之一的元素只有 30 多种。这些元素的原子通过各种类型的化学键形成了五彩缤纷的世界。每种元素的原子在不同的条件和成键环境中,可以形成不同的化学键。下面介绍氢原子所能形成的化学键的类型。

氢是元素周期表中的第一种元素,其原子核中质子数为 1,核外只有 1 个电子,基态时电子处在 1s 轨道上。氢原子可以失去 1 个电子成 H^+,也可以获得 1 个电子成 H^-。虽然氢原子只有 1 个 1s 价轨道和 1 个电子参加成键,但近 30 多年来,由于合成化学和结构化学的发展,已经阐明氢原子在不同的化合物中可以形成共价单键、离子键、金属键、氢键等多种类型的化学键。

1. 共价单键

由 H,C,O,N,S 和卤素等元素组成的氢化物和各种有机化合物中,H 原子以共价单键和另外一个原子结合,例如 H_2,H_2O,NH_3,CH_4,CH_3CH_2OH,H_2S 和 HCl 等分子。氢原子的共价半径为 32 pm。

在这些共价单键中,H_2 分子中成键电子对处在两个原子的中心,是非极性共价键;而在 HCl,H_2O 等分子中,成键电子对靠近电负性高的原子,形成极性共价键。

2. 离子键

H 原子可获得 1 个电子形成 H^- 离子,由于 H 原子的电子亲和能(0.75 eV)很小,形成负离子的趋势低于卤素(卤素电子亲和能 > 3 eV),所以只有正电性高的金属才能形成盐型氢化物,如 NaH,CaH_2,CuH 等。在这些化合物中 H^- 以离子键和其他正离子结合,H^- 的离子半径在 130 ~ 150 pm 之间。

H 原子丢失 1 个电子形成 H^+,H^+ 是很小的质点,半径约为 0.0015 pm,比一般原子小 10^5 倍。当 H^+ 接近其他原子时,能使其他原子变形,形成共价键。所以除气态离子束外,H^+ 必定和其他原子或分子结合,形成 H_3O^+,$H_5O_2^+$,NH_4^+ 等离子,再和其他异号离子通过离子键结合成化合物。

3. 类金属键

H_2 能被某些金属和合金,如 Pd,Ni,La,$LaNi_5$ 等大量地吸附,以原子状态存在于金属或合金的空隙之中。例如

$$LaNi_5 + 3H_2 \xrightarrow[< 0.4\,MPa]{> 0.4\,MPa} LaNi_5H_6$$

即 H_2 的压力大于 0.4 MPa 时,它能被 $LaNi_5$ 合金吸附;压力小于 0.4 MPa 时,吸附的 H_2 又被释放出来。$LaNi_5$ 合金是一种良好的储氢材料(参见 8.4.2 节)。

在非常高的压力和很低温度下(如 250 GPa 和 77 K),H_2 分子转变成线形氢原子链 H_n,显现金属那样的导电性和不透明性。据猜测,一些行星中可能存在这种金属状态的氢。

4. 氢键

氢键通常用 X—H⋯Y 表示,其中 X 和 Y 均为高电负性原子,例如,F,O,N,Cl,等等。在氢键 X—H⋯Y 中,Y 原子有一孤对电子,它作为质子的受体,而 X—H 作为质子的给体[①]。近年还发现多种类型的非常规氢键。

氢键既可形成于分子之间,也可形成于分子之内,它对物质的性质起重要作用。例如,无机化合物中的水、酸、碱,有机化合物中的醇、醛、酸、胺以及全部生命物质都密切地和它们之中

---

① 在化学文献中常用到给体和受体这对名词。在大多数情况下,例如讨论酸碱性质时,以提供孤对电子的基团作为给体(donor),而接受孤对电子的基团作为受体(acceptor)。而在讨论氢键时所用名词正好相反,以提供质子的基团作为质子给体(donor),接受质子的基团作为质子受体(acceptor)。学习时应予以注意。

的氢键作用相关联。化学已从研究物质的组成、结构、各种化学反应中能量的变化规律所得的成果作基础,深入到生物化学中的遗传基因、生物信息等内容,其基本规律都和大量存在的氢键相关联。在分子间和分子内由 H,O,N 等原子形成的氢键网络,决定生物体的结构和功能。

5. 缺电子多中心氢桥键

在硼烷等化合物中,H 原子可和硼原子形成三中心二电子(3c-2e)缺电子多中心键,如

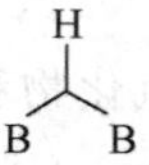

这种 BHB 多中心键以及后面要讨论的配位键,其实质是多个原子间共用电子对的一种共价键。

6. H⁻ 配键

H^- 能作为 1 个配体提供 1 对电子给 1 个(或多个)过渡金属原子形成金属氢化物,如 Mg_2NiH_4,Mg_2FeH_6,K_2ReH_9 等。在这些化合物中,M—H 键是配位共价键或多中心键,H 和 M 间的结合型式有

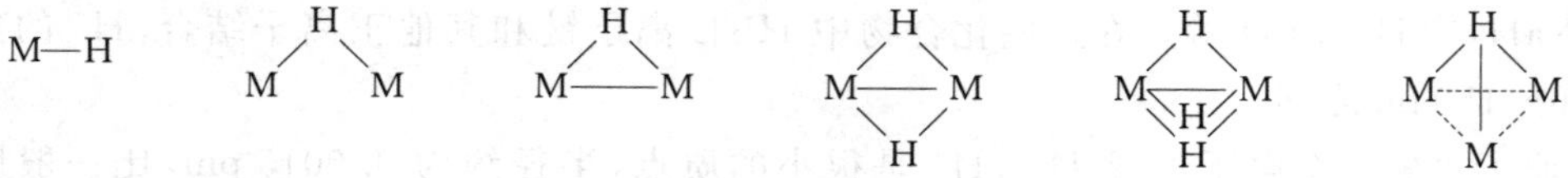

7. 分子氢配位键

氢分子(H_2)能作为一个配位体,同时从垂直键轴方向配位给一个过渡金属原子而不裂解成 2 个 H 原子。H_2 分子和过渡金属原子间的键包括两部分:一部分是 H_2 分子提供成键 σ 电子给空的金属原子的 d 轨道;另一部分是金属 d 轨道电子反馈给 H_2 分子的空的 σ^* 反键轨道。这种氢分子配位键要减弱分子中的 H—H 键,使它容易裂解成 2 个 H 原子。

在 $W(\eta^2\text{-}H_2)(CO)_3[P(C_3H_7)_3]_2$ 以及 $[Fe(\eta^2\text{-}H_2)(H)(PPh_2CH_2CH_2PPh_2)_2]BPh_4$ 等化合物中,H_2 与金属原子从侧面结合,结构式(未写出烃基)为

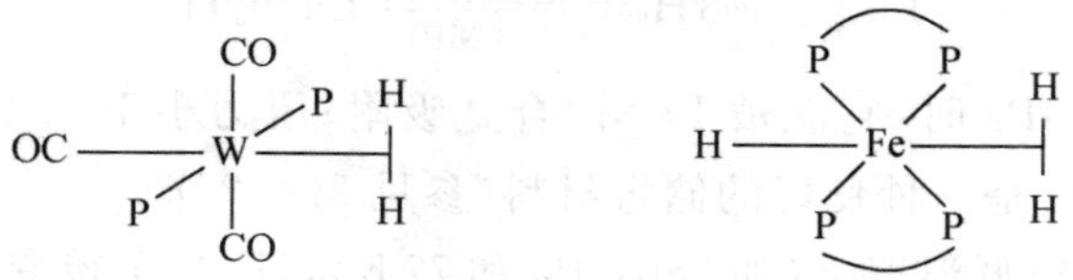

8. 抓氢键

抓氢键(agostic bond),C—H→M,已被 X 射线和中子衍射实验所证实。其中的半箭头表示由 C—H 基提供 2 个电子给金属原子 M。在若干有机金属化合物中,烃基上的 H 原子能和金属原子 M 形成 C—H→M 键。这种键的英文名称为 agostic bond,"agostic"来源于拉丁文,意思是"抓住使其靠在近旁"。

饱和碳氢化合物对金属原子 M 通常是没有化学作用的。然而近年来发现,在一些有机金属化合物中,C—H 键上的 H 原子能与 M 原子相互作用,改变烃基的几何构型。例如在图 3.1.2所示的化合物(a)和(b)中,形成了 C—H→M 键(其结构参数示于图中)。由图可见,Ta 原子为了抓住 H 原子使其靠在近旁,∠TaCH 从理论值 120°分别变为 84.8°和 78.1°,使 Ta 和 H 间形成化学键。

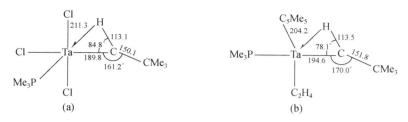

图 3.1.2　和 C—H→M 键有关的一些结构参数

（a）$[Ta(CHCMe_3)(PMe_3)Cl_3]_2$ 的一部分，（b）$Ta(CHCMe_3)(\eta^5\text{-}C_5Me_5)(\eta^2\text{-}C_2H_4)(PMe_3)$

（键长单位:pm）

C—H→M 键的形成,促使 C—H 键变长、减弱,活性增加,活化了惰性的烃基,对有机催化反应有重大的作用。

由上可见,在不同的成键环境中,一个结构最简单的氢原子能和其他原子形成多种类型的化学键。对于其他具有多个价层轨道和多个价电子的原子,所能形成的化学键类型将会更多。原子结构的复杂性增加,成键环境对形成键型的影响也会增加。

如前所述,离子键、共价键和金属键是化学键的 3 种极限键型。离子键源于离子间的静电作用。共价键是原子轨道互相叠加成为分子轨道,电子占据能量较低的成键分子轨道而使原子间稳定地结合。形成化学键的电子仅处于 2 个原子范围的键称为定域键;形成化学键的电子作用在参加成键的多个原子之间的键称为多中心键或离域键。金属键可看作使金属原子结合在一起的高度离域的共价键的相互作用(能带理论)或静电相互作用(自由电子理论)。同核双原子分子中形成共价键的电荷分布对 2 个核是对称的,为典型的非极性键;异核双原子分子中因 2 个不同的原子电负性的差异而使电荷分布偏向电负性高的原子,形成极性键。典型的离子键是成键电荷完全转移到电负性高的原子上的极端的极性键。在成键的原子或基团间,由其中一方提供成键电子的化学键称为配位键。

3.2　H_2^+ 的结构和共价键的本质

氢分子离子,H_2^+,是最简单的分子,在化学上虽不稳定,很容易从周围获得一个电子变为氢分子,但已通过实验证明它的存在,并已测定出它的键长为 106 pm,键解离能为 255.4 $kJ\,mol^{-1}$。正像把单电子的氢原子作为讨论多电子原子结构的出发点一样,单电子的 H_2^+ 可作为讨论多电子的双原子分子结构的出发点,为其提供许多有用的概念。

3.2.1　H_2^+ 的 Schrödinger 方程

H_2^+ 是一个包含两个原子核和一个电子的体系,其坐标关系如图 3.2.1 所示。图中 A 和 B 代表原子核,r_a 和 r_b 分别代表电子与两个核的距离,R 代表两核之间的距离。

H_2^+ 的 Schrödinger 方程(以原子单位表示)为

$$\left[-\frac{1}{2}\nabla^2 - \frac{1}{r_a} - \frac{1}{r_b} + \frac{1}{R}\right]\psi = E\psi \qquad (3.2.1)$$

式中 ψ 和 E 分别为 H_2^+ 的波函数和能量。等号左边方括号

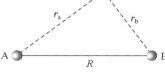

图 3.2.1　H_2^+ 的坐标

中,第一项是电子的动能算符,第二项和第三项是电子受核的吸引能算符,第四项是两个原子核的静电排斥能算符。由于电子质量比原子核质量小得多,电子运动速度比核快得多,电子运动时,核可以看作不动,式中不包含核的动能算符项,电子处在固定的核势场中运动,此即Born-Oppenheimer(玻恩-奥本海默)近似,由此解得的波函数 ψ 只反映电子的运动状态。这样,把核看作不动,固定核间距 R,解 Schrödinger 方程,得到分子的电子波函数和能级。改变 R 值,可得一系列波函数和相应的能级。与电子能量最低值相对应的 R 就是平衡核间距 R_e。

3.2.2 变分法解 Schrödinger 方程

变分法(variation method)是解 Schrödinger 方程的一种近似方法,它基于下面的原理:对任意一个品优波函数 ψ,用体系的 $\hat{H}$ 算符求得的能量平均值,大于或等于体系基态的能量 (E_0),即

$$\langle E \rangle = \frac{\int \psi^* \hat{H} \psi \mathrm{d}\tau}{\int \psi^* \psi \mathrm{d}\tau} \geqslant E_0 \tag{3.2.2}$$

根据此原理,利用求极值的方法调节参数,找出能量最低时对应的波函数,即为和体系基态相近似的波函数。

(3.2.2)式可以证明如下:设 $\psi_0, \psi_1, \psi_2, \cdots$ 组成正交、归一的函数组,其能量依次增加,$E_0 \leqslant E_1 \leqslant E_2 \cdots$,由此可得

$$\hat{H} \psi_i = E_i \psi_i$$

将(3.2.2)式中的 ψ 按照体系 $\hat{H}$ 的本征函数 ψ_i 展开,即

$$\psi = c_1 \psi_1 + c_2 \psi_2 + \cdots = \sum_i c_i \psi_i$$

利用 ψ_i 的正交、归一性,可得平均能量

$$\langle E \rangle = \int \psi^* \hat{H} \psi \mathrm{d}\tau = \sum_i c_i^* c_i E_i$$

因 $c_i^* c_i$ 恒为正值,$\sum_i c_i^* c_i = 1$(据 1.2 节,假设 IV),$0 < c_i^* c_i \leqslant 1$,故得

$$\langle E \rangle - E_0 = \sum_i c_i^* c_i (E_i - E_0) \geqslant 0$$

所以 $\langle E \rangle \geqslant E_0$。

常用的变分法是线性变分法,即选择一品优的线性变分函数

$$\psi = c_1 \psi_1 + c_2 \psi_2 + \cdots + c_n \psi_n \tag{3.2.3}$$

求出 E 值最低时对应的线性组合系数 c_i 值,进而得到波函数 ψ。

当电子运动到核 A 附近时,ψ 近似于原子轨道 ψ_a;同样,当电子运动到核 B 附近时,它近似于 ψ_b。根据电子的波动性,波可以叠加,ψ 将会在一定程度上继承和反映原子轨道的性质,因而可用原子轨道的线性组合

$$\psi = c_a \psi_a + c_b \psi_b$$

作为 H_2^+ 的变分函数,式中 c_a 和 c_b 为待定参数,而

$$\psi_a = \frac{1}{\sqrt{\pi}} \mathrm{e}^{-r_a}, \quad \psi_b = \frac{1}{\sqrt{\pi}} \mathrm{e}^{-r_b}$$

将 ψ 代入 $E = \dfrac{\int \psi^* \hat{H} \psi \mathrm{d}\tau}{\int \psi^* \psi \mathrm{d}\tau}$ 中,得

$$E(c_a, c_b) = \frac{\int (c_a \psi_a + c_b \psi_b)^* \hat{H} (c_a \psi_a + c_b \psi_b) \mathrm{d}\tau}{\int (c_a \psi_a + c_b \psi_b)^2 \mathrm{d}\tau} \tag{3.2.4}$$

由于 H_2^+ 的两个核是等同的,而 ψ_a 和 ψ_b 又都是归一化函数,展开上式,并令

$$H_{aa} = \int \psi_a^* \hat{H} \psi_a \mathrm{d}\tau = H_{bb} = \int \psi_b^* \hat{H} \psi_b \mathrm{d}\tau \tag{3.2.5}$$

$$S_{aa} = \int \psi_a^* \psi_a \mathrm{d}\tau = S_{bb} = \int \psi_b^* \psi_b \mathrm{d}\tau \tag{3.2.6}$$

$$S_{ab} = \int \psi_a^* \psi_b \mathrm{d}\tau = \int \psi_b^* \psi_a \mathrm{d}\tau = S_{ba} \tag{3.2.7}$$

$$H_{ab} = \int \psi_a^* \hat{H} \psi_b \mathrm{d}\tau = H_{ba} = \int \psi_b^* \hat{H} \psi_a \mathrm{d}\tau \tag{3.2.8}$$

得 $\qquad E(c_a, c_b) = \dfrac{c_a^2 H_{aa} + 2 c_a c_b H_{ab} + c_b^2 H_{bb}}{c_a^2 S_{aa} + 2 c_a c_b S_{ab} + c_b^2 S_{bb}} = \dfrac{Y}{Z}$

对 c_a, c_b 偏微商求极值,得

$$\frac{\partial E}{\partial c_a} = \frac{1}{Z} \frac{\partial Y}{\partial c_a} - \frac{Y}{Z^2} \frac{\partial Z}{\partial c_a} = 0$$

$$\frac{\partial E}{\partial c_b} = \frac{1}{Z} \frac{\partial Y}{\partial c_b} - \frac{Y}{Z^2} \frac{\partial Z}{\partial c_b} = 0$$

消去 Z,因为 $\dfrac{Y}{Z} = E$,得

$$\frac{\partial Y}{\partial c_a} - E \frac{\partial Z}{\partial c_a} = 0, \qquad \frac{\partial Y}{\partial c_b} - E \frac{\partial Z}{\partial c_b} = 0$$

将 Y, Z 值代入,并用(3.2.5)~(3.2.8)式简化,可得到久期方程组

$$\begin{cases} c_a (H_{aa} - E) + c_b (H_{ab} - E S_{ab}) = 0 \\ c_a (H_{ab} - E S_{ab}) + c_b (H_{bb} - E) = 0 \end{cases} \tag{3.2.9}$$

为了使 c_a 和 c_b 有不完全为零的解,必须令久期行列式为 0:

$$\begin{vmatrix} H_{aa} - E & H_{ab} - E S_{ab} \\ H_{ab} - E S_{ab} & H_{bb} - E \end{vmatrix} = 0 \tag{3.2.10}$$

解此行列式方程,得 E 的两个解

$$E_1 = \frac{H_{aa} + H_{ab}}{1 + S_{ab}} \tag{3.2.11}$$

$$E_2 = \frac{H_{aa} - H_{ab}}{1 - S_{ab}} \tag{3.2.12}$$

将 E_1 值代入(3.2.9)式的 E,得 $c_a = c_b$,相应的波函数

$$\psi_1 = c_a (\psi_a + \psi_b) \tag{3.2.13}$$

将 E_2 值代入(3.2.9)式的 E,得 $c_a = -c_b$,相应的波函数

$$\psi_2 = c_a' (\psi_a - \psi_b) \tag{3.2.14}$$

利用波函数归一化条件,可求得

$$c_a = (2 + 2S_{ab})^{-\frac{1}{2}} \tag{3.2.15}$$

$$c_a' = (2 - 2S_{ab})^{-\frac{1}{2}} \tag{3.2.16}$$

3.2.3 积分 H_{aa}, H_{ab}, S_{ab} 的意义和 H_2^+ 的结构

1. 库仑积分

通常把 H_{aa} 和 H_{bb} 称为库仑积分,又称 α 积分。根据 $\hat{H}$ 算符表达式,可得

$$
\begin{aligned}
H_{aa} &= \int \psi_a^* \hat{H} \psi_a \mathrm{d}\tau \\
&= \int \psi_a^* \left[-\frac{1}{2}\nabla^2 - \frac{1}{r_a} - \frac{1}{r_b} + \frac{1}{R} \right] \psi_a \mathrm{d}\tau \\
&= \int \psi_a^* \left[-\frac{1}{2}\nabla^2 - \frac{1}{r_a} \right] \psi_a \mathrm{d}\tau + \frac{1}{R}\int \psi_a^* \psi_a \mathrm{d}\tau - \int \psi_a^* \frac{1}{r_b} \psi_a \mathrm{d}\tau \\
&= E_H + \frac{1}{R} - \int \frac{\psi_a^2}{r_b} \mathrm{d}\tau \\
&= E_H + J
\end{aligned} \tag{3.2.17}
$$

E_H 是基态氢原子的能量。

$$J \equiv \frac{1}{R} - \int \frac{1}{r_b} \psi_a^2 \mathrm{d}\tau \tag{3.2.18}$$

此式中 $-\int \frac{1}{r_b} \psi_a^2 \mathrm{d}\tau$ 表示电子处在 ψ_a 轨道时受到核 B 作用的平均吸引能。由于 ψ_a 为球形对称,它的平均值近似等于电子在 A 核处受到的 B 核吸引能,其绝对值与两核排斥能 $1/R$ 相近,因符号相反,几乎可以抵消。据计算,H_2^+ 的 R 等于平衡核间距 R_e 时,J 值只是 E_H 的 5.5%,所以 $H_{aa} \approx E_H$。

2. 交换积分

H_{ab} 和 H_{ba} 称为交换积分,或 β 积分。β 积分与 ψ_a 和 ψ_b 的重叠程度有关,因而是与核间距 R 有关的函数。

$$H_{ab} = E_H S_{ab} + \frac{1}{R}S_{ab} - \int \frac{1}{r_a}\psi_a\psi_b \mathrm{d}\tau = E_H S_{ab} + K \tag{3.2.19}$$

$$K \equiv \frac{1}{R}S_{ab} - \int \frac{1}{r_a}\psi_a\psi_b \mathrm{d}\tau \tag{3.2.20}$$

在分子的核间距条件下,K 为负值,S_{ab} 为正值,$E_H = -13.6\,\mathrm{eV}$,这就使 H_{ab} 为负值。所以,当两个原子相互接近而成键时,体系能量降低,H_{ab} 项起重大作用。

3. 重叠积分

S_{ab} 称为重叠积分,或称 S 积分。

$$S_{ab} = \int \psi_a\psi_b \mathrm{d}\tau \tag{3.2.21}$$

它与核间距离 R 有关:当 $R = 0$ 时,$S_{ab} = 1$;当 $R = \infty$ 时,$S_{ab} \to 0$;当 R 为其他值时,S_{ab} 的数值可通过具体计算得到。

将上述关系代入(3.2.11)和(3.2.12)式,可得

$$E_1 = E_H + \frac{J+K}{1+S} \tag{3.2.22}$$

$$E_2 = E_H + \frac{J-K}{1-S} \tag{3.2.23}$$

积分 J, K, S 可在以核 A 和核 B 为焦点的椭圆坐标中求得,其结果(以原子单位表示)为

$$J = \left(1 + \frac{1}{R}\right)e^{-2R} \tag{3.2.24}$$

$$K = \left(\frac{1}{R} - \frac{2R}{3}\right)e^{-R} \tag{3.2.25}$$

$$S = \left(1 + R + \frac{R^2}{3}\right)e^{-R} \tag{3.2.26}$$

所以这些积分都与 R 有关,R 给定后,可具体计算其数值。例如当 $R = 2a_0$ 时,$J = 0.0275$ au, $K = -0.1127$ au, $S = 0.5863$ au,而

$$\frac{J+K}{1+S} = -0.0537 \text{ au}$$

$$\frac{J-K}{1-S} = 0.3388 \text{ au}$$

可见,$E_1 < E_H < E_2$。

图 3.2.2 给出 H_2^+ 的能量随核间距的变化曲线(即 E-R 曲线)。由图可见,E_1 随 R 的变化出现一最低点,它从能量的角度说明 H_2^+ 能稳定地存在。但计算所得的 E_1 曲线的最低点为 $170.8 \text{ kJ mol}^{-1}$,$R = 132 \text{ pm}$,与实验测定的平衡解离能 $D_e = 269.0 \text{ kJ mol}^{-1}$,$R = 106 \text{ pm}$ 相比较,还有较大差别。

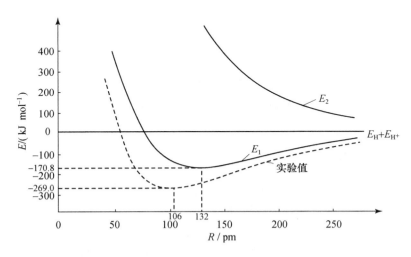

图 3.2.2 H_2^+ 的能量曲线

E_2 随 R 增加而单调地下降,当 $R \to \infty$ 时,E_2 为 0,即 $H + H^+$ 的能量($E_H + E_{H^+}$)。

由上述结果可见,用变分法解 H_2^+ 的 Schrödinger 方程,可得两个波函数 ψ_1 和 ψ_2,以及相

应的能量 E_1 和 E_2

$$\psi_1 = \frac{1}{\sqrt{2+2S}}(\psi_a + \psi_b), \quad E_1 = \frac{\alpha + \beta}{1 + S} \tag{3.2.27}$$

$$\psi_2 = \frac{1}{\sqrt{2-2S}}(\psi_a - \psi_b), \quad E_2 = \frac{\alpha - \beta}{1 - S} \tag{3.2.28}$$

相应的概率密度函数(即电子云)分别为

$$\psi_1^2 = \frac{1}{2+2S}(\psi_a^2 + \psi_b^2 + 2\psi_a\psi_b) \tag{3.2.29}$$

$$\psi_2^2 = \frac{1}{2-2S}(\psi_a^2 + \psi_b^2 - 2\psi_a\psi_b) \tag{3.2.30}$$

ψ_1 的能量比 1s 轨道的能量低,当电子从氢原子的 1s 轨道进入 ψ_1 时,体系的能量降低,ψ_1 为成键轨道。相反,电子进入 ψ_2 时,H_2^+ 的能量比原来的氢原子和氢离子的能量高,ψ_2 为反键轨道。图 3.2.3 示出一个氢原子和一个氢离子的 1s 轨道叠加形成 H_2^+ 的分子轨道图形。

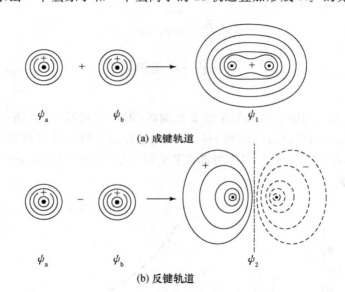

图 3.2.3　ψ_a 和 ψ_b 叠加成分子轨道 ψ_1 和 ψ_2 的等值线示意图

3.2.4　共价键的本质

由上述讨论可见,当原子互相接近时,它们的原子轨道互相叠加,组合成分子轨道。当电子进入成键轨道,体系能量降低,形成稳定的分子。此时原子间形成共价键。

从电子在分子中的分布情况,可了解共价键的成因。电子在分子中的分布,可由分子中空间各点概率密度(ψ_1^2)的大小表示。分子中电子的分布和两个原子的电子分布的简单加和不同。电子云分布的差值图反映了这一结果。电子云分布的差值图,是将 ψ_1^2 按空间各点逐点地减去处在 A 核位置的 ψ_a^2 和处在 B 核位置的 ψ_b^2 后,绘出的差值等值线图。图 3.2.4 示出 H_2^+ 的电子云分布的差值图(ψ_1 用精确解的波函数,ψ_a^2 和 ψ_b^2 的平均占有率各为 1/2)。图中实线表示电子云增加的等值线,虚线表示电子云减少的等值线。

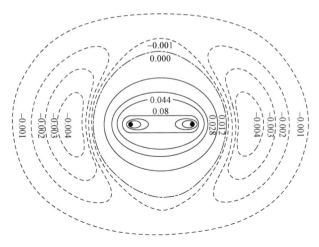

图 3.2.4　H_2^+ 电子云分布的差值图

由图可见,ψ_1 轨道的成键作用,实质上是将分子两端原子外侧的电子抽调到 2 个原子核之间,增加了核间区域的电子云。聚集在核间的电子云,同时受到 2 个原子核的吸引,即核间的电子云把 2 个原子核结合在一起,这是 H_2^+ 得以形成的原因。

共价键的形成是原子轨道(或分子轨道)互相叠加,组成新的分子轨道,而不是电子云叠加。原子轨道有正有负,按波的规律叠加,有的加强、有的削弱,形成成键分子轨道或反键分子轨道。而电子云是指 $|\psi|^2$,它只反映电荷的分布,无所谓正、负号。从物理意义考虑,同号电荷互相接近,只会出现静电排斥作用。由原子轨道叠加成分子轨道 ψ 时,在 $|\psi|^2$ 中将出现交叉项 $2\psi_a\psi_b$,使电子分布的差值图不为 0;但若由电子云 $|\psi_a|^2$ 和 $|\psi_b|^2$ 叠加,差值图处处为 0,就没有成键时电子云分布改变的效应。

从能量角度看,聚集在核间运动的电子,同时受两个核正电荷的吸引,降低体系的能量,有利于电子在核间聚集。

一切化学过程都归结为化学的吸引和排斥的过程。由一个氢原子和一个氢原子核组成 H_2^+,也是排斥和吸引对立统一的过程。当核间距离很大时,相互作用可以忽略,能量等于一个氢原子和一个氢原子核能量之和,一般以它作为能量的相对零点;核间距离逐渐缩小时,两个原子轨道的重叠逐渐增大,成键轨道的能量逐渐降低;当两个核进一步接近时,两个核正电荷相斥,又会使能量上升。吸引和排斥这两个矛盾因素的作用,得到图 3.2.2 中能量和核间距离的关系曲线(E_1)。曲线(E_1)有一最低点,这是体系平衡时稳定存在的情况。这时核间距离就是 H_2^+ 的键长。

3.3　分子轨道理论和双原子分子的结构

3.3.1　简单分子轨道理论

H_2^+ 是最简单的分子,其他分子的电子数较多,要复杂一些,但 H_2^+ 成键的一般原理和概念对其他分子还是适用的,这已被量子力学计算和实验所证实。将 H_2^+ 成键的一般原理推广,可得适用于一般分子的分子轨道理论。

1. 分子轨道的概念

分子中每个电子都是在由各个原子核和其余电子组成的平均势场中运动,第 i 个电子的运动状态用波函数 ψ_i 描述,ψ_i 称为分子中的单电子波函数,又称分子轨道。$\psi_i^* \psi_i$ 为电子 i 在空间分布的概率密度,即电子云分布;$\psi_i^* \psi_i \mathrm{d}\tau$ 表示该电子在空间某点附近微体积元 $\mathrm{d}\tau$ 中出现的概率。当把其他电子和核形成的势场当作平均场来处理时,势能函数只与电子本身的坐标有关,分子中第 i 个电子的 Hamilton 算符 $\hat{H}_i$ 可单独分离出来,ψ_i 服从 $\hat{H}_i \psi_i = E_i \psi_i$,式中 $\hat{H}_i$ 包含第 i 个电子的动能算符项、这个电子和所有核作用的势能算符项,以及它与其他电子作用的势能算符项的平均值。解此方程,可得一系列分子轨道 $\psi_1, \psi_2, \cdots, \psi_n$,以及相应能量 E_1, $E_2, \cdots, E_n$。分子中的电子根据 Pauli 原理、能量最低原理和 Hund 规则增填在这些分子轨道上。分子的波函数 ψ 为各个单电子波函数的乘积,分子的总能量为各个电子所处分子轨道的分子轨道能之和。

2. 分子轨道的形成

分子轨道 ψ 可以近似地用能级相近的原子轨道线性组合(linear combination of atomic orbital,LCAO)得到,如(3.2.3)式所示,式中的线性组合系数可为正值,也可为负值;可为整数,也可为分数。这些原子轨道通过线性组合成分子轨道时,轨道数目不变,轨道能级改变。两个能级相近的原子轨道组合成分子轨道时,能级低于原子轨道能级的称为成键轨道,高于原子轨道能级的称为反键轨道,等于原子轨道能级的称为非键轨道。

由两个原子轨道有效地组合成分子轨道时,必须满足能级高低相近、轨道最大重叠、对称性匹配 3 个条件。能级高低相近,能够有效地组成分子轨道;能级差越大,组成分子轨道的成键能力就越小。一般原子中最外层电子的能级高低是相近的。另外,当两个不同能级的原子轨道组成分子轨道时,能级降低的分子轨道必含有较多成分的低能级原子轨道,而能级升高的分子轨道则含有较多成分的高能级原子轨道。所谓轨道最大重叠,就是使 β 积分[(3.2.19)式]增大,成键时体系能量降低较多,这就给两个轨道的重叠方向以一定的限制,此即共价键具有方向性的根源。所谓对称性匹配,是指两个原子轨道重叠时,重叠区域中两个波函数的位相相同,即有相同的符号,以保证 β 积分不为 0。图 3.3.1(a)示出若干种满足对称性条件,有效地组成能级低的分子轨道的情况。图 3.3.1(b)示出若干种不全满足位相对称性匹配条件的情况,重叠区有一半是正正重叠,使能量降低;另一半是正负重叠,使能量升高,两者效果抵消,只能形成非键分子轨道。若两个符号相反的轨道进行叠加,则形成反键分子轨道。

在上述 3 个条件中,对称性条件是首要的,它决定这些原子轨道是否能组合成分子轨道,而其他两个条件只影响组合的效率。

能级高低相近条件可近似证明如下:设 ψ_a 和 ψ_b 分别为 A,B 两个原子的原子轨道,且 $E_a < E_b$。它们组合成分子轨道,即 $\psi = c_a \psi_a + c_b \psi_b$。展开(3.2.10)式,并假设 $H_{aa} = E_a$,$H_{bb} = E_b$,$H_{ab} = \beta$,$S_{ab} = 0$,则有

$$(E_a - E)(E_b - E) - \beta^2 = 0$$

解之,得分子轨道能量 E 的两个解

$$E_1 = \frac{1}{2}\left[(E_a + E_b) - \sqrt{(E_b - E_a)^2 + 4\beta^2}\right] = E_a - U$$

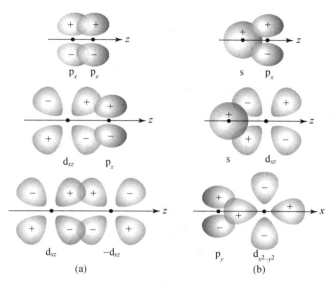

图 3.3.1　轨道重叠时的对称性条件

（a）成键轨道，（b）非键轨道

$$E_2 = \frac{1}{2}\Big[(E_a + E_b) + \sqrt{(E_b - E_a)^2 + 4\beta^2}\Big] = E_b + U$$

式中 $U = \frac{1}{2}\Big[\sqrt{(E_b - E_a)^2 + 4\beta^2} - (E_b - E_a)\Big] > 0$。因为 $U > 0$，所以如图 3.3.2 所示，能级高低关系为 $E_1 < E_a < E_b < E_2$：E_1 是成键轨道的能级，E_2 是反键轨道的能级。E_1 比 E_a 还要低，降低值为 U；E_2 比 E_b 还要高，升高值为 U。

U 不仅和 β 有关，而且与 $(E_b - E_a)$ 的差值有关。当 $E_a = E_b$ 时，$U = |\beta|$，β 是负值，所得结果和 3.2 节解 H_2^+ 所得的 (3.2.11) 和 (3.2.12) 式结果相同；当 $(E_b - E_a) \gg |\beta|$ 时，$U \approx 0$，$E_1 \approx E_a$，$E_2 \approx E_b$。从 3.2 节中的 (3.2.9) 式出发，如将 E 值分别用 $E_1 = E_a - U$ 和 $E_2 = E_b + U$ 代入，化简得

$$\left(\frac{c_b}{c_a}\right)_1 = -\frac{U}{\beta} \approx 0, \quad \psi_1 \approx \psi_a$$

$$\left(\frac{c_a}{c_b}\right)_2 = \frac{U}{\beta} \approx 0, \quad \psi_2 \approx \psi_b$$

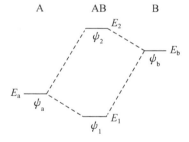

图 3.3.2　能级高低不同的原子轨道组成分子轨道的能级高低关系

分子轨道 ψ_1 和 ψ_2 还原为原子轨道 ψ_a 和 ψ_b，不能有效成键。

3. 关于反键轨道

在讨论分子轨道问题时，对于反键轨道应予以充分的重视，其原因是：

（1）反键轨道是整个分子轨道中不可缺少的组成部分，反键轨道几乎占总分子轨道数的一半，它和成键轨道、非键轨道一起按能级高低排列，共同组成分子轨道。

（2）反键轨道具有和成键轨道相似的性质，每一轨道也可按 Pauli 原理、能量最低原理和 Hund 规则安排电子，只不过能级较相应的成键轨道高，轨道的形状不同。

（3）在形成化学键的过程中，反键轨道并不都是处于排斥的状态，有时反键轨道和其他轨道相互重叠，也可以形成化学键，降低体系的能量，促进分子稳定地形成。利用分子轨道理论能成功地解释和预见许多化学键的问题，反键轨道参与作用常常是其中的关键所在。在后面讨论分子的化学键性质时，将会经常遇到反键轨道的作用问题。

（4）反键轨道是了解分子激发态性质的关键。

3.3.2　分子轨道的分类和分布特点

按照分子轨道沿键轴分布的特点，可以分为 σ 轨道、π 轨道和 δ 轨道 3 种，图 3.3.3 示出沿键轴一端观看时 3 种分子轨道的特点。

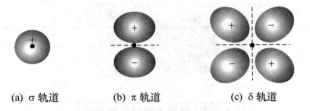

（a）σ 轨道　　　　（b）π 轨道　　　　（c）δ 轨道

图 3.3.3　沿键轴一端观看时 3 种分子轨道的特点
（虚线表示节面）

1. σ 轨道和 σ 键

从 H_2^+ 分子的结构知道，两个氢原子的 1s 轨道线性组合成两个分子轨道，这两个轨道的分布是圆柱对称的，对称轴就是连接两个原子核的键轴。任意转动键轴，分子轨道的符号和大小都不改变，这样的轨道称为 σ 轨道。由 1s 原子轨道组成的成键 σ 轨道用 σ_{1s} 表示，反键轨道用 σ_{1s}^* 表示；由 2s 原子轨道组成的成键 σ 轨道以 σ_{2s} 表示，反键轨道则以 σ_{2s}^* 表示。

除 s 轨道相互间可组成 σ 轨道外，p 轨道和 p 轨道，p 轨道和 s 轨道也可组成 σ 轨道。图 3.3.4 是各种 σ 轨道的示意图。

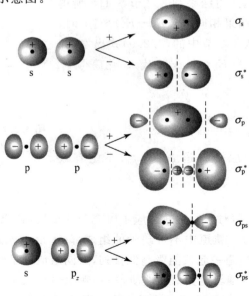

图 3.3.4　由 s 和 p 轨道组成的 σ 轨道示意图

在 σ 轨道上的电子称为 σ 电子。由 σ 电子形成的共价键称为 σ 键。图 3.3.5 示意出 H_2^+，H_2 和 He_2^+ 通过 σ 键形成分子的情况。在 H_2^+ 中由 1 个 σ 电子占据成键轨道，称为单电子 σ 键。H_2^+ 不如 H_2 稳定，因为它只有 1 个电子占据成键轨道，容易接受外来电子形成 H_2。而在 He_2^+ 中，2 个电子在成键轨道，1 个电子在反键轨道，成键电子数超过反键电子数，故能够存在。光谱实验证明，确实有 He_2^+。这种由相应的成键和反键两个轨道中的 3 个电子组成的 σ 键称为三电子 σ 键。三电子键的稳定性和单电子键相似，因为一个反键电子抵消了一个成键电子。He_2 是不存在的，因为它有 4 个电子，成键轨道的 2 个电子能级降低和反键轨道的 2 个电子能级升高互相抵消了。由此可以推论，原子的内层电子在形成分子时成键作用与反键作用抵消，它们基本上仍在原来的原子轨道上。

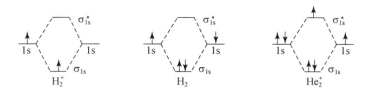

图 3.3.5　H_2^+，H_2 和 He_2^+ 的电子排布图

2. π 轨道和 π 键

取键轴沿 z 轴方向，原子的 p_x 和 p_y 轨道的极大值方向均和键轴垂直。当 2 个原子沿 z 轴靠近，2 个 p_x 轨道沿键轴方向肩并肩地重叠，组成 π 轨道。图 3.3.6(a) 示出乙烯分子中 2 个 C 原子的 $2p_x$ 轨道的大小、形状和数值以及沿 z 轴叠加的图形；图 3.3.6(b) 简单地示意出两个轨道符号相同地叠加（下方），以及符号相反地叠加（上方）的情况。

当两轨道符号相同叠加时，通过键轴有一个节面，在键轴两侧电子云比较密集，这种分子轨道的能级较相应的原子轨道低，称为成键轨道，以 π_p 表示。当两轨道符号相反叠加时，不仅通过键轴有一个节面，而且在两核之间波函数互相抵消，垂直键轴又出现一节面，这种轨道能级较高，称为反键轨道，以 π_p^* 表示。凡是通过键轴有一个节面的轨道都称为 π 轨道。在 π 轨道上的电子称为 π 电子，由成键 π 电子构成的共价键叫作 π 键。同样，根据 π 电子数是 1 个、2 个或 3 个，分别称为单电子 π 键、π 键（即二电子 π 键）和三电子 π 键。一对 π 电子和一对 π^* 电子不能构成共价键，因为成键作用和反键作用互相抵消，没有能量降低效应。

3. δ 轨道和 δ 键

通过键轴有两个节面的分子轨道称为 δ 轨道。δ 轨道不能由 s 或 p 原子轨道组成。若键轴方向为 z 轴方向，则 2 个 d_{xy} 或 2 个 $d_{x^2-y^2}$ 轨道重叠可形成 δ 轨道。在某些过渡金属化合物（如 $Re_2Cl_8^{2-}$ 离子）中就有这种分子轨道。图 3.3.7 示出 2 个 d_{xy} 轨道互相重叠形成 δ 轨道的情形。

分子轨道还可根据对称性来区分。对于同核双原子分子，若以键轴中心为坐标原点，当对原点中心对称时，以下标符号"g"表示；对该点中心反对称时，以下标符号"u"表示。对于由同种原子轨道组合成的分子轨道，σ 轨道是中心对称的，σ^* 轨道是中心反对称的；π 轨道是中心反对称的，π^* 轨道是中心对称的。

在讨论化学键性质时，还引进键级概念，以表达键的强弱。对定域键：

$$键级 = \frac{1}{2}(成键电子数 - 反键电子数)$$

键级高,键强。H_2 的键级为 1,H_2^+ 为 $1/2$;He_2^+ 为 $1/2$(参见图 3.3.5)。He_2 的键级为 0,故不成键。键级可看作两原子间共价键的数目。

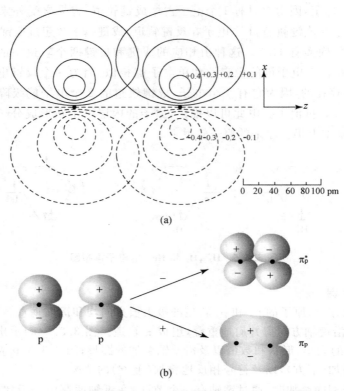

(a)

(b)

图 3.3.6　由 2 个原子的 p 轨道组成分子的 π 轨道示意图

(a) 乙烯分子中 2 个 C 原子的 $2p_x$ 轨道的大小形状和数值以及沿 z 轴的叠加

(b) 2 个 $2p_x$ 轨道肩并肩、符号相同地叠加(下方)以及符号相反地叠加(上方)的简单示意图

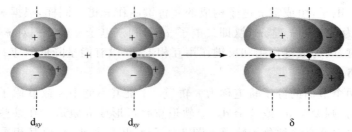

图 3.3.7　由 2 个 d_{xy} 轨道重叠而成的 δ 轨道

图中虚线表示通过原子核的节面

3.3.3　同核双原子分子的结构

下面先讨论 H_2 分子的结构,再讨论其他双原子分子的结构。

H_2 分子基态的电子组态为 $(\sigma_{1s})^2$,如图 3.3.5 所示。图中表示两个电子均处在 σ_{1s} 轨道,而自旋状态不同,一个为 α,另一个为 β。描述 H_2 分子轨道的波函数为

$$\psi_{\text{轨道}} = \sigma_{1s}(1)\sigma_{1s}(2)$$

对于多电子体系,必须考虑 Pauli 原理。对称的 $\psi_{\text{轨道}}$ 必须乘以反对称的自旋函数:

$$\frac{1}{\sqrt{2}}\big[\alpha(1)\beta(2) - \alpha(2)\beta(1)\big]$$

使全波函数 $\psi_{\text{全}}$ 为反对称,即

$$\psi_{\text{全}} = \sigma_{1s}(1)\sigma_{1s}(2)\frac{1}{\sqrt{2}}\big[\alpha(1)\beta(2) - \alpha(2)\beta(1)\big]$$

若用 Slater 行列式表示,则为

$$\psi_{\text{全}} = \frac{1}{\sqrt{2}}\begin{vmatrix} \sigma_{1s}(1)\alpha(1) & \sigma_{1s}(1)\beta(1) \\ \sigma_{1s}(2)\alpha(2) & \sigma_{1s}(2)\beta(2) \end{vmatrix}$$

用上述分子轨道求得 H_2 分子能量最低值对应的核间距离为 73 pm,能量降低值(相对于两个 H 原子)为 $336.7\,\mathrm{kJ\,mol^{-1}}$。而实验测定的平衡核间距为 74.12 pm,平衡解离能 D_e 为 $458.0\,\mathrm{kJ\,mol^{-1}}$ (参看图 3.4.2)。能量数值符合得不太好。

对其他同核双原子分子的结构,需要考虑各个分子轨道能级的高低。分子轨道的能级由两个因素决定,即构成分子轨道的原子轨道类型和原子轨道的重叠情况。从原子轨道的能级考虑,在同核双原子分子中,能级最低的分子轨道是由 1s 原子轨道组合成的 σ_{1s} 和 σ_{1s}^*,其次是由 2s 轨道组合成的分子轨道 σ_{2s} 和 σ_{2s}^*,再次是由 2p 原子轨道组合成的三对分子轨道。这是由于 1s 能级低于 2s 能级,2s 能级低于 2p 能级。从价层轨道的重叠情况考虑,在核间距离不是相当小的情况下,一般两个 2s 轨道或两个 $2p_z$ 轨道之间的重叠比两个 $2p_x$ 或两个 $2p_y$ 轨道之间的重叠大,即形成 σ 键的轨道重叠比形成 π 键的轨道重叠大,因此成键和反键 π 轨道间的能级间隔比成键和反键 σ 轨道间的能级间隔小。根据这种分析,第二周期同核双原子分子的价层分子轨道能级顺序为

$$\sigma_{2s} < \sigma_{2s}^* < \sigma_{2p_z} < \pi_{2p_x} = \pi_{2p_y} < \pi_{2p_x}^* = \pi_{2p_y}^* < \sigma_{2p_z}^*$$

然而,由于 s-p 混杂会使能级高低发生改变,这种顺序不是固定不变的。当价层 2s 和 $2p_z$ 原子轨道能级相近时,由它们组成的对称性相同的分子轨道,能进一步相互作用,混杂在一起组成新的分子轨道。这种分子轨道间的相互作用称为 s-p 混杂。它和原子轨道的杂化概念不同,原子轨道的杂化是指同一个原子中能级相近的原子轨道线性组合而成新的原子轨道的过程。

图 3.3.8 示出 s-p 混杂对同核双原子分子的分子轨道形状及能级的影响。图中左边是忽略 s-p 混杂时分子轨道的能级和形状;右边是对称性相同的 σ_{2s} 和 σ_{2p_z} 以及 σ_{2s}^* 和 $\sigma_{2p_z}^*$ 相互作用后所得的分子轨道的能级和形状。由于各个分子轨道已不单纯是相应原子轨道的叠加,不能再用 σ_{2s},σ_{2p} 等符号表示,而改用 $1\sigma_g$,$1\sigma_u$ 等符号表示,σ_g 为中心对称,没有垂直于键轴的节面,σ_u 为中心反对称,具有垂直于键轴的节面。分子轨道能级高低的次序为

$$1\sigma_g < 1\sigma_u < 1\pi_u(2\,\text{个}) < 2\sigma_g < 1\pi_g(2\,\text{个}) < 2\sigma_u$$

分子轨道形状也明显地改变,$1\sigma_u$ 和 $2\sigma_g$ 在核间已变得很小,轨道性质相对地分别变为弱反键和弱成键了。

根据第二周期元素的价轨道能级高低数据,F,O 等元素,其 2s 和 2p 轨道能级差值大,s-p 混杂少,不改变原有由各相应原子轨道组成的分子轨道的能级顺序;而 N,C,B 等元素,其2s 和 2p 轨道能级差值小,s-p 混杂显著,出现能级高低变化,$2\sigma_g$ 高于 $1\pi_u$。

根据分子轨道的能级高低次序,就可以按 Pauli 原理、能量最低原理和 Hund 规则排出分

子在基态时的电子组态。

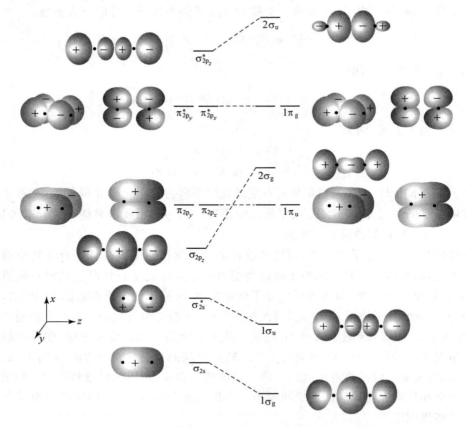

图 3.3.8　s-p 混杂对同核双原子分子的价层分子轨道形状和能级的影响

对于由主量子数为 3 或 3 以上的原子轨道组合成的分子轨道,其能级高低次序难以简单地预言,需要根据更多的实验数据来确定。

下面分别讨论几种同核双原子分子的电子结构和性质。

【例 3.3.1】　F_2

F_2 的价电子组态为

$$(\sigma_{2s})^2(\sigma_{2s}^*)^2(\sigma_{2p_z})^2(\pi_{2p})^4(\pi_{2p}^*)^4$$

除了 $(\sigma_{2p_z})^2$ 形成共价单键外,尚有 3 对成键电子和 3 对反键电子,它们互相抵消,不能有效成键,相当于每个 F 原子提供 3 对孤对电子,可记为

$$\ddot{:}\!F\!-\!\ddot{F}\!\ddot{:}$$

【例 3.3.2】　O_2

O_2 的价电子组态为

$$(\sigma_{2s})^2(\sigma_{2s}^*)^2(\sigma_{2p_z})^2(\pi_{2p_x})^2(\pi_{2p_y})^2(\pi_{2p_x}^*)^1(\pi_{2p_y}^*)^1$$

O_2 比 F_2 少 2 个电子,因为 2 个反键 π^* 轨道能级高低一样,按照 Hund 规则电子应分占两个轨道,且自旋相同。实验证明氧分子是顺磁性的,证实 O_2 确有自旋相同的未成对电子。根据氧分子的分子轨道,O_2 相当于生成 1 个 σ 键和 2 个三电子 π 键,可记为

$$\ddot{\rm O}\!=\!=\!=\!\dot{\rm O}$$

此处以小圆点表示参与成键的 π 电子,以虚线表示形成的 π 键,这种表示方法在离域 π 键中常用。每个三电子 π 键能量上只相当于半个键。O_2 分子的键级为 2,相当于 $O\!=\!O$ 双键。

【例 3.3.3】 N_2

N_2 的价电子组态为

$$(1\sigma_{\rm g})^2(1\sigma_{\rm u})^2(1\pi_{\rm u})^4(2\sigma_{\rm g})^2$$

见图 3.3.8。由光电子能谱数据可以证明(见 3.6 节),N_2 的三重键为 1 个 σ 键 $[(1\sigma_{\rm g})^2]$,2 个 π 键 $[(1\pi_{\rm u})^4]$,键级为 3。而 $(1\sigma_{\rm u})^2$ 和 $(2\sigma_{\rm g})^2$ 分别具有弱反键和弱成键性质,实际上成为参加成键作用很小的两对孤对电子,可记为 :N≡N: 。所以 N_2 的键长特别短,只有 109.8 pm;键能特别大,达 942 kJ mol^{-1},是惰性较大的分子。

【例 3.3.4】 C_2

C_2 的价电子组态为

$$(1\sigma_{\rm g})^2(1\sigma_{\rm u})^2(1\pi_{\rm u})^4$$

由于 s-p 混杂,$1\sigma_{\rm u}$ 为弱反键轨道,C_2 的键级应在 2~3 之间,这与 C_2 的键能(602 kJ mol^{-1})和键长(124.3 pm)的实验数据一致(见习题 3.5)。

【例 3.3.5】 B_2

B_2 的价电子组态为

$$(1\sigma_{\rm g})^2(1\sigma_{\rm u})^2(1\pi_{\rm u})^2$$

其中 $1\sigma_{\rm u}$ 为弱反键轨道,在 $1\pi_{\rm u}$ 上的 2 个电子应处在 2 个能级简并的轨道上,自旋相同,形成 2 个单电子键。从这些情况可预见 B_2 为顺磁性分子,B—B 间键级介于 1~2 之间。实验测定 B_2 为顺磁性分子,B—B 键长为 158.9 pm,较 B—B 单键共价半径和(164 pm)短,键能为 274 kJ mol^{-1}。

表 3.3.1 列出若干同核双原子分子的键长和键解离能的数据,其中键解离能表示

$$A_2(g) \longrightarrow A(g) + A(g)$$

所需能量。

表 3.3.1　同核双原子分子和离子的键长及键解离能

分　子	键级	键长/pm	键解离能/(kJ mol^{-1})
B_2	1~2	158.9	274.1
Br_2	1	228.09	190.12
C_2	2~3	124.25	602
Cl_2	1	198.8	239.24
F_2	1	141.7	155
H_2	1	74.12	431.96
H_2^+	0.5	106	255.48
He_2^+	0.5	108.0	322.2
I_2	1	266.66	148.74
K_2	1	392.3	49.4
Li_2	1	267.2	110.0

续表

分　子	键　级	键长/pm	键解离能/(kJ mol^{-1})
N$_2$	3	109.76	941.69
N$_2^+$	2.5	111.6	842.15
Na$_2$	1	307.8	72.4
O$_2$	2.0	120.74	493.54
O$_2^+$	2.5	112.27	626
O$_2^-$	1.5	126	392.9
O$_2^{2-}$	1.0	149	138
P$_2$	3	189.37	477

3.3.4　异核双原子分子的结构

异核双原子分子不像同核双原子分子那样可利用相同的原子轨道进行组合,但是组成分子轨道的条件仍须满足。异核原子间内层电子的能级高低可以相差很大,但最外层电子的能级高低总是相近的。异核原子间可利用最外层轨道组合成分子轨道。下面分别以 CO,NO 和 HF 为例,说明异核双原子分子的结构。

【例 3.3.6】　CO

CO 和 N$_2$ 是等电子分子,它们在分子轨道、成键情况和电子排布上大致相同。基态 CO 分子的价层电子组态为

$$(1\sigma)^2(2\sigma)^2(1\pi)^4(3\sigma)^2$$

和 N$_2$ 的差别在于由氧原子提供给分子轨道的电子比碳原子提供的电子多 2 个,可记为 :C≡O:,箭头代表由氧原子提供一对电子形成的配键,两边黑点表示孤对电子。结构的相似性,使 CO 和 N$_2$ 的物理性质也相近,如表 3.3.2 所示。

表 3.3.2　CO 和 N$_2$ 的物理性质

性　质	CO	N$_2$
熔点/K	68.1	63.0
沸点/K	81.6	77.4
气体密度(298K)/(g dm^{-3})	1.229	1.229
临界温度/K	132.9	126.21
临界压力/MPa	3.50	3.39
临界体积/(cm^3 mol^{-1})	93	90

氧原子的电负性比碳原子高,但在 CO 分子中,由于氧原子单方面向碳原子提供电子,抵消了碳原子和氧原子之间由于电负性差引起的极性,所以 CO 分子 $\mu = 0.37 \times 10^{-30}$ C m,是个偶极矩较小的分子;而且氧原子端显正电性,碳原子端显负电性,在羰基配合物中 CO 基表现出很强的配位能力,以碳原子端和金属原子结合。

CO 分子的结构、性质及用途是一碳化学和化工领域中的重要研究内容。

【例 3.3.7】　NO

NO 分子比 CO 分子多 1 个电子,它的价电子组态为

$$(1\sigma)^2(2\sigma)^2(1\pi)^4(3\sigma)^2(2\pi)^1$$

由于 2π 轨道是反键轨道,因而 NO 分子中出现一个三电子 π 键,键级为 2.5,分子呈顺磁性。

一氧化氮是美国《科学》(Science)杂志 1992 年选出的明星分子。在大气中,NO 是有害的气体,它破坏臭氧层,造成酸雨,污染环境等,可通过催化分解或催化还原的方法消除 NO 等氮氧化物,称为 DENO$_x$。但是在人体中,NO 容易穿过生物膜,氧化外来物质,在受控制的小剂量情况下,却是极有益的成分。NO 作用在大脑、血管、免疫系统、肝脏、肺、子宫、末梢神经等,可以在体内起多方面的作用:调整血压、抵抗微生物入侵、促进消化、传递性兴奋信息、治疗心脏病、帮助大脑学习和记忆,等等。NO 分子越来越受到人们的关注。

【例 3.3.8】　HF

根据能级高低相近和对称性匹配条件,氢原子 1s 轨道(-13.6 eV)和氟原子的 $2p_z$ 轨道(-17.4 eV)形成 σ 轨道,HF 的价层电子组态为

$$(\sigma_{2s})^2(\sigma)^2(\pi_{2p})^4$$

有 3 对非键电子,在 F 原子周围形成 3 对孤对电子,故可记为 $\mathrm{H—\ddot{\underset{\cdot\cdot}{F}}:}$ 。由于 F 的电负性比 H 大,所以电子云偏向 F,形成极性共价键,$\mu=6.60\times10^{-30}$ C·m。分子轨道能级示意于图 3.3.9 中。

从 HF 的分子结构可以推论:对异核双原子分子的成键分子轨道,电负性高的原子贡献较多;而反键分子轨道,电负性小的原子贡献较多。

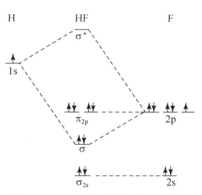

图 3.3.9　HF 分子轨道能级示意图

3.3.5　双原子分子的光谱项

原子结构中角动量和角动量耦合的知识,可用于双原子分子。原子呈球形对称,双原子分子只是键轴对称,分子轨道角动量只有在键轴方向(z 方向)才有意义。分子轨道中单电子角动量轴向分量是量子化的,其值为 $mh/2\pi$,$m=0,\pm1,\pm2,\cdots$。由于电子运动的方向正转和反转能量相同,分子轨道能量只和 $|m|$ 有关,令 $\lambda=|m|$,λ 为分子轨道角动量轴向分量量子数。表 3.3.3 列出分子轨道的单电子角动量。

表 3.3.3　分子轨道的单电子角动量

分子轨道	m	λ	角动量轴向分量	轨道简并性
σ 轨道	0	0	0	非简并
π 轨道	±1	1	$\pm h/2\pi$	二重简并
δ 轨道	±2	2	$\pm2h/2\pi$	二重简并
ϕ 轨道	±3	3	$\pm3h/2\pi$	二重简并

根据角动量耦合规则,分子总的轨道角动量在 z 方向分量 $Mh/2\pi$ 应是各个电子 z 方向分量 $mh/2\pi$ 的代数和,即

$$Mh/2\pi = \sum_i m_i h/2\pi$$

M 的绝对值通常用大写 Λ 表示

$$\Lambda = |M| = \left| \sum_i m_i \right|$$

Λ 不同,双原子分子能量不同,用大写字母 $\Sigma, \Pi, \Delta, \Phi$ 表示 $\Lambda = 0, 1, 2, 3$ 等不同的状态。$\Lambda \neq 0$ 的状态是二重简并态。

分子中电子的自旋角动量的耦合方式和原子的情况相同。总的自旋角动量为

$$\sqrt{S(S+1)} \, \frac{h}{2\pi}$$

式中 S 是总自旋量子数,$S = n/2$,n 为未成对电子数。总自旋角动量在 z 方向分量的量子数可取 $S, S-1, \cdots, -S$,共有 $2S+1$ 个值。$2S+1$ 称为自旋多重度。所以,双原子分子的电子光谱项可用 $^{2S+1}\Lambda$ 表示。

双原子分子的光谱项,可根据分子的能级最高占据轨道(HOMO)电子的排布来定。因为基态时能级低于 HOMO 的价层分子轨道都已被自旋相反的成对电子占据,$S=0$。若轨道为 σ 轨道,$m=0$;若为 π 轨道,因它为二重简并,一对电子取值 $+m$,另一对电子取值 $-m$,正好抵消,所以 $M=0$,$S=0$。表 3.3.4 列出双原子分子基态的光谱项。

表 3.3.4　双原子分子基态的光谱项

分　子	HOMO 组态	电子排布	M	Λ	S	谱　　项
H_2^+	σ_{1s}^1	↑	0	0	1/2	$^2\Sigma$
H_2	σ_{1s}^2	↑↓	0	0	0	$^1\Sigma$
F_2	$(\pi_{2p}^*)^4$	↑↓　↑↓	0	0	0	$^1\Sigma$
O_2 [a]	$(\pi^*)^2$	↑　↑	0	0	1	$^3\Sigma$
		↑↓　__	2	2	0	$^1\Delta$
		↑　↓	0	0	0	$^1\Sigma$
N_2	$(2\sigma_g)^2$	↑↓	0	0	0	$^1\Sigma$
C_2	$(1\pi_u)^4$	↑↓　↑↓	0	0	0	$^1\Sigma$
B_2 [a]	$(1\pi_u)^2$	↑　↑	0	0	1	$^3\Sigma$
CO	$(3\sigma)^2$	↑↓	0	0	0	$^1\Sigma$
NO	$(2\pi)^1$	↑　__	1	1	1/2	$^2\Pi$
HF	$(\pi_{2p})^4$	↑↓　↑↓	0	0	0	$^1\Sigma$

[a] O_2 分子的基态谱项为 $^3\Sigma$,是三重态。表中列出 $^1\Delta$ 为第一激发态,$^1\Sigma$ 为第二激发态,它们都是单重态,和 O_2 的化学反应性能密切相关,常在文献中出现,列出以供参考。B_2 分子也有类似情况。

3.4　H_2 分子的结构和价键理论

3.4.1　价键法解 H_2 的结构

H_2 分子有 2 个原子核和 2 个电子,坐标如图 3.4.1 所示。它的 Hamilton 算符(以原子单位表示)为

$$\hat{H} = \left[-\frac{1}{2}\nabla_1^2 - \frac{1}{r_{a_1}} \right] + \left[-\frac{1}{2}\nabla_2^2 - \frac{1}{r_{b_2}} \right] + \left[-\frac{1}{r_{a_2}} - \frac{1}{r_{b_1}} + \frac{1}{r_{12}} + \frac{1}{R} \right]$$

$$= \hat{H}_a(1) + \hat{H}_b(2) + \hat{H}'$$

$$\tag{3.4.1}$$

其中$\hat{H}_a(1)$表示电子 1 在 H$_A$ 原子中的Hamilton算符；$\hat{H}_b(2)$表示电子 2 在 H$_B$ 原子中的 Hamilton算符；$\hat{H}'$ 为两个原子组成氢分子后增加的相互作用的势能算符项。若以 $\psi_a = (1/\sqrt{\pi})e^{-r_a}$表示氢原子 A 的基态波函数，$\psi_b = (1/\sqrt{\pi})e^{-r_b}$ 表示氢原子 B 的基态波函数，当两个 H 原子远离、无相互作用时，体系的波函数为

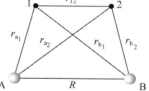

$$\psi_1(1,2) = \psi_a(1)\psi_b(2)$$

或

$$\psi_2(1,2) = \psi_a(2)\psi_b(1)$$

图 3.4.1 H₂ 分子的坐标

式中括号内的 1 或 2 表示第 1 个电子或第 2 个电子的坐标。显然，由 ψ_1 和 ψ_2 线性组合所得的波函数也是这个体系的波函数

$$\psi(1,2) = c_1\psi_1 + c_2\psi_2 \tag{3.4.2}$$

Heitler-London 以 $\psi(1,2)$ 作为 H₂ 的近似函数，仿照 3.2 节的线性变分法得到 H₂ 分子的波函数和相应的能量

$$\psi_+ = \frac{1}{\sqrt{2+2S_{12}}}(\psi_1 + \psi_2) = \frac{1}{\sqrt{2+2S_{12}}}[\psi_a(1)\psi_b(2) + \psi_a(2)\psi_b(1)] \tag{3.4.3}$$

$$E_+ = \frac{H_{11} + H_{12}}{1 + S_{12}} \tag{3.4.4}$$

$$\psi_- = \frac{1}{\sqrt{2-2S_{12}}}(\psi_1 - \psi_2) = \frac{1}{\sqrt{2-2S_{12}}}[\psi_a(1)\psi_b(2) - \psi_a(2)\psi_b(1)] \tag{3.4.5}$$

$$E_- = \frac{H_{11} - H_{12}}{1 - S_{12}} \tag{3.4.6}$$

式中积分 S_{12}，H_{11} 和 H_{12} 可进一步表达为

$$S_{12} = \int \psi_1^* \psi_2 \,d\tau = \int \psi_a^*(1)\psi_b(1)\,d\tau_1 \int \psi_a^*(2)\psi_b(2)\,d\tau_2 = S_{ab}^2 \equiv S^2$$

$$H_{11} = \int \psi_1^* \hat{H} \psi_1 \,d\tau = \int \psi_a^*(1)\psi_b^*(2)[2E_H + \hat{H}']\psi_a(1)\psi_b(2)\,d\tau = 2E_H + Q \tag{3.4.7}$$

$$H_{12} = \int \psi_a^*(1)\psi_b^*(2)[\hat{H}_a(1) + \hat{H}_b(2) + \hat{H}']\psi_a(2)\psi_b(1)\,d\tau = 2E_H S_{ab}^2 + A \tag{3.4.8}$$

这样

$$E_+ = 2E_H + \frac{Q+A}{1+S^2}, \quad E_- = 2E_H + \frac{Q-A}{1-S^2} \tag{3.4.9}$$

$$Q = \int \psi_a^*(1)\psi_b^*(2) \hat{H}' \psi_a(1)\psi_b(2)\,d\tau$$

$$A = \int \psi_a^*(1)\psi_b^*(2) \hat{H}' \psi_a(2)\psi_b(1)\,d\tau$$

Q, A, S 等积分都是核间距 R 的函数，在平衡核间距附近，Q 和 A 均为负值，所以 H₂ 分子 ψ_+ 态的能量 E_+ 比两个无相互作用的氢原子的能量（$2E_H$）低；又由于 $|A| > |Q|$，E_- 则比 $2E_H$ 高。E_+ 随 R 变化的曲线上有一最低点，这一最低点对应的 R 即为平衡核间距。Heitler-London 法处理 H₂ 分子得平衡核间距为 87 pm，这时 E_+ 为 $-303\ \text{kJ mol}^{-1}$（$-3.14\ \text{eV}$）；实验值分别为

74.12 pm和$-458\,\mathrm{kJ\,mol^{-1}}$($-4.75\,\mathrm{eV}$),如图 3.4.2 所示。这一结果阐明了 H_2 分子稳定存在的原因及共价键的本质。

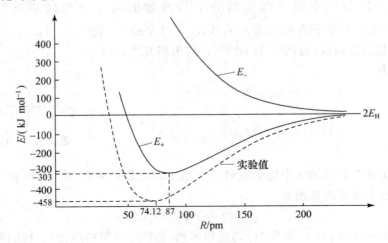

图 3.4.2　H_2 的能量曲线

ψ_+ 和 ψ_- 仅是轨道运动部分的波函数,考虑 Pauli 原理的要求,包含自旋函数的全波函数应是反对称波函数,能量低的 ψ_+ 是对称的,相应的自旋函数应是反对称的,这样全波函数

$$\psi_{+(\text{全})} = \psi_+ \frac{1}{\sqrt{2}}\big[\alpha(1)\beta(2) - \alpha(2)\beta(1)\big] \tag{3.4.10}$$

电子在这个态的总自旋角动量为 0,这时两个电子自旋是相反的,自旋角动量沿键轴的分量也为零,即 $m_s = 0$。

能量高的 ψ_- 是反对称的,相应的自旋波函数应为对称波函数。包含两个电子体系的对称自旋波函数有 3 个:

$$\alpha(1)\alpha(2) \qquad\qquad m_s = 1$$
$$\beta(1)\beta(2) \qquad\qquad m_s = -1$$
$$\frac{1}{\sqrt{2}}\big[\alpha(1)\beta(2) + \alpha(2)\beta(1)\big] \qquad m_s = 0$$

它们可分别和 ψ_- 相乘,得到能级差别很小的 3 个反对称全波函数

$$\psi_{-(\text{全})} = \psi_- \begin{cases} \alpha(1)\alpha(2) \\ \beta(1)\beta(2) \\ \dfrac{1}{\sqrt{2}}\big[\alpha(1)\beta(2) + \alpha(2)\beta(1)\big] \end{cases} \tag{3.4.11}$$

所以和能量高的 ψ_- 相对应的是三重态[①]。

电子在分子中的分布可由空间各点概率密度($|\psi|^2$)数值的大小表示。可以只取波函数的空间部分讨论。对两电子体系,空间波函数 $\psi(x_1,y_1,z_1,x_2,y_2,z_2)$ 在 P_1 点 (x_1,y_1,z_1) 附近 $\mathrm{d}\tau_1$ 内找到电子 1,同时在 P_2 点 (x_2,y_2,z_2) 附近 $\mathrm{d}\tau_2$ 内找到电子 2 的概率为 $|\psi|^2\mathrm{d}\tau_1\mathrm{d}\tau_2$。若不

[①]　因为 ψ_+ 和 ψ_- 是由原子轨道 ψ_a 和 ψ_b 相乘而得,ψ_a 和 ψ_b 是作为基函数出现,2 个自旋相同的电子处在 ψ_- 状态是指 ψ_a 和 ψ_b 各有一个电子,这样并不违反 Pauli 原理(在一个轨道上不能有 2 个自旋相同的电子)。

论电子 2 在何处，P_1 附近 $d\tau_1$ 内找到电子 1 的概率为 $\left[\int |\psi|^2 d\tau_2\right]d\tau_1$，而在 P_1 附近 $d\tau_1$ 内找到 2 个电子中任意一个电子的概率应为 $2\left[\int |\psi|^2 d\tau_2\right]d\tau_1$。由于波函数对 2 个电子是等价的，在空间任意一点找到电子 1 的概率等于在该点找到电子 2 的概率。这样，当 H₂ 处于平衡核间距时，2 个电子的总的概率密度函数为

$$\rho = 2\int |\psi|^2 d\tau_2 = 2\int |\psi|^2 d\tau_1$$

对稳定态

$$\rho_+ = \rho(1) + \rho(2) = \int \psi_+^2(1,2)d\tau_1 + \int \psi_+^2(1,2)d\tau_2$$

将 (3.4.3) 式代入积分中，展开，利用归一化条件化简，得

$$\rho_+ = \frac{1}{1+S^2}[\psi_a^2 + \psi_b^2 + 2S\psi_a\psi_b] \tag{3.4.12}$$

$$\rho_- = \frac{1}{1-S^2}[\psi_a^2 + \psi_b^2 - 2S\psi_a\psi_b] \tag{3.4.13}$$

由于 $S = \int \psi_a^* \psi_b d\tau$，其值为正，故稳定态核间概率密度增加，对 2 个核产生吸引能，使体系能量降低；而激发态核间概率密度降低，两核外侧增大，体系能量升高，不稳定。

3.4.2　价键理论

上面介绍了 1927 年 Heitler-London 处理 H₂ 结构的方法，它成功地阐明了 H₂ 的结构。到 20 世纪 30 年代 Pauling 等加以发展，引入杂化轨道概念，综合成价键理论，成功地应用于解释双原子分子和多原子分子的结构。价键理论以原子轨道作为近似基函数描述分子中电子的运动规律，在阐述共价键本质时，根据 Pauli 原理的要求，认为一对自旋相反的电子相互接近时，彼此呈现互相吸引的作用，使体系能量降低，形成化学键。例如有一原子 A，在它的价层原子轨道 ψ_a 中有一未成对电子，另一原子 B，在它的价层原子轨道 ψ_b 中也有一未成对电子，当 A，B 两原子接近时，两电子就以自旋相反配对而成键，这种形成化学键的理论叫价键理论，或电子配对理论。按此理论，分子中每一共价单键代表一对成键原子轨道和两个自旋相反的电子。

根据价键理论，为了增加体系的稳定性，各原子价层轨道中未成对电子应尽可能相互配对，以形成最多数目的化学键。若原子 A 和 B 的价层原子轨道中各有一个（两个或三个）未成对电子，这些电子则能配对并构成共价单键（共价双键或叁键）。若原子 A 的价层原子轨道中有两个未成对电子，原子 B 的价层原子轨道中只有一个未成对电子，则一个 A 原子可和两个 B 原子化合成 AB₂ 分子。所以，原子轨道中未成对电子数即为其原子价。

一种元素的原子价是指它的一个原子和其他原子形成共价键的数目。在形成共价键时，一个电子和另一个电子配对以后，就不能再和其他原子的电子配对了，这就是共价键的饱和性。原子形成分子时，若原子轨道重叠愈多，则形成的共价键愈牢固，所以原子轨道（包括杂化轨道）的取向将影响共价键的方向。

下面举几个例子说明。

【例 3.4.1】　Li₂

Li 原子的电子组态为 $(1s)^2(2s)^1$，有一个未成对的 2s 电子，能互相配对成单键 Li—Li。

【例 3.4.2】　N_2

N 原子的电子组态为 $(1s)^2(2s)^2(2p_x)^1(2p_y)^1(2p_z)^1$，若键轴为 z 方向，$2p_z$ 电子可相互配对形成 σ 键，2 个 $2p_x$ 和 $2p_y$ 电子可两两配对形成 2 个 π 键。所以，N_2 分子含有三重键 :N≡N:。在此结构中，由于每个 N 原子的 2s 电子已经成对，不再在原子间成键，而以孤对电子的形式出现。

【例 3.4.3】　O_2

O 原子的电子组态为 $(1s)^2(2s)^2(2p_x)^2(2p_y)^1(2p_z)^1$，每个 O 原子都有 2 个未成对电子，其中 $2p_z$ 电子配对成 σ 键，$2p_y$ 电子配对成 π 键，O_2 为双键 :Ö＝Ö:。实验测定 O_2 分子为顺磁性，说明 O_2 分子中有未成对电子。价键法结果与此矛盾，说明价键法过于强调电子配对而带有片面性，用分子轨道理论处理 O_2 分子，所得磁性结果与实验符合。

【例 3.4.4】　CO

C 原子的电子组态为 $(1s)^2(2s)^2(2p_y)^1(2p_z)^1$，C 和 O 原子各有 2 个未成对电子，可以互相配对形成双键 C＝O。但实验证明 CO 的键能、键长及力常数都相当于叁键。如果认为在形成化学键的瞬间发生反应

$$O + C \longrightarrow O^+ + C^-$$

造成两个原子各自均有 3 个未成对电子，从而形成叁键，可记为 $^-C≡O^+$ 或 :C≡O:。

3.4.3　价键理论和分子轨道理论的比较

价键（VB）理论和分子轨道（MO）理论是处理共价键的两个基本理论，怎样评价它们？下面以 H_2 为例通过几点对比来说明。

1. 在数学处理上选用的变分函数不同

价键法以原子轨道作为基函数，进行变分法处理，定变分参数；简单分子轨道法先将原子轨道进行线性组合成分子轨道，以分子轨道作为基函数进行变分法处理。这样，VB 法中成键的两个电子依然保持自己原子的特色，这个键只和成键的原子有关，具有定域键概念。而 MO 法中，每个分子轨道都涉及整个分子，具有离域键概念。

2. 由于选用的基函数不同，所得结果也不相同

对于描述 H_2 分子基态的波函数，两个方法所得结果略有差异：

$$\psi_{VB} = \frac{1}{\sqrt{2+2S^2}}[\psi_a(1)\psi_b(2) + \psi_a(2)\psi_b(1)] \tag{3.4.14}$$

$$\psi_{MO} = \frac{1}{\sqrt{2+2S}}[\psi_a(1) + \psi_b(1)][\psi_a(2) + \psi_b(2)] \tag{3.4.15}$$

(3.4.15)式是用简单分子轨道法近似求解 H_2 分子结构时，把 H_2 分子中的每个电子看成是在两个核（A 和 B）及另一个电子所形成的势场中运动，并把电子势能函数 V 作为电子本身坐标的函数。对于 H_2 分子中的一个电子，Schrödinger 方程为

$$-\frac{h^2}{8\pi^2 m}\nabla^2\psi + V\psi = E\psi$$

它近似地描写了 H_2 分子中一个电子的独立运动情况，整个 H_2 分子的波函数 $\psi(1,2)$ 可认为是 2 个电子的单电子波函数的乘积

$$\psi(1,2) = \psi(1)\psi(2)$$

电子在 H₂ 分子中 A、B 两核周围运动,可近似地用 H_2^+ 的 LCAO-MO 表示。电子 1 和电子 2 均可处在 σ_{1s} 分子轨道上,这样,将未归一化的波函数

$$\psi(1) = \psi_a(1) + \psi_b(1), \qquad \psi(2) = \psi_a(2) + \psi_b(2)$$

代入 $\psi(1,2)$ 并进行归一化,即得(3.4.15)式。

由(3.4.14),(3.4.15)两式可见,除归一化系数略有不同外,若将 ψ_{MO} 展开,则得

$$\psi_{MO} = \frac{1}{\sqrt{2+2S}}[\psi_a(1)\psi_b(2) + \psi_a(2)\psi_b(1) + \psi_a(1)\psi_a(2) + \psi_b(1)\psi_b(2)]$$

(3.4.16)

括号中的前两项和 ψ_{VB} 相同,它们可看作 2 个电子分别处于不同原子的原子轨道中,称为"共价项";后两项则可看作 2 个电子都处于同一原子的轨道中,相当于 $H_a^- H_b^+$ 和 $H_a^+ H_b^-$,称为"离子项"。

在 H₂ 中,2 个电子为两个原子所共有,它们同时在某一核附近的概率是存在的,但不会很大。ψ_{MO} 中"共价项"和"离子项"各占 50%,离子项成分过大,是造成 MO 法计算 H₂ 分子的解离能不太好的原因。反之,ψ_{VB} 中只有"共价项"而不包括"离子项"也是它不太好的原因。

3. 两种方法改进后的比较

在 VB 法中加进离子项,则

$$\psi_{VB(改进)} = \psi_a(1)\psi_b(2) + \psi_a(2)\psi_b(1) + \delta[\psi_a(1)\psi_a(2) + \psi_b(1)\psi_b(2)] \qquad (3.4.17)$$

参数 δ 是核间距离 R 的函数,当 $R \to \infty$ 时,$\delta = 0$。以(3.4.17)式作变分函数,用变分法求解,当 R 为平衡距离时,$\delta = 0.26$,此函数计算所得的 H₂ 分子解离能更接近实验值。

若将 ψ_{MO} 加以改进,把其他组态例如激发态加到变分函数中(这种过程称为组态相互作用),可得

$$\psi_{MO(改进)} = [\psi_a(1) + \psi_b(1)][\psi_a(2) + \psi_b(2)] + \lambda[\psi_a(1) - \psi_b(1)][\psi_a(2) - \psi_b(2)]$$

(3.4.18)

因这个函数尚未归一化,故可乘以常数 $\dfrac{1}{1-\lambda}$,得

$$\psi_{MO(改进)} = \psi_a(1)\psi_b(2) + \psi_a(2)\psi_b(1) + \frac{1+\lambda}{1-\lambda}[\psi_a(1)\psi_a(2) + \psi_b(1)\psi_b(2)]$$

(3.4.19)

对比(3.4.17)和(3.4.19)两式,当 $\delta = \dfrac{1+\lambda}{1-\lambda}$ 时

$$\psi_{VB(改进)} = \psi_{MO(改进)}$$

由此可见,VB 法和 MO 法在其初级阶段都是粗略的近似方法,各有其优缺点。而当改进后,两者的结果就彼此接近了。

在改进的 VB 波函数(3.4.17)式中,H₂ 分子基态的波函数是不随时间变化的波函数,它包括"共价函数"和"离子函数"两部分,它们都不随时间而变化。但在有些著作和文章中,把 $\psi_{VB(改进)}$ 说成是表示了"共价结构"与"离子结构"间的"共振",有人将它理解为电子 1 和 2 有时在 A 原子,有时在 B 原子,有时处在 A,B 之间。这是随着时间在"共价结构"和"离子结构"之间来回摆动的图像,并不符合实际情况。

4. 电子云分布的对比

VB 法所得 H₂ 分子基态的概率密度为

$$\rho_{VB} = \frac{1}{1+S^2}[\psi_a^2 + \psi_b^2 + 2S\psi_a\psi_b]$$

MO 法所得 H_2 分子基态的概率密度为

$$\rho_{MO} = \frac{1}{1+S}[\psi_a^2 + \psi_b^2 + 2\psi_a\psi_b]$$

两者均表明电子云在核间密集,这是共同点。但由于 $S<1$,可以看出在两核之间 $\rho_{MO}>\rho_{VB}$,即在 MO 法中,把电子云过多地集中到核间,引起排斥能增大,算得的 E 偏高,因而求得 H_2 分子的解离能就偏低了。

5. 将 VB 法和 MO 法推广应用于其他多原子分子

VB 法用定域轨道概念描述分子的结构,配合杂化轨道法,适合于处理基态分子的性质,例如分子的几何构型和键解离能等。目前有机化学和无机化学中表述分子的结构式时,在两原子间画一短线,表示单键;画两短线,表示双键;画三短线,表示叁键。这种表述基本上表达了键的性质。在此基础上,进一步考虑极化作用、离域作用及轨道叠加作用等对典型共价键的影响,就能对各种分子的结构深入了解,预言分子的结构和分子的性质,解决有关的化学问题。

MO 法中每个分子轨道都遍及于分子整体,而分子中各个分子轨道都具有一定的分布和能级,非常适合于描述分子的基态和激发态的性质,了解各个状态的波函数的分布和能级的高低,阐明各种类型的分子光谱的性质以及有关激发态分子的性质,在解决化学问题中起重大作用。

3.5　分　子　光　谱

3.5.1　分子光谱简介

分子光谱是把由分子发射出来的光或被分子所吸收的光进行分光得到的光谱,是测定和鉴别分子结构的重要实验手段,是分子轨道理论发展的实验基础。

分子光谱和分子内部运动密切相关。分子内部运动既包括分子中电子的运动,也包括各原子核的运动。一般所指的分子光谱,涉及的分子运动的方式主要为分子的转动、分子中原子间的振动、分子中电子的跃迁运动等。核自旋和电子自旋在分子光谱中一般不考虑。分子的平动的能级间隔大约只有 10^{-18} eV,在光谱上反映不出来,因此常常将分子的平动能看作连续的。

孤立分子的状态可由分子的转动态、振动态和电子状态表示。分子中的电子运动在前两节中已予以讨论,分子中电子的运动状态由分子轨道及其能级描述。在用 Born-Oppenheimer 近似处理时,将核和电子分开,分子轨道及其能量是在固定核间距条件下计算的。分子的转动及分子中原子间的振动和原子核的运动相联系,需要用 Schrödinger 方程描述。例如描述双原子分子的转动和振动的 Schrödinger 方程为

$$\left[-\frac{h^2}{8\pi^2\mu}\nabla^2 + V\right]\psi_N = E_{VR}\psi_N$$

式中 μ 表示双原子分子的折合质量;方括号中第一项为动能算符项,包括振动和转动的动能,第二项 V 包括振动和转动的势能;ψ_N 为原子运动的波函数,它包括原子间振动的波函数 ψ_v 和分子转动的波函数 ψ_r

$$\psi_N = \psi_v\psi_r$$

方程中不包括分子的平移运动,坐标系原点是分子的质心。转动、振动及电子运动的能量都是

量子化的,分子运动的能量 E 是这 3 种运动能量之和,即

$$E = E_e + E_v + E_r$$

3 种运动的 $\Delta E, \tilde{\nu}$ 及 λ 的大致范围列于下表。

	$\Delta E/eV$	$\tilde{\nu}/cm^{-1}$	$\lambda/\mu m$
转　　动	$10^{-4} \sim 0.05$	$1 \sim 400$	$10^4 \sim 25$
振　　动	$0.05 \sim 1$	$400 \sim 10^4$	$25 \sim 1$
电子运动	$1 \sim 20$	$10^4 \sim 10^5$	$1 \sim 0.1$

1. 转动

分子的转动是指分子绕质心进行的运动,其能级间隔较小,相邻两能级差值大约为 $10^{-4} \sim 0.05$ eV。当分子由一种转动状态跃迁至另一种转动状态时,就要吸收或发射和上述能级差相应的光。这种光的波长处在远红外或微波区,称为远红外光谱或微波谱。当光谱仪的分辨能力足够高时,可观察到和转动能级差相应的一条条光谱线。

2. 振动

分子中的原子在其平衡位置附近小范围内振动,分子由一种振动状态跃迁至另一种振动状态,就要吸收或发射与其能级差相应的光。相邻两振动能级的能量差约为 $0.05 \sim 1$ eV。振动能级差较转动能级差大,振动光谱包含转动光谱在内,通常振动光谱在近红外和中红外区,一般称红外光谱。若仪器记录范围较宽、分辨率较低,则分辨不出振动能级差相应的谱线中转动能级的差异,每一谱线呈现一定宽度的谱带,是带状光谱。

3. 电子运动

分子中的电子在分子范围内运动,当电子由某一分子轨道(即一种状态)跃迁至另一分子轨道时,吸收或发射光的波长范围在可见、紫外区。由于电子运动的能级差($1 \sim 20$ eV)较振动和转动的能级差大,实际观察到的是电子-振动-转动兼有的谱带,由于这种光谱位于紫外光和可见光范围,因而称为紫外-可见光谱。

将分子转动、振动和电子运动的能级状态以及电子跃迁和对应光谱的关系,示意于图 3.5.1 中。

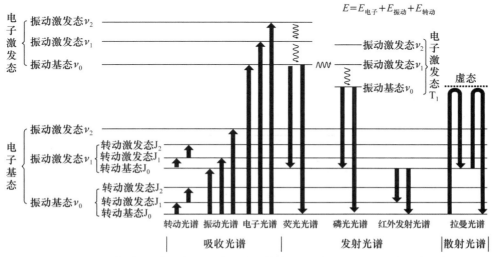

图 3.5.1　分子转动、振动和电子运动的能级状态,以及电子跃迁和对应光谱示意图

(本图由清华大学化学系孙素琴和周群教授提供)

本节简要地介绍了利用红外吸收光谱和拉曼光谱讨论分子中成键电子所处的能级状态以及分子的转动、振动和电子跃迁运动的情况。

红外光谱图中纵坐标表示透射光强与入射光强之比，即透射比 $T(T=I/I_0)$ 或吸光度 A（$A=-\lg T$）的大小。横坐标表示波数（$\tilde{\nu}$）或波长（λ）。

在分子光谱中，谱线存在与否（即选律），通常从分子是否有偶极矩出发进行讨论：

（1）同核双原子分子，偶极矩为 0，分子在转动和振动时偶极矩也为 0，没有转动和振动光谱。但电子跃迁时会改变分子中电荷的分布，即产生偶极矩，故有电子光谱，并伴随有振动、转动光谱产生。

（2）极性双原子分子，有转动、振动和电子光谱。

（3）转动过程保持非极性的多原子分子，如 CH_4，BCl_3，CO_2 等没有转动光谱，而有振动光谱和电子光谱。

3.5.2　双原子分子的转动光谱

由两个质量分别为 m_1 和 m_2，核间距离为 r 的原子组成双原子分子，若近似地认为分子在转动时核间距不变，原子质量集中在原子核上，势能为 0，这样的模型称为刚性转子。

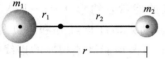

设质量为 m_1 的原子到质心的距离为 r_1，质量为 m_2 的原子到质心的距离为 r_2；分子绕质心转动，选质心为坐标原点（见上图）。根据经典力学，有

$$m_1 r_1 = m_2 r_2, \qquad r_1 + r_2 = r$$
$$m_1 r_1 = m_2 (r - r_1)$$
$$r_1 = \frac{m_2}{m_1 + m_2} r, \qquad r_2 = \frac{m_1}{m_1 + m_2} r$$

转动惯量为

$$I = m_1 r_1^2 + m_2 r_2^2 = \frac{m_1 m_2}{m_1 + m_2} r^2 = \mu r^2$$

式中折合质量 $\mu = \dfrac{m_1 m_2}{m_1 + m_2}$。

将经典的平动和转动进行对比，可得

平动	质量 m	速度 v	动量 $p=mv$	动能 $T=mv^2/2=p^2/2m$
转动	转动惯量 I	角速度 ω	角动量 $M=I\omega$	动能 $T=I\omega^2/2=M^2/2I$

由于刚性转子只有动能，它的 Hamilton 算符为

$$\hat{H} = \frac{1}{2I} \hat{M}^2$$

刚性转子的 Schrödinger 方程为

$$\frac{1}{2I} \hat{M}^2 \psi = E\psi$$

根据角动量平方算符的意义及本征值（参看 2.2 节），可得

$$M^2 = J(J+1)\frac{h^2}{4\pi^2}$$

$$E_J = J(J+1)\frac{h^2}{8\pi^2 I} \qquad J = 0,1,2,\cdots$$

J 称为转动量子数。由这能量公式可得刚性双原子分子的转动能级图,如图 3.5.2 所示。

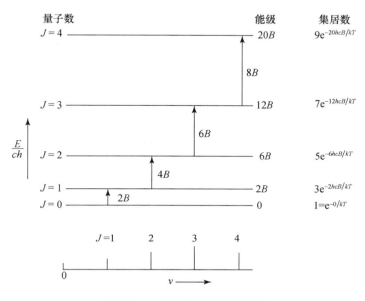

图 3.5.2 刚性转子转动能级图

极性分子有转动光谱。跃迁条件为

$$\Delta J = \pm 1$$

就吸收光谱而言,分子只能由量子数为 J 的状态跃迁到 $J+1$ 的状态,跃迁时吸收光的波数为

$$\widetilde{\nu} = \frac{\Delta E}{ch} = \frac{E_{J+1}-E_J}{ch}$$

$$= \frac{h}{8\pi^2 Ic}\left[(J+2)(J+1)-(J+1)J\right]$$

$$= 2\frac{h}{8\pi^2 Ic}(J+1)$$

$$= 2B(J+1)$$

式中 $B = h/(8\pi^2 Ic)$ 称为转动常数,它表征分子的特性。实验时使用样品的分子数目总是很大的,在一定温度下,各能级上分布的分子数目服从 Boltzmann 分布定律。由于转动能级间隔很小,在室温下各转动能级的分子数目差不多。这样,处在 $J=0$ 状态的分子可跃迁到 $J=1$ 的状态;处在 $J=1$ 状态的分子可跃迁到 $J=2$ 的状态,等等。由此可得一系列距离相等($\Delta\widetilde{\nu}=2B$)的谱线。谱线相对强度与电子跃迁轨道上的相对集居数成正比,如图 3.5.2 下部所示。实验所得结果与理论分析一致。

利用远红外光谱,可以测定异核双原子分子的键长和同位素效应等性质。

【例 3.5.1】 $H^{35}Cl$ 的远红外光谱线 $\widetilde{\nu} = 21.18, 42.38, 63.54, 84.72, 105.91 \text{ cm}^{-1}$,试求其转动惯量及核间距。

由于相邻谱线的间隔约为 21.18 cm^{-1},可得

$$B = 10.59 \ cm^{-1}$$

$$I = \frac{h}{8 \pi^2 cB} = 2.643 \times 10^{-40} \ g \, cm^2$$

$$\mu = 1.62668 \times 10^{-24} \ g$$

$$r = \sqrt{I/\mu} = 127.5 \ pm$$

【例 3.5.2】 同位素效应。利用红外光谱可研究同位素效应,例如以 D 交换 H。

DCl 和 HCl 的核间距虽相同,但分子质量改变,影响折合质量 μ 和转动惯量 I,从而改变转动光谱中谱线的波数和谱线的间隔。所以当混有质量不同的同位素时,在光谱谱线主线旁有一较弱线伴生,弱线与主线的波数差 $\Delta \tilde{\nu}$ 可按下式计算

$$\tilde{\nu}_1 = 2B_1(J+1) = \frac{h}{4 \pi^2 cI_1}(J+1)$$

$$\tilde{\nu}_2 = 2B_2(J+1) = \frac{h}{4 \pi^2 cI_2}(J+1)$$

$$\Delta \tilde{\nu} = \tilde{\nu}_1 - \tilde{\nu}_2 = \frac{h}{4 \pi^2 c}(J+1)\left(\frac{1}{I_1} - \frac{1}{I_2}\right)$$

$$= \tilde{\nu}_1\left(1 - \frac{I_1}{I_2}\right) = \tilde{\nu}_1\left(1 - \frac{\mu_1}{\mu_2}\right)$$

$$= 2B_1(J+1)\left(1 - \frac{\mu_1}{\mu_2}\right)$$

3.5.3 双原子分子的振动光谱

在讨论双原子分子的振动光谱时,为了简化问题的处理,先将双原子分子的振动当作简谐振子的振动,然后,在简谐振子模型的基础上做非谐性修正,并结合转动能研究振动谱带的精细结构。

1. 简谐振子模型

在双原子分子内,原子核与原子核之间,原子核与各电子之间都有相互作用,其结果使得两原子核有一平衡距离 r_e。两原子核可在平衡位置附近做微小振动,它们的实际距离为 r。描述振动运动状态的波函数为 r 的函数 $\psi = \psi(r)$。体系的势能

$$V = \frac{1}{2}k(r - r_e)^2$$

式中 k 称为弹力常数或力常数,它标志化学键的强弱(k 愈大,键愈强)。今以 q 代表原子核间距和平衡核间距之差:$q = r - r_e$,则 $V = \frac{1}{2}kq^2$。

关于谐振子的动能 T,取分子的质心作为坐标原点,两原子的动能分别为

$$T_1 = \frac{m_1}{2}\left(\frac{dr_1}{dt}\right)^2, \qquad T_2 = \frac{m_2}{2}\left(\frac{dr_2}{dt}\right)^2$$

因为

$$r_1 = \frac{m_2}{m_1 + m_2}r, \qquad r_2 = \frac{m_1}{m_1 + m_2}r$$

所以总动能为

$$T = T_1 + T_2 = \frac{\mu}{2}\left(\frac{\mathrm{d}r}{\mathrm{d}t}\right)^2$$

以 $q = r - r_e$（或 $r = q + r_e$）代入，得

$$T = \frac{\mu}{2}\left(\frac{\mathrm{d}q}{\mathrm{d}t}\right)^2 = \frac{1}{2\mu}p_q^2$$

$$\hat{T} = -\frac{h^2}{8\pi^2\mu}\frac{\mathrm{d}^2}{\mathrm{d}q^2}$$

这样，双原子分子振动运动的 Schrödinger 方程为

$$\left[-\frac{h^2}{8\pi^2\mu}\frac{\mathrm{d}^2}{\mathrm{d}q^2} + \frac{1}{2}kq^2\right]\psi = E\psi$$

解此方程，得波函数 ψ_v 及相应能量 E_v 如下：

$$\psi_0 = \left(\frac{\alpha}{\pi}\right)^{\frac{1}{4}}\exp\left(-\frac{1}{2}\alpha q^2\right), \qquad\qquad E_0 = \frac{1}{2}h\nu$$

$$\psi_1 = \left(\frac{4\alpha^3}{\pi}\right)^{\frac{1}{4}}q\exp\left(-\frac{1}{2}\alpha q^2\right), \qquad\qquad E_1 = \left(1+\frac{1}{2}\right)h\nu$$

$$\vdots \qquad\qquad\qquad\qquad\qquad\qquad \vdots$$

$$\psi_v = \left(\frac{\alpha}{\pi}\right)^{\frac{1}{4}}\left(\frac{1}{2^v v!}\right)^{\frac{1}{2}}\exp\left(-\frac{1}{2}\alpha q^2\right)H_v(\alpha^{\frac{1}{2}}q), \qquad E_v = \left(v+\frac{1}{2}\right)h\nu$$

式中 $\alpha = \frac{4\pi^2\mu\nu}{h}$，而 H_v 为第 v 项厄米多项式

$$H_v(\alpha^{\frac{1}{2}}q) = (-1)^v \exp(\alpha q^2)\frac{\mathrm{d}^v}{\mathrm{d}(\alpha^{\frac{1}{2}}q)^v}\exp(-\alpha q^2)$$

其中整数 $v = 0, 1, 2, \cdots$，为振动能量量子数。

分子的振动能量是量子化的。其能量最小值为 $h\nu/2$，称振动零点能。也就是说，即使处在绝对零度的基态，也还有动能存在。

根据上述结果，可得简谐振子的波函数和能级图（图 3.5.3）。图中曲线表示 $\psi_0, \psi_1, \psi_2, \cdots$ 及 $\psi_0^2, \psi_1^2, \psi_2^2, \cdots$ 的分布形状。水平线段表示振动能级，能级间隔是相等的。

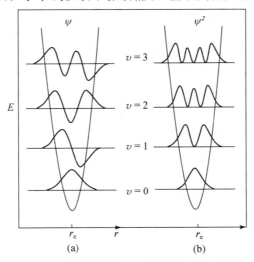

图 3.5.3 简谐振子的 ψ-r 图（a）和 ψ^2-r 图（b）

对于双原子分子振动的谐振子模型,光谱的选律为:非极性分子没有振动光谱,极性分子 $\Delta v = \pm 1$,由振动状态 ψ_v 跃迁至 ψ_{v+1} 时,不论 v 值如何,吸收光的波数均相等,因为振动能级是等间隔的。所以,对于符合简谐振子条件的双原子分子,谱线只有一条,波数为 $\tilde{\nu}_e$,$\tilde{\nu}_e$ 叫谐振子经典振动波数。

在经典力学中,质量为 μ、弹力常数为 k 的谐振子,它的振动频率为 $\nu_e = \dfrac{1}{2\pi}\sqrt{\dfrac{k}{\mu}}$,$\nu_e$ 为经典振动频率。由此可以推得力常数

$$k = 4\pi^2 \mu \nu_e^2 = 4\pi^2 \mu (c\tilde{\nu}_e)^2$$

式中 c 为光速;$\tilde{\nu}_e$ 为波数,即 1 cm 中波的数目。k 的单位为 N m^{-1} 或 N cm^{-1}。

由简谐振子模型所得的结论与双原子分子振动光谱的实验数据近似地相符。图 3.5.4 示出 HCl 的红外光谱。由图可见,波数为 2885.9 cm^{-1} 的谱带强度最大,是 HCl 的基本谱带 ($\tilde{\nu}_1$)。其他谱带的波数接近 $2\tilde{\nu}_1,3\tilde{\nu}_1,\cdots$,它们分别称为第一泛音带,第二泛音带等,是由 $v=0$ 到 $v=2$ 和由 $v=0$ 到 $v=3$ 等跃迁的结果,而各线强度只有相邻前一条线的 20% 左右。

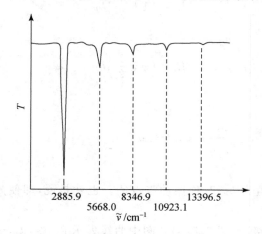

图 3.5.4　HCl 的红外光谱

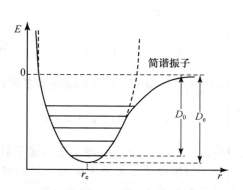

图 3.5.5　双原子分子的简谐振子势能曲线(虚线)与实际势能曲线(实线)

2. 非谐振子模型

由 HCl 振动光谱可见,简谐振子模型只能近似地反映出双原子分子的振动情况。实际能级不是等间隔的,还出现泛音频率谱带。分析它的势能函数 $k(r-r_e)^2/2$,有明显不合理处:势能随 r 的增大而增大。实际情况是,当核间距离增大到一定程度时,双原子分子解离为 2 个原子,两原子的引力等于零,势能应趋于一常数。双原子分子的实际势能曲线与简谐振子模型表达的势能曲线的关系示于图 3.5.5 中。

鉴于上述情况,对简谐振子势能曲线有必要加以校正。常用的校正方法是用 Morse(摩斯)势能函数

$$V = D_e \{1 - \exp[-\beta(r-r_e)]\}^2$$

代替谐振子的势能函数。由于 $r - r_e$ 很小,势能 V 可在 r_e 点展开

$$V(r) = V(r_e) + \frac{\mathrm{d}V}{\mathrm{d}r}(r-r_e) + \frac{1}{2!}\frac{\mathrm{d}^2 V}{\mathrm{d}r^2}(r-r_e)^2$$

$$+ \frac{1}{3!}\frac{\mathrm{d}^3 V}{\mathrm{d}r^3}(r-r_e)^3 + \cdots$$

因为 V 在 r_e 时最低,令 $V(r_e)=0$,$\dfrac{\mathrm{d}V}{\mathrm{d}r}=0$,略去 $(r-r_e)^4$ 等高次项,这样,势能函数可用下一表达式表示

$$V = \frac{1}{2}k(r-r_e)^2 + k'(r-r_e)^3$$

式中 $k'=\dfrac{1}{6}\left(\dfrac{\mathrm{d}^3V}{\mathrm{d}r^3}\right)$。将此势能代入 Schrödinger 方程,可解得分子的振动能级为

$$E_v = \left(v+\frac{1}{2}\right)h\nu_e - \left(v+\frac{1}{2}\right)^2 xh\nu_e \qquad v=0,1,2,\cdots$$

x 称为非谐性常数,其值可由实验求得。振动光谱的选律为

(1) 分子偶极矩有变化的振动;

(2) $\Delta v = \pm1, \pm2, \pm3, \cdots$。

由于在室温下大多数分子处于最低能级,即 $v=0$,因而它的振动光谱对应于从 $v=0(E=E_0)$ 的状态跃迁至 $v=v(E=E_v)$ 的状态。

$$\begin{aligned}
\widetilde{\nu} &= \frac{E_v - E_0}{ch} \\
&= \left[\left(v+\frac{1}{2}\right) - \left(v+\frac{1}{2}\right)^2 x - \left(\frac{1}{2}-\frac{1}{4}x\right)\right]\widetilde{\nu}_e \\
&= [1-(v+1)x]v\,\widetilde{\nu}_e
\end{aligned}$$

这样,当 $v=1,2,3,4$ 时,$\widetilde{\nu}$ 分别为

$$0 \to 1,\text{基本谱带},\qquad \widetilde{\nu}_1 = \widetilde{\nu}_e(1-2x)$$
$$0 \to 2,\text{第一泛音带},\qquad \widetilde{\nu}_2 = 2\widetilde{\nu}_e(1-3x)$$
$$0 \to 3,\text{第二泛音带},\qquad \widetilde{\nu}_3 = 3\widetilde{\nu}_e(1-4x)$$
$$0 \to 4,\text{第三泛音带},\qquad \widetilde{\nu}_4 = 4\widetilde{\nu}_e(1-5x)$$

通过实验,从光谱中测得 $\widetilde{\nu}_1$,$\widetilde{\nu}_2$,$\widetilde{\nu}_3$ 等数值,利用上述公式即可求得常数 $\widetilde{\nu}_e$ 和非谐性常数 x。例如从图 3.5.4 的 HCl 红外光谱,可得下面联立方程组

$$\begin{cases} \widetilde{\nu}_e(1-2x) = 2885.9\ \mathrm{cm}^{-1} \\ 2\widetilde{\nu}_e(1-3x) = 5668.0\ \mathrm{cm}^{-1} \end{cases}$$

由此解得 $\widetilde{\nu}_e = 2989.7\ \mathrm{cm}^{-1}$,$x=0.0174$。

根据 $\widetilde{\nu}_e$ 值,可算出力常数 k

$$k = 4\pi^2 c^2\,\widetilde{\nu}_e^2\mu = 516.3\ \mathrm{N\,m}^{-1}$$

现将若干分子基态时的数据列于表 3.5.1 中。

表 3.5.1 若干分子基态时的数据[a]

分 子	$\widetilde{\nu}_e/\mathrm{cm}^{-1}$	x	$k/(\mathrm{N\,m}^{-1})$	r_e/pm
HF	4138.5	0.0218	965.7	91.7
HCl	2989.7	0.0174	516.3	127.4
HBr	2649.7	0.0171	411.5	141.4
HI	2309.5	0.0172	313.8	160.9
CO	2169.7	0.0061	1902	113.0
NO	1904.0	0.0073	1595	115.1

[a] 双原子分子光谱数据可查阅参考文献[9]。许多书中将 $\widetilde{\nu}_e$ 用 ω_e 表示,而有些书将 ω 当作圆频率($\omega=2\pi\nu$),本书不用 ω。

利用 Morse(莫尔斯)势能函数表达时,D_e 和 β 两个常数与非谐性常数 x 的关系如下

$$D_e = \frac{h\nu_e}{4x}, \quad \beta = \left(\frac{8\pi^2 \mu x \nu_e}{h}\right)^{\frac{1}{2}}$$

对于非谐振子

$$D_0 = D_e - \frac{1}{2}h\nu_e + \frac{1}{4}h\nu_e x$$

3. 双原子分子的振动-转动光谱

用高分辨的红外光谱仪观察双原子分子的振动谱带时,发现每条谱带都是由许多谱线组成的,例如 HCl 的基本频带[$\tilde{\nu} = 2885.9\ \mathrm{cm}^{-1}$],其精细结构示于图 3.5.6(a)。这是由振动能级的改变必然伴随着转动能级的改变所引起的。

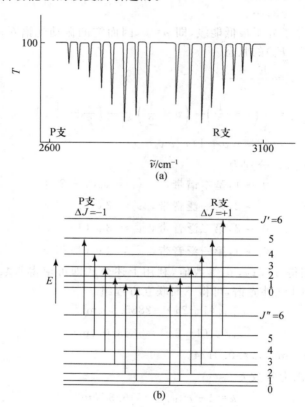

图 3.5.6　HCl 红外光谱的精细结构(a)及振动-转动能级间的跃迁(b)

振动能级和转动能级间隔差别很大。作为一级近似,可以认为双原子分子的振动和转动是完全独立的,从而可以把振动与转动的总能量看作两种能量的简单加和。如果我们对振动采用非谐振子模型,转动采用刚性转子模型,振动和转动的总能量可表达为

$$E_{v,J} = \left(v + \frac{1}{2}\right)h\nu_e - \left(v + \frac{1}{2}\right)^2 xh\nu_e + BchJ(J+1)$$

振-转光谱选律:非极性分子没有振-转光谱。对于极性分子

$$\Delta v = \pm 1, \pm 2, \cdots$$
$$\Delta J = \pm 1$$

根据选律,从 $v=0$ 到 $v=1$ 的基本谱带由一系列谱线组成。这些谱线可按 $\Delta J=+1$ 和 -1 分为两组。$\Delta J=+1$ 的一支,波数比 $\tilde{\nu}_1$ 大,排列在右边,称为 R 支;$\Delta J=-1$ 的一支,波数比 $\tilde{\nu}_1$ 小,排列在左边,称为 P 支。各谱线的距离均为 $2B$。由于 $\Delta J=0$ 不符合跃迁选律,波数为 $\tilde{\nu}_1$ 的中心线不出现,即 Q 支不出现,所以两支之间的间隔为 $4B$。图 3.5.6(b)示出双原子分子振动-转动能级间的跃迁。

4. 多原子分子的振动光谱

用谐振子模型处理双原子分子时,双原子分子的振动光谱应只有一条谱线,其频率与分子本性有关,且与双原子分子的经典振动频率

$$\nu_e=\frac{1}{2\pi}\sqrt{\frac{k}{\mu}}$$

一致。这一结论与实验测到的振动光谱中最强的一条谱线基本吻合。这就给我们以启发——作为近似处理,是否也可用经典方法来讨论多原子分子的振动,而其经典振动频率就是该分子振动光谱中的几条强度最强的谱线的频率呢? 实验结果说明确实如此。

一个由 n 个原子组成的分子,其自由度为 $3n$,除去 3 个平动,3 个转动(线形分子为 2 个)外,有 $3n-6$ 个振动自由度(线形分子有 $3n-5$ 个振动自由度)。每个振动自由度都有一种基本振动方式,当分子按这种方式振动时,所有的原子都同位相且有相同频率,即简正振动。简正振动可以分为两大类:(i) 只是键长有变化而键角不变,称为伸缩振动;(ii) 键长不变而键角改变的振动,称为弯曲振动。分子的各种振动不论怎样复杂,都可表示成这些简正振动方式的叠加。

每一个红外活性的简正振动都有一个特征频率,反映在红外光谱上就可能出现一个吸收峰。简正振动方式的独立性使分析光谱问题得到简化,每个简正振动都可应用简谐振子的性质去描述。

多原子分子的振动是很复杂的,常用经验规律进行分析。

在比较一系列化合物的光谱后,发现在不同化合物中同一化学键或官能团近似地有一共同频率,称为该化学键或基团的特征振动频率。分析各个谱带所在的频率范围,即可用以鉴定基团和化学键。化学键和基团虽有相对稳定的特征吸收频率,但受到各种因素的影响,在不同的化学环境中,将会有所变化,使用时需要仔细分析。

分子的红外光谱起源于分子的振动基态 ψ_a 与振动激发态 ψ_b 之间的跃迁。只有在跃迁的过程中有偶极矩变化的振动,即 $\int\psi_a\mu\psi_b d\tau$ 不为零的振动才会出现红外光谱,这称为红外活性。在振动过程中,偶极矩改变大者,其红外吸收带就强;偶极矩不改变者,就不出现红外吸收,为非红外活性。

H_2O 分子的下面 3 种振动均有偶极矩的改变。

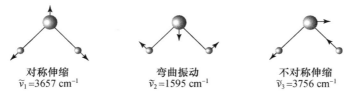

对称伸缩
$\tilde{\nu}_1=3657\ \mathrm{cm^{-1}}$

弯曲振动
$\tilde{\nu}_2=1595\ \mathrm{cm^{-1}}$

不对称伸缩
$\tilde{\nu}_3=3756\ \mathrm{cm^{-1}}$

CO_2 的 4 种振动如下所示,其中对称伸缩振动不会改变偶极矩,是非红外活性的,其特征

频率是由 Raman 光谱测得的。

$$O \longrightarrow C \longleftarrow O \qquad\qquad O \longrightarrow C \longrightarrow O \qquad\qquad \begin{matrix} O-C-O \\ O-C-O \\ -\ +\ - \end{matrix}$$

对称伸缩　　　　　　　不对称伸缩　　　　　　弯曲振动
1383 cm^{-1}　　　　　　2349 cm^{-1}　　　　　　667 cm^{-1}

除上述这些特征频率外,还出现倍频、合频和差频。倍频是从基态到第二、三激发态的跃迁,合频是两个不同频率之和,差频是两个不同频率之差。这些频率的谱带强度较弱。例如,H_2O 分子的红外光谱中还出现 3152 cm^{-1}($2\tilde{\nu}_2$),5331 cm^{-1}($\tilde{\nu}_2 + \tilde{\nu}_3$),6872 cm^{-1}($2\tilde{\nu}_2 + \tilde{\nu}_3$)等频率的谱线。

红外光谱各波数区所对应的化学键情况如下:

(1) 3700~2500 cm^{-1} 为含氢化学键的伸缩振动区

因 H 质量小,振动发生在高频区。没有氢键的 O—H 键振动波数在 3600~3700 cm^{-1},氢键可使振动波数下降 300~1000 cm^{-1} 甚至更多。N—H 键振动波数在 3300~3400 cm^{-1},C—H 键在 2850~3000 cm^{-1}。当和 H 结合的同周期原子变重时,振动波数增加,例如,Si—H,P—H,S—H 的振动波数近似为 2200,2400 和 2500 cm^{-1}。

(2) 2500~2000 cm^{-1} 为三重键振动区

此区域内,三重键强,力常数大,因此频率高。C≡C 吸收波数在 2050~2300 cm^{-1} 之间,由于分子的对称性,吸收强度弱,甚至消失。C≡N 键吸收波数在 2200~2300 cm^{-1} 间。

(3) 2000~1600 cm^{-1} 为双键振动区

含有苯环基团的化合物振动波数在这个区间。醛、酮、酸、酰胺的 C=O 键及碳酸根在 1700 cm^{-1} 附近表现出强的吸收。C=O 键在 1650 cm^{-1} 左右,C=NH 键也在此范围,但 C=S 键在 1100 cm^{-1} 左右。

(4) 1700~500 cm^{-1} 为单键的伸缩振动和弯曲振动区

在此区域无特征基团的吸收频率,但却是很有用的指纹区。相似的分子结构略有改变,也会在此区域显示出差异。有机物中含氢的化学键的弯曲振动,峰的范围在 1300~1475 cm^{-1}。烯烃和苯环的 C—H 键的面外弯曲出现在 700~1000 cm^{-1} 范围。当 X 为 F,Cl,Br,I 时, —C—X 键的振动波数分别为 1050,725,650,560 cm^{-1},依次随键长增长而减小。

3.5.4　Raman 光谱

Raman(拉曼)光谱和吸收光谱不同,Raman 光谱研究被样品散射的光,而不是吸收或发射的光。当光子和某一处于状态 a 的分子发生碰撞,如果光子的能量相当于状态 a 和另一能级较高的状态 b 之间的能量差,则可以被吸收,分子跃迁到更高的能级。光子和分子之间发生碰撞,可以散射光子,即改变光子的运动方向。虽然大多数散射光子的频率不发生改变,即弹性散射,但有少部分散射光子在碰撞过程中与分子交换能量,造成散射光子能量的增减,即非弹性散射,这就是 Raman 光谱研究的对象。

设 ν_a 和 ν_b 分别代表入射光和 Raman 散射光的频率,E_a 和 E_b 是分子散射前后的能量,根据能量守恒原理

$$h\nu_a + E_a = h\nu_b + E_b$$
$$\Delta E = E_b - E_a = h(\nu_a - \nu_b)$$

ΔE 是分子处于两种状态 a 和 b 的能量差,所以测量 Raman 光谱频率位移 $\nu_b - \nu_a$,便可得到分子的能级间隔。

Raman 光谱所用光源的波长没有限制,一般是用可见光或紫外光作光源。光照射在样品上,在垂直于入射光的方向,观测散射光的强度随波长的变化关系、非弹性散射峰的频率和弹性散射峰的频率(即入射光频率)之差,以了解分子的振动-转动能级情况。由于非弹性散射光很弱(大约只有入射光的百万分之一),Raman 光谱较难观测。随着激光技术的发展,用激光作光源,使得一度陷于停滞的 Raman 光谱又获得新的活力,灵敏度和分辨力得到大大提高。图3.5.7为 Raman 光谱仪示意图。

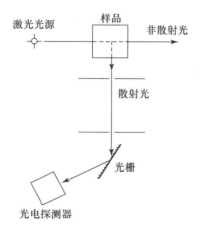

图 3.5.7 Raman 光谱仪示意图

Raman 光谱的选律是分子具有各向异性的极化率,如 H—H 分子,当其电子在电场作用下沿键轴方向变形大于垂直于键轴方向,就会产生诱导偶极矩,出现 Raman 光谱活性。Raman光谱和红外光谱可以起互相补充的作用,Raman光谱相当于把分子的振动-转动能级从红外区搬到紫外可见区来研究。

由 Raman 光谱测得 H_2,D_2,H_2^+ 的 $\tilde{\nu}_e$ 值分别为:4400,3118 和 2322 cm^{-1},利用 $k = 4\pi^2\mu c^2 \tilde{\nu}^2$,可算得力常数分别为:574.9,577.0 和 160.0 $N\,m^{-1}$。

3.5.5 分子的电子光谱

分子中的电子处在一定能级的分子轨道上,当电子从一种分子轨道跃迁至另一分子轨道时,会发射或吸收光,从而产生分子光谱。由于电子能级间隔比分子的振转能级间隔大得多,电子能级的改变总是伴随着振-转能级的改变。一般分辨率不太高的紫外-可见光谱呈现出带状光谱。紫外-可见光谱仪的原理示于图 3.5.8 中。

在考虑电子吸收光谱时,需要了解 Franck-Condon(弗兰克-康登)原理。该原理指出:振动能级间跃迁强度最高的谱线是与相同核间距对应有最高概率密度的振动态间的跃迁。这是因为当基态分子吸收光子时发生电子跃迁,基态分子转变为激发态分子,但由于电子跃迁时间极短(约 10^{-15} s),分子中的原子来不及改变它的振动位置,而保持基态时的核间距(r)。以

图 3.5.9 为例:强度最高的谱线对应于由 $v=0$ 的基态到 $v'=3$ 的激发态间的跃迁,图中虚线为核间距(r)不变的垂直线。

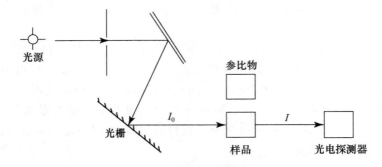

图 3.5.8 紫外-可见光谱仪示意图

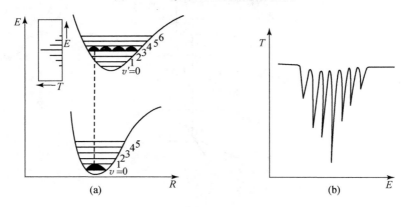

图 3.5.9 H_2 分子由 $(\sigma_{1s})^2 \rightarrow (\sigma_{1s})^1(\pi_{2p})^1$

(a) 跃迁的能级示意图,(b) 光谱示意图

Franck-Condon 原理对解释电子光谱很重要。图 3.5.9 示意出 H_2 分子由 $(\sigma_{1s})^2 \rightarrow (\sigma_{1s})^1(\pi_{2p})^1$ 跃迁时的能级和光谱。由图可见,强度最高的第 4 条谱线是核间距不变的垂直跃迁谱线。

3.6 光电子能谱

3.6.1 原理

光电子能谱和分子光谱都是分子轨道理论的实验基础,但两者的机理不同:分子光谱探测的是被物质吸收后的电磁波;而光电子能谱探测的是被入射光从物质中击出的光电子的能量分布、强度分布和空间分布,其基本物理过程是光致电离

$$M + h\nu \longrightarrow M^{+*} + e^-$$

式中 M 代表分子或原子,M^{+*} 代表激发态的分子离子或离子。

分子中的电子被束缚在各原子轨道或分子轨道上,各具有一定的电子结合能。若入射光的能量超过电子的结合能,它就能够将电子击出,如此产生的电子称作光电子。分子电离时,

从一个轨道上移去一个电子,若不改变其余电子的波函数,该电子的电离能等于它原来占据的轨道能量的负值。这个关系称为 Koopmans(库普曼斯)规则,它对闭壳层组态的分子符合较好。所以,可通过光电子能谱了解分子轨道能级的信息。根据 1.1 节(1.1.5)式可知,当一个光子击出一个被束缚得较紧的电子时,光电子具有较低的动能;当一个光子击出一个被束缚得较松的电子时,光电子则具有较高的动能。因此,使用固定能量的激发源,可产生多种动能的光电子。由于原子或分子中电子的能量是量子化的,因而光电子有一个动能分布,由一系列分立的能带组成。具有不同动能的光电子通过能量分析器被区分开来,经过检测、记录,得到信号强度,即光电子数 $n(E)$。将分子的电离能或电子结合能的负值作为横坐标,单位时间内发射的光电子数作为纵坐标,所得图谱称为光电子能谱。根据光源的不同,光电子能谱可分为紫外光电子能谱(ultraviolet photoelectron spectroscopy,UPS)和 X 射线光电子能谱(XPS)。前者击出的是原子或分子的价电子,后者不但能击出价电子,而且能击出内层电子。内层电子基本上不参与形成化学键,在物质中基本上保持其原子特性,故通过测量击出的内层电子的能量分布,可以进行化学分析,此即 X 射线光电子能谱,又被称为化学分析电子能谱(electron spectroscopy for chemical analysis,ESCA)的原因。

光电子能谱仪主要由下列 6 个部分组成:激发源、样品电离室、电子能量分析器、电子检测器、真空系统和数据处理系统等。激发源应该强度大、单色性好。UPS 常用 HeⅠ线(21.22 eV)或 HeⅡ线(40.8 eV)。XPS 常用 Al,Mg 等轻元素发射出的自然宽度很窄的 Kα射线;样品电离室是样品(原则上,3 种聚集态皆可)受光照射后电离,产生光电子的设备;电子能量分析器多用静电色散原理制成。光电子进入分析器后,由于受电场的作用,只有具备一定动能的那些光电子才能通过出口狭缝。根据已知电场的强弱,便可了解光电子的动能。从能量分析器飞出的电子由电子检测器计数。目前用得最多的是多道电子倍增器,它可检测记录小于 10^{-15} A 的微电流。真空系统对电子能谱至关重要,主要原因有:

(1)光电子在从样品电离室到能量分析器的运动中必须避免与残余气体发生非弹性碰撞而损失能量,这就要求整个系统有一定的真空度,通常为 $10^{-8} \sim 10^{-11}$ Pa。

(2)为在实验的全过程中保持样品表面不被污染,必须获得高真空度。根据气体动力学计算,要使固体样品的表面在 1 h 内保持"清洁",仪器的真空度应至少维持在 10^{-10} Pa。数据处理系统除记录谱函数外,还具有解谱功能,即自动寻峰、拟合本底和峰形函数、自动扣除本底及求峰面积等。图 3.6.1 是光电子能谱仪的示意图。

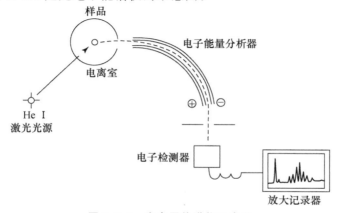

图 3.6.1　光电子能谱仪示意图

　　电子能谱能够测定从各个被占分子轨道上电离电子所需要的能量,从而可直接证明分子轨道能级高低,为分子轨道理论提供坚实的实验基础。电子能谱也是重要的表面分析技术,它提供的表面信息大致有:

- 表面化学状态,包括元素的种类和含量、化学价态和化学键的形成等;
- 表面结构,包括宏观的表面形貌、物相分布、元素分布以及微观的表面原子排列等;
- 表面电子态,涉及表面的电子云分布和能级结构等。

这一表面分析技术广泛用于催化、电子、冶金、有机高分子、环境保护等化学和化工领域。

3.6.2　双原子分子的紫外光电子能谱

1. H_2 的紫外光电子能谱

H_2 受光激发,发生如下电离

$$H_2(\sigma_{1s})^2 + h\nu \longrightarrow H_2^+(\sigma_{1s})^1 + e^-$$

所得光电子的动能与电子在分子中的结合能有关。根据 H_2 分子和 H_2^+ 离子的能量曲线,可

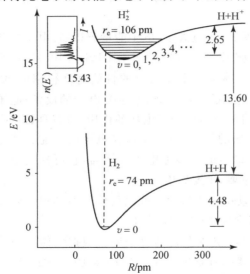

图 3.6.2　H_2 和 H_2^+ 的能量曲线及 H_2 的光电子能谱

得图 3.6.2 所示的能量关系图。图中标明的能量数据以及平衡核间距数据均已在本章前两节加以讨论。

　　室温下,大多数 H_2 分子处于 $v=0$ 的基态,由 H_2 变成 H_2^+,根据 H_2^+ 振动能级的不同,电子能谱形成一较宽的谱带,这一谱带开始于 15.43 eV,不断延伸到 18 eV,如图 3.6.2 左上角所附小图。小图中谱线间隔为 2200 cm^{-1},此即 H_2^+ 的振动能级差;最强谱线相当于 H_2^+ 中 $v=2$ 的谱线。通常用绝热电离能(I_A)表示从分子基态跃迁到分子离子基态所需的能量,相当于和谱带第一个峰相应的能量,图中标明为 15.43 eV。垂直电离能(I_V)是由分子基态跃迁到分子离子跃迁概率最高的振动态所需的能量,对应于图谱中最强谱线的电离能,I_V 是由 Franck-Condon 原理所阐明的。

2. N_2 的紫外光电子能谱

在受光激发下,N_2 的电离如下

$$N_2 + h\nu \longrightarrow N_2^+ + e^-$$

N_2 的价电子组态为 $(1\sigma_g)^2(1\sigma_u)^2(1\pi_u)^4(2\sigma_g)^2$,而 N_2^+ 的电子组态则因电子从 N_2 的不同轨道上电离而异:

$$(1\sigma_g)^2(1\sigma_u)^2(1\pi_u)^4(2\sigma_g)^1$$
$$(1\sigma_g)^2(1\sigma_u)^2(1\pi_u)^3(2\sigma_g)^2$$
$$(1\sigma_g)^2(1\sigma_u)^1(1\pi_u)^4(2\sigma_g)^2$$
$$(1\sigma_g)^1(1\sigma_u)^2(1\pi_u)^4(2\sigma_g)^2$$

根据不同组态的 N_2^+ 光谱基本振动频率,可得表 3.6.1 所列的数据。

表 3.6.1 N_2 和 N_2^+ 的 3 种状态的键性质

分子 (括号内表示电离的轨道)	基本振动波数 cm^{-1}	键长 pm	键能 $kJ\,mol^{-1}$
N_2	2330	109.78	941.69
$N_2^+(2\sigma_g)$	2175	111.6	842.16
$N_2^+(1\pi_u)$	1873	117.6	—
$N_2^+(1\sigma_u)$	2373	107.5	—

图 3.6.3 示出 N_2 的分子轨道能级高低的分布情况以及它与光电子能谱之间的关系。由图可见,通过电子能谱可以测定轨道能级的高低,而根据谱带的形状,可以进一步了解分子轨道的性质:

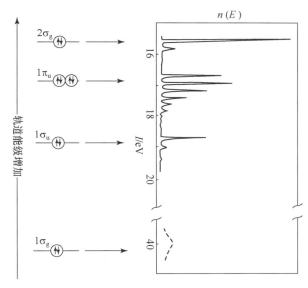

图 3.6.3 N_2 的分子轨道能级图与光电子能谱之间的关系
(只示出被占的分子轨道)

(1) 一个非键电子电离,核间平衡距离几乎没有什么变化,从分子 M 的 $v=0$ 的振动基态跃迁到 M^+ 的 $v=0$ 的振动基态时重叠最大,$I_A=I_v$,而其他振动能级上波函数重叠很少,所以跃迁概率集中,表现出谱带的振动序列很短。

(2) 一个成键或反键电子电离,核间平衡距离发生很大变化,变化大小与成键或反键的强弱有关。成键电子电离,核间平衡距离增大;反键电子电离,核间平衡距离缩短,这时垂直跃迁的概率最大,其他的振动能级上也有一定的跃迁概率,表现在能谱上谱带的序列比较长。

(3) 根据电子能谱中谱带内谱线分布的稀密,可以了解 M^+ 中振动能级的分布。若分子振动能级很密,或者分子离子态与分子基态的核间距相差很大,则谱线表现为连续的谱带。

由表 3.6.1 数据可见,$1\sigma_u$ 电子电离,键长缩短,但缩短数值不多,$1\sigma_u$ 轨道呈弱反键性质;$2\sigma_g$ 电子电离,键长略有增加,$2\sigma_g$ 轨道呈弱成键性质。$1\sigma_u$ 和 $2\sigma_g$ 这两个轨道上的两对电子带有非键性质,表现在电子能谱图上它们的跃迁概率集中,谱带的振动序列很短。N_2 分子的结构式可写作:N≡N:。在此结构式中,两对孤对电子是等同的,但分子轨道理论和光电子能

115

谱说明,这两对孤对电子$[(1\sigma_u)^2$ 和$(2\sigma_g)^2]$能量不简并。

$1\pi_u$ 轨道并不受 s-p 混杂的影响,依然保持强的成键轨道性质,所以这一轨道电子电离时,键长显著增长。$1\pi_u$ 谱带的精细振动能级结构的实验结果说明了这一点。

CO 分子和 N_2 分子是等电子体,它们有相似的能级结构及相似的能谱图,如图 3.6.4 所示。

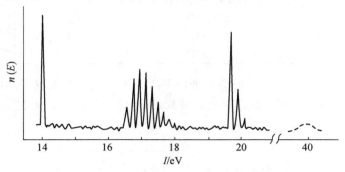

图 3.6.4　CO 的紫外光电子能谱图

从某一全充满的分子轨道击走一个电子后,在该轨道上就有一个自旋未成对的电子,设其轨道量子数为 l。由于轨道运动和自旋运动的耦合作用,它将产生两种状态,总量子数分别为

$$j_1 = l + \frac{1}{2}$$

$$j_2 = l - \frac{1}{2}$$

两者具有不同的能量,其差值称为自旋-轨道耦合常数。使用高分辨率的光电子能谱仪可观察到这种自旋-轨道分裂。这种分裂所产生的两个峰的面积比为$(2j_1+1):(2j_2+1)$,即$(l+1):l$。这样,就可从峰的强度比推知被击出的电子所在的轨道。例如,Ar 的紫外光电子能谱的第一条谱线分裂为强度比为 2:1 的两个峰,由此推知被击出的电子的 $l=1$,即 3p 电子(参见习题 3.34)。

3. O_2 的紫外光电子能谱

O_2 分子的价电子组态为$(\sigma_{2s})^2(\sigma_{2s}^*)^2(\sigma_{2p_z})^2(\pi_{2p})^4(\pi_{2p}^*)^2$。它的紫外光电子能谱图示于图 3.6.5中。

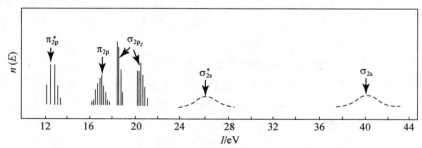

图 3.6.5　O_2 的紫外光电子能谱图

对比 O_2 和 N_2 的能谱图,可知:

(1) O 原子虽比 N 原子有较高的有效核电荷,但是 O_2 的第一电离能比 N_2 小,因为 O_2 最高

占据轨道是能级较高的 π_{2p}^* 轨道。

（2） σ_{2p_z} 电子电离时，能谱中出现 2 个谱带。这是由于 π_{2p}^* 中有 2 个自旋相同的电子，当电离一个 σ_{2p_z} 电子后，剩余电子的自旋态可能：(i) 和 π_{2p}^* 电子自旋相同，(ii) 和 π_{2p}^* 电子自旋相反，因而在能量上不同。同样情况也在 π_{2p} 中出现，不过没有那么明显。

	σ_{2s}	σ_{2s}^*	σ_{2p_z}	π_{2p}	π_{2p}^*
O_2	↑↓	↑↓	↑↓	↑↓ ↑↓	↑ ↑
(i) $O_2^+(\sigma_{2p_z})$	↑↓	↑↓	↑	↑↓ ↑↓	↑ ↑
(ii) $O_2^+(\sigma_{2p_z})$	↑↓	↑↓	↓	↑↓ ↑↓	↑ ↑

（3） O_2 的 σ_{2p_z} 和 π_{2p} 能级次序和 N_2 不同。对 O_2 而言，2s 和 2p 能级差较大，s-p 混杂不明显。

4. HF 的紫外光电子能谱

HF 的价电子组态为 $(2s)^2(\sigma)^2(2p_x)^2(2p_y)^2$（见图 3.3.9），其电子能谱和此组态相对应。HF 分子的第一电离能为 16.05 eV，比 F 原子的第一电离能（18.6 eV）约小 2.5 eV。为什么 $(2p_x)$、$(2p_y)$ 是非键轨道，而形成分子后能级有这么大的变化？其原因是：HF 是极性分子，F 的电负性比 H 高，价电子电荷集中在 F 原子周围，排斥非键轨道上的电子，使它容易电离。

从上述例子可见，光电子能谱可以测定分子轨道能级顺序和高低，可以区分分子中被占分子轨道的性质，即区分成键轨道、反键轨道和非键轨道。这样，用分子轨道理论结合光电子能谱可对双原子分子的结构和成键情况分析得比较清楚。

3.6.3 X 射线光电子能谱

X 射线光电子能谱（XPS）用能量较高的软 X 射线作为激发源。它既可电离外层电子，也可电离内层电子，并且能激发出俄歇电子。常用的激发源有 Mg Kα 辐射（$h\nu=1253.6$ eV）和 Al Kα 辐射（$h\nu=1486.6$ eV）。

如前所述，X 射线光电子能谱可以探测非键的内层电子，而内层电子的结合能具有高度特征性，因而它可用于元素的定性和定量分析。又由于内层电子的结合能受化学位移的影响，因而研究化学位移可获得物质化合态的若干信息。

原子的内层电子虽然不参与形成化学键，但其结合能却随着周围化学环境的变化而变化。这一现象是在对硫代硫酸钠作常规研究时发现的。同一种原子在不同的分子或同一分子中的不同位置上，内层电子的结合能各不相同。将分子中某一内层电子 i 的结合能 $E_i(M)$ 与自由原子中内层电子 i 的结合能 $E_i(A)$ 之差定义为该分子的化学位移 $(\Delta E_b)_i$。

$$(\Delta E_b)_i = E_i(M) - E_i(A)$$

产生化学位移的原因是原子周围化学环境的变化。这里所说的化学环境的变化可具体归结为三方面：

（1）当原子结合成分子或晶体时，价电子发生转移或共享，价电子的这种电荷变化会引起内层电子结合能的变化；

（2）分子或晶体中其他原子所形成的势场对指定原子的内层电子的结合能产生影响；

（3）从原子中电离掉一个电子后，其余电子不能完全保持其原来的状态和能量。

目前关于化学位移的理论模型很多，一般计算都比较复杂，有一些经验规律可作为分析 XPS 谱图的参考：

（1）原子失去价电子或者和电负性高的原子结合而使价电子远离时,内层电子的结合能增大;

（2）原子获得电子时内层电子的结合能减小;

（3）氧化态愈高,结合能愈大;

（4）价层有某种变化,所有内层电子结合能也有相应变化。

XPS 峰强度也有一些经验规律。就给出峰的轨道来说,主量子数小的壳层的峰比主量子数大的峰强;同一壳层,角量子数大者峰强;n 和 l 都相同的壳层,j 大者峰强。

利用这些经验规律,比较内层电子结合能的化学位移及峰的强度,可以考察原子周围的化学环境,从而了解原子的价态、成键情况及其他结构信息。

下面提供二例予以说明。

【例 3.6.1】　$Na_2S_2O_3$

$Na_2S_2O_3$ 的 XPS 在硫 2p 区有两个峰,而 Na_2SO_4 只有一个硫的 2p 峰。这是因为 $S_2O_3^{2-}$ 中含有两类硫原子,与氧原子相连的硫原子带有正电荷,而末端硫原子带负电荷,因此前者的结合能比后者的结合能大,从而出现了两个硫的 2p 峰。

【例 3.6.2】　B_5H_9

图 3.6.6 是 B_5H_9 的 B(1s)光电子能谱,谱中有两个强度比为 4:1 的峰,较小的峰的结合能较小。这说明,B_5H_9 分子中有 4 个 B 原子处于相同的化学环境;另一个 B 原子处于不同的化学环境,它有较高的电子密度。这与 B_5H_9 中有一个 B 原子具有明显的亲核行为一致。由此可推知,其可能结构为 5 个 B 原子排列成四方锥形(见图 5.7.2)。

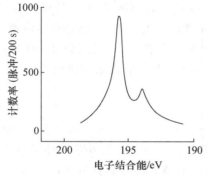

图 3.6.6　B_5H_9 的 B(1s) XPS

XPS 的适应性很强,分析对象遍及周期表中除 H 和 He 以外的全部元素。XPS 的最大特点是能够进行表面分析,是一种对表面上的单原子层或单分子层也能够进行分析的表面分析技术。

3.6.4　俄歇电子能谱

俄歇电子能谱(Auger electron spectroscopy, AES)是指利用电子束或 X 射线作激发源,使原子的内层电子电离后,外层电子进入内层空穴所释放的能量,导致发射出二次电子,如图 3.6.7 所示。

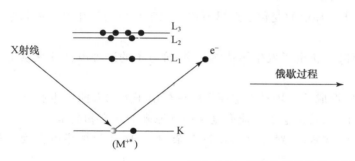
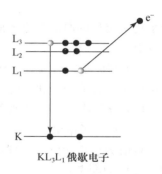

图 3.6.7　俄歇电子的产生机理

俄歇电子的动能反映原子能级的特征,但它和激发源的能量无关。俄歇电子能谱是研究固体表面的一种重要技术,广泛用于各种材料分析及催化、吸附、腐蚀等过程。

习　题

3.1　试计算当 Na^+ 和 Cl^- 相距 280 pm 时,两离子间的静电引力和万有引力;并说明讨论化学键作用力时,万有引力可以忽略不计。

$\left(\text{已知:万有引力 } F = G\dfrac{m_1 m_2}{r^2},\ G = 6.7 \times 10^{-11}\ \text{N m}^2\ \text{kg}^{-2};\text{静电引力 } F = K\dfrac{q_1 q_2}{r^2},\ K = 9.0 \times 10^9\ \text{N m}^2\ \text{C}^{-2}\right)$

3.2　写出 O_2,O_2^+,O_2^-,O_2^{2-} 的键级、键长长短次序及磁性。

3.3　H_2 分子基态的电子组态为 $(\sigma_{1s})^2$,其激发态有

(1) $\dfrac{\uparrow}{\sigma_{1s}}\ \dfrac{\downarrow}{\sigma_{1s}^*}$;

(2) $\dfrac{\uparrow}{\sigma_{1s}}\ \dfrac{\uparrow}{\sigma_{1s}^*}$;

(3) $\dfrac{}{\sigma_{1s}}\ \dfrac{\uparrow\ \downarrow}{\sigma_{1s}^*}$。

试比较(1),(2),(3)三者能级的高低次序,并说明理由。能量最低的激发态是顺磁性还是反磁性?

3.4　试比较下列同核双原子分子:B_2,C_2,N_2,O_2,F_2 的键级、键能和键长的大小关系,在相邻两个分子间填入"<"或">"符号表示。

3.5　基态 C_2 为反磁性分子,试写出其电子组态;实验测定 C_2 分子键长为 124 pm,比 C 原子共价双键半径和(2×67 pm)短,试说明其原因。

3.6　据分子轨道理论,指出 Cl_2 的键比 Cl_2^+ 的键是强还是弱? 为什么?

3.7　画出 CN^- 的分子轨道示意图,写出基态电子组态,计算键级及磁矩(忽略轨道运动对磁矩的贡献)。

3.8　画出 NO 的分子轨道能级示意图,计算键级及自旋磁矩,试比较 NO 和 NO^+ 何者的键更强? 哪一个键长长一些?

3.9　按分子轨道理论写出 NF,NF^+,NF^- 的基态电子组态,说明它们的不成对电子数和磁性(提示:按类似 O_2 的能级排)。

3.10　试用分子轨道理论讨论 SO 分子的电子结构,说明基态时有几个不成对电子。

3.11　CF 和 CF^+ 的键能分别为 548 和 753 $kJ\ mol^{-1}$,试用分子轨道理论探讨其键级(按 F_2 能级次序)。

3.12　下列 AB 型分子:NO,CN,CO,XeF 中,哪几个是得电子变为 AB^- 后比原来中性分子键能大? 哪几个是失电子变为 AB^+ 后比原来中性分子键能大?

3.13　写出 Cl_2,CN 的价层电子组态和基态光谱项。

3.14　OH 分子于 1964 年在星际空间被发现。

(1) 试按分子轨道理论只用 O 原子的 2p 轨道和 H 原子的 1s 轨道叠加,写出其电子组态;

(2) 在哪个分子轨道中有不成对电子?

(3) 此轨道是由 O 和 H 的原子轨道叠加形成,还是基本上定域于某个原子上?

(4) 已知 OH 的第一电离能为 13.2 eV,HF 的第一电离能为 16.05 eV,它们的差值几乎和 O 原

子与 F 原子的第一电离能(15.8 eV 和 18.6 eV)的差值相同,为什么?

(5) 写出它的基态光谱项。

3.15　$H^{79}Br$ 在远红外区有一系列间隔为 $16.94\ cm^{-1}$ 的谱线,计算 HBr 分子的转动惯量和平衡核间距。

3.16　$^{12}C^{16}O$ 的核间距为 112.83 pm,计算其纯转动光谱前 4 条谱线所应具有的波数。

3.17　$CO_2(^{12}C,^{16}O)$ 的转动惯量为 $7.167\times10^{-46}\ kg\ m^2$。

(1) 计算 CO_2 分子中 $C\!=\!O$ 键的键长;

(2) 假定同位素置换不影响 $C\!=\!O$ 键的键长,试计算 $^{12}C,^{18}O$ 和 $^{13}C,^{16}O$ 组成的 CO_2 分子的转动惯量。

提示:线形分子 A—B—C 的转动惯量 I 可按下式计算:

$$I=\frac{m_A m_B r_{AB}^2+m_B m_C r_{BC}^2+m_A m_C (r_{AB}+r_{BC})^2}{m_A+m_B+m_C}$$

3.18　在 N_2,HCl 和 HBr 混合气体的远红外光谱中,前几条谱线的波数分别为:16.70,20.70,33.40,41.85,50.10,62.37 cm^{-1}。计算产生这些谱线的分子的键长(Cl:35.457;Br:79.916;N:14.007)。

3.19　在 $H^{127}I$ 的振动光谱图中观察到 2309.5 cm^{-1} 强吸收峰,若将 HI 的简正振动看作谐振子,请计算或说明:

(1) 这个简正振动是否为红外活性;

(2) HI 简正振动频率;

(3) 零点能;

(4) $H^{127}I$ 的力常数。

3.20　在 CO 的振动光谱中观察到 2169.8 cm^{-1} 强吸收峰,若将 CO 的简正振动看作谐振子,计算 CO 的简正振动频率、力常数和零点能。当 CO 吸附在 CuCl/分子筛吸附剂表面上时,它的伸缩频率有何变化?

3.21　写出 O_2,O_2^+ 和 O_2^- 的基态光谱项。今有 3 个振动吸收峰,波数分别为 1097,1580 和 1865 cm^{-1},请将这些吸收峰与上述 3 种微粒关联起来。

3.22　在 $H^{35}Cl$ 的基本振动吸收带的中心处,有波数分别为 2925.78,2906.25,2865.09 和 2843.56 cm^{-1} 的转动谱线。其倍频为 5668.0 cm^{-1},请计算:

(1) 非谐性常数;

(2) 力常数;

(3) 平衡解离能;

(4) 键长。

3.23　已知 N_2 的平衡解离能 $D_e=955.42\ kJ\ mol^{-1}$,其基本振动波数为 2330.0 cm^{-1},计算光谱解离能 D_0 值。

3.24　$H_2(g)$ 的光谱解离能为 4.4763 eV,振动基频波数为 4395.24 cm^{-1}。若 $D_2(g)$ 与 $H_2(g)$ 的力常数、核间距和 D_e 等都相同,计算 $D_2(g)$ 的光谱解离能。

3.25　H—O—O—H 和 H—C≡C—H 分子的简正振动数目各有多少? 画出 H—C≡C—H 简正振动方式,并分别标明其红外活性或 Raman 活性。

3.26　画出 SO_2 的简正振动方式,已知与 3 个基频对应的谱带波数分别为 1361,1151,519 cm^{-1},指出每种频率所对应的振动,说明是否为红外活性或 Raman 活性(参看 4.6 节)。

3.27 用 He Ⅰ(21.22 eV)作为激发源,N_2 的 3 个分子轨道的电子电离所得光电子动能为多少?(按图 3.6.3 估计)

3.28 什么是垂直电离能和绝热电离能? 试以 N_2 分子的电子能谱图为例(参看图 3.6.3),说明 3 个轨道的数据。

3.29 怎样根据电子能谱区分分子轨道的性质?

3.30 由紫外光电子能谱实验知,NO 分子的第一电离能为 9.26 eV,比 CO 的 I_1(14.01 eV)小很多,试从分子的电子组态解释其原因。

3.31 下图示出由等摩尔的 CH_4,CO_2 和 CF_4 气体混合物的 C_{1s} XPS,指出 CH_4 的 XPS 峰。

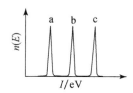

3.32 三氟代乙酸乙酯的 XPS 中,有 4 个不同化学位移的 C 1s 峰,其结合能大小次序如何? 为什么?

3.33 银的下列 4 个 XPS 峰中,强度最大的特征峰是什么?

Ag 4s 峰, Ag 3p 峰, Ag 3s 峰, Ag 3d 峰

3.34 由于自旋-轨道耦合,Ar 的紫外光电子能谱第一条谱线分裂成强度比为 2:1 的两个峰,它们所对应的电离能分别为 15.759 和 15.937 eV。

(1)指出相应于此第一条谱线的光电子是从 Ar 原子的哪个轨道被击出的;

(2)写出 Ar 原子和 Ar^+ 离子的基态光谱支项;

(3)写出与两电离能对应的电离过程表达式;

(4)计算自旋-轨道耦合常数。

参 考 文 献

〔1〕 江元生.结构化学.北京:高等教育出版社,1997.

〔2〕 徐光宪,王祥云.物质结构.第二版.北京:科学出版社,2010.

〔3〕 鲍林(Pauling L).化学键的本质.第三版.卢嘉锡,黄耀曾,曾广植,陈元柱,等译.上海:上海科学技术出版社,1981.

〔4〕 林梦海,林银钟.结构化学.北京:科学出版社,2004.

〔5〕 范康年.物理化学.第二版.北京:高等教育出版社,2005.

〔6〕 Levine I N. Quantum Chemistry. 5th ed. Upper Saddle River, NJ:Prentice-Hall, 2000.

〔7〕 Atkins P W. Physical Chemistry. 6th ed. Oxford:Oxford University Press, 1998.

〔8〕 Atkins P W, Friedman R S. Molecular Quantum Mechanics. 3rd ed. New York:Oxford University Press, 1997.

〔9〕 Herzberg G. Molecular Spectra and Molecular Structure. Malabar:Krieger

  Ⅰ. Spectra of Diatomic Molecules, 1989.

  Ⅱ. Infrared and Raman Spectra of Polyatomic Molecules, 1991.

  Ⅲ. Electronic Spectra of Polyatomic Molecules, 1991.

第4章 分子的对称性

自然界普遍存在着对称性。许多动物的外形左右对称,具有镜面对称元素。许多植物的花朵和叶片绕对称轴排列,具有对称轴,如梅花五瓣、百合花三瓣等。许多建筑、雕刻、绘画、图案,根据实用和美观的要求,设计成对称的形式,或左右对称,或绕轴对称。微观的分子和宏观的物体一样,也具有多种多样的对称元素。总之,我们所处的环境,从宏观到微观,是个存在对称性的世界。利用对称性概念及有关原理和方法解决我们遇到的问题,可以使我们对自然现象及其运动规律的认识更加深入。

在分子中,原子固定在其平衡位置上,其空间排列是个对称的图像。利用对称性原理探讨分子的结构和性质,是人们认识分子的重要途径,是了解分子结构和性质的重要方法。分子对称性是联系分子结构和分子性质的重要桥梁之一。

对称性概念和有关原理对化学十分重要。

(1)它能简明地表达分子的构型。例如 $Ni(CN)_4^{2-}$ 离子具有 D_{4h} 点群的对称性,用 D_{4h} 这个符号就可准确地表达 9 个原子在同一平面上,Ni 在离子的中心位置,周围 4 个—CN 完全等同,Ni—C—N 都是直线形,互成 $90°$ 角。

(2)可简化分子构型的测定工作。将对称性基本原理用于量子力学、光谱学、X 射线晶体学等测定分子和晶体结构时,许多计算可以简化,图像更为明确。

(3)帮助正确地了解分子的性质。分子的性质由分子的结构决定,分子的许多性质直接与分子的对称性有关,正确地分析分子的对称性,能帮助我们深入理解分子的性质。

(4)指导化学合成工作。描述分子中电子运动状态的分子轨道,具有特定的对称性,化学键的改组和形成,常需要考虑对称性匹配的因素,许多化合物及生物活性物质,其性质与分子的绝对构型有关。合成具有一定生物活性的化合物,需要考虑对称性因素。

4.1 对称操作和对称元素

对称,就其字面含义来讲,是指一个物体包含若干等同部分,这些部分相对(对等、对应)而又相称(适合、相当)。这些部分能经过不改变其内部任何两点间距离的对称操作所复原。旋转、反映、反演等都是对称操作。对称物体经过某一操作后,物体中每一点都被放在周围环境与原先相似的相当点上,操作前物体中在什么地方有些什么,操作后在那个地方依然相同,无法区别是操作前的物体还是操作后的物体,这种情况叫复原。能不改变物体内部任何两点间的距离而使物体复原的操作叫对称操作。对称操作所据以进行的旋转轴、镜面和对称中心等几何元素称为对称元素。对于分子等有限物体,在进行操作时,分子中至少有一点是不动的,叫点操作。现将点操作及所依据的对称元素的性质,分别叙述于下。

4.1.1 旋转操作和旋转轴

旋转操作是将分子绕通过其中心的轴旋转一定的角度使分子复原的操作。旋转依据的对称元素为旋转轴,n 次旋转轴用记号 C_n 表示。旋转操作的特点是将分子的每一点都绕这条轴线转动一定的角度。能使物体复原的最小旋转角(0°除外)称为基转角(α),C_n 轴的基转角 $\alpha = 360°/n$,旋转角度按逆时针方向计算。和 C_n 轴相应的基本旋转操作为 C_n^1,按 C_n^1 重复进行,当旋转角度等于基转角的 2 倍、3 倍等整数倍时,分子也能复原。这些旋转操作分别记为

$$C_n^2 = C_n^1 C_n^1, \quad C_n^3 = C_n^1 C_n^1 C_n^1, \quad \cdots$$

所有分子都有无限多个 C_1 旋转轴,因为绕通过分子的任一直线旋转 360° 都能使分子复原,是个恒等操作,常用 E 表示。E 称为主操作,和乘法中的 1 相似。严格地说,一个分子若只有 E 能使它复原,这个分子不能称为对称分子,或只能看作对称分子的一个特例。在分子的对称操作群中,E 是一个不可缺少的元素。

对于分子等有限物体,C_n 的轴次 n 并不受限制,n 可为任意正整数。分子中常见的旋转轴有 C_2,C_3,C_4,C_5,C_6,C_∞ 等。例如 H_2O,H_2O_2 等分子中有 C_2 轴;NH_3,$HCCl_3$,PCl_5,$Fe(CO)_5$ 等分子中有 C_3 轴;$Ni(CN)_4^{2-}$,SF_6,$PtCl_4^{2-}$ 等分子中有 C_4 轴;$Fe(C_5H_5)_2$,IF_7 等分子中有 C_5 轴;C_6H_6 分子中有 C_6 轴;H_2,HCl,CO_2 等线形分子中有 C_∞ 轴。

当 C_2 轴和坐标轴 z 轴重合,并通过原点 O,对称操作 C_2^1 能将原来处在 (x, y, z) 处的原子 1 移至 $(\bar{x}, \bar{y}, z)$ 处,同时将 $(\bar{x}, \bar{y}, z)$ 处的原子 2 移至 (x, y, z) 处,如图 4.1.1(a)所示。当原子 1 和原子 2 相同,C_2^1 操作能使之复原。图 4.1.1(b)示出 CH_2Cl_2 分子中的 C_2 轴。

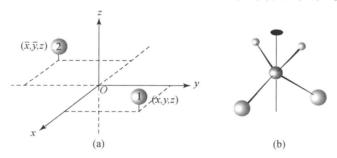

图 4.1.1 C_2^1 的对称操作(a)和 CH_2Cl_2 分子中的 C_2 轴(b)

各种对称操作相当于不同的坐标变换,而坐标变换为一种线性变换,所以可用变换矩阵表示对称操作。C_2^1 操作的表示矩阵如下

$$C_2^1 \begin{bmatrix} x \\ y \\ z \end{bmatrix} = \begin{bmatrix} -1 & 0 & 0 \\ 0 & -1 & 0 \\ 0 & 0 & 1 \end{bmatrix} \begin{bmatrix} x \\ y \\ z \end{bmatrix} = \begin{bmatrix} -x \\ -y \\ z \end{bmatrix}$$

C_3 轴有 3 种操作 C_3^1,C_3^2,C_3^3,这 3 种操作的关系示于图 4.1.2(a)中。C_3^1 和 C_3^2 的表示矩阵为

$$C_3^1 = \begin{bmatrix} -1/2 & -\sqrt{3}/2 & 0 \\ \sqrt{3}/2 & -1/2 & 0 \\ 0 & 0 & 1 \end{bmatrix}, \quad C_3^2 = \begin{bmatrix} -1/2 & \sqrt{3}/2 & 0 \\ -\sqrt{3}/2 & -1/2 & 0 \\ 0 & 0 & 1 \end{bmatrix}$$

表示矩阵中的数字来源,可参看图 4.1.2(b)。由图可见,当原子由位置 $1(x, y, z)$ 转至位置 $2(x', y', z)$ 时,坐标关系为

$$x' = -\sin(30° + \alpha) = -\sin 30° \cos \alpha - \cos 30° \sin \alpha = -\frac{1}{2}x - \frac{\sqrt{3}}{2}y$$

$$y' = \cos(30° + \alpha) = \cos 30° \cos \alpha - \sin 30° \sin \alpha = \frac{\sqrt{3}}{2}x - \frac{1}{2}y$$

123

图 4.1.2(c)示出 NH_3 分子中的 C_3 轴。

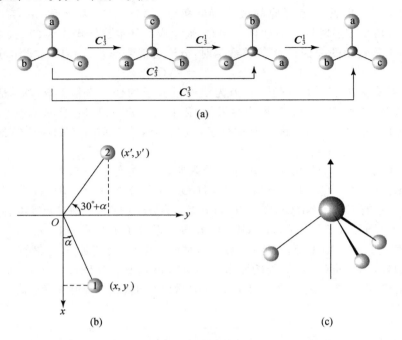

图 4.1.2　C_3 轴的 3 种对称操作(a)、坐标变换(b)及 NH_3 分子中的 C_3 轴(c)

与 C_4 轴相关的旋转操作及其表示矩阵为

$$C_4^1 = \begin{pmatrix} 0 & -1 & 0 \\ 1 & 0 & 0 \\ 0 & 0 & 1 \end{pmatrix}, \quad C_4^3 = \begin{pmatrix} 0 & 1 & 0 \\ -1 & 0 & 0 \\ 0 & 0 & 1 \end{pmatrix} = C_4^{-1}$$

由于 $C_4^2 = C_2^1$，所以 C_4 轴包括 C_2 轴。C_4^1 和 C_4^3 为 C_4 轴的两种特征对称操作。

C_6 轴有 6 种对称操作

$$C_6^1, \quad C_6^2 = C_3^1, \quad C_6^3 = C_2^1, \quad C_6^4 = C_3^2, \quad C_6^5, \quad C_6^6 = E$$

可见 C_6 轴包括 C_2 轴和 C_3 轴的全部对称操作，即有 C_6 轴的物体一定在 C_6 轴的方向上有 C_3 轴和 C_2 轴，通常只标明 C_6 轴而不必再标明 C_2 轴和 C_3 轴。C_6 轴有特征操作 C_6^1 和 C_6^5，其表示矩阵为

$$C_6^1 = \begin{pmatrix} 1/2 & -\sqrt{3}/2 & 0 \\ \sqrt{3}/2 & 1/2 & 0 \\ 0 & 0 & 1 \end{pmatrix}, \quad C_6^5 = \begin{pmatrix} 1/2 & \sqrt{3}/2 & 0 \\ -\sqrt{3}/2 & 1/2 & 0 \\ 0 & 0 & 1 \end{pmatrix}$$

讨论对称操作时，常将分子定位在右手坐标轴系上，分子的重心处在坐标原点，主轴和 z 轴重合。一般主轴指分子中轴次最高的 C_n 轴。由线性代数可推得 C_n 轴的第 k 次对称操作 C_n^k 的表示矩阵为

$$C_n^k = \begin{pmatrix} \cos(2k\pi/n) & -\sin(2k\pi/n) & 0 \\ \sin(2k\pi/n) & \cos(2k\pi/n) & 0 \\ 0 & 0 & 1 \end{pmatrix}$$

4.1.2 反演操作和对称中心

当分子有对称中心 i 时,从分子中任一原子至对称中心连一直线,将此线延长,必可在和对称中心等距离的另一侧找到另一相同原子。依据对称中心进行的对称操作叫反演或倒反。由于每一个原子通过反演操作可以得到另一个相同原子,所以除位于对称中心 i 上的原子外,其他原子必定成对地出现。图 4.1.3 示出反式-二氯乙烯 $C_2H_2Cl_2$ 分子的对称中心的位置。两个由对称中心联系的分子是对映体,它们不一定完全相同,如左右手关系:伸出你的右手,手心朝上,指尖向左;伸出你的左手,手心朝下,指尖向右。它们是由对称中心联系的两只手。

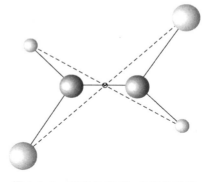

图 4.1.3　反式 $C_2H_2Cl_2$ 分子的结构

若对称中心位置在原点 $(0,0,0)$ 处,反演操作 i 的表示矩阵为

$$i = \begin{pmatrix} -1 & 0 & 0 \\ 0 & -1 & 0 \\ 0 & 0 & -1 \end{pmatrix}$$

连续进行两次反演操作等于主操作;反演操作和它的逆操作相等。所以

$$i^n = \begin{cases} E, & n\text{ 为偶数} \\ i, & n\text{ 为奇数} \end{cases}$$

C_6H_6,SF_6,CO_2,C_2H_4,反式 $ClHC{=}CHCl$ 等分子均具有对称中心,称为中心对称分子。有些分子如 CH_4,H_2O,NH_3,CO 等没有对称中心,称为非中心对称分子。

4.1.3 反映操作和镜面

镜面是平分分子的平面,在分子中除位于镜面上的原子外,其他原子成对地排在镜面两侧,它们通过反映操作可以复原。反映操作是使分子中的每一点都反映到该点到镜面垂线的延长线上,在镜面另一侧等距离处。图 4.1.4 示出 CH_2Cl_2 分子中的镜面。镜面对称元素在讨论分子结构时常用 σ 表示,在晶体学中常用 m 表示。

若镜面和 xy 平面平行并通过原点,则反映操作 σ 的表示矩阵为

$$\sigma_{xy} = \begin{pmatrix} 1 & 0 & 0 \\ 0 & 1 & 0 \\ 0 & 0 & -1 \end{pmatrix}$$

和 i 相似,连续进行两次反映操作,相当于主操作;反映操作和它的逆操作相等。

$$\sigma^n = \begin{cases} E, & n\text{ 为偶数} \\ \sigma, & n\text{ 为奇数} \end{cases}$$

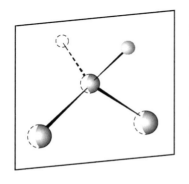

图 4.1.4　CH_2Cl_2 分子中的一个镜面

一个分子和它在镜中的像完全相同,没有任何差别,包括没有左右手对映体那样的差别,则这个分子有镜面对称性,即通过分子中心必定有一镜面。有些分子,它们的形状和它们在镜中的像的形状虽有对

映关系,但并不完全相同,如左手和右手那样,这种分子的不对称性称为手性(chirality)。手性分子本身不具有镜面的对称性。

根据镜面和旋转轴在空间排布方式上的不同,常以不同的下标表示。当 σ 垂直于主轴 C_n,以 σ_h 表示(h 来源于 horizontal);σ 通过主轴 C_n,以 σ_v 表示(v 来源于 vertical);σ 通过主轴 C_n,平分相邻副轴(一般为 C_2 轴)的夹角,以 σ_d 表示[d 来源于 diagonal(对角线的)或 dihedral(双面角的)]。下标 h,v,d 在标记分子点群时有重要意义。

平面形分子至少有一个镜面,就是分子平面,例如,反式-二氯乙烯 ClHC=CHCl 为有 1 个镜面的平面分子。H_2O 分子有 2 个 σ_v,它们彼此垂直相交,交线为 C_2 轴。NH_3 分子有 3 个 σ_v,它们彼此成 120°相交,交线为 C_3 轴。C_6H_6 分子有 6 个 σ_v,互成 30°相交,交线为 C_6 轴,此外还有1 个和 C_6 轴垂直的 σ_h。HCl 分子有 ∞ 个 σ_v,它们的交线为 C_∞ 轴。同核双原子分子除 ∞ 个 σ_v 外,还有垂直于 C_∞ 的 σ_h。

4.1.4　旋转反演操作和反轴

反轴 I_n 的基本操作为绕轴转 $360°/n$,接着按轴上的中心点进行反演,$I_n^1 = iC_n^1$。这个操作是 C_n^1 和 i 相继进行的联合操作。I_1 对称元素等于 i;I_2 等于 σ_h;I_3 包括下列 6 个对称操作

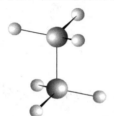

$$I_3^1 = iC_3^1, \quad I_3^2 = C_3^2, \quad I_3^3 = i,$$
$$I_3^4 = C_3^1, \quad I_3^5 = iC_3^2, \quad I_3^6 = E$$

I_3 轴包括 C_3 和 i 的全部对称操作,而 I_3^1 和 I_3^5 可由 C_3^1 和 i 等组合而得,所以 I_3 轴可看作由 C_3 和 i 组合得到

$$I_3 = C_3 + i$$

交叉式乙烷分子具有 I_3 对称元素,如图 4.1.5 所示。

图 4.1.5　交叉式乙烷分子具有反轴 I_3

I_4 对称元素包括下列操作

$$I_4^1 = iC_4^1, \quad I_4^2 = C_2^1,$$
$$I_4^3 = iC_4^3, \quad I_4^4 = E$$

可见 I_4 轴包括 C_2 轴的全部操作,即 I_4 轴包括 C_2 轴。但是一个包含 I_4 对称性的分子,并不具有 C_4 轴,也不具有 i,即 I_4 不等于 C_4 和 i 两个对称元素的简单加和,I_4 是一个独立的对称元素。例如在 CH_4 分子中包含 3 个互相垂直相交的 I_4,如图 4.1.6 所示。图中示出具有 I_4 轴的分子,先进行 C_4^1,再进行 i 操作使分子复原的情况。

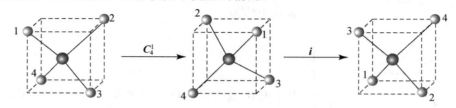

图 4.1.6　具有 I_4 轴的分子经过 I_4^1 操作的情况

I_6 包括下列 6 个对称操作

$$I_6^1 = iC_6^1 = \sigma C_3^2, \quad I_6^2 = C_3^1, \quad I_6^3 = \sigma$$
$$I_6^4 = C_3^2, \quad I_6^5 = iC_6^5 = \sigma C_3^1, \quad I_6^6 = E$$

所以 I_6 可看作由 C_3 和 σ_h 组合得到。

由上可见,对于反轴 I_n,当 n 为奇数时,包含 $2n$ 个对称操作,可看作由 n 重旋转轴 C_n 和对称中心 i 组成;当 n 为偶数而不为 4 的整数倍时,由旋转轴 $C_{n/2}$ 和垂直于它的镜面 σ_h 组成;当 n 为 4 的整数倍时,I_n 是一个独立的对称元素,这时 I_n 轴与 $C_{n/2}$ 轴同时存在。

4.1.5 旋转反映操作和映轴

映轴 S_n 所对应的基本操作 S_n^1 为绕轴转 $360°/n$ 接着按垂直于轴的平面进行反映,$S_n^1 = \sigma C_n^1$。这个操作是 C_n^1 和 σ 相继进行的联合操作。按照上述对反轴那样进行分析,可得

$$S_1 \text{ 等于镜面} \qquad S_2 \text{ 等于对称中心}$$
$$S_3 \text{ 等于 } C_3 + \sigma_h \qquad S_4 \text{ 是个独立的对称元素}$$
$$S_5 \text{ 等于 } C_5 + \sigma_h \qquad S_6 \text{ 等于 } C_3 + i$$

对于映轴 S_n:当 n 为奇数时,有 $2n$ 个操作,它由 C_n 轴和 σ_h 组成;当 n 为偶数而又不为 4 的整数倍时,S_n 可看作由 $C_{n/2}$ 与 i 组成;当 n 为 4 的整数倍时,S_n 是个独立的对称元素,而且 S_n 轴与 $C_{n/2}$ 轴同时存在。

反轴 I_n 和映轴 S_n 是互有联系、互相包含的,它们与其他对称元素的关系如下:

$$I_1 = S_2^- = i \qquad\qquad S_1 = I_2^- = \sigma$$
$$I_2 = S_1^- = \sigma \qquad\qquad S_2 = I_1^- = i$$
$$I_3 = S_6^- = C_3 + i \qquad S_3 = I_6^- = C_3 + \sigma$$
$$I_4 = S_4^- \qquad\qquad\qquad S_4 = I_4^-$$
$$I_5 = S_{10}^- = C_5 + i \qquad S_5 = I_{10}^- = C_5 + \sigma$$
$$I_6 = S_3^- = C_3 + \sigma \qquad S_6 = I_3^- = C_3 + i$$

式中右上角的负号表示逆操作,例如 I_3^1 和 S_6^1 的逆操作 S_6^- 是相同的。式中的连续等号表示这个对称元素可以由两个或其他对称元素组合而成,不是独立存在的对称元素。

由上可见,反轴和映轴两者是相通的,对它们只要选择一种即可。通常对分子的对称性用 S_n 较多,对晶体的对称性则采用 I_n,因为按特征对称元素划分晶系时,按反轴轴次规定进行。为了将分子对称性和晶体对称性统一起来,我们主要用反轴。

分子中可能存在的对称元素及相应的对称操作列于表 4.1.1 中。它们可分为两大类:简单旋转操作属第一类,为实操作,其特点是能具体操作,直接实现;反映和反演属第二类,为虚操作,其特点是只能在想象中实现。旋转反映、旋转反演等是这两类对称操作的联合操作。

表 4.1.1 对称元素和对称操作

对称元素符号	对称元素名称	基本对称操作符号	基本对称操作
E	—	E	恒等操作
C_n	旋转轴	C_n^1	绕 C_n 轴按逆时针方向转 $360°/n$
σ	镜面	σ	通过镜面反映
i	对称中心	i	按对称中心反演
S_n	映轴	$S_n^1 = \sigma C_n^1$	绕 S_n 轴转 $360°/n$,接着按垂直于轴的平面反映
I_n	反轴	$I_n^1 = i C_n^1$	绕 I_n 轴转 $360°/n$,接着按中心点反演

4.2　对称元素的组合与对称操作群

4.2.1　群的定义

一个分子具有的全部对称元素构成一个完整的对称元素系,和该对称元素系对应的全部对称操作形成一个对称操作群。群是按照一定规律相互联系的一些元(又称元素)的集合,这些元可以是操作、数字、矩阵或算符等。在本章中群的元均指对称操作或对称操作的表示矩阵。

连续做两个对称操作即和这两个元的乘法对应。若对称操作 $A,B,C,\cdots$ 的集合 $G=\{A,B,C,\cdots\}$ 同时满足下列 4 个条件,则 G 形成一个群。

（1）封闭性

若 A 和 B 为同一群 G 中的对称操作,则 $AB=C,C$ 也是群 G 中的一个对称操作。

（2）主操作

在每个群 G 中必有一个主操作 E,它与群中任何一个操作相乘给出

$$AE = EA = A$$

（3）逆操作

群 G 中的每一个操作 A 均存在逆操作 A^{-1},A^{-1} 也是该群中的一个操作。逆操作是按原操作途径退回去的操作。

$$AA^{-1} = A^{-1}A = E$$

（4）结合律

对称操作的乘法符合下面的结合律（括号中的两个对称操作表示先进行相乘）。

$$A(BC) = (AB)C$$

上述 4 项既是判断对称操作的集合是否形成一个群的标准,也是群的最基本的性质。

一个对称群中 A,B,C 等元的数目,称为群的阶次。阶次也代表组成物体的等同部分的数目。元的数目有限的群称为有限群,元的数目无限的群称为无限群。

当一个群中的部分元满足上述 4 个条件时,则这部分元构成的群称为该群的子群,子群的阶是母群的阶的一个因子。

一个有限分子的对称操作群称为点群,"点"字的含义有两层:一层是这些对称操作都是点操作,操作时分子中至少有一个点不动;另一层是分子的全部对称元素至少通过一个公共点。如果两个对称元素不交于一点,例如分子中若有两个平行的镜面存在,这两个镜面的对称操作互相作用,就会出现无数个镜面,分子就不能维持有限性质了。

4.2.2　群的乘法表

如果知道一个 h 阶有限群的元及这些元的所有可能的乘积（共 h^2 个）,那么这个群就完全确定了,并可用群的乘法表的形式把它们简明地表达出来。乘法表由 h 行（每行由左至右）和 h 列（每列由上至下）组成。在行坐标为 x 和列坐标为 y 的交点上找到的元是 yx,即先操作 x,后操作 y。因为对称操作的乘法一般是不可交换的,所以要注意次序。在群的乘法表中,每个元在每一行和每一列中只出现一次,不可能有两行是全同的,也不可能有两列全同。每一行和每一列都是元的重新排列。

H_2O 分子的对称性示于图 4.2.1 中，它有 4 个独立的对称操作：$E, C_2^1, \sigma_{xz}, \sigma_{yz}$。这些操作形成一个群，用记号 C_{2v} 表示。这些操作按乘法规则排成群的乘法表，如表 4.2.1 所示。

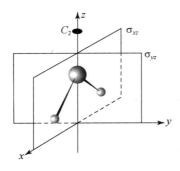 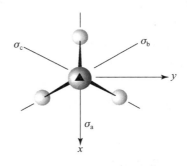

图 4.2.1　H_2O 分子的对称性　　　　**图 4.2.2　NH_3 分子的对称性**

表 4.2.1　C_{2v} 群的乘法表

C_{2v}	E	C_2^1	σ_{yz}	σ_{xz}
E	E	C_2^1	σ_{yz}	σ_{xz}
C_2^1	C_2^1	E	σ_{xz}	σ_{yz}
σ_{yz}	σ_{yz}	σ_{xz}	E	C_2^1
σ_{xz}	σ_{xz}	σ_{yz}	C_2^1	E

NH_3 分子的对称性示于图 4.2.2 中，独立的对称操作有：$E, C_3^1, C_3^2, \sigma_a, \sigma_b, \sigma_c$。这些对称操作组成 C_{3v} 点群，其乘法表列于表 4.2.2 中。

表 4.2.2　C_{3v} 群的乘法表

C_{3v}	E	C_3^1	C_3^2	σ_a	σ_b	σ_c
E	E	C_3^1	C_3^2	σ_a	σ_b	σ_c
C_3^1	C_3^1	C_3^2	E	σ_c	σ_a	σ_b
C_3^2	C_3^2	E	C_3^1	σ_b	σ_c	σ_a
σ_a	σ_a	σ_b	σ_c	E	C_3^1	C_3^2
σ_b	σ_b	σ_c	σ_a	C_3^2	E	C_3^1
σ_c	σ_c	σ_a	σ_b	C_3^1	C_3^2	E

乘法表中行和列交叉点的元是由行上的元与列上的元组合所得的对称操作。例如表 4.2.2 中行的第四个元 σ_a 和列的第二个元 C_3^1 相乘得 $\sigma_c = C_3^1 \sigma_a$。（进行对称操作时，参考坐标系在空间固定不动，只动分子。）

通过乘法表可以清楚地看到，一个分子的全部对称操作符合群的 4 项基本性质。在乘法表中，两个旋转操作相乘和两个反映操作相乘得到的是旋转操作，即第一类操作。旋转和反映相乘，得到的是反映，即第二类操作。实际上，两个第一类对称操作的乘积和两个第二类对称操作的乘积都是第一类对称操作，而第一类和第二类操作的乘积为第二类对称操作。

4.2.3　对称元素的组合

一个分子中有多个对称元素存在,根据对称操作的乘法关系可以证明,当两个对称元素按一定的相对位置同时存在时,必能导出第三个对称元素,这叫对称元素的组合。对称元素的组合服从一定的组合原则,下面举三方面例子。

1. 两个旋转轴的组合

交角为 $2\pi/2n$ 的两个 C_2 轴相组合,在其交点上必定出现一个垂直于这两个 C_2 轴的 C_n 轴。而垂直于 C_n 轴通过交点的平面内必有 n 个 C_2 轴。分子中存在两个互相垂直的二次轴 $C_{2(x)}$ 和 $C_{2(y)}$ 时,必然出现一个与此两个轴垂直的二次轴 $C_{2(z)}$。由此也可推出,由旋转轴 C_n 与垂直于它的 C_2 轴组合,在垂直于 C_n 轴的平面内必有 n 个 C_2 轴,相邻两个轴间的夹角为 $2\pi/2n$。

2. 两个镜面的组合

两个镜面相交,若交角为 $2\pi/2n$,则其交线必为 n 次轴 C_n,这可从图 4.2.3 得到证明。图中 A 和 B 两个镜面的交角为 $\alpha+\beta=2\pi/2n$。原子 1 经镜面 A 反映至原子 2,原子 1 经镜面 B 反映至原子 3,原子 2 和原子 3 可由通过 AB 的交线(过 O 点)转动 $2(\alpha+\beta)$ 即 $2\pi/n$ 而重合。将原子 3 通过镜面 A 和镜面 B 反映所得的原子,与通过交线再转 $2\pi/n$ 的操作所得的原子重合(前者图中未画出),所以此线为 C_n 轴。

同理,C_n 轴和通过该轴并与它平行的镜面组合,一定存在 n 个镜面,相邻镜面间的夹角为 $2\pi/2n$。

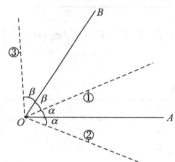

图 4.2.3　两个镜面的组合

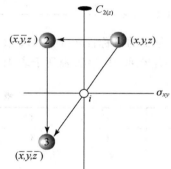

图 4.2.4　镜面与垂直于它的偶次旋转轴组合

3. 偶次旋转轴和与它垂直的镜面的组合

一个偶次旋转轴与一个垂直于它的镜面组合,必定在交点上出现对称中心,如图 4.2.4 所示。假定偶次轴 C_{2n} 与 z 轴重合,镜面 σ_{xy} 和 x,y 轴平行,轴与镜面的交点为原点,分子中一原子坐标为 (x,y,z),当绕 $C_{2n(z)}$ 轴转动 $C_{2n(z)}^n$,即 $C_{2(z)}^1$,再经 σ_{xy} 反映,得

$$\boldsymbol{\sigma}_{xy}\boldsymbol{C}_{2(z)}^1 \begin{pmatrix} x \\ y \\ z \end{pmatrix} = \boldsymbol{\sigma}_{xy} \begin{pmatrix} -x \\ -y \\ z \end{pmatrix} = \begin{pmatrix} -x \\ -y \\ -z \end{pmatrix}$$

这一结果与由对称中心反演的结果相同,如图 4.2.4 所示。

$$\boldsymbol{i} \begin{pmatrix} x \\ y \\ z \end{pmatrix} = \begin{pmatrix} -x \\ -y \\ -z \end{pmatrix}$$

所以

$$\boldsymbol{\sigma}_{xy} \boldsymbol{C}_{2n(z)}^n = \boldsymbol{\sigma}_{xy} \boldsymbol{C}_{2(z)}^1 = \boldsymbol{i}$$

与此类似,可得

$$\boldsymbol{C}_{2n(z)}^n \boldsymbol{i} = \boldsymbol{C}_{2(z)}^1 \boldsymbol{i} = \boldsymbol{\sigma}_{xy}, \quad \boldsymbol{i}\boldsymbol{\sigma}_{xy} = \boldsymbol{C}_{2n(z)}^n$$

上述 3 个操作 $\boldsymbol{\sigma}_{xy}$,$\boldsymbol{C}_{2n(z)}^n$ 和 $\boldsymbol{i}$ 中每一操作均为其余两个操作的乘积。所以可推论出:一个偶次旋转轴与对称中心组合,必有一垂直于这个轴的镜面;对称中心与一镜面组合,必有一垂直于该面的二次旋转轴。

4.3 分子的点群

4.3.1 分子点群的分类

分子的对称元素服从对称元素组合原则,每一分子都具有一对称元素系,由它产生的全部对称操作形成一个点群。分子的对称性可由对称操作所组成的点群充分体现出来。下面从只有一个旋转轴的简单情况开始,逐步增加对称元素,讨论各类点群。

常用的点群记号有 Schönflies(申夫利斯)记号和国际记号(又称 Hermann-Mauguin 记号)两种。国际记号中以数字 n 代表 n 重(次)旋转轴,$\bar{n}$ 代表 n 重(次)反轴,m 代表镜面,$2/m$ 代表垂直于镜面有二重轴,其他以此类推。以下讨论中各类点群的记号采用 Schönflies 记号。

1. C_n 点群

属于这类点群的分子,只有一个 n 次旋转轴。该点群的独立对称操作有 n 个,即阶次为 n。图 4.3.1 示出若干属于 C_n 点群的分子。

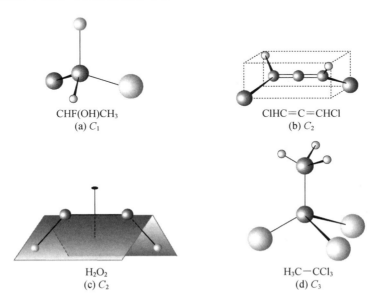

图 4.3.1 若干属于 C_n 点群的分子

2. C_{nh} 点群

属于 C_{nh} 点群的分子中有一个 n 次旋转轴 C_n 和垂直于此轴的镜面 σ_h，阶次为 $2n$。其对称元素系为：

$$n = 偶数：\quad C_n, \sigma_h, i, (I_n)$$
$$n = 奇数：\quad C_n, \sigma_h, I_{2n}$$

习惯上将 C_{1h} 点群用 C_s 记号表示。图 4.3.2 示出若干属于 C_{nh} 点群的分子。

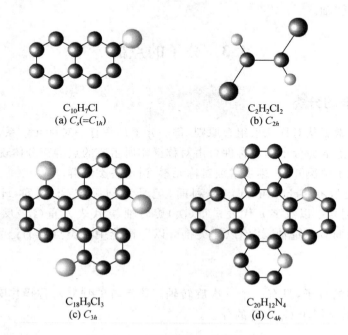

C$_{10}$H$_7$Cl
(a) $C_s(=C_{1h})$

C$_2$H$_2$Cl$_2$
(b) C_{2h}

C$_{18}$H$_9$Cl$_3$
(c) C_{3h}

C$_{20}$H$_{12}$N$_4$
(d) C_{4h}

图 4.3.2　若干属于 C_{nh} 点群的分子

［除(b)外，H 原子均未画出来］

注意：在 C_{nh} 点群中，n 为奇数时存在 I_{2n}，如 C_{3h} 中存在 I_6，可用图 4.3.2 中分子(c)进行 I_6^1 操作而复原来了解。

3. C_{nv} 点群

在 C_n 点群中加入一个通过 C_n 轴的镜面 σ_v，由 C_n 转动，必产生 n 个 σ_v，形成 C_{nv} 点群，阶次为 $2n$，对称元素系为 C_n 和 n 个 σ_v。图 4.3.3 示出若干属于 C_{nv} 点群的分子。CO，NO，HCN 等不具对称中心的线形分子属于 $C_{\infty v}$ 点群。

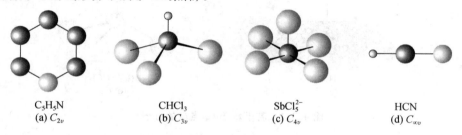

C$_5$H$_5$N
(a) C_{2v}

CHCl$_3$
(b) C_{3v}

SbCl$_5^{2-}$
(c) C_{4v}

HCN
(d) $C_{\infty v}$

图 4.3.3　若干属于 C_{nv} 点群的分子

4. C_{ni} 点群和 S_n 点群

分子中只包含一个反轴(或映轴)的点群属于这一类。当 n 为奇数时,所属点群为 C_{ni},可看作在 C_n 点群中加入 i(i 在 C_n 轴上)得到,其对称元素有 C_n, i, I_n,阶次为 $2n$。当 n 为偶数时,有两种情况:(i) n 不为 4 的整数倍时,属于 $C_{\frac{n}{2}h}$ 点群;(ii) n 为 4 的整数倍时,分子中只有一个反轴 I_n(或只有一个映轴 S_n),属于 S_n 点群,阶次为 n。图 4.3.4(a)示出属于 S_4 点群的分子,图中穿过分子的线和 I_4 轴重合;图 4.3.4(b)示出属于 C_i 点群的分子。

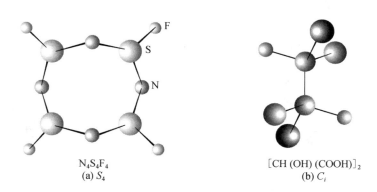

$N_4S_4F_4$
(a) S_4

$[CH(OH)(COOH)]_2$
(b) C_i

图 4.3.4　属于 S_4 点群和 C_i 点群的分子

5. D_n 点群

在 C_n 点群中加入一垂直于 C_n 轴的 C_2 轴,则在垂直于 C_n 轴的平面内必有 n 个 C_2 轴,得 D_n 点群,其对称元素有:C_n,n 个 C_2,阶次为 $2n$。

图 4.3.5 示出属于 D_n 点群的分子。其中图(a)的分子属 D_2 点群,图(b)的分子属 D_3 点群。

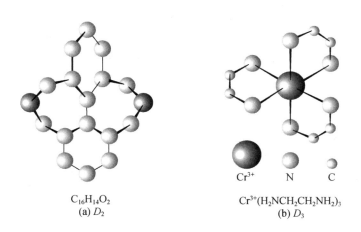

$C_{16}H_{14}O_2$
(a) D_2

$Cr^{3+}(H_2NCH_2CH_2NH_2)_3$
(b) D_3

Cr^{3+}　　N　　C

图 4.3.5　属于 D_2 点群和 D_3 点群的分子
(H 原子均未画出来)

6. D_{nh} 点群

在 D_n 点群的对称元素系中加入一个垂直于 C_n 轴的镜面 σ_h,得 D_{nh} 点群。由于 n 个 C_2 轴

与 σ_h 组合必然产生 n 个 σ_v，若主轴 C_n 为偶次轴，与 σ_h 组合必产生对称中心，所以 D_{nh} 的对称元素有 C_n,n 个 C_2,σ_h,I_n,n 个 σ_v,i 等；当 C_n 主轴为奇次轴，则有 C_n,I_{2n},n 个 C_2,σ_h,n 个 σ_v 等。D_{nh} 点群的阶次为 $4n$。图 4.3.6 示出若干属于 D_{nh} 点群的分子。H_2,N_2,CO_2 等具有对称中心的线形分子属于 $D_{\infty h}$ 点群。

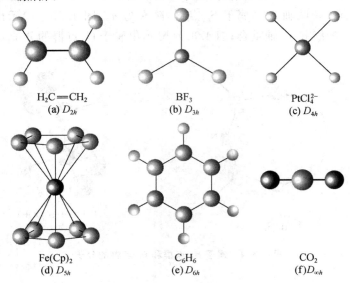

图 4.3.6　若干属于 D_{nh} 点群的分子

注意，在点群中没有标记 D_{nv} 的点群，这是由于在 D_{nh} 点群中 C_2 和 σ_h 组合即得 σ_v，不可能再单独存在 D_{nv} 点群了。

7. D_{nd} 点群

在 D_n 点群的对称元素系中加入一个通过 C_n 轴又平分 2 个 C_2 轴夹角的镜面 σ_d，得 D_{nd} 点群。D_{nd} 点群的对称元素可按主轴轴次的奇偶区分：$n=$ 奇数时，有 C_n,n 个 C_2,n 个 $\sigma_d,i,(I_n)$；$n=$ 偶数时，有 I_{2n},n 个 C_2,n 个 σ_d（因 C_n 的对称操作已包括在 I_{2n} 中，可不必写出）。D_{nd} 的阶次为 $4n$。属于 D_{nd} 点群的分子示于图 4.3.7 中（图中 D_{2d} 点群的分子中含 I_4 轴，可经 $\boldsymbol{I}_4^1$ 操作而复原）。

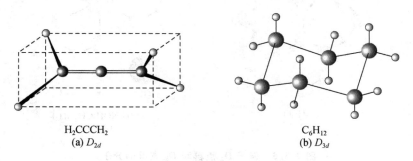

图 4.3.7　属于 D_{nd} 点群的分子

以上讨论了只有一个高次轴 $C_n(n>2)$ 的点群。下面讨论有多个高次轴的情况。含有多个高次轴的对称元素组合所得的对称元素系和正多面体的对称性相对应。正多面体是指它的面为正多边形且彼此相等,同时它的各个顶角和棱边也相等。正多面体有 5 种,它们的性质列于表 4.3.1 中,它们的图形示于图 4.3.8 中。

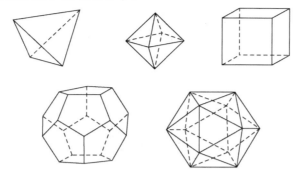

图 4.3.8　5 种正多面体的图形

表 4.3.1 中的 T 表示四面体群(tetrahedral group);O 表示八面体群(octahedral group),包括正八面体和立方体;I 表示二十面体群(icosahedral group),包括正五角十二面体和正三角二十面体。

表 4.3.1　正多面体的性质

	正四面体	正八面体	立方体	正五角十二面体	正三角二十面体
面数	4	8	6	12	20
面的边数	3	3	4	5	3
会聚于顶点的棱数	3	4	3	3	5
棱数	6	12	12	30	30
顶点数	4	6	8	20	12
二面角	70°32′	109°28′	90°	116°34′	138°12′
点群	T_d	O_h	O_h	I_h	I_h

8. T,T_h,T_d 点群

这 3 个点群的共同点是都具有 4 个 C_3 轴,按立方体对角线安置。立方体中心作为原点,坐标轴和立方体的边平行,3 个 C_2 轴分别和 3 个坐标轴重合,C_2 轴作为主轴,由这 4 个 C_3 轴和 3 个 C_2 轴组成的点群称 T 点群,阶次为 12。

在 T 点群对称元素系中加入 σ_h 使和 C_2 轴垂直,得 T_h 点群,其对称元素有:4 个 C_3,3 个 C_2,3 个 σ_h,i,(4 个 I_3);阶次为 24。

在 T 点群对称元素系中加入 σ_d 使通过 C_2 轴,平分 2 个 C_3 轴的夹角,得 T_d 点群,其对称元素有:4 个 C_3,3 个 I_4,6 个 σ_d。由于 I_4 轴包括 C_2 轴,故 C_2 轴不必写出。3 个 I_4 轴和 3 个坐标轴重合,选作主轴。6 个 σ_d 分别平分 4 个 C_3 轴的夹角,阶次为 24。

属于 T 和 T_h 点群的分子不常见,而正四面体构型的分子和离子,如 CH_4,P_4,SO_4^{2-},$(CH_2)_6N_4$ 等,均属 T_d 点群。图 4.3.9(a)和(b)分别示出 CH_4 和 $(CH_2)_6N_4$ 的结构。

9. O,O_h 点群

这两个点群的共同特点是都具有互相垂直的 3 个 C_4 轴,其交点作为原点,3 个 C_4 轴分别和 3 个坐标轴重合,围绕原点画一立方体,使 C_4 轴通过面中心,在立方体对角线安置 4 个 C_3 轴,得 O 点群,其对称元素有:4 个 C_3,3 个 C_4,6 个 C_2;阶次为 24。

在 O 点群对称元素系中加入 σ_h 使和 C_4 轴垂直,得 O_h 点群,其对称元素有:3 个 C_4,4 个 C_3,6 个 C_2,6 个 σ_d,3 个 σ_h,i(3 个 I_4 和 4 个 I_3)等;阶次为 48。

属于 O 点群的分子不常见,而具有正八面体、立方体构型的分子和离子如 SF_6,$[PtCl_6]^{2-}$,立方烷 C_8H_8 等属于 O_h 点群。图 4.3.9(c)和(d)分别示出 SF_6 和 C_8H_8 的结构。

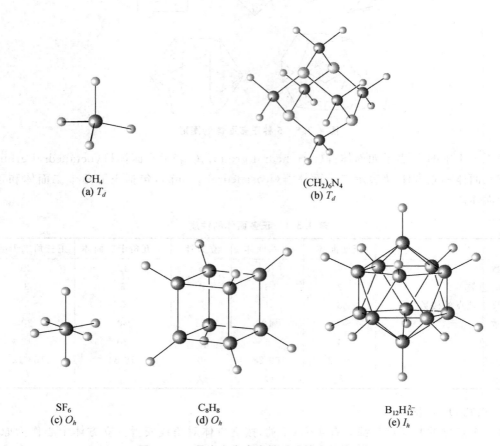

CH_4
(a) T_d

$(CH_2)_6N_4$
(b) T_d

SF_6
(c) O_h

C_8H_8
(d) O_h

$B_{12}H_{12}^{2-}$
(e) I_h

图 4.3.9　具有多个高次轴对称性分子的结构

10. I,I_h 点群

这两个点群的共同特点是都具有 6 个 C_5 轴。正五角十二面体构型的分子和正三角二十面体构型的分子如 $B_{12}H_{12}^{2-}$,B_{12} 等属 I_h 点群(或称 I_d 点群)。它的对称元素包括:6 个 C_5,10 个 C_3,15 个 C_2,15 个 σ 和 i 等;阶次 120。在此点群中,主轴可选择 3 个互相垂直的 C_2 轴。

若将 I_h 点群中的第二类对称元素去掉,只剩第一类对称元素,则为 I 点群;阶次为 60。

图 4.3.9(e)示出 $B_{12}H_{12}^{2-}$ 的结构。

4.3.2　分子所属点群的判别

确定某一分子所属的点群,可根据分子的对称元素系,按图 4.3.10 所示的步骤从左上角方框中列出的条件进行。

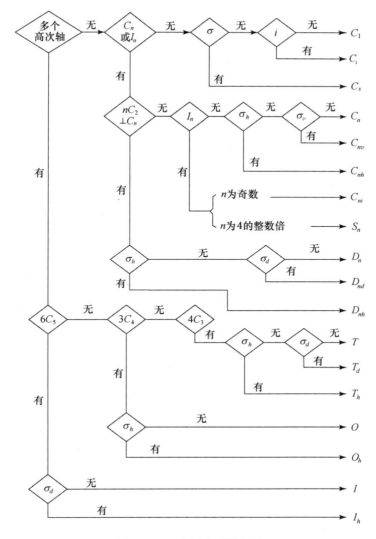

图 4.3.10 分子点群的判别

4.4 分子的偶极矩和极化率

　　偶极矩是表示分子中电荷分布的物理量。分子由带正电的原子核和带负电的电子组成,对于中性分子,正、负电荷数量相等,整个分子是电中性的,但正、负电荷的重心可以重合,也可以不重合。正、负电荷重心不重合的分子称为极性分子,它有偶极矩。偶极矩 $\boldsymbol{\mu}$ 是个矢量,通常规定其方向是由正电重心指向负电重心[①],等于正、负电重心间的距离 $\boldsymbol{r}$ 与电荷量 q 的乘积,即

$$\boldsymbol{\mu} = q\boldsymbol{r}$$

---

　　① 这和物理学中规定的静电场矢量一致,现有许多书籍中偶极矩矢量方向和这相反,定为带负电原子到正电原子。

偶极矩的单位为库仑米（C m）。若电量为一个元电荷（1.6022×10^{-19} C）的正、负电荷相距 10^{-10} m,则其偶极矩为

$$\mu = 1.6022 \times 10^{-29} \text{ C m}$$

在 cgs 制中,上述情况下 $\mu = 4.8 \times 10^{-18}$ cm esu $= 4.8$ D。D 称 Debye（德拜）,是分子偶极矩的一种单位。

$$1 \text{ D} = 3.336 \times 10^{-30} \text{ C m}$$

4.4.1　分子的对称性和分子的偶极矩

分子有无偶极矩与分子的对称性有密切关系,可根据分子的对称性为分子有无偶极矩做出简单而明确的判据:只有属于 C_n 和 C_{nv}（$n = 1, 2, 3, \cdots, \infty$）这两类点群的分子才具有偶极矩,而其他点群的分子偶极矩为 0。$C_{1v} \equiv C_{1h} \equiv C_s$,$C_s$ 点群也包括在 C_{nv} 之中。

上述判据的物理基础是,偶极矩是分子的静态性质,这种静态性质的特点是它在分子所属点群的每一对称操作下,其大小和方向都保持不变。因此,偶极矩矢量必须坐落在每一对称元素上。由此可见,具有对称中心的分子不可能有偶极矩,因为处在点上的矢量其大小为 0。具有多个 C_n（$n > 1$）轴的分子,偶极矩应为 0,因为一个矢量不可能同时与两个方向的轴相重合。只有 C_n 和 C_{nv} 点群,偶极矩矢量可和 C_n 轴重合,正、负电重心可分别处在轴的任意点上。

具有镜面对称性的分子仍可以有偶极矩,而镜面和二重反轴是等同的,所以不能说具有反轴对称性的分子都没有偶极矩。

根据上述原理,可由分子的对称性推测分子有无偶极矩,也可由分子有无偶极矩以及偶极矩的大小了解分子结构的信息。

同核双原子分子没有偶极矩。异核双原子分子有偶极矩,其大小反映分子的极性,反映组成分子的两个原子间电负性的差异,也反映化学键的性质。表 4.4.1 列出若干分子的偶极矩数据,表中 μ 和 r 都是实验测定数据。μ/er 越大,键的极性越强。Pauling 用 μ/er 值作为键的离子性判据,但有人认为还应考虑离子在其他离子电场作用下的变形因素,即诱导偶极矩的影响。

表 4.4.1　分子的偶极矩

分　子	$\mu/(10^{-30} \text{ C m})$	$r/(10^{-10} \text{ m})$	$er/(10^{-30} \text{ C m})$	μ/er
CO	0.39	1.1283	18.08	0.02
HF	6.37	0.9168	14.69	0.43
HCl	3.50	1.2744	20.42	0.18
HBr	2.64	1.4145	22.66	0.12
HI	1.27	1.6090	25.78	0.05

多原子分子的偶极矩由分子中全部原子和键的性质以及它们的相对位置决定。若不考虑键的相互影响,并认为每个键可以贡献它自己的偶极矩,则分子的偶极矩可近似地由键的偶极矩（简称键矩）按矢量加和而得。

各种化学键的键矩,可根据实验测定的偶极矩数值以及分子的几何构型进行分配推出。例如,H_2O 的 $\mu = 6.17 \times 10^{-30}$ C m,$\angle HOH = 104.5°$,如果认为 H_2O 分子的偶极矩为 2 个 H—O 键键矩的矢量和,则 $\mu = 6.17 \times 10^{-30}$ C m $= 2\mu_{(H-O)} \cos(104.5°/2)$。这样可得 $\mu_{(H-O)} = 5.04 \times 10^{-30}$ C m。表 4.4.2 列出若干化学键的键矩值（分子中左边原子为 $\delta+$）。

表 4.4.2 若干化学键的键矩

化学键	$\mu/(10^{-30}\,\mathrm{C\,m})$	化学键	$\mu/(10^{-30}\,\mathrm{C\,m})$	化学键	$\mu/(10^{-30}\,\mathrm{C\,m})$	化学键	$\mu/(10^{-30}\,\mathrm{C\,m})$
H—C	1.3	C—Cl	4.90	N—O	1.0	P=Se	10.7
H—N	4.44	C—Br	4.74	P—Cl	2.70	As=O	14.0
H—O	5.04	C—I	4.17	As—F	6.77	Sb=S	15.0
H—P	1.2	Si—H	3.3	S—Cl	2.0	S=O	10.0
H—S	2.3	Si—C	2.0	C=N	3.0	Se=O	10.3
C—N	0.73	Si—N	5.17	C=O	7.7	Te=O	7.7
C—O	2.5	Ge—Br	7.0	C=S	6.7	C≡N	11.8
C—S	3.0	Sn—Cl	10.0	N=O	6.7	N→B	8.5
C—Se	2.0	Pb—I	11.0	P=O	9.0	N→O	14.3
C—F	4.64	N—F	0.57	P=S	10.3	O→B	12.0

根据偶极矩与分子对称性的关系,以及键矩和分子构型对分子偶极矩的影响,可为分子的结构和性能提供一定的信息。表 4.4.3 列出 4 对结构式相似的化合物,但由于构型不同,点群不同,偶极矩数值也不同,可从偶极矩数据引出有关分子构型的信息。例如从表 4.4.3 最后一个分子的偶极矩数据可知,分子沿着 S⋯S 线折叠而成蝴蝶形。请读者画出其余 3 个分子的真实构型。

表 4.4.3 若干分子的偶极矩

分　子	$\dfrac{\mu}{10^{-30}\,\mathrm{C\,m}}$	点　群	分　子	$\dfrac{\mu}{10^{-30}\,\mathrm{C\,m}}$	点　群
H—C≡C—H	0	$D_{\infty h}$	H—O—O—H	6.9	C_2
(ethylene)	0	D_{2h}	(hydrazine)	6.1	C_2 或 C_{2v}
(1,2-dichloroethene)	0	C_{2h}	(1,1-dichloroethene)	10.7	C_{2v}
(phenazine)	0	D_{2h}	(thianthrene)	5.0	C_{2v}

根据偶极矩数据可以判断分子为邻位、间位和对位异构体,例如二氯苯的 3 种异构体,观察值(下标 o)和计算值(下标 c)列于下表:

	$\mu_{\mathrm{o}}/(10^{-30}\,\mathrm{C\,m})$	$\mu_{\mathrm{c}}/(10^{-30}\,\mathrm{C\,m})$
邻　位	7.58	8.7
间　位	4.9	5.0
对　位	0	0

表中,对位和间位符合得很好,邻位偏差较大,这和两个紧邻的 Cl 原子间的排斥作用有关。又

如,对位二苯胺偶极矩不为 0,说明 —NH₂ 基团不与苯环共面。

在烷烃中,C 原子处在正四面体中心,根据对称关系,可得 —CH₃ 和 —CH 的偶极矩相等。由此可以推论:

(1) 烷烃的偶极矩接近于 0;

(2) 同系物的偶极矩大致相等。

由于键型的多样性,键矩及其矢量加和规则仅在某些同系物中得到较好结果。因为在分子中原子间相互作用是很复杂的,同是 C—H 键,C 原子采用不同的杂化轨道,键矩就不完全相同。对于不相邻原子间的相互作用,如诱导效应、共轭效应、空间阻碍、分子内旋转等都会对分子的偶极矩产生影响,所以键矩矢量加和规则对分子结构信息只能获得近似的数值。反之,根据加和规则计算结果和实验测定数值的符合程度,可以探讨分子结构的某些信息。例如,由表 4.4.4 中所列 RX 的偶极矩的实验测定数据可见:CH₃X 和 C₂H₅X 相差较大,而在 C₃H₇X 之后差别就较小了。这可解释为诱导效应是近程效应,卤素原子 X 的诱导效应在 C 链上传递,传递到第三个碳原子以后就基本上不起作用了。

表 4.4.4　RX 的偶极矩[a]

R	CH₃	C₂H₅	n-C₃H₇	n-C₄H₉	n-C₅H₁₁	i-C₃H₇
RCl	6.24	6.84	7.01	7.04	7.08	7.18
RBr	6.00	6.71	7.11	7.18	7.31	7.31
RI	5.47	6.24	6.71	6.94		

[a]　表中数据单位为 10^{-30} C m。

4.4.2　分子的诱导偶极矩和极化率

前面讲的是永久偶极矩,它是分子本身固有的性质,与是否有外加电场无关。当没有外电场存在时,由于热运动,分子取向随机,大量分子的平均偶极矩为 0。在电场中,分子产生诱导极化,它包括两部分:(i) 电子极化,由电子与核产生相对位移引起;(ii) 原子极化,由原子核间产生相对位移,即键长和键角改变引起。

诱导极化又称变形极化。对于极性分子还有定向极化,它是由于在电场中永久偶极矩转到与电场方向反平行的趋势,出现择优取向所引起。诱导极化产生诱导偶极矩($\boldsymbol{\mu}_{诱}$),即

$$\boldsymbol{\mu}_{诱} = \alpha \boldsymbol{E}$$

$\boldsymbol{E}$ 为物体内部分子直接感受到的电场强度;α 称为分子的极化率,其单位为 $J^{-1} C^2 m^2$。若将 $\boldsymbol{\mu}_{诱}$ 分为 3 个分量 $\boldsymbol{\mu}_x$,$\boldsymbol{\mu}_y$,$\boldsymbol{\mu}_z$,α 可用对称方阵表示。它有 6 个独立的组元:α_{xx},α_{yy},α_{zz},α_{xy} ($=\alpha_{yx}$),α_{xz} ($=\alpha_{zx}$),α_{yz} ($=\alpha_{zy}$),即

$$\begin{bmatrix} \boldsymbol{\mu}_x \\ \boldsymbol{\mu}_y \\ \boldsymbol{\mu}_z \end{bmatrix} = \begin{bmatrix} \alpha_{xx} & \alpha_{xy} & \alpha_{xz} \\ \alpha_{yx} & \alpha_{yy} & \alpha_{yz} \\ \alpha_{zx} & \alpha_{zy} & \alpha_{zz} \end{bmatrix} \begin{bmatrix} \boldsymbol{E}_x \\ \boldsymbol{E}_y \\ \boldsymbol{E}_z \end{bmatrix}$$

极化率 α 与摩尔折射度 R 有关。在光的电磁场作用下,测定物质的折射率(n),可求得摩尔折射度 R(molar refractivity)

$$R = \frac{(n^2 - 1)M}{(n^2 + 2)d}$$

式中 M 为摩尔质量，d 为物质的密度，R 主要是反映电子极化率。因为光的频率很高，分子定向变化跟不上高频光的电场的变化，而原子极化只占诱导极化中很少的一部分，可以忽略。摩尔折射度和极化率成正比，按 Lorentz-Lorenz(洛伦兹-洛伦茨)方程，可得

$$R = \frac{(n^2-1)M}{(n^2+2)d} = \frac{N_A \alpha}{3\varepsilon_0}$$

N_A 为 Avogadro 常数，ε_0 为真空介电常数。

由上式可得

$$\alpha = \frac{3\varepsilon_0 R}{N_A} = \frac{3\varepsilon_0(n^2-1)M}{N_A(n^2+2)d}$$

例如，293 K 时水对波长为 589 nm 的光的折射率为 $n=1.3330$，$M=18.015 \text{ g mol}^{-1}$，$d=0.9982 \text{ g cm}^{-3} = 0.9982 \times 10^6 \text{ g m}^{-3}$，$\varepsilon_0 = 8.854 \times 10^{-12} \text{ J}^{-1} \text{ C}^2 \text{ m}^{-1}$，代入上式，得

$$\alpha = 1.638 \times 10^{-40} \text{ J}^{-1} \text{ C}^2 \text{ m}^2$$

摩尔折射度直接与极化率成正比，所以它的数值大小反映分子中电荷分布变形的难易程度，例如 π 键电子比 σ 键电子容易变形，因而含有 π 电子(如 C=C，C≡C)特别是有离域 π 键电子的分子比只含 σ 键电子的分子一般容易变形，极化率大，摩尔折射度也大。摩尔折射度具有加和性。表 4.4.5 列出若干化学键和离子的摩尔折射度。

表 4.4.5 若干化学键和离子的摩尔折射度

键或离子	$\dfrac{R}{\text{cm}^3 \text{ mol}^{-1}}$	键或离子	$\dfrac{R}{\text{cm}^3 \text{ mol}^{-1}}$	键或离子	$\dfrac{R}{\text{cm}^3 \text{ mol}^{-1}}$	键或离子	$\dfrac{R}{\text{cm}^3 \text{ mol}^{-1}}$
C—H	1.676	C—F	1.45	C—O	1.54	C—N	1.57
C—C	1.296	C—Cl	6.51	C=O	3.32	C=N	3.75
C=C	4.17	C—Br	9.39	O—H(醇)	1.66	C≡N	4.82
C≡C	5.87	C—I	14.61	O—H(酸)	1.80	N—H	1.76
C_6H_5	25.46	C—S	4.61	C=S	11.91	S—S	8.11
Li^+	0.07	Be^{2+}	0.20	O^{2-}	6.6	F^-	2.65
Na^+	0.46	Mg^{2+}	0.24	S^{2-}	20.8	Cl^-	9.30
K^+	2.12	Ca^{2+}	1.19			Br^-	12.12
Rb^+	3.57	Al^{3+}	0.17			I^-	18.07

根据表列数据可以计算出某一化合物的 R，可与由 n，M，d 等实验测定值进行比较，互相验证(例见下表)。

化合物	$\dfrac{R(\text{计算值})}{\text{cm}^3 \text{ mol}^{-1}}$	$\dfrac{R(\text{实验值})}{\text{cm}^3 \text{ mol}^{-1}}$
CH_2Cl_2	2(C—H)+2(C—Cl)=16.37	16.40
C_2H_5COOH	5(C—H)+2(C—C)+(C=O)+(C—O)+(O—H)=17.63	17.51
$C_6H_5NHCH_3$	(C_6H_5)+2(C—N)+3(C—H)+(N—H)=35.39	35.67

4.5　分子的对称性和旋光性

分子有无旋光性(或称光学活性)是分子结构的重要特征。分子的旋光性和分子的对称性有密切的联系。

具有旋光性的分子,其特点是分子本身和它在镜中的像只有对映关系而不完全相同,是一对等同而非全同的图形。所谓等同,是指这个图形的每一点在对映图形中必可找到一个相当点,这个图形中任意两点间的距离等于对映图形中两个相当点间的距离;所谓非全同,是指不能通过平移或转动等第一类对称操作使两个图形叠合。一对等同而非全同的分子,构成一对对映体,称为旋光异构体,如同人的左右手一样。这种没有第二类对称元素的分子称为手性分子。两种对映的手性分子现常用 R(拉丁文 rectus,右,顺时针方向转)和 S(拉丁文 sinister,左,逆时针方向转)来区分。旧时则常用 D(dextrorotatory,右旋)和 L(levorotatory,左旋)来区分。但需注意,实验测定的旋光异构体的旋光方向规定顺时针方向(右旋)定为($+$),逆时针方向(左旋)定为($-$)。虽然 R,S 和($+$),($-$)都有右旋和左旋的意思,但由于 R 和 S 是由分子的立体结构来推引,($+$)和($-$)是由实验所测定,所以 R 和 S 不是必定对应于($+$)和($-$)。但可肯定,R 和 S 旋光方向一定相反,而且等量的 R 和 S 异构体混合物一定无旋光性,称为外消旋体,记作($\pm$)。一种手性分子中各个基团真实排列的构型称为绝对构型(absolute configuration)。

图 4.5.1 示出左右两只手托出两个呈镜像关系的乳酸分子。

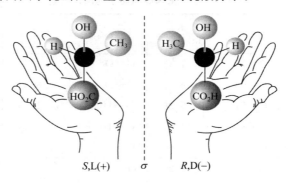

图 4.5.1　左右两只手托出一对对映体乳酸分子

根据分子的对称性,可为分子有无旋光性提出准确而简明的判据:若分子具有反轴 I_n($n=1,2,3,4,\cdots$)的对称性,则该分子一定没有旋光性;若分子不具有反轴的对称性,则可能出现旋光性。

如前所述,依据反轴进行的对称操作是一联合的对称操作,一重反轴等于对称中心,二重反轴等于镜面,而独立的反轴只有 I_{4n}。所以判断分子有无旋光性,可归结为分子中是否有 σ,i,I_{4n} 等对称元素。具有这 3 种对称元素的分子都没有旋光性,而不具有这 3 种对称元素的分子都可能有旋光性。

没有 σ,i,I_{4n} 等对称性的手性分子,可从具有下列结构特征的化合物中寻找,但这些结构特征并不是手性分子的准确判断标准,也不能包括全部的手性分子。

1. 含有不对称碳原子(或氮原子)的化合物

一个碳原子(或氮原子)周围的 4 个键呈四面体分布,当这 4 个键所连接的基团都不相同时,这个碳原子称为不对称碳原子。有时 4 个基团中的两个基团的化学组成完全相同,但在顺反异构上的构型不同,也是不对称碳原子。有机化学中常用有无不对称碳原子作为有无旋光性的标准,这是一个简单实用而并不全面的判断标准。绝大多数含有不对称碳原子的分子是有旋光性的,但有例外。有的分子没有不对称碳原子,但也有旋光性,例如六螺烯分子;有的分子有不对称碳原子,却无旋光性,例如 $(H_3CCHCONH)_2$ 分子,因分子本身具有对称中心,失去旋光性,如图 4.5.2 所示。

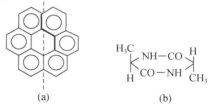

图 4.5.2 六螺烯(a)和 $(H_3CCHCONH)_2$ 分子(b)

2. 螺旋形分子

一切螺旋形结构的分子,不论有无不对称碳原子,都是手性分子,没有例外,例如 α-螺旋体、六螺烯分子等。螺旋型式有左手螺旋形和右手螺旋形,互成对映体。

3. 丙二烯型和联苯型化合物,以及受空间阻碍效应影响而变形的分子

例如

这些分子没有 σ, i 和 I_{4n} 等对称元素,是手性分子。

4. 风扇形分子

例如 Co^{3+} 与乙二胺(en)形成的螯合物,螯合配位体(en)像风扇排布,属 D_3 点群。其他风扇形的 ML_3,$MXYL_2$,… 均为手性分子。

手性分子的结构与旋光性的关系可归纳为:右手螺旋结构的分子呈现右旋光性,左手螺旋结构的分子呈现左旋光性;组成螺旋的原子和基团的极化率越大,则此螺旋贡献的旋光度越大;螺旋的匝数越多,旋光度越大;螺距越小,旋光度越大;分子内存在多个螺旋,旋光度是各个螺旋旋光度的代数和。图 4.5.2(a)所示的六螺烯分子是右手螺旋构型,它的摩尔旋光度为 $[M]_D = +11950°$(文献中规定,右旋旋光性在旋光度前标"+"号,左旋标"−"号)。

在实验室或工厂中进行化学反应合成手性分子时,两种对映体分子的数量是相等的,即所得的产品中,D 型和 L 型是等量的,称为外消旋产品。但是在天然动植物中的手性分子,往往只有一种对映体出现,例如组成蛋白质的 α-氨基酸,天然出现的有 20 多种,除甘氨酸无旋光性外,其他基本上都是 L 型,如图 4.5.3(a)所示;而组成核糖核酸的糖,基本上是 D 型,即其中不对称碳原子具有和 D 型甘油醛相同的立体结构,如图 4.5.3(b)所示。这是由于动植物中的这些手性分子是酶的不对称催化作用的产物,是在不对称的环境中形成的。

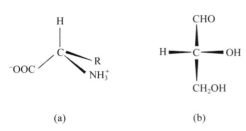

图 4.5.3 L 型 α-氨基酸(a)和 D 型甘油醛(b)

酶是由蛋白质与核酸组成的巨大手性分子,是不对称的有机催化剂,有强烈的选择性功能。由于酶的催化作用产生出不对称的蛋白质和核酸,由不对称的蛋白质和核酸又产生不对称的酶,所以生命是不断地产生特定手性分子的过程。

在地球上酶是怎样出现的? 可以说一定是经历了漫长的不对称合成的过程,是经历了漫长的化学进化的过程。手性分子的出现、新的化合物不断产生发展,化学不断地进化。化学进化又为生物产生和进化提供了物质基础;而生物进化过程中又产生了多种酶和蛋白质等手性分子,为产生结构复杂、作用专一的酶创造条件,为制造生命物质提供物质基础。

手性分子的不对称合成在生命科学研究和药物生产中,日益显示出它的重要性。

4.6 群 的 表 示

根据分子的对称性探讨分子的性质,群的表示起重要的作用。本书简略介绍有关群的表示的一些概念、定义和性质。

4.6.1 对称操作的表示矩阵

一个分子的全部对称操作形成一个群。若将这些对称操作用变换矩阵表示,这些变换矩阵也形成一个群。通常称这样的矩阵群为相应点群的表示。

群中元的作用对象称为基,在前面几节讨论对称操作时,基为原子的坐标(x, y, z)。基也可选择其他函数和物理量。基不同,同一对称操作的表示矩阵不同。今以原子坐标(x, y, z)、原子轨道 p_z 和 p_y、绕 z 轴旋转的转动矢量 R_z 等 3 种不同的基为例,说明 C_{2v} 点群的 4 个对称操作:$E, C_2, \sigma_{xz}, \sigma_{yz}$ 的表示矩阵。对于原子坐标(x, y, z),用变换矩阵表示对称操作,已在4.1节中列出。对于 p_z 原子轨道,绕 z 轴圆柱对称,C_{2v} 的 4 个对称操作均不改变 p_z 的大小和符号,均可用单位矩阵(1)表示。而 p_y 对 C_2 和 σ_{xz} 这两操作要变号。对于绕 z 轴旋转的转动函数 R_z,经 C_2 操作不会改变旋转方向和大小,可用单位矩阵(1)表示,σ_{xz} 和 σ_{yz} 的操作改变 R_z 的旋转方向,用矩阵(一1)表示。这样可将这 4 个基的对称操作表示矩阵列于表 4.6.1a 中。表中第一列 Γ 代表矩阵表示的名称符号,第二列为 4 个操作的表示矩阵,第三列为基。

对 C_{3v} 点群,有 6 个对称操作,令 C_3 轴和 z 轴平行,xz 平面为 σ_a;σ_c 和 σ_b 均与 σ_a 差 60°,如图 4.2.2所示。上述(x, y, z),p_z,R_z 三个基的 6 个对称操作的表示矩阵,可按同样方法获得,见表 4.6.2a。

矩阵代数证明,任何一个矩阵 A,都可以找到一个合适的变换矩阵 S,经过相似变换,即进行 $S^{-1}AS$ 操作,将它变成对角方块矩阵,这种相似变换的过程称为矩阵的约化。

当对角方块矩阵通过相似变换无法约化了,称为不可约化的矩阵。群的可约表示总是可用不可约表示描述。一个群可以有许多个可约表示,但只有几个不可约表示。

$$S^{-1}AS = S^{-1} \begin{vmatrix} a_{11} & a_{12} & \cdots & a_{1n} \\ a_{21} & a_{22} & \cdots & a_{2n} \\ \cdots & \cdots & \cdots & \cdots \\ a_{n1} & a_{n2} & \cdots & a_{nn} \end{vmatrix} S = \begin{pmatrix} A_1 & & 0 \\ & A_2 & \\ 0 & & A_3 \end{pmatrix}$$

表 4.6.1a 和 4.6.2a 中的 Γ_a 对群中各对称操作具有相同的分块矩阵形式。这种表示矩阵的分块,说明基分成了互不相干的组。表 4.6.1a 的 Γ_a 分成互不相干的(x),(y),(z)三组,因此应属于 3 个独立的表示。表 4.6.2a 的 Γ_a 分成(x, y)和(z)两组,它们应分属于两个独立的表示。这样,C_{2v}有 4 种不可约表示矩阵(表 4.6.1b),C_{3v}有 3 种不可约表示矩阵(表 4.6.2b)。

表 4.6.1a C_{2v} 群的几种表示

C_{2v}	E	C_2^1	σ_{xz}	σ_{yz}	基
Γ_a	$\begin{pmatrix} 1 & 0 & 0 \\ 0 & 1 & 0 \\ 0 & 0 & 1 \end{pmatrix}$	$\begin{pmatrix} -1 & 0 & 0 \\ 0 & -1 & 0 \\ 0 & 0 & 1 \end{pmatrix}$	$\begin{pmatrix} 1 & 0 & 0 \\ 0 & -1 & 0 \\ 0 & 0 & 1 \end{pmatrix}$	$\begin{pmatrix} -1 & 0 & 0 \\ 0 & 1 & 0 \\ 0 & 0 & 1 \end{pmatrix}$	x y z
Γ_b	(1)	(1)	(1)	(1)	p_z
Γ_c	(1)	(-1)	(-1)	(1)	p_y
Γ_d	(1)	(1)	(-1)	(-1)	R_z

表 4.6.1b C_{2v} 群的不可约表示

C_{2v}	E	C_2^1	σ_{xz}	σ_{yz}	基
Γ_1	(1)	(1)	(1)	(1)	z, p_z
Γ_2	(1)	(1)	(-1)	(-1)	R_z
Γ_3	(1)	(-1)	(1)	(-1)	x
Γ_4	(1)	(-1)	(-1)	(1)	y, p_y

表 4.6.2a C_{3v} 群的几种表示

C_{3v}	E	C_3^1	C_3^2	σ_a	σ_b	σ_c	基
Γ_a	$\begin{pmatrix} 1 & 0 & 0 \\ 0 & 1 & 0 \\ 0 & 0 & 1 \end{pmatrix}$	$\begin{pmatrix} -\frac{1}{2} & -\frac{\sqrt{3}}{2} & 0 \\ \frac{\sqrt{3}}{2} & -\frac{1}{2} & 0 \\ 0 & 0 & 1 \end{pmatrix}$	$\begin{pmatrix} -\frac{1}{2} & \frac{\sqrt{3}}{2} & 0 \\ -\frac{\sqrt{3}}{2} & -\frac{1}{2} & 0 \\ 0 & 0 & 1 \end{pmatrix}$	$\begin{pmatrix} 1 & 0 & 0 \\ 0 & -1 & 0 \\ 0 & 0 & 1 \end{pmatrix}$	$\begin{pmatrix} -\frac{1}{2} & \frac{\sqrt{3}}{2} & 0 \\ \frac{\sqrt{3}}{2} & \frac{1}{2} & 0 \\ 0 & 0 & 1 \end{pmatrix}$	$\begin{pmatrix} -\frac{1}{2} & -\frac{\sqrt{3}}{2} & 0 \\ -\frac{\sqrt{3}}{2} & \frac{1}{2} & 0 \\ 0 & 0 & 1 \end{pmatrix}$	x y z
Γ_b	(1)	(1)	(1)	(1)	(1)	(1)	p_z
Γ_c	(1)	(1)	(1)	(-1)	(-1)	(-1)	R_z

表 4.6.2b C_{3v} 群的不可约表示

C_{3v}	E	C_3^1	C_3^2	σ_a	σ_b	σ_c	基
Γ_1	(1)	(1)	(1)	(1)	(1)	(1)	z, p_z
Γ_2	(1)	(1)	(1)	(-1)	(-1)	(-1)	R_z
Γ_3	$\begin{pmatrix} 1 & 0 \\ 0 & 1 \end{pmatrix}$	$\begin{pmatrix} -\frac{1}{2} & -\frac{\sqrt{3}}{2} \\ \frac{\sqrt{3}}{2} & -\frac{1}{2} \end{pmatrix}$	$\begin{pmatrix} -\frac{1}{2} & \frac{\sqrt{3}}{2} \\ -\frac{\sqrt{3}}{2} & -\frac{1}{2} \end{pmatrix}$	$\begin{pmatrix} 1 & 0 \\ 0 & -1 \end{pmatrix}$	$\begin{pmatrix} -\frac{1}{2} & \frac{\sqrt{3}}{2} \\ \frac{\sqrt{3}}{2} & \frac{1}{2} \end{pmatrix}$	$\begin{pmatrix} -\frac{1}{2} & -\frac{\sqrt{3}}{2} \\ -\frac{\sqrt{3}}{2} & \frac{1}{2} \end{pmatrix}$	(x, y)

4.6.2 特征标的性质和特征标表

在矩阵约化过程中矩阵元的值在改变,但正方矩阵的迹,即矩阵对角元之和,在相似变换中是不变的。这种对称操作的矩阵的迹,称为特征标。通常用符号 χ 标记,$\chi(R)$ 是矩阵中操作 R 的特征标。

对某个群,它的不可约表示的数目究竟有多少个? 不可约表示的特征标怎样去找? 下面有关群的特征标的 3 条性质,有助于回答这两个问题。

（1）群的不可约表示的数目等于群中类的数目

在群 $G\{A,B,C,\cdots\}$ 中，当进行 $BAB^{-1}=C$ 相似变换时，A 和 C 为相互共轭的元，相互共轭元的完整集合称为一共轭类。

C_{3v} 群共分三类：$E,2C_3,3\boldsymbol{\sigma}$，所以它应有 3 个不可约表示。上面提到的 $\Gamma_1,\Gamma_2,\Gamma_3$ 就是这 3 个不可约表示。C_{2v} 群的 4 个操作，各自成一类，应有 4 个不可约表示，即 $\Gamma_1,\Gamma_2,\Gamma_3$ 和 Γ_4。

同类的元有相同的特征标，因此特征标以类标出。

（2）群的不可约表示的维数的平方和等于群的阶（又称阶次）

C_{2v} 群中 $\Gamma_1,\Gamma_2,\Gamma_3,\Gamma_4$ 都是一维表示，故阶为 4。C_{3v} 群中 Γ_1 和 Γ_2 是一维表示，Γ_3 为二维表示，故阶为 6。

（3）群的各不可约表示的特征标之间，满足正交、归一条件

设以 $\chi_i(R)$ 和 $\chi_j(R)$ 分别代表群的元 R 在第 i 个和第 j 个不可约表示中的特征标，h 为点群的阶，则上述正交、归一条件可列式于下

$$(1/h)\sum_R \chi_i(R)\chi_j(R) = \begin{cases} 0, & \text{当 } i \neq j \\ 1, & \text{当 } i = j \end{cases} \tag{4.6.1}$$

这一关系可从表 4.6.3 所列数据验证。

表 4.6.3　C_{2v} 群和 C_{3v} 群的特征标表

C_{2v}	E	C_2	$\boldsymbol{\sigma}_{xz}$	$\boldsymbol{\sigma}_{yz}$	基
A$_1$	1	1	1	1	z,s,x^2,y^2,z^2
A$_2$	1	1	-1	-1	R_z,xy
B$_1$	1	-1	1	-1	x,R_y,xz
B$_2$	1	-1	-1	1	y,R_x,yz

C_{3v}	E	$2C_3$	$3\boldsymbol{\sigma}$	基
A$_1$	1	1	1	z,s,x^2+y^2,z^2
A$_2$	1	1	-1	R_z
E	2	-1	0	$(x,y),(R_x,R_y),(xz,yz),(x^2-y^2,xy)$

例如 C_{3v} 群有 A$_1$，A$_2$，E 三种不可约表示，若 i 代表 A$_1$ 不可约表示，j 代表 A$_2$ 不可约表示，则可得

$$(1/6)\{1\times1+2(1\times1)+3\times1\times(-1)\} = 0$$

若 $i=j$ 均代表 E 表示，则可得

$$(1/6)\{1\times2\times2+2\times(-1)\times(-1)\} = 1$$

将点群所有不可约表示的迹（特征标）及相应的基列成表，称为特征标表。特征标表中列出全部的不可约表示、各个不可约表示的特征标及相应的基。表 4.6.3 列出 C_{2v} 和 C_{3v} 点群的特征标表。表中第一列第一栏是点群的名称，第二栏 A$_1$，A$_2$，B$_1$，B$_2$，E 等为不可约表示的符号，代替 $\Gamma_1,\Gamma_2,\Gamma_3,\cdots$。A，B 代表一维表示，E 为二维表示，T 为三维表示。在一维表示中，当进行 C_n 操作以后，得到对称的图形，其迹为 1，用 A 表示；若得到反对称的图形，其迹为 -1，用 B 表示。下标 1 和 2 分别表示对垂直于 C_n 轴的 C_2 轴或 σ_v（无 C_2 轴时）是对称的和反对称的。若分子有 σ_h，则用右上角的"′"和"″"代表对 σ_h 是对称和反对称的。若分子有 i，则以 g 和 u 表明其不可约表示对 i 是对称和反对称的，如表 4.6.4 所示。

表 4.6.4 特征标表中不可约表示记号的意义

维数和对称性	维数和特征标	记 号[a]
维数	1	A 或 B
	2	E
	3	T
C_n	1	A
	-1	B
i	1	g
	-1	u
$C_2(\perp C_n)$ 或 σ_v	1	下标 1
	-1	下标 2
σ_h	1	上标 ′
	-1	上标 ″

[a] 不可约表示记号有时用 a,b,e 等小写英文字母,并可用它作为分子轨道的记号,如将分子轨道记为 a_1,b_1 或 a_{1g},e_{1u},t_{2g} 等。

特征标表中第二列的第一栏,表明该点群的对称操作的归类情况。第二栏中各行数字分别代表与左端不可约表示相应的特征标。例如 C_{2v} 群中 A_2 不可约表示的特征标为 $1,1,-1$,-1。特征标表中第三列表明对应的各不可约表示采用的基。其中 x,y,z 分别代表原子的 3 个坐标以及在此轴上的平移运动,由于 p_x,p_y,p_z 轨道的变换性质和偶极矩向量的变换性质均与平移运动的变换性质相似,也用 x,y,z 代表。R_q 代表绕 q 轴进行旋转的转动向量。xy,xz,yz,x^2-y^2,z^2 分别代表各个 d 轨道和判断 Raman 光谱活性的极化率的不可约表示。

4.6.3 特征标表应用举例

将可约表示分解为不可约表示,是利用群论解决实际问题的关键,而约化是通过特征标进行的。知道点群的特征标表,就能依靠下式从可约表示中求出第 i 个不可约表示 Γ_i 在可约表示 Γ 中重复出现的次数 n_i。

$$n_i = (1/h)\sum_R n(R)\chi_i(R)\chi(R) \tag{4.6.2}$$

式中 h 为点群的阶,$n(R)$ 为各类对称操作前系数,$\chi_i(R)$ 和 $\chi(R)$ 分别代表在不可约表示 Γ_i 和可约表示 Γ 中对称操作 R 的特征标。求得 n_i 后,查特征标表中不可约表示对应的基(原子轨道或其他函数)在可约表示中的贡献,根据研究的对象或讨论问题的性质和物理图像,从对称性角度找出答案。特征标表的应用可大致分成下面 3 个步骤:

(1)用一个合适的基得出点群的一个可约表示;

(2)约化这个可约表示成为构成它自己的不可约表示;

(3)解释各个不可约表示所对应的图像,找出问题的答案。

【例 4.6.1】 H_2O 分子的振动光谱

H_2O 分子包括 3 个原子,共有 9 个自由度,分别用 9 个箭头代表,如图 4.6.1 所示。

H_2O 分子属 C_{2v} 点群,包括 E,C_2^1,σ_{xz},σ_{yz} 4 个操作,分子的 3 个原子都坐落在 σ_{xz} 镜面上。9 个自由度用 9 个箭头表示,作为基。可约表示的特征标可从 9×9 个表示矩阵找

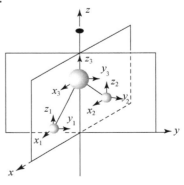

图 4.6.1 H_2O 分子的 9 个自由度

出。一种简化的找特征标的方法,可从对称操作作用在箭头上看箭头的变化来定:箭头不动该箭头的特征标为 1;箭头全部移动,特征标为 0;箭头反向,特征标为 −1。

E:全部箭头均未动,$\chi(E)=9$。

C_2^1:原子 1,2 上所有箭头都移动,x_3 变为 $-x_3$,y_3 变为 $-y_3$,z_3 不变。得 $\chi(C_2)=-1$。

σ_{xz}:全部 x,z 都未移动,y 变为 $-y$,得 $\chi(\sigma_{xz})=3$。

σ_{yz}:原子 1,2 的全部箭头都移动,x_3 变为 $-x_3$,y_3 和 z_3 未移动,得 $\chi(\sigma_{yz})=1$。

这样得可约表示的特征标为

C_{2v}	E	C_2	σ_{xz}	σ_{yz}
Γ	9	−1	3	1

按(4.6.2)式用 C_{2v} 特征标表约化这个可约表示 Γ,可得

$$\Gamma = 3A_1 + A_2 + 3B_1 + 2B_2$$

这中间包括了全部 9 个可能的运动的对称类型,所以应从这 9 个运动中除去平动和转动。在基中平动用 x,y,z 表示,转动用 R_x,R_y,R_z 表示,按 C_{2v} 特征标表,前者分别属于 A_1,B_1,B_2,后者分别属于 B_2,B_1,A_2。所以

水分子全部运动的对称性:$3A_1 + A_2 + 3B_1 + 2B_2$

水分子平动的对称性:$\quad A_1 \quad\quad + B_1 + B_2$

水分子转动的对称性:$\quad\quad\quad A_2 + B_1 + B_2$

水分子振动的对称性:$\quad 2A_1 + B_1$

现在我们判断在这些振动中哪些具有红外活性,哪些具有 Raman 活性。判断的标准是:

(1) 如果一个振动隶属的对称类型和偶极矩的一个分量隶属的对称类型相同,即和 x(或 y,或 z)隶属的对称类型相同,它就具有红外活性。

(2) 如果一个振动隶属的对称类型和极化率的一个分量隶属的对称类型相同,即一个振动隶属于 x^2,y^2,z^2,xy,xz,yz 这样的二元乘积中的某一个,或者隶属于 x^2-y^2 这样的一个乘积的组合,那么它就是 Raman 活性。

水分子有 3 种振动方式,如图 4.6.2 所示。用上述两条判断时,z 属 A_1 不可约表示,x 属 B_1,3 个振动都是红外活性的。其中 $2A_1$ 代表对称性相同、2 个非简并的振动,如图 4.6.2 中的(a)和(b)。此外,x^2,y^2,z^2 属 A_1 表示,xz 属 B_1,3 个振动也都是 Raman 活性的。所以对水分子而言,红外光谱和 Raman 光谱是互相对应的,红外吸收频率和 Raman 移动频率一致。

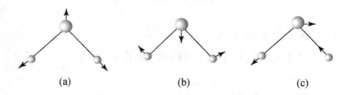

(a) (b) (c)

图 4.6.2　H₂O 分子的 3 种振动方式

【例 4.6.2】 H_2O 分子的分子轨道组成

用特征标表可简化分子轨道组成的计算。由表 4.6.3 可知,O 原子价轨道 2s 和 $2p_z$ 属 A_1 不可约表示,$2p_x$ 属 B_1,$2p_y$ 属 B_2。两个 H 原子不处在 C_2 轴上,它们的价轨道 $1s_a$ 和 $1s_b$ 对 C_2 是非对称的,不能直接作为基,而需进行线性组合。按图 4.6.1,用 H 原子 $1s_a$ 和 $1s_b$ 为基,用简化的求可约表示的方法得

C_{2v}	E	C_2^1	σ_{xz}	σ_{yz} ①
Γ_{2H}	2	0	2	0

按公式(4.6.2)约化,得

$$\Gamma_{2H} = A_1 + B_1$$

怎样将 $1s_a$ 和 $1s_b$ 组合成具有 A_1 和 B_1 对称的轨道,以作为不可约表示的基?方法是取其中之一,如 $1s_a$,以 C_{2v} 的对称操作作用,将操作结果分别乘以该不可约表示的各个操作的特征标,求和即得。例如对 A_1 不可约表示

$$\psi(A_1) = 1(E)1s_a + 1(C_2)1s_a + 1(\sigma_{xz})1s_a + 1(\sigma_{yz})1s_a = 2(1s_a) + 2(1s_b)$$

归一化,得

$$\psi(A_1) = \frac{1}{\sqrt{2}}(1s_a + 1s_b)$$

同法对 B_1 表示,可得

$$\psi(B_1) = \frac{1}{\sqrt{2}}(1s_a - 1s_b)$$

$\psi(A_1)$ 和 O 原子的 $2s, 2p_z$ 同属 A_1 不可约表示的基,对称性匹配,它们互相组合,得 3 个分子轨道:a_1, a_1^n, a_1^*。$\psi(B_1)$ 和 $2p_x$ 同属 B_1 的基,互相组合得 2 个分子轨道:b_1, b_1^*。$2p_y$ 为 B_2 不可约表示,与 $\psi(A_1), \psi(B_1)$ 对称性不匹配,保持非键性质,记为 b_2^n。根据分子轨道能级高低和价电子数,可得 H_2O 的分子轨道组成图,如图4.6.3所示。因为 H_2O 分子坐落在 xz 平面上,对 p_y 轨道而言,键轴平面为一节面,呈现 π 轨道特性。

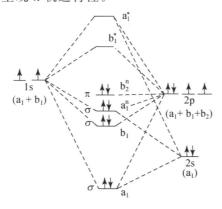

图 4.6.3 H_2O 的分子轨道能级图

---

① 本书所用的坐标系从第 1 版(1987 年出版)到第 5 版一律按右手坐标系表述(图 4.6.1),近年来出版的书籍[如作者参编的《高等无机结构化学》(第 3 版)]改为按左手坐标系表述。因此本小节列表示出的 $\sigma_{xz} = 2$,$\sigma_{yz} = 0$;而《高等无机结构化学》等书中为 $\sigma_{xz} = 0$,$\sigma_{yz} = 2$。两者所得的 H_2O 分子轨道能级图高低相同。

利用光电子能谱可测得 H_2O 的分子轨道能级的高低,图 4.6.4 示出 H_2O 的光电子能谱图。它和图 4.6.3 是完全对应的。

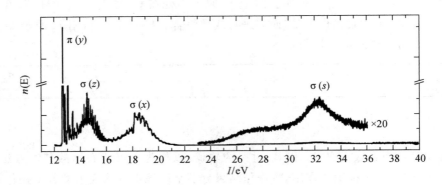

图 4.6.4　H_2O 分子的光电子能谱图

习　题

4.1　HCN 和 CS_2 都是直线形分子,写出它们的对称元素。

4.2　写出 H_3CCl 分子的对称元素。

4.3　写出三重映轴 S_3 和三重反轴 I_3 的全部对称操作。

4.4　写出四重映轴 S_4 和四重反轴 I_4 的全部对称操作。

4.5　写出 $\boldsymbol{\sigma}_{xz}$ 和通过原点并与 x 轴重合的 C_2 轴的对称操作 C_2^1 的表示矩阵。

4.6　用对称操作的表示矩阵证明:

(1) $C_2^1(z)\boldsymbol{\sigma}_{xy}=\boldsymbol{i}$;

(2) $C_2^1(x)C_2^1(y)=C_2^1(z)$;

(3) $\boldsymbol{\sigma}_{yz}\boldsymbol{\sigma}_{xz}=C_2^1(z)$。

4.7　写出 ClHC=CHCl (反式)分子的全部对称操作及其乘法表。

4.8　写出下列分子所隶属的点群:HCN,SO_3,氯苯(C_6H_5Cl),苯(C_6H_6),萘($C_{10}H_8$)。

4.9　判断下列结论是否正确,说明理由。

(1) 凡线形分子一定有 C_∞ 轴;

(2) 甲烷分子有对称中心;

(3) 分子中最高轴次(n)与点群记号中的 n 相同(例如 C_{3h} 中最高轴次为 C_3 轴);

(4) 分子本身有镜面,它的镜像和它本身全同。

4.10　联苯 C_6H_5—C_6H_5 有 3 种不同构象,两苯环的二面角(α)分别为:(1) $\alpha=0$,(2) $\alpha=90°$,(3) $0<\alpha<90°$。试判断这 3 种构象的点群。

4.11　SF_5Cl 分子的形状和 SF_6 相似,试指出它的点群。

4.12　画一立方体,在 8 个顶角上放 8 个相同的球,写明编号。若:(1) 去掉 2 个球,(2) 去掉 3 个球。分别列表指出所去掉的球的号数,指出剩余的球构成的图形属于什么点群?(不考虑球间的连线)

4.13　判断一个分子有无永久偶极矩和有无旋光性的标准分别是什么?

4.14　画出 $Ni(en)(NH_3)_2Cl_2$ 可能的异构体,说明它们是否有旋光性。

4.15　由下列分子的偶极矩数据,推测分子立体构型及其点群。

分　子	$\mu/(10^{-30}\,C\,m)$	分　子	$\mu/(10^{-30}\,C\,m)$
(1) C_3O_2	0	(5) $O_2N{-}NO_2$	0
(2) SO_2	5.4	(6) $H_2N{-}NH_2$	6.14
(3) $N{\equiv}C{-}C{\equiv}N$	0	(7) $H_2N{-}\bigcirc{-}NH_2$	5.34
(4) $H{-}O{-}O{-}H$	6.9		

4.16　指出下列分子的点群、旋光性和偶极矩情况:

(1) $H_3C{-}O{-}CH_3$;

(2) $H_3C{-}CH{=}CH_2$;

(3) IF_5;

(4) S_8(环形);

(5) $ClH_2C{-}CH_2Cl$ (交叉式);

(6) 3-溴吡啶;　　(7) 联苯衍生物。

4.17　表4.4.3中给出 4 对化学式相似的化合物,每对化合物中两个化合物的偶极矩不同,请阐明分子构型主要差异是什么?

4.18　已知连接苯环上 $C{-}Cl$ 键矩为 $5.17\times10^{-30}\,C\,m$, $C{-}CH_3$ 键矩为 $-1.34\times10^{-30}\,C\,m$。试推算邻位、间位和对位的 $C_6H_4ClCH_3$ 的偶极矩,并与实验值 4.15×10^{-30},5.94×10^{-30},$6.34\times10^{-30}\,C\,m$ 相比较。

4.19　水分子的偶极矩为$6.18\times10^{-30}\,C\,m$,而 F_2O 的偶极矩只有 $0.90\times10^{-30}\,C\,m$,它们的键角值很相近,试说明为什么 F_2O 的偶极矩比 H_2O 小很多。

4.20　甲烷分子及其置换产物的结构如下所示,试标出各个分子所具有的镜面上原子的编号(若有多个镜面,要一一标出),说明分子所属的点群、极性和旋光性。

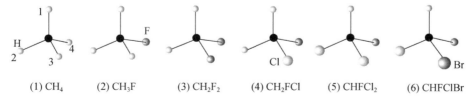

(1) CH_4　　(2) CH_3F　　(3) CH_2F_2　　(4) CH_2FCl　　(5) $CHFCl_2$　　(6) $CHFClBr$

4.21　八面体配位的 $Fe(C_2O_4)_3^{3-}$ 有哪些异构体? 属什么点群? 旋光性情况如何?

4.22　利用表4.4.5所列有关键的折射度数据,求算 CH_3COOH 分子的摩尔折射度 R 值,并和实验值进行比较。实验测定醋酸折射率 $n=1.3718$,密度为 $1.046\,g\,cm^{-3}$。

4.23　用 C_{2v} 群的元进行相似变换,证明 4 个对称操作分 4 类。[提示:选群中任意一个操作为 S,逆操作为 S^{-1},对群中某一个元(例如 C_2^1)进行相似变换,若 $S^{-1}C_2^1S{=}C_2^1$,则 C_2^1 自成一类。]

4.24　用 C_{3v} 群的元进行相似变换,证明 6 个对称操作分 3 类。

4.25 试述分子具有红外活性的判据。

4.26 试述分子具有 Raman 活性的判据。

4.27 将分子或离子：$Co(en)_3^{3+}$，NO_2^+，$FHC=C=CHF$，$(NH_2)_2CO$，C_{60}，丁三烯，$B(OH)_3$，$N_4(CH_2)_6$ 等按下列条件进行归类：

(1) 既有极性又有旋光性；

(2) 既无极性又无旋光性；

(3) 无极性但有旋光性；

(4) 有极性但无旋光性。

4.28 写出 CH_3^+，C_5H_5N，$Li_4(CH_3)_4$，$H_2C=C=C=CH_2$，椅式环己烷，$XeOF_4$ 等分子所属的点群。

4.29 正八面体 6 个顶点上的原子有 3 个被另一个原子取代,有几种可能的方式？取代产物各属于什么点群？取代后所得产物是否具有旋光性和偶极矩？

参 考 文 献

[1]　唐有祺. 对称性原理：(一) 对称图像的群论原理,1977;(二) 有限对称群的表象及其群论原理,1979.北京:科学出版社.

[2]　唐有祺.漫谈对称性.大学化学,1987,2(1):1~12.

[3]　李炳瑞.结构化学.第 2 版.北京:高等教育出版社,2011.

[4]　高松,陈志达,黎乐民.分子对称群.北京:北京大学出版社,1996.

[5]　科顿(Cotton F A).群论在化学中的应用.刘春万,游效曾,赖伍江,译.北京:科学出版社,1975.

[6]　毕晓普(Bishop D M).群论与化学.新民,胡文海,等译.北京:高等教育出版社,1984.

[7]　尹玉英,刘春蕴.有机化合物分子旋光性的螺旋理论.北京:化学工业出版社,2000.

[8]　周公度.化学中的多面体.北京:北京大学出版社,2009.

[9]　麦松威,周公度,王颖霞,张羽伸. 高等无机结构化学. 第 3 版. 北京:北京大学出版社,2021.

[10]　Öhrn Y. Elements of Molecular Symmetry. New York：Wiley, 2000.

[11]　Ladd M F C. Symmetry and Group Theory in Chemistry. Chichester：Horwood, 1998.

[12]　Hargittai I and Hargittai M. Symmetry through the Eyes of a Chemist. 2nd ed. New York：Plenum, 1995.

[13]　Baumann W. Determination of dipole moments in ground and excited states. // Rossiter B W and Hamilton J F. Determination of Chemical Composition and Molecular Structure. Vol Ⅲ B, 2nd ed. New York：Wiley, 1989.

[14]　Truong S Y, Yencha A J, Juarez A M, Cavanagh S J, Bolognesi P, King G C. Chemical Physics, 2009, 355：183~193.

第5章　多原子分子的结构和性质

绝大多数分子为多原子分子,在其中,一个原子可和一个或多个原子成键,也可由多个原子共同组成化学键。分子结构的内容有两个方面:

(1) 分子的几何结构。包括原子在三维空间的排布次序和相对位置,通常由键长、键角、二面角、扭角等参数描述。分子的几何结构可用衍射方法(包括 X 射线衍射、电子衍射和中子衍射)测定。

(2) 分子的电子结构。包括化学键类型和相关的能量参数,通常由分子轨道的组成、性质、能级高低和电子排布描述。分子的电子结构可用谱学方法(包括分子光谱、电子能谱和磁共振谱等)测定。

分子结构的这两方面内容互相关联,共同决定分子的性质。

5.1　多原子分子结构的一些原理和概念

5.1.1　非金属单质的成键特征

非金属单质结构的研究,可为非金属元素的结构归纳出下面几点特征:

(1) 非金属单质的成键规律,一般可按参与成键的价电子数及有关的原子轨道来分析。就价电子数目来说,周期表中第 NA 族非金属元素,每个原子可以提供 $8-N$ 个价电子与 $8-N$ 个邻近的原子形成 $8-N$ 个共价单键。因此在第 N 族非金属单质中,与每个原子邻接的原子数一般为 $8-N$,称为 $8-N$ 规则。例如稀有气体 $8-N$ 为 0,形成单原子分子;卤素 $8-N$ 为 1,形成双原子分子;S,Se,Te 的 $8-N$ 为 2,形成二配位的链形或环形分子;P,As,Sb 等,则形成三配位的有限分子 P_4,As_4 或无限的层形分子;C,Si,Ge,Sn,则形成四配位的金刚石型结构等。图 5.1.1 示出 $8-N$ 规则。

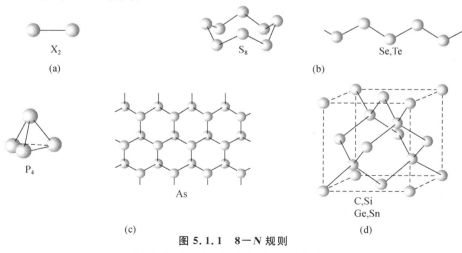

图 5.1.1　8－N 规则

(a) 7A 族,(b) 6A 族,(c) 5A 族,(d) 4A 族

在单质结构中,有的由于形成 π 键、多中心键或 d 轨道参与成键,键型发生变化,这时的 $8-N$ 规则体现在:N_2,O_2 分子中原子间的共价键分别是叁键和双键,硼的单质和石墨的结构中存在多中心键或离域 π 键。

（2）在非金属的单质结构中,同一族元素随着原子序数的递增,金属性也会相应地递增,分子间的界限会越来越模糊,例如 P,As,Sb,Bi 及 Cl_2,Br_2,I_2 的结构数据,都说明分子间的最短接触距离与分子内的键长的比值随着原子序数的增加而缩小。在金属结构中,已分不出分子内和分子间的差别了。

（3）对于 P_4,C_{60} 等具有封闭凸多面体的分子,凸多面体的面数(F)、棱数(E)和顶点数(V)之间的关系符合 Euler(欧拉)公式

$$F + V = E + 2$$

例如,四面体有 4 个面、6 条棱、4 个顶点;立方体有 6 个面、12 条棱、8 个顶点;八面体有 8 个面、12 条棱、6 个顶点。足球形的 C_{60} 分子有 60 个顶点(V)、32 个面(F)和 90 条边(E),符合 $32+60=90+2$。

5.1.2　价电子对互斥(VSEPR)理论

价电子对包括成键电子对(bp)和孤对电子对(lp)。价电子对互斥(valence shell electron pair repulsion,VSEPR)理论认为:原子周围各个价电子对之间由于相互排斥,在键长一定的条件下,互相间距离愈远愈稳定。这就要求分布在中心原子周围的价电子对尽可能离得远些,由此可以说明许多简单分子的几何构型。虽然这个理论是定性的,但对判断分子构型很有用。

价电子对之间斥力的根源有两方面:(i) 各电子对之间的静电排斥作用;(ii) Pauli 斥力,即价电子对之间自旋相同的电子互相回避的效应。

当中心原子 A 周围存在 m 个配位体 L 及 n 个孤对电子对 E 时,根据斥力效应,并考虑多重键中多对电子集中在同一键区,可当作一个键处理;又考虑孤对电子的空间分布比较肥大及电负性大小因素等,提出判断分子几何构型的规则:

（1）为使价电子对间斥力最小,可将价电子对看作等距离地排布在同一球面上,形成规则的多面体形式。例如:当 $m+n=2$ 时,取直线形;为 3 时,取三角形;为 4 时,取四面体形;为 5 时,取三方双锥形;为 6 时,取八面体形;等等。

（2）中心原子 A 与 m 个配位体 L 之间所形成的键可能是单键,也可能是双键和叁键等多重键。多重键中键的性质比较复杂。价电子对互斥理论仍按照经典的共价单键、双键和叁键结构式加以处理,将双键和叁键按一个键区计算原子间互斥作用。

由于双键中的 4 个电子或叁键中的 6 个电子占据的空间大于单键中的 2 个电子所占据的空间,所以排斥力的大小次序可定性地表示为

叁键—叁键＞叁键—双键＞双键—双键＞双键—单键＞单键—单键

这样,多重键的存在将进一步影响分子构型。例如在 $O=CCl_2$ 分子中,单键—双键间键角为 124.3°,而单键—单键键角为 111.3°。

（3）成键电子对和孤对电子对的分布情况并不相同。前者由于受 2 个成键原子核的吸引,比较集中在键轴的位置。而孤对电子对没有这种限制,显得比较肥大。

孤对电子对的肥大,使它对相邻电子对的排斥作用大一些。由此,可将价电子对间排斥力

大小次序表示为

$$lp—lp \gg lp—bp > bp—bp$$

根据分子中各种价电子的可能排布方式,对比在它们之中价电子对排斥作用的大小,对判断分子构型很有帮助。由于电子对间排斥力随角度的增加迅速地下降,当夹角≤90°时,lp—lp 斥力很大,这种构型不稳定。lp 和 lp 必须排列在相互夹角>90°的构型中。

(4) 电负性高的配体,吸引价电子能力强,价电子离中心原子较远,占据空间角度相对较小。

根据上述规则,用 VSEPR 方法,可判断在分子 AL_mE_n 中,原子 A 周围配位体 L 和孤对电子 E 的空间排布应如图 5.1.2 所示。

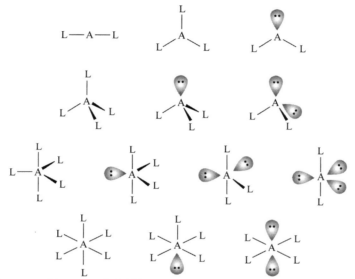

图 5.1.2 用 VSEPR 方法判断原子 A 周围配位体和孤对电子的空间排布[①]

价电子对互斥理论对少数化合物判断不准。例如 CaF_2,SrF_2,BaF_2 是弯曲形而不是预期的直线形。价电子对互斥理论不能应用于过渡金属化合物,除非金属具有充满的、半充满的或全空的 d 轨道。

利用价电子对互斥理论判断分子的构型时,等电子原理常能给以一定的启发和预见。等电子原理是指两个或两个以上的分子,它们的原子数相同(有时不算 H 原子)、分子中电子数也相同,这些分子常具有相似的电子结构、相似的几何构型,它们的物理性质也相近。CO_2,N_2O 和 NO_2^+ 是等电子分子。注意,N_2O 分子的构型是 $N^-\!\!=\!\!N^+\!\!=\!\!O$,而不是 O 原子在中心;$NO_2^+$ 的构型为 $O\!\!=\!\!N^+\!\!=\!\!O$,它们都是直线形分子。BO_3^{3-},CO_3^{2-} 和 NO_3^- 均为平面三角形构型。CH_4 和 NH_4^+ 为等电子体,ClO_4^-,SO_4^{2-},PO_4^{3-} 和 SiO_4^{4-} 也是等电子体,它们均为四面体构型。Xe 和 I^- 为等电子体,XeF_2 和 IF_2^-,XeF_4 和 IF_4^-,XeO_3 和 IO_3^-,XeO_6^{4-} 和 IO_6^{5-} 等为等电子化合物,两两之间均具有相同的构型。

---

① 本书的分子结构式为了和分子的球棍模型表达式一致,共价键用"——"或"➤"表示。

5.1.3 二面角和扭角

在多原子分子中,键长、键角等几何学概念,已在前修课程中学习过,本小节对二面角、扭角等描述分子的几何参数加以讨论。根据几何学基本原理,3 个原子构成一个平面;3 个以上原子组成的分子,可能是平面形,如 CO_3^{2-},也可能不是平面形,如 NH_3。对非平面形分子,常以二面角和扭角描述它们的几何特征。

1. 二面角(dihedral angle)[①]

二面角又称双面角,指分子结构中两个相交平面的法线在第三个面上的夹角,以 ϕ 表示。在图 4.3.1(c)的 H_2O_2 分子结构图中,H—O—O 和 O—O—H 两组 3 个原子分别处在两个平面上,平面法线的夹角即为二面角(ϕ),如图 5.1.3(a)所示。二面角(ϕ)和扭角(ω)有关,其关系为 $\phi = 180° - |\omega|$,图 5.1.3(b)示出 H_2O_2 的扭角。

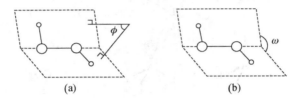

图 5.1.3 二面角(a)和扭角(b)

2. 扭角(torsion angle)

链形排列的 4 个原子(或基团中的原子)A—B—C—D 的结构如图 5.1.4(a)所示。当沿着 B—C 键投影,顺着 B—C 键观看时,将 A—B 键顺时针方向扭转,使它和 C—D 键重合,所转角度<180°的角度值为正的扭角(+ω),如图 5.1.4(b)所示。若采用逆时针方向扭转 A—B 键,使它和 C—D 键重合,所转角度<180°的角度值为负的扭角(-ω),如图 5.1.4(c)所示。

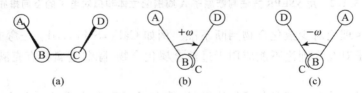

图 5.1.4 扭角正负值的定义图

若对 A—B—C—D 结构换一个方向测定扭角,沿 C—B 键投影观看,依然按上部的 C—D 键顺时针方向扭转,使它和 B—A 键重合,所转角度<180°的角度值为正的扭角(+ω);若采用逆时针方向扭转,使它和 B—A 键重合,所转角度<180°的角度值为负的扭角(-ω)。

[①] 参看:(1) IUPAC,Compendium of Chemical Terminology,Goldbook,Version 2.3,2013。注意该书在解释扭角时,其中第一句话含义不清。

(2) 周公度主编,化学辞典(第 2 版),化学工业出版社,2011。

5.2 杂化轨道理论

原子在化合成分子的过程中,根据原子的成键要求,在周围原子影响下,将原有的原子轨道进一步线性组合成新的原子轨道。这种在一个原子中不同原子轨道的线性组合,称为原子轨道的杂化。杂化后的原子轨道称为杂化轨道。杂化时,轨道的数目不变,轨道在空间的分布方向和分布情况发生改变,能级改变。组合所得的杂化轨道一般均和其他原子形成较强的 σ 键或安排孤对电子,而不会以空的杂化轨道的形式存在。

在某个原子的几个杂化轨道中,参与杂化的 s,p,d 等成分若相等,称为等性杂化轨道;若不相等,称为不等性杂化轨道。表 5.2.1 列出一些常见的杂化轨道的性质。表中 2 个 dsp^3 是不等性杂化轨道,但可分别看作由等性杂化轨道组合而成,即三方双锥形:sp^2 和 $p_z d_{z^2}$;四方锥形:dsp^2 和 p_z。

表 5.2.1 一些常见的杂化轨道

杂化轨道	参加杂化的原子轨道	构 型	对称性	实 例
sp	s, p_z	直线形	$D_{\infty h}$	CO_2, N_3^-
sp^2	s, p_x, p_y	平面三角形	D_{3h}	BF_3, SO_3
sp^3	s, p_x, p_y, p_z	四面体形	T_d	CH_4
dsp^2 或 $sp^2 d$	$d_{x^2-y^2}, s, p_x, p_y$	平面四方形	D_{4h}	$Ni(CN)_4^{2-}$
dsp^3 或 $sp^3 d$	$d_{z^2}, s, p_x, p_y, p_z$	三方双锥形	D_{3h}	PF_5
dsp^3	$d_{x^2-y^2}, s, p_x, p_y, p_z$	四方锥形	C_{4v}	IF_5
$d^2 sp^3$ 或 $sp^3 d^2$	$d_{z^2}, d_{x^2-y^2}, s, p_x, p_y, p_z$	正八面体形	O_h	SF_6

杂化轨道具有和 s,p 等原子轨道相同的性质,必须满足正交性和归一性。例如由 s 和 p 轨道组成杂化轨道 $\psi_i = a_i s + b_i p$,由归一性可得

$$\int \psi_i^* \psi_i d\tau = 1 \qquad a_i^2 + b_i^2 = 1 \tag{5.2.1}$$

由正交性可得

$$\int \psi_i^* \psi_j d\tau = 0, \qquad i \neq j \text{ 时} \tag{5.2.2}$$

根据这一基本性质,考虑杂化轨道的空间分布及杂化前原子轨道的取向,就能写出各个杂化轨道中原子轨道的组合系数。例如由 s, p_x, p_y 组成的平面三角形的 sp^2 杂化轨道 ψ_1, ψ_2, ψ_3,当 ψ_1 极大值方向和 x 轴平行,由等性杂化概念可知,每一杂化轨道中 s 成分占 1/3,组合系数为 $1/\sqrt{3}$;其余 2/3 成分全由 p 轨道组成,因 ψ_1 与 x 轴平行,与 y 轴垂直,p_y 没有贡献,所以

$$\psi_1 = \sqrt{\frac{1}{3}} s + \sqrt{\frac{2}{3}} p_x \tag{5.2.3}$$

同理,可得

$$\psi_2 = \sqrt{\frac{1}{3}} s - \sqrt{\frac{1}{6}} p_x + \sqrt{\frac{1}{2}} p_y \tag{5.2.4}$$

$$\psi_3 = \sqrt{\frac{1}{3}} s - \sqrt{\frac{1}{6}} p_x - \sqrt{\frac{1}{2}} p_y \tag{5.2.5}$$

可以验证:ψ_1, ψ_2, ψ_3 满足正交、归一性。

原子轨道经过杂化,可使成键的相对强度增大。因为杂化后的原子轨道在某些方向上的分布更集中,当与其他原子成键时,重叠部分增大,成键能力增强。图 5.2.1 示出碳原子的 sp^3 杂化轨道等值线图。由图可见,杂化轨道角度部分相对最大数值有所增加,意味着相对成键强度增大。

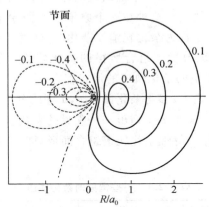

图 5.2.1　碳原子的 sp^3 杂化轨道等值线图

根据杂化轨道的正交、归一条件,两个等性杂化轨道的最大值之间的夹角 θ 满足

$$\alpha + \beta\cos\theta + \gamma\left(\frac{3}{2}\cos^2\theta - \frac{1}{2}\right) = 0 \tag{5.2.6}$$

式中 α, β, γ 分别为杂化轨道中 s,p,d 轨道所占的百分数(注意,此式适用于没有 f 轨道参加杂化的情况,另外因角度的特殊性,此式不适用于 dsp^2 杂化轨道)。例如 sp^2 杂化轨道,s 占 $\frac{1}{3}$,p 占 $\frac{2}{3}$,代入(5.2.6)式,得 $\frac{1}{3} + \frac{2}{3}\cos\theta = 0$,解之得 $\theta = 120°$。

与(5.2.6)式相似,两个不等性杂化轨道 ψ_i 和 ψ_j 的最大值之间的夹角 θ_{ij} 可按下式计算:

$$\sqrt{\alpha_i}\,\sqrt{\alpha_j} + \sqrt{\beta_i}\,\sqrt{\beta_j}\cos\theta_{ij} + \sqrt{\gamma_i}\,\sqrt{\gamma_j}\left(\frac{3}{2}\cos^2\theta_{ij} - \frac{1}{2}\right) = 0 \tag{5.2.7}$$

由不等性杂化轨道形成的分子,其准确的几何构型需要通过实验测定,而不能预言其键角的准确值。根据实验测定结果,可按(5.2.7)式计算每一个杂化轨道中 s 和 p 等轨道的成分。下面举例说明。

【例 5.2.1】　H_2O

实验测定 H_2O 分子∠HOH 为 104.5°。设分子处在 xy 平面上,按右图所示的坐标关系,可得 O 原子两个杂化轨道:

$$\psi_a = c_1[(\cos52.25°)p_x + (\sin52.25°)p_y] + c_2s = 0.61c_1p_x + 0.79c_1p_y + c_2s$$

$$\psi_b = c_1[(\cos52.25°)p_x - (\sin52.25°)p_y] + c_2s = 0.61c_1p_x - 0.79c_1p_y + c_2s$$

根据原子轨道的正交、归一条件,可得

$$\begin{cases} c_1^2 + c_2^2 = 1 \\ 0.61^2c_1^2 - 0.79^2c_1^2 + c_2^2 = 0 \end{cases}$$

解之,得　　　　　　　　$c_1^2 = 0.80, \quad c_1 = 0.89; \quad c_2^2 = 0.20, \quad c_2 = 0.45$

$$\psi_a = 0.55p_x + 0.70p_y + 0.45s$$

$$\psi_b = 0.55p_x - 0.70p_y + 0.45s$$

若只求杂化轨道中 s 成分和 p 成分,可由(5.2.6)式简化算得。H_2O 分子中 O 原子只有 s 轨道和 p 轨道参加杂化。设 s 成分为 α,p 成分为 $\beta=1-\alpha$。由(5.2.6)式简化后,得

$$\alpha + (1-\alpha)\cos\theta = 0$$

$$\alpha + (1-\alpha)\cos104.5° = 0$$

解之,得

$$\alpha = 0.20$$

$$c_2^2 = \alpha = 0.20, \quad c_2 = 0.45; \quad c_1^2 = 1-\alpha = 0.80, \quad c_1 = 0.89$$

此结果和上述结果相同。根据此结果,还可以计算出 H_2O 分子中 2 个孤对电子所占轨道的成分($\alpha=0.30$)及其夹角(115.4°)。

【例 5.2.2】 NH_3

实验测定 NH_3 分子属 C_{3v} 点群。3 个 N—H 键中 s,p 成分相同,$\angle HNH = 107.3°$。计算一个 N—H 键中 s 成分,即可了解其他的键。设有 2 个 H 原子和 N 原子坐落在 xy 平面上,根据对 H_2O 分子的处理方法,可得 N 原子的杂化轨道中 s 轨道的成分

$$\alpha + (1-\alpha)\cos107.3° = 0$$

$$\alpha = 0.23$$

即每个形成 N—H 键的杂化轨道 ψ_b 中,s 轨道占 0.23,p 轨道占 0.77。杂化轨道为

$$\psi_b = \sqrt{0.77}p + \sqrt{0.23}s = 0.88p + 0.48s$$

而孤对电子所占的杂化轨道 ψ_l 中

$$s \text{ 轨道占:} \quad 1.00 - 3 \times 0.23 = 0.31$$

$$p \text{ 轨道占:} \quad 3.00 - 3 \times 0.77 = 0.69$$

即

$$\psi_l = \sqrt{0.69}p + \sqrt{0.31}s = 0.83p + 0.56s$$

由 H_2O 和 NH_3 分子可见,孤对电子占据的杂化轨道含较多的 s 成分。

杂化轨道理论是通俗易懂而又应用广泛的一种理论。这与它能简明地阐明分子的几何构型及一部分分子的性质有关。例如,CH_4 中 C 原子用 sp^3 杂化轨道,分子具有 T_d 点群对称性;4 个 C—H 键键长相等,按正四面体方向排列。SF_6 分子中 S 原子用 sp^3d^2 杂化轨道,即在成键过程中,S 原子的两个电子激发到两个 3d 轨道杂化形成;6 个 S—F 键键长相等,按正八面体方向排列,具有 O_h 点群对称性。(在本章的习题 5.14 中,对 SF_6 分子的杂化轨道提出不同见解,可供学习时参考。)PF_5 分子呈三方双锥形,P 原子采用 sp^3d 杂化轨道,这种杂化轨道可以看作由 sp^2 和 pd 两种杂化轨道组合而成;P—F 键有两套键长,分子具有 D_{3h} 点群对称性。

用杂化轨道理论讨论分子性质时,通常结合分子的键型和分子的几何构型进行。杂化轨道和其他原子轨道形成较强的 σ 键,σ 键沿键轴呈圆柱对称,σ 单键可以自由转动而不影响分子的势能。杂化后剩余轨道有一定方向,常可形成 π 键。π 键也有一定方向。以烯烃为例,C 原子以 sp^2 杂化轨道形成平面三角形的 3 个 σ 键后,剩余 p_z 轨道相互重叠,形成和 3 个 σ 键的平面相垂直的 π 键。

π 键显露在外,易受干扰,化学反应活泼。当条件合适时,发生加成,打开双键;π 键容易极化,即 π 电子分布容易变形,因此有 π 键电子的化合物折射度较大;由 $\pi \rightarrow \pi^*$ 的能级差通常较 $\sigma \rightarrow \sigma^*$ 的能级差小,一般 $\sigma \rightarrow \sigma^*$ 能级差范围在紫外光区,而 $\pi \rightarrow \pi^*$ 接近可见光区。

在化学反应过程中,化学键的个数不变,但键能改变,例如 $2E(C—C) > E(C=C)$。了解反应过程有无碳-碳 σ 键变为 π 键或 π 键变为 σ 键,即可预见化学反应的一些性质。在有共轭效

应存在时,还应考虑共轭的因素。

(1) 当反应有 σ 键变成 π 键时,通常是吸热反应。例如烷烃裂解有部分 σ 键变为 π 键,ΔH 为正值。裂解时气态分子数增加,熵增加,ΔS 也为正值。从 $\Delta G = \Delta H - T\Delta S$ 来看,这种吸热的熵增反应,只有升高温度,使熵效应超过焓效应,$\Delta G < 0$,反应才能顺利进行。

$$
\begin{array}{ccc}
\overset{\displaystyle H}{\underset{\displaystyle H}{H—C—C—H}}\overset{\displaystyle H}{\underset{\displaystyle H}{}} & \longrightarrow & \overset{\displaystyle H}{\underset{\displaystyle H}{C=C}}\overset{\displaystyle H}{\underset{\displaystyle H}{}} \quad + \quad H—H
\end{array}
$$

$$\qquad\qquad (7\sigma) \qquad\qquad\qquad (6\sigma + \pi)$$

(2) 当反应有 π 键变为 σ 键时,通常是放热反应。例如烯烃聚合反应

$$n(H_2C=CH_2) \longrightarrow \{CH_2—CH_2\}_n$$

$$\qquad (5n\sigma + n\pi) \qquad\qquad\qquad (6n\sigma)$$

这个反应是放热的熵减反应,根据 $\Delta G = \Delta H - T\Delta S$,升高温度会使 ΔG 往正值方向增加,平衡常数会下降。

(3) 无 σ 和 π 键型转变的反应,例如酯化反应、酯的水解和醇解反应等,一般反应热很小。

由上述讨论可见,物质的各种宏观性质均有其内部结构根源。

杂化轨道概念对了解分子的几何构型帮助很大。如计算键角,理解 CH_4 中 4 个 C—H 键相等,能和 VSEPR 理论结合等等。还可利用 π 键轨道的方向,了解 $H_2C=C=CH_2$ 型化合物中基团在空间的排布及其对称性。

下面讨论两个与杂化轨道有关的问题。

1. 弯键

杂化轨道的极大值方向通常和键轴方向一致,形成圆柱对称的 σ 键。但有时极大值方向却与分子中成键两原子间的连线方向不同。例如环丙烷中键角为 $60°$,而碳原子利用 sp^3 杂化轨道成键,轨道间的夹角为 $109.5°$。

为了了解三元环中轨道叠加情况,有人曾经测定 2,5-二环乙胺-1,4 苯醌(见左式)在 110 K 下的晶体结构,并计算通过 —NC_2H_4 三元环平面的电子密度差值图,如图 5.2.2 所示。

由图可见,轨道叠加最大区域在三角形外侧,这时形成的 σ 键由于弯曲,不存在绕键轴的圆柱对称性,这种弯曲的 σ 键称为弯键。四面体构型的 P_4 分子中也存在弯键。

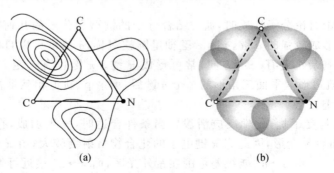

图 5.2.2　—NC_2H_4 三元环中的弯键

(a) 电子密度差值图, (b) 轨道叠加图

2. 关于共价键的饱和性与分子的不饱和数

原子轨道杂化时,轨道数目不变,而每个原子能提供的轨道数目和电子数目是一定的,因此共价键有饱和性。分子中化学键数目的总和为整数(单键算 1 个,双键算 2 个,叁键算 3 个;例如 CH_4 共有 4 个,$H_2C{=}CH_2$ 共有 6 个等等)。这就决定分子中各种原子化合的数量关系,它可以帮助确定有机物的结构式。例如,一个中性分子中 H、卤素、N 等奇数价元素的原子数目之和必须是偶数。又如,在烃的结构式中含有 1 个双键或 1 个环,分子式中 H 的数目就比相应的饱和烃减少 2 个。烃中 H 的数目与相应的饱和烃之差除以 2,所得的数值称不饱和数。这个数即为双键数或成环数,双键不饱和数为 1,叁键不饱和数为 2,苯为 4,等等。不饱和数也可用于烃类的衍生物。这些简单规则在有机物结构鉴定中有一定的作用。

5.3 离域分子轨道理论

用分子轨道理论处理多原子分子时,最一般的方法是用非杂化的原子轨道进行线性组合,构成分子轨道,它们是离域化的,即这些分子轨道中的电子并不定域在多原子分子中的两个原子之间,而是在几个原子间离域运动。这种离域分子轨道对于讨论分子的激发态、电离能以及分子的光谱性质等起很大作用,理论分析所得的结果与实验数据符合。下面以 CH_4 分子为例进行讨论。

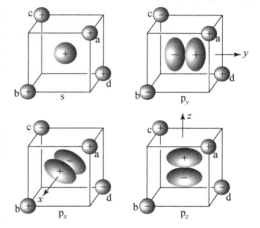

图 5.3.1 CH_4 的分子轨道组合图

CH_4 分子的离域 MO 是由 8 个 AO(即 C 原子的 $2s,2p_x,2p_y,2p_z$ 和 4 个 H 原子的 1s 轨道 $1s_a,1s_b,1s_c,1s_d$)线性组合而成的。组合时为了形成成键分子轨道,要求符合对称性匹配原则。根据分子的对称性,可使组合方式简化。4 个 H 原子的 1s 轨道为了能与中心碳原子轨道的对称性匹配,先线性组合成符合对称性要求的轨道。由图 5.3.1 可知,与 C 原子 2s 轨道球形对称性匹配的线性组合是

$$\frac{1}{2}(1s_a + 1s_b + 1s_c + 1s_d) \tag{5.3.1}$$

与 C 原子的 $2p_x,2p_y,2p_z$ 对称性匹配的线性组合依次是

$$\frac{1}{2}(1s_a + 1s_b - 1s_c - 1s_d) \tag{5.3.2}$$

$$\frac{1}{2}(1s_a - 1s_b - 1s_c + 1s_d) \tag{5.3.3}$$

$$\frac{1}{2}(1s_a - 1s_b + 1s_c - 1s_d) \tag{5.3.4}$$

用中心原子的轨道和 H 原子的线性组合轨道进一步组合,得到 4 个成键分子轨道($\psi_s,\psi_x,\psi_y,\psi_z$)和 4 个反键分子轨道($\psi_s^*,\psi_x^*,\psi_y^*,\psi_z^*$)。组合时均未考虑组合系数的差异。成键分子轨道的组合情况示于图 5.3.1 中。

$$\psi_s = s + \frac{1}{2}(1s_a + 1s_b + 1s_c + 1s_d) \tag{5.3.5}$$

161

$$\psi_s^* = s - \frac{1}{2}(1s_a + 1s_b + 1s_c + 1s_d) \tag{5.3.6}$$

$$\psi_x = p_x + \frac{1}{2}(1s_a + 1s_b - 1s_c - 1s_d) \tag{5.3.7}$$

$$\psi_x^* = p_x - \frac{1}{2}(1s_a + 1s_b - 1s_c - 1s_d) \tag{5.3.8}$$

$$\psi_y = p_y + \frac{1}{2}(1s_a - 1s_b - 1s_c + 1s_d) \tag{5.3.9}$$

$$\psi_y^* = p_y - \frac{1}{2}(1s_a - 1s_b - 1s_c + 1s_d) \tag{5.3.10}$$

$$\psi_z = p_z + \frac{1}{2}(1s_a - 1s_b + 1s_c - 1s_d) \tag{5.3.11}$$

$$\psi_z^* = p_z - \frac{1}{2}(1s_a - 1s_b + 1s_c - 1s_d) \tag{5.3.12}$$

CH_4 的离域分子轨道能级图如图 5.3.2 所示,图中:a_1 和 t_1 是用群的不可约表示的符号,表达分子轨道的对称性和维数等性质。CH_4 的光电子能谱图示于图 5.3.3 中,图中:σ_s 代表 ψ_s,即和 a_1 对应;$\sigma_{x,y,z}$ 代表 ψ_x,ψ_y,ψ_z,即和 t_1 相对应。

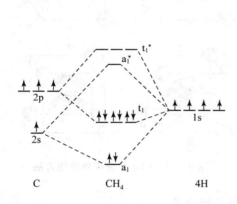

图 5.3.2　CH_4 的离域分子轨道能级图

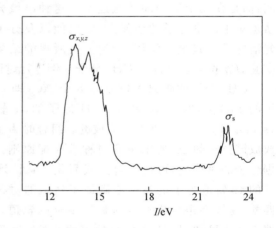

图 5.3.3　CH_4 的光电子能谱图

　　从上述离域分子轨道出发计算的分子轨道能级与由光电子能谱所得的实验结果符合得很好,由此证明离域分子轨道理论的成功。在多原子分子中,分子轨道并非传统的定域键轨道。而单个电子的实际行为并不像经典价键图像所描述的那样集中在一个键轴附近,而是遍及整个分子。

　　衍射实验证明,CH_4 分子具有 T_d 点群对称性,4 个 C—H 键是等同的;而图 5.3.2 的分子轨道能级图说明 4 个轨道的能级高低不同。这两者的差别说明,不能把分子轨道理论中的成键轨道简单地和化学键直接联系起来。分子轨道是指分子中的单电子波函数,本质上是离域的,属于整个分子,成键轨道上的电子对分子中的每个化学键都有贡献,或者说它们的成键作用是分摊到各个化学键上的。

　　事实上,用杂化轨道的定域键描述 CH_4 分子与用离域分子轨道描述的 CH_4 分子是等价的,只是反映的物理图像有所差别。离域键描述单个电子在整个分子内运动的行为;定域键描述所有价电子在定域轨道区域内的平均行为,或者说定域键是在整个分子内运动的许多电子在该定域区域内的平均行为,而不是某两个电子真正局限于某个定域区域内运动。因此,对单个电子的运动还要用成键离域轨道来描述。将被占离域分子轨道进行适当的组合,就得定域分子轨道。例如,令

$$\psi'_a = \psi_s + \psi_x + \psi_y + \psi_z \tag{5.3.13}$$

$$\psi'_b = \psi_s + \psi_x - \psi_y - \psi_z \tag{5.3.14}$$

$$\psi'_c = \psi_s - \psi_x - \psi_y + \psi_z \tag{5.3.15}$$

$$\psi'_d = \psi_s - \psi_x + \psi_y - \psi_z \tag{5.3.16}$$

将 $\psi_s, \psi_x, \psi_y, \psi_z$ 的表达式代入,除以 2,即得到

$$\psi'_a = \frac{1}{2}[s + p_x + p_y + p_z] + 1s_a \tag{5.3.17}$$

$$\psi'_b = \frac{1}{2}[s + p_x - p_y - p_z] + 1s_b \tag{5.3.18}$$

$$\psi'_c = \frac{1}{2}[s - p_x - p_y + p_z] + 1s_c \tag{5.3.19}$$

$$\psi'_d = \frac{1}{2}[s - p_x + p_y - p_z] + 1s_d \tag{5.3.20}$$

可以看出,方括号内就是 C 原子的一个 sp^3 杂化轨道。而每个杂化轨道与一个 H 原子的 1s 轨道形成一个定域分子轨道。实验证明,除了由单个电子行为所确定的分子性质,如电子光谱、电离能等外,凡是与整个分子所有电子运动有关的分子性质,如电偶极矩、电荷密度、键能等,离域和定域两种分子轨道模型的结果都是一样的,而定域轨道模型常常具有直观明确、易于和分子几何构型相联系的优点。

5.4 休克尔分子轨道法(HMO 法)

共轭分子以其中有离域 π 键为特征,它有若干特殊的物理化学性质:分子多呈平面构型;有特征的紫外吸收光谱;具有特定的化学性能,例如丁二烯倾向于 1,4-加成,苯分子取代反应比加成反应容易;键长均匀化,如苯分子中 6 个 C—C 键长相等,分不出单键与双键的区别,等等。共轭分子的这些性质,用单、双键交替的定域键来解释比较困难。一种简单有效的方法是 Hückel(休克尔)分子轨道法(Hückel molecular orbital method,即 HMO 法),1931 年由 E. Hückel 提出,已有数十年的历史。HMO 法是个经验性的近似方法,定量结果的精确度不高,但在预测同系物的性质、分子的稳定性和化学反应性能、解释电子光谱等一系列问题上,显示出高度概括能力,至今仍在广泛应用。

5.4.1 HMO 法的基本内容

有机平面构型的共轭分子中,σ 键是定域键,它们和原子核一起构成分子的骨架。每个 C 原子余下的一个垂直于分子平面的 p 轨道,通常不是形成定域的双中心 π 键,而是一并组合起来形成多中心 π 键,又称离域 π 键(π 键对分子平面的反映为反对称)。所有 π 电子在整个分子骨架的范围内运动。

用 HMO 法处理共轭分子结构时,有如下假定:

（1）由于 π 电子在核和 σ 键所形成的整个分子骨架中运动，可将 σ 键和 π 键分开处理。

（2）共轭分子具有相对不变的 σ 键骨架，而 π 电子的状态决定分子的性质。

（3）用 ψ_k 描述第 k 个 π 电子的运动状态，其 Schrödinger 方程为

$$\hat{H}_\pi \psi_k = E_k \psi_k$$

HMO 法规定各个 C 原子的 α 积分相同，各相邻 C 原子的 β 积分也相同，而不相邻原子的 β 积分和重叠积分 S 均为 0。这就不需要考虑势能函数 V 及 $\hat{H}_\pi$ 的具体形式。处理步骤如下：

（1）设共轭分子有 n 个 C 原子，每个 C 原子提供一个 p 轨道 ϕ_i，以组成分子轨道 ψ。按 LCAO，得

$$\psi = c_1\phi_1 + c_2\phi_2 + \cdots + c_n\phi_n = \sum c_i\phi_i \tag{5.4.1}$$

式中 ψ 是分子轨道，ϕ_i 是组成分子的第 i 个 C 原子的 p 轨道，c_i 是分子轨道中第 i 个 C 原子的原子轨道组合系数。

（2）根据线性变分法（3.1 节），从

$$\frac{\partial E}{\partial c_1} = 0; \quad \frac{\partial E}{\partial c_2} = 0, \cdots; \quad \frac{\partial E}{\partial c_n} = 0 \tag{5.4.2}$$

可得久期方程式

$$\begin{bmatrix} H_{11} - ES_{11} & H_{12} - ES_{12} & \cdots & H_{1n} - ES_{1n} \\ H_{21} - ES_{21} & H_{22} - ES_{22} & \cdots & H_{2n} - ES_{2n} \\ \cdots & & \cdots & \cdots \\ H_{n1} - ES_{n1} & H_{n2} - ES_{n2} & \cdots & H_{nn} - ES_{nn} \end{bmatrix} \begin{bmatrix} c_1 \\ c_2 \\ \cdots \\ c_n \end{bmatrix} = 0 \tag{5.4.3}$$

式中 $H_{ij} = \int \phi_i \hat{H}_\pi \phi_j \mathrm{d}\tau$，$S_{ij} = \int \phi_i \phi_j \mathrm{d}\tau$。此行列式方程是 E 的一元 n 次代数方程。

（3）引入下列基本假设

$$H_{11} = H_{22} = \cdots = H_{nn} = \alpha \tag{5.4.4}$$

$$H_{ij} \begin{cases} = \beta & (i \text{ 和 } j \text{ 相邻}) \\ = 0 & (i \text{ 和 } j \text{ 不相邻}) \end{cases} \tag{5.4.5}$$

$$S_{ij} \begin{cases} = 1 & (i = j) \\ = 0 & (i \neq j) \end{cases} \tag{5.4.6}$$

化简上述行列式方程，求出 n 个 E_k，将每个 E_k 值代回久期方程，得 c_{ki} 和 ψ_k。

（4）画出与分子轨道 ψ_k 相应的能级 E_k 图，排布 π 电子；画出 ψ_k 的图形。

（5）计算下列数据，作分子图。

● 电荷密度 ρ_i——第 i 个原子上出现的 π 电子数，即等于离域 π 键中 π 电子在第 i 个碳原子附近出现的概率：

$$\rho_i = \sum_k n_k c_{ki}^2 \tag{5.4.7}$$

式中 n_k 代表在 ψ_k 中的电子数，c_{ki} 为分子轨道 ψ_k 中第 i 个原子轨道的组合系数。

● 键级 P_{ij}——原子 i 和 j 间 π 键的强度：

$$P_{ij} = \sum_k n_k c_{ki} c_{kj} \tag{5.4.8}$$

● 自由价 F_i——第 i 个原子剩余成键能力的相对大小：

$$F_i = F_{\max} - \sum_i P_{ij} \tag{5.4.9}$$

式中 F_{max} 是碳原子 π 键键级和中最大者，其值为 $\sqrt{3}$。这是采用了理论上存在的三次甲基甲烷分子（见右式）的中心碳原子和周围 3 个 C 原子形成的 π 键键级总和为 $\sqrt{3}$（见习题 5.16）。$\sum\limits_{i} P_{ij}$ 为原子 i 与其邻接的原子间 π 键键级之和。

● 分子图——把共轭分子由 HMO 法求得的电荷密度 ρ_i、键级 P_{ij}、自由价 F_i 都标在一张分子结构图上，即为分子图。

（6）根据上述结果讨论分子的性质，并对所得结果加以应用。

5.4.2　丁二烯的 HMO 法处理

丁二烯（ $H_2C=CH-CH=CH_2$ ）的分子轨道为

$$\psi = c_1\phi_1 + c_2\phi_2 + c_3\phi_3 + c_4\phi_4$$

式中 $\phi_1,\phi_2,\phi_3,\phi_4$ 为参加共轭的 4 个 C 原子的 p_z 轨道；c_1,c_2,c_3,c_4 是变分参数。按变分法，可得 c_1,c_2,c_3 和 c_4 应满足的久期方程式。用 (5.4.4)～(5.4.6) 式化简后，得

$$\begin{pmatrix} \alpha-E & \beta & 0 & 0 \\ \beta & \alpha-E & \beta & 0 \\ 0 & \beta & \alpha-E & \beta \\ 0 & 0 & \beta & \alpha-E \end{pmatrix} \begin{pmatrix} c_1 \\ c_2 \\ c_3 \\ c_4 \end{pmatrix} = 0 \tag{5.4.10}$$

用 β 除各项并令 $x=\dfrac{\alpha-E}{\beta}$，代入 (5.4.10) 式，得

$$\begin{pmatrix} x & 1 & 0 & 0 \\ 1 & x & 1 & 0 \\ 0 & 1 & x & 1 \\ 0 & 0 & 1 & x \end{pmatrix} \begin{pmatrix} c_1 \\ c_2 \\ c_3 \\ c_4 \end{pmatrix} = 0 \tag{5.4.11}$$

根据丁二烯分子具有对称中心性质，$c_1=\pm c_4$，$c_2=\pm c_3$。当 $c_1=c_4$，$c_2=c_3$ 时，(5.4.11) 式可展开化简为

$$xc_1 + c_2 = 0 \tag{5.4.12}$$
$$c_1 + (x+1)c_2 = 0 \tag{5.4.13}$$

由上两式系数行列式 $\begin{vmatrix} x & 1 \\ 1 & (x+1) \end{vmatrix}=0$，解得 $x=-1.62$ 和 0.62。

当 $c_1=-c_4$，$c_2=-c_3$，(5.4.11) 式可展开，化简为

$$xc_1 + c_2 = 0 \tag{5.4.14}$$
$$c_1 + (x-1)c_2 = 0 \tag{5.4.15}$$

由上两式系数行列式 $\begin{vmatrix} x & 1 \\ 1 & (x-1) \end{vmatrix}=0$，解得 $x=1.62$ 和 -0.62。

将解得的每个 x 值分别代回 (5.4.12)～(5.4.15) 式中，并结合归一化条件

$$c_1^2 + c_2^2 + c_3^2 + c_4^2 = 1 \tag{5.4.16}$$

可以从每个 x 得到与其能级相应的分子轨道中各原子轨道的组合系数 c_i。例如，$c_1=c_4$，$c_2=c_3$，$x=-1.62$，得

$$-1.62c_1 + c_2 = 0 \tag{5.4.17}$$

$$2c_1^2 + 2c_2^2 = 1 \tag{5.4.18}$$

由此求得 $c_1 = c_4 = 0.372, c_2 = c_3 = 0.602$。

因为 $E = \alpha - \beta x$，由 4 个不同的 x 值得到离域 π 键的 4 个分子轨道能级和相应的分子轨道波函数(见下表)：

分子轨道能级	分子轨道波函数
$E_1 = \alpha + 1.62\beta$	$\psi_1 = 0.372\phi_1 + 0.602\phi_2 + 0.602\phi_3 + 0.372\phi_4$
$E_2 = \alpha + 0.62\beta$	$\psi_2 = 0.602\phi_1 + 0.372\phi_2 - 0.372\phi_3 - 0.602\phi_4$
$E_3 = \alpha - 0.62\beta$	$\psi_3 = 0.602\phi_1 - 0.372\phi_2 - 0.372\phi_3 + 0.602\phi_4$
$E_4 = \alpha - 1.62\beta$	$\psi_4 = 0.372\phi_1 - 0.602\phi_2 + 0.602\phi_3 - 0.372\phi_4$

因为 β 积分是负值，故 $E_1 < E_2 < E_3 < E_4$。根据上述结果，可得丁二烯离域 π 键轨道示意图和相应的能级图，如图 5.4.1 所示。图中各个 p 轨道的大小系按其系数 c_i 的比例画出(因为 c_i^2 代表原子轨道 ϕ_i 在分子轨道中的贡献)。

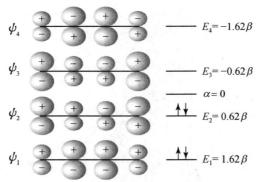

图 5.4.1　丁二烯离域 π 键分子轨道及能级图

基态时，丁二烯的 4 个 π 电子填在 ψ_1 和 ψ_2 上，根据各个分子轨道中原子轨道的组合系数，即可计算电荷密度、键级和自由价等数值。由(5.4.7)式可算出各碳原子的 π 电子数均为 1.00。由(5.4.8)式可算得各碳原子间键级为：$P_{12} = P_{34} = 0.896, P_{23} = 0.448$。

原子的自由价为

$$F_1 = F_4 = 1.732 - 0.896 = 0.836$$
$$F_2 = F_3 = 1.732 - 0.896 - 0.448 = 0.388$$

所以丁二烯的分子图为

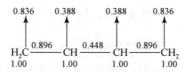

上述用 HMO 法处理丁二烯所得的结果，与实验所得结果比较符合。下面从几个方面进行讨论。

(1) π 电子的离域可降低体系的能量。对比下面两式

$$H_3C—CH_2—HC{=}CH_2 + H_2 \longrightarrow H_3C—CH_2—CH_2—CH_3 \qquad \Delta H = -126.8 \text{ kJ mol}^{-1}$$

$$H_2C{=}CH—CH{=}CH_2 + 2H_2 \longrightarrow H_3C—CH_2—CH_2—CH_3 \qquad \Delta H = -236.8 \text{ kJ mol}^{-1}$$

丁二烯加 H_2 转变为丁烷所放出的能量小于丁烯加 H_2 变为丁烷所放的能量的 2 倍。这是由于形成离域 π 键,电子填入 ψ_1 和 ψ_2 所致。若假定 α 积分近似等于原子中 p 电子能量,设 $\alpha=0$,则两个轨道上 4 个电子的能量为

$$E_\pi = 2(\alpha+1.62\beta)+2(\alpha+0.62\beta) = 4\alpha+4.48\beta = +4.48\beta$$

丁烯中 2 个电子的键能为 2β,所以丁二烯离域结果比单纯 2 个丁烯的双键能量要低 0.48β,这一差值称为离域能。

（2）丁二烯有顺、反异构体

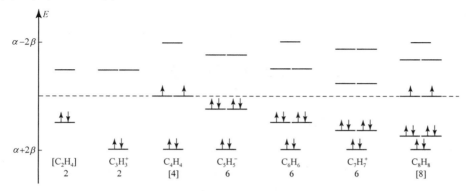

说明 $C_{(2)}$ 和 $C_{(3)}$ 之间有一定双键成分。从计算的键级看,$P_{23}=0.448$,具有双键成分,不能自由旋转。

（3）丁二烯的键长均匀化。根据键长的实验值为

$$C_{(1)} \xrightarrow{134.4} C_{(2)} \xrightarrow{146.8} C_{(3)} \xrightarrow{134.4} C_{(4)}$$

说明 $C_{(1)}$ 和 $C_{(2)}$ 之间比典型的双键键长（133 pm）要长些,$C_{(2)}$ 和 $C_{(3)}$ 之间比典型的单键键长（154 pm）要短。键长趋向均匀化可从键级数据来理解。

（4）丁二烯具有 1,4-加成的化学反应性能。例如

$$H_2C{=}CH{-}CH{=}CH_2 \ + Br_2 \xrightarrow[200℃]{ZnCl_2} BrH_2C{-}CH{=}CH{-}CH_2Br$$
$$（70\%）$$

这可从自由价得到解释。

5.4.3 环状共轭多烯的 HMO 法处理

1. 单环共轭多烯的处理

用 HMO 法处理单环共轭多烯分子 C_nH_n,可得到一些有益的结果。设分子中参加共轭的所有碳原子都处在同一平面上,根据结构式列出久期行列式,解之,可得单环共轭体系的分子轨道能级图,如图 5.4.2 所示。

图 5.4.2 单环共轭体系的分子轨道能级图

由图可见,当 $n=4m+2$（m 为整数）时,在所有成键轨道中都充满电子,反键轨道是空的,构成稳定的 π 键体系。例如:$m=0$ 的环丙烯基正离子（$C_3H_3^+$）;$m=1$ 的苯 C_6H_6,$C_5H_5^-$ 等;吡啶

167

C_5H_5N 和吡咯 C_4H_4NH 也都是 6 个 π 电子体系。它们和苯一样,6 个电子都填在成键轨道上。所以具有 $4m+2$ 个 π 电子的单环共轭体系为稳定的结构,具有芳香性,此即称 $4m+2$ 规则。

当 $n=4m$ 时,如 C_4H_4,C_8H_8 等除成键轨道充满电子外,还有一对二重简并的非键轨道,在每一轨道中有 1 个 π 电子,从能量上看是不稳定的构型,不具有芳香性。C_8H_8 分子不是平面构型。

2. 多环芳烃的处理

平面构型的多环芳烃也可用 HMO 法处理。例如,用 HMO 法计算得到的萘($C_{10}H_8$)和薁($C_{10}H_8$)的分子图示于图 5.4.3。

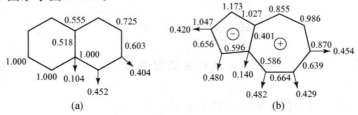

图 5.4.3 萘(a)和薁(b)的分子图

根据分子图可以很好地解释分子的性质。在萘分子中,各个 C 原子所处的地位不同,自由价不同,α 位的自由价为 0.452,β 位为 0.404,桥碳原子的自由价为 0.104。说明在桥碳原子部位不易加成,α 位最容易发生反应。实验测得萘分子的键长(pm)数据见下图:

$$
\begin{array}{c}
142.1 \quad 136.1 \\
141.0 \quad 142.1
\end{array}
$$

其键长应和 π 键键级成反比,键级大,键长短,理论计算与实验测定基本一致。

用 HMO 法了解薁分子的物理性质很有说服力。薁是极性分子,七元环端显正电性,五元环端显负电性。偶极矩 $\mu=3.54\times10^{-30}$ C·m。薁能溶于盐酸和浓硫酸中。出现极性的原因是 $4m+2$ 规则,即从七元环中移一个电子至五元环,可使两个环都有 6 个 π 电子,满足 $4m+2$ 规则。

对于 [分子结构图] 分子,从整个分子来看,π 电子数为 12,不符合 $4m+2$ 规则。但是分子的两个六元环部分均为 6 个 π 电子,符合 $4m+2$ 规则,即可看作两个苯环通过 C—C 单键相连。实验测定 C_1—C_2,C_3—C_4 间的键长和单键相同,说明中间四元环不具芳香性。

5.5 离域 π 键和共轭效应

5.5.1 离域 π 键的形成和表示法

形成化学键的 π 电子不局限于两个原子的区域,而是在参加成键的多个原子的分子骨架中运动,这种由多个原子形成的 π 型化学键称作离域 π 键。大部分离域 π 键可由经典结构式中由单、双键交替地连接的那一部分原子组成。一般地,其形成需满足下列条件:

(1) 原子共面,每个原子提供一个方向相同的 p 轨道,或合适的 d 轨道。

(2) π 电子数小于参加成键的轨道数的二倍。

但是上述两个条件不是绝对的,根据实验测定的数据,有时虽满足这两个条件,并不一定能

形成离域 π 键,从而也不出现共轭效应所应具有的性质。例如环丁二烯 ▭ 和 ⬡⬡ 的四元环,草酸分子(HOOC—COOH)中的 C—C 键等等。此外,还有层形(BN)$_x$ 分子,它虽然和石墨是等电子体系,满足形成离域 π 键的两个条件,但它是白色、绝缘性能很好的固体。其原因是 B—N 键的极化作用,使其能带分成 2 个亚带,带隙宽度达 440 kJ·mol^{-1},所以没有离域 π 键出现。而在有些分子中,原子并不完全共面,但也有一定的共轭效应。分子中是否形成离域 π 键,要以实验数据为准。

芳香化合物以及许多其他体系存在离域 π 键。离域 π 键可用 π_n^m 表示,n 为原子数,m 为 π 电子数。下面示意出一些分子和离子形成离域 π 键的情况。

$$\pi_6^6 \qquad \pi_{10}^{10} \qquad \pi_{y3}^4, \pi_{x3}^4 \qquad \pi_{y3}^4, \pi_{x3}^4$$

$$H_2C \!=\!\!=\!\! CH \!=\!\!=\!\! Cl \qquad H_2C \!=\!\!=\!\! CH \!=\!\!=\!\! CH \!=\!\!=\!\! O$$

$$\pi_3^4 \qquad\qquad\qquad \pi_4^4$$

$$\pi_3^4 \qquad \pi_3^4 \qquad \pi_3^4 \qquad \pi_4^6 \qquad \pi_4^6$$

$$[H_2C \!=\!\!=\!\! CH \!=\!\!=\!\! CH_2]^+ \qquad\qquad [C(C_6H_5)_3]^+$$

$$\pi_3^2 \qquad\qquad\qquad\qquad \pi_{19}^{18}$$

共轭分子的结构也可用 2 个或多个价键共振结构式表达,把分子的真实结构看作由这些价键结构的叠加或共振的结果。

【例 5.5.1】 苯、萘、二氧化碳和硝酸根

下图从上到下依次为苯、萘、二氧化碳和硝酸根的共振结构式:

$$O\!=\!C\!=\!O \longleftrightarrow {}^-O\!=\!C\!=\!O^+ \longleftrightarrow {}^+O\!=\!C\!=\!O^-$$

若简单地用一个共振结构式表达共轭分子,则最好选用与分子的实际键长最相近的结构式来表达。苯和硝酸根可任选其一,二氧化碳和萘则宜分别选用 O=C=O 和 ⬡⬡ 。

【例 5.5.2】 臭氧 O$_3$

前面所列的臭氧分子 O$_3$,为弯曲形结构,键角 116.8°,键长 127.8 pm。O$_3$ 为极性分子,

$\mu = 1.94 \times 10^{-30}$ Cm, 中心氧原子显正电性。其共振结构式为

【例 5.5.3】　二氧化氮 NO_2

弯曲形的 NO_2 分子, 键角 134.25°, 键长 119.7 pm。对它的电子结构, 有三种观点:

(1) 认为单电子处于 N 的一个 sp^2 杂化轨道上, 剩余 p_z 轨道形成 π_3^4, NO_2 分子的键角远大于 120°, 以及单占杂化轨道容易二聚成 $O_2N{-}NO_2$ 可以佐证。

(2) 一对孤对电子占据 N 的一个 sp^2 杂化轨道, π 电子形成 π_3^3, 因为单占的孤对电子能量较高, π_3^3 比 π_3^4 强, 对分子稳定有利。

(3) 介于上述两者之间, 可用下面共振结构式表示:

分子的电子自旋共振及分子轨道的量子化学计算结果比较支持第一种观点。

5.5.2　共轭效应

一般包含双键和单键相互交替排列的分子形成离域 π 键, 这时不能把分子的物理和化学性质看作各个双键和单键性质的简单加和, 分子会表现出特有的性能, 称为共轭效应或离域效应。共轭效应是化学中的一种基本效应, 它除了影响分子的构型和构象(单键缩短、双键增长、有关原子保持共面和单键不能自由旋转)外, 还影响物质的电性、颜色、酸碱性和化学反应性等许多性质。

1. 电性

离域 π 键的形成增加物质的电导性能。例如, 石墨具有金属光泽、能导电, 四氰代二甲基苯醌(TCNQ)等类型的分子能和合适的其他分子, 如四硫代富瓦烯(TTF)分子等组成有机半导体或导体, 都应归因于离域 π 键的形成。

2. 颜色

离域 π 键的形成, 增大 π 电子的活动范围, 使体系能量降低, 能级间隔变小, 其光谱由 σ 键的紫外光区移至离域 π 键的可见光区, 例如染料和指示剂等。酚酞在碱液中变成红色是因为发生下一反应, 扩大了离域范围。

3. 酸碱性

苯酚显酸性，苯胺显碱性，羧酸呈酸性，酰胺呈碱性。这些均与离域 π 键的生成与否有关。苯酚和羧酸电离出 H^+ 后，酸根中的原子均参与生成离域 π 键，稳定存在。

$$R-C\overset{\ddot{O}^-}{\underset{\ddot{O}}{\cdots}}\quad(\pi_3^4)\quad 和 \quad \bigcirc\!\!=\!\!=\!\ddot{O}^-\quad(\pi_7^8)$$

而苯胺和酰胺中已有离域 π 键存在：

$$\bigcirc\!\!=\!\!=\!\ddot{N}H_2\quad(\pi_7^8)\quad 和 \quad R-C\overset{O}{\underset{\ddot{N}H_2}{\cdots}}\quad(\pi_3^4)$$

苯胺　　　　　　　　　　酰胺

它们不易电离，苯胺可接受 H^+ 形成 $-NH_3^+$ 基团，故呈弱碱性（苯胺的 $-NH_2$ 基团并不和苯环共平面，但 N 原子上的孤对电子能参与组成离域 π 键）。

4. 化学反应性

离域 π 键的存在对体系性质的影响在化学中常用共轭效应表示，它是化学中最基本的效应之一。芳香化合物的芳香性，许多游离基的稳定性，丁二烯类的 1,4-加成反应性等都和离域 π 键有关。此外，丙烯醛 $H_2C\!\!=\!\!CH\!-\!CH\!\!=\!\!O$ 形成 π_4^4，使它稳定性提高；氯乙烯 $H_2C\!\!=\!\!CH\!-\!Cl$ 出现的 π_3^4 使 $C-Cl$ 键缩短，Cl 的活泼性下降等等。

5.5.3　肽键

一个氨基酸分子的氨基与另一个氨基酸分子的羧基缩合，失去一分子水而生成的酰胺键称为肽键，缩合脱水所得的产物称为肽。由两个氨基酸分子缩合形成的肽叫二肽，由多个氨基酸分子缩合通过肽键连接而成的分子叫多肽。

蛋白质是多肽大分子。下式表示二肽的形成。

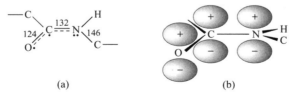

肽键是多肽分子中 $C-N$ 键和相邻的 $C\!\!=\!\!O$ 键中的 π 电子形成的离域 π 键。在肽键中，$C\!\!=\!\!O$ 的 π 键的电子和 N 原子上的孤对电子一起共同形成离域 π 键 π_3^4，使 $C-N$ 键具有双键成分，键长缩短（通常为 132 pm），CN 和周围原子共平面，即形成平面构象而不能自由旋转，如图 5.5.1 所示。

$$\begin{array}{c}
-C \\
\underset{O}{\overset{124}{\parallel}} C \overset{132}{=\!=\!=} N \overset{H}{\underset{C-}{\overset{146}{\diagdown}}}
\end{array}$$

(a)　　　　　　　　　　(b)

图 5.5.1　肽键结构示意图

（a）肽键及其键长，（b）肽键 π_3^4 中轨道叠加示意

在研究蛋白质和多肽化合物的结构及性质时，肽键的特性必须给予充分的重视。

5.5.4　超共轭效应

超共轭效应(hyperconjugation effect)是指 C—H 等 σ 键轨道和相邻原子的 π 键轨道或其他轨道互相叠加,扩大 σ 电子的活动范围所产生的离域效应。

例如在 H_3C—CH=CH_2 分子中,σ 键电子与 π 键电子间相互作用产生的离域效应如下:—CH_3 中的 C 原子采用 sp^3 杂化轨道,它和 —CH=CH_2 相连。 —CH_3 中 H 原子采用和 C 原子 p_z 轨道对称性匹配的组合,示于图 5.5.2(a)的 ψ_z 中(参见图 5.3.1)。按离域分子轨道理论,—CH_3 的 ψ_z 和 ψ_z^* 与 C=C 的 π 和 π^* MO 分布如图 5.5.2(a)所示。这时 —CH_3 的 σ 轨道与 C=C 的 π 轨道发生相互叠加。由于 ψ_z 和 π 轨道均充满电子,不能有效地形成 π 键,仍处于 σ 单键状态;而 ψ_z 和 π^* 可以有效地互相作用,因为 π^* 是空的,ψ_z 电子可以转移到低能级的分子轨道中,图 5.5.2(b)示出分子中的 p_z 轨道。图 5.5.2(c)示出 ψ_z 和 π^* 相互作用,降低能级的情况,此即超共轭效应的本质。这一效应使得 C—C 单键键长缩短,键能增加;使 C=C 双键键长略为增长。

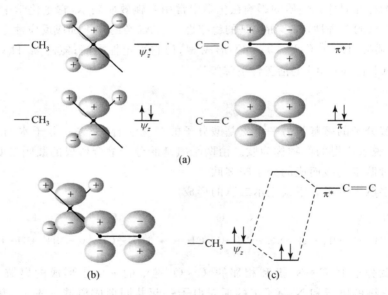

图 5.5.2　CH_3—CH=CH_2 分子的超共轭效应

表 5.5.1 列出不同杂化轨道影响 C—C 单键的键长(实验测定的平均值)及键能(计算值)。

超共轭效应使 —CH_3 的 C 原子带有正电性($\delta+$),这是由于碳原子的电负性依赖于它的杂化状态。当两个不同杂化形式的碳原子连接在一起时,将会出现键矩。根据计算,所得 C—C 键键矩如下:

$$C(sp^3)_{\delta+}—C(sp^2)_{\delta-} \qquad 2.27 \times 10^{-30} \text{ Cm (0.68 D)}$$

$$C(sp^2)_{\delta+}—C(sp)_{\delta-} \qquad 3.84 \times 10^{-30} \text{ Cm (1.15 D)}$$

$$C(sp^3)_{\delta+}—C(sp)_{\delta-} \qquad 4.94 \times 10^{-30} \text{ Cm (1.48 D)}$$

表 5.5.1　在不同碳氢化合物中,碳原子的杂化形式与 C—C 键长和键能

键　型	C 原子的杂化形式	C—C 键长/pm	C—C 键能/ (kJ mol⁻¹)
―C―C―	$sp^3 - sp^3$	154	346.3
―C―C=	$sp^3 - sp^2$	151	357.6
―C―C≡	$sp^3 - sp$	146	382.5
=C―C=	$sp^2 - sp^2$	146	383.2
=C―C≡	$sp^2 - sp$	144	403.7
≡C―C≡	$sp - sp$	137	433.5

超共轭效应也会改变分子的性质。例如,由于超共轭效应,甲苯和二甲苯的紫外吸收峰分别比苯向长波方向移 8 nm 和 16 nm。

5.6　分子轨道的对称性和反应机理

分子轨道的对称性对化学反应进行的难易程度及产物的构型和构象有决定性的作用。应用分子轨道对称性探讨反应机理,主要有福井谦一提出的前线轨道理论以及 Woodward(伍德沃德)和 Hoffmann(霍夫曼)提出的分子轨道对称守恒原理。这些理论以大量实验为基础,抓住分子轨道对称性这个关键,探讨基元反应的条件和方式,使人们对反应机理和化学反应动力学的认识深入到微观结构领域,进而通过控制反应条件使化学反应沿着预期的途径进行,合成具有特定立体构型的产品。

5.6.1　有关化学反应的一些概念和原理

化学反应的实质有两个方面:(i) 分子轨道在化学反应过程中进行改组,改组时涉及分子轨道的对称性;(ii) 电荷分布在化学反应过程中发生改变,电子发生转移,转移时一般削弱原有化学键、加强新的化学键,使产物分子稳定,而电子由电负性低的原子向电负性高的原子转移比较容易。

化学反应的可能性和限度由化学势决定,反应沿化学势降低的方向进行,直至化学势相等,达到平衡状态。化学势的正负、大小,可按照热力学规律进行计算。

化学反应的速度取决于活化能的高低:活化能高,反应不易进行,反应速度慢;活化能低,反应容易进行,反应速度快。在反应时,若正反应是基元反应,则逆反应也是基元反应,且经过同一活化体,此即微观可逆性原理。

化学反应的条件主要指影响化学反应的外界条件。加热(△)反应,体系受热辐射影响,由于热辐射光子能量小,反应物分子不激发,一般处于基态情况下进行。光照反应(hν,例如体系受紫外线照射),光子能量大,反应物常受激而处于激发态。催化剂的作用是改变反

应物的状态和性质,加速或减慢反应进行,或改变反应的途径。如催化加氢,以 Ni 为催化剂,Ni 原子的 d 轨道和 H_2 的反键轨道对称性合适,Ni 原子 d 轨道上的电子向 H_2 反键轨道转移,使 H_2 内的化学键被削弱,甚至断开,变成吸附在 Ni 原子上的活泼 H 原子,使加氢反应容易进行。

5.6.2　前线轨道理论

本小节用分子轨道对称性分析双分子反应。

分子中有一系列能级从低到高排列的分子轨道,电子只填充了其中能量较低的一部分。已填电子的能量最高轨道称为最高占据轨道(highest occupied molecular orbital,HOMO),能量最低的空轨道称为最低空轨道(lowest unoccupied molecular orbital,LUMO),这些轨道统称前线轨道。前线轨道理论认为,反应的条件和方式主要取决于前线轨道的对称性。其内容包括:

(1) 分子在反应过程中,分子轨道发生相互作用,优先起作用的是前线轨道。当两个分子互相接近时,一个分子中的 HOMO 和另一个分子中的 LUMO 必须对称性合适,即按轨道正与正叠加、负与负叠加的方式相互接近,所形成的过渡状态是活化能较低的状态,称为对称允许的状态。

(2) 互相起作用的 HOMO 和 LUMO 能级高低必须接近(约 6 eV 以内)。

(3) 随着两个分子的 HOMO 与 LUMO 发生叠加,电子便从一个分子的 HOMO 转移到另一个分子的 LUMO,电子的转移方向从电负性判断应该合理,电子的转移要和旧键的削弱相一致,不能发生矛盾。

在下面几个实例中,用前线轨道理论分析双分子反应。

【例 5.6.1】　$N_2 + O_2 \rightleftharpoons 2NO$

N_2 的前线轨道是 $2\sigma_g$(HOMO)和 $1\pi_g$(LUMO)。O_2 的前线轨道为 π_{2p}^*,它既是 HOMO 也是 LUMO。当这两个分子接近时,可能出现两种情况:

(1) N_2 的 $2\sigma_g$ 和 O_2 的 π_{2p}^* 接近,因对称性不匹配,不能产生净的有效重叠,形成的过渡状态活化能高,电子很难从 N_2 的 HOMO 转移至 O_2 的 LUMO,反应不能进行,如图 5.6.1(a)。

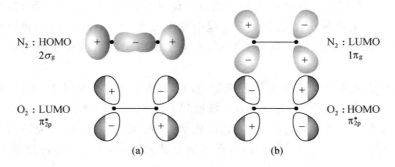

图 5.6.1　N_2 和 O_2 前线轨道相互作用

(2) N_2 的 LUMO($1\pi_g$)和 O_2 的 HOMO(π_{2p}^*)对称性是匹配的,但欲使反应进行,电子需从电负性较高的 O 向电负性较低的 N 转移,而当 O_2 的电子从反键轨道转移后,要增强 O_2 分子原有的化学键,因此反应也很难进行,如图 5.6.1(b)所示。

$N_2 + O_2 \rightleftharpoons 2NO$ 的反应过程示意于图 5.6.2 中。由 $N_2 + O_2 \longrightarrow 2NO$ 的反应很难进行,活化能高达 $389\,kJ\,mol^{-1}$。根据微观可逆性原理,其逆反应也很难进行,即 NO 分子不易分解为 N_2 和 O_2。

$$2NO \longrightarrow N_2 + O_2$$
$$\Delta H = -180\,kJ\,mol^{-1}$$

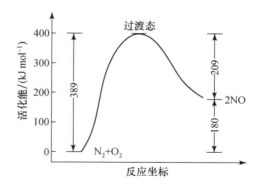

图 5.6.2 $N_2 + O_2 \rightleftharpoons 2NO$ 的反应过程

这一分解反应是强放热反应。从热力学角度看,反应由左向右是化学势降低的方向,但因这个反应的活化能很高,达 $209\,kJ\,mol^{-1}$,实际上反应不易进行。所以 N_2 和 O_2 很难化合成 NO,当 NO 一旦形成,又不易分解。NO 是汽车尾气中的主要有害成分之一,它在汽缸中高温条件下生成后,排放到大气中,能和空气中的 O_2 反应生成 NO_2;NO_2 可和水蒸气反应生成酸雾,污染空气环境。所以,需要用合适的催化剂使 NO 分解为 N_2 和 O_2,解决污染问题。

【例 5.6.2】 乙烯加氢反应

$$C_2H_4 + H_2 \longrightarrow C_2H_6 \qquad \Delta H = -137.3\,kJ\,mol^{-1}$$

从热力学角度看,反应放热,理当容易进行,但实际上这个反应需要催化剂。对这个反应,可用前线轨道理论分析如下:当 C_2H_4 分子的 HOMO 和 H_2 分子的 LUMO 接近,彼此对称性不匹配;当 C_2H_4 分子的 LUMO 和 H_2 分子的 HOMO 接近,彼此对称性也不匹配,如图 5.6.3(a)及(b)所示。

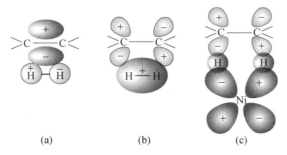

图 5.6.3 乙烯加氢反应

利用金属镍作催化剂进行催化反应,这时 H_2 的反键轨道和 Ni 原子的 d 轨道叠加,Ni 的 d 轨道提供电子给 H 原子,再和 C_2H_4 的 LUMO 结合,C_2H_4 分子加 H_2 反应就容易进行,如图 5.6.3(c)所示。

【例 5.6.3】 丁二烯和乙烯环加成生成环己烯的反应

$$H_2C{=}CH{-}CH{=}CH_2 + H_2C{=}CH_2 \xrightarrow{\triangle} \ $$

175

这一反应加热即能进行,因为它们的前线轨道对称性匹配,如图 5.6.4 所示。

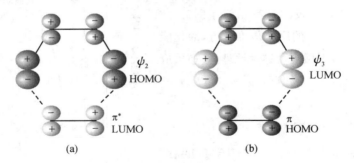

图 5.6.4　丁二烯和乙烯环加成生成环己烯的反应

但是,两个乙烯分子环加成变为环丁烷的反应,单纯加热并不能进行。(为什么?)

5.6.3　分子轨道对称守恒原理

本小节用分子轨道对称守恒原理中的能量相关理论来分析单分子反应,并以丁二烯型化合物和己三烯型化合物的电环化反应为例进行讨论。

电环化反应是指直链共轭烯烃分子两端的碳原子上的轨道相互作用,生成一个单键,形成环形分子的反应。在进行这种反应过程中,分子轨道对称守恒原理将整个分子轨道一起考虑,认为在一步完成的化学反应中,若反应物分子和产物分子的分子轨道对称性一致,则反应容易进行,也就是说,整个反应体系从反应物、中间态到产物,分子轨道始终保持某一点群的对称性(顺旋过程保持 C_2 点群,对旋过程保持 C_s 点群),反应容易进行。根据这一考虑,可将反应过程分子轨道的变化关系用能量相关图联系起来,并得出如下要点:

(1) 反应物的分子轨道与产物的分子轨道一一对应;

(2) 相关轨道的对称性相同;

(3) 相关轨道的能量应相近;

(4) 对称性相同的相关线不相交。

在能量相关图中,如果产物的每个成键轨道都只和反应物的成键轨道相关联,则反应的活化能低,易于反应,称作对称允许,一般加热就能实现反应;如果双方有成键轨道和反键轨道相关联,则反应活化能高,难于反应,称作对称禁阻,要实现这种反应,需把反应物的基态电子激发到激发态。

1. 丁二烯型化合物

丁二烯型化合物在不同条件下电环合,可得不同构型的环丁烯型产物。参看图 5.4.1 描述丁二烯离域 π 键分子轨道的图形。在加热条件下,分子保持 C_2 对称性,进行顺旋反应,HOMO(ψ_2)两端轨道叠加形成 σ 键,ψ_1 中间轨道叠加成 π 键,环合成丁烯,如图 5.6.5(a);在光照条件下,分子保持 σ_v 对称性,进行对旋反应,ψ_1 两端轨道叠加形成 σ 键,而 HOMO(ψ_2)电子激发至 ψ_3,中间轨道叠加成 π 键,环合成丁烯,如图 5.6.5(b)。由图可见,加热条件下进行顺旋反应所得产物与光照条件下所得产物的构型是不同的。

在讨论反应物和产物的分子轨道对称性时,只需考虑参与旧键断裂和新键形成的那些分子轨道,对于 σ 键骨架以及一些取代基都可不必考虑。

将丁二烯和环丁烯的分子轨道的能级高低和对称性合并在一起,画出顺旋和对旋两种方式,并按能量相关图的几个要点连线,得到图 5.6.6 所示的结果。

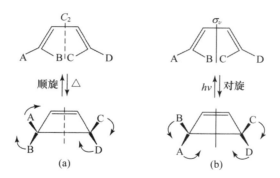

图 5.6.5　丁二烯在不同条件下的电环合

由图 5.6.6 可见,在进行顺旋闭环时,反应物(丁二烯)的成键轨道(ψ_2,对 C_2 为对称,S)是与产物(环丁烯)的成键轨道(σ,对 C_2 为对称,S)相关联的,丁二烯的 ψ_1 和环丁烯的 π 对称性匹配。说明反应物处于基态时就可直接转化为产物的基态,一般加热条件下即可进行。在进行对旋闭环时,丁二烯的 ψ_1 和环丁烯的 σ 对称性匹配,相互关联。另外,反应物的成键轨道(ψ_2)与产物中的反键轨道(π^*)相关联,而产物中的成键轨道(π)却与反应物中的反键轨道(ψ_3)相关联。这说明反应物必须处在激发态,即 ψ_2 的电子激发到 ψ_3,才能转化为产物的基态,反应的活化能较大,在光照条件($h\nu$)下反应才能进行。

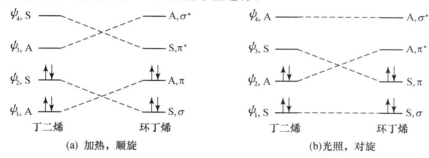

图 5.6.6　丁二烯-环丁烯顺旋(a)和对旋(b)相互转化时的轨道能级相关图
(图中 S 表示对称,A 表示反对称)

2. 己三烯型化合物

己三烯的分子轨道对称性和丁二烯不同,如果按照上述方法作能级相关图,可得加热情况下发生对旋闭环、光照情况下发生顺旋闭环的结论,如图 5.6.7 所示。

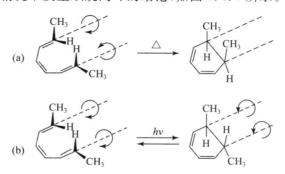

图 5.6.7　己三烯在不同条件下环合的情况

归纳以上两例,可得共轭多烯环合反应情况,列于表 5.6.1 中。

表 5.6.1　共轭多烯环合反应情况

π 电子数	MO 对称性		反应条件	反应方式
	C_2	σ		
4m(如丁二烯)	S	A	△	顺旋
	A	S	hν	对旋
4m+2(如己三烯)	A	S	△	对旋
	S	A	hν	顺旋

5.7　缺电子多中心键和硼烷的结构

Li,Be,B,Al 等原子价层的原子轨道数多于价电子数,它们在一定条件下倾向于接受电子,形成四面体构型的配合物。例如,平面构型的 BF_3 很容易与具有孤对电子的原子化合成四面体配位化合物,见(a)式。

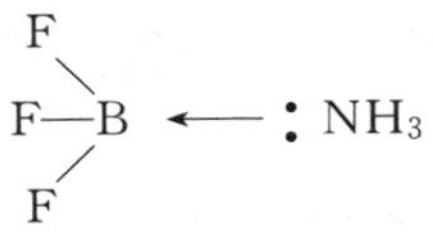

$$
\begin{array}{c}
\text{F} \\
| \\
\text{F—B} \longleftarrow \ : \text{NH}_3 \\
| \\
\text{F}
\end{array}
$$

(a) 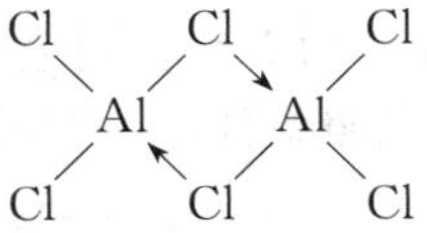　　　　　　　　　(b)

有时没有合适的外来原子,化合物自身也可通过聚合,相互提供具有孤对电子的原子,形成四面体配位化合物。以 $AlCl_3$ 为例,它常以二聚体形式组成具有"氯桥"的结构,其中中间 2 个氯原子提供孤对电子形成正常的二电子键(或称为三中心四电子氯桥键),见(b)式。

在硼烷、金属烷基化合物、四氢硼烷酸盐等化合物中,常常由于没有足够的电子使原子间均能形成由 2 个原子和 2 个电子组成的二中心二电子键,而形成缺电子多中心键。

5.7.1　硼烷中的缺电子多中心键

关于 B_2H_6 的结构,曾存在两种主要的结构模型:

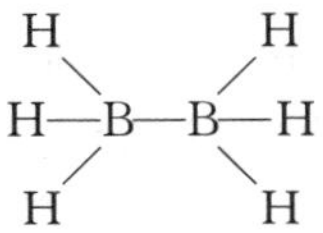

(a) 乙烷式 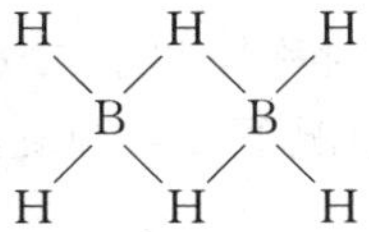　　　　　　　　(b) 桥式

乙烷式结构(a)和 C_2H_6 相似,桥式结构(b)和 Al_2Cl_6 相似。乙烷式结构中共有 7 个共价单键,需要 14 个价电子,但 B_2H_6 只有 12 个价电子,而且 B_2H_6 的化学性质和物理性质与乙烷式结构不符合。桥式结构中一价氢原子能形成 2 个共价键,对此不好理解。

利用电子衍射和 X 射线衍射分别测定气体和晶体中二硼烷的结构,证实 B_2H_6 是桥式结构。根据电子衍射数据,结构中 B—H 间有两种键长:成桥的 B—H_b 为 132.9 pm,两端的 B—H_t 为 119.2 pm,如图 5.7.1(a)所示。怎样理解 B_2H_6 的桥键结构?现在比较普遍接受的观点是形成 B—H—B 三中心二电子键(3c-2e 键)。B 原子以 sp^3 杂化轨道参与成键,除两端形成 B—H 键外,每个硼原子的 1 个 sp^3 轨道都和氢原子的 1s 轨道叠加,共同组成

B—H—B 三中心键,如图 5.7.1 所示。在这个三中心键中只有 2 个电子,它是三中心二电子键。这是缺电子原子的一种特殊的共价结合形式。

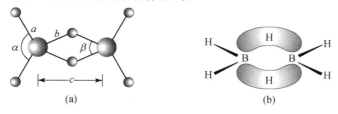

图 5.7.1 **B_2H_6 的分子结构(a)和 B_2H_6 中 B—H—B 三中心键的结构(b)**
($a=119.2$ pm,$b=132.9$ pm,$c=177$ pm;$\alpha=121.0°$,$\beta=96.5°$)

在其他一些硼烷和碳硼烷结构中,硼原子之间(或硼原子和碳原子之间)还可形成封闭式 BBB 3c-2e 键(或 BBC 3c-2e 键)。它可看作由处在等边三角形 3 个顶点上的 B 原子各用 1 个 sp^3 杂化轨道朝向三角形中心互相叠加形成。硼烷结构式中的 BHB 和 BBB 3c-2e 键表达如下:

5.7.2 硼烷结构的描述

许多硼烷和碳硼烷的结构已经测定,图 5.7.2 示出一些实例。

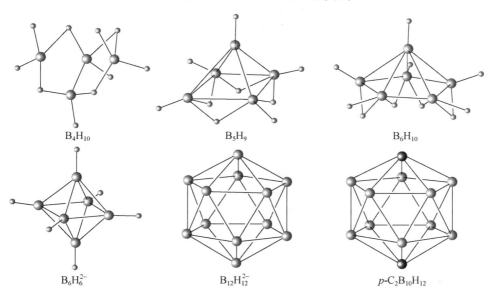

B_4H_{10}	B_5H_9	B_6H_{10}
$B_6H_6^{2-}$	$B_{12}H_{12}^{2-}$	p-$C_2B_{10}H_{12}$

图 5.7.2 **一些硼烷和碳硼烷的结构**
(图中 $B_{12}H_{12}^{2-}$ 和 p-$C_2B_{10}H_{12}$ 没有画出 H 原子)

从图 5.7.2 可看出,分子中价电子的总数不能满足每两个相邻原子的连线都有一对电子。例如,B_5H_9 分子中只有 24 个价电子,而图中有 8 条 B—B 连线和 13 条 B—H 连线;$B_{12}H_{12}^{2-}$ 离子中只有 50 个价电子,而图中有 30 条 B—B 连线和 12 条 B—H 连线。这种电子的缺少可通过形成缺电子多中心键来补偿。

$styx$ 数码分别表示在一个硼烷分子中下列 4 种型式化学键的数目：

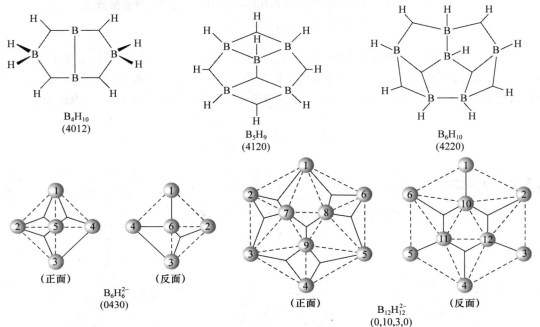

在用上述 4 种化学键表达硼烷的结构式中，标以 $styx$ 数码，能更清楚地表达硼烷的结构。图 5.7.3 示出一些硼烷的结构式和相应的 $styx$ 数码。

图 5.7.3　一些硼烷的结构式和相应的 $styx$ 数码

$styx$ 结构式的表达形式和实际分子的结构尚有不同。例如 B_5H_9，它具有 C_{4v} 点群对称性，而其 $styx$ 结构式只显现出 C_s 点群对称性；又如 $B_{12}H_{12}^{2-}$，它具有 I_h 点群对称性，而其 $styx$ 结构式中没有 C_5 对称轴。这种差别可通过共振结构来理解，即把一种 $styx$ 结构式看作一个共振杂化体。

利用 $styx$ 数码结构式就是用一种价键（VB）理论描述硼烷分子中的化学键的一种方法。使用时必须遵循下列规则：

（1）每一对相邻的硼原子由一个 B—B，BBB 或 BHB 键连接。

（2）每个 B 原子利用它的 4 个价轨道成键，以达到八电子组态。

（3）两个 B 原子不能同时通过二中心 B—B 键和三中心 BBB 键，或同时通过二中心 B—B 键和三中心 BHB 键结合。

（4）每个 B 原子至少和 1 个端接 H 原子结合。

（5）必要时，根据分子的对称性写出在共振杂化体间共振的结构式。

5.7.3 八隅律和分子骨干键数的计算

八隅律是指一个由主族元素(H 和 He 除外)组成的分子,其中每个原子都倾向于达到稳定的 8 个电子的电子组态。这 8 个电子由原子本身的价电子和与它成键的其他原子提供,使分子中成键分子轨道和非键轨道都填满电子,而 HOMO 和 LUMO 间的能级差较大。

对一个由 n 个主族元素的原子组成的分子骨干 M_n(一个分子中,哪些原子算骨干原子,哪些原子为非骨干原子是相对的,可根据探讨问题的需要而定。例如硼烷和碳硼烷,常把 B 和 C 作为分子骨干,H 作为配位原子),g 为其已有的价电子总数。当骨干中有一个共价单键在两个 M 原子间形成时,这两个 M 原子都互相得到 1 个价电子。为了使整个分子骨干满足八隅律,原子间应有 $\frac{1}{2}(8n-g)$ 对电子形成共价单键,这些成键的电子对数目,定义为分子骨干的键数 b[①]

$$b = \frac{1}{2}(8n-g) \tag{5.7.1}$$

对于缺电子化合物,其电子数不足以全部都形成 2c-2e 共价单键,而部分形成三中心二电子键时,由于 3 个原子共享一对电子,这时 1 个 3c-2e 键起着提供补偿 4 个电子的作用,相当于键数为 2。

g 值可由下列电子数目加和而得:(i) 组成分子骨干 M_n 的 n 个原子的价电子数,(ii) 围绕分子骨干 M_n 的配位体提供的电子数,(iii) 化合物所带的正、负电荷数。例如,将 $B_{12}H_{12}^{2-}$ 中 12 个 B 原子看作分子骨干,12 个 H 原子看作配位体,$B_{12}H_{12}^{2-}$ 的 g 值可计算如下

$$g = 12 \times 3 + 12 \times 1 + 2 = 50$$

B_{12} 分子骨干的键数为

$$b = \frac{1}{2}(8 \times 12 - 50) = 23 \tag{5.7.2}$$

即 $B_{12}H_{12}^{2-}$ 这个封闭式硼烷的分子骨干 B_{12} 中 B—B 共价单键数 y 和 BBB 3c-2e 键数 t 与 b 之间应有下面关系

$$b = 2t + y = 23 \tag{5.7.3}$$

利用 $styx$ 数码描述 $B_nH_n^{2-}$ 和 $C_2B_{n-2}H_n$ 封闭式硼烷和碳硼烷时,由于 $g=4n+2$,故

$$b = \frac{1}{2}[8n - (4n+2)] = 2n-1 \tag{5.7.4}$$

由图 5.7.2 可知,封闭式硼烷的 s 和 x 均为 0,即分子中没有 BHB 3c-2e 键,也没有 BH_2 基团存在,所以

$$b = 2t + y \tag{5.7.5}$$

由(5.7.4)式和(5.7.5)式,得

$$2t + y = 2n-1 \tag{5.7.6}$$

而在 $B_nH_n^{2-}$ 中,价电子对的总数为 $\frac{1}{2}(4n+2)=2n+1$,其中 n 个电子对用于 n 个 B—H 键,剩余 $n+1$ 个电子对用于 B_n 骨干,即

$$t + y = n+1 \tag{5.7.7}$$

[①] 在文献中常称 b 值为键价(bond valence),而键价一词广泛用于键价理论(见 10.1 节)中,所以这里改称键数。

由(5.7.6)式和(5.7.7)式,得

$$t = n - 2 \tag{5.7.8}$$

$$y = 3 \tag{5.7.9}$$

所以,在封闭式硼烷(或碳硼烷)分子骨干中的化学键包括 3 个 B—B 共价单键和 $(n-2)$ 个 BBB 3c-2e 键。在 $B_{12}H_{12}^{2-}$ 的分子骨干中,有 3 个 B—B 共价单键和 10 个 BBB 3c-2e 键,键数 $b = 10 \times 2 + 3 = 23$,如图 5.7.3 所示。

同理,根据稳定的鸟巢式硼烷 $(B_n H_{n+4})$,$x = 0$ 的情况,可推得

$$s = 4, \quad y = 2, \quad t = n - 4 \tag{5.7.10}$$

图 5.7.3 示出 $B_5 H_9$ 和 $B_6 H_{10}$ 的结构式和相应的 $styx$ 数码,与它的键数是完全符合的。

5.8　非金属元素的结构特征

5.8.1　非金属单质的结构特征

非金属单质的结构,有的很简单,有的却很复杂,它们的成键规律已示于 5.1.1 小节中,据此可以讨论各族元素的结构特点:

稀有气体是单原子分子,在低温下,这些球形单原子分子堆积形成晶体。

Cl_2,Br_2,I_2 以双原子分子结晶成正交晶系晶体。在这 3 种晶体中,X—X 的键长 (d) 与分子间最短的接触距离 (d') 的数据如下:

	Cl_2	Br_2	I_2
d/pm	198.0	227	271.5
d'/pm	332	332	350
d'/d	1.68	1.46	1.29

由表可见,随着原子序数的增加,d'/d 值明显地下降。

硫的同素异构体(又称同素异形体)很多,据报道已接近 50 种。例如,在 S_n 分子中,$n = 2$,3,4,5,6,7,8,9,10,12,18,…。同一种分子又可有几种晶体结构型式,如 S_8 分子可组成正交硫,也可组成单斜硫。在硫的同素异构体中,S_6,S_8,S_{12},S_x 等分子形成的晶体,其结构已详细测定。在这些分子中,每个 S 原子均和 2 个 S 原子成键,S—S 键长 ≈ 206 pm,$\angle SSS$ 约为 $105°$。Se 和 Te 也有多种同素异构体,在室温下稳定的结构中,每个原子也是二配位的,Se—Se 键长 ≈ 237 pm,Te—Te 键长 ≈ 283 pm,键角 $103°$ 左右。

磷、砷、锑、铋都有多种同素异构体,结构型式复杂多样,但共同点是每个原子都有 3 个较近的原子配位。这些单质的三方晶系的晶体都由层形分子组成,层间原子间的最短距离 (d') 和层内原子间的距离 (d) 的比值 (d'/d),随着原子序数增加而减少。

	P	As	Sb	Bi
d/pm	213	251.7	290.8	307.2
d'/pm	327	312.0	335.5	352.9
d'/d	1.54	1.24	1.15	1.15

碳、硅、锗、锡也都存在多种同素异构体,它们都存在金刚石型的结构,结构中每个原子均按四面体向和周围 4 个原子以共价单键连接。除金刚石型结构外,碳还有石墨型结构和球碳型结构,硅、锗、锡有白锡型结构。

单质碳的同素异构体很多,按键型可以分成三大类:(i) 金刚石:包括立方金刚石、六方金刚石(晶体)和纳米金刚石分子。其中碳原子以 sp^3 杂化轨道按四面体方向形成 4 个单键。(ii) 石墨:包括六方石墨、三方石墨晶体和石墨烯(即单层石墨)分子,其中碳原子以 sp^2 杂化轨道按平面三角形方向和 3 个碳原子成键。(iii) 球碳:包括 C_{60},C_{72},C_{84},…球形和椭球形分子、多层洋葱形球碳、单层和多层纳米碳管等。其中碳原子以介于 $sp^2 \sim sp^3$ 的杂化轨道和周边的 3 个原子以三角锥形成键。焦炭、活性炭和无定形炭则是上述 3 种键型将碳原子组成不规则的聚集体。

球碳(fullerenes)是球形而有不饱和性的纯碳分子,是由几十个甚至上百个碳原子组成的封闭多面体。现在研究较多的是 C_{60},其次是 C_{70} 和 C_{84} 等。对于足球形的球碳 C_{60},其结构示于图 5.8.1(a)。60 个碳原子组成 12 个五元环面、20 个六元环面、共有 90 条边的多面体。每个 C 原子参加形成 2 个六元环和 1 个五元环,3 个 σ 键键角之和为 348°,∠CCC 平均为 116°。碳原子的杂化轨道介于 sp^2(石墨)和 sp^3(金刚石)之间,为 $sp^{2.28}$,即每个 σ 轨道近似地含有 s 成分30.5%,p 成分 69.5%。而垂直于球面的 π 轨道 s 成分 8.5%,p 成分 91.5%。实验测定 C—C 键长值对 6/6 键(2 个六元环共边的键)为 139 pm,对 6/5 键(六元环和五元环共边的键)为 144 pm。图 5.8.1(b)示出 C_{60} 的价键结构表达式。

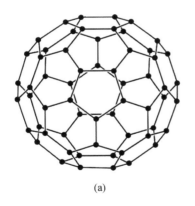
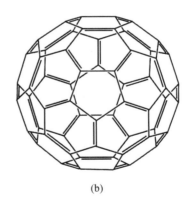

(a)   (b)

图 5.8.1 球碳 C_{60} 的结构

(a) 分子形状,(b) 价键结构式

单质硼的结构其复杂性仅次于硫,已报道有 16 种以上的同素异构体,但大多数是富硼的硼化物,如 $B_{50}N_2$;而结构被完全测定的只有 α-R-12 和 β-R-105(R 表示三方晶系,数字表示素晶胞的原子数)。在这些结构中,可划成 B_{12} 二十面体单位来理解其结构。

根据 Euler(欧拉)公式以及计算键数(b)的(5.7.1)式,可以分析原子连线(即多面体的棱)中键的性质。

【例 5.8.1】 P_4 分子

按(5.7.1)式,P_4 分子

$$g = 4 \times 5 = 20$$

$$b = \frac{1}{2}(8n - g) = \frac{1}{2}(8 \times 4 - 20) = 6$$

键数 $b=6$，四面体棱数也为 6，相当于每个棱边为 P—P 单键。

【例 5.8.2】　C_{60} 分子

C_{60} 分子中，顶点数为 60，面数为 32，棱数为 90。按(5.7.1)式，C_{60} 分子

$$g = 60 \times 4 = 240$$
$$b = \frac{1}{2}(8n - g) = \frac{1}{2}(8 \times 60 - 240) = 120$$

即键数为 120，按价键表达式，应有 60 个 C—C 单键和 30 个 C=C 双键，如图 5.8.1(b) 所示。

5.8.2　非金属化合物的结构特征

非金属元素相互间可形成数目非常多的化合物，这些化合物还可以进一步和金属元素结合，形成更多的化合物。本小节从分析归纳这些化合物的结构特征着手，进而了解其性质。

1. 单质结构对化合物的成键作用

单质的成键规律在一定程度上将在由这些元素所形成的化合物中得到继承。下面以碳的 3 种同素异构体的结构特征和成键规律为例加以说明。

有机化合物是碳氢化合物及其衍生物的总称，根据碳的三类同素异构体中碳-碳原子间的化学键特征，将有机化合物归纳成三族，列于下表：

碳的同素异构体	相应的有机化合物	通　式	典型代表
金刚石	脂肪族化合物	RX	$C_n H_{2n+2}$（正烷烃）
石　墨	芳香族化合物	ArX	$C_6 H_6$（苯）
球　碳	球碳族化合物	FuX	$C_{60} Br_6$

脂肪族化合物（RX，aliphatic compounds）的典型代表是正烷烃 $C_n H_{2n+2}$，它的结构特征是由四面体取向成键的碳原子连接成一维的碳链。其中 R 是脂肪烃基团，主要是烷烃以及它的衍生物，包括烯烃、炔烃等；X 为置换 H 原子的各种基团。

芳香族化合物（ArX，aromatic compounds）的典型代表是苯 $C_6 H_6$，它的结构特征是由多个按平面三角形成键的碳原子共同组成离域键，使它具有芳香性。其中 Ar 是芳香基团，X 为置换 H 原子的各种基团。

球碳族化合物（FuX，fullerenic compounds）的典型代表是含球碳 C_{60} 基团的化合物，球碳基团的结构特征是由球面上的成键的碳原子组成三维封闭的多面体。其中 Fu 为球碳基团，如 C_{60}，C_{70}，C_{84} 等；X 为加成于球面上的各种基团。

2. 各个原子 d 轨道是否参与成键

第一周期 H，He 只有 1s 轨道参与成键；第二周期元素只能有 2s，2p 轨道参与成键；而从第三周期起，就有空的 nd 轨道，它与 ns，np 轨道的能级接近，可使价层轨道扩充。由于有 d 轨道参加，最高配位数可超过 4。但 d 轨道能否有效地参加成键，还要看 d 轨道的分布情况：当 d 轨道分布弥散，离核较远，成键效率下降，就不能利用 d 轨道成键。例如，SiF_6^{2-} 能稳定存在，而 $SiCl_6^{2-}$ 却不存在，其原因是硅原子的 d 轨道比 s 和 p 轨道离核较远，参与组成 sp^3d^2 杂化轨

道时,不能形成稳定的键;而 SiF_6^{2-} 能稳定存在,是由于 F 原子的电负性大,从 Si 拉走的电子较多,增加了 Si 核的有效正电荷,使 d 轨道收缩, Si —F 键增强,同时 F 原子半径较小,相互排斥较小,使它适于成键。

d 轨道的成键作用还表现在 d 轨道能在原来 σ 键的基础上形成 d_π-p_π 键,使原来的键增强,键长缩短。例如 SO_4^{2-} 中,由于 d 轨道参加成键,使 S —O 键的键长缩短至 149 pm。这时中心硫原子组成 sp^3 杂化轨道,每个 O 原子除以 p_z 轨道和 S 原子的 sp^3 杂化轨道形成 σ 键外,尚有 2 个充满电子的 p_x 和 p_y 轨道垂直于 S —O 键轴,它们可分别和中心 S 原子的 $d_{x^2-y^2}$ 和 d_{z^2} 成配键。这种配键为 $p_\pi \rightarrow d_\pi$ 配键,如图 5.8.2 所示。由于 σ 键上附加这一配键,使 S —O 键的键长缩短。PO_4^{3-},SiO_4^{4-},ClO_4^- 等也有同样情况,列于表 5.8.1 中。

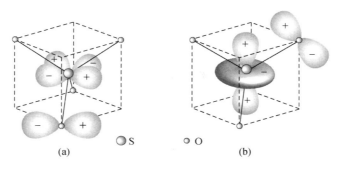

图 5.8.2 SO_4^{2-} 中的 p_π-d_π 配键

(a) $p_\pi \rightarrow d_{x^2-y^2}$, (b) $p_\pi \rightarrow d_{z^2}$

(图中每个 O 原子均取 S —O 键键轴作为 z 轴)

表 5.8.1 AB_4 型离子的结构数据

AB_4 型离子	A—B 键键长/pm		键长缩短值/pm
	实验测定值	共价单键半径加和值	
SiO_4^{4-}	163	186	23
PO_4^{3-}	154	179	25
SO_4^{2-}	149	175	26
ClO_4^-	146	172	26
SiF_4	156	185	29

$N(SiH_3)_3$ 与 $N(CH_3)_3$ 有相同的价电子数,但实验测定前者呈平面构型,后者呈三角锥形。这是由于 Si 的 3d 空轨道参加成键的结果,即 N 原子采用 sp^2 杂化,孤对电子占据未参与杂化的 p_z 轨道与 3 个 Si 的 3d 空轨道形成离域 π 键 π_4^2,如图 5.8.3 所示。π_4^2 键的形成增加了分子的稳定性,增强了 Si—N 键,实验测定 Si—N 键长为 174 pm,短于共价单键半径和(188 pm)。如果 $N(SiH_3)_3$ 分子中 N 原子采用不等性 sp^3 杂化,分子呈三角锥形,就会破坏 π_4^2 键的形成。

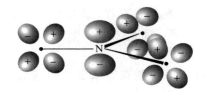

图 5.8.3　N(SiH₃)₃ 中 π⁶₄ 键的形成

（黑点代表 Si 原子）

3. 从分子的几何构型了解分子中原子的成键情况

分子的几何构型与分子成键情况密切相关,通过实验测定分子几何构型,是了解分子成键情况的基础。

例如 N 原子,其基态电子组态为 $1s^2 2s^2 2p^3$,有 3 个不成对电子。当 N 原子和周围原子呈三角锥形时,N 原子以 sp^3 杂化轨道成键,除形成 3 个 σ 键外还有一对孤对电子,孤对电子占据其中 1 个杂化轨道,如 NH_3 及其衍生物。当 N 原子周围按四面体向成四配位时,N 以 sp^3 杂化轨道形成 4 个 σ 键,这时 N 原子或者显正电性 N^+,和 C 相似,如 NH_4^+ 及其衍生物,或者以 $:NH_3$ 的孤对电子和其他原子形成配键。当 N 原子和周围原子呈平面三角形配位时,出现 3 个 σ 键,它由 sp^2 杂化轨道成键,剩余 1 个 p 轨道和 2 个电子,通常参与离域 π 键的形成。以下几种化合物就属此例。

| 酰胺 | 硝基苯 | 硝酸根 |

当 N 原子和周围原子呈弯曲形二配位时,则有 1 对孤对电子(如 R—NO)或 2 对孤对电子(如 NH_2^-)。前者有 π 键形成,而后者则与 H_2O 为等电子分子,和 H_2O 的结构相似。当 N 原子和周围原子呈直线形二配位时,则 N 原子除形成 2 个 σ 键外,剩余 2 个价轨道和 3 个价电子能在互相垂直的方向和两端原子形成 2 个 π 键。例如 N_2O,N_3^-,NO_2^+ 等,其分子中心 N 原子的成键情况与 CO_2 分子的 C 原子相似。

分子的几何构型是讨论分子成键的一种根据。在配位化合物中将讨论到 —NO 基团对中心原子提供的电子数问题。例如,M—NO 若呈直线形($\angle MNO \approx 180°$),N 提供 3 个电子参与成键(认为它是 10 e 单位),是三电子给体,按 NO^+ 配体计算;若呈弯曲形,它提供 1 个电子参与成键(认为它是 12 e 单位),是单电子接受体,算 NO^- 配体。

$$M — \overset{\cdot\cdot}{N} \qquad (\angle MNO \approx 125°)$$
$$\overset{|}{O}$$

由上述讨论可见,了解非金属化合物的结构,首先要重视分子的立体构型。

4. 从分子的成键情况了解分子的性质

根据分子几何构型,了解分子的成键情况,进一步计算分子中原子形成 σ 键的数目及孤对电子对的数目,然后联系分子的性质进行讨论。表 5.8.2 示出非金属元素形成的分子中,中心原子周围的孤对电子数与键对电子数以及它们在空间的分布情况。

表 5.8.2　非金属元素分子中孤对和键对电子的排列

孤对电子对数	孤对和键对电子对数				
	7	6	5	4	3
0	IF_7	SF_6	PCl_5	CH_4	BCl_3
1	XeF_6	BrF_5	SF_4	NH_3	$ClNO$
2		XeF_4	ClF_3	H_2O	
3			XeF_2		

　　孤对电子和键对电子一起,按照价电子对互斥理论可以了解分子中中心原子的孤对和键对电子的排布,进而了解构型和性质,如 5.1 节中所述。

　　带有孤对电子的分子,其化学性质比较活泼,能形成配位键、氢键。孤对电子是和其他原子、分子或离子进行化合的结合点。

　　根据分子中原子的成键情况,可以较精确地从键长、键角等分子几何构型数据及原子的范德华半径,获得分子的形状和大小,进一步了解它具有的性质。

5.9　共价键的键长和键能

5.9.1　共价键的键长和原子的共价半径

　　通过衍射、光谱等实验,已测定大量分子立体构型的数据,获得许多分子中成键原子间的距离。由实验结果得知,在不同分子中两个原子间形成相同类型的化学键时,键长相近,即共价键键长有一定守恒性。

　　通过实验测定各种共价化合物的键长,求出它们的平均值,即得到共价键键长数据。根据键长数据可以获得原子的共价半径。例如,实验测定 C—C 共价单键的键长为 154 pm,取该值的一半当作碳原子的共价半径,即 77 pm。同理,由 Cl—Cl 键长得到 Cl 的共价单键半径 99 pm。若干原子的共价半径数据列于表 5.9.1 中。

表 5.9.1　原子的共价半径(单位: pm)

共价单键

H							He
32							—
Li	Be	B	C	N	O	F	Ne
134	90	82	77	75	73	72	—
Na	Mg	Al	Si	P	S	Cl	Ar
154	130	118	117	106	102	99	—
K	Ca	Ga	Ge	As	Se	Br	Kr
196	174	126	122	119	116	114	110
Rb	Sr	In	Sn	Sb	Te	I	Xe
211	192	144	141	138	135	133	130
Cs	Ba	Tl	Pb	Bi			
225	198	148	147	146			

共价双键和叁键	B	C	N	O	S	Se
双键	71	67	62	60	94	107
叁键	64	60	55	55	87	—

注意,不同的书刊中所给的共价半径常不相同。例如,对 H 原子,若从 H_2 分子的键长推引,半径值应为 37 pm;若从 C—H 键键长推引,半径值为 32 pm。

利用表 5.9.1 中的数值,可以从两个成键原子的共价半径计算出键长数据。例如 C—Cl 键键长为 176 pm(=77 pm+99 pm),在 CCl_4 分子中,实验测定的 C—Cl 键键长为 177 pm,与计算值符合得很好。

利用原子共价半径计算键长时,应考虑下面两种情况。

(1) 异核原子间键长的计算值常常比实验测定值稍大。例如,实验测定 $SnCl_4$ 中 Sn—Cl 键键长为 231 pm,而共价半径加和值为 141 pm+99 pm=240 pm。这一差异的原因是由于共价半径的理论值是由同核双原子分子中获得;而实际分子中原子间有电负性差,额外增加了吸引力,使键长缩短。这时可根据电负性差,按下式计算键长(以 pm 为单位)。

$$r_{A-B} = r_A + r_B - 9(\chi_A - \chi_B) \tag{5.9.1}$$

式中 r_{A-B} 是计算的键长,r_A 和 r_B 分别为 A 原子和 B 原子的共价半径,χ_A 和 χ_B 分别是 A 和 B 的电负性值,χ_A 值大。

(2) 同一种化学键对不同分子有它的特殊性,键长略有差异。例如同是 C—C 键,由于杂化形式发生改变,键中 s 轨道的成分发生变化时,C—C 键长也发生变化(见表 5.5.1)。

当有离域 π 键或其他多重键存在时,就不能再用共价单键半径计算键长。反之,根据键长可以了解键的性质。

5.9.2　共价键键能

按热化学观点,双原子分子 A—B 键的键能是指在 0.1013 MPa 和 298 K 时,反应体系
$$AB(g) \longrightarrow A(g) + B(g)$$
焓的增量。所以在 0.1013 MPa,298 K 时,双原子分子的解离能就是它的键能,可直接从热化学测量中得到。从微观分析,令 A(g) 和 B(g) 相距无限远时体系的相对能量为 0,当 A(g) 和

B(g)彼此逐渐接近,体系的能量降低,能量曲线如图3.5.5所示。至平衡距离r_e,体系能量最低,降低值为平衡解离能D_e。实验测定的解离能和D_e值不同。若以D_0表示AB分子基态的能量(即0K时的能量),D_e和D_0之差为体系的零点能,它等于$h\nu/2$,可由这个分子的振动频率计算。若精确计算298K时的解离能D_{298},还应当考虑温度的微小影响,D_{298}即为 A—B 键的键能。对于H_2分子

$$D_0 = 432 \text{ kJ mol}^{-1}$$

$$\frac{1}{2}h\nu = 0.5 \times 6.626 \times 10^{-34} \text{ J s} \times 1.25 \times 10^{14} \text{ s}^{-1} \times 6.02 \times 10^{23} \text{ mol}^{-1} = 25 \text{ kJ mol}^{-1}$$

$$D_e = D_0 + \frac{1}{2}h\nu = 457 \text{ kJ mol}^{-1}$$

考虑T(K)时,H_2和2H的平动和转动能量差为

$$2 \times \frac{3}{2}RT - \frac{5}{2}RT = \frac{1}{2}RT$$

体积膨胀能量差为RT,两项共$(3/2)RT$,即4 kJ mol^{-1},所以 H_2 的 $D_{298} = 436$ kJ mol^{-1}。表5.9.2列出若干化学键的平均键能。表中,上部所列数据是对应元素的共价单键的键能。

表 5.9.2 若干化学键的平均键能(单位:kJ mol^{-1}, 298 K)

单键	H	C	N	O	F	Si	P	S	Cl	Ge	As	Se	Br	Sb	Te
H	436														
C	413	356													
N	389	293	159												
O	465	343	201	138											
F	570	486	272	184	159										
Si	318	281	—	452	540	226									
P	318	264	300	352	490	214	214								
S	364	289	247	—	340	226	230	264							
Cl	432	327	201	205	256	360	318	272	243						
Ge	289	243	—	—	465	—	—	239	163						
As	247	—	—	465	—	—	289	—	178						
Se	314	247	—	306	—	—	251	—	193						
Br	366	276	243	—	280	289	272	214	218	276	239	226	193		
Sb	—	—	—	—	—	—	—	—	—	—	—	—	126		
Te	268	—	—	343	—	—	—	—	—	—	—	—	—	138	
I	298	239	201	201	271	214	214	—	211	214	180	—	179	—	—

I—I		151	C=C		615	C=N		620	C=O		745	N=N		419	
O=O		498	S=O		518	S=C		578	S=S		425	Se=O		465	
Se=C		456	C≡C		812	C≡N		879	C≡O		1076	N≡N		945	

对于多原子分子,如果仅仅拆断一个键,使一个分子变成两部分,所需的能量称为该键的解离能D,它是热化学计算中一个很有价值的数据。但是需要注意,键的解离能(D)并不能代表键的强度,即不能代表键能,因为当分子断开一个键分成两部分时,每一部分都可能发生键或电子的重排。例如O=C=S(g)分子断开C=S键成为S(g)和CO(g):

$$OCS(g) \longrightarrow CO(g) + S(g) \qquad D_{(OC=S)} = 310 \text{ kJ mol}^{-1}$$

CO 分子的化学键重组为 C≡O 三重键，CO(g) 的解离反应式为

$$C≡O(g) \longrightarrow C(g) + O(g) \qquad D(C≡O) = 1076 \text{ kJ mol}^{-1}$$

上述两者解离能之和为 $(310 + 1076) \text{ kJ mol}^{-1} = 1386 \text{ kJ mol}^{-1}$，则 OCS 分子的解离表达式为

$$OCS(g) \longrightarrow O(g) + C(g) + S(g) \qquad \Delta H^{\ominus}(\text{OCS}) = 1386 \text{ kJ mol}^{-1}$$

把一个分子分解为组成它的全部原子时所需的能量，应该恰好等于这个分子中全部化学键键能的总和。据此概念，既可以从解离能计算键能，也可以从键能粗略地计算解离能。

例如

$$S_8(g) \longrightarrow 8S(g) \qquad \Delta H_{解离} = 2130 \text{ kJ mol}^{-1}$$

由此数据可以计算 S—S 键键能

$$E(S—S) = 2130 \text{ kJ mol}^{-1}/8 = 266 \text{ kJ mol}^{-1}$$

又如，H_2S 的解离能为

$$H_2S(g) \longrightarrow 2H(g) + S(g) \qquad \Delta H^{\ominus}_{解离} = 735 \text{ kJ mol}^{-1}$$

则 S—H 键键能

$$E(S—H) = 735 \text{ kJ mol}^{-1}/2 = 367 \text{ kJ mol}^{-1}$$

由上述数据，就可估计出

$$H_2S_2(g) \longrightarrow 2H(g) + 2S(g)$$

的解离能为 $266 \text{ kJ mol}^{-1} + 2 \times 367 \text{ kJ mol}^{-1} = 1000 \text{ kJ mol}^{-1}$。此分子的解离能的实验测定值为 984 kJ mol^{-1}。

表 5.9.2 所列的键能数据是统计平均值，它反映了不同分子中同一种键的共性，忽略了它们的个性。例如乙烯和乙烷中的 C—H 键键能不完全相同。所以，若要对某个体系进行精确的热力学计算，宜从文献中查出它的解离能的精确数据来用。

从键能数据，还可归纳出下面两条规律：

(1) 当同种原子键 A—A 和 B—B 改组成为 2 个异种原子键 A—B 时，键能一般有所增加，即

$$2E(A—B) > E(A—A) + E(B—B)$$

Pauling 认为，这是由于异核键中有离子键成分，其数值与两原子的电负性值差 $(\Delta \equiv \chi_A - \chi_B)$ 有关，可表示为

$$E(A—B) = \frac{1}{2}\left[E(A—A) + E(B—B)\right] + 96\Delta^2 \qquad (5.9.2)$$

式中键能 E 以 kJ mol^{-1} 为单位。

(2) 当 C≡C 双键改组成 2 个 C—C 单键时，键能总是有所增加，即

$$2E(C—C) > E(C≡C)$$

利用键能表及其规律估计反应热，在不要求很精确的情况下，常常是十分有用的。例如乙烯加氢反应

反应前后键的变化是

$$4C—H + C≡C + H—H \longrightarrow 6C—H + C—C$$

可简化为

$$C\!=\!C + H\!-\!H \longrightarrow 2C\!-\!H + C\!-\!C$$

由键能计算反应热(或反应焓变 ΔH)的公式为

$$\Delta H = 反应物分子中键能的总和 - 产物分子中键能的总和$$

即

$$\Delta H = [4E(C\!-\!H) + E(C\!=\!C) + E(H\!-\!H)] - [6E(C\!-\!H) + E(C\!-\!C)]$$

也即

$$\begin{aligned}
\Delta H &= [E(C\!=\!C) + E(H\!-\!H)] - [2E(C\!-\!H) + E(C\!-\!C)] \\
&= (615 + 436)\ \text{kJ mol}^{-1} - (2 \times 415 + 344)\ \text{kJ mol}^{-1} \\
&= -123\ \text{kJ mol}^{-1}
\end{aligned}$$

此估算值与实验测定值 $-137.3\ \text{kJ mol}^{-1}$ 是相近的。

5.9.3　碳和硅化学键的比较

碳和硅是元素周期表第 14 族的前两种元素,它们在化学中占有极其重要的地位。碳统治着有机化学,有机化合物的定义是一切含有 C—C 键的化合物。硅统治着无机化学,硅在地壳中的含量按 40 km 厚度的地壳计,约占地壳质量的 28%。在地壳的所有元素中,硅仅次于氧而居第二位。硅和氧以及其他元素一起结合形成硅酸盐,它约占地壳质量的 80%。为什么这两种元素有如此独特的能力? 关键在于它们的原子形成化学键的特性。

在基态时,碳和硅的电子组态分别为

$$C:[He]2s^2 2p^2 \qquad\qquad Si:[Ne]3s^2 3p^2$$

表面上看,这两种元素有着非常相似的价层电子组态,但它们的成键性质并不相同。究其原因,是这两种元素存在下面的差异:

(1) 原子大小不同。若按屏蔽常数近似估算原子轨道的有效半径 r^*(参见 2.4.2 节),可得 C 原子 2p 轨道的 r_{2p}^* 为 65 pm,Si 原子 3p 轨道的 r_{3p}^* 为 115 pm,Si 比 C 大得多。

(2) 原子电负性不同。C 的电负性为 2.54,Si 为 1.92。

(3) 价层空轨道不同。C 原子价层没有能级相近的 d 轨道,Si 原子价层有能级相近的 3d 轨道。

由上述差异可见:C 原子利用它的 s 轨道和 p 轨道通过杂化作用和其他原子形成 σ 键后,还可利用剩余的 p 轨道互相叠加,通过 $p_\pi\text{-}p_\pi$ 相互作用形成较强的多重键或离域 π 键。Si 原子因 p 轨道较大,形成 σ 键后,$p_\pi\text{-}p_\pi$ 相互作用弱,Si 的多重键化合物不稳定;另一方面,因 d 轨道参与成键,使 Si—O 键等类型的化学键因 $p_\pi\text{-}d_\pi$ 作用而大大增强(参看 5.8.2 节)。现将碳和硅的一些化学键的键长和键能列于表 5.9.3 中。

表 5.9.3　碳和硅的化学键的键长和键能

键	键长/pm	键能/(kJ mol^{-1})	键	键长/pm	键能/(kJ mol^{-1})
C—C	154	356	Si—Si	235	226
C—H	109	413	Si—H	148	318
C—O	143	343	Si—O	166	452
C=C	134	615	Si=Si	221	—
C=O	121	745	Si=O	—	—

对比表 5.9.3 列出的数据,可看出键能(E)的关系:

$$E(C—C) > E(Si—Si); \qquad E(C—H) > E(Si—H)$$
$$E(C—C) > E(C—O); \qquad E(Si—Si) \ll E(Si—O)$$

可见,C—C 键和 C—H 键较短、较强,而且因 $E(C—C) > E(C—O)$,这是烷烃稳定存在以及容易使 C 原子间形成离域 π 键的主要因素。但 Si—Si 键能远小于 Si—O 键能,Si—Si 键不稳定而倾向于转变成更强的 Si—O 键。由于氧气几乎无所不在,硅烷将自发地和氧气反应形成硅酸盐。由于 Si—O 键很强,当硅酸[Si(OH)$_4$]缩聚时,Si 原子总是形成[SiO$_4$]四面体,相互共顶点连接成非常稳定的硅酸盐,而不会形成偏硅酸。迄今,人们从未得到过含有偏硅酸基团的化合物。但有的书刊和产品说明中却标明偏硅酸的含量(如某矿泉水含偏硅酸 20～25mg/L),这是不妥的。

$$\begin{matrix} HO \\ HO \end{matrix} \!\!\! > Si = O \qquad\qquad \begin{matrix} -O \\ -O \end{matrix} \!\!\! > Si = O$$

偏硅酸　　　　　　　　　　偏硅酸基团

碳原子能形成多种型式的共价键,这种特性在元素中是独一无二的。碳的电负性适中,既不容易丢失电子成正离子,也不容易得电子成负离子。碳原子的价电子数目正好和价轨道数目相等,使碳原子周围的价电子不容易形成孤对电子,也不容易形成缺电子键。碳原子的半径较小,在分子中它可以和相邻原子的轨道有效地叠加成键,并可离域扩展到整个分子的骨架,形成芳香烃中型式多样的离域 π 键。碳原子还可以和金属原子形成各种配位键。作为配位体的含碳原子基团,可以是线形、弯曲形,也可以是环形,碳原子数目可多可少;一个 C 原子可以和金属原子间形成单键、双键、叁键,或和多个金属原子形成多中心键。

同族元素的碳和硅各自发挥它们形成化学键的特点,分别在有机化学和无机化学中起着其他元素无与伦比的作用。碳在地壳中的含量按质量计只占 0.027%,是很少的数量,况且碳的 99.7%在地壳中以煤、甲烷和碳酸盐的形式存在,0.2%在大气中以 CO$_2$ 和 CH$_4$ 等形式存在,剩余不到 0.1%的碳构成地球上全部生命物种赖以生存和发展的主要物质基础。碳以其丰富多彩的化学键作为它施展才能的根据,而硅则以其量大和特殊稳定的 Si—O 键稳坐无机化合物的头把交椅。所以分析碳和硅的化学键特点,并据此认识化学中的规律是很有意义的。

习　题

5.1　利用价电子对互斥理论,说明 XeF$_4$,XeO$_4$,XeO$_3$,XeF$_2$,XeOF$_4$ 等分子的形状。

5.2　利用价电子对互斥理论,说明 AsH$_3$,ClF$_3$,SO$_3$,SO$_3^{2-}$,CH$_3^+$,CH$_3^-$ 等分子和离子的几何形状,说明哪些分子有偶极矩?

5.3　画出下列分子中孤对电子和键对电子在空间的排布图:

(1) ICl$_2^+$,N$_2$O;

(2) H$_3$O$^+$,BrF$_3$,NF$_3$;

(3) ICl$_4^-$,IF$_4^+$,SbF$_4^-$,XeO$_2$F$_2$;

(4) IF$_5$,XeF$_5^+$。

5.4　椅式环己烷(C$_6$H$_{12}$)的结构示于图 4.3.7(b),它具有 D_{3d}-$\overline{3}m$ 点群的对称性,若将 C 原子按正四面体方向和相邻的 2 个 C 原子以及 2 个 H 原子形成共价键,试作图并回答下列问题:

(1) 画出分子的结构图,依次在图中将 C 原子编号标出;

(2) 画出 C 原子骨架沿三重反轴($\overline{3}$,▲)的投影图,在图中标出三重反轴的位置以及 C—C—C

键的键角值；

（3）画出 C_6 的六元环中 4 个 C—C—C—C 原子沿着中间两个 C 原子所连接的 4 个 H 原子和 2 个 C 原子的投影图；

（4）写出这 4 个 C 原子排布形成的扭角和二面角。

5.5 正交硫中环形 S_8 分子具有 $D_{4d}\text{-}\bar{8}2m$ 点群的对称性，S—S 键长 206 pm，S—S—S 键角 108°，S—S—S—S 扭角 98°。

（1）画出 S_8 分子沿 $\bar{8}$ 轴的投影图［参看示于图 5.1.1(b) 的结构图］，在图中标出键长和键角；

（2）画出 S—S—S—S 的扭角 (ω) 和二面角 (ϕ) 所表示的图形。

5.6 写出下列分子或离子中，中心原子所采用的杂化轨道：CS_2，NO_2^+，NO_3^-，BF_3，CBr_4，PF_4^+，SeF_6，SiF_5^-，AlF_6^{3-}，IF_6^+，$MoCl_5$，$(CH_3)_2SnF_2$。

5.7 臭氧 O_3 的键角为 116.8°。若用杂化轨道 $\psi = c_1\psi_{2s} + c_2\psi_{2p}$ 描述中心氧原子的成键轨道，试按键角与轨道成分的关系式 $\cos\theta = -c_1^2/c_2^2$ 计算：

（1）成键杂化轨道 ψ 中系数 c_1 和 c_2 值；

（2）成键杂化轨道的每个原子轨道贡献的百分数。

5.8 直线形对称构型的 I_3^- 离子，若成键电子只是 5p 轨道上的电子（即将 $5s^2$ 电子作为原子实的一部分）。

（1）画出 I_3^- 中每个 σ 和 π 轨道的原子轨道叠加图；

（2）画出 I_3^- 分子轨道能级图；

（3）试以 I 原子间的键长 (d) 和键级 (n) 关系方程：$d = 267\ \text{pm} - (85\ \text{pm})\lg n$ 计算 I_3^- 中 I—I 键的键级。实验测定 I_2 分子中 I—I 键长为 267 pm，而 I_3^- 中 I—I 键长为 292 pm。

5.9 PF_5 分子呈三方双锥构型，P 原子采用 sp^3d 杂化轨道与 F 原子成 σ 键。若将 sp^3d 杂化轨道视为 sp^2 和 pd 两杂化轨道的组合，请先将 PF_5 安放在一直角坐标系中，根据坐标系和杂化轨道的正交、归一性写出 P 原子的 5 个杂化轨道。

5.10 PCl_5 分子为三方双锥形结构，请说明或回答：

（1）分子所属的点群和 P 原子所用的杂化轨道，全部 P—Cl 键是否等长？

（2）若用 VSEPR 方法判断 P—Cl 键的键长，三次轴方向上的键长较赤道方向上的键长是长还是短？

（3）晶态时五氯化磷由 $[PCl_4]^+[PCl_6]^-$ 组成，试解释什么因素起作用？

5.11 N_2H_2 有两种同分异构体，是哪两种？为什么 C_2H_2 只有一种同分异构体？

5.12 试证明含 C，H，O，N 的有机分子，若相对分子质量为奇数，则分子中含 N 原子数必为奇数；若相对分子质量为偶数，则含 N 原子数亦为偶数。

5.13 用 HMO 法求环丙烯正离子 $(C_3H_3)^+$ 的离域 π 键分子轨道波函数，并计算 π 键键级和 C 原子的自由价。

5.14 有人根据分子轨道理论，认为 SF_6 分子中因 S 原子的 d 轨道能级较高，不可能参加杂化形成 sp^3d^2 杂化轨道，SF_6 的八面体成键能级图应如图 5.14 所示，

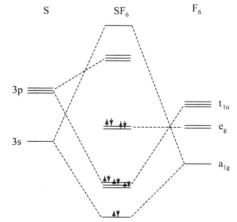

图 5.14　SF_6 分子轨道能级示意图
（本图引自参考文献 ［19］）

试按这种成键模型讨论下列问题:

(1) 成键电子对、非键电子对和反键电子对的数目各多少?

(2) S—F 键的键级数目是多少?

(3) 查原子共价半径值(表 5.9.1)计算 S—F 键长,将它和实验值 156.1 pm 比较,哪种成键方式更接近?

(4) 将它和 sp^3d^2 杂化轨道理论比较,说明它的优缺点。

5.15　说明 N_3^- 的几何构型和成键情况;用 HMO 法求离域 π 键的波函数及离域能。

5.16　已知三次甲基甲烷$[C(CH_2)_3]$为平面形分子,形成 π_4^4 键。试用 HMO 法处理,证明中心碳原子和周围 3 个碳原子间的 π 键键级之和为$\sqrt{3}$。

5.17　烯丙基 $H_2C\!=\!CH\!-\!\dot{C}H_2$ 和丙烯基 $H_3C\!-\!CH\!=\!\dot{C}H$ 自由基中的各个 C 原子采用什么杂化轨道? 形成什么 π 键? 写出结构式,说明 C 原子骨架的构型;说明哪个自由基较稳定,为什么?

5.18　用前线轨道理论分析 CO 加 H_2 反应,说明只有使用催化剂该反应才能顺利进行。

5.19　用前线轨道理论分析加热或光照条件下,环己烯和丁二烯一起进行加成反应的规律。

5.20　用前线轨道理论分析乙烯环加成变为环丁烷的反应条件及轨道叠加情况。

5.21　试用分子轨道对称守恒原理讨论己三烯衍生物电环合反应在光照和加热条件下产物的立体构型。

5.22　试分析下列分子中的成键情况,指出 C—Cl 键键长大小次序,并说明理由。

(1) H_3CCl;

(2) $H_2C\!=\!CHCl$;

(3) $HC\!\equiv\!CCl$。

5.23　试分析下列分子的成键情况,比较 Cl 的活泼性,并说明理由。

(1) C_6H_5Cl;

(2) $C_6H_5CH_2Cl$;

(3) $(C_6H_5)_2CHCl$;

(4) $(C_6H_5)_3CCl$。

5.24　试比较 CO_2,CO 和丙酮中 C—O 键键长大小次序,并说明理由。

5.25　苯胺的紫外可见光谱和苯差别很大,但其盐酸盐的光谱却和苯相近,解释这现象。

5.26　试分析下列分子中的成键情况,比较其碱性的强弱,并说明理由。

(1) NH_3;

(2) $N(CH_3)_3$;

(3) $C_6H_5NH_2$;

(4) CH_3CONH_2。

5.27　下列化合物的 pK_a 列于相应结构式后的括号里,试从结构上解释它们的大小。

(1) $CF_3COOH(0.2)$;

(2) $p\text{-}C_6H_4(NO_2)(COOH)(3.42)$;

(3) $CH_3COOH(4.74)$;

(4) $C_6H_5OH(10.00)$;

(5) $C_2H_5OH(15.9)$。

5.28　C_2N_2 分子中碳-碳键键长比乙烷中碳-碳键键长短约 10%,试述其结构根源。

5.29　对下列分子和离子 CO_2,NO_2^+,NO_2,NO_2^-,SO_2,ClO_2,O_3 等,判断它们的形状,指出中

性分子的极性,以及每个分子和离子的不成对电子数。

5.30 指出 NO_2^+,NO_2,NO_2^- 中 N—O 键的相对长度,并说明理由。

5.31 $B_5H_5^{2-}$ 离子中 B 原子排成三方双锥形多面体,试计算它的 *styx* 数码,并画出它的结构式。

5.32 计算封闭式 $B_4H_4^{2-}$ 离子的 *styx* 数码,用硼烷结构所遵循的规则,说明它不可能稳定存在的理由。

5.33 已知 Cl_2 分子的键能为 $242\,kJ\,mol^{-1}$,而 Cl 原子和 Cl_2 分子的第一电离能分别为 1250 和 $1085\,kJ\,mol^{-1}$,试计算 Cl_2^+ 的键能,并讨论 Cl_2^+ 和 Cl_2 哪一个键能大,说明理由。

5.34 苯(C_6H_6)、环己烯(C_6H_{10})、环己烷(C_6H_{12})和 H_2 的燃烧热分别为 3301.6,3786.6,3953.0 和 $285.8\,kJ\,mol^{-1}$,试求算苯的离域能。

5.35 $H_2O_2(g)$ 的生成热 $\Delta H_f = -133\,kJ\,mol^{-1}$,O—H 键键能为 $463\,kJ\,mol^{-1}$,而 H_2 和 O_2 的解离能分别为 436 和 $495\,kJ\,mol^{-1}$,试求 O—O 键的键能。为什么不用 O_2 分子的解离能作为 O—O 键键能?

5.36 为什么存在 OH_3^+ 和 NH_4^+,而不存在 CH_5^+? 为什么存在 SF_6,而不存在 OF_6?

5.37 C_{70} 为一椭球形分子,它有 12 个五元环的面,25 个六元环的面,试计算它的棱数(E)和键数(b)。平均而言,每个棱的键数是多少?若按价键结构表达,C—C 单键和 C═C 双键的数目各多少? 碳原子间的键长处在什么范围?

5.38 图 5.38 示出氙的氟化物和氧化物的分子(或离子)结构。

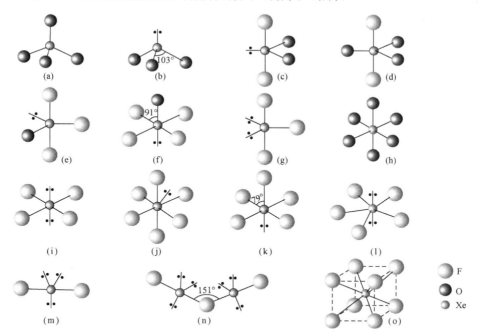

图 5.38 氙的氧化物和氟化物的分子结构

(a) XeO_4,(b) XeO_3,(c) XeO_2F_2,(d) XeO_3F_2,(e) $XeOF_3^+$,(f) $XeOF_4$,(g) XeF_3^+,
(h) XeO_6^{4-},(i) XeF_4,(j) XeF_6,(k) XeF_5^+,(l) XeF_5^-,(m) XeF_2,(n) $Xe_2F_3^+$,(o) XeF_8^{2-}

(1) 根据图形及 VSEPR 理论,指出分子的几何构型名称和所属点群;

(2) Xe 原子所用的杂化轨道;

(3) Xe 原子的表观氧化态;

（4）已知在 $XeF_2 \cdot XeF_4$ 加合物晶体中，两种分子的构型与单独存在时的几何构型相同，不会相互化合成 XeF_3，从中说明什么问题？

5.39　在本书 5.9.3 小节中，根据硅-氧键的特性，认为天然矿物质中不可能含有 $Si \!=\! O$ 键的偏硅酸化合物。怎样理解书刊和产品说明中出现的"偏硅酸钙""含偏硅酸矿泉水"等内容？

参 考 文 献

[1]　邓景发,范康年. 物理化学. 北京：高等教育出版社,1993.

[2]　徐光宪,王祥云. 物质结构. 第二版. 北京：科学出版社,2010.

[3]　麦松威,周公度,李伟基. 高等无机结构化学. 第 2 版（第 4 次印刷）. 北京：北京大学出版社,2014.

[4]　周公度. 碳的结构化学的新进展. 大学化学,1992,7(4)：29～36.

[5]　周公度. 键价和分子几何学. 大学化学,1996,11(1)：9～18.

[6]　周公度. 碳和硅结构化学的比较. 大学化学,2005,20(4)：1～7；20(5)：1～7；今日化学（2006）. 北京：高等教育出版社,2006,324～337.

[7]　Huheey J E, Keiter E A, Keiler R L. Inorganic Chemistry：Principles of Structure and Reactivity. 4th ed. New York：Harper Collins, 1993.

[8]　Gil V M S. Orbitals in Chemistry：A Modern Guide for Students. Cambridge：Cambridge University Press，2000.

[9]　Gillespie R J, Popelier P L A. Chemical Bonding and Molecular Geometry：From Lewis to Electron Densities. Oxford：Oxford University Press，2001.

[10]　Greenwoods N N and Earnshaw A. Chemistry of Elements. 2nd ed. Oxford：Butterworth-Heinemann，1997.

[11]　Gillespie R J. The VSEPR model revisited. Chem Soc Revs,1992，21：59～69.

[12]　Gillespie R J, Robinson E A. Electron domains and the VSEPR model of molecular geometry. Angew Chem Int Ed Engl,1996，35：495～514.

[13]　Berry R S, Rice S A, Ross J. Physical Chemistry. 2nd ed. New York：Oxford University Press，2000.

[14]　Allen F H, Kennard O, Watson D G, *et al*. Tables of bond lengths determined by X-ray and neutron diffraction （Part 1）. Bond lengths in organic compounds. J Chem Soc, Perkin Trans,1987，II S1～S19.

[15]　Orpen A G, Brammer L, Allen F H, *et al*. Tables of bond lengths determined by X-ray and neutron diffraction （Part 2）. Bond lengths in inorganic and coordination compounds. J Chem Soc, Dalton Trans,1989,S1～S89.

[16]　Krygowski T M, Gyranski M K. Structural aspects of aromaticity. Chem Rev, 2001, 101：1385～1419.

[17]　King R B. Three-dimensional aromaticity in polyhedral boranes and related molecules. Chem Rev,2001, 101：1119～1152.

[18]　Luo Yu-Ran(罗渝然). Bond Dissociation Energies. //Lide D R(editor in chief). CRC Handbook of Chemistry and Physics. 90th ed. 2009～2010. CRC Press,2009.

[19]　Atkins P W,Overton T L,Rourke J P,Weller M T,Armstrong F A. Inorganic Chemistry. 5th ed. Oxford University Press,2010.

第6章 配位化合物的结构和性质

6.1 概 述

配位化合物简称配合物,又称络合物,是一类含有中心金属原子或离子(M)和若干配位体(L)的化合物(ML_n)。中心原子 M 通常是过渡金属元素的原子,具有空的价轨道;而配位体 L 则有一对或一对以上孤对电子。M 和 L 之间通过配位键结合,成为带电的配位离子,配位离子与荷异性电荷的离子结合,形成配位化合物。有时中心原子和配位体直接结合成不带电的中性配位化合物分子。

一个配位化合物分子中只含一个中心原子的叫单核配位化合物,含两个或两个以上中心原子的叫多核配位化合物。在含两个以上金属原子的多核配位化合物中,M 和 M 靠金属-金属键结合在一起的叫作金属原子簇化合物。

配位化合物是金属离子最普遍的一种存在形式,例如水溶液中金属离子一般是和水或其他离子配位的。金属离子和不同的配位体结合后,性质不相同,可用以进行溶解、沉淀和萃取,以达到合成制备、分离提纯、分析化验等目的。配位化合物中有许多化学工业上用的重要催化剂,在化工生产中起极为重要的作用。研究配位化合物的结构和性质,对于科研和生产、对于化学的各个分支都是十分重要的。

6.1.1 配位体

每个配位体至少有一个原子具有一对或一对以上的孤对电子,或分子中有 π 电子,它们能和金属离子发生配位作用。这种原子处在周期表的 p 区,其中最重要的是 N 和 O,其次是 C,P,S,Cl,F 等。根据配位体所能提供的配位点(或称络合点)数目和结构特征,可将配位体分成下列几类。

1. 单齿配位体

只有一个配位点的配位体叫单齿配位体,如 NH_3。通常单齿配位体与金属离子生成单核配位离子后,金属离子被掩蔽在配位体之中,它的性质会起变化。这种配位离子比单个金属离子半径大,使正、负离子之间静电引力下降,溶解度增大,不易沉淀。例如 AgCl 能溶于氨水,生成银氨配位离子。

2. 非螯合多齿配位体

配位体有多个配位点,但由于配位体本身几何形状的限制,同一配位体的几个配位点不能直接与同一个金属离子配位,如 PO_4^{3-},CO_3^{2-} 等。一般情况下,每个配位体要和一个以上金属离子配位;而每个金属离子为了满足配位要求,又要与若干个这样的配位体配位。这样形成的多核配位化合物,往往是不溶性的沉淀,所以非螯合多齿配位体在化学中常用作沉淀剂。

3. 螯合配位体

一个配位体中的几个配位点能直接和同一个金属离子配位,称为螯合配位体。

图 6.1.1 示出在 $[Co(EDTA)]^-$ 配位离子中,一个 EDTA 螯合配位体和 Co^{3+} 螯合的情况。

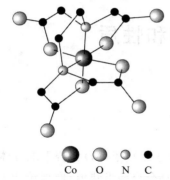

不带电的单核螯合分子,一般在水中的溶解度很小,但能溶于有机溶剂,因此这种配位体在水溶液中是一种沉淀剂,在有机溶液中能起萃取络合剂的作用。如乙酰丙酮铝 $Al(acac)_3$,它是中性分子,熔点 192℃,几乎不溶于水,却极易溶解在许多有机溶剂中。带电的单核螯合离子一般很难从水溶液中沉淀出来。这种配位体可作为掩蔽剂,如酒石酸盐、EDTA 等都是这类掩蔽剂。

**图 6.1.1　$[Co(EDTA)]^-$
螯合离子的结构**

4. π 键配位体

含有 π 电子的烯烃、炔烃、芳香烃等不饱和烃分子也可作为配位体,这类配位体有露在分子骨架外部的成键的 π 电子和空的反键轨道,它们可以和过渡金属结合成配位化合物。随着石油化工的发展,这类配位化合物的结构和性能在理论上和实际生产中都引起人们极大的兴趣。例如,烯烃是石油化工中需求量最大的一类原料,常用过渡金属化合物作催化剂进行氧化、加成、聚合等反应,以制取石油化工产品。乙烯、丁二烯、一氧化碳、苯、环戊二烯基(C_5H_5)等都是 π 键配位体。

在由多个金属原子组成分子骨干的配位化合物中,一个配位体同时和 n 个金属原子 M 配位结合时,常在配位体前加 μ_{n^-} 记号,例如 $Fe_3(CO)_{10}(\mu_2\text{-}CO)_2$,表示有 2 个 CO 分别同时和 2 个 Fe 原子结合成桥式结构,而其余 10 个 CO 都分别只和 1 个 Fe 原子结合。若一个配位体有 n 个配位点与同一金属原子结合,则在配位体前标上 η^n-记号,例如 $(\eta^5\text{-}C_5H_5)_2Fe$,表示每个 C_5H_5 都有 5 个配位点和同一个 Fe 原子结合。在不同配位情况下由配位体提供给分子骨干的电子数列于表 6.1.1 中。

表 6.1.1　配位体提供给分子骨干的电子数目(骨干原子按不带净电荷计算)

配位体	配位形式[a]	电子数目	配位体	配位形式[a]	电子数目
H	μ_1,μ_2,μ_3	1	NR_3,PR_3	μ_1	2
B	int	3	NCR	μ_1	2
CO	μ_1,μ_2,μ_3	2	NO	μ_1,μ_2,μ_3	3
CR	μ_3,μ_4	3	OR,SR	μ_1	1
CR_2	μ_1,μ_2	2	OR,SR	μ_2	3
CR_3,SiR_3	μ_1,μ_2	1	O,S,Se,Te	μ_2	2
$\eta^2\text{-}C_2R_2$	μ_1	2	O,S,Se,Te	μ_3	4
$\eta^2\text{-}C_2R_4$	μ_1	2	O,S	int	6
$\eta^5\text{-}C_5R_5$	μ_1	5	F,Cl,Br,I	μ_1	1
$\eta^6\text{-}C_6R_6$	μ_1	6	F,Cl,Br,I	μ_2	3
C,Si	int	4	Cl,Br,I	μ_3,μ_4	5
N,P,As,Sb	int	5	PR	μ_3,μ_4	4

[a] μ_1=端接配位体,μ_2=桥连 2 个原子配位体,μ_3=桥连 3 个原子配位体,int=填隙原子。

表 6.1.1 中所列的配位体提供的电子数目,是按不带电荷的金属原子计算的。实际上,许多配位体和金属是以离子形式存在的。例如在 $[CoCl_6]^{3-}$,$Ni(CN)_4^{2-}$ 和 $(\eta^5\text{-}C_5H_5)_2Fe$ 中,

金属离子的价态为 Co^{3+}，Ni^{2+}，Fe^{2+}，配位体离子为 Cl^-，CN^-，$C_5H_5^-$。这时每个 Cl^- 向 Co^{3+} 提供 2 个电子，每个 CN^- 向 Ni^{2+} 提供 2 个电子，每个 $C_5H_5^-$ 向 Fe^{2+} 提供 6 个电子。

在计算中心金属离子的配位数时，对于 π 键配位体不是按配位点数目计算，而是按 π 配位体提供的电子对数目计算。例如，$\eta^2\text{-}C_2R_4$ 有 2 个 C 原子同时和 M 成键，它提供 1 对 π 电子，配位数为 1；$\eta^5\text{-}C_5H_5^-$ 有 5 个 C 原子同时和 M 成键，它提供 3 对 π 电子，配位数为 3，在 $(C_5H_5)_2Fe$ 中，Fe 的配位数为 6；$\eta^6\text{-}C_6H_6$ 有 6 个 C 原子同时和 M 成键，它提供了 3 对 π 电子，配位数为 3，所以$(\eta^6\text{-}C_6H_6)_2Cr$ 中，Cr 的配位数为 6。

6.1.2　配位化合物结构理论的发展

在阐明配位化合物结构的理论中，较重要的有价键理论、晶体场理论、分子轨道理论和配位场理论等，本节概述这些理论的基本内容。

1. 价键理论

配位化合物的价键理论是根据配位化合物的性质，按杂化轨道理论，用共价配键和电价配键解释配位化合物中金属离子和配位体间的作用。例如，$Fe(CN)_6^{4-}$，$Co(NH_3)_6^{3+}$，$Co(CN)_6^{4-}$，$Ni(CN)_4^{2-}$ 等呈现反磁性或弱顺磁性，是由于中心离子有未充满的 d 轨道和 s，p 空轨道，这些空轨道通过杂化组成杂化轨道，由配位体提供孤对电子，形成 $L{\rightarrow}M$ 的 σ 配键；FeF_6^{3-}，CoF_6^{3-} 等的磁性表明，中心离子的未成对电子数和自由离子一样，认为金属离子和配位体以静电吸引力结合在一起。上述配位离子的电子结构列于表 6.1.2 中。

表 6.1.2　配位离子的电子组态和几何构型

配位离子	3d			4s	4p	5s	杂化轨道	几何构型
$Fe(CN)_6^{4-}$	↑↓	↑↓	↑↓				d^2sp^3	八面体
$Co(NH_3)_6^{3+}$	↑↓	↑↓	↑↓				d^2sp^3	八面体
$Co(CN)_6^{4-}$	↑↓	↑↓	↑			↑	d^2sp^3	八面体
$Ni(CN)_4^{2-}$	↑↓	↑↓	↑↓	↑↓			dsp^2	平面四方形
FeF_6^{3-}	↑	↑	↑	↑	↑		—	八面体
$Ni(NH_3)_6^{2+}$	↑↓	↑↓	↑↓	↑	↑		—	八面体

价键理论能简明地解释配位化合物的几何构型和磁性等性质；可以解释$Co(CN)_6^{4-}$存在高能态电子，非常容易被氧化，是很强的还原剂，能把水中的 H^+ 还原为 H_2。价键理论是个定性理论，没有涉及反键轨道，也不涉及激发态，不能满意地解释配位化合物的光谱数据，有些配位化合物的磁性、几何构型和稳定性也不能满意地得到说明。

2. 晶体场理论

晶体场理论是静电作用模型，把中心离子(M)和配位体(L)的相互作用看作类似于离子晶体中正负离子的静电作用。当 L 接近 M 时，M 的 d 轨道受到 L 负电荷的静电微扰作用，使原来能级简并的 d 轨道发生分裂。按微扰理论可计算分裂能的大小，因计算繁琐，定性地将配位体看作按一定对称性排布的点电荷与 M 的 d 轨道电子云产生排斥作用。由于 d 轨道分布的特点，在晶体场中原来 5 个能级简并的 d 轨道能级发生分裂，引起电子排布及其他一系列性质的变化,据此可解释配位化合物的许多性质。例如八面体配位离子中,6 个配位体沿 x,y,z 方向接近金属离子,L 的负电荷对 $d_{x^2-y^2}$ 和 d_{z^2} 轨道的电子排斥作用大,使这两轨道能级上升较多;而夹在两坐标轴之间的 d_{xy},d_{xz},d_{yz} 受到推斥较小,能级上升较少。这样,d 轨道分裂成两组:低能级的 3 个 d 轨道 d_{xy},d_{xz},d_{yz} 通常用 t_{2g} 表示;高能级的 2 个 d 轨道 $d_{x^2-y^2},d_{z^2}$ 通常用 e_g 表示。这两组轨道能级间的差值,称为晶体场分裂能,用 Δ_o 或 Δ 表示。d 电子根据晶体场分裂能(Δ)和电子成对能(P)的相对大小填在这两组轨道上,形成强场低自旋或弱场高自旋结构,据此可解释配位化合物的结构、光谱、稳定性及磁性等一系列性质。

晶体场理论成功地解释了配位化合物的许多结构和性质,但它只按静电作用进行处理,相当于只考虑离子键作用,出发点过于简单,而且对于分裂能的大小变化次序难以解释。例如中性的 NH_3 分子比带负电的卤素离子产生的分裂能大,而 CO 和 CN^- 等引起的分裂能特别大,都无法用静电场解释。

3. 分子轨道理论

配位化合物的分子轨道理论是用分子轨道理论的观点和方法处理金属离子和配位体的成键作用。在描述配位化合物分子的状态时,是用 M 的价层电子波函数 ψ_M 与配位体 L 的分子轨道 ψ_L 组成的离域分子轨道 ψ

$$\psi = c_M \psi_M + \sum c_L \psi_L$$

式中 ψ_M 包括 M 中 $(n-1)d, ns, np$ 等价层轨道,$\sum c_L \psi_L$ 可看作 L 的群轨道。为了有效地组成分子轨道,要满足对称性匹配、轨道最大重叠、能级高低相近等条件,对称性匹配在其中起关键作用。

4. 配位场理论

配位场理论是晶体场理论的发展,其实质是配位化合物的分子轨道理论。在处理中心金属原子在其周围配位体所产生的电场作用下,金属的原子轨道能级发生变化时,以分子轨道理论方法为主,根据配位体场的对称性进行简化,并吸收晶体场理论的成果,阐明配位化合物的结构和性质。它与纯粹的分子轨道理论有一定的差别,故称为配位场理论。

6.2　配位场理论

6.2.1　ML_6 八面体配位化合物的分子轨道

大多数六配位化合物呈正八面体或变形八面体构型,如 TiF_6^{3-},$Fe(CN)_6^{4-}$,$V(H_2O)_6^{2+}$,$Co(NH_3)_6^{3+}$,$Ni(H_2O)_6^{2+}$。在 ML_6 正八面体配位化合物中,M 原子处在对称中心位置,呈 O_h 点群对称性。

设中心原子 M 处在直角坐标系原点,6 个配位体位于坐标轴上。按 M 和 L 组成的分子轨道是 σ 轨道还是 π 轨道,将 M 的价轨道进行分组:

$$\sigma: \quad s, p_x, p_y, p_z, d_{x^2-y^2}, d_{z^2}$$
$$\pi: \quad d_{xy}, d_{yz}, d_{xz}$$

配位体 L 按能与中心原子生成 σ 键或 π 键轨道分别组合成新的群轨道,使与 M 的原子轨道对称性匹配。设处在 x,y,z 3 个正向的 L 的 σ 轨道分别为 $\sigma_1,\sigma_2,\sigma_3$,负向的为 $\sigma_4,\sigma_5,\sigma_6$。这些轨

表 6.2.1　ML₆ 八面体场的分子轨道

ψ_M	$c_L\psi_L$	表　示
4s	$\pm\dfrac{1}{\sqrt{6}}(\sigma_1+\sigma_2+\sigma_3+\sigma_4+\sigma_5+\sigma_6)$	a_{1g},a_{1g}^*
$3d_{x^2-y^2}$	$\pm\dfrac{1}{2}(\sigma_1-\sigma_2+\sigma_4-\sigma_5)$	e_g,e_g^*
$3d_{z^2}$	$\pm\dfrac{1}{2\sqrt{3}}(2\sigma_3+2\sigma_6-\sigma_1-\sigma_2-\sigma_4-\sigma_5)$	
$4p_x$	$\pm\dfrac{1}{\sqrt{2}}(\sigma_1-\sigma_4)$	t_{1u},t_{1u}^*
$4p_y$	$\pm\dfrac{1}{\sqrt{2}}(\sigma_2-\sigma_5)$	
$4p_z$	$\pm\dfrac{1}{\sqrt{2}}(\sigma_3-\sigma_6)$	
$3d_{xy}$		t_{2g}
$3d_{xz}$		
$3d_{yz}$		

道组成和中心原子 σ 轨道对称性匹配的群轨道,它们的情况列于表 6.2.1 中。中心原子的各个轨道以及和它对称性匹配的配位体群轨道的图形示于图 6.2.1 中。由于 M 的 d_{xy},d_{yz},d_{xz} 轨道的极大值方向正好和 L 的 σ 轨道错开,基本上不受影响,是非键轨道。M 的 6 个轨道和 6 个配位体轨道组合得到 12 个离域分子轨道,一半为成键轨道,一半为反键轨道。这些轨道能级定性地示意于图 6.2.2 中。

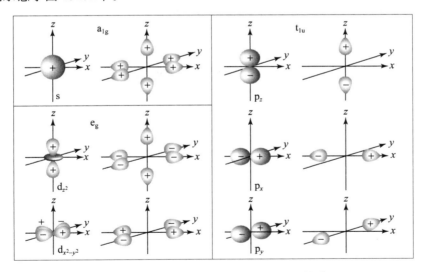

图 6.2.1　中心原子轨道及配位体的群轨道

因配位体 L 电负性较高而能级低,电子进入成键轨道,形成 σ 配键。M 的电子安排在 t_{2g} 和 e_g^* 轨道上。这样,3 个 t_{2g} 非键轨道与 2 个 e_g^* 反键轨道所形成的 5 个轨道,用来安排中心金属离子的 d 电子。5 个轨道分成两组:3 个能级低的 t_{2g},2 个能级高的 e_g^*。t_{2g}(或 t_{2g}^*)和 e_g^* 间的能级间隔称为分裂能 Δ_o。它和晶体场理论中 t_{2g} 和 e_g 间的 Δ_o 相当。

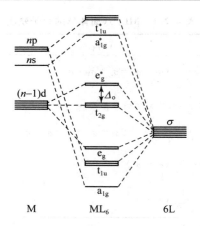

图 6.2.2 配位化合物分子轨道能级图

6.2.2 八面体场分裂能 Δ_o

八面体场分裂能 Δ_o 的大小随不同的配位体和中心原子的性质而异。根据光谱数据可测得分裂能 Δ_o 的数值,并得到下面的经验规则:

(1) 对同一种金属原子(M),配位体的场强不同,分裂能大小不同。一般而言,配位体对分裂能大小的影响次序为

$$CO, CN^- > NO_2^- > en > NH_3 > Py > H_2O > F^- > OH^- > Cl^- > Br^-$$

Δ_o 大者称为强场配位体,Δ_o 小者称为弱场配位体。为什么不带电荷的中性分子 CO 是强配位体,而带电荷的卤素离子是弱配位体呢?π 键的形成是影响分裂能大小的重要因素。d_{xy},d_{yz},d_{xz} 等 t_{2g} 轨道虽不能和配位体 L 形成 σ 键,但条件合适时可形成 π 键。

CO 和 CN$^-$ 等通过分子的 π^* 群轨道与 M 的 t_{2g} 轨道形成 π 键,扩大了 Δ_o,是强场配位体,如图 6.2.3 所示,其中:(a) 图表示轨道叠加(只示出一个方向,其他方向也相同),由有电子的轨道向空轨道(虚线)提供电子,形成配键;(b) 图表示能级变化。

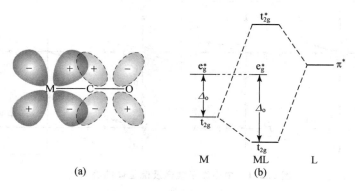

图 6.2.3 强场配位体扩大 Δ_o

Cl$^-$,F$^-$ 等的 p 轨道和 M 的 d 轨道形成 π 键,缩小了 Δ_o,是弱场配位体,如图 6.2.4 所示,其中:(a)图表示轨道叠加,由有电子的轨道向空轨道(虚线)提供电子,形成配键;(b)图表示能级变化。

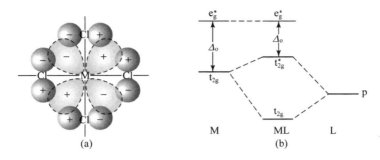

图 6.2.4 弱场配位体缩小 Δ_o

若只看配位体 L 中直接配位的单个原子,Δ_o 随原子序数增大而减少,次序为 C>N>O>F>S>Cl>Br>I。

(2)对一定的配位体,Δ_o 随 M 不同而异,其大小次序为

$$Pt^{4+} > Ir^{3+} > Pd^{4+} > Rh^{3+} > Mo^{3+} > Ru^{3+} > Co^{3+} > Cr^{3+} > Fe^{3+} > V^{2+}$$
$$> Co^{2+} > Ni^{2+} > Mn^{2+}$$

其中心离子的价态对 Δ_o 影响很大,价态高,Δ_o 大,例如 $Mn(H_2O)_6^{2+}$ 的 Δ_o 为 $7800\ cm^{-1}$,而 $Mn(H_2O)_6^{3+}$ 为 $21000\ cm^{-1}$。中心离子所处的周期数也影响 Δ_o。第二、第三系列过渡金属离子的 Δ_o 均比同族第一系列过渡金属离子大。例如:$Co(NH_3)_6^{3+}$ 为 $23000\ cm^{-1}$,$Rh(NH_3)_6^{3+}$ 为 $34000\ cm^{-1}$,$Ir(NH_3)_6^{3+}$ 为 $41000\ cm^{-1}$。

(3)Δ_o 可表达为配位体的贡献(f)和中心离子的贡献(g)的乘积,即 $\Delta_o = f \times g$,Jörgensen 给出八面体场的 f 和 g(见表 6.2.2)。

表 6.2.2 八面体场的 f 和 g

f				$g/(1000\ cm^{-1})$			
Br^-	0.72	$C_2O_4^{2-}$	0.99	Mn^{2+}	8.0	Ru^{2+}	20
SCN^-	0.73	H_2O	1.00	Ni^{2+}	8.7	Mn^{4+}	23
Cl^-	0.78	NCS^-	1.02	Co^{2+}	9	Mo^{3+}	24.6
F^-	0.9	Py	1.23	V^{2+}	12.0	Rh^{3+}	27.0
尿素	0.92	NH_3	1.25	Fe^{3+}	14.0	Tc^{4+}	30
HAc	0.94	en	1.28	Cr^{3+}	17.4	Ir^{3+}	32
乙醇	0.97	CN^-	1.7	Co^{3+}	18.2	Pt^{4+}	36

6.2.3 配位场稳定化能与配位化合物的性质

根据八面体配位化合物分子轨道能级高低增填电子时,6 个配位体的 6 对孤对电子填入 6 个成键轨道。中心离子的 d 电子填入 t_{2g} 和 e_g^* 两组轨道。此时需要考虑电子成对能(P)和分裂能(Δ_o)的相对大小。若为弱场配位体,$P > \Delta_o$,电子倾向于多占轨道,弱场形成高自旋型(HS)配合物;若为强场配位体,$P < \Delta_o$,形成低自旋型(LS)配合物。

若选取 t_{2g} 和 e_g^* 能级的权重平均值作为能级的零点,即

$$2E(e_g^*) + 3E(t_{2g}) = 0$$

而

$$E(e_g^*) - E(t_{2g}) = \Delta_o$$

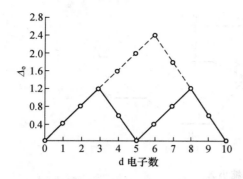

图 6.2.5　不同 d 电子组态的 LFSE 值

由此公式可得 e_g^* 的能级为 $0.6\Delta_o$，t_{2g} 的能级为 $-0.4\Delta_o$。这个能级零点也就作为中心离子 M 处在球形场中未分裂的 d 轨道的能级。配位化合物中 d 电子填入这些轨道后，若不考虑成对能，能级降低的总值称为配位场稳定化能(LFSE)。

表 6.2.3 示出强场和弱场时不同电子组态的 LFSE 的数值。相应的图形示于图 6.2.5 中。

成对能是指自旋相同分占两个轨道的两个电子和处在同一轨道上自旋相反的一对电子间的能量差。

表 6.2.3　不同 d 电子组态的 LFSE 的数值(Δ_o)

d电子数目	HS（弱场）			LS（强场）		
	t_{2g}	e_g^*	LFSE	t_{2g}	e_g^*	LFSE
0	— — —	— —	0	— — —	— —	0
1	↑ — —	— —	0.4	↑ — —	— —	0.4
2	↑ ↑ —	— —	0.8	↑ ↑ —	— —	0.8
3	↑ ↑ ↑	— —	1.2	↑ ↑ ↑	— —	1.2
4	↑ ↑ ↑	↑ —	0.6	↑↓ ↑ ↑	— —	1.6
5	↑ ↑ ↑	↑ ↑	0	↑↓ ↑↓ ↑	— —	2.0
6	↑↓ ↑ ↑	↑ ↑	0.4	↑↓ ↑↓ ↑↓	— —	2.4
7	↑↓ ↑↓ ↑	↑ ↑	0.8	↑↓ ↑↓ ↑↓	↑ —	1.8
8	↑↓ ↑↓ ↑↓	↑ ↑	1.2	↑↓ ↑↓ ↑↓	↑ ↑	1.2
9	↑↓ ↑↓ ↑↓	↑↓ ↑	0.6	↑↓ ↑↓ ↑↓	↑↓ ↑	0.6
10	↑↓ ↑↓ ↑↓	↑↓ ↑↓	0	↑↓ ↑↓ ↑↓	↑↓ ↑↓	0

由于弱场条件下不成对电子数不变，无成对能影响；而强场条件下只有 d^4，d^5，d^6，d^7 有成对能影响，但此时 $\Delta_o > P$。因此，只考虑 Δ_o 即可定性地解释有关规律，所以在表 6.2.3 中没有标出成对能。

LFSE 的大小不同，配位化合物的性质不同。下面列举几个方面的性质予以说明。

1. 离子水化热和 MX_2 的点阵能

第四周期二价金属离子由 Ca^{2+} 到 Zn^{2+}，由于 3d 电子层受核吸引增大，离子水化热理应循序增加，但实际上由于受 LFSE 的影响，出现如图 6.2.6 所示的形状（它是按弱场情况变化的）。

第四周期金属元素的卤化物，从 CaX_2 到 ZnX_2（X＝Cl，Br，I），其点阵能随 d 电子数变化也有相似的双突起的情况。

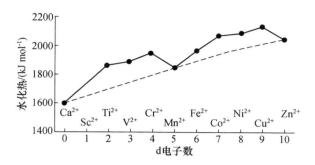

图 6.2.6 第四周期金属离子(M^{2+})的水化热

2. 离子半径

若将第四周期金属六配位的二价离子的离子半径对 3d 电子数作图,得到图 6.2.7。由于随核电荷增加,d 电子数目也增加,但 d 电子不能将增加的核电荷完全屏蔽,单从这个因素考虑,离子半径应单调下降,实际上由于 LFSE 的影响,HS 型出现向下双峰,LS 型出现向下单峰,这是 LFSE 的能量效应对微观结构的影响。对八面体配合物,HS 态的半径(○)比 LS 态的半径(●)大。

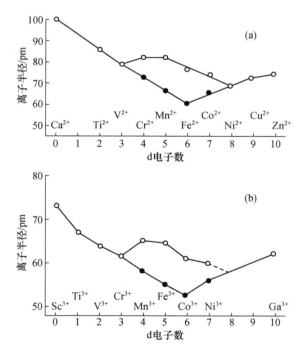

图 6.2.7 第四周期金属离子 M^{2+}(a)和 M^{3+}(b)的离子半径

由于自旋状态不同引起离子半径的差异,在生物化学中有重要意义。例如在血红蛋白中,血红素辅基的 Fe^{2+} 能可逆载氧,载氧时 Fe^{2+} 的状态为低自旋,半径较小,能嵌入卟啉环的平面内,呈六配位。而脱氧后 Fe^{2+} 呈高自旋态,半径较大,不能嵌入卟啉环的平面中,高出平面 $70 \sim 80$ pm,Fe---N 距离 220 pm,为五配位,如图 6.2.8 经典解释所示。

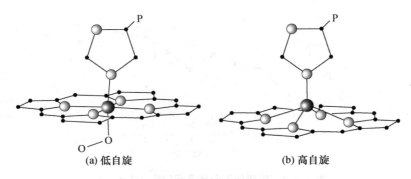

图 6.2.8　Fe²⁺ 在卟啉环中的位置

（图中深色阴影球代表 Fe,浅色阴影球代表 N,P 代表蛋白质中多肽链）

3. Jahn-Teller 效应

t_{2g} 或 e_g^* 中各个轨道上电子数不同时,就会出现简并态,例如 $(d_{x^2-y^2})^2 (d_{z^2})^1$ 和 $(d_{x^2-y^2})^1 (d_{z^2})^2$。按 Jahn-Teller(姜-特勒)理论,当遇到简并态时,配位化合物会发生变形,使一个轨道能级降低,消除简并态。Cu^{2+} 是发生 Jahn-Teller 变形的典型实例。例如 CuL_4L_2' 配位离子中,不论 L 和 L′ 是否相等,一般均偏离正八面体构型,出现拉长或压扁的四方形配位,而以拉长的居多,即多数出现 4 个 Cu—L 短键和 2 个 Cu—L′ 长键。这时电子组态应为

$$(d_{z^2})^2 (d_{x^2-y^2})^1$$

下表列出若干种化合物的 Cu—L 键长,这种 Jahn-Teller 变形必将影响配位化合物的性质。

化合物	L	Cu—L 键长/pm	L′	Cu—L′键长/pm
CuF_2	4F	193	2F	227
$CuCl_2$	4Cl	230	2Cl	295
$CuBr_2$	4Br	240	2Br	318
$Cu(NH_3)_6^{2+}$	4NH₃	207	2NH₃	262
K_2CuF_4	4F	208	2F	195

乙二胺(en)和二价过渡金属离子的配合物在水溶液中的逐级稳定常数 K_1, K_2, K_3 分别代表 en 置换 $[M(H_2O)_6]^{2+}$ 中的 2,4,6 个 H_2O 分子,形成 1,2,3 个 en 与 M 螯合的离子,其 pK 如图6.2.9 所示。

由图可见,Cu^{2+} 具有反常的最高 K_1, K_2 值和最低的 K_3 值,这是由于 Jahn-Teller 效应使 $[Cu(en)_3]^{2+}$ 明显地不稳定造成的。因为当 1 个或 2 个 en 和 M 结合时,可以形成键长较短的强 M—N 键;而当 3 个 en 和 M 结合时,则因 Jahn-Teller 效应,有 2 个长键处于对位位置,它不能由 1 个 en 配位,所以必定有 2 个 en 和 M 以弱 M—N 键结合。

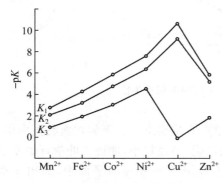

图 6.2.9　若干 M(en)₃²⁺ 的 pK

6.2.4 配位化合物的热力学稳定性

配位化合物的稳定性常用稳定常数表示。由于在水溶液中金属离子和水结合在一起,形成水合离子,当配位体(L)加到水溶液中,配位体将置换 H_2O,其逐级平衡反应如下:

$$M(H_2O)_n + L \Longrightarrow M(H_2O)_{n-1}L + H_2O \qquad K_1 = \frac{[M(H_2O)_{n-1}L]}{[M(H_2O)_n][L]}$$

$$M(H_2O)_{n-1}L + L \Longrightarrow M(H_2O)_{n-2}L_2 + H_2O \qquad K_2 = \frac{[M(H_2O)_{n-2}L_2]}{[M(H_2O)_{n-1}L][L]}$$

……

$$M(H_2O)L_{n-1} + L \Longrightarrow ML_n + H_2O \qquad K_n = \frac{[ML_n]}{[M(H_2O)L_{n-1}][L]}$$

$K_1, K_2, \cdots, K_n$ 为逐级平衡常数。ML_n 的总的配位反应的平衡常数称为配位化合物 ML_n 的稳定常数 K(有时用 β 表示)。

$$M(H_2O)_n + nL \Longrightarrow ML_n + nH_2O \qquad K = \frac{[ML_n]}{[M(H_2O)_n][L]^n} \quad K(\equiv \beta) = K_1 K_2 K_3 \cdots K_n$$

例如 $Cu(H_2O)_4^{2+}$ 和配位体 NH_3 反应,其 $K_1 = 1.66 \times 10^4$,$K_2 = 3.16 \times 10^3$,$K_3 = 8.31 \times 10^2$,$K_4 = 1.51 \times 10^2$。根据这些数据,可得到 $Cu(NH_3)_4^{2+}$ 的稳定常数 $K = 6.58 \times 10^{12}$。

K 值的大小反映配位化合物的稳定性。根据反应标准自由焓变化和平衡常数的关系,可得

$$\Delta G^{\ominus} = -2.303 RT \lg K$$

在一定温度和压力条件下

$$\Delta G^{\ominus} = \Delta H^{\ominus} - T\Delta S^{\ominus}$$

$$\lg K = \frac{\Delta S^{\ominus}}{2.303 R} - \frac{\Delta H^{\ominus}}{2.303 RT}$$

配位化合物的稳定常数取决于配位反应的熵变和焓变两个因素。

金属离子在配位场影响下降低的能量是影响稳定常数的焓变因素,当 L 的配位场比 H_2O 强,发生置换反应时放热多,即配位场稳定化能比较大,促使置换反应进行。配位反应时,分子数目的增减是影响稳定常数的熵变因素。用螯合配位体置换 H_2O 分子时,置换反应将使分子数目增多,是熵增加的效应,也是促使置换反应进行的重要条件。

螯合效应是指由螯合配位体形成的配位化合物,一般要比相同配位数和相同配位原子的单齿配位体形成的配位化合物稳定的效应。螯合效应的实质是一种熵增效应。表 6.2.4 给出一些由过渡金属离子和 NH_3,en 及 EDTA 所形成配合物的稳定常数(实验值)。由表可见,$Co(NH_3)_6^{2+}$ 和 $Co(en)_3^{2+}$ 以及 $Ni(NH_3)_6^{2+}$ 和 $Ni(en)_3^{2+}$ 发生配位反应时,都是以 N 原子置换 O 原子,键强度的改变值差别不大,所以平衡常数的差别主要来自熵增效应。

表 6.2.4 若干配位化合物的稳定常数

	M^{2+}	Mn^{2+}	Fe^{2+}	Co^{2+}	Ni^{2+}	Cu^{2+}	Zn^{2+}
	$M(NH_3)_6^{2+}$	—	—	5.1	8.7	—	—
$\lg K$	$M(en)_3^{2+}$	5.7	9.5	13.8	18.6	18.7	12.1
	$M(EDTA)^{2-}$	13.8	14.3	16.3	18.6	18.7	16.1

EDTA 配合物的稳定常数大,在分析化学中,可用 EDTA 进行配位滴定分析。在医学上,

当人体中有害金属离子过多时,可用 EDTA 进行螯合治疗,使配位体和有害金属离子螯合,排出体外。由于配位体对金属离子缺乏选择性,在排除有害离子的同时,也会螯合其他对人体必需的、有益的离子。例如用 $Na_4(EDTA)$ 排除 Pb^{2+} 时,常会导致血钙水平降低;但如果改用 $Na_2Ca(EDTA)$,既可顺利排铅,又可保持血钙不受影响。

6.2.5 其他多面体配位化合物的配位场

按照八面体场的处理方法对其他配位体场进行处理,所得能级分裂的相对大小数值列于表 6.2.5 中;5 个 d 轨道能级的分裂情况示意于图 6.2.10 中,其中以正八面体场的分裂能为 1,取球形场离子未分裂的 d 轨道的能级作为相对零点,轨道能级升高取正值,降低取负值。

表 6.2.5 各种对称性场中 d 轨道能级的分裂(Δ)

配位数	场对称性	$d_{x^2-y^2}$	d_{z^2}	d_{xy}	d_{yz}	d_{xz}	注
2	直 线 形	-0.628	1.028	-0.628	0.114	0.114	键沿 z 轴
3	正 三 角 形	0.545	-0.321	0.546	-0.386	-0.386	键在 xy 平面
4	正四面体形	-0.267	-0.267	0.178	0.178	0.178	—
4	平面正方形	1.228	-0.428	0.228	-0.514	-0.514	键在 xy 平面
6	正八面体形	0.600	0.600	-0.400	-0.400	-0.400	
5	三角双锥形	-0.082	0.707	-0.082	-0.272	-0.272	锥底在
5	四 方 锥 形	0.914	0.086	-0.086	-0.457	-0.457	xy 平面
7	五角双锥形	0.282	0.493	0.282	-0.528	-0.528	

四面体配位化合物[如 VCl_4,$Ni(CO)_4$ 等]的配位场能级分裂的情况是:d_{xy},d_{xz},d_{yz} 轨道比 $d_{x^2-y^2}$,d_{z^2} 轨道的能级高,和八面体场是相反的,3 个 σ 型的是 t_{2g}^* 轨道,2 个 π 型的是 e_g 轨道。这两组轨道间的能级差记为 Δ_t,Δ_t 比 Δ_o 小,给定了配位体和金属离子,并假定在四面体场和八面体场中金属-配位体的距离近于相等,理论上可以推得:$\Delta_t \approx (4/9)\Delta_o$。即四面体配位场强度比八面体场弱很多。实验测定结果和理论推导基本一致,例如 $CoCl_4^{2-}$ 3300 cm^{-1},

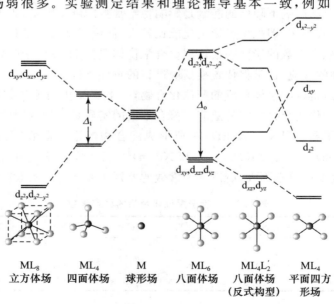

图 6.2.10 各种配位场条件下,金属 d 轨道能级的分裂情况

$CoBr_4^{2-}$ 2900 cm^{-1},CoI_4^{2-} 2700 cm^{-1},确实比相同金属和配位体的 Δ_o 小很多。由于四面体配位场的分裂能很小,几乎所有四面体过渡金属配位化合物都具有高自旋的基态电子组态。

四配位化合物的配位型式与 d 电子数多少有关。在弱场中,d^0,d^5,d^{10} 离子采用四面体构型,相互间排斥力最小,如 $TiCl_4$,$FeCl_4^-$,CuX_4^{3-},ZnX_4^{2-} 等均采取四面体排列;d^1 和 d^6 一般仍采取四面体形,如 VCl_4,$FeCl_4^{2-}$。对于 d^8 的四配位化合物,应为平面正方形,因为这种构型获得的 LFSE 较多,这时配位化合物中电子自旋成对,呈反磁性。第二和第三长周期过渡元素确是如此,如 $PdCl_4^{2-}$,$PtCl_4^{2-}$,Au_2Cl_6,$[Rh(CO)_2Cl]_2$ 等;而第一长周期过渡元素,因金属离子较小,碰到电负性高、体积大的配位体时,则需要考虑排斥的因素,$Ni(CN)_4^{2-}$ 为平面正方形,NiX_4^{2-}($X=Cl^-$,Br^-,I^-)为四面体形。

五配位化合物有三方双锥形和四方锥形两种构型。按杂化轨道理论,三方双锥用 $d_{z^2}sp^3$ 杂化轨道,四方锥用 $d_{x^2-y^2}sp^3$ 杂化轨道。$CdCl_5^{3-}$ 是三方双锥形的代表,$Ni(CN)_5^{3-}$ 则是四方锥结构的代表。而有的构型可看作是介于这两者之间。影响五配位的因素较多,LFSE 是其中之一,它不是配位化合物采用三方双锥形或四方锥形的决定因素。

七配位化合物中最常见构型是五方双锥形,它可看作由 d^3sp^3 杂化轨道组成,3 个 d 轨道为 d_{xy},$d_{x^2-y^2}$,d_{z^2}。ZrF_7^{3-} 和一些 Mo 的配位化合物采用这种构型。

6.3 σ-π 配键与有关配位化合物的结构和性质

6.3.1 金属羰基配位化合物和小分子配位化合物

许多过渡金属能通过 σ-π 配键与 CO 分子结合,生成羰基配位化合物,如 $Ni(CO)_4$,$Cr(CO)_6$,$Fe(CO)_5$,$HMn(CO)_5$ 等。

在金属羰基配位化合物中,CO 以碳原子和金属原子相连,M—C—O 在一直线上。CO 分子一方面提供孤对电子给予中心金属原子的空轨道形成 σ 配键,如图 6.3.1(a) 所示;另一方面又有空的反键 π* 轨道可以和金属原子的 d 轨道形成 π 键,这种 π 键由金属原子单方面提供电子,也称反馈 π 键,如图 6.3.1(b) 所示。这两方面的键合称为 σ-π 配键。两方面的电子授受作用正好互相配合,互相促进,其结果使 M—C 间的键比共价单键强,而 C—O 间的键比 CO 分子中的键弱(因为反键轨道上有了一定数量的电子)。图 6.3.2 示出 $Fe(CO)_5$ 和 $HMn(CO)_5$ 的结构。

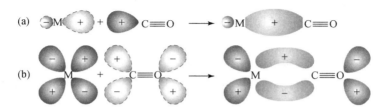

图 6.3.1　M—C—O 中 σ-π 配键示意图

(图中表示一个截面的波函数重叠情况,重叠后原来处在原子轨道上的电子
主要分布在 M—C 原子之间,而分子两端电子较少)

许多羰基配位化合物都有一个特点:每个金属原子的价电子数和它周围配位体提供的价

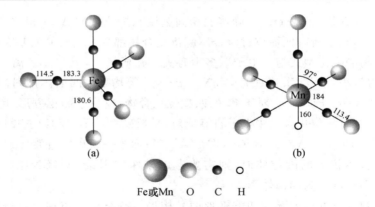

图 6.3.2　Fe(CO)₅ 和 HMn(CO)₅ 的结构

（键长单位：pm）

电子数加在一起满足十八电子结构规则，呈反磁性。例如

M	Cr	Mn	Fe	Co	Ni
价电子数	6	7	8	9	10
需要电子数	12	11	10	9	8
形成的羰基配位化合物	Cr(CO)₆	Mn₂(CO)₁₀	Fe(CO)₅	Co₂(CO)₈	Ni(CO)₄

$Mn_2(CO)_{10}$ 是典型的双核羰基化合物，其中 Mn—Mn 直接成键。每个 Mn 与 5 个 CO 形成八面体构型中的 5 个配位，第六个配位位置通过 Mn—Mn 键相互提供 1 个电子，使每个 Mn 原子周围满足 18 个价电子。为了减少空间阻碍引起的排斥力，羰基互相错开。$Co_2(CO)_8$ 的情况和 $Mn_2(CO)_{10}$ 相似。

对过渡金属，CO 作为配位体以 C 原子端和金属原子结合，形成形式多样的羰基化合物；但对稀土金属（RE），则极难得到稀土羰基化合物，只有 CO 作为桥连配位体，C 原子端连着过渡金属，O 原子端连着稀土金属才可制得。对已测定结构的千余种稀土配合物的统计表明：约 80% 是以 RE—O 键结合，其次是 RE—N 键，含 RE—C 键的配位体主要是环芳烃 π 配体。对此现象除以软硬酸碱理论归纳外，精确的结构因素尚待探讨。

N_2，NO^+，CN^- 等和 CO 是等电子分子，由于结构的相似性，它们也可和过渡金属形成配位化合物。对于 N_2 分子，早已预料会像 M—CO 一样，形成 M—N≡N 配位化合物，但一直到 1965 年才获得第一个 N_2 分子配位化合物 $[Ru(NH_3)_5N_2]Cl_3$。

NO 比 CO 多一个电子，这个电子处在 $2\pi(\pi^*)$ 轨道上。当 NO 和过渡金属配位时，因为 π^* 轨道参与反馈 π 键的形成，所以每个 NO 分子有 3 个电子参与成键。由 NO 分子与 CO 分子所形成的下列羰基化合物均符合十八电子结构规则，如：$V(CO)_5NO$，$Mn(CO)_4NO$，$Mn(CO)(NO)_3$，$Fe(CO)_2(NO)_2$，$[Fe(NO)(CO)_3]^-$，$Co(CO)_3(NO)$，$Co(NO)_3$。除 CO，N_2，NO 外，O_2，H_2，CO_2，NO_2，CH_4，C_2H_2，C_2H_4 等小分子和过渡金属形成的配位化合物颇受人们的重视。例如，O_2 的过渡金属配位化合物的研究工作，既是生化、无机等化学分支感兴趣的基本课题，也是化工和石油化工生产中催化氧化反应涉及的问题。

磷、砷、锑、铋的三价化合物，如 PF_3，PCl_3，$AsCl_3$，$SbCl_3$，PR_3 等，也可作为配位体形成 σ-π

配键。P,As 等原子除有一孤对电子可以作为电子对的供给者与 M 形成 σ 键外,还有空的外 d 轨道可和 M 形成反馈 π 键,使配位化合物稳定存在,例如 $Pd(PF_3)_4$,$HCo(PF_3)_4$,$Ni(PF_3)_4$,$(R_3P)_4Mo(CO)_2$ 等。

6.3.2 不饱和烃配位化合物

以不饱和烃为配位体,通过 σ-π 配键与过渡金属形成的配位化合物,在石油化工中占有重要地位。最早制得的此类配位化合物是 Zeise(蔡斯)盐:$K[PtCl_3(C_2H_4)] \cdot H_2O$(1825 年,W. C. Zeise 首先制得)。向 K_2PtCl_4 的稀盐酸溶液中通入乙烯,可将其沉淀出来。这种配位化合物中 $[PtCl_3(C_2H_4)]^-$ 的结构示于图 6.3.3:Pt^{2+} 按平面正方形和 4 个配位体配位,其中 3 个是 Cl^-,1 个是 C_2H_4;C_2H_4 的 C—C 键与 $PtCl_3^-$ 的平面接近垂直(84°),2 个碳原子和 Pt^{2+} 保持等距离,所以 C_2H_4 按侧面方式和 Pt^{2+} 配位。

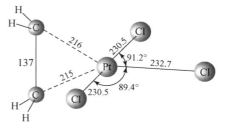

图 6.3.3 $[PtCl_3(C_2H_4)]^-$ 的结构
(图中键长单位:pm)

C_2H_4 和 Pt^{2+} 间的键是 σ-π 配键。C_2H_4 的 π 分子轨道与 Pt^{2+} 的空的 dsp^2 轨道叠加成键,由 C_2H_4 提供 π 电子成 σ 配键,如图 6.3.4(a)所示;另一方面,Pt^{2+} 的充满电子的 d 轨道(如 d_{xz})和 C_2H_4 的 π^* 轨道叠加成键,由 Pt^{2+} 提供 d 电子成 π 配键,如图 6.3.4(b)所示。这样既可防止由于形成 σ 配键使电荷过分集中到金属原子上,又促进成键作用。

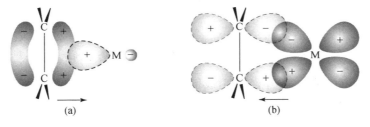

图 6.3.4 过渡金属(M)和烯烃 (C=C) 间形成 σ-π 配键的情况
(箭头表示电子提供方向)

除乙烯外,其他的烯烃和炔烃也能和过渡金属形成配位化合物,其中的许多化合物已测出其结构,它们的性质也得到了不同程度的研究。

6.3.3 环多烯和过渡金属的配位化合物

许多环多烯具有离域 π 键的结构,离域 π 键可以作为一个整体和中心金属原子通过多中心 π 键形成配位化合物。平面构型的对称环多烯有:$[C_3Ph_3]^+$,$[C_4H_4]^{2-}$,$[C_5H_5]^-$,C_6H_6,$[C_7H_7]^+$,$[C_8H_8]^{2-}$ 等,下图示意出它们的结构式和 π 电子数。

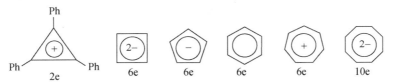

211

这些环多烯可以和过渡金属 M 形成形式多样的配位化合物,如 $TiCl_2(C_5H_5)_2$,$Cr(C_6H_6)_2$,$Fe(C_5H_5)_2$,$Mn(C_5H_5)(CO)_3$,$Ni(C_5H_5)[C_3Ph_3]$,$Mn(C_6H_6)(CO)_3^+$,$Cr(C_6H_6)(CO)_3$,$Fe(C_4H_4)(CO)_3$ 等等。这些配位化合物中,大多数符合十八电子规则。在结构中,多烯环的平面与键轴垂直,这里键轴不是指中心原子与环上原子的连线,而是中心原子和整个参与成键的环的中心的连线。图 6.3.5 示出若干环多烯与过渡金属配位化合物的结构。

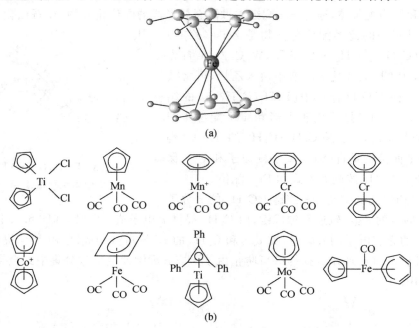

图 6.3.5 若干环多烯与过渡金属配位化合物的结构

关于 $(C_5H_5)_2Fe$ 的结构,早年经 X 射线衍射测定建立了夹心式的构型,2 个 Cp 环为交错型,属 D_{5d} 点群。根据电子衍射测定气态 $(C_5H_5)_2Fe$ 分子的结构,认为 2 个 Cp 环为覆盖型,属 D_{5h} 点群。几年前用中子衍射和 X 射线衍射进一步研究其结构,得到在室温下 2 个 Cp 环既不是交错型,也不是覆盖型,但和覆盖型比较接近,分子点群为 D_5,如图 6.3.5(a)所示。此外,从中子衍射测得 H 原子位置,发现 C—H 键朝向 Fe 原子,与过去向外倾斜正好相反。

6.4 金属-金属四重键和五重键

在过渡金属配位化合物中,金属原子之间可以形成单键、双键、三重键、四重键和五重键。四重键和五重键的形成必须有 d 轨道参加,所以它只能在过渡金属原子之间形成。下面以 $K_2(Re_2Cl_8) \cdot 2H_2O$ 晶体中的 $Re_2Cl_8^{2-}$ 离子的结构为例,介绍四重键的形成情况。

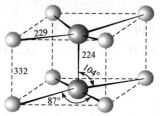

图 6.4.1 $Re_2Cl_8^{2-}$ 的结构
(长度单位:pm)

$Re_2Cl_8^{2-}$ 的结构示于图 6.4.1 中。由图可见,Re 原子之间虽然没有桥连配位体,但原子间距离 224 pm,比金属铼中原子距离 276 pm 短得多。不同 Re 原子上的 Cl 原子,上下对齐成四方柱形,Cl 原子间距离为 332 pm,短于 Cl 原子的范德华半径和。

为什么 Cl 原子不因空间阻碍而互相错开,反而形成这种重叠式的构象呢? 是什么作用力使 Re 和 Re 间距离这样短? 这与 Re 原子之间形成多重键有关。

Re 原子的电子组态为 $[Xe]5d^5 6s^2$,Re 除用 dsp^2 杂化轨道(d 轨道用 $d_{x^2-y^2}$)和 Cl 形成 4 个键外,尚余 4 个 d 轨道(d_{xy},d_{xz},d_{yz},d_{z^2})和 4 个价电子。当 2 个 Re 原子沿 z 轴方向接近时,d 轨道按图 6.4.2 所示方式互相叠加而形成成键分子轨道。能级高低次序及电子填充情况也示于该图中。

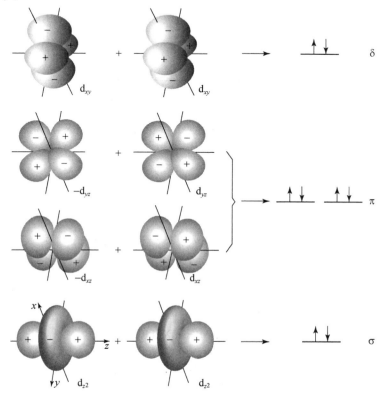

图 6.4.2　$Re_2Cl_8^{2-}$ 中 Re 原子间 d 轨道互相叠加而形成四重键示意图

由图可见,电子组态为 $\sigma^2 \pi^4 \delta^2$,键级为 4,即 Re 原子之间形成四重键。Re≣Re 四重键的形成不仅说明 $Re_2Cl_8^{2-}$ 的几何构型,而且可从结构了解它的化学性质。四重键的存在说明 Re 原子间具有较强的结合力,它能经受反应而稳定存在,例如 $Re_2Cl_8^{2-}$ 和 RCOOH 进行反应时,四重键依然存在。

$Mo_2(O_2CR)_4$ 和 $Re_2(O_2CR)_4Cl_2$ 是等电子体系,也存在 Mo≣Mo 四重键,可进行下列反应

$$Mo_2(O_2CR)_4 + 4\ HCl + 4\ Cl^- \longrightarrow (Mo_2Cl_8)^{4-} + 4\ RCOOH$$

当成键电子数改变时,或者由于成键电子数减少,或者由于反键轨道填入电子,都会导致键级降低,表 6.4.1 中列出若干化合物中 M—M 化学键情况。

表 6.4.1　若干化合物中的 M—M 化学键

键　级	电子组态	实　例
4.0	$\sigma^2\pi^4\delta^2$	$Cr_2(O_2CR)_4$,$Re_2Cl_8^{2-}$
3.5	$\sigma^2\pi^4\delta^2\delta^{*1}$	$Re_2Cl_4(PR_3)_4^+$
3.0	$\sigma^2\pi^4\delta^2\delta^{*2}$	$Re_2Cl_4(PR_3)_4$
2.5	$\sigma^2\pi^4\delta^2\delta^{*2}\pi^{*1}$	$Ru_2(O_2CR)_4Cl$
1.0	$\sigma^2\pi^4\delta^2\delta^{*2}\pi^{*4}$	$Rh_2(O_2CR)_4$

多重键化合物有其特异的化学性能,图 6.4.3 示出含有 M≣M 四重键的化合物可能进行的化学反应类型,包括置换、加成、环化、氧化还原等(相关反应类型及解释见下表)。

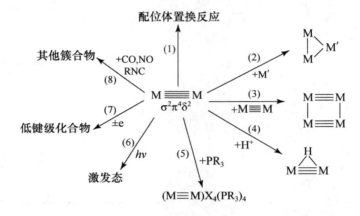

图 6.4.3　含 M≣M 四重键化合物的化学反应性能

反应类型	解　释
(1) 置换	可由大量配位体 L′置换 L,如前述用 RCOOH 置换 X 等
(2) 加成	由双核加成至三核原子簇化合物
(3) 环化	在一定条件下,环化成环
(4) 加成	以 H⁺ 进行加成,如形成 Mo≡Mo 和 W≡W 等
(5) 还原	以 PR_3 作为还原剂,使成三重键的化合物
(6) 催化	将 δ 键上的电子激发至 δ*,促进催化反应
(7) 氧化还原	通过电化学氧化还原,使其键级降低
(8) 配位	与 π 配位体(如 CO,NO,RNC 等)进行化学反应,形成新的化合物

不久前报道了一种具有 Cr≣Cr 五重键稳定化合物的制备、结构和性质的研究。该化合物是将{Cr(μ-Cl)Ar′}$_2$ 用石墨化钾(KC$_8$)还原形成的一价铬 Cr$^{\rm I}$ 与配位体 Ar′构成的二核金属配合物 Ar′CrCrAr′,其中 Ar′为 C_6H_3-2,6-$(C_6H_3$-2,6-$^i Pr_2)_2$,^{i}Pr 为异丙基。这个二核金属配合物 Ar′CrCrAr′和甲苯(C_7H_8)一起结晶成暗红色的三斜晶系晶体,晶体组成为[Ar′CrCrAr′]·2C_7H_8。该晶体在 200℃下稳定,但对空气和水汽非常敏感。通过低温(90 K)

下的 X 射线衍射测得晶体结构,晶体结构显示 Ar′CrCrAr′ 分子呈中心对称,如图 6.4.4 所示。由图可见,2 个 Cr 原子连接成键,Cr —Cr 键键长 183.51 pm,Cr —Cr —C 键角 102.78°,它们被 2 个大的配位体包围。

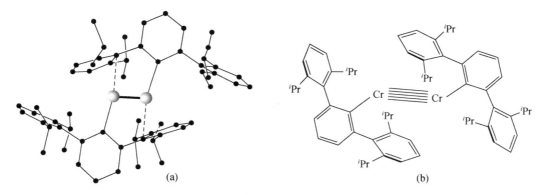

图 6.4.4　Ar′CrCrAr′ 分子的结构(a)和化学结构式(b)

　　根据该化合物的磁性、光谱等性质以及由分子结构数据作出的量子化学计算结果,可以推断 2 个 Cr 原子(其价电子组态为 $3d^5 4s^1$)的成键情况如下:每个 Cr 原子以 $3d_{z^2}$ 和 4s 进行杂化,得 $s+d_{z^2}$ 和 $s-d_{z^2}$ 2 个杂化轨道,和剩余的 4 个 d 轨道。Cr 原子用 $s-d_{z^2}$ 杂化轨道和本位 (ipso position)C 原子的 sp^2 杂化轨道形成 Cr—C σ 键,其余的 d_{xy},d_{xz},d_{yz},$d_{x^2-y^2}$ 和($s+d_{z^2}$)等 5 个轨道与相邻 Cr 原子的轨道相互叠加,形成 5 个成键轨道,每个成键轨道填充 2 个电子,构成五重键,如图 6.4.5 所示。在这种成键图像中,Cr—Cr—C 的理想键角应为 90°,与实际测定的数据相近。

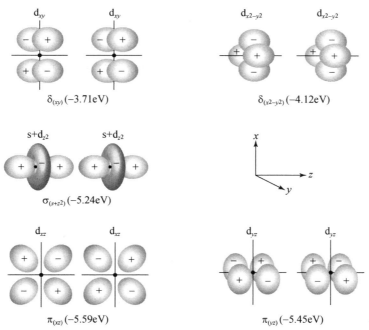

图 6.4.5　Ar′CrCrAr′ 中 2 个 Cr 原子间轨道叠加形成五重键示意图

6.5　过渡金属簇合物的结构

金属簇合物是金属原子簇化合物的简称,是指含有 3 个或 3 个以上金属原子,相互通过金属-金属键结合,形成多面体或缺顶多面体的核心骨干,周围连接配位体的配位化合物。金属-金属键不同于金属键:前者是以共价键的方式形成,后者是由一个金属晶粒中数目很多的原子轨道高度离域叠加形成的金属键。这里,数量的变化引起了质的改变。

6.5.1　十八电子规则和金属-金属键的键数

每个过渡金属原子(M)参加成键的价层原子轨道有 9 个(5 个 d 轨道、1 个 s 轨道和 3 个 p 轨道),在分子中每个过渡金属原子可以容纳 18 个价电子以形成稳定的结构,此即十八电子规则。在含有 n 个金属原子的原子簇化合物中,除 M 本身的价电子和配位体提供的电子外,金属原子间直接成键,相互提供电子以满足十八电子规则。M 原子间成键的总数可以用键数(b)表示。可按和(5.7.1)式相似的方法计算 b

$$b = \frac{1}{2}(18n - g) \qquad (6.5.1)$$

式中 g 代表分子中与 M_n 有关的价电子总数,它包含三部分电子:(i) 组成 M_n 簇合物中 n 个 M 原子的价电子数;(ii) 配位体提供给 n 个 M 原子的电子数,式中每个配位体提供的电子数参见表 6.1.1;(iii) 若簇合物带有电荷,则包括所带电荷数。

许多过渡金属羰基簇合物符合十八电子规则,可用简单的电子计数方法来理解它们的几何构型以及 M 原子之间形成化学键的情况,下面举例说明。

【例 6.5.1】　$Ir_4(CO)_{12}$

$$g = 4 \times 9 + 12 \times 2 = 60$$
$$b = \frac{1}{2}(18 \times 4 - 60) = 6$$

金属原子簇(Ir_4)的键数为 6,形成 6 个 M—M 单键,Ir_4 呈 6 条边的四面体形,如图 6.5.1(a)。

【例 6.5.2】　$Re_4(CO)_{16}^{2-}$

$$g = 4 \times 7 + 16 \times 2 + 2 = 62$$
$$b = \frac{1}{2}(18 \times 4 - 62) = 5$$

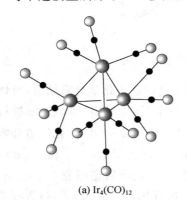

(a) $Ir_4(CO)_{12}$

(b) $Re_4(CO)_{16}^{2-}$

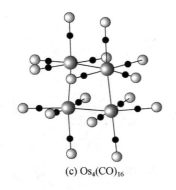

(c) $Os_4(CO)_{16}$

图 6.5.1　几种过渡金属羰基簇合物的结构

Re$_4$ 的键数为 5,形成 5 个 Re—Re 单键,Re$_4$ 呈 5 条边的菱形,如图 6.5.1(b)。

【例 6.5.3】 Os$_4$(CO)$_{16}$

$$g = 4 \times 8 + 16 \times 2 = 64$$

$$b = \frac{1}{2}(18 \times 4 - 64) = 4$$

Os$_4$ 键数为 4,呈 4 条边的四方形,如图 6.5.1(c)。

对比图 6.5.1 中的 3 个结构可见,键数(b)不同,簇合物的金属骨干中原子的排布方式不同。对于多数羰基簇合物可以按这方法通过键数了解金属骨干的几何构型及其中的金属-金属键。下面再以若干六核簇合物为例说明。图 6.5.2 示出六核簇合物的键数(b)与 M$_n$ 多面体中棱边数目相同的结构。

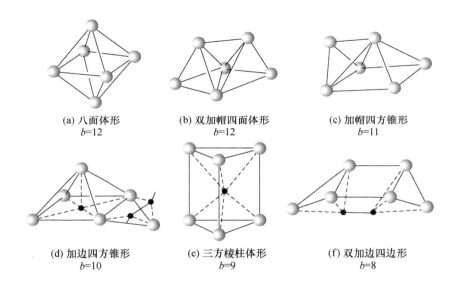

(a) 八面体形
$b=12$

(b) 双加帽四面体形
$b=12$

(c) 加帽四方锥形
$b=11$

(d) 加边四方锥形
$b=10$

(e) 三方棱柱体形
$b=9$

(f) 双加边四边形
$b=8$

图 6.5.2 若干六核簇合物的几何构型

(a) [Mo$_6$(μ_3-Cl)$_8$Cl$_6$]$^{2-}$, (b) [Os$_6$(CO)$_{18}$], (c) [Os$_6$(CO)$_{18}$H$_2$],

(d) [Os$_6$C(CO)$_{16}$(H$_3$CC$_2$CH$_3$)], (e) [Rh$_6$C(CO)$_{15}$]$^{2-}$, (f) [Co$_6$(μ_6-C$_2$)(μ_2-CO)$_6$(CO)$_8$(μ_4-S)]

图 6.5.3 示出 3 种八面体簇合物,它们是由于键数不同,M$_n$ 中的化学键型式不同的实例。在这 3 种簇合物中,6 个金属原子形成八面体的分子骨干,但是由于成键条件不同,化学键的类型和键数也不相同。在 [Mo$_6$(μ_3-Cl)$_8$Cl$_6$]$^{2-}$ 中,8 个面由 μ_3-Cl 和 3 个 Mo 形成多中心键,这时八面体的 12 条棱正好形成 Mo—Mo 2c-2e 共价键,Mo$_6$ 骨干的键数为 12。在 [Nb$_6$(μ_2-Cl)$_{12}$Cl$_6$]$^{4-}$ 中,12 条棱边由 μ_2-Cl 和 2 个 Nb 形成桥键,在 8 个面上 3 个 Nb 形成 3c-2e 键。Nb$_6$ 骨干中的键数为 16。在 Rh$_6$(μ_3-CO)$_4$(CO)$_{12}$ 中,Rh$_6$ 骨干的键数和 B$_6$H$_6^{2-}$ 中的键数一致(见 5.7 节),但它有较多价电子,可以形成较多的 2c-2e 键,所以它形成 1 个 3c-2e RhRhRh 键和 9 个 2c-2e Rh—Rh 键,键数为 11。图 6.5.3(c) 示出它的一种共振杂化体结构。

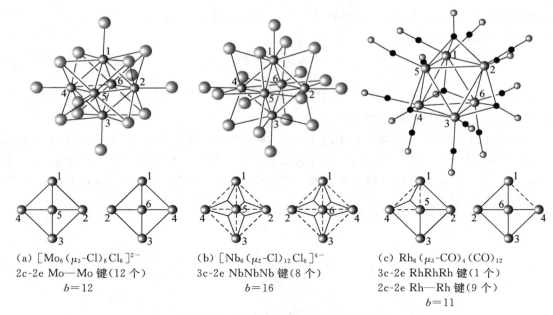

(a) $[Mo_6(\mu_3\text{-}Cl)_8Cl_6]^{2-}$
2c-2e Mo—Mo 键（12 个）
$b=12$

(b) $[Nb_6(\mu_2\text{-}Cl)_{12}Cl_6]^{4-}$
3c-2e NbNbNb 键（8 个）
$b=16$

(c) $Rh_6(\mu_3\text{-}CO)_4(CO)_{12}$
3c-2e RhRhRh 键（1 个）
2c-2e Rh—Rh 键（9 个）
$b=11$

图 6.5.3　3 种八面体簇合物的结构和键

6.5.2　等瓣相似、等同键数和等同结构

等瓣相似（isolobal analogy）是指 2 个或 2 个以上的分子片，它们的前线轨道的数目、能级分布、形状、对称性和所含电子数等均相似。当分子片等瓣相似时，它们形成化合物的情况可用相似的分子轨道等瓣相似连接模型进行分析。这里指的分子片，既可以是有机分子片，如 CH_3，CH_2，CH 等；也可以是含金属原子的分子片，如 $Mn(CO)_5$，$Fe(CO)_4$，$Co(CO)_3$ 等。

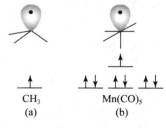

CH_3
(a)

$Mn(CO)_5$
(b)

图 6.5.4　CH_3 和 $Mn(CO)_5$ 的前线轨道

将 CH_4 除去 1 个 H 原子，得分子片 CH_3，它的前线轨道示于图 6.5.4(a)；将 $Mn(CO)_6$ 除去 1 个 CO 配位体，得分子片 $Mn(CO)_5$，它的前线轨道示于图 6.5.4(b)。$Mn(CO)_5$ 中电子的排布可看作：5 个 CO 的孤对电子进入 Mn 的 dsp^3 杂化轨道成键，Mn 剩余 4 个 d 轨道，3 个为非键轨道，容纳 6 个电子，1 个为反键轨道，容纳 1 个电子。

CH_3 和 $Mn(CO)_5$ 分子片的成键方式如下：

$$H_3C + CH_3\left(\begin{array}{c}\end{array}\right) \longrightarrow H_3C\text{—}CH_3$$

$$Mn(CO)_5 + CH_3\left(\begin{array}{c}\end{array}\right) \longrightarrow (CO)_5Mn\text{—}CH_3$$

$$Mn(CO)_5 + Mn(CO)_5\left(\begin{array}{c}\end{array}\right) \longrightarrow (CO)_5Mn\text{—}Mn(CO)_5$$

分子片中轨道的这种相似，Hoffmann 等用"（ ⟷ ）"符号表示。根据等瓣相似规则，可得

$$Mn(CO)_5 \longleftrightarrow CH_3$$

CH_2 和 $Fe(CO)_4$ 也是等瓣相似的分子片

$$Fe(CO)_4 \longleftrightarrow CH_2$$

由 CH_2 和 $Fe(CO)_4$,可以结合成下列化合物

$$C=C \quad , \quad Fe=Fe \quad , \quad Fe=C$$

将它们推广,可得

$$Fe(CO)_4 \longleftrightarrow Re(CO)_4^- \longleftrightarrow Os(CO)_4 \longleftrightarrow Ru(CO)_4 \longleftrightarrow CR_2$$
$$\longleftrightarrow SnR_2 \longleftrightarrow \cdots$$

由这些等瓣相似的分子片结合,可得下列形式多样的化合物,在无机化合物和有机化合物间架起桥梁。

根据簇合物分子骨干中键数的计算,也可从另一个侧面,即从分子骨干的几何构型了解主族元素簇合物和过渡金属簇合物的结构的内在联系。

将八隅律和十八电子规则结合起来,即将(5.7.1)式和(6.5.1)式合并,可用以计算一个由 n_1 个过渡金属原子和 n_2 个主族元素原子组成的簇合物骨干的键数(b):

$$b = \frac{1}{2}(18n_1 + 8n_2 - g) \tag{6.5.2}$$

式中 g 是指包括主族元素也包括过渡金属元素的簇合物骨干的价电子数。例如,当八面体形结构的 $B_6H_6^{2-}$〔或写成 $(BH)_6^{2-}$〕中的 1 个(BH)基团被(CH)$^+$ 基团置换,则变成〔$(BH)_5(CH)$〕$^-$,g 值不变,键数值 b 也不变,结构仍保持八面体形。当 1 个(BH)基团被 1 个 $Ru(CO)_3$ 基团置换,因(BH)基团的价电子数为 4,$Ru(CO)_3$ 基团带到分子骨干中的价电子数为 14,〔$(BH)_5Ru(CO)_3$〕$^{2-}$ 的 g 值比 $(BH)_6^{2-}$ 多 10,按(6.5.2)式计算,b 的数值不变。这些基团的置换,形成等同键数系列,它们的分子骨干的几何构型也相同,如图 6.5.5 所示。

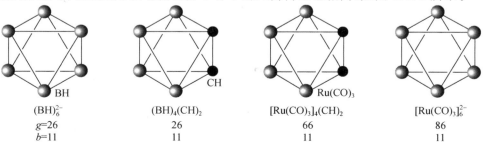

图 6.5.5 $(BH)_6^{2-}$ 和 $[Ru(CO)_3]_6^{2-}$ 组成的等同键数和等同结构系列

(图中每条短线不代表一个双电子化学键)

　　将这种等同键数的置换关系按同样方法推广到其他体系,可得到更多的等同键数和等同结构系列,为了解簇合物的结构提供一种简单的方法。图 6.5.6 示出由过渡金属元素和主族元素共同组成的 3 个系列的等同键数(b 分别为 5,6,23)和等同结构的簇合物。

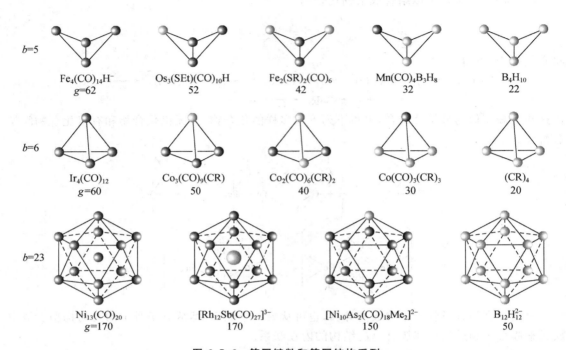

图 6.5.6　等同键数和等同结构系列

　　一个簇合物的构型主要由它本身的电子因素和空间几何因素所决定,还要受周围成键环境的影响。它实际出现的型式,靠实验测定来确定。然而简单地计算它的键数,就能对所研究的簇合物得到一些重要的信息。

6.5.3　簇合物的催化性能

　　许多原子簇化合物具有优良的催化性能,这与它们的空间构型和电子组态有关。例如四核原子簇化合物 $Ni_4[CNCMe_3]_7$ 具有由乙炔合成苯的优良催化性能。分子中 4 个 Ni 原子呈四面体排列,每个 Ni 原子端接 1 个 —$CNCMe_3$ 基团,另外 3 个配体按 μ_2-形式以 C 和 N 原子分别配位在 2 个 Ni 原子上,形成大三角形面,其结构如图 6.5.7 所示。根据过渡金属原子簇键数的计算,Ni_4 簇中已有 60 个价电子,总键数为 6,Ni_4 簇呈四面体形,每条边上为 Ni—Ni 单键。

　　$Ni_4[CNCMe_3]_7$ 使乙炔环聚成苯的催化机理可由图 6.5.8 阐明:$Ni_4[CNCMe_3]_7$ 的大三角形面上的 Ni 原子可吸附 C_2H_2 分子[见图(a)],当 3 个 C_2H_2 以 π 配键和 Ni

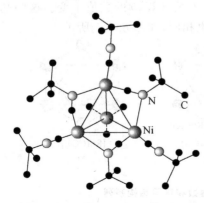

图 6.5.7　$Ni_4[CNC(CH_3)_3]_7$ 的结构

结合,每个 C_2H_2 提供 2 个电子,为保持 Ni_4 簇价电子数及四面体几何构型不变,μ_2-CNCMe$_3$ 中的 N 和 Ni 脱离,如图(b)所示。在大三角形面上的 3 个 C_2H_2 分子,由于空间几何条件及电子条件合适,环化成苯分子,如图(c)所示。当—CNCMe$_3$ 配体因热运动使 N 原子重新靠拢并和 Ni 原子结合时,为了保持 Ni_4 簇的价电子数不变,促使苯环离开催化剂成产品放出,$Ni_4[CNCMe_3]_7$ 恢复原样,如图(a)所示。可见,正是这样一个微观空间的特殊结构以及成键电子的需要,为乙炔环化成苯提供了催化模板性能。

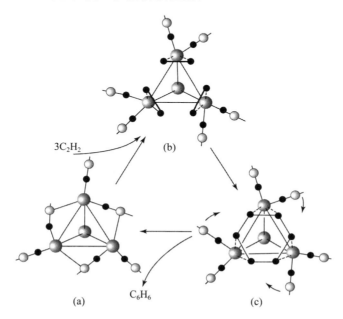

$3C_2H_2$

(b)

(a)

C_6H_6

(c)

图 6.5.8　以 $Ni_4[CNC(CH_3)_3]_7$ 作为催化剂,将乙炔环化成苯的机理

实验测定原子簇化合物 $HFe_4(CO)_{12}(CO)^-$ 具有下面蝴蝶式结构,如图 6.5.9(a)所示。其中有一个 CO 分子和 Fe 原子结合,如图中虚线所示,由于这个原子簇化合物对 CO 分子的活化作用,将 CO 分子中的 C—O 键削弱,使其键长由 112.8 pm 增加至 126 pm,因而可以进一步进行加成反应。鉴于 N_2 和 CO 是等电子体系,可以想象,N_2 也能得结构类似的化合物,见图6.5.9(b)。这些原子簇化合物的结构为阐明 N_2 和 H_2 在铁催化剂作用下合成氨的催化过程,提供了重要的依据和线索。

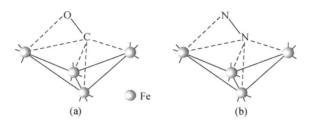

O

C

N

N

Fe

(a)　　　　　　　　　　　(b)

图 6.5.9　$HFe_4(CO)_{12}(CO)^-$ 的结构(a)和铁催化剂上的 N_2(b)

6.6 物质的磁性和磁共振

6.6.1 物质的磁性及其在结构化学中的应用

磁性是普遍存在的一种物质属性,任何一种物质都有磁性,只不过表现形式和程度有所不同。物质的磁性常用磁化率 χ 或磁矩 μ 表示。磁化率是在外磁场中物质的磁化强度 M 和磁场强度 H 的比值:

$$\chi = M/H \qquad\qquad (6.6.1)$$

χ 量纲为 1。

根据物质磁性的起源、磁化率的大小和温度的关系,可将物质的磁性分为五类[可参考图 6.6.1 中的(a)～(e)及下表]。图 6.6.1 示出了各类磁性物质的磁化率与温度的关系[注意,其中(c)和(d)的纵坐标为 χ^{-1}]。

各类磁性物质	χ 及其与温度的关系	
(a) 抗磁性物质	$<0(\approx 10^{-6})$	不随温度而变
(b) 顺磁性物质	$>0(10^{-3} \sim 10^{-6})$	随温度升高而降低
(c) 铁磁性物质	>0	数值很大,与温度和磁场的关系复杂
(d) 亚铁磁性物质	同(c)	同(c)
(e) 反铁磁性物质	>0	数值与顺磁性物质相近

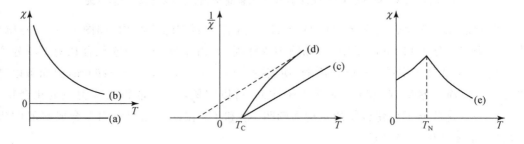

图 6.6.1 各类磁性物质的磁化率 χ 和温度 T 的关系
(a) 抗磁性,(b) 顺磁性,(c) 铁磁性,(d) 亚铁磁性,(e) 反铁磁性

物质具有不同的磁性,首先是源于物质内部的电子组态,即电子在原子轨道和分子轨道上的排布情况;其次是源于化学成分、晶体结构、晶粒组织和内应力等因素,这些因素引起磁矩排列情况不同。

磁矩 μ 是个矢量,常用小箭头(↑)表示,它是从物质的微观结构来理解物质磁性的一个物理量。磁矩的单位为 $A\,m^2$ 或 $J\,T^{-1}$,是闭合回路中的电流强度(单位为 A)和回路所包围的面积(单位为 m^2)的乘积,方向(按右手定则)和回路平面垂直。电子的自旋运动、电子的轨道运动和原子核的自旋运动,分别产生电子自旋磁矩、电子轨道磁矩和核自旋磁矩。

由于核磁矩约比电子磁矩小 5 个数量级,它对物质磁性的影响可以忽略,但是核磁矩是核磁共振的基础,将在 6.6.3 小节中讨论。电子运动的磁矩,一般是轨道磁矩和自旋磁矩的矢量和。

各种磁性物质内部的磁结构示意于图 6.6.2。(a)抗磁性:物质中全部电子在原子轨道或分子轨道上都已双双配对、自旋相反,没有永久磁矩,以小圆圈表示。(b)顺磁性:原子或分子中有未成对电子存在,如 NO,O_2 及配合物中金属离子的 d 电子和 f 电子未成对,存在永久磁矩,但磁矩间无相互作用,当无外磁场时,无规的热运动使磁矩随机取向,当外加磁场时,则有一定定向排布,呈现顺磁性。(c)铁磁性:金属铁和钴等材料中,每个原子都有几个未成对电子,原子磁矩较大,且相互间有一定作用,使原子磁矩平行排列,是强磁性物质。(d)亚铁磁性:如 Fe_3O_4 等,相邻原子磁矩部分呈现反平行排列。(e)反铁磁性:如 MnO 和 Cr_2O_3 等氧化物,在奈尔温度(T_N)以上呈顺磁性;在低于 T_N 时,因磁矩间相邻原子磁矩呈现相等的反平行排列,使磁化率随温度降低而减小。

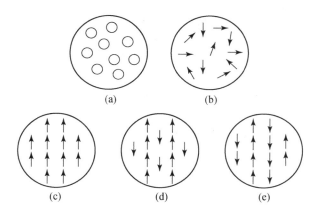

图 6.6.2　各种磁性物质内部的磁结构
(a) 抗磁性,(b) 顺磁性,(c) 铁磁性,(d) 亚铁磁性,(e) 反铁磁性

抗磁性物质、顺磁性物质和反铁磁性物质的磁化率都很小,它们属于弱磁性物质,当一块永久磁铁靠近这些物质时,它们既不被吸引,也不被排斥。对弱磁性物质磁性的研究,是了解物质内部电子组态的重要依据。铁磁性物质和亚铁磁性物质属强磁性物质,当一块永久磁铁靠近它们时,它们会被磁铁所吸引或排斥。这两类磁性物质用于制造各种磁性材料。

抗磁性物质没有永久磁矩,但在外磁场中,电子的轨道角动量绕磁场方向旋进(洛仑兹力),因而出现方向和外磁场相反的磁矩。这种磁矩是在外磁场诱导下产生的,撤除磁场立即消失。一切分子中都有闭壳层的成对电子,所以一切分子都有抗磁性。顺磁性物质的分子具有永久磁矩,在外磁场中,顺磁性超过抗磁性,表现出顺磁性质。

在化学中常用摩尔磁化率 χ_m 表达物质的磁性,它等于磁化率 χ 乘以物质的相对分子质量而除以该物质的密度,单位为 $m^3 \ mol^{-1}$。摩尔磁化率可通过磁天平等实验测定。P. Pascal(帕斯卡)总结大量化合物的摩尔抗磁磁化率 χ_d 数据,发现它近似地具有加和性,即由该化合物的原子和离子的摩尔抗磁磁化率加和,并对某些结构单元,如双键、环和一些化学键对摩尔抗磁磁化率的影响予以修正而得。表 6.6.1 列出一些原子、离子和结构单元的摩尔抗磁磁化率(又称帕斯卡常数)。

表 6.6.1　一些原子、离子和结构单元的摩尔抗磁磁化率

原子	$\dfrac{\chi_d}{10^{-12}\,m^3\,mol^{-1}}$	正离子	$\dfrac{\chi_d}{10^{-12}\,m^3\,mol^{-1}}$	负离子	$\dfrac{\chi_d}{10^{-12}\,m^3\,mol^{-1}}$	结构单元[a]	$\dfrac{\chi_d}{10^{-12}\,m^3\,mol^{-1}}$
H	-36.8	Li^+	-12.6	F^-	-114	$C=C$	$+69$
C	-75.4	Na^+	-85	Cl^-	-294	$C\equiv C$	$+10$
N(链)	-70.0	K^+	-188	Br^-	-435	$C=C-C=C$	$+132$
N(环)	-57.9	Mg^{2+}	-63	I^-	-636	$C=O$	$+79$
N(酰胺)	-19.4	Ca^{2+}	-131	NO_3^-	-237	$N=N$	$+23$
O(醇,醚)	-57.9	As^{3+}	-264	ClO_3^-	-379	$C\equiv N$	$+10$
O(醛,酮)	-21.6	As^{5+}	-540	ClO_4^-	-402	$C=N$	$+103$
O(羧基)	-42.2	Cu^+	-188	CN^-	-163	苯环	-18
F	-79.0	Cu^{2+}	-161	SCN^-	-390	环己烷	-38
Cl	-253	Zn^{2+}	-188	OH^-	-151	$C-Cl$	$+39$
Br	-385	Hg^{2+}	-503	O^{2-}	-151	$C-Br$	$+52$
I	-560	Mn^{3+}	-126	SO_4^{2-}	-504	$C-I$	$+52$
S	-188	Fe^{2+}	-161	$C_2O_4^{2-}$	-314		
Se	-289	Co^{2+}	-161	CH_3COO^-	-377		
Si	-251	Ni^{2+}	-161				
P	-330	Pb^{2+}	-402				

[a] 出现此结构单元时,按原子或离子计算的附加值。

下面通过两个实例,介绍用表 6.6.1 数据计算化合物的摩尔抗磁磁化率。

【例 6.6.1】　C_2H_5Br

$$\chi(C_2H_5Br) = 2\chi(C) + 5\chi(H) + \chi(Br) + \chi(C-Br)$$
$$= (-2 \times 75.4 - 5 \times 36.8 - 385 + 52) \times 10^{-12}\ m^3\ mol^{-1}$$
$$= -668 \times 10^{-12}\ m^3\ mol^{-1}$$

此数据和实验测定值 -670×10^{-12} $m^3\ mol^{-1}$ 相近。

【例 6.6.2】　$Mn(CH_3COCHCOCH_3)_3$

$$\chi(Mn(CH_3COCHCOCH_3)_3)$$
$$= \chi(Mn^{3+}) + 15\chi(C) + 21\chi(H) + 6\chi(O(酮))$$
$$= (-126 - 15 \times 75.4 - 21 \times 36.8 - 6 \times 21.6) \times 10^{-12}\ m^3\ mol^{-1}$$
$$= -2160 \times 10^{-12}\ m^3\ mol^{-1}$$

物质的磁矩 μ 和化合物中具有的未成对电子数有关,它和顺磁磁化率 χ_P 的关系为

$$\chi_P = \frac{\mu_0 N_A \mu^2}{3kT} \tag{6.6.2}$$

式中 μ_0 为真空磁导率,N_A 为 Avogadro 常数,k 为 Boltzmann 常数。由于顺磁物质不仅有未成对电子,也一定有成对电子,即有抗磁性,所以摩尔顺磁磁化率 χ_P 为摩尔磁化率 χ_m 与抗磁磁化率 χ_d 之差,即

$$\chi_P = \chi_m - \chi_d \tag{6.6.3}$$

当从实验上求得 χ_m 以后,利用抗磁磁化率的加和性,根据化合物的分子式和表 6.6.1 计算出

摩尔抗磁磁化率 χ_d,就可以求得该物质的磁矩 μ(有些书中称它为有效磁矩 μ_{eff})。将 μ_0,N_A,k 等常数代入(6.6.2)式,磁矩以 Bohr 磁子 β_e 为单位(有些书用 BM 表示),得

$$\mu = 7.397 \times 10^{-21} \sqrt{\chi_P T} \, A \, m^2$$
$$= 7.397 \times 10^{-21} \sqrt{\chi_P T} \, A \, m^2 / (9.274 \times 10^{-24} \, A \, m^2 / \beta_e)$$
$$= 797.6 \sqrt{\chi_P T} \, \beta_e \qquad (6.6.4)$$

对于轨道磁矩可以不计的化合物,磁矩由未成对电子贡献,这时

$$\mu = 2\sqrt{S(S+1)} \beta_e = \sqrt{n(n+2)} \beta_e \qquad (6.6.5)$$

式中系数 2 为电子自旋因子[见(2.2.13)和(2.2.14)式],n 为未成对电子数,电子总自旋量子数 $S = n/2$。根据这些公式,即可计算化合物的磁矩、未成对电子数,推求金属离子的自旋态。例如,实验测得295 K时 $Mn(CH_3COCHCOCH_3)_3$ 的 χ_m 为 $1.348 \times 10^{-7} \, m^3 \, mol^{-1}$,由表6.6.1 可算得抗磁磁化率 χ_d 为 $-0.022 \times 10^{-7} \, m^3 \, mol^{-1}$(见例6.6.2)。

$$\chi_P = [1.348 - (-0.022)] \times 10^{-7} \, m^3 \, mol^{-1} = 1.370 \times 10^{-7} \, m^3 \, mol^{-1}$$
$$\mu = 797.6 \sqrt{295 \times 1.370 \times 10^{-7}} \beta_e = 5.07 \beta_e$$

由此数值可判断在该配合物中 Mn^{3+} 处于高自旋态,有 4 个未成对电子,这时按(6.6.5)式计算的磁矩为

$$\mu = \sqrt{4(4+2)} \beta_e = 4.90 \beta_e$$

和上述所得结果基本符合。

6.6.2 顺磁共振

顺磁共振是研究具有未成对电子的物质,如配合物、自由基和含有奇数电子的分子等顺磁性物质结构的一种重要方法,又称为电子顺磁共振(EPR)或电子自旋共振(ESR)。

在 2.2 节中已说明,电子的自旋磁矩 μ_s 在磁场方向的分量 μ_{sz} 为

$$\mu_{sz} = -g m_s \beta_e \qquad (6.6.6)$$

当物质处于外磁场中时,电子自旋磁矩和外磁场作用,不同方向的磁矩有不同的能量,产生能级分裂:

$$m_s = 1/2, \quad E(1/2) = -g\beta_e B/2 \qquad (6.6.7)$$
$$m_s = -1/2, \quad E(-1/2) = g\beta_e B/2 \qquad (6.6.8)$$

磁感应强度 B 不同,能级分裂大小不同,能级差 $\Delta E = h\nu$,如图 6.6.3 所示。磁能级跃迁的选律为 $\Delta m_s = \pm 1$,所以顺磁共振吸收频率 ν 和磁感应强度 B 的关系为

$$h\nu = g\beta_e B \qquad (6.6.9)$$

若顺磁共振仪选用 $B = 0.34$ T,对于 $g = 2$ 的物质,顺磁共振吸收频率为

$$\nu = 9.527 \times 10^9 \, Hz$$

属于厘米级波长的微波区。所以,在垂直于 B 的方向加频率为 ν 的微波,电子得到能量 $h\nu$,发生吸收跃迁。常用

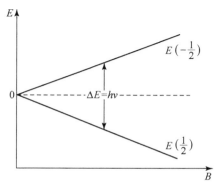

图 6.6.3 电子自旋磁矩在磁感应强度 B 中能级的分裂

的顺磁共振仪采用扫场式,即固定 ν,改变 B,使之满足 $\Delta E = h\nu$ 的条件。

以 B 为横坐标、吸收强度为纵坐标,画出吸收曲线,即得顺磁共振谱。顺磁共振谱的谱图纵坐标通常有两种表示法:(i) 吸收强度大小曲线,形状如图 6.6.4(a)所示;(ii) 以微分的形式表示,曲线形状如图 6.6.4(b)所示。

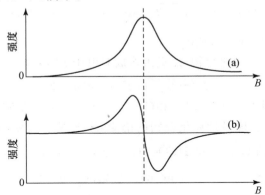

图 6.6.4　顺磁共振谱中吸收线的两种表示
(a) 吸收线,(b) 吸收微分线

顺磁共振法和磁化率法都研究顺磁性物质中未成对电子的数目及其化学环境,但顺磁共振灵敏得多,且不受周围抗磁性物质的影响,它对过渡金属化合物、稀土化合物、有机自由基的结构和反应等的研究是一种很有用的方法,下面列举若干方面的应用。

1. 测定自由基的浓度

顺磁共振对自由基来说可以不考虑轨道磁矩的贡献。若每个自由基有一个未成对电子,则吸收峰的强度与未成对电子数,即自由基数目成正比,比例常数与自由基样品的性质无关,而由实验条件决定。固定实验条件,测定一个已知浓度的自由基样品,可得比例常数。通过自由基浓度的测定,可了解反应的历程。

2. 测定未成对电子所处的状态和环境

对苯半醌自由基(见左下式)的顺磁共振谱有 5 条谱线,说明该未成对电子受到周围 4 个氢原子核的核磁矩的影响。因为在磁场中 $E(-1/2)$ 和 $E(1/2)$ 每个能级因受 4 个核磁矩影响都要进一步分裂成 4 个能级,根据选律可得 5 条谱线。将谱线数减 1,即减去未分裂能级间的跃迁,$5-1=4$,得到影响该未成对电子的氢原子核数目。由此可以说明,这个未成对电子不是局限在氧原子上,而是在整个苯环中运动。

3. 测定 g 因子,了解配合物的电子组态

自由电子(即没有轨道磁矩的电子)的 $g=2$。处在原子轨道和分子轨道中的未成对电子既有自旋磁矩又有轨道磁矩,自旋-轨道的耦合使 $g \neq 2$。g 的大小和未成对电子的化学环境密切相关,通过 g 值可以了解未成对电子的化学环境,进而了解配合物的结构。

在实验上,g 可按(6.6.9)式通过测定共振的微波频率 ν 及磁场强度 H 求得;理论上,g 可按总自旋量子数 S、总角量子数 L 和总量子数 J 进行计算

$$g = 1 + \frac{S(S+1) + J(J+1) - L(L+1)}{2J(J+1)} \tag{6.6.10}$$

对过渡金属八面体配合物,因受配位场的作用,5 个 d 轨道分裂成两组:3 个 t_{2g} 和 2 个 e_g^*。按对称性分析,e_g^* 轨道上的未成对电子以及全满和半满的电子组态对轨道磁矩都没有贡献($L=0$);只有 t_{2g} 轨道上的未成对电子在 d^1,d^2,高自旋的 d^6,d^7 以及低自旋的 d^4,d^5 才有轨道磁矩。对于稀土离子处于 f 轨道上的未成对电子,因有外层 s,p 电子的屏蔽,配位体的影响很小,从 g 的大小即可了解 f 轨道的电子组态。

6.6.3 核磁共振

核磁共振(nuclear magnetic resonance,NMR)现象是由 Edward M. Purcell 和 Felix Block 于 1946 年发现的(二人因而共享 1952 年诺贝尔物理学奖),随后很快发展形成核磁共振波谱学,成为获取化学结构信息手段的一支新秀。20 世纪 60 年代后期,随着脉冲傅里叶(Fourier)变换技术的兴起,NMR 应用更加广泛,更具威力,成为物理学、化学、医学及生物学等研究领域中不可或缺的技术。迄今,已应用量子力学原理对 NMR 理论和实验进行了严格的分析与计算。本小节以量子力学原理为主,结合经典力学观点,简述 NMR 的原理及应用。

1. 核磁矩和核磁共振谱

与电子一样,原子核也有自旋运动,因而也有自旋角动量 M_N 和自旋磁矩 μ_N,它们由核自旋量子数 I 决定:

$$M_N = \sqrt{I(I+1)}\,\frac{h}{2\pi} \tag{6.6.11}$$

$$\mu_N = g_N\,\frac{e}{2m_p}M_N = g_N\,\frac{e}{2m_p}\sqrt{I(I+1)}\,\frac{h}{2\pi} = g_N\,\frac{eh}{4\pi m_p}\sqrt{I(I+1)} = g_N\sqrt{I(I+1)}\beta_N \tag{6.6.12}$$

式中,m_p 是核的质量;g_N 是核的自旋因子,它依核的种类而变,迄今核结构理论仍不能预测各种核的 g_N 值,需通过实验测定;β_N 被称为核磁子,它是一个物理常数,可作为核磁矩的单位,其值为

$$\beta_N = \frac{eh}{4\pi m_p} = \frac{(1.6022\times10^{-19}\text{ C})\times(6.626\times10^{-34}\text{ J s})}{4\pi(1.6726\times10^{-27}\text{ kg})} = 5.051\times10^{-27}\text{ J T}^{-1} \tag{6.6.13}$$

I 可为整数或半整数,根据自旋不同的同类核可以成对(即质子和质子成对,中子和中子成对),可推知:(i) 质量数为偶数而质子数为奇数的核,$I=1,2,3$ 等正整数,如 ^2H,^{10}B,^{14}N 等。(ii) 质量数和质子数皆为偶数的核,I 为 0,自旋角动量和自旋磁矩为 0,无核磁共振谱,如 ^{12}C,^{16}O 等。(iii) 质量数为奇数的核,I 为半整数,如 ^1H,^{13}C,^{31}P,^{35}Cl 等,是核磁共振的主要研究对象。

若将自旋量子数为 I 的原子核置于感应强度为 B 的磁场,则核自旋角动量和自旋磁矩将发生分裂。它们在磁场方向(一般设为 z 轴方向)上的分量由核的自旋磁量子数 m_I 决定:

$$(M_N)_z = m_I\,\frac{h}{2\pi}$$

$$(\mu_N)_z = -g_N\,\frac{e}{2m_p}m_I\,\frac{h}{2\pi} = -g_N m_I\beta_N \tag{6.6.14}$$

m_I 可为 $-I,-I+1,-I+2,\cdots,I-2,I-1,I$。每个 I 下有 $(2I+1)$ 个 m_I。由矢量加和规则推知,m_I 的最大值即 I 的最大值,即核磁矩在磁场方向的最大分量为 $g_N I\beta_N$。一些原子核的有

关性质列于表 6.6.2。

表 6.6.2　一些原子核的性质

核	天然丰度/(%)	核自旋量子数 I	核磁矩 μ_N^*/β_N	核的 g 因子 g_N	1T 场中 NMR 频率 ν/MHz
^{1}H	99.9844	1/2	2.79285	5.5857	42.576
^{2}H	0.0156	1	0.85745	0.85745	6.563
^{13}C	1.108	1/2	0.7023	1.4046	10.705
^{19}F	100	1/2	2.62835	5.2567	40.054
^{31}P	100	1/2	1.1305	2.2610	17.235
^{35}Cl	75.4	3/2	0.8218	0.5479	4.171
^{37}Cl	24.6	3/2	0.6841	0.4561	3.472

将强度为 B 的外磁场施加在含有自旋磁矩不为零的核的样品上,核磁矩 μ_N 与 B 相互作用,产生核磁偶极能量 E:

$$E = -\mu_N B\cos\theta$$

式中 θ 是 B 和 μ_N 的夹角。

若令外磁场方向为 z 方向,则上式变为

$$
\begin{aligned}
E &= -g_N\left(\frac{e}{2m_p}\right)M_{N_z}B \\
&= -g_N\left(\frac{e}{2m_p}\right)\left(\frac{h}{2\pi}\right)m_I B \\
&= -g_N\beta_N m_I B
\end{aligned}
\tag{6.6.15}
$$

式中核自旋磁量子数 m_I 可取值为 $-I,\cdots,I$。对质子 ^{1}H,$I=1/2$,m_I 可为 $-1/2$ 和 $1/2$。随外磁场强度 B 增加,不同 m_I 值间的能级间隔增加,如图 6.6.5 所示。

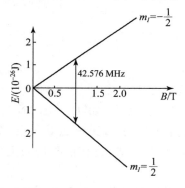

图 6.6.5　^{1}H 核自旋能级与外磁场强度 B 的关系

将样品放在频率合适的电磁辐射中,可观察到核自旋能级间的跃迁,产生共振吸收谱,称为核磁共振谱(nuclear magnetic resonance spectra,NMRS)。跃迁选律为 $\Delta m_I = \pm 1$,所以吸收频率 ν 为

$$\nu = \frac{|\Delta E|}{h} = \frac{g_N\beta_N B}{h} \tag{6.6.16}$$

若外磁场为 1 T,则 ^{1}H 核的吸收频率为

$$\nu = \frac{5.586(5.051\times10^{-27}\ \text{J/T})(1\text{T})}{6.626\times10^{-34}\ \text{J s}} = 42.576\ \text{MHz}$$

这个频率位于电磁波的射频部分。当 $B=1$ T 时,其他核的 NMR 频率可参看表 6.6.2。$I=0$ 的核,例如 ^{12}C,^{16}O 等没有核磁矩,也就没有 NMR 谱。$I\geqslant 1$ 的核有电四极矩,电四极矩使 NMR 吸收线变宽,从而失去其化学上有价值的细节的信息,所以通常只研究 $I=1/2$ 的核,其中应用最多的是 ^{1}H 和 ^{13}C。

在实际的 NMR 仪的设计中,常用固定频率 ν,通过改变外磁场强度 B(通常是高磁场)的大小来改变能级间隔,使之满足(6.6.16)式的要求,而产生跃迁。图 6.6.6 示出 NMR 仪器装置示意图,目前 NMR 谱仪主要有 200,300,400,500 和 800 MHz 等商品型号。

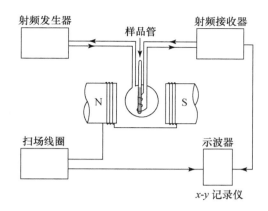

图 6.6.6 核磁共振仪装置示意图

早期使用连续波核磁共振(CW-NMR)技术,利用扫描磁场或扫描频率的方式记录共振谱,解析图谱而给出化学结构信息,效率较低。现在使用脉冲傅里叶变换核磁共振(PFT-NMR)技术,它是用一定宽度的强而短的射频脉冲作用于样品,激发原子核,产生自由感应衰减的信号(时间的函数),经过快速傅里叶变换后成为频率谱,给出化学结构信息,效率较高。

2. 化学位移

在一个化合物中,由于氢原子核 i 所处的化学环境不同,它感受的有效磁场 B_i 与外磁场 B 略有差异,这是因为不同的化学环境电子的分布不同,电子的磁场对抗外磁场的程度略有不同。核 i 周围的电子对磁场的贡献是 $-\sigma_i B$,σ_i 称为核 i 的屏蔽常数。例如,苯分子中 6 个质子的 σ_i 都相同,因为它们都具有相同的化学环境;而氯苯(C_6H_5Cl)中处在邻位、间位和对位上的质子,因化学环境不同,有 3 种不同的 σ_i;CH_3CH_2OH 中 H 有 3 种不同的环境,所以有 3 种不同的 σ_i。这样,化合物中不同环境的 ^1H 核 i 感受的有效磁场 B_i 变为

$$B_i = B(1-\sigma_i)$$

同一种核的共振频率或共振磁感应强度随化学环境而发生的变化称为化学位移(chemical shift),用 δ 表示。或曰,不同化学环境的核,连接的基团不同,受到的屏蔽作用不同,它们的核磁共振信号就出现在不同的地方,这种由于化学环境不同而导致的位移称为化学位移。同一种核的化学位移在不同化合物中差别不大。对扫场式仪器,质子 i 的化学位移 δ_i 定义为

$$\delta_i = \frac{B_{参} - B_i}{B_{参}} \times 10^6 \tag{6.6.17}$$

式中 $B_{参}$ 和 B_i 是使参比核和核 i 产生 NMR 跃迁吸收的外磁场。常用的参比化合物为四甲基硅[$Si(CH_3)_4$,TMS],TMS 中全部质子都具有相同的化学环境,因而只显示一个质子 NMR 峰;式中乘以因子 10^6 是为了使 δ 得到一个便于表达的数值。对扫频式仪器,δ 可以表达成

$$\delta_i = \frac{\Delta\nu}{\nu_{参}} \times 10^6 = \frac{\nu_i - \nu_{参}}{\nu_{参}} \times 10^6 \tag{6.6.18}$$

δ 的量纲为 1,由于乘 10^6 因子,所以单位为 ppm[①](10^{-6},百万分之一)。

---

① ppm:英文缩写,表示百万分之一。根据"量和单位"国家标准,应逐步停止使用。但为了照顾专业人员的使用习惯,本书仍沿用 ppm 表示化学位移。

Si(CH$_3$)$_4$ 的质子,受屏蔽较强,吸收峰在场强较高区域,对绝大多数有机物的质子吸收峰不干扰。一般规定它的质子的 δ 为 0.00 ppm。其他质子吸收峰在低磁场区域,δ 为正值。实验证明,在不同化合物中,同一化学基团的质子,其 δ 的变化不大,可用以判别 NMR 谱中各个峰所对应的基团。表 6.6.3 列出若干基团中质子的 $\delta(\delta_i/\text{ppm})$。

表 6.6.3　若干基团中质子(^{1}H)的化学位移

化学基团	δ_i/ppm	化学基团	δ_i/ppm
(CH$_3$)$_4$Si	0.00	C$_{10}$H$_8$(萘)	7.73
(CH$_3$)$_4$C	0.92	—C≡CH	1.4~3.1
CH$_3$—C<	0.8~1.9	—OH(醇)	1.4~3.5
CH$_3$—O—	3.2~4.0	—OH(酚)	4~10
—C—CH$_2$—C—	0.3~2.1	—NH$_2$(烷基胺)	1.1~1.8
C$_3$H$_6$(环丙烷)	0.22	—NH$_2$(芳基胺)	3.4~4.3
>C=CH—	4.6~7.0	—NH$_2$(酰胺)	6.0~6.3
C$_6$H$_6$(苯)	7.27	—CHO	8.0~10.5
		—COOH	9.7~13.3

借助于化学位移,可获得物质的结构信息:根据共振吸收峰的数目,可知道有多少种不同环境的核;根据吸收峰面积(积分值)或高度,可知道它们之间的比例;根据峰的具体位置可推断出分别属于何种类型的核。最常用的是 ^{1}H 核磁共振谱,下面列出各种结构对 δ 的影响:

(1)核外电子分布

一切改变电子云分布的因素都会对化学位移产生影响。一般,核周围电子云密度大,对核的屏蔽作用强,δ 较小。邻近基团的诱导效应会改变电子云的分布而影响化学位移。例如 α 位置上有卤素、N、O 等原子,由于诱导效应使质子周围的电子云减少,屏蔽作用减弱,δ 增大。和电负性较强的原子相连的质子,δ 增大较多。

(2)抗磁各向异性效应

化学键中的 π 键电子云容易变形,易受外磁场感应产生磁场,苯环中的 π 电子在磁场中的环流运动产生感应磁场。外加磁场 B(箭头由下朝上)与感应磁场(由带箭头的曲线表示)的关系示于图 6.6.7 中。

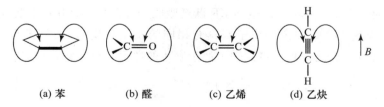

(a) 苯　　　　(b) 醛　　　　(c) 乙烯　　　　(d) 乙炔

图 6.6.7　若干分子的抗磁各向异性效应

由图 6.6.7(a)可见,当苯环平面和外磁场垂直时,由楞次定律可知,π 电子在磁场中的环流运动所产生的感应磁场,环内和外磁场相反,为正屏蔽区;环外和外磁场相同,为负屏蔽区(去屏蔽效应)。质子在环外侧受到去屏蔽效应,化学位移较大,达 $6\sim9$ ppm。实际上液态苯分子不停地快速运动,实验测定的是所有取向的平均值。在(b)中,碳氧双键中 π 电子的环流产生感应磁场,在醛基质子位置产生去屏蔽效应,同时氧的电负性大,诱导效应也有去屏蔽效应,使醛基质子 δ 特别大,达 $9.6\sim10$ ppm。(c)的图像可以解释烯烃质子比烷烃质子具有较大的 δ,达 $4.5\sim8$ ppm。(d)中叁键与外磁场平行时,两个互相垂直分布的 π 键电子呈圆柱形,π 电子环流运动所引起的感应磁场对质子起正屏蔽效应,因而使它的峰向高磁场方向移动,δ 为 $2\sim3$ ppm。

(3) 溶剂效应和氢键

高分辨核磁共振谱只能测定液体样品,常将样品溶于溶剂之中。溶剂改变,化学位移会改变。溶剂和溶质生成氢键,δ 可增大几个 ppm。容易生成氢键的溶剂(如水等)一般不常用,以免引起干扰。

3. 核的自旋-自旋耦合作用

NMR 谱由于存在核的自旋-自旋耦合作用,实际要比上述描述的情况复杂,因而高分辨的 NMR 谱要比低分辨 NMR 谱提供更多的信息,观察到谱线的精细结构,对每一个 $I\neq0$ 的核都有核磁矩,这个核磁矩的磁场可以影响相邻核感受到的磁场,从而略微地改变相邻核发生 NMR 吸收的频率。频率改变的大小由耦合常数 J 表示,它取决于所涉及的两个核的性质及相隔键的数目。对于相隔 4 个或更多个键的质子,相互作用可以忽略。一些有代表性的质子-质子的 J(单位:Hz)如下:

$\overset{H}{\underset{H}{C}}$	$-20\sim6$
$\overset{H}{\underset{H}{C}}\text{—}\overset{}{\underset{H}{C}}$	$5.5\sim7.5$
$\overset{}{\underset{H}{C}}\text{≡}\overset{}{\underset{H}{C}}$	$7\sim10$

$\overset{H}{\underset{H}{C}}\text{=}C$	$12\sim19$
(苯环)	$\begin{cases} o,6\sim9 \\ m,0.5\sim4 \\ p,0.5\sim2.5 \end{cases}$

以 CH_3CH_2OH 为例,CH_3 质子与 OH 质子相隔 4 个键,自旋-自旋相互作用可以忽略。CH_3 质子与 CH_2 质子只相隔 3 个键,相互作用不能忽略,CH_2 使 CH_3 峰发生分裂,而 CH_3 基团内部等价质子彼此间的自旋-自旋相互作用算作这基团的性质而不必考虑。质子的 m_I 有 $1/2$ 和 $-1/2$ 两种,若用箭头的朝向标记这两种质子的自旋状态,CH_2 的两个质子有下面 4 种可能:

(a)　　(b)　　(c)　　(d)

由于 CH_2 中两个质子自旋是不可分辨的,(b)和(c)的总自旋磁量子数均为 0,(a)为 1,(d)为 -1。按概率分布,(a)和(d)各占 25%,(b)和(c)共占 50%,(b)和(c)不影响 CH_3 质子感受的磁场,而(a)和(d)则增强或减弱这个磁场。所以 CH_2 质子使 CH_3 的 NMR 峰分裂成三重线。3 条线的间隔等于 CH_2 和 CH_3 质子之间的耦合常数 J,3 条线的强度比应为 $1:2:1$。

CH_3 对 CH_2 的作用情况如下。CH_3 质子自旋的各种可能为

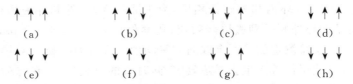

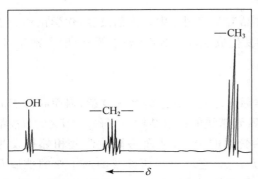

图 6.6.8 高纯乙醇的高分辨核磁共振谱
（100 MHz）

状态(b),(c),(d)有相同的总自旋磁量子数,(e),(f),(g)也相同。因此 CH_3 质子使 CH_2 吸收峰分裂为四重线,并具有强度比 $1:3:3:1$。CH_2 质子与 OH 质子相隔 3 个键,应考虑到 OH 对 CH_2 的影响。微量 H_3O^+ 或 OH^-（包括来自 H_2O）能促进乙醇分子之间 OH 质子的迅速交换,这种交换消除了 CH_2 质子和 OH 质子之间的自旋-自旋相互作用,使 CH_2 仍保持四重线, OH 质子成单重线。

在纯乙醇中不发生分子间 OH 质子交换, OH 质子的两种自旋态 ↑ 和 ↓,使 CH_2 四重线的每一条线又分裂成双线,CH_2 共有 8 条线;而 OH 吸收峰被 CH_2 质子作用分裂成三重线。图 6.6.8示出高纯乙醇的高分辨核磁共振谱。

由上可见,质子核磁共振谱能提供质子所属的基团和种类的信息;通过各类质子峰面积比,可知道各类质子的数目比;通过自旋分裂,可了解各类质子的相互作用。这些信息对推测化合物的结构起很大作用。

当质子间的耦合常数比化学位移差距小很多时（$\nu\Delta\delta/J\geqslant25$）,自旋分裂图谱服从下列简单规律（这种情况为低级耦合,被称为一级谱）:

(1) 一组 m 个磁等价（化学位移相同）的质子 A_m（如—CH_3 中的 3 个质子）:尽管它们之间也可能存在耦合,但在谱图上观察不到峰的分裂,即只出现一条谱线。

(2) 对于 A_mX_n 体系:磁性核 A 和 X 的核自旋角量子数分别是 I_A 和 I_X,则 A_m 峰被分裂为 $2nI_X+1$ 个多重峰,X_n 峰被分裂为 $2mI_A+1$ 个多重峰。具体而言,一组 m 个磁等价质子 A_m 受另一组 n 个磁等价质子 X_n 作用,A_m 峰被分裂为 $n+1$ 个等间距的多重峰,X_n 峰被分裂为 $m+1$ 个等间距的多重峰。各峰的强度对称分布,比值服从二项式展开系数比。

(3) 对于 $X_mA_pM_n$ 体系:一组 p 个等价质子 A_p,受到一组 n 个等价质子 M_n 作用,同时又受到 m 个等价质子 X_m 作用,则 A_p 峰被分裂为 $(n+1)(m+1)$ 个多重峰（这些峰可能发生重叠）。读者可以乙醇的高分辨质子 NMR 谱(图 6.6.8)为例予以验证。

当化学位移差距与质子间耦合常数相差不大时,核磁共振谱变得很复杂,不再服从一级谱规律,称此为二级谱,需用量子力学计算才能解释并得到化学位移和耦合常数。与化学位移不同,耦合常数不随外磁场而变,因此,图谱中出现多重峰究竟是由于化学位移不同还是由于自旋耦合所致,可通过改变外磁场加以辨别。

除 ^{1}H 外,^{13}C 的 NMR 谱发展很快,因为这种谱提供了关于有机化合物"骨架"的信息。^{13}C同位素天然丰度只有 1%,这就使 ^{13}C NMR 的吸收信号很弱。解决的方法之一是重复地扫描这个谱,并将结果送进计算机累加,但这样做很费时间。另一种方法是用傅里叶变换技术(FT),这个方法不用单一射频的辐射,而用一时间短、功率大的射频辐射脉冲（1 μs 达 1 kW）照射样品,脉冲包含各种频率,它破坏核能级的平衡集居数,当辐射脉冲停止后,体系趋向恢复平衡态而放出能量,记录不同时间的信号,用计算机 FT 技术将时间函数转换为频率函数,将多次连续脉冲的结果累加在一起,便得到^{13}C NMR 谱。有机分子中很难得有两个^{13}C 原子相邻,故^{13}C 之间不耦合,再加上^{13}C 的化学位移很大,峰很窄,图谱比较简单,容易解释,所以^{13}C FT NMR 是一种很有用的技术。

二维核磁共振(2D NMR)已在许多领域得到广泛应用。因为在复杂分子的^{1}H NMR 谱上,各种质子谱峰挤在一个较小的频率范围,难以分析和判断其耦合状况。2D NMR 引入另一个频率变量,可使原来密集拥挤在一条线上的谱线分散在一个平面上。例如可将化学位移和耦合常数分别展开在横坐标和纵坐标上,清楚地得到耦合常数信息。二维和多维核磁共振谱为解决溶液中的化学结构和了解分子的立体构型提供了丰富的信息。

高场超导磁体和快速脉冲傅里叶变换用于 NMR,提高了它的灵敏度和分辨率,缩短了信息数据收集时间,可以将时域信号累加,从而使天然丰度很低的^{13}C,^{15}N,^{17}O 和^{29}Si 等核的信息收集成为可能。磁共振成像技术和多维 NMR 技术的发展,使 NMR 一方面可研究化学物质和生物大分子在非晶状态和溶液中分子的三维结构、分子内和分子间的相互作用、构象平衡、结构和性能关系等信息,用 NMR 法和 X 射线衍射法测定晶态物质结构,互相起着补充的作用;另一方面 NMR 具有可连续观察和成像的优点,成为研究生物活体内的生化过程的一种重要方法。NMR 的研究领域和应用范围已从化学、物理学扩展到生物学、医药学、材料科学等广泛领域,成为最具广泛应用的谱学方法。

习　题

6.1 写出下列配合物中各配位体提供给中心金属原子的电子数目,计算中心原子周围的价电子总数:

(1) $(\eta^5\text{-}C_5H_5)_2Fe$; (2) $Ni(CN)_4^{2-}$; (3) $K[PtCl_3 \cdot C_2H_4] \cdot H_2O$; (4) $[Co(en)_2Cl_2]^+$。

6.2 计算下列配合物中金属原子的配位数:

(1) $Ti(C_5H_5)_2Cl_2$; (2) $Ag(NH_3)_4^+$; (3) $Cr(C_6H_6)(CO)_3$; (4) $[Co(en)_2Cl_2]^+$。

6.3 判断下列配位离子是高自旋型还是低自旋型,画出 d 电子排布方式,计算 LFSE(用 Δ_o 表示):

(1) $Mn(H_2O)_6^{2+}$; (2) $Fe(CN)_6^{4-}$; (3) FeF_6^{3-}。

6.4 试给出 $Co(NH_3)_6^{3+}$ 配位离子的分子轨道能级图,指出配位离子生成前后电子的分布,并在能级图上标明分裂能位置。

6.5 已知 $Co(NH_3)_6^{3+}$ 的 Δ_o 为 23000 cm^{-1},P 为 22000 cm^{-1};$Fe(H_2O)_6^{3+}$ 的 Δ_o 为 13700 cm^{-1},P 为 30000 cm^{-1}。试说明这两种离子的 d 电子排布。

6.6 解释:为什么水溶液中八面体配位的 Mn^{3+} 不稳定,而八面体配位的 Cr^{3+} 却稳定?

6.7 解释:为什么大多数 Zn^{2+} 的配位化合物都是无色的?

6.8 作图给出下列每种配位离子可能出现的异构体:

(1) $[Co(en)_2Cl_2]^+$; (2) $[Co(en)_2(NH_3)Cl]^{2+}$; (3) $[Co(en)(NH_3)_2Cl_2]^+$。

6.9 已知在化学式为 $Co(NH_3)_4Br(CO_3)$ 的配合物中,中心 Co^{3+} 为六配位的八面体形结构,CO_3^{2-} 作为配位体既可按单齿,也可按双齿进行配位。据此回答下列问题:

(1) 根据配位体场的强弱,写出这个化合物的组成结构式;

(2) 画出全部可能的异构体的立体结构;

（3）根据它们的什么性质可用实验方法来区分异构体？

6.10　许多 Cu^{2+} 的配位化合物为平面四方形结构,试写出 Cu^{2+} 的 d 轨道能级排布及电子组态。

6.11　利用配位场理论推断下列配位离子的结构及不成对电子数。

（1）MnO_4^{3-}；　　（2）$Pd(CN)_4^{2-}$；　　（3）NiI_4^{2-}；　　（4）$Ru(NH_3)_6^{3+}$；　　（5）$MoCl_6^{3-}$；

（6）$IrCl_6^{2-}$；　　（7）$AuCl_4^-$。

6.12　解释：为什么 $Co(C_5H_5)_2$ 极易被氧化为 $Co(C_5H_5)_2^+$？

6.13　用 Jahn-Teller 效应说明下列配位离子中哪些会发生变形。

（1）$Ni(H_2O)_6^{2+}$；　　（2）$CuCl_4^{2-}$；　　（3）$CuCl_6^{4-}$；　　（4）$Ti(H_2O)_6^{3+}$；　　（5）$Cr(H_2O)_6^{2+}$；

（6）$MnCl_6^{4-}$。

6.14　写出下列分子的结构式,使其符合十八电子规则：

（1）$V_2(CO)_{12}$；　　（2）$Ni_2(CO)_2(C_5H_5)_2$（羰基成桥）；　　（3）$Cr_2(CO)_4(C_5H_5)_2$；

（4）$[Cp_3Mo_3(CO)_6(\mu_3\text{-}S)]^+$；　　（5）$[H_3Re_3(CO)_{10}]^{2-}$（有 2 个 Re—Re 单键,1 个 Re═Re 双键）。

6.15　硅胶干燥剂中常加入 $CoCl_2$（蓝色）,吸水后变为粉红色,试用配位场理论解释其原因。

6.16　尖晶石的化学组成可表示为 AB_2O_4,氧离子紧密堆积构成四面体空隙和八面体空隙。当金属离子 A 占据四面体空隙时,称为正常尖晶石；而当 A 占据八面体空隙时,则称反式尖晶石[①]。试从配位场稳定化能计算结果说明 $NiAl_2O_4$ 是何种尖晶石结构。

6.17　某学生测定了 3 种配合物的 d-d 跃迁光谱,但忘记了贴标签,请帮他将光谱波数与配合物对应起来。3 种配合物是：CoF_6^{3-},$Co(NH_3)_6^{3+}$ 和 $Co(CN)_6^{3-}$；3 种光谱波数是：$34000\ cm^{-1}$,$13000\ cm^{-1}$ 和 $23000\ cm^{-1}$。

6.18　试画出三方柱形的配合物 MA_4B_2 的全部几何异构体。

6.19　画出羰基配合物 $Fe_2(CO)_6(\mu_2\text{-}CO)_3$ 的结构式,说明它是否符合十八电子规则。已知端接羰基的红外伸缩振动频率为 $1850\sim2125\ cm^{-1}$,而桥羰基的振动频率为 $1700\sim1860\ cm^{-1}$,解释原因。

6.20　二氯二氨合铂有两种几何异构体,一种是顺式,一种是反式,简称顺铂和反铂。顺铂是一种常用的抗癌药,而反铂没有抗癌作用。

（1）写出顺铂和反铂的结构式。

（2）若用 1,2-二氨基环丁烯二酮代替 2 个 NH_3 与铂配位,则生成什么结构的化合物,有无顺反异构体？分析化合物中原子的成键情况。

（3）若把 1,2-二氨基环丁烯二酮上的双键加氢然后再代替 2 个 NH_3 与铂配位,则生成什么化合物？写出其结构式。该化合物有无 σ-π 配键形成？

6.21　将烷烃和烯烃混合物通过 $AgNO_3$ 或 $AgClO_4$ 等银盐溶液,可将烷烃和烯烃分离。这一方法既可用于色谱分离,也可用于工业分离,请说明所依据的原理。

6.22　把亚铜盐分散到分子筛表面上可制得固体吸附剂,它能够把 CO 从工业废气中吸附下来,从而避免了对环境的污染,解吸后又可获得高纯 CO。试从表面化学键的形成说明 CO 吸附剂的作用原理。

6.23　根据磁性测定结果知 $NiCl_4^{2-}$ 为顺磁性,而 $Ni(CN)_4^{2-}$ 为抗磁性,试推测它们的几何构型。

6.24　用查表得到的数据计算 C_6H_5COCl 的摩尔抗磁磁化率,并和实验测定值 $-979\times10^{-12}\ m^3\ mol^{-1}$ 比较。

6.25　用查表得到的数据计算 $C_5H_{11}OH$ 的摩尔抗磁磁化率。实验测得正戊醇的抗磁磁化率

---

①　对反式尖晶石结构,目前有不同的表述：结构中处在八面体空隙的 A^{2+} 离子被一半 B^{3+} 离子置换,即一半 B^{3+} 处在八面体空隙,另一半 B^{3+} 和 A^{2+} 处于四面体空隙。

为-848×10^{-12} m³ mol⁻¹,异戊醇为-886×10^{-12} m³ mol⁻¹,试予以比较。

6.26 试从下列化合物实验测定的磁矩数据,判断其自旋态、未成对电子数、磁矩的计算值及轨道角动量对磁矩的贡献。

(1) $K_4[Mn(NCS)_6]$;　　　　(2) $K_4[Mn(CN)_6]$;　　　(3) $[Cr(NH_3)_6]Cl_3$。

　　6.06 β_e　　　　　　　　1.8 β_e　　　　　　3.9 β_e

6.27 下列各个配位离子分别具有八面体(六配位)和四面体(四配位)构型,由它们组成的配合物,哪些能给出顺磁共振信号?

(1) $[Fe(H_2O)_6]^{2+}$;(2) $[Fe(CN)_6]^{4-}$;(3) $[Fe(CN)_6]^{3-}$;(4) $[CoF_6]^{3-}$;

(5) $[Co(en)_3]^{3+}$;(6) $[Co(NO_2)_6]^{4-}$;(7) $[FeCl_4]^{-}$;(8) $[Ag(NH_3)_4]^{+}$;(9) $[ZnCl_4]^{2-}$。

6.28 用波长为1.00 cm的微波进行一个自由基样品的电子顺磁共振测定,吸收峰出现的磁感应强度是多少?

6.29 用220 MHz进行质子(^{1}H)核磁共振实验,磁感应强度(B)应为多少?

6.30 解释在NMR法中,化学位移的产生原因和定义。

6.31 化学位移δ常用 ppm 表示,但因耦合常数常以 Hz 表示,因而δ也可用 Hz 表示。对于磁感应强度B为 1.41 T 的^{1}H NMR 谱仪,化学位移$\delta=1.00$ppm,相当于产生多少赫[兹]的化学位移?

参 考 文 献

[1]　徐光宪,王祥云.物质结构.第二版.北京:科学出版社,2010.

[2]　唐敖庆,李前树.原子簇的结构规则和化学键.济南:山东科学技术出版社,1998.

[3]　徐志固.现代配位化学.北京:化学工业出版社,1987.

[4]　黄春辉.稀土配位化学.北京:科学出版社,1997.

[5]　游效曾.配位化合物的结构和性质.北京:科学出版社,1992.

[6]　Shriver D F, Atkins P W, Langford C H. 无机化学. 第二版. 高忆慈,史启祯,曾克慰,李炳瑞,等译. 北京:高等教育出版社,1997.

[7]　周公度.键价和分子几何学.大学化学,1996,11(1):9~18.

[8]　周公度.第一个五重键 Cr ≡ Cr 介绍.大学化学,2006,21(5):31~33.

[9]　周公度.化学中的多面体.北京:北京大学出版社,2009.

[10]　Figgis B N, Hitchman M A. Ligand Field Theory and its Applications. New York：Wiley-VCH，2000.

[11]　Mingos D M P. Structure and Bonding (Vol. 87)：Structures and Electronic Paradigms in Cluster Chemistry. Berlin：Springer, 1997.

[12]　Cotton F A, Wilkinson G, Murillo C A, *et al*. Advanced Inorganic Chemistry. 6th ed. New York：Wiley, 1999.

[13]　Cotton F A, Walton R A. Multiple Bonds between Metal Atoms. 2nd ed. Oxford：Clarendon Press, 1993.

[14]　Bersuker I B. Electronic Structure and Properties of Transition Metal Compounds：Introduction to the Theory. New York：Wiley, 1996.

[15]　Kaufmann G B. Coordination Chemistry：A Century of Progress. Washington, DC：American Chemical Society, 1994.

[16]　Shriver D F, Atkins P W. Inorganic Chemistry. 3rd ed. New York：Freeman, 1999.

[17]　Collman J P, Boulatov R, Jameson G B. The first quadrupole bond between elements of different groups. Angew Chem Int Ed Engl,2001, 40：1271~1274.

第7章 晶体的点阵结构和晶体的性质

7.1 晶体结构的周期性和点阵

7.1.1 点阵、结构基元和晶胞

晶体是由原子或分子在空间按一定规律周期重复地排列构成的固体物质。晶体中原子或分子的排列具有三维空间的周期性,隔一定的距离重复出现,这种周期性规律是晶体结构最基本的特征。

晶体的分布非常广泛,自然界的固体物质中,绝大多数是晶体。气体、液体和非晶物质在一定条件下可以转变成晶体。我们日常生活中接触到的岩石、砂子、金属材料、水泥制品、食用的盐和糖、实验室用的固体试剂等绝大多数是由晶体组成的。在这些物质中,晶体颗粒大小悬殊,有些每颗质量只有几微克,有些则达几十吨。食用盐、砂糖、试剂等晶粒大小可用毫米计,金属中晶粒大小以微米计。但是不论晶体颗粒的大小如何,晶体内部原子或分子按周期性规律重复地排列的结构特征都是共同的。在固体中,有些是非晶物质,如玻璃、松香、明胶等,在它们内部,原子或分子的排列没有周期性的结构规律,像液体那样杂乱无章地分布,可以看作过冷液体,称为玻璃体、无定形体或非晶态物质。图 7.1.1 示意出晶体和玻璃体的结构特点。固体高聚物中,一部分是晶体,一部分是无定形体,相对数量取决于高聚物的性质和制备方法。

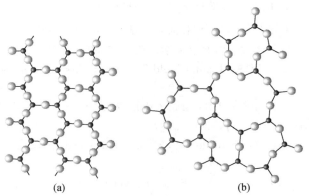

(a)   (b)

图 7.1.1 晶体(a)和玻璃体(b)的结构特点

在晶体内部,原子或分子在三维空间作周期性重复排列,每个重复单位的化学组成相同、空间结构相同,若忽略晶体的表面效应,重复单位周围的环境也相同。这些重复单位可以是单个原子或分子,也可以是离子团或多个分子。如果每个重复单位用一个点表示,可得到一组点,这些点按一定规律排列在空间。研究这些点在空间重复排列的方式,可以更好地描述晶体内部原子排列的周期性。从晶体中无数个重复单位抽象出来的无数个点,在三维空间按一定周期重复,它具有一种重要的性质:这些点构成一个点阵。什么是点阵? 点阵是一组无限个全

同点的集合,连接其中任意两点可得一矢量,将各个点按此矢量平移,能使它复原。注意,这里所说的平移必须是按矢量平行移动,而没有丝毫的转动。点阵中每个点都具有完全相同的周围环境。

点阵结构中每个点阵点所代表的具体内容,即包括原子或分子的种类、数量及其在空间按一定方式排列的结构单元,称为晶体的结构基元(structural motif)。结构基元是指重复周期中的具体内容,而点阵点是一个抽象的点。如果在晶体点阵中各点阵点的位置上,按同一种方式安置结构基元,就得到整个晶体的结构。所以,可以简单地将晶体结构示意表示为:

$$晶体结构＝点阵＋结构基元$$

或

$$晶体结构＝结构基元@点阵$$

根据晶体结构的周期性,将沿着晶棱方向周期地重复排列的结构基元,抽象出一组分布在同一直线上等距离的点列,称为直线点阵。图 7.1.2 示出按一维周期排列的结构及其点阵。图中:(a) 为金属铜中在直线上等间距排列的原子,一个原子为一个结构基元;(b) 为石墨层中某些方向上碳原子周期排列的情况,2 个 C 原子为一结构基元;(c) 为 α-硒晶体中链形硒分子按螺旋形周期排列,3 个 Se 原子为一结构基元;(d) 为 NaCl 晶体中一条晶棱方向上原子的排列,结构基元为相邻的一个 Na^+ 和一个 Cl^-;(e) 为伸展聚乙烯链的结构情况,结构基元为 $—CH_2—CH_2—$。图中从各个结构基元抽象出点阵点,以黑点表示。由图可见,结构基元有时和化学组成的基本单位相同,而有时不同。

图 7.1.3 示出二维周期排列的结构及其点阵。图中:(a) 为 NaCl 晶体内部一个截面上原子的排列,其结构基元如虚线划出的正方形单位,包括 1 个 Na^+ 和 1 个 Cl^-,Cl^- 离子中心的黑点表示点阵点;(b) 为等径原子的最密堆积层,一个原子为一个结构基元;(c) 为层形石墨分子,其结构基元为 2 个 C 原子,如虚线划出的单位,每个结构基元以一个黑点表示;(d) 为硼酸晶体中层形结构的一个层,两个硼酸分子形成一个结构基元。由这些图可见,在二维周期结构中,周期重复的单位即

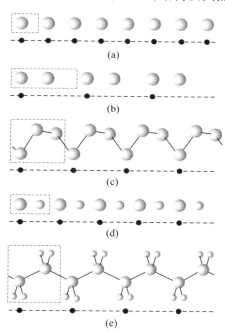

图 7.1.2　一维周期排列的结构及其点阵
(黑点代表点阵点)

(a) Cu,(b) 石墨,(c) α-Se,
(d) NaCl,(e) 伸展聚乙烯

结构基元一定是平行四边形,如图中的虚线划出的单位。按平行四边形的单位并置排列,即得二维周期结构。平行四边形的顶点为点阵点,它不一定落在原子的中心位置上。

在晶体的三维周期结构中,按照晶体内部结构的周期性,划分出一个个大小和形状完全相同的平行六面体,作为晶体结构的基本重复单位,称为晶胞。整块晶体就是按晶胞共用顶点并置排列、共面堆砌而成。周期重复单位的重复方式可用点阵表示。能用一个点阵点代表晶胞中的全部的内容者,称为素晶胞,它即为一个结构基元。含 2 个或 2 个以上结构基元的晶胞称为复晶胞。

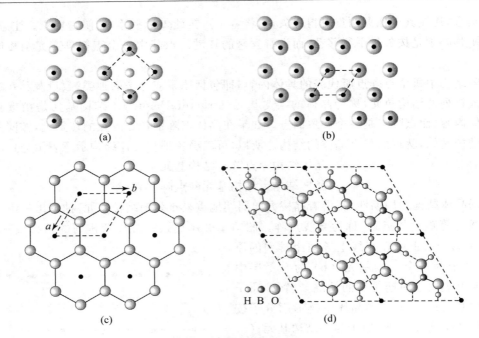

图 7.1.3　二维周期排列的结构及其点阵(黑点代表点阵点)

（a）NaCl，（b）Cu，（c）石墨，（d）B(OH)$_3$

　　图 7.1.4 示出几种三维周期排列的结构及其点阵。图中：(a) 金属钋结构，1 个 Po 原子为一个结构基元；(b) CsCl 结构，将 1 个 Cs$^+$ 和 1 个 Cl$^-$ 合在一起作为一个结构基元抽象成一个点阵点，点阵点虽然可以定在任意位置上，但各个结构基元都必须保持一致，在图中将点阵点定在较小的 Cs$^+$ 的中心；(c) 金属钠结构，1 个 Na 原子即为一个结构基元；(d) 金属铜结构，1 个 Cu 原子为一个结构基元；(e) 金属镁结构，2 个 Mg 原子为一个结构基元；(f) 金刚石结构，2 个 C 原子构成一个结构基元；(g) NaCl 结构，1 个 Na$^+$ 和 1 个 Cl$^-$ 构成一个结构基元。

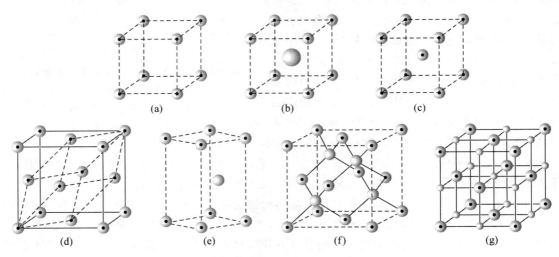

图 7.1.4　三维周期排列的结构及其点阵(黑点代表点阵点)

（a）Po，（b）CsCl，（c）Na，（d）Cu，（e）Mg，（f）金刚石，（g）NaCl

为什么金属钋、金属钠和金属铜的结构基元是由 1 个原子组成,而金属镁和金刚石却是由 2 个原子组成? 这要按结构基元和点阵的基本定义去理解。在金属钋、金属钠和金属铜结构中,每个原子都具有相同的周围环境,将每个原子都作为结构基元,由它抽象出来的点的集合,符合点阵的定义,例如按连接任意两点的矢量平移,都可以使点阵复原。金属铜的面心立方单位和金属钠的体心立方单位均可划出只含 1 个原子的平行六面体单位,如图 7.1.5 所示,这也验证了这种点阵抽象的正确性。

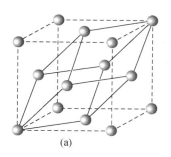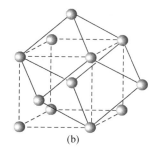

图 7.1.5　面心立方点阵单位(a)和体心立方点阵单位(b)
均可画出只含 1 个原子的平行六面体单位

金属镁、金刚石的情况则不同。在金刚石结构中,虽然每个 C 原子都是按正四面体的构型和周围原子成键,但相邻两个 C 原子的 4 个键在空间的取向不同,周围环境不同,不能将每个 C 原子都当作结构基元。图 7.1.6(a)示出,若将相邻两个 C 原子都抽象成点阵点,连接它的矢量向前平移,箭头所指之处是空的,没有点阵点,不能复原,和点阵定义不符。金属镁也有同样情况,若将每个 Mg 原子都抽象为点阵点,连接两点间的矢量不能使点阵复原,如图 7.1.6(b)所示。

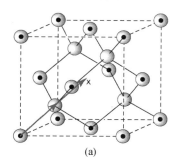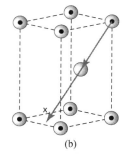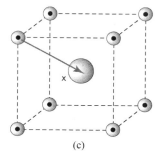

图 7.1.6　不符合点阵定义的矢量(×表示箭头端点不是点阵点)
(a) 金刚石,(b) 金属镁,(c) CsCl 晶体

CsCl 和 NaCl 都是由正、负两种离子交替排列形成晶体,这时每个点阵点代表由两种离子共同组成的结构基元。若将 Cs^+ 和 Cl^- 都作为结构基元,则因组成不同,周围环境不同,连接不同离子间的矢量不是点阵点间的矢量,如图 7.1.6(c)所示。在一些书中,把 NaCl 等类型的晶体结构看成由一套 Na^+ 的面心立方点阵和一套 Cl^- 的面心立方点阵互相穿插组合而成。这种几套点阵互相穿插的方法和每个点阵点代表一个结构基元的概念不相符合,所得的几套点阵之间点和点的关系也和点阵的定义不符。

7.1.2　点阵参数和晶胞参数

在点阵中以直线连接各个点阵点，形成直线点阵，相邻两个点阵点的矢量 a 是这直线点阵的单位矢量，矢量的长度 $a=|a|$，称为点阵参数，如图 7.1.7(a)所示。

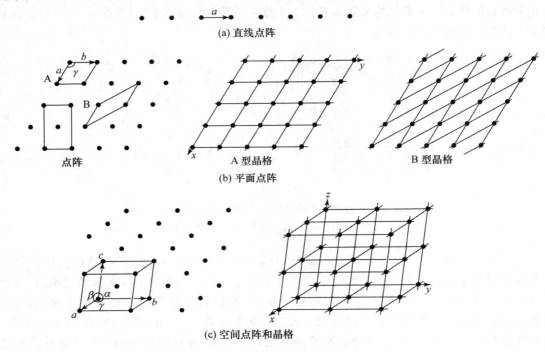

(a) 直线点阵

点阵

A 型晶格　　　　B 型晶格

(b) 平面点阵

(c) 空间点阵和晶格

图 7.1.7　点阵的划分和晶格

平面点阵必可划分为一组平行的直线点阵，并可选择两个不相平行的单位矢量 a 和 b 划分成并置的平行四边形单位，点阵中各点阵点都位于平行四边形的顶点上。矢量 a 和 b 的长度 $a=|a|,b=|b|$ 及其夹角 γ 称为平面点阵参数，如图 7.1.7(b)所示。通过点阵点划分平行四边形的方式是多种多样的，图中示出了 3 种，虽然它们的点阵参数不同，但若它们都只含 1 个点阵点，它们的面积就一定相等。含 2 个点阵点的平行四边形，其面积一定是含 1 个点阵点的 2 倍。

空间点阵可选择 3 个不相平行的单位矢量 a,b,c，它们将点阵划分成并置的平行六面体单位，称为点阵单位。相应地，按照晶体结构的周期性划分所得的平行六面体单位称为晶胞。点阵单位和晶胞都可用来描述晶体结构的周期性。点阵是抽象的，只反映晶体结构周期重复的方式；晶胞是按晶体实际情况划分出来的，它包含原子在空间的排布等内容。矢量 a,b,c 的长度 a,b,c 及其相互间的夹角 α,β,γ 称为点阵参数或晶胞参数，且

$$a=|a|,\quad b=|b|,\quad c=|c|$$
$$\alpha=b\wedge c,\quad \beta=a\wedge c,\quad \gamma=a\wedge b$$

通常根据矢量 a,b,c 选择晶体的坐标轴 x,y,z，使它们分别和矢量 a,b,c 平行。一般 3 个晶轴按右手定则关系安排：伸出右手的 3 个指头，食指代表 x 轴，中指代表 y 轴，大拇指代表 z 轴。如图 7.1.7(c)所示者即为右手坐标轴系。

空间点阵可任意选择 3 个不相平行的单位矢量进行划分。由于选择单位矢量不同，划分的

方式也不同,可以有无数种形式。但基本上可归结为两类:一类是单位中包含一个点阵点者,称为素单位。注意,计算点阵点数目时,要考虑处在平行六面体顶点上的点阵点均为 8 个相邻的平行六面体所共有,每一平行六面体单位只摊到该点的一部分。另一类是每个单位中包含 2 个或 2 个以上的点阵点,称为复单位。有时为了一定的目的,将空间点阵按复单位进行划分(见 7.2.4 节)。

空间点阵按照确定的平行六面体单位连线划分,获得一套直线网格,称为空间格子或晶格。点阵和晶格是分别用几何的点和线反映晶体结构的周期性,它们具有同样的意义,都是从实际晶体结构中抽象出来,表示晶体周期性结构的规律。晶体最基本的特点是具有空间点阵式的结构。点阵和晶格在英文中是同一个词 lattice。点阵强调的是结构基元在空间的周期排列,它反映的周期排列方式是唯一的;晶格强调的是按点阵单位划分出来的格子,由于选坐标轴和单位矢量有一定灵活性,它不是唯一的。

晶胞是晶体结构的基本重复单位,整个晶体就是按晶胞在三维空间周期性地重复排列,相互平行取向,按每一顶点为 8 个晶胞共有的方式堆砌而成的。晶体结构的内容,包含在晶胞的两个基本要素中:(i) 晶胞的大小和形状,即晶胞参数 $a, b, c, \alpha, \beta, \gamma$;(ii) 晶胞内部各个原子的坐标位置,即原子的坐标参数 (x, y, z)。有了这两方面的数据,整个晶体的空间结构也就知道了。

原子在晶胞中的坐标参数 (x, y, z) 的意义是指由晶胞原点指向原子的矢量 r 用单位矢量 a, b, c 表达,即

$$r = x\boldsymbol{a} + y\boldsymbol{b} + z\boldsymbol{c}$$

例如在图 7.1.4(g) 中,Cl^- 和 Na^+ 的坐标参数为

$$Cl^-: \quad 0,0,0; \quad \frac{1}{2},0,\frac{1}{2}; \quad 0,\frac{1}{2},\frac{1}{2}; \quad \frac{1}{2},\frac{1}{2},0$$

$$Na^+: \quad \frac{1}{2},0,0; \quad 0,\frac{1}{2},0; \quad 0,0,\frac{1}{2}; \quad \frac{1}{2},\frac{1}{2},\frac{1}{2}$$

注意,晶体中原子的坐标参数是以晶胞的 3 个晶轴作为坐标轴,以 3 个晶轴的长度作为坐标轴的单位。当原点位置改变或选取的晶轴改变时,原子坐标参数也会改变。

若一整块固体基本上为一个空间点阵所贯穿,称为单晶体。有些固体是由许多小的单晶体按不同的取向聚集而成,称为多晶,金属材料及许多粉状物质是由多晶体组成的。有些固体,例如炭黑,结构重复的周期数很少,只有几个到几十个周期,称为微晶。微晶是介于晶体和非晶物质之间的物质。在棉花、蚕丝、毛发及各种人造纤维等物质中,一般具有不完整的一维周期性的特征,并沿纤维轴择优取向,这类物质称为纤维多晶物质。

7.2 晶体结构的对称性

本节从晶体结构的周期性出发,讨论晶体的对称性,包括对称元素、对称操作、晶系、晶族、晶体学点群、空间点阵型式等内容。有关空间群的知识则在 7.4 节中讨论。

7.2.1 晶体结构的对称元素和对称操作

晶体的内部结构具有一定的对称性,可用一组对称元素组成的对称元素系描述。晶体所具有的对称元素系是对晶体进行分类的基础,对了解晶体的结构和性质非常重要。

晶体最基本的特点是具有空间点阵结构。晶体的点阵结构使晶体的对称性和分子的对称

性有差别。分子结构的对称性是点对称性,只有 4 类对称元素和对称操作(参看第 4 章):

(1) 旋转轴——旋转操作

(2) 镜面——反映操作

(3) 对称中心——反演操作

(4) 反轴——旋转反演操作

晶体的点阵结构,包括平移的对称操作。它一方面使晶体结构的对称性在上述点对称性的基础上增加下列 3 类对称元素和对称操作:

(5) 点阵——平移操作

(6) 螺旋轴——螺旋旋转操作

(7) 滑移面——反映滑移操作

另一方面,晶体的对称元素和对称操作又受到点阵的制约。在晶体结构中存在的对称轴(包括旋转轴、螺旋轴和反轴)的轴次只有 1,2,3,4,6 等 5 种。而滑移面和螺旋轴中的滑移量,也要受点阵制约。

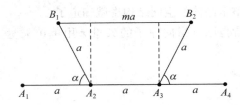

图 7.2.1　晶体中对称轴轴次的证明

晶体的点阵结构只允许存在 1,2,3,4,6 等轴次的对称轴,这可证明如下:如图 7.2.1 所示,设点阵点 A_1,A_2,A_3,A_4 相隔为 a,有一个 n 重旋转轴通过点阵点。因为每个点阵点周围环境都相同,每一对称操作都存在对应的逆操作,以 a 作半径转动角 $\alpha = 2\pi/n$,将会得到另一点阵点。绕 A_2 点顺时针方向转 α 角,可得点阵点 B_1;绕 A_3 点逆时针方向转 α 角,可得点阵点 B_2。B_1 和 B_2 连线平行于 A_1 和 A_4 连线,B_1 和 B_2 间的距离必须为 a 的整数倍,设为 ma,m 为整数,得

$$a + 2a\cos\alpha = ma$$
$$\cos\alpha = (m-1)/2, \quad |(m-1)/2| \leqslant 1$$

m	-1	0	1	2	3
$\cos\alpha$	-1	$-1/2$	0	$1/2$	1
α	$180°$	$120°$	$90°$	$60°$	$0°(360°)$
$n(=360°/\alpha)$	2	3	4	6	1

满足此方程的 α 值只能为 $0°,60°,90°,120°,180°,360°$。这就证明点阵结构中旋转轴的轴次 (n) 只有 $1,2,3,4,6$ 等 5 种。

在晶体结构中可能存在的对称元素除点阵外列于表 7.2.1 中。表中的螺旋轴和滑移面是晶体微观对称性所特有的。螺旋轴对应的对称操作是旋转和平移的联合对称操作。螺旋轴 n_m 的基本操作是绕轴旋转 $2\pi/n$,接着沿着轴的方向平移 m/n 个和轴平行的单位矢量。例如 2_1 轴(用半箭头表示)的基本操作是绕轴转 $180°$,接着沿着轴的方向平移 $1/2$ 个单位矢量。图 7.2.2(a)示出 2_1 轴联系的用左手表示的手性分子:2_1 螺旋旋转联系的左手手性没有改变,滑移面对应的对称操作是反映和平移的联合操作,b 滑移面的基本操作是按该面进行反映后,接着沿 y 轴方向滑移 $\boldsymbol{b}/2$。图 7.2.2(b)示出 b 滑移面(记号为 ┈┈┈┈)联系的手性分子图像,左手反映后变为右手的情况。

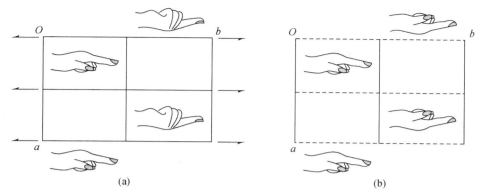

图 7.2.2 2₁ 轴(a)和滑移面(b)对手性分子在晶胞中的排布图像

上述点阵、螺旋轴和滑移面 3 种对称元素是晶体结构所特有的,和它们相应的对称操作中都包含有平移成分,阶次都是无限的。凡是包含平移的对称性,都要求图形本身是无限的,否则经过平移后,就会出现一边缺少另一边增多的现象。同理,包含平移对称性的对称元素,其本身的数目也是无限的。现实的晶体中原子数目总是有限的,但因其数目很多,可忽略边界效应,用理想化的点阵结构来描述。

表 7.2.1 晶体结构中可能存在的对称元素

对称元素类型		书写记号	图示记号	
对称中心		$\overline{1}$	。	
镜　面		m	垂直纸面	在纸面内
滑移面	轴滑移面	a,b,c	在纸面内滑移 离开纸面滑移	箭头表示滑移方向
	对角滑移面	n	— · — · — ·	
	金刚石滑移面	d		
	双向轴滑移面	e	— ·· — ·· —	
旋转轴		1 2 3 4 6		→
螺旋轴		2_1 $3_1,3_2$ $4_1,4_2,4_3$ $6_1,6_2,6_3,6_4,6_5$		←
反　轴[a]		$\overline{3}$ $\overline{4}$ $\overline{6}$		

[a] $\overline{3}=3+i,\overline{6}=3+\sigma$,不是独立的。

由上可见,晶体中原子在空间呈三维周期性排列,具有以点阵结构为基本特征的长程平移有序,以及由 1,2,3,4,6 次对称轴所表现的长程取向有序两方面的对称性。

准晶体是指那些具有长程取向序,但无平移周期性的固体。准晶体通过电子衍射能得到衍射斑点比较明锐的、具有五次对称轴或八次、十次、十二次对称轴等通常晶体所不允许的衍射花样。详细情况可见 7.8 节。

7.2.2　晶系、晶族和惯用坐标系

根据晶体结构所具有的特征对称元素,可将晶体分为 7 个晶系(crystal system)。确定一个晶体所属的晶系时,以晶体有无特征对称元素为标准,按表 7.2.2 中从上而下的顺序进行。

表 7.2.2　晶族、晶系和惯用坐标系

晶族的名称和记号	晶　系	特征对称元素	惯用坐标系	
			晶胞参数规定	选坐标轴的方法
立方 c (cubic)	立方 (cubic)	4 个按立方体对角线取向的三次旋转轴	$a=b=c$ $\alpha=\beta=\gamma=90°$	4 个三次旋转轴和立方体的 4 条对角线平行,立方体的 3 个互相垂直的边即为 a,b,c 的方向。a,b,c 与三次旋转轴的夹角为 54°44′
六方 h (hexagonal)	六方 (hexagonal)	1 个六次对称轴	$a=b$ $\alpha=\beta=90°$ $\gamma=120°$	$c\parallel$ 六次轴 $a,b\parallel$ 二次轴,或 $\perp$ 对称面,或 a,b 选 $\perp c$ 的恰当的晶棱
	三方 (trigonal)	1 个三次对称轴	$a=b$ $\alpha=\beta=90°$ $\gamma=120°$	$c\parallel$ 三次轴 $a,b\parallel$ 二次轴,或 $\perp$ 对称面,或 a,b 选 $\perp c$ 的晶棱
四方 t (tetragonal)	四方 (tetragonal)	1 个四次对称轴	$a=b$ $\alpha=\beta=\gamma=90°$	$c\parallel$ 四次轴 $a,b\parallel$ 二次轴,或 $\perp$ 对称面,或 a,b 选 $\perp c$ 的晶棱
正交 o (orthorhombic)	正交 (orthorhombic)	2 个互相垂直的对称面或 3 个互相垂直的二次轴	$\alpha=\beta=\gamma=90°$	$a,b,c\parallel$ 二次轴,或 $\perp$ 对称面
单斜 m (monoclinic)	单斜 (monoclinic)	1 个二次对称轴或 1 个对称面	$\alpha=\gamma=90°$	$b\parallel$ 二次轴,或 $\perp$ 对称面 a,c 选 $\perp b$ 的晶棱
三斜 a (anorthic)	三斜 (triclinic)	无	—	a,b,c 选 3 个不共面的晶棱

具体规定如下：

立方晶系：在立方晶胞的 4 个体对角线方向上均有三次旋转轴。

六方晶系：有 1 个六次对称轴。

四方晶系：有 1 个四次对称轴。

三方晶系：有 1 个三次对称轴。

正交晶系：有 3 个互相垂直的二次对称轴或 2 个互相垂直的对称面。

单斜晶系：有 1 个二次对称轴或对称面。

三斜晶系：没有特征对称元素。

这里的对称轴是指旋转轴、螺旋轴和反轴，而不是指映轴。对称面包括镜面和滑移面。晶系的确定只以特征对称元素或点群为依据，非常明确而清晰，没有任何不确定因素。

根据不同晶系的晶体在一些物理性质上的差异，可将 7 个晶系分为三级：高级晶系指立方晶系；中级晶系有六方、四方和三方晶系；低级晶系有正交、单斜和三斜晶系。

在国内外书刊中，对 7 个晶系有的用过其他名称。例如"立方晶系"用过"等轴晶系"，"三方晶系"用过"菱面体晶系"或"菱方系"（rhombohedral system），"正交晶系"用过"斜方晶系"（rhombic system）等，学习时要予以注意。

根据晶体的对称性选择平行六面体晶胞或坐标系要遵循下列三条原则：

（1）所选的平行六面体应能反映晶体的对称性；

（2）晶胞参数中轴的夹角 α, β, γ 为 90° 的数目最多；

（3）在满足上述两个条件下，所选的平行六面体的体积最小。

根据这三条原则，可将 7 个晶系的晶体选择如图 7.2.3 所示的 6 种几何特征的平行六面体为

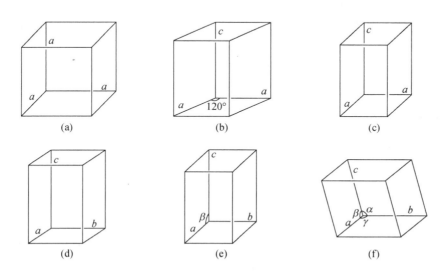

图 7.2.3 6 种晶胞的几何特征

（a）立方晶胞，（b）六方晶胞，（c）四方晶胞，（d）正交晶胞，（e）单斜晶胞，（f）三斜晶胞

晶胞。每种几何特征的晶胞与一种晶族相对应。晶族(crystal family)是以按上述三条原则选择晶胞所得的几何特征为依据,将晶体分成 6 类的名称。由表 7.2.2 可见,除了将六方晶系和三方晶系合为一个六方晶族外,其他每个晶族都与晶系相同。另外,三斜晶族的记号用 a(anorthic)而不用三斜晶系的 t(triclinic),以便和四方晶族的 t(tetragonal)区分开。

根据上述选择晶胞(或坐标系)的三条原则,常见于文献的菱面体晶胞(其几何特征为 $a=b=c,\alpha=\beta=\gamma<120°$)因轴的夹角 α,β,γ 的数值都不是 $90°$,没有被选上。另一方面,菱面体晶胞和立方晶系、六方晶系和三方晶系都有关系,不是三方晶系所特有。而六方晶胞(晶胞参数的限制条件为:$a=b,\alpha=\beta=90°,\gamma=120°$)既可满足三次对称轴转 $120°$ 复原的要求,也可满足六次对称轴转 $60°$ 复原的要求。从 1983 年《晶体学国际表》采用晶族表述空间点阵型式以来,比较明确地解决了三方晶系晶体分布在简单六方(hP)和 R 心六方(hR)两种空间点阵型式的问题。在空间群的表述和晶体学的各种计算上,三方晶系晶体采用六方晶胞比较方便。学习晶体学基础知识时,应当认真地理解和应用。

7.2.3　晶体学点群

晶体的理想外形及其在宏观观察中所表现的对称性称为宏观对称性。晶体的宏观对称性是在晶体微观结构基础上表现出来的相应的对称性。晶体宏观对称性中的对称元素和晶体微观结构中相应的对称元素一定是平行的,但宏观观察区分不了平移的差异,使晶体的宏观性质呈现出连续性和均匀性,微观对称操作中包含的平移已被均匀性所掩盖,结构中的螺旋轴和滑移面等,在宏观对称性中表现为旋转轴和镜面。所以,在晶体外形和宏观观察中表现出来的对称元素只有对称中心、镜面和轴次为 1,2,3,4,6 的旋转轴和反轴,与这些对称元素相应的对称操作都是点操作。当晶体具有一个以上对称元素时,这些宏观对称元素一定要通过一个公共点。将晶体中可能存在的各种宏观对称元素通过一个公共点按一切可能性组合起来,总共有 32 种型式,称为 32 种晶体学点群。

表 7.2.3 中列出 32 种晶体学点群的序号、记号、点群中包含的对称元素和所属的晶系。按 4.3 节有关点群的知识可知,表中 D_{2d} 点群含 I_4 对称轴,属于四方晶系;C_{3h} 和 D_{3h} 含 I_6 对称轴,属六方晶系;对称元素中含有 i 的 11 个点群为中心对称点群。

7.2.4　晶体的空间点阵型式

晶体的空间点阵型式是根据晶体结构的对称性,将点阵点在空间的分布按晶族规定的晶胞形状和带心型式进行分类,共有 14 种型式。这 14 种型式最早(1866 年)由 Bravias(布拉维)推得,又称为布拉维点阵或布拉维点阵型式。

根据点阵的特性,点阵中全部点阵点都具有相同的周围环境,各点的对称性都相同。当按照点阵的对称性划分点阵单位时,除了素单位外,尚有一些复单位存在。例如立方晶族,含有 2 个点阵点的体心(I)单位和含 4 个点阵点的面心(F)单位也完全满足立方晶族特征对称元素的要求。但若只有一个面带心,例如 C 面带心[点阵点坐标为$(1/2,1/2,0)$],就会破坏体对角线上三次旋转轴的对称性,不能保持立方晶族。所以立方晶族只有 3 种点阵型式:简单立方(cP)、体心立方(cI)、面心立方(cF)。四方晶族有简单四方(tP)和体心四方(tI)。六方晶族有

表 7.2.3　32 种晶体学点群

序号	Schönflies 记号	国际记号	对称元素[a]	所属晶系
1	C_1	1	—	三斜
2	C_i	$\bar{1}$	i	
3	C_2	2	C_2	单斜
4	C_s	m	σ	
5	C_{2h}	$2/m$	σ,C_2,i	
6	D_2	222	$3C_2$	正交
7	C_{2v}	$mm2$	$C_2,2\sigma$	
8	D_{2h}	$2/mmm$	$3C_2,3\sigma,i$	
9	C_4	4	C_4	四方
10	S_4	$\bar{4}$	I_4	
11	C_{4h}	$4/m$	C_4,σ,i	
12	D_4	422	$C_4,4C_2$	
13	C_{4v}	$4mm$	$C_4,4\sigma$	
14	D_{2d}	$\bar{4}2m$	$I_4,2\sigma,2C_2$	
15	D_{4h}	$4/mmm$	$C_4,5\sigma,4C_2,i$	
16	C_3	3	C_3	三方
17	C_{3i}	$\bar{3}$	C_3,i	
18	D_3	32	$C_3,3C_2$	
19	C_{3v}	$3m$	$C_3,3\sigma$	
20	D_{3d}	$\bar{3}m$	$C_3,3\sigma,3C_2,i$	
21	C_6	6	C_6	六方
22	C_{3h}	$\bar{6}$	$I_6(C_3,\sigma)$	
23	C_{6h}	$6/m$	C_6,σ,i	
24	D_6	622	$C_6,6C_2$	
25	C_{6v}	$6mm$	$C_6,6\sigma$	
26	D_{3h}	$\bar{6}m2$	$I_6,3\sigma,3C_2$	
27	D_{6h}	$6/mmm$	$C_6,7\sigma,6C_2,i$	
28	T	23	$4C_3,3C_2$	立方
29	T_h	$m\bar{3}$	$4C_3,3\sigma,3C_2,i$	
30	O	432	$4C_3,3C_4,6C_2$	
31	T_d	$\bar{4}3m$	$4C_3,3I_4,6\sigma$	
32	O_h	$m\bar{3}m$	$4C_3,3C_4,9\sigma,6C_2,i$	

[a] 对称元素符号前的数字代表该对称元素的数目,未注数字的表示为 1。

简单六方(hP)和 R 心六方(hR)。正交晶族有简单正交(oP)、C 心正交(oC)、体心正交(oI)和面心正交(oF)。单斜晶族有简单单斜(mP)和 C 心单斜(mC)。三斜晶族则只有简单三斜(aP)。6 个晶族共计 14 种空间点阵型式,如图 7.2.4 所示。

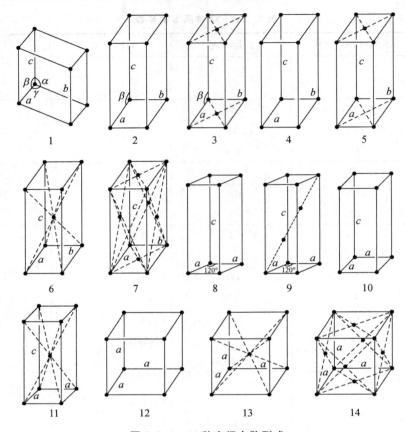

图 7.2.4　14 种空间点阵型式

（1）简单三斜（aP），（2）简单单斜（mP），（3）C 心单斜（mC），（4）简单正交（oP），（5）C 心正交（oC），
（6）体心正交（oI），（7）面心正交（oF），（8）简单六方（hP），（9）R 心六方（hR），（10）简单四方（tP），
（11）体心四方（tI），（12）简单立方（cP），（13）体心立方（cI），（14）面心立方（cF）

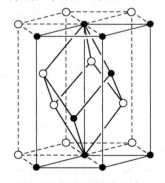

图 7.2.5　hR 点阵型式中点阵点的分布（hR 中为黑点），及菱面体素单位

（顶点上为 4 个黑点和 4 个白点组成）

特别要说明，六方晶系和三方晶系同属六方晶族。可以证明，六方晶系晶体只有一种简单六方（hP）点阵型式。而三方晶系晶体一部分属简单六方（hP）点阵型式，还有一部分属 R 心六方（hR）点阵型式。在 hR 点阵型式中，每个六方点阵单位中包含 3 个点阵点，其坐标位置为：$(0,0,0)$；$\left(\dfrac{2}{3}, \dfrac{1}{3}, \dfrac{1}{3}\right)$；$\left(\dfrac{1}{3}, \dfrac{2}{3}, \dfrac{2}{3}\right)$。注意，这种点阵单位只有三次对称轴的对称性。$hR$ 复单位可划出只含 1 个点阵点的菱面体素单位，如图 7.2.5 所示。

下面选两个实例，说明点群、晶系和空间点阵型式的关系。

【例 7.2.1】　α-硒

α-Se 的分子呈螺旋形长链，其结构已示于图 7.1.2(c) 中。在晶体中，这些螺旋长链分子互相平行地堆积在一起，平行于螺旋轴的投影结构示于图 7.2.6。晶体的点群为 D_3-32，三方晶系，晶胞参数 $a=b=$

435.52pm,c=494.95pm,它的空间点阵型式为简单六方(hP),一个点阵点代表 3 个 Se 原子。

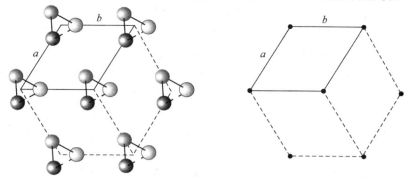

图 7.2.6 α-硒的晶体结构

(a) 结构沿 c 轴的投影,(b) 点阵单位

【例 7.2.2】 六方石墨和三方石墨

六方石墨和三方石墨都是由石墨层形分子[见图 7.1.3(c)]平行堆积而形成的晶体。六方石墨中层形分子堆积的次序为 ABAB…,三方石墨为 ABCABC…,如图 7.2.7 左边所示。图 7.2.7 中间的图表示晶胞,六方石墨 $a=b$=245.6pm,c=669.6pm,晶胞中含 4 个 C 原子;三方

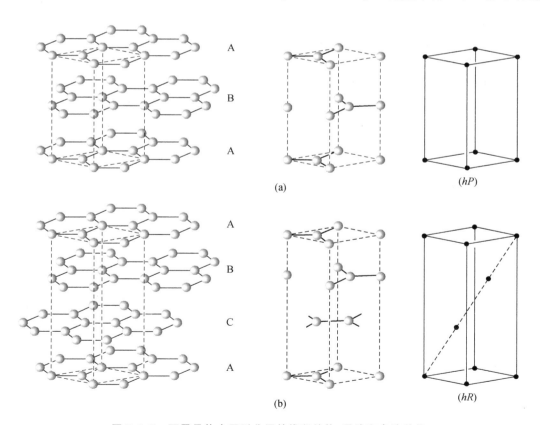

图 7.2.7 石墨晶体中层形分子的堆积结构,晶胞和点阵单位

(a) 六方石墨,(b) 三方石墨

石墨 $a=b=245.6\,\text{pm}$，$c=1004.4\,\text{pm}$，晶胞中含 6 个 C 原子。在六方石墨堆积中，通过 A 层分子(或 B 层分子)的平面为镜面，紧邻镜面的上、下层均为 B 层(或 A 层)，三次旋转轴和垂直于它的镜面组合形成六重反轴($\bar{6}$，⬣)，晶体属 $D_{6h}\text{-}6/mmm$ 点群，为六方晶系。在三方石墨堆积中，通过 A 层分子的平面不具镜面对称性，因它上面是 C 层，下面是 B 层，它具有三次反轴对称性($\bar{3}$，▲)，晶体属 $D_{3d}\text{-}\bar{3}m$ 点群，三方晶系。图 7.2.7 右边示出点阵单位，六方石墨属简单六方点阵型式(hP)，每个点阵点代表由 4 个 C 原子组成的结构基元。三方石墨属 R 心六方点阵型式(hR)，点阵单位中含 3 个点阵点，每个点阵点代表由 2 个 C 原子组成的结构基元。注意，从三方石墨晶体结构抽象出来的点阵单位只有三次对称轴，而没有六次对称轴。

7.3　点阵的标记和点阵平面间距

当空间点阵选择某一点阵点为坐标原点，选择 3 个不相平行的单位矢量 a,b,c 后，该空间点阵就按确定的平行六面体单位进行划分，单位的大小、形状就已确定。这时点阵中每一点阵点都可用一定的指标标记。而一组直线点阵或某个晶棱的方向也可用数字符号标记。一组平面点阵或晶面也可用一定的数字指标标记。

1. 点阵点指标 uvw

空间点阵中某一点阵点的坐标，可作从原点至该点的矢量 r，并将 r 用单位矢量 a,b,c 表示。若

$$r = ua + vb + wc$$

则该点阵点的指标为 uvw。

2. 直线点阵指标或晶棱指标 $[uvw]$

晶体点阵中的每一组直线点阵的方向，用记号 $[uvw]$ 表示，其中 u,v,w 为 3 个互质的整数。直线点阵 $[uvw]$ 的取向与矢量 $ua+vb+wc$ 平行。

晶体外形上晶棱的记号与和它平行的直线点阵相同。

3. 平面点阵指标或晶面指标 (hkl)

晶体的空间点阵可划分为一族平行且等间距的平面点阵。晶体外形中每个晶面都和一族平面点阵平行，可根据晶面和晶轴相互间的取向关系，用晶面指标标记同一晶体内不同方向的平面点阵族或晶体外形的晶面。

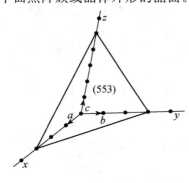

图 7.3.1　平面点阵(553)的取向

设有一平面点阵和 3 个坐标轴 x,y,z 相交，在 3 个坐标轴上的截数分别为 r,s,t(以 a,b,c 为单位的截距数目)。截数之比即可反映出平面点阵的方向。但直接由截数之比 $r:s:t$ 表示时，当平面点阵和某一坐标轴平行，截数将会出现 ∞。为避免出现 ∞，规定用截数的倒数之比，即 $1/r:1/s:1/t$ 作为平面点阵的指标。由于点阵的特性，这个比值一定可化成互质的整数之比 $1/r:1/s:1/t=h:k:l$，平面点阵的取向就用指标 (hkl) 表示，即平面点阵的指标为 (hkl)。

图 7.3.1 中 r,s,t 分别为 $3,3,5$，而 $1/r:1/s:1/t=1/3:1/3:1/5=5:5:3$，该平面点阵的指标为(553)。

平面点阵尚可用图 7.3.2 和图 7.3.3 表示。图 7.3.2 示出(100),(110),(111)三组点阵

面在三维点阵中的取向关系。图 7.3.3 示出在沿 z 轴的投影图中和 z 轴平行的各组点阵面的取向。

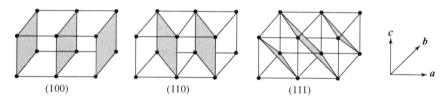

(100)   (110)   (111)

图 7.3.2 (100),(110),(111)点阵面在点阵中的取向

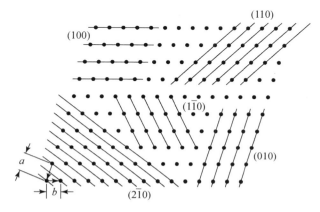

图 7.3.3 和 z 轴平行的各组点阵面在投影中的取向

晶体外形中每个晶面都和一族平面点阵平行,所以 (hkl) 也用作和该平面点阵平行的晶面的指标。当对晶体外形的晶面进行指标化时,通常把坐标原点放在晶体的中心,外形中两个平行的晶面一个为 (hkl),另一个为 $(\bar{h}\bar{k}\bar{l})$。例如 NaCl 晶体常出现立方体的外形,其 6 个晶面的指标分别为 $(100),(010),(001),(\bar{1}00),(0\bar{1}0),(00\bar{1})$。明矾晶体常出现正八面体外形,这 8 个晶面的指标分别为 $(111),(\bar{1}11),(1\bar{1}1),(11\bar{1}),(\bar{1}\bar{1}1),(1\bar{1}\bar{1}),(\bar{1}1\bar{1}),(\bar{1}\bar{1}\bar{1})$。四面体 4 个面的指标分别为 $(111),(\bar{1}11),(1\bar{1}1),(11\bar{1})$。图 7.3.4 示出 NaCl、明矾、金刚石和萤石等晶体常见的理想外形。在结构化学中,通常所说的晶面指标往往是和该晶面平行的平面点阵族的指标。

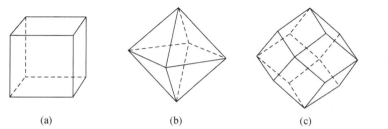

(a)   (b)   (c)   (d)

图 7.3.4 几种晶体常见的理想外形

(a) NaCl 的立方体(100)面,(b) 明矾的八面体(111)面,(c) 金刚石的菱形
十二面体(110)面,(d) 萤石的立方八面体(100)和(111)面形成的聚形

251

4. 平面间距 $d_{(hkl)}$

平面点阵族 (hkl) 中相邻两个点阵面的间距用 $d_{(hkl)}$ 表示。$d_{(hkl)}$ 又称晶面间距,它是指由指标 (hkl) 规定的平面族中两个相邻平面之间的垂直距离。不同晶系使用不同的计算公式,如表 7.3.1 所列。

表 7.3.1　平面间距 $d_{(hkl)}$ 计算公式

晶系[a]	$d_{(hkl)}$ 计算公式
立方	$a(h^2+k^2+l^2)^{-1/2}$
六方	$[4(h^2+hk+k^2)/3a^2+l^2/c^2]^{-1/2}$
四方	$[(h^2+k^2)/a^2+l^2/c^2]^{-1/2}$
正交	$[h^2/a^2+k^2/b^2+l^2/c^2]^{-1/2}$
单斜	$\sin\beta[h^2/a^2+k^2\sin^2\beta/b^2+l^2/c^2-2hl\cos\beta/ac]^{-1/2}$
三斜	$V[h^2b^2c^2\sin^2\alpha+k^2a^2c^2\sin^2\beta+l^2a^2b^2\sin^2\gamma+2hkabc^2(\cos\alpha\cos\beta-\cos\gamma)$ $+2kla^2bc(\cos\beta\cos\gamma-\cos\alpha)+2hlab^2c(\cos\alpha\cos\gamma-\cos\beta)]^{-1/2}$ 式中:$V=abc(1-\cos^2\alpha-\cos^2\beta-\cos^2\gamma+2\cos\alpha\cos\beta\cos\gamma)^{1/2}$

[a]　式中未列出三方晶系,因它取六方晶胞按六方晶系公式,取菱面体晶胞可将三斜晶系公式简化计算。

由公式可见,平面间距既与晶胞参数有关,又与平面指标 (hkl) 有关。h,k,l 的数值越小,面间距离越大,根据经验规律,实际晶体外形中这个晶面出现的机会也越大。实际上,晶体外形出现的晶面,其指标都是简单的整数。

7.4　空间群及晶体结构的表达

7.4.1　空间群的推导和表达

晶体结构具有空间点阵式的结构,点阵结构的空间对称操作群称为空间群,即空间群是晶体空间对称操作的集合。

将点操作和平移操作组合在一起,可得到螺旋旋转(包括纯旋转)、滑移反映和旋转倒反(或旋转反映)三类复合操作,以及这些复合操作依据的对称元素的方位。例如,对称中心和平移 t 组合在一起,从 A 出发经平移 t,除在 A' 处有对称中心外,在 $t/2$ 处将产生新的对称中心 (B),如图 7.4.1(a)所示。二次旋转轴和垂直于该轴的平移 t 组合,从 A 出发,经平移 t 在 A' 处有二次旋转轴,在 $t/2$ 处也有二次旋转轴 (B),如图 7.4.1(b)所示。三次旋转轴和垂直于它的平移 t 组合,从 A 出发,经平移 t 在 A' 处有三次旋转轴外,在 B 处出现新的三次旋转轴,如

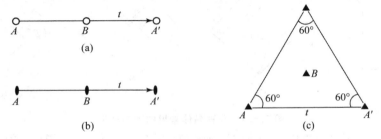

图 7.4.1　点对称操作和平移操作组合,将产生新的对称操作

(a) 对称中心,(b) 二次旋转轴,(c) 三次旋转轴

图 7.4.1(c)所示。

空间群可分为点式空间群和非点式空间群两大类。点式空间群是在 14 种空间点阵型式基础上,将点阵型式和点群进行组合得到的。例如,单斜晶系有 mP 和 mC 两种点阵型式,而单斜晶系的点群有 $2,m,2/m$ 三种,将这两者组合可得 $P2,Pm,P2/m,C2,Cm,C2/m$ 等 6 种点式空间群,7 个晶系计有 73 种点式空间群。非点式空间群可在点式空间群的基础上,将其中的旋转轴和镜面逐一地换成同形的对称元素,即:将二次轴(2)换成 2_1;三次轴(3)换成 3_1,3_2;四次轴(4)换成 $4_1,4_2,4_3$;六次轴(6)换成 $6_1,6_2,6_3,6_4,6_5$;镜面(m)换成 a,b,c,n,d,e 等滑移面。替换后,抛弃其中不可能的组合,把相同的组合归并到一起。例如,C_{2h} 点群可得 2 种点式空间群和 4 种非点式空间群,其编号如下:

$$C_{2h}^1\text{-}P2/m,\quad C_{2h}^2\text{-}P2_1/m,\quad C_{2h}^3\text{-}C2/m,\quad C_{2h}^4\text{-}P2/c,\quad C_{2h}^5\text{-}P2_1/c,\quad C_{2h}^6\text{-}C2/c$$

空间群的总数为 230 个。

每个空间群都有其特征的微观对称元素的排布方式,可以用一个晶胞内排布的图形表示。对称元素的排布制约着晶体中原子的排布,它既限定了原子的相对位置,也简化了晶体结构的表达内容。空间群的知识对晶体学、化学、材料科学及其相关学科都极为有用。《晶体学国际表》A 卷对 230 个空间群一一地加以描述,并详细介绍使用指南,它是关于空间群内容最重要、最权威的参考资料。

每个空间群的记号可用 Schönflies(申夫利斯)记号,或用国际记号,也可同时将两种记号结合使用。例如 D_{2h}^{16}-$P2_1/n\,2_1/m\,2_1/a$:D_{2h} 是点群的 Schönflies 记号;D_{2h}^{16} 是空间群的 Schönflies 记号;"-"后是国际记号,第一个大写字母表示点阵型式,P 为简单点阵;其余 3 个位置上的记号表示晶体中 3 个方向的对称性。各个晶系 3 个位置方向的规定列于表7.4.1中。

表 7.4.1　国际记号中 3 个位置代表的方向

晶　系	3 个位置所代表的方向		
	1	2	3
立方晶系	a	$a+b+c$	$a+b$
六方晶系	c	a	$2a+b$
四方晶系	c	a	$a+b$
三方晶系(取菱面体晶胞)	$a+b+c$	$a-b$	—
三方晶系(取六方晶胞)	c	a	—
正交晶系	a	b	c
单斜晶系	b	—	—
三斜晶系	—	—	—

例如,$P2_1/n\,2_1/m\,2_1/a$ 表示晶体为正交晶系简单点阵型式,3 个位置分别代表 a,b,c 方向,即:$\parallel a$ 有 2_1 轴,$\perp a$ 有 n 滑移面;$\parallel b$ 有 2_1 轴,$\perp b$ 有镜面;$\parallel c$ 有 2_1 轴,$\perp c$ 有 a 滑移面。

属于同一点群的晶体,可分别隶属于几个空间群。各种晶体归属在 230 个空间群中的分布情况,数量上相差很大。由形状不规则的有机分子堆积成的晶体,属于 C_{2h}^5-$P2_1/c$ 者最多,占 20% 以上。图 7.4.2 示出 C_{2h}^5-$P2_1/c$ 对称元素分布图(以 b 为单轴)。

和空间群的对称元素系密切相关的另一概念是等效点系坐标位置。如果按图 7.4.3 表示的对称元素的分布了解晶胞中原子的排列,当在位置 1 处有一个原子时,因为对称元素的要求,在晶胞中 2,3,4 位置上也要有原子。1,2,3,4 这 4 个点是由对称性联系的、等效的一组点。所谓等效,是指从任意一点出发,必然得出其他 3 个点,它们是由对称性联系的、等同的一组点。

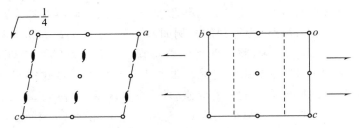

图 7.4.2 C_{2h}^5-$P2_1/c$ 对称元素分布图(b 轴由纸面向外)

左图为沿 b 轴投影,右图为沿 a 轴投影。图中平行四边形线代表晶胞形状,

"o"代表对称中心,"❙"代表 2_1 轴," $\frac{1}{4}$ "代表 y 值为 1/4 处有 c 滑移面

当等效点系位置是处在晶胞中的一般位置上,而不是处在某一对称元素上时,称为一般等效点系位置。空间群 C_{2h}^5-$P2_1/c$ 的一般等效位置为(指 b 轴为单轴):

(1) x, y, z;

(2) $\bar{x}, \frac{1}{2}+y, \frac{1}{2}-z$;

(3) $x, \frac{1}{2}-y, \frac{1}{2}+z$;

(4) $\bar{x}, \bar{y}, \bar{z}$

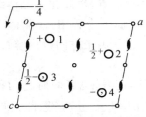

图 7.4.3 C_{2h}^5-$P2_1/c$ 的等效点系

图中〇和⊙表示互为镜像关系;在旁边注明的"$+, \frac{1}{2}+, \frac{1}{2}-, -$"指 y 轴的坐标分别为 $y, \frac{1}{2}+y, \frac{1}{2}-y, \bar{y}$

当坐标点处在对称元素上,x, y, z 具有特定数值,这时点的数目减少。按图 7.4.3 所示,若原子坐标为 $0, 0, 0$,则等效点数目降为 2,这一特殊的等效点系为:$0, 0, 0; 0, 1/2, 1/2$。

在《晶体学国际表》中,为每个空间群列出了一般等效点系和各种特殊位置的等效点系及其对称性。等效点系是从原子排列的方式表达晶体的对称性,对学习晶体化学有重要意义。

7.4.2 晶体结构的表达及应用

根据晶体具有点阵结构的特点,在描述和表达一个晶体的结构时,只要了解晶胞的大小、形状、晶胞内部原子的坐标参数(及热参数)以及晶体的周期性、对称性即可。由于晶胞内部原子之间往往有对称元素将它们联系起来,当表达原子的坐标参数时,不需要将晶胞中每一个原子的坐标参数都标出来,而只要标出不对称单位中的原子的坐标参数即可。所谓不对称单位,是指晶胞中原子之间没有对称元素联系的那一部分原子。根据不对称单位中的原子坐标参数,通过对称操作,晶胞中全部原子的坐标参数就可以导出。

一个晶体可以有多种划分晶胞的方式。不同方式的晶胞,其形状和大小不同,相应的原子坐标参数也不相同。对于一种方式的晶胞,由于原点选择不同,原子坐标参数的数值不同,但各个原子间的差值是相同的。

本小节以 α-二水合草酸(HOOC—COOH · $2H_2O$)为例,介绍化学文献中对于晶体结构的表达方式,以及如何把晶体学语言(晶系、空间群、晶胞参数、原子坐标参数等)表述为化学语言

（键长、键角、分子的几何构型等），进而利用晶体学数据解决化学问题。

α-二水合草酸的晶体结构参数列于表 7.4.2 中。

表 7.4.2 α-二水合草酸的晶体学数据及原子坐标参数（100 K）

原 子	x	y	z
C(1)	−0.0448	0.0586	0.0520
O(1)	0.0851	−0.0562	0.1501
O(2)	−0.2214	0.2424	0.0363
O(w)	−0.4515	0.6309	0.1787
H(1)	0.0234	0.0217	0.2228
H(w₁)	−0.5783	0.6968	0.1127
H(w₂)	−0.3581	0.4546	0.1495

晶系：单斜；空间群：C_{2h}^5-$P2_1/n$。

晶胞参数：$a=609.68$ pm，$b=349.75$ pm，$c=1194.6$ pm，$\beta=105.78°$；$Z=2$。

根据晶胞参数、空间群和原子坐标参数等数据，画出晶体结构沿 b 轴的投影，示于图 7.4.4 中。

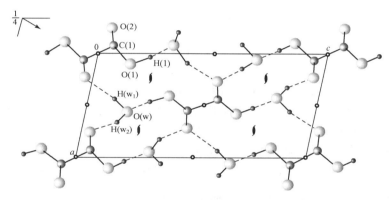

图 7.4.4 α-二水合草酸晶胞沿 b 轴投影图

（◐代表 C 原子，•代表 H 原子，◯代表 O 原子，----代表氢键）

上述数据和图形，提供了深入地了解 α-二水合草酸的晶体学和结构化学的素材。

1. α-二水合草酸的晶体学

图 7.4.4 示出晶体中草酸分子和水分子交替排列的图像以及它们和微观对称元素的关系。草酸为中心对称的分子，在晶体中坐在对称中心上，通过 2_1 和 n 排列成周期性的有序结构。对比图 7.4.2 和图 7.4.4，可看出 C_{2h}^5-$P2_1/c$ 和 C_{2h}^5-$P2_1/n$ 同属一个空间群，因为 $P2_1/n$ 中 $i,2_1,n$ 的相对排布方式和 $P2_1/c$ 的 $i,2_1,c$ 是完全一样的。空间群的两种记号只是标志着滑移面的滑移量和轴的取向不同，n 滑移面的滑移量为 $(a+c)/2$，c 滑移面的滑移量为 $c/2$。

图中所示的晶胞是素晶胞，整个晶胞的内容即晶体的结构基元，它由 2 个草酸分子和 4 个水分子组成。晶胞中的不对称单位则是指晶体中没有对称元素联系的那一部分原子，或是指那一部分空间。由图可见，这个晶体中不对称单位包含半个草酸分子（COOH）和 1 个 H_2O 分子，或者取以对称中心为顶点划分出来的 1/4 个晶胞作为不对称单位。

C_{2h}^5-$P2_1/n$ 空间群的一般位置的等效点系为：

$$x,y,z;\quad \frac{1}{2}-x,\frac{1}{2}+y,\frac{1}{2}-z;\quad -x,-y,-z;\quad \frac{1}{2}+x,\frac{1}{2}-y,\frac{1}{2}+z$$

表 7.4.2 中所列的原子都是独立的，在晶胞中通过对称操作，它们都形成各自的等效点系。

2. 草酸分子的构型

根据表 7.4.2 的数据，可算得草酸分子的构型，如图 7.4.5(a)所示。

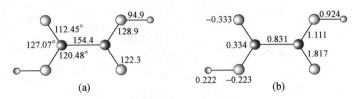

图 7.4.5　草酸分子的键长、键角(a)及键级和电荷分布(b)

原子所带电荷以 e 为单位，示于图(b)左边的 4 个数

3. 草酸分子中化学键的性质

草酸分子为平面形分子，C—C 键长在 100 K 下达 154.4 pm，比单键要长，而且大多数草酸盐和草酸氢盐室温下 C—C 键长也在 156～158 pm 之间。为什么在草酸分子中存在单双键交替体系（见下式），而 C—C 键比单键还长呢？

通过量子化学计算知道，是由于在占有电荷的分子轨道中，4 个 π 轨道在 2 个 C 原子间正负、正负交替重叠，成键和反键互相抵消，没有净的 π 键成键效应；又由于 O 原子电负性较高，O原子上净电荷较多，C 原子上较少，如图7.4.5(b)所示。上述因素影响了 C—C 键键级，只有0.831，比单键弱。草酸分子键级值示于图7.4.5(b)中。草酸容易从 C—C 键断裂，并氧化成2 个 CO_2 分子，所以草酸是常用的、优良的还原剂，这与其 C—C 键性质有关。

生物体中糖的代谢过程都是要经过酶催化形成酮酸，再经氧化脱羧反应，最终氧化成 CO_2 和 H_2O，并放出大量的能量。从结构化学的观点来分析，糖类代谢过程的关键是酮酸中的 C—C 键较弱，容易脱羧氧化放出 CO_2。

4. 草酸分子和水分子间的氢键

由图 7.4.4 可见，每个草酸分子周围通过氢键和 6 个 H_2O 分子相连，而每个 H_2O 分子则和 3 个草酸分子相连，形成氢键体系，在其中每个 H 原子作为质子给体，O 原子作为质子受体，非常合理地、和谐地结合在一起。

根据实验测定的晶胞参数和原子坐标参数（见表 7.4.2）可以计算氢键的键长和O—H⋯O 的键角，其中氢键 $O_{(1)}$—$H_{(1)}$⋯$O_{(w)}$ 键长为 250.6 pm，键角为 179°。另外 2 个$O_{(w)}$—H⋯$O_{(2)}$ 键长分别为 286.4 pm 和 289.2 pm，键角分别为 167° 和 157°，其中$O_{(1)}$—H_1⋯$O_{(w)}$ 为强氢键，直线构型。这和酸中形成强氢键的规律是完全一致的。

目前，30 多万种化合物的晶体结构已经测定，这些晶体结构数据加深了人们对化学科学的认识。促进化学的发展有许多因素，其中之一是晶体结构知识所起的作用。很难想象，如果没有 X 射线衍射法测定出大量的晶体结构，化学能够发展到今天这样的水平。

7.5　晶体的结构和晶体的性质

7.5.1　晶体的特性

晶体内部原子或分子按周期性规律排列,具有三维空间点阵的结构,使晶体有下列通性:

(1) 各向异性。在晶体中不同的方向上具有不同的物理性质。例如在不同的方向具有不同的电导率、不同的热膨胀系数、不同的折射率以及不同的机械强度,等等。晶体的这种特性,是由晶体内部原子的周期性排列所决定的。在周期性结构中,不同方向上原子或分子的排列情况是不相同的,因而在物理性质上具有异向性。玻璃体等非晶物质,不会出现各向异性,而呈现等向性,例如玻璃的折射率、热膨胀系数等,一般不随测定的方向而改变。

(2) 自发地形成多面体外形。晶体在生长过程中自发地形成晶面,晶面相交成为晶棱,晶棱会聚成顶点,从而出现具有多面体外形的特点,这种特点源自晶体的周期性结构。晶体在理想环境中生长,应长成凸多面体。凸多面体的晶面数(F)、晶棱数(E)和顶点数(V)之间的关系符合 Euler(欧拉)公式

$$F + V = E + 2$$

例如四面体有 4 个面,6 条棱,4 个顶点;立方体有 6 个面,12 条棱,8 个顶点;八面体有 8 个面,12 条棱,6 个顶点。

玻璃体不会自发地形成多面体外形,当液体玻璃冷却时,随着温度降低,黏度变大,流动性变小,固化成表面圆滑的无定形体。这与晶体的有棱、有顶角、有平面的性质完全不同。

(3) 具有明显确定的熔点。晶体具有周期性结构,各个部分都按同一方式排列。当温度升高,热振动加剧,晶体开始熔化时,各部分需要同样的温度,因而有一定的熔点。玻璃体和晶体不同,它们没有一定的熔点。例如,将玻璃加热,它随着温度升高逐渐变软,黏度减小,变成黏稠的液体,进而成为流动性较大的液体。在此过程中,没有温度停顿的时候,很难指出哪一温度是其熔点。

(4) 具有特定的对称性。如前所述,晶体的点阵结构使晶体具有的对称元素受到点阵的制约,点对称元素只有镜面、对称中心以及轴次为 1,2,3,4,6 等的对称轴。这些点对称元素通过一个公共点组合,可得 32 个晶体学点群。根据晶体所具有的特征对称元素或点群,可将晶体分成 7 个晶系。按对称性要求选择晶胞,可得 6 种几何特征的晶胞,由此将晶体分成 6 个晶族。根据各个晶族规定的点阵单位和带心型式,可推得 14 种空间点阵型式。将空间点阵型式、点群及平移对称操作组合在一起,可得 230 种空间群。这些内容构成了丰富的晶体对称性的知识宝库。

(5) 对 X 射线、电子流和中子流产生衍射。晶体结构的周期大小和 X 射线、电子流及中子流的波长相当,可作为三维光栅,产生衍射。而晶体的衍射成为了解晶体内部结构的重要实验方法。非晶物质没有周期性结构,只能产生散射效应,得不到衍射图像。

上述晶体的特性是由晶体内部原子或分子排列的周期性所决定的,是各种晶体所共有的,是晶体的一些基本性质。

另外,晶体还具有均匀性。一块晶体内部各个部分的宏观性质是相同的,例如有相同的密度、相同的化学组成,等等。晶体的均匀性来源于晶体中原子排布的周期很小,宏观观察分辨

不出微观的不连续性。均匀性不是晶体的特性。气体、液体和玻璃体也有均匀性,但这是由于原子杂乱无章地分布,均匀性来源于原子无序分布的统计性规律。

7.5.2　晶体的点群和晶体的物理性质

晶体的宏观对称性和晶体的物理性质之间存在着密切的联系:(i) 晶体的任一物理性质所拥有的对称元素必须包含晶体所属点群的对称元素,所以晶体的物理性质的对称性比晶体所属点群的对称性更高,或者说,晶体物理性质的对称性不能低于晶体所属点群的对称性。(ii) 对称元素在晶体中的取向,例如三次轴、四次轴或六次轴,其取向和晶体物理性质对称性的取向一致。

上述关系称为 Neumann(诺依曼)规则,它已由大量实验事实所证实。下面介绍一些实例,以说明晶体对称性和晶体物理性质对称性的关系。

1. 晶体的光学性质

晶体所属晶系有高级、中级或低级晶系,它在光学性质上会表现出不同的状态。立方晶系晶体在光学上是各向同性体,指示它各个方向折射率性质的光学示性面为圆球体。它有无限多个无限次的对称轴、无数个对称面和一个对称中心,这比立方晶系任一点群的对称性都高。又如,对一个含六次轴的中级晶系的晶体,在 c 轴上有六次轴,属于该点群的各种晶体的任意一种物理性质,在 c 轴上的对称性都不能低于六次轴。中级晶系(六方、四方和三方晶系)晶体的光学示性面是以 c 轴为旋转轴的旋转椭球面,有 2 个主折射率,其对称性远高于六次、四次或三次对称轴。而且不出现双折射的光轴只有一个,其取向一定和高次对称轴的取向一致。低级晶系(正交、单斜和三斜晶系)晶体的光学示性面显示有 3 个不相等的主折射率,是三轴椭球面,它有 2 个光轴,为双光轴晶体。

2. 不同点群晶体的物性

晶体的许多物性可将晶体的 32 种点群加以分类来判别。32 种点群按有无对称中心和是否为极性点群可作下面的分类。

$$32 \text{ 种点群} \begin{cases} 11 \text{ 种中心对称点群}: \bar{1}, 2/m, 2/mmm, \bar{3}, \bar{3}m, 4/m, 4/mmm, 6/m, 6/mmm, m\bar{3}, m\bar{3}m \\ 21 \text{ 种非中心对称点群} \begin{cases} 10 \text{ 种极性群}: 1, 2, 3, 4, 6, m, mm2, 3m, 4mm, 6mm \\ 11 \text{ 种非极性群}: 222, 32, \bar{4}, \bar{4}2m, 422, \bar{6}, \bar{6}m2, 622, 23, 432, \bar{4}3m \end{cases} \end{cases}$$

凡是中心对称点群的晶体都不可能具有晶体的倍频效应、热释电效应、压电效应、铁电效应、非线性电光等物理性质。所以判别晶体结构是否有对称中心,可用压电效应或非线性光学效应等来鉴别。例如 α-石英具有压电效应,即可断定它不存在对称中心(α-石英属 D_3-32 点群)。

对于极性点群晶体,在其某个特殊方向(如中级晶系的高次对称轴方向)上,当两端的结构不能通过该晶体所具有的对称元素的作用而互相重合,则在此方向上可以具有用矢量描述的物理性质。例如,具有自发极化的铁电晶体铌酸锂($LiNbO_3$,$3m$)和钛酸铅($PbTiO_3$,$4mm$)在结构上一定是极性晶体。

有些物性,如电极化率、电导率、介电常数等,它们和晶体本身有无对称中心没有关系,即这些性质在 32 个点群的晶体中都存在。

3. 非中心对称晶体的点群及其物理性质

一些具有重要应用价值的物理性质仅出现在 21 种非中心对称点群的晶体中。实验测定晶体的压电效应(piezoelectric effect,指晶体在压力作用下发生极化,在对应的晶面上产生电荷的现象)和倍频效应(frequency-doubling effect,second harmonic generation,指单色激光通过晶体发出一些频率加倍的光的现象)可能出现于除 O-432 点群外其他 20 种非中心对称点群的晶体。而热电效应(pyroelectricity 或 thermoelectric effect,因温度变化而使晶体的电极化状态改变的现象,又称为热释电效应)和铁电效应(ferroelectric effect,晶体的自发极化随外电场而变化的现象)等性质需要晶体结构具有极性,能够进行自发极化,所以只出现在 10 种极性点群的晶体中。图 7.5.1 示出非中心对称晶体所属的点群及其物理性质间的联系。由图可见,晶体的旋光性和圆二色性等光学活性(optical activity)可能出现在 15 种非对称中心点群的晶体中,它比晶体的对映体现象(enantiomorphism)可能出现的点群多 4 种,即:S_4-$\overline{4}$,C_s-m,C_{2v}-$mm2$ 和 D_{2d}-$\overline{4}2m$。

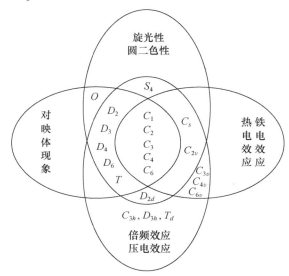

图 7.5.1 非中心对称晶体所属的点群及其物理性质间的联系

7.5.3 晶体的缺陷和性能

实际的晶体都是近似的空间点阵式的结构,实际晶体有一定的大小,晶体中多少都存在一定的缺陷。晶体中一切偏离理想的点阵结构都称为晶体缺陷。按几何形式,缺陷可分为点缺陷、线缺陷、面缺陷和体缺陷等。按其来源,缺陷可分为本征缺陷和掺杂缺陷。前者是指晶体原来的点阵结构随温度等外界条件的改变而出现的缺陷,后者则指掺进杂质原子而造成缺陷。

点缺陷包括空位、杂质原子、间隙原子、错位原子和变价原子等。任何晶体,当处于一定温度时,有些原子的振动能可能瞬间增大到可以克服其势垒,离开其平衡位置而挤入间隙,形成一对空位和间隙原子。这种正离子空位和间隙原子称为 Frenkel(弗伦克尔)缺陷,如图 7.5.2(a)所示。有时也可能是一对正、负离子同时离开其平衡位置而迁移到晶体表面上,在原来的位置形成一对正、负离子空位。这种正、负离子空位并存的缺陷,称为 Schottky(肖特基)缺陷,如图7.5.2(b)所示。这两种缺陷导致了离子晶体中由于正、负离子的运动而使晶体具有可观的导电性。在卤化银晶体中,Ag^+ 具有一定的自由运动性能,Frenkel 缺陷使离子从它的结构的正常位置进入空隙位置而移动,Schottky 缺陷使离子从它的正常位置迁移到位错位置或表面。这两种迁移都会在晶体中造成空位,空位密度通常随温度升高而增加。AgCl 晶体

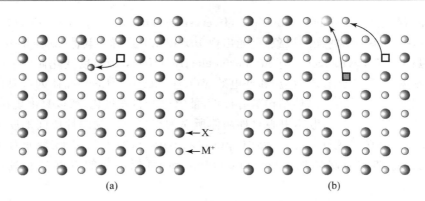

图 7.5.2　Frenkel 缺陷(a)和 Schottky 缺陷(b)

在接近熔点时,空位大约有 1%。

当将微量杂质元素掺入晶体中时,可能形成杂质置换缺陷,例如 ZnS 中掺进约 10^{-6}(原子)的 AgCl 时,Ag^+ 和 Cl^- 分别占据 Zn^{2+} 和 S^{2-} 的位置,形成杂质缺陷。晶体中点缺陷的存在,破坏了点阵结构,使得缺陷周围的电子能级不同于正常位置原子周围的能级。因此,不同类型的缺陷,赋予晶体以特定的光学、电学和磁学性质。上述含有杂质 Ag^+ 的 ZnS 晶体是彩色电视荧光屏中的蓝色荧光粉,在阴极射线激发下,它能发射波长为 450 nm 的荧光。

最重要的线缺陷是位错,位错是使晶体出现镶嵌结构的根源。面缺陷反映在晶面、堆积层错、晶粒和双晶的界面、晶畴的界面等。体缺陷反映在晶体中出现空洞、气泡、包裹物、沉积物等。

晶体中出现空位或填隙原子,使化合物的成分偏离整比性。这是一种很普遍的现象,称为非整比化合物,如 $Fe_{1-x}O$,$Ni_{1-x}O$,$Ti_{1-x}O$ 等许多过渡金属氧化物和硫化物都为非整比化合物。由于这类化合物的成分可以改变,导致其中出现变价原子,使晶体具有特异颜色等光学性质、半导体性甚至金属性、特殊的磁学性质以及化学反应活性等,因而成为重要的固体材料。下面列举数例予以说明。

【例 7.5.1】　$Zn_{1+\delta}O$

在 1000 K 左右将氧化锌晶体放在锌蒸气中加热,晶体转变为红色,生成 $Zn_{1+\delta}O$ 的 n 型半导体,它在室温下的电导率比整比化合物 ZnO 大很多。

【例 7.5.2】　$TiO_{1+\delta}$

这个化合物的化学组成变化范围很宽,从 $TiO_{0.82}$ 到 $TiO_{1.18}$。测定整比 TiO 晶体的密度和晶胞参数可知,常温下大约有 15% 的 Ti^{2+} 和 O^{2-} 空位。将 TiO 在高于或低于整比 TiO 的分解压的各种不同的氧气分压下加热时,既可以在空位中加入过量的氧,也可脱去部分的氧造成过量的钛。氧的数量不同,Ti 的价态不同,电导性质不同,甚至可出现金属那样的导电性。

【例 7.5.3】　$Li_\delta TiS_2(0<\delta<1)$

TiS_2 为层形分子,分子间硫原子靠范德华引力联系。将 TiS_2 置于锂蒸气中或浸在正丁基锂的非极性溶液中,Li^+ 可进入层间,生成 $Li_\delta TiS_2$。由于它导电性能很好,可以作为锂电池的电解质。

晶体的性质是晶体材料应用的基础,它与晶体的组成和结构密切相关。在晶体的组成、结构和性质三者的关系之中,结构是核心,它上承组成、下启性质,起着关键的作用。一般而言,性质取决于结构,但有时改变晶体的微量组成而结构的对称性尚未发现有显著的变化,对晶体的性质却产生了极大的影响。完整的刚玉(Al_2O_3)是无色的,掺入少量铬置换铝,则形成鲜艳的红宝石,它既是装饰品,也是最早发现能发射激光的晶体。硅晶体掺入不同的杂质可改变其半导体性质,掺少量的镓形成 p 型半导体,掺少量的磷形成 n 型半导体,p 型半导体和 n 型半导体接触形成 p-n 结,它的单向导通特性是半导体器件和微电子技术的基础。许多事实说明,晶体缺陷对晶体的生长,以及晶体的力学、电学、光学、磁学等性能均有极大的作用。研究晶体的缺陷,利用晶体缺陷改变晶体性质,改造晶体使它成为性能优异的材料,是人们进行生产和科研的用武之地,是涉及固体物理、固体化学和材料科学等领域的重要基础内容。

7.6　晶体的衍射

　　晶体的周期性结构使晶体能对 X 射线、中子流、电子流等产生衍射效应,形成 X 射线衍射法、中子衍射法和电子衍射法。这些衍射法能获得有关晶体结构可靠而精确的数据,表达出晶体内部三维空间的原子排列的重复周期,用晶胞的大小形状表示,晶胞中原子的种类、数目和相对位置用原子在晶胞中的坐标参数来表示。在衍射法中,最重要的是 X 射线衍射法,它于1912 年问世,百年来成果丰富、应用广泛,是人们认识物质微观结构的重要途径。到 20 世纪40～50 年代,各类有代表性的无机物和有机物的晶体结构,多数已得到测定,总结出键长、键角及其变异规律,分子的构型、构象规律,阐明固体物理的许多效应,成为化学、物理学、矿物学以及冶金学等科学和技术方面的基础。到 50 年代,成功地测定了蛋白质的晶体结构,为分子生物学的发展奠定了基础。到 60～70 年代,衍射法和计算技术结合,实现收集衍射实验数据的自动化,发展测定结构的程序,使晶体结构的测定工作从少数晶体学家手中解放出来,而为广大有机化学家和无机化学家所掌握。到 20 世纪末,同步辐射 X 射线源的应用,为生物大分子晶体结构的测定提供了有力的工具。晶体学家只要有一颗合用的单晶,一般几周之内就可完成结构测定工作。经不断积累大量结构数据,建立了多功能的晶体结构数据库。现在,国际上已建立的晶体学数据库主要有 5 种:(i) 剑桥结构数据库(英国),收集近 30 万种含碳化合物的结构数据;(ii) 蛋白质晶体结构数据库(美国),收集 9 万多种生物大分子的三维结构数据;(iii) 无机晶体结构数据库(德国),有 14 万多种无机化合物的结构数据;(iv) 金属晶体学数据文件(加拿大),有 6 万多种金属和合金的结构;(v) 粉末晶体衍射文件(美国),约有 33 万种晶体的数据。上述数据库为化学、物理学、生物学等各方面的广泛应用,提供了丰富而系统的结构信息。

7.6.1　衍射方向

　　晶体的 X 射线衍射包括两个要素:(i) 衍射方向和(ii) 衍射强度。

　　衍射方向是指晶体在入射 X 射线照射下产生的衍射线偏离入射线的角度。衍射方向取决于晶体内部结构周期性重复的方式和晶体安置的方位。测定晶体的衍射方向,可以求得晶胞的大小和形状。

　　联系衍射方向和晶胞大小、形状的方程有两个:Laue(劳厄)方程和 Bragg(布拉格)方程。前者以直线点阵为出发点,后者以平面点阵为出发点,这两个方程是等效的。

1. Laue 方程

　　设有一直线点阵和晶胞的单位矢量 a 平行。s_0 和 s 分别代表入射 X 射线和衍射 X 射线的单位矢量,如图 7.6.1所示。若要求由每个点阵点所代表的结构基元间散射的次

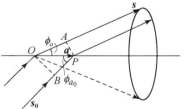

图 7.6.1　Laue 方程的推导

生 X 射线互相叠加,则要求相邻点阵点的光程差为波长的整数倍。这样,衍射方向单位矢量 s、入射方向单位矢量 s_0 与晶胞单位矢量 a(即 $\overrightarrow{OP}$)间联系的方程为

$$光程差 = OA - BP = a \cdot s - a \cdot s_0 = h\lambda \tag{7.6.1}$$

式中 h 为整数。若用三角函数表达,则为

$$a(\cos\phi_a - \cos\phi_{a_0}) = h\lambda \tag{7.6.2}$$

(7.6.1)或(7.6.2)式称为 Laue 方程。它规定了当 a 和 s_0 的夹角为 ϕ_{a_0} 时,在和 a 呈 ϕ_a 角的方向上产生衍射。实际上以 a 作为轴线,和 a 呈 ϕ_a 角的圆锥面的各个方向均满足这一条件,如图中虚线所示。

将(7.6.1)或(7.6.2)式推广应用于晶胞的单位矢量 b 和 c,可得相同的方程式。同时满足 a,b,c 和衍射矢量 s 的 Laue 方程组为

$$\begin{cases} a \cdot (s - s_0) = h\lambda \\ b \cdot (s - s_0) = k\lambda \\ c \cdot (s - s_0) = l\lambda \end{cases} \tag{7.6.3}$$

或

$$\begin{cases} a(\cos\phi_a - \cos\phi_{a_0}) = h\lambda \\ b(\cos\phi_b - \cos\phi_{b_0}) = k\lambda \\ c(\cos\phi_c - \cos\phi_{c_0}) = l\lambda \end{cases} \tag{7.6.4}$$

(7.6.3)和(7.6.4)式中 h,k,l 均为整数,这组整数 hkl 称为衍射指标。晶体的衍射方向由 s 规定,从图形来看,s 的方向为围绕 a,b,c 三轴线的圆锥面的交线方向。

衍射指标 hkl 的整数性决定了衍射方向的分立性,即只在空间某些方向上出现衍射。在这些方向上各点阵点之间入射线和衍射线的波程差必定是波长的整数倍。这结论可证明如下:从点阵原点 000 到点阵点 mnp 间的矢量为

$$T_{mnp} = ma + nb + pc$$

通过这两个点阵点的光程差 $\triangle$ 为

$$\begin{aligned} \triangle &= T_{mnp}(s - s_0) \\ &= ma(s - s_0) + nb(s - s_0) + pc(s - s_0) \\ &= mh\lambda + nk\lambda + pl\lambda \\ &= (mh + nk + pl)\lambda \end{aligned} \tag{7.6.5}$$

因 m,n,p 和 h,k,l 均为整数,故 $\triangle$ 必为波长的整数倍。这样,满足(7.6.3)式的方向所有晶胞散射的次生射线都是互相加强的,这些方向就是衍射方向。

2. Bragg 方程

晶体的空间点阵可划分为一族平行且等间距的平面点阵 (hkl)。同一晶体不同指标的晶面在空间的取向不同,晶面间距 $d_{(hkl)}$ 也不同。

X 射线入射到晶体上,对于一族 (hkl) 平面中的一个点阵面 1 来说,若要求面上各点的散射线同相,互相加强,则要求入射角 θ 和衍射角 θ' 相等,入射线、衍射线和平面法线三者在同一平面内,才能保证光程一样,如图 7.6.2(a)所示。图中入射线 s_0 在 P,Q,R 时波的周相相同,而散射线 s 在 P',Q',R' 处仍是同相,这是产生衍射的重要条件。

再考虑平面 $1,2,3,\cdots$[见图 7.6.2(b)],相邻两个平面的间距为 $d_{(hkl)}$,射到面 1 上的 X 射线和射到面 2 上的 X 射线的光程差为 $MB + BN$,而

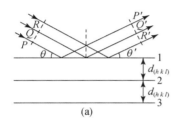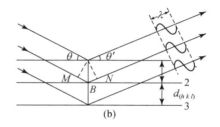

图 7.6.2　Bragg 方程的推引

$$MB = BN = d_{(hkl)} \sin\theta$$

光程差为 $2d_{(hkl)} \sin\theta$。根据衍射条件,只有光程差为波长 λ 的整数倍时,它们才能互相加强而产生衍射。由此得 Bragg 方程

$$2d_{(hkl)} \sin\theta_n = n\lambda \qquad (7.6.6)$$

式中 n(整数)称为衍射级数,可取 $1,2,3,\cdots$;θ_n 为衍射角。指标为 (hkl) 的一组晶面,由于它和入射 X 射线取向不同,光程差不同,可产生 n 为 $1,2,3,\cdots$,衍射指标为 $hkl, 2h2k2l, 3h3k3l$, $\cdots$,的一级、二级、三级、$\cdots$,衍射。例如晶面指标为 (110) 这组面,在不同衍射角上可能出现衍射指标为 $110, 220, 330, \cdots$ 的衍射线。由于 $|\sin\theta_n| \leqslant 1$,使得 $n\lambda \leqslant 2d_{(hkl)}$,所以 n 是数目有限的几个整数,n 大者,θ_n 也大。图 7.6.3 示出晶面指标为 (110) 这组面在 θ_1 处产生衍射指标为 110 的衍射,在 θ_2 处产生 220 衍射,在 θ_3 处产生 330 衍射等。

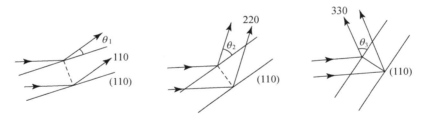

图 7.6.3　(110) 面在不同衍射角上产生 $110, 220, 330$ 等衍射的情况

(hkl) 这组面的 n 级衍射,可视为与 (hkl) 平行但相邻两面间距为 $d_{(hkl)}/n$ 一组面的一级衍射。d_{nhnknl} 等于 $d_{(hkl)}/n$,$nh\ nk\ nl$ 仍为一组整数,但并不一定互质。通常把不加括号的这组整数 hkl 称为衍射指标。图 7.6.4 示出相邻两条虚线所示的面间距 d_{330} 只有 $d_{(110)}$ 的 $1/3$。目前通用的 Bragg 方程为

$$2d_{hkl} \sin\theta = \lambda \qquad (7.6.7)$$

或简写为 $2d\sin\theta = \lambda$。(7.6.7)式中 hkl 是不加括号的 3 个整数。用衍射指标 hkl 代替晶面指标,可以计算衍射面间距 d_{hkl}。例如立方晶系 $d_{hkl} = a/(h^2+k^2+l^2)^{1/2}$。所以 330 也表示和 (110) 平行的一组面,相邻两面的间距为 $d_{(110)}/3$,在 θ_3 时光程差为 1λ。

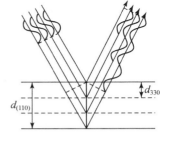

图 7.6.4　和衍射指标 330 对应的一组平面

7.6.2　倒易点阵和反射球

倒易点阵是研究晶体衍射性质的重要物理概念和教学工具,应用非常广泛。晶体衍射的几何学、衍射方向、衍射强度、衍射仪的设计和应用、衍射数据的处理以及晶体结构测定的许多

环节都离不开倒易点阵。

倒易点阵是从晶体点阵中抽象出来的点阵,晶体点阵中的单位矢量为 a,b,c,和它相应的倒易点阵的单位矢量为 a^*,b^*,c^*。晶体点阵的平面点阵族 (hkl) 中相邻两个点阵面的垂直间距为 $d_{(hkl)}$;对衍射指标 hkl,衍射面间距为 d_{hkl}。倒易点阵的定义为:

a^* 垂直于 b 和 c,大小数值 $a^* = 1/d_{100} = 1/a\cos(a \wedge a^*)$

b^* 垂直于 a 和 c,大小数值 $b^* = 1/d_{010} = 1/b\cos(b \wedge b^*)$　　　(7.6.8)

c^* 垂直于 a 和 b,大小数值 $c^* = 1/d_{001} = 1/c\cos(c \wedge c^*)$

(7.6.8)式的定义可由下面数学中矢量的点积来表达:

$$a^* \cdot a = 1, \quad a^* \cdot b = 0, \quad a^* \cdot c = 0$$
$$b^* \cdot a = 0, \quad b^* \cdot b = 1, \quad b^* \cdot c = 0 \qquad (7.6.9)$$
$$c^* \cdot a = 0, \quad c^* \cdot b = 0, \quad c^* \cdot c = 1$$

倒易点阵和晶体点阵的关系,可用图形表达。图 7.6.5 示出单斜晶系垂直 b 轴通过原点的二维图形。

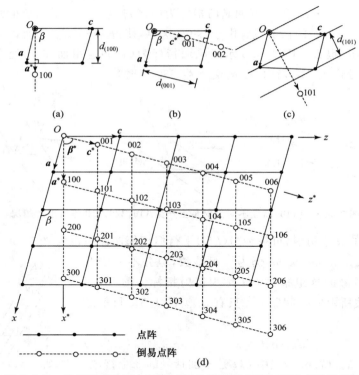

图 7.6.5　单斜晶系垂直 b 轴通过原点的二维点阵和倒易点阵关系图

[图中(a),(b),(c)分别表示(100),(001),(101)点阵面与倒易点阵点 $h00,00l,h0h$ 间的关系;
(d)为单斜晶系垂直 b 轴通过原点的点阵面和倒易点阵面]

从上述表达式可以顾名思义地理解倒易点阵的含义:"倒"是倒数。从公式(7.6.8)可见,对立方、四方、正交等晶系,$\alpha = \beta = \gamma = 90°$,$a$ 和 a^* 方向相同,即 $\cos(a \wedge a^*) = 1$,$a^* = 1/a$,同理 $b^* = 1/b, c^* = 1/c$,倒易点阵和晶体点阵互为倒数。"易"指晶体点阵和倒易点阵可互易求算,倒易点阵的倒易点阵为晶体点阵。

在倒易点阵中,由原点指向倒易点阵点 hkl 的矢量 $\boldsymbol{H}_{hkl}$ 为

$$\boldsymbol{H}_{hkl} = h\boldsymbol{a}^* + k\boldsymbol{b}^* + l\boldsymbol{c}^* \tag{7.6.10}$$

它的长度和晶体点阵中衍射面间距 d_{hkl} 成反比,若比例因子选为 1,则

$$H_{hkl} = 1/d_{hkl} \tag{7.6.11}$$

利用倒易点阵和反射球可以用图形表达出 Bragg 方程:依照晶体点阵所处的方位,画出相应的倒易点阵,沿入射 X 射线的方向通过倒易点阵原点(O 点)画一直线,在此直线上选距离原点 $1/\lambda$ 处为圆心(C 点),即半径为 $1/\lambda$ 画一个球,球面和 O 点相切,如图 7.6.6 所示,这种球称为 Ewald(埃瓦尔德)球,又称反射球。图 7.6.6(a)表示 Bragg 方程的衍射方向,图 7.6.6(b)表示当倒易点阵点 hkl 碰到球面时的情形:由于 AO 为直径,它等于 $2/\lambda$,在圆球面上的任意点 P,当 $\overrightarrow{OP} = \boldsymbol{H}_{hkl}$ 时,因圆周角恒等于 $90°$($\angle APO = 90°$),按图 7.6.6(b)可得 Bragg 方程的另一种表达式:

$$\sin\theta = \frac{OP}{AO} = \left(\frac{1}{d_{hkl}}\right) \Big/ \left(\frac{2}{\lambda}\right) \tag{7.6.12}$$

图中由球心(C)到 P 点的连线即为衍射指标 hkl 的衍射线方向。

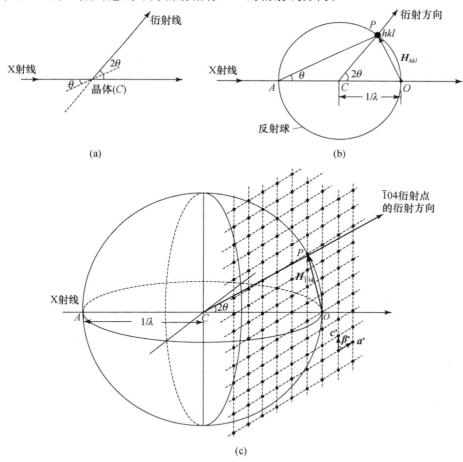

图 7.6.6 倒易点阵点 hkl、反射球和衍射方向

(晶体的倒易点阵应分布在反射球的内外整个空间,图中只画出 $h0l$ 中的一小部分)

图 7.6.6(c) 表示晶体产生衍射时反射球和倒易点阵点 $\bar{1}04$ 的关系。这时该点的位置正处在反射球面上，$\overrightarrow{OP}$ 表示它的倒易点阵矢量 $\boldsymbol{H}_{\bar{1}04}$。

注意，图 7.6.6(c) 只示出三维倒易点阵中的一个 $h0l$ 平面的一部分，其他的绝大部分没有画出。在晶体转动时，整个倒易点阵都在转动。图中只示出倒易点阵点 $\bar{1}04$ 处在该面上的瞬时情况，并不代表这时该圆周线和 $h0l$ 倒易点阵平面平行重合。

各种收集衍射数据的方法，都可根据反射球和倒易点阵的关系设计。不同的方法利用不同的条件使倒易点阵点和反射球面相遇，符合衍射条件，并在连接反射球心到球面上该倒易点阵点的衍射方向记录衍射强度。

学习倒易点阵时应注意：(i) 晶体的点阵参数和晶体衍射用的波长单位是实际的倒易点阵参数的单位 nm^{-1}，$Å^{-1}$ 或 pm^{-1} 则是想象的，因此反射球究竟多大，完全由实际使用时相关的尺寸表示它的单位即可。(ii) 反射球的引入，主要目的是解决晶体衍射指标 hkl 中那些可以产生衍射和它的衍射方向问题。在图 7.6.6 中，O 点是晶体点阵的原点，C 点是晶体衍射方向的出发点，两点相差 $1/\lambda$，表面看来不合情理，但它是为了解决衍射方向问题，从 C 点标明的方向也适用于 O 点。而且也可将想象中的实际长度的倒数理解为无穷小，即两者是合在一起的。(iii) 由于入射 X 射线有一定发散度，反射球面有一定厚度，而晶体存在镶嵌结构，使得点阵点（或倒易点阵点）有一定大小。在收集衍射数据过程中，晶体的运动使倒易点阵点进入球面和离开球面均需要一定的时间，这是影响记录所得该衍射点衍射强度的重要因素。

7.6.3　衍射强度

晶体对 X 射线在某衍射方向上的衍射强度，与衍射方向、原子的种类及晶胞中原子的分布有关。衍射方向由衍射指标 hkl 决定，原子的分布由晶胞中原子的坐标参数 (x,y,z) 决定。定量地表达衍射强度和这两因素的关系，需考虑波的叠加，并引进结构因子 F_{hkl}

$$F_{hkl} = \sum_{j=1}^{N} f_j \exp[\mathrm{i}2\pi(hx_j + ky_j + lz_j)] \tag{7.6.13}$$

利用此式，衍射 hkl 的结构因子可由晶胞中原子的种类（由原子散射因子 f_j 表示）及各个原子的坐标参数（由 x_j,y_j,z_j 表示）算出。

晶体由原子组成，原子有原子核和核外电子。X 射线照射到晶体上，电子和原子核都要随 X 射线的电磁场在振动，因核的电荷与质量之比比电子小得多，讨论这种振动时可忽略不计。振动着的电子就是一个发射球面电磁波的波源，按原有波长和周相散射 X 射线。原子种类不同，电子数目及分布不同，散射能力有大小之别，通常用原子散射因子 f 表示，它是一个自由电子在相同条件下散射波振幅的 f 倍。f 随 $\sin\theta/\lambda$ 的增加而减小，可以根据核外电子分布函数通过计算得到。

(7.6.13) 式来源如下：今有一晶胞由 $\boldsymbol{a},\boldsymbol{b},\boldsymbol{c}$ 三个矢量规定，晶胞中有 N 个原子，其中第 j 个原子在晶胞中的坐标参数为 (x_j,y_j,z_j)，原子散射因子为 f_j。从晶胞原点到第 j 个原子的矢量为 $\boldsymbol{r}_j$

$$\boldsymbol{r}_j = x_j\boldsymbol{a} + y_j\boldsymbol{b} + z_j\boldsymbol{c} \tag{7.6.14}$$

在衍射 hkl 中，通过晶胞原点的衍射波与通过第 j 个原子的衍射波相互间的波程差 Δ 为

$$\Delta = \boldsymbol{r}_j \cdot (\boldsymbol{s} - \boldsymbol{s}_0) \tag{7.6.15}$$

由 (7.6.3) 式，可得

$$\Delta = \lambda(hx_j + ky_j + lz_j) \tag{7.6.16}$$

周相差 α_j 为

$$\alpha_j = 2\pi\Delta/\lambda = 2\pi(hx_j + ky_j + lz_j) \tag{7.6.17}$$

考虑晶胞中各个原子的散射波的振幅 f_j 和原点的周相差 α_j，将这 N 个原子的散射波互相叠加而成复合波。用指数形式表示，可得

$$F_{hkl} = f_1\exp(\mathrm{i}\alpha_1) + f_2\exp(\mathrm{i}\alpha_2) + \cdots + f_N\exp(\mathrm{i}\alpha_N) = \sum_{j=1}^{N} f_j\exp(\mathrm{i}\alpha_j) \tag{7.6.18}$$

即(7.6.13)式

$$F_{hkl} = \sum_{j=1}^{N} f_j\exp[\mathrm{i}2\pi(hx_j + ky_j + lz_j)]$$

衍射 hkl 的衍射强度 I_{hkl} 正比于 $|F_{hkl}|^2$，还和晶体大小、入射光强、温度高低、晶体对 X 射线的吸收及其他一系列物理因素有关。对其加以修正，得

$$I_{hkl} = K|F_{hkl}|^2 \tag{7.6.19}$$

这样就将衍射强度和晶体结构联系在一起，通过衍射强度数据可以测定晶体的结构。

晶体结构中存在带心点阵型式、滑移面和螺旋轴时，就会出现系统消光，即许多衍射有规律地、系统地不出现，衍射强度为零。根据系统消光规律，可以测定微观对称元素和点阵型式，为测定晶体所属的空间群提供实验数据。

7.7 晶体衍射方法简介

7.7.1 单晶衍射法

作单晶衍射用的晶体一般为直径 $0.1\sim1$ mm 的完整晶粒。当选好晶体并安放到衍射仪上后，按照单晶衍射仪测定晶胞参数和晶体定向的具体要求，输入控制程序所需数据，测定晶胞参数及晶体在空间的取向，然后根据收集衍射强度的要求，收集各个衍射强度数据，输出各个衍射指标及相应的衍射强度值。

测定晶胞参数及各个衍射的相对强度数据后，需将强度数据统一到一个相对标准上，对一系列影响强度的几何因素、物理因素加以修正，求得(7.6.19)式中的 K 值，从强度数据得到 $|F_{hkl}|$ 值。

测定晶体结构时，从实验数据只能得到结构振幅($|F_{hkl}|$)的数值，而不能直接得到结构因子(F_{hkl})的数值。结构振幅和结构因子的关系为

$$F_{hkl} = |F_{hkl}|\exp[\mathrm{i}\alpha_{hkl}] \tag{7.7.1}$$

式中 α_{hkl} 称为衍射 hkl 的相角。相角 α_{hkl} 的物理意义是指某一晶体在 X 射线照射下，晶胞中全部原子产生衍射 hkl 的光束的周相，与处在晶胞原点的电子在该方向上散射光的周相，两者之间的差值。解决相角问题是测定晶体结构的关键一环。

解决相角的方法可用重原子法或直接法等多种方法。可以先解决部分(例如 10%)强度较大的衍射的相角，通过电子密度函数的计算，求出其他衍射的相角。

利用结构振幅和相角数据，按下式计算电子密度函数

$$\rho(XYZ) = V^{-1}\sum_h\sum_k\sum_l F_{hkl}\exp[-\mathrm{i}2\pi(hX + kY + lZ)] \tag{7.7.2}$$

$\rho(XYZ)$ 称电子密度函数，它表示晶胞中坐标为 X,Y,Z 点上电子密度的数值，它由全部衍射

hkl 的结构因子 F_{hkl} 按(7.7.2)式加和得到。晶胞中每一坐标点 X,Y,Z 上 ρ 都和全部 F_{hkl} 有关。例如,假定 $X=1/64,Y=1/64,Z=1/64$,衍射 223 对该点 ρ 的贡献为

$$V^{-1}F_{223}\exp\left[-\mathrm{i}2\pi\left(\frac{2}{64}+\frac{2}{64}+\frac{3}{64}\right)\right]$$

将全部衍射对该点的贡献加和起来,就得该点的 ρ。计算出晶胞中各点的 ρ,将 ρ 的数值相等的点连成线,称为等电子密度线,由等密度线表示 $\rho(XYZ)$ 的图叫电子密度图。电子密度图中各个极大值点即和原子的坐标位置对应,电子多的原子 ρ 大。一般可从电子密度图上区分出各种原子,求得它们在晶胞中的坐标参数,从而测定出晶体的结构。

图 7.7.1(a)示出青蒿素($C_{15}H_{22}O_5$)晶体的三维电子密度叠合图,(b)示出青蒿素分子的结构式。这个分子的空间结构正是借助 X 射线单晶衍射法,由电子密度图测定出来的。

2015 年,我国女科学家屠呦呦获得诺贝尔生理学或医学奖,表彰她用青蒿素治疗疟疾的原创思想和研究成果。在青蒿素类药物的研制过程中,我国科研人员通过晶体结构测定的绝对构型,起了重大的促进和提高作用。

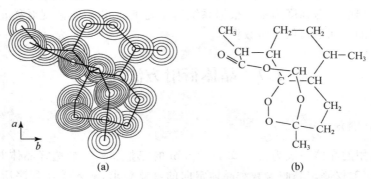

(a) (b)

图 7.7.1　青蒿素晶体的三维电子密度叠合图(a)及其结构式(b)

7.7.2　多晶衍射法

多晶样品(如一小块金属,一包晶体粉末)中含有无数个小晶粒,它们杂乱无章、取向随机地聚集在一起。当单色 X 射线照到多晶样品上,产生的衍射花样和单晶不同。单晶中一族平面点阵的取向若和入射 X 射线的夹角为 θ,满足衍射条件,则在衍射角 2θ 处产生衍射,可使胶片感光出一个衍射点,如图 7.7.2(a)所示。如果 X 射线照到这种晶体的粉末上,因晶粒有各种取向,同样一族平面点阵,可形成分布在张角为 4θ 的圆锥方向上的衍射线,这衍射线是由无数个符合同样衍射条件的晶粒产生的衍射点形成的,如图 7.7.2(b)。晶体中有许多平面点阵族,相应地形成许多张角不同的衍射圆锥线,共同以入射的 X 射线为中心轴。

若放一平板感光胶片于多晶样品后方,衍射线在胶片上感光出一系列同心圆,但只能收集 θ 值小的部分衍射线。若将感光胶片围成圆筒形,按图 7.7.3 所示方式放置,样品位置和圆筒中心线重合,圆筒半径为R。经感光后得图下方所示的粉末衍射图(以下简称粉末图)。若图中某一对粉末衍射线的间距为 $2L$,则

$$4\theta=\frac{2L}{R}(弧度)=\frac{180\times 2L}{\pi R}(度) \tag{7.7.3}$$

由此,通过测量 L 值,可算出每一衍射的衍射角 θ。根据 θ 和 λ,即可按 Bragg 方程求出 d。

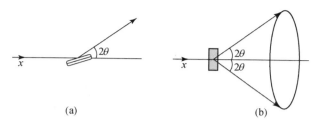

(a)　　　　　　　　　　　(b)

图 7.7.2　单晶(a)和多晶(b)产生衍射的情况

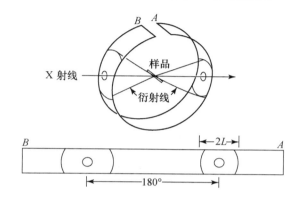

图 7.7.3　多晶衍射照相法及粉末衍射图

多晶衍射仪法是利用计数管和一套计数放大测量系统,把接收到的衍射光转换成一个大小与衍射光强成正比的信号记录下来,如图 7.7.4。图中样品放在衍射仪圆的中心,计数管始终对准中心,绕中心旋转。样品每转 θ,计数管转 2θ,记录仪同步转动,逐一地把各衍射线的强度记录下来。

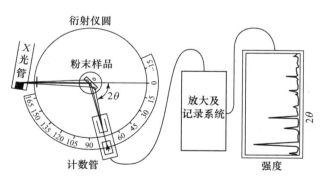

图 7.7.4　多晶衍射仪原理

多晶衍射所得的基本数据是"d-I",即衍射面间距-衍射强度。利用此数据可进行物相分析;将各个衍射指标化,可求得晶胞参数;根据系统消光,可推得点阵型式。对于简单的金属和化合物,还可用多晶衍射法测定晶体结构。多晶衍射法是研究各种材料进行物相分析的重要方法,下面简要介绍粉末图的特点及其应用。

各种物相的粉末图都有其特点:各种纯化合物的粉末图各不相同,正如人的指纹一样,每一种晶体都有它自己的一套特征的"d-I"数据。混合物的粉末图由参与混合的各个物相的粉末图叠加而成,含量多的相出现粉末线的强度大,含量少的强度弱。有些物相由于它本身衍射能力较低,含量在 5% 以下时衍射线就不明显地出现。固溶体只出现相当于一种纯化合物的粉末图。如果是由 A,B 两种物质相互溶解形成的固溶体,少量的 B 溶于 A 生成 α 相,α 相的结构和纯 A 的晶体结构相似,α 相的粉末图像纯 A,但每一衍射线往往向同一侧移动。无定形体和液体不出现分立的衍射线,只在某些衍射角上显现出弥散的衍射强度的分布。

根据粉末图分布的特点,X 射线粉末法可作为一种重要的实验方法,广泛地应用于化学、物理学、地质、矿物、冶金、机械、建筑材料等多方面的科研工作中。下面列举几方面的应用。

1. 物相分析

物相分析是用于分析材料或产品由哪些相组成以及各相的相对含量和分布情况。物相分析在生产和科研中具有重要应用。例如,Al_2O_3 随不同的制备条件和生产工艺有不同的晶体结构,性质上也有差异。但这些不同的结晶状态用化学分析和光谱分析难以鉴定,而 X 射线粉末法则是鉴别它们的好方法。又如,成分同为 $CaCO_3$,但可结晶成方解石和文石;而 $CaCO_3$ 和 $MgCO_3$ 可能为白云石($Ca_{0.5}Mg_{0.5}CO_3$)晶体的成分。对材料科学、催化剂剖析、试剂生产、矿物资源分析利用等等,粉末法可发挥一定的作用。

每一种晶体的粉末图,衍射线的分布和强度有特征的规律,成为物相鉴定的基础。物相分析是根据实验获得的"d-I"数据、化学组成、样品来源等和标准多晶衍射数据互相对比,进行鉴定。

现在内容最丰富、规模最大的多晶衍射数据集是由 JCPDS(Joint Committee on Powder Diffraction Standards)编的《粉末衍射卡片集》(PDF)。可通过索引查对,解释衍射图所对应的物相。

物相的定量分析是依据衍射强度。一个含有多种物相的样品,若它的某一组成物相 i 的质量分数为 x_i,某一衍射 hkl 的强度为 I_i,纯 i 相衍射 hkl 的强度为 I_i^0,考虑样品的吸收,可得

$$I_i = I_i^0 x_i (\mu_i / \bar{\mu}) \tag{7.7.4}$$

式中 μ_i 为物相 i 的质量吸收系数,$\bar{\mu}$ 为样品的平均质量吸收系数($\bar{\mu} = \sum_j x_j \mu_j$)。通过已知配比成分的工作曲线求出 $\mu_i / \bar{\mu}$,即可根据某一衍射的 I_i^0 和 I_i,从(7.7.4)式求得 i 相的含量 x_i。

2. 测定简单晶体的结构

金属、合金和某些结构简单的化合物,当不易制得单晶体时,可用多晶衍射法测定晶体结构。测定结构的关键步骤是指标化,即将各条衍射线的 hkl 标出。对晶胞不大的立方、四方、六方和三方晶系的晶体,粉末图一般不难指标化,低级晶系较难一些,若已用单晶衍射法测定它的晶胞参数或参考同晶型晶体的晶胞参数,就不难指标化了。

由 Bragg 方程及立方晶系的晶面间距和晶面指标的关系式,可为立方晶系推得

$$\sin^2\theta = (\lambda/2a)^2 (h^2 + k^2 + l^2) \tag{7.7.5}$$

由于衍射角较小的衍射指标都是简单整数,而 $(\lambda/2a)$ 是常数,所以若以第一条或第二条衍射线的 $\sin^2\theta$ 值去除其他各线的 $\sin^2\theta$ 值,根据比值即可求出和各线相对应的一套整数,这套整数即为可能的平方和($h^2 + k^2 + l^2$)。也可根据比值及点阵型式的要求推出合理的平方和。有了平方和就容易得到衍射指标了。由衍射指标出现的规律,可了解系统消光,推得点阵型式,估计可能的空间群。对立方晶系,不同点阵型式(简单点阵 P,体心点阵 I,面心点阵 F)可能出现的

平方和列于下表。

点阵型式	平方和	规　　律
P	$1,2,3,4,5,6,8,9,10,11,12,13,14,16,17,18,$ $19,\cdots$	缺 7,15 等数
I	$2,4,6,8,10,12,14,16,18,20,22,\cdots$	和 P 比较,不会有空缺的衍射线,平方和全为偶数
F	$3,4,8,11,12,16,19,20,24,\cdots$	出现二密一疏规律

根据强度数据及晶胞中原子数目和晶体所属的空间群等,可用模型法或其他方法推求原子在晶胞中的位置。由于多晶衍射仪的发展,收集衍射数据的精确度大大提高,配合指标化及解结构程序的使用,多晶衍射已广泛用于测定不易制得单晶体样品的结构。

3. 晶胞参数的精确测定及其应用

用粉末法测定晶胞参数能够达到很高的精密度和准确度。为要精确测定晶胞参数,一方面需要精心做好实验,注意消除在实验中带来的误差;另一方面要辅以适当的数据处理方法。若将 Bragg 方程进行微分,可得

$$(\partial/\partial\theta)(2d\sin\theta) = 0 \tag{7.7.6}$$
$$2(\partial d/\partial\theta)\sin\theta + 2d\cos\theta = 0$$
$$\partial d/d = -\cot\theta\partial\theta$$

或
$$(\Delta a/a) = (\Delta d/d) = -\cot\theta\Delta\theta \tag{7.7.7}$$

由式可见,随着衍射角 θ 的增大,$\cot\theta$ 变小,同样的测量偏差值 $\Delta\theta$,高角度(θ 大)时对 d 的相对误差小,即对晶胞参数 a 的相对误差小。因此,精确测定晶胞参数,常借助于高角度数据。有时还根据高角度数据外推至 $\theta = 90°$,以求得准确的晶胞参数。

准确的晶胞参数有着多方面的应用,例如:

(1) 根据准确的晶胞参数、化学式量(M)和晶体的准确密度(D)及晶胞中原子或分子数(Z),测定 Avogadro 常数(N_A)

$$N_A = ZM/VD \tag{7.7.8}$$

(2) 测定热膨胀系数。粉末法能测出各向异性的数据。

(3) 测定固溶度,用以绘制相图等。

4. 粉末衍射线的宽化及晶粒大小的测定

利用衍射线的峰形数据,能够测定粉末样品中平均晶粒大小数据。当晶粒直径小于 200 nm 时,衍射峰开始变宽,此时晶粒越小,宽化越多,直径小到几个纳米时,衍射线过宽而消失在背底之中。晶粒大小和衍射线变宽间的定量关系,可由下式表示

$$D_p = K\lambda/(B - B_0)\cos\theta \tag{7.7.9}$$

式中 D_p 是晶粒直径;θ 为衍射角;λ 为 X 射线波长;K 为一常数,数值为 0.9;B_0 为晶粒较大没有宽化时的衍射峰半高宽,B 为待测样品衍射峰的半高宽(2θ 标度的峰),ΔB(即 $B - B_0$)要用弧度表示。

例如,某一 $MgCl_2$ 样品经球磨 9 h 后,003 衍射峰半高宽为 1.1°,110 衍射峰半高宽为 1.0°;而研磨前样品的 003 衍射峰半高宽为 0.4°,110 半高宽为 0.6°;003 衍射的衍射角 θ 为 7.5°,110 衍射为 25.1°;实验用 Cu Kα 射线,$\lambda = 154$ pm。将这些数据代入(7.7.9)式,得

003 衍射：$\Delta B = 1.1° - 0.4° = 0.7° = 0.01222$ 弧度

$$D_{\mathrm{p,003}} = (0.9 \times 0.154 \text{ nm})/0.01222 \times \cos 7.5° = 11.5 \text{ nm}$$

110 衍射：$\Delta B = 1.0° - 0.6° = 0.4° = 0.00698$ 弧度

$$D_{\mathrm{p,110}} = (0.9 \times 0.154 \text{ nm})/0.00698 \times \cos 25.1° = 22.0 \text{ nm}$$

由此可见，经球磨后晶粒大小的平均值，沿 c 轴方向厚约 11.5 nm，而垂直 c 轴直径约为 22.0 nm。晶粒呈扁平状。

7.7.3　晶体的电子衍射和中子衍射

如第 1 章所述，电子、中子等实物微粒具有波粒二象性，它们的运动规律服从量子力学，式 (1.1.6) 和式 (1.1.7) 体现了表征波性和粒性的物理量之间的关系。

由于电子和中子具有波性，当条件满足时，它们的射线会产生衍射现象，常用来作为测定物质微观结构的手段。本小节简要介绍电子衍射和中子衍射的基本原理和特点、实验方法和应用，详细内容可参看有关专著。

1. 晶体的电子衍射

电子束实际上是一种阴极射线，是一种荷负电的粒子流。根据 de Broglie 关系式，电子波的波长（nm）为

$$\lambda = \frac{h}{p} = \frac{h}{mv} = \frac{h}{\sqrt{2meV}} = \frac{1.226}{\sqrt{V}} \tag{7.7.10}$$

式中各符号的物理意义已在 1.1 节中予以说明。当加速电压较高时，电子运动的速度快，需引入相对论校正。电子波的波长（nm）应按下式计算

$$\lambda = \frac{h}{\sqrt{2meV\left(1 + \dfrac{eV}{2mc^2}\right)}} = \frac{1.226}{\sqrt{V(1 + 0.9788 \times 10^{-6})}} \tag{7.7.11}$$

式中 V 的单位仍是伏［特］；m 为电子的静止质量，即 (7.7.10) 式中的 m；c 为光速。

调整加速电压，可获得波长与晶体中原子间距同数量级的电子束。当这样的电子束与晶体作用时，若满足衍射条件，即可产生衍射，获得与 X 射线衍射相似的衍射图。

电子束与晶体之间的相互作用相当复杂。当高速运动的电子轰击晶体时，会产生若干种物理信息，其中主要有二次电子、背散射电子、俄歇电子、X 射线、X 射线荧光和透射电子等。电子衍射是高速运动的电子束与原子核发生弹性散射及与核外电子发生非弹性散射的结果。

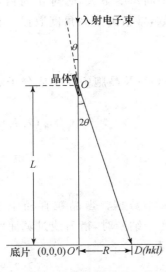

图 7.7.5　电子衍射的几何关系

与 X 射线衍射相似，电子衍射也遵循 Bragg 方程，即波长为 λ 的入射电子束与间距为 d 的点阵面之间的夹角 θ 满足 Bragg 方程时，就会在与入射电子方向成 2θ 角的方向上产生衍射。晶体的各组衍射面产生的衍射线斑构成了有一定规律的衍射花样。单晶试样产生的衍射图样是一些按一定周期规律排布的斑点，多晶试样则产生若干半径不等但同心的衍射环。图 7.7.5 示出电子衍射的基本几何关系。图中 L 为晶体到照相底

片的距离,R 是底片上衍射斑点或衍射环到透射斑点或圆心的距离。由图可得

$$\tan2\theta = \frac{R}{L}$$

由于衍射角很小(一般只有 $1°\sim2°$),因而

$$\tan2\theta \approx 2\sin\theta$$

代入 Bragg 方程,得

$$\frac{\lambda}{d} = \frac{R}{L} \quad \text{或} \quad L\lambda = Rd \tag{7.7.12}$$

λ 可根据给定加速电压按式(7.7.10)或式(7.7.11)计算。若再从实验中得到 R 和 L,则可推算出某一衍射 hkl 对应的面间距 d;对某些简单晶体,还可估算其晶胞参数。

电子衍射与 X 射线衍射也有许多差异,主要差异有:(i) 在同样的加速电压下,电子波的波长比 X 射线的波长短得多,因而电子衍射角度比 X 射线衍射角度小得多。通常,前者约 $1°\sim2°$,而后者在 $10°\sim70°$ 之间。(ii) 晶体对电子的散射能力比对 X 射线的散射能力强得多(一般情况下,前者的散射因子是后者的散射因子的 10^4 倍),因而电子衍射强度比 X 射线衍射强度高得多。

电子衍射在几何上和光学上的特点主要源于电子束波长短(特别是高能电子)和原子对它的散射能力强。波长短决定了电子衍射的几何特点,使晶体的一张高能电子衍射图像只反映倒易点阵原点附近、垂直电子束的平面倒易点阵点的衍射情况。因此,可用以研究晶体的对称性、晶胞大小和形状。散射能力强,则决定了电子衍射的光学特点:一方面,电子衍射强度大,收集衍射数据所需时间短,一般几秒钟即可完成。而且,有时衍射束强度和透射束强度相当,以致两者发生交互作用。另一方面,晶体对电子波的吸收强,电子在晶体中的穿透力小,穿透深度短(一般小于 10^{-4} mm,而 X 射线的穿透深度可达1 mm以上),因此,电子衍射法适用于研究气体分子的结构、薄膜和晶体的表面结构。

电子衍射有许多重要应用。通常将电子衍射分为两类:高能电子衍射和低能电子衍射。前者所需加速电压高达几十万伏,甚至几百万伏;后者所需加速电压则低于 1000 V。

单晶薄片的高能电子衍射图呈点状分布,分析衍射图,可获得晶体的对称性、晶胞大小和形状、晶体缺陷及相变等信息。多晶样品的高能电子衍射图是一系列同心圆,根据实验条件和衍射图给出的数据,利用式(7.7.11)和式(7.7.12),即可求得晶体的面间距。

在低能电子衍射(low energy electron diffraction, LEED)中,由于弹性散射电子来自晶体内部 $500\sim1000$ pm 的深度,相当于表面几层原子。LEED 已发展成为研究固体表面结构的有力手段。

如前所述,原子核对电子的散射能力比核外电子强得多,因而电子衍射能给出原子核的位置。与 X 射线衍射不同,各种原子对电子束的散射能力差别不大,轻原子甚至比重原子还大,所以电子衍射尤其适合确定轻原子的位置。

电子衍射法的应用还依托于电子显微技术的发展。目前,分辨率好、放大倍数高的透射电子显微镜(TEM)和扫描电子显微镜(SEM)能对 10 nm 以下的微区进行形貌、成分和结构分析,将对物质微观结构的研究深入到原子层次。电子衍射显微技术同其他技术(例如 X 射线能量色散谱仪)互相配合,优势互补,在物质结构研究中显示更大的威力。

2. 晶体的中子衍射

中子是组成原子核的基本粒子,它可由原子能反应堆产生。中子也具有波粒二象性,当与晶体相互作用时也会产生与 X 射线和电子束类似的衍射现象。

中子束的波长亦可根据 de Broglie 关系式计算

$$\lambda = \frac{h}{m_N v_N}$$

式中 m_N 是中子的质量,v_N 是中子的运动速度。通常,由原子能反应堆发射出的中子波的波长是连续的。为获得具有特征波长的中子流,以满足衍射条件,可采用结晶完好的晶体进行分光,常用的晶体物质有氟化钙和方解石等。

同 X 射线衍射和电子衍射一样,中子衍射也有两个要素:衍射方向和衍射强度。中子衍射方向一方面取决于晶体本身的结构,另一方面取决于实验条件。衍射方向和晶胞参数的关系体现在 Laue 方程和 Bragg 方程中。

中子衍射强度正比于结构因子的平方:$I \propto F_{hkl}^2$。对非磁性晶体而言,中子衍射是中子和原子核相互作用的结果(原子核对中子的散射),因而结构因子取决于中子的原子散射因子 f_N。而对于磁性晶体而言,中子衍射除了由于中子和原子核的相互作用外,还由于中子磁矩和原子磁矩的相互作用,这种相互作用称为磁性散射。因此,指标为 hkl 的中子衍射,其结构因子的平方可表达为下列两项之和

$$|F_{hkl}|^2 = \left| \sum_j f_{N_j} \exp[i2\pi(hx_j + ky_j + lz_j)] \right|^2 + \left| \sum_j p_j \exp[i2\pi(hx_j + ky_j + lz_j)] \right|^2$$

(7.7.13)

该式的第一项为核散射结构因子的平方,第二项为磁散射结构因子的平方。式中 f_N 为原子散射因子,它主要取决于原子核的大小和结构,与原子序数无直接关系,也不像 X 射线衍射那样随 $(\sin\theta)/\lambda$ 的变化而变化;p_j 是第 j 个原子的磁散射因子,它取决于磁矩的大小和方向。

用中子衍射法测定晶体的结构时,若晶体为非磁性物质,则衍射强度即核衍射强度;若晶体为磁性物质,则衍射强度除核衍射强度外,还包括磁衍射强度。在实验上,通常用单晶进行中子衍射测定。收集衍射强度数据,进行结构测定,可得到原子的坐标参数。

鉴于中子衍射的特点和功能,它在研究和测定晶体结构中有重要应用。

(1) 研究磁性晶体的结构

具有磁矩的原子可对中子产生磁散射,利用这一效应可研究磁性晶体的结构和性质,这是中子衍射法在研究晶体结构和性质中独特的作用。

抗磁性晶体无永久磁矩,因而不产生磁散射效应,其中子衍射强度只源于核散射的贡献。顺磁性晶体虽有永久磁矩,但由于其磁矩方向在原子间任意变化,因而磁散射对总衍射强度无贡献。

铁磁性晶体在单一磁畴内磁矩方向都相同,磁散射方向和核散射方向一致,即衍射角相同,每一衍射峰都是两种散射强度叠加的结果。

反铁磁性晶体中磁矩方向不同(见图 6.6.2)。若把这一因素也考虑进去,则晶体结构中"结构基元"重复出现周期扩大,于是中子衍射谱图中不是在核散射峰中增加了磁衍射强度,而是出现了新的峰,它们完全由磁散射所产生。

（2）测定晶体结构中轻原子的位置

由于中子的原子散射因子与原子序数无直接关系，因而轻原子的原子散射因子不是测定中的突出问题。这就为用中子衍射法测定晶体结构中轻原子的位置奠定了基础。用中子衍射法测定有机晶体中氢原子的位置尤为有效，这使得对有机化合物结构和性能的研究水平大大提高。

（3）识别同一化合物中原子序数相近的两种原子

在合金或某些硅铝酸盐中，往往存在原子序数相近的原子（如尖晶石中的 Mg，Al 原子），利用 X 射线衍射难以识别它们。但根据它们对中子的散射因子的差别，利用中子衍射数据便可识别它们。

7.8 准晶和液晶的结构化学[①]

7.8.1 准晶的发现

准晶是准晶体的简称。按晶体的点阵结构，其轴对称性不可能存在五次或六次以上的对称轴。准晶体的发现是晶体学传统的对称理论的突破，是自然科学的重大发现。

1984 年以色列 D. Shechtman 和我国郭可信分别发现有些合金出现五次轴衍射图。图 7.8.1 示出郭可信教授发表的两张含 $\bar{5}$ 轴的电子衍射图。

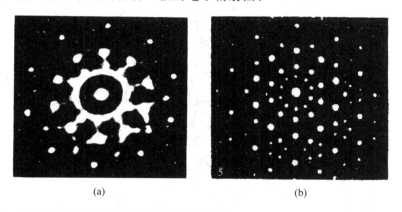

（a）   （b）

图 7.8.1 （a）铁基四面体密堆积合金中的 $\bar{5}$ 衍射图；（b）Ti_2Ni 二十面体准晶衍射图中的 $\bar{5}$ 轴

20 世纪 80 年代，许多国家的科学家对晶体和无定形体之间出现非晶体学对称的衍射实验和理论研究，开辟了一个新的准晶体领域，它不仅使人们对合金相结构的认识不断深入，对"晶体"的认识也有提升。1992 年，国际晶体学会（IUCr）将晶体定义为"任何具有基本上分立的衍射图的固体"。传统的周期性结构是它的主流，具有五次轴和六次以上对称轴的非周期性结构的固体（准晶体）也是晶体的一个分支。

2011 年诺贝尔化学奖授予 D. Shechtman，以表彰他在准晶体研究中的贡献。可惜郭可信先生于 2006 年逝世，这位中国科学家在本土首次做出的应分享诺贝尔奖的研究成果未

① 本节为扩展知识的自学读物。可参看：周公度. 准晶体的结构化学. 大学化学，2015，**30**(5)：32.

能获奖。

准晶体的研究开始于合金领域,它的出现有其历史的必然。首先航空航天技术的发展,需要高强度而质轻的合金,促使人们对 Mg,Al,Ti 等轻质合金和快速冷却技术更加重视。这类合金结构中常含有三角二十面体和五角十二面体等含有五次轴对称的原子排列骨架和密堆积结构,它们为准晶的发现和深入研究提供了晶体学基础。其次,高分辨电子显微成像技术和亚微米晶体结构的纳米电子衍射技术在 20 世纪 70 年代已经兴起,为准晶的研究提供了有力的工具。准晶物质是一些金属元素(有时也含有少数非金属元素)组合形成的合金。准晶的发现为探索改善合金的性能开辟了新路径,也扩展了认识晶体结构的眼界。

7.8.2　准晶的结构特点

准晶是有"长程取向序"而没有"平移对称性"的固体。下面以 Penrose 图形(图 7.8.2)进行分析来理解。图 7.8.2 示出用内角为 36°和 144°的瘦菱形面与内角为 72°和 108°的胖菱形面堆砌出来的图形。由图 7.8.2 可见,它能布满平面而没有缝隙,并具有局部五次对称轴,如图中的五角星所示。从五角星中心到周边 5 个黑点形成的矢量取向来看,具有长程取向的有序性,即沿 5 个矢量方向外延,黑点的分布相同。但是,将此矢量平移至另外一个黑点,周围环境就不相同,不能重复。不显示平移周期性,即没有平移对称性,它不是二维的晶体点阵,而是准点阵。

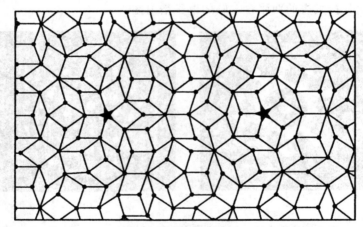

图 7.8.2　Penrose 图

用夹角分别为 36°和 72°的两种菱形拼砌出布满平面、没有缝隙、
具有五次对称轴的图形,图中用五角星标明五次对称轴

准晶体的准点阵结构与晶体的点阵结构有着密切的联系。下面以二维正方点阵及其投影情况为例加以说明。晶体的点阵参数为 a,将宽度为 $t=a(\sin\alpha+\cos\alpha)$ 的条带中的点阵点(黑点 •)垂直投影到一维线上,形成一维投影点列(圈点 ○)。投影角为 α,即斜率为 $\tan\alpha$。当斜率为有理数(如 1/2)时,一维投影点列具有周期性,形成点阵。当斜率为无理数,即 $\tan\alpha=1/\tau=0.61803$ 时,得到具有准点阵分布的点列,其间隔为 $LSLSLLSLLS\cdots$。其中 $L=a\cos\alpha$,$S=a\sin\alpha$,$L/S=\tau$。式中

$$\tau=(1+\sqrt{5})/2=1.61803 \tag{7.8.1}$$

这些投影点列中的点分布在同一投影线上,具有长程位置序,而没有平移对称性,即一维准点阵,如图7.8.3所示。由图7.8.3可见,一维准点阵要用两个长短不同的矢量 L 和 S 来描述,L/S 是无理数,这个数列构成的节点永远不重复,即没有周期性。一维准周期结构要用二维周期结构来描述,当上升到高维空间时,就可用晶体的方法来处理。

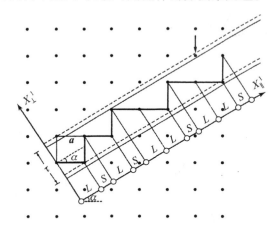

图7.8.3　从二维正方点阵中选一斜率为无理数($\tan\alpha = 1/\tau$)的条带(实线)作投影

其中的阵点投影到斜率为 $1/\tau$ 的 $X_{\parallel}^{1}$ 上,给出一维准周期点列的间隔为 $LSLSLLSLLS\cdots$

同理,可以证明三维二十面体准晶对应的是六维超点阵,与它的衍射对应的是六维倒易超点阵。

准晶体不同于晶体和非晶体,是一类不具有平移对称性,而具有长程有序性的固体物质。如图7.8.3的投影结构所示,在某一方向上以无理数序列排列,没有循环出现的现象,准晶的平移量满足黄金分割 τ 的比例关系。

我国彭志忠和陈敬中等科学家深入研究了准晶体的对称性,证明准晶体同样受准点阵的约束,只可能存在5,8,10,12等4种旋转对称的准点阵,同时证明和推导出:晶体有7种晶系,准晶体有5种晶系(即五方晶系、八方晶系、十方晶系、十二方晶系和二十面体晶系);晶体有32个点群,准晶体有28个点群。

7.8.3　准晶的寻找、制备和应用

准晶的发现有偶然因素,当它受到人们的重视后,人们就纷纷从理论上和实际工作中去探索生成它的条件,设法去制备它,并对它进行深入的研究。在三维空间的材料中,原子的分布有二维按周期性排列,只有一维作准周期排列,称为一维准晶,如图7.8.3所示。在三维空间的材料中,原子有二维按准周期分布,如图7.8.2中的阵点呈准周期排列,另外一维按周期性排列,称为二维准晶。三维准晶只有五次对称轴的二十面体准晶一种。分析和了解具有三角二十面体以及和它共轭的五角十二面体的结构特点,实际上成为寻找和制备准晶的出发点。

五次对称轴是晶体学不允许的对称轴,但一些有远见的科学家在讨论合金中原子的密堆积结构时,却经常考虑三角二十面体密堆积和五角十二面体密堆积。这两种包含五次轴的多面体结构示于图7.8.4中。

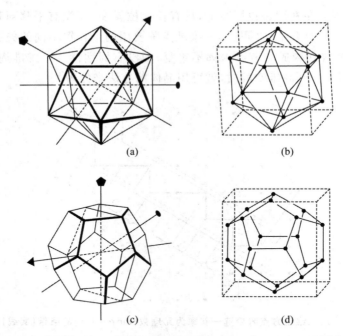

图 7.8.4　**(a)** 三角二十面体及其中的对称轴,**(b)** 三角二十面体放在立方体中,
(c) 五角十二面体及其中的对称轴,**(d)** 五角十二面体放在立方体中

早在 1947 年,Pauling 曾经指出,在等径圆球的立方最密堆积和六方最密堆积中,球的配位数是 12,其中存在四面体空隙外,还有较大的八面体空隙,不应当是合金的最密堆积。而在三角二十面体中心若放一个略小一点的原子,它和周围 12 个原子配位,这时由中心引向 20 个三角形面的顶点形成 20 个四面体空隙,不存在较大的八面体空隙,堆积密度会较高。从几何学计算,在边长为 1 的三角二十面体中,中心到顶点的距离 r 为

$$r = \frac{5^{\frac{1}{4}} \sqrt{\tau}}{2} = 0.9511 \tag{7.8.2}$$

式(7.8.2)也可以表达成:$r = \dfrac{\sqrt{2(\sqrt{5}+5)}}{4}$ 或 $\dfrac{l}{r} = \dfrac{1}{0.9511} = 1.0514$。$\Bigg[$注意:在有的书中错误地写成 $l = \dfrac{r}{3}(\sqrt{15}-\sqrt{3})$,或写成 $\dfrac{l}{r} = \dfrac{(\sqrt{5}-1)}{\sqrt{3}}$。$\Bigg]$

由于边长是堆积原子半径之和,所以中心原子约小 5%～10%,就可填入空隙之中,形成堆积密度高的合金。

在金属铝中加入过渡金属 V,Fe,Mn,Cr,Co,可以强化铝合金。因为这些过渡金属原子半径比 Al 的原子半径约小 5%～10%,满足式(7.8.2)要求,可得堆积密度较大的合金。

Pauling 等根据上述理论的分析,对合金的晶体结构进行研究,其中典型的例子是 $Mg_{32}(Al, Zn)_{49}$,他们根据测定的 X 射线衍射数据,提出它的结构属体心立方点阵,$a = 1.416$ nm,$Z = 2$,每个晶胞中有 162 个原子。后来更细致的结构分析结果指出,Pauling 等的上述猜测基本正确,但原子坐标参数和(Al,Zn)统计原子的组成都有较大差异,最外层原子排成切角八面体,而不构成菱面三十面体。$Mg_{32}(Al, Zn)_{49}$ 合金属于立方晶系,空间群为 $T_h^5\text{-}Im\overline{3}$,晶胞参数

$a=1425\ pm$,$Z=2[Mg_{32}(Al,Zn)_{49}]$,晶胞中包含 162 个原子。它的结构可用两个完全相同的多层包合的多面体结构描述,如图 7.8.5 所示。这种多面体一个处在晶胞原点,另一个处在晶胞体心位置,按体心立方排列共用六边形面连接而成。下面将多层包合的多面体中各层的结构描述如下:

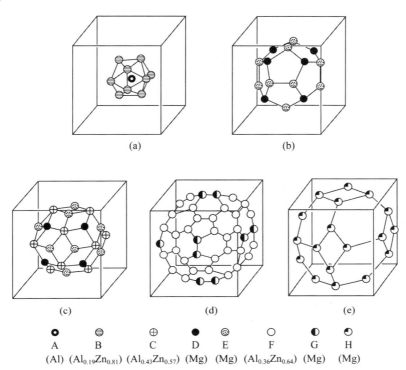

$$\underset{A}{\odot}\quad\underset{B}{\ominus}\quad\underset{C}{\oplus}\quad\underset{D}{\bullet}\quad\underset{E}{\otimes}\quad\underset{F}{\circ}\quad\underset{G}{\ominus}\quad\underset{H}{\ominus}$$

(Al) $(Al_{0.19}Zn_{0.81})$ $(Al_{0.43}Zn_{0.57})$ (Mg) (Mg) $(Al_{0.36}Zn_{0.64})$ (Mg) (Mg)

图 7.8.5 $Mg_{32}(Al,Zn)_{49}$ 晶体结构模型:(a) 三角二十面体;(b) 五角十二面体;
(c) 菱面三十面体;(d) 三十二面体,即截顶二十面体;(e) 切角八面体
为清楚起见,图中各个多面体只示出直接看到的前面部分,背面的原子没有示出。
图中删去了没有在三十二面体面上的 6 个 C 原子

(1) 第一层由 12 个编号为 B 的原子[即为$(Al_{0.19},Zn_{0.81})$统计原子]组成三角二十面体,在这个多面体中心位置包合了一个编号为 A 的原子(即 Al 原子),如图 7.8.5(a)所示。

(2) 第二层的结构较为复杂,分成(b)和(c)两个图描述。这层较内的部分由 8 个 D 和 12 个 E 原子(均为 Mg 原子)共同组成五角十二面体,如图 7.8.5(b)所示。这层较外的部分由 12 个编号为 C 的原子[即$(Al_{0.43},Zn_{0.57})$统计原子]加帽在较内部分的五角十二面体的各个面上。它们共同组成菱形三十面体,如图 7.8.5(c)所示。这样,C,D,E 3 组共 32 个原子共同组成有 32 个顶点、30 个菱形面的多面体。

(3) 第三层由 48 个编号为 F 的原子[即$(Al_{0.36},Zn_{0.64})$统计原子]和 12 个 G 原子(即 Mg 原子)共同组成不规则的切角二十面体,它共有 60 个顶点、32 个面(其中五边形面 12 个,六边形面 20 个),见图 7.8.5(d)。此层中的 48 个 F 原子都为相邻的处于晶胞顶点上的多层包合多面体共用,每个顶点只有 1/2 属于这个多面体。处在晶胞面上的 12 个 G 原子共占 24 个位置,每个只有 1/2 属于该晶胞,图中示出 12 个位置,其余 12 个因不在这个切角二十面体的面上,没有在图中画出。

（4）第四层由 24 个编号为 H 的原子（即 Mg 原子）组成切角八面体层,见图 7.8.5(e)。这个最外层的多面体原子处在晶胞的面上,为相邻晶胞所共用。这层原子的相对位置,一方面使图 7.8.5(d)中的每对 G 原子处于由编号为 H 原子组成的菱面体长对角线内侧,另一方面在使图 7.8.5(d)中由编号为 F 原子组成的六元环放在由编号为 H 原子组成的六元环的内侧（不在一个平面上）。

由上可见,$Mg_{32}(Al,Zn)_{49}$ 的多层包合结构可用下式描述:

Al@12(Al,Zn)（三角二十面体）@[20 个 Mg＋12 个 (Al,Zn)]（菱形三十面体）@[48(Al,Zn)＋12Mg]（切角二十面体）@24Mg（切角八面体）

组成这个多层包合多面体的体心立方晶胞中的实际原子数目为

$$2(A)＋24(B)＋24(C)＋16(D)＋24(E)＋48(F)＋12(G)＋12(H)＝162 个$$

从上述各层包合的结构可见:第一壳层是三角二十面体,第二层是由三角二十面体和五角十二面体共同组成的菱面三十面体,第三层是由 60 个原子组成的截顶二十面体,即三十二面体。这三层紧密地包在一起,按编号为 A,B,C,D,E,F 和 G 中的原子数目加和在一起计算,共有 105 个原子,呈球状,加上金属原子的半径,外径达约 1.7 nm。每层都含有五次轴结构的对称性,可以以它为基本单元,进一步向外连接堆积成准晶微粒。在这种纳米尺寸的微粒中,原子的堆积密度大,加上不同金属原子间电负性差异,原子之间除了有较强的金属键外,还有一定成分的静电引力,使微粒中原子吸引力加强,这种微粒不易变形或解体,能为提高合金的硬度和耐磨性做出贡献。所以,$Mg_{32}(Al,Zn)_{49}$ 的晶体结构为研究准晶的制备和结构提供了重要的基础。

人们从 $Mg_{32}(Al,Zn)_{49}$ 的二十面体对称壳层结构得到启发,考虑若要使合金中含有五次轴对称的结构,需要按原子的大小和成分比例配料。加热熔融,逐渐降低温度,使它们形成有五次轴对称壳层的纳米量级微粒,急冷凝固得到准晶。因为由这些包含五次轴多面体的结构单元构筑具有周期平移对称性的晶体时,多面体几何形状一定要有畸变,使五次对称轴不再存在,才能满足晶体必须具有平移对称性的条件。另一方面,这种含五次轴的多面体结构单元对称性高、堆积密度大,在铝合金及过渡金属合金中经常出现,这是由于局域的点对称性与长程的平移对称性相互制约协调的结果。在颗粒尺寸较小时,二十面体对称占主导地位,使得在急冷的合金中出现准晶,个别的如 Al-Li-Cu 合金以稳定的二十面体准晶相出现,人们获得了 Al_5Li_3Cu 的准晶颗粒大到毫米量级。

准晶经过 30 多年的发展,全世界已获得近千种准晶体,也在天然矿物中发现它的存在。准晶的研究已为发展高强超轻的 Al,Ti,Li,Mg 合金提供了理论基础和制备方法。

三维准晶的结构不论是以三角二十面体、五角十二面体、菱形三十面体或截顶二十面体（三十二面体）等结合的方式出现,都具有较高的堆积密度和对称性,使它形成有较高硬度、低摩擦系数、耐腐蚀性和高电阻率的材料。准晶容易和软磁材料结合,磁矩转动容易,能有效降低矫顽力和铁芯消耗,改善磁性材料的性能。准晶不易制成纯品,而且它在常温下呈脆性,限制了它作为纯品材料的应用。若将准晶颗粒弥散分布于结构材料中,形成复合材料中的增强相,用作表面涂层,在航空航天机翼和机身表面以及其他民用物品,如不粘锅等器件中,都有广大应用潜能。

7.8.4 液晶

液晶是介于晶体和液体之间,在一定温度区间存在的一种物质状态。液晶中分子的排列没有周期性,不是晶体,但它具有一定的取向序,是一种非周期性有序物质。液晶的这种性质是由它的分子几何形状决定的。已知的液晶都是有机化合物,其分子形状有长棒形和圆盘形两类,目前长棒形分子已开发了广泛的应用,本小节只讨论长棒形液晶分子。

液晶像液体,不能承受应切力,能够流动;液晶又像晶体,沿着分子长轴具有取向的长程有序性。从宏观性质看,液晶的介电常数、折射率、磁化率和电导率等像晶体,是各向异性的。

从液晶分子排列的结构来看,液晶可分为向列相(nematic)、胆甾相(cholesteric)和近晶相(smectic)3 种类型,它们的结构特点示于图 7.8.6 中。

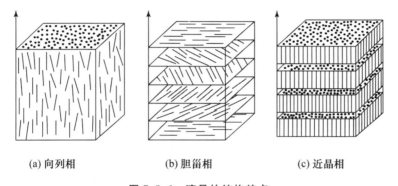

(a) 向列相　　　　　　　(b) 胆甾相　　　　　　　(c) 近晶相

图 7.8.6　液晶的结构特点

(1) 向列相:分子具有一长的刚性中心部分,呈棒状,其一端或两端具有柔性尾链。在这种液晶相中,分子取向是长程有序的,但分子质心的分布是无规则的,如图 7.8.6(a)所示。

(2) 胆甾相:分子呈层状排列,每层中分子长轴大致平行,相邻两个平面上的分子长轴方向要差一确定的角度,分子取向的扭转使分子的排列呈螺旋形,如图 7.8.6(b)所示。

(3) 近晶相:分子排列形成层状结构,层内分子长轴大致互相平行,层内分子的质心可呈无序状态,也可呈二维有序状态。近晶相的分子排列像火柴盒中的火柴,如图 7.8.6(c)所示。

常用的液晶并不多,下面列出几种类型:

液晶中分子排列的各向异性,使得液晶相的宏观性质也出现以下多种各向异性:

(1) 介电各向异性($\Delta\varepsilon$):在向列相液晶中,平行分子长轴的介电常数 $\varepsilon_{\parallel}$ 与垂直分子长轴的介电常数 $\varepsilon_{\perp}$ 之差值 $\Delta\varepsilon$($\Delta\varepsilon = \varepsilon_{\parallel} - \varepsilon_{\perp}$)称为介电各向异性。$\Delta\varepsilon$ 主要取决于液晶分子结构中的永久偶极矩和极化率的大小及方向。$\Delta\varepsilon$ 对液晶电光效应起重要作用,它决定液晶在外电场作

用时分子的取向。

（2）折射率各向异性（Δn）：光在液晶中的传播是各向异性的，在向列相液晶中，沿分子长轴方向振动的光（非常光）的折射率 $n_{\parallel}$ 大于垂直长轴方向振动的光（寻常光）的折射率 $n_{\perp}$，Δn（$=n_{\parallel}-n_{\perp}$）称为折射率各向异性。

（3）磁化率的各向异性和电导率的各向异性：磁化率（χ）的各向异性以 $\Delta\chi=\chi_{\parallel}-\chi_{\perp}$ 表示。电导率（σ）的各向异性则以 $\sigma_{\parallel}/\sigma_{\perp}$ 表示。

（4）反射率的各向异性：在胆甾相液晶中，由于分子螺旋排列，当线性偏振光沿着螺旋轴方向射入时，可分为两个不同符号（指左旋和右旋）的圆偏振光，与胆甾相螺旋符号相反的将被透射，相同的被反射。

液晶的黑白显示方法是利用它的各向异性随电场变化的性质，常用的显示材料是向列相液晶。液晶的 Δn 性质使它具有按分子取向导引偏振光的偏振面的性能。显示器的结构是两个平行、透明的导电玻璃电极（玻璃表面用 SnO_2 处理）之间放进一层液晶，再把整个液晶盒放在两个偏振片之间，其中一个偏振片的背后再放一个反射器，这样液晶盒既反射又吸收从反射器对面照来的光。由于反射或吸收入射光的程度取决于外加电场，所以在有电场区和无电场区内它反射或吸收入射光的程度是不一样的，从而可利用电场的形状即电极形状把字符和数字显示出来。这样利用电场改变液晶分子取向，从而改变反射或透过光的偏振面，即可实现黑白显示的目的。

实现上述显示的方法之一是把透明的导电玻璃进行表面处理，使液晶分子的轴向和电极表面的一个方向平行排列，两平行电极板方向相差 90°，处在两电极间的液晶分子轴向逐渐偏转，在两电极表面上分子轴向已差 90°了。

若液晶盒前后所放的起偏片和检偏片的偏振光轴是互相平行的，无电场时，液晶经过起偏片的偏振光轴旋转 90°，就透不过检偏片，此时液晶盒不透明、不显光亮。当施加的电场超过阈值后，分子轴向与电场平行，经起偏片进来的入射光的偏振光轴经液晶后没有偏转，偏振光就可以顺利地通过检偏片，施加电场处就能显出光亮。

利用上述装置控制通过彩色偏振薄膜等技术，可以实现彩色显示。

液晶显示是平面显示中发展最快、应用最广泛的新技术，从简单的电子表、计算器、数字仪表显示直到计算机终端、声像通信，几乎深入到信息社会的各个领域。由于这种显示的驱动电压低（几伏即可）、功耗极小（约几个 $\mu W \ cm^{-2}$），因而与大规模集成电路、微型电池和其他微型电子元件相匹配，使信息技术如虎添翼。

习　题

7.1 若平面周期性结构系按下列单位并置重复堆砌而成，请画出它们的点阵素单位，并写出每个素单位代表的白球和黑球的数目。

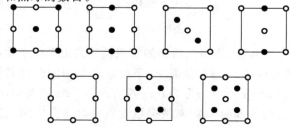

7.2　在一片广阔平坦的土地上植树,要求植株间的距离不小于 2 m,试安排一种方案使植株数目最多。将每株树用一个点表示,画出这些点的分布图及点阵单位,计算素单位的面积以及 10000 m²(1 公顷)土地最多可植树的株数。

7.3　层状石墨分子中 C—C 键长为 142 pm,试根据它的结构画出层形石墨分子的原子分布图,画出二维六方素晶胞,用对称元素的图示记号标明晶胞中存在的全部六次轴,并计算每一晶胞的面积、晶胞中包含的 C 原子数和 C—C 键数。画出点阵素单位。

7.4　下表给出由 X 射线衍射法测得的一些链形高分子的周期。试根据 C 原子的立体化学,画出这些聚合物的一维结构;找出它们的结构基元;比较这些聚合物链周期的大小,并解释原因。

高分子	化学式	链周期/pm
聚乙烯	$\left(CH_2-CH_2\right)_n$	252
聚乙烯醇	$\left(CH_2-\underset{\underset{OH}{\mid}}{CH}\right)_n$	252
聚氯乙烯	$\left(CH_2-\underset{\underset{Cl}{\mid}}{CH}\right)_n$	510
聚偏二氯乙烯	$\left(CH_2-\underset{\underset{Cl}{\mid}}{\overset{\overset{Cl}{\mid}}{C}}\right)_n$	470

7.5　有一组点,周期地分布于空间,其平行六面体单位如右下图所示。问这一组点是否构成一点阵?说出理由,判断它是否构成一点阵结构?请画出能够概括这一组点的周期性的点阵及其素单位。

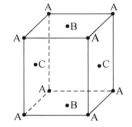

7.6　列表比较晶体结构和分子结构的对称元素及其相应的对称操作。晶体结构比分子结构增加了哪几类对称元素和对称操作?晶体结构的对称元素和对称操作受到哪些限制?原因是什么?

7.7　根据点阵的性质,作图证明理想晶体中不可能存在五次对称轴。

7.8　分别写出晶体中可能存在的独立的宏观对称元素和微观对称元素,并说明它们之间的关系。

7.9　有 4 种晶体分别属于 C_{2h},C_{2v},D_{2h} 和 D_{2d} 4 种点群,试根据其特征对称元素定出它们所属的晶系。

7.10　有 5 种晶体分别属于 C_{3h},C_{3i},C_{3v},D_{3h} 和 D_{3d} 5 种点群,试根据其特征对称元素定出它们所属的晶系。

7.11　六方晶体可按六方柱体(八面体)结合而成,但为什么六方晶胞不能划成六方柱体?

7.12　按下图堆砌的结构为什么不是晶体中晶胞并置排列的结构?

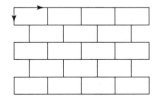

7.13　根据金属镁的晶体结构[图 7.1.4(e)]：

(1) 画出金属镁晶体的六方晶胞沿 c 轴的投影图，标明各个原子的分数坐标及其在晶胞中摊到的个数；

(2) 标明在晶胞内两个三角形中心处[坐标分别为(2/3,1/3)和(1/3,2/3)处]对称轴沿 c 轴的投影图；

(3) 画出点阵单位沿 c 轴的投影，标明点阵单位内两个三角形中心处对称轴沿 c 轴的投影图，说明原子分数坐标、螺旋轴 6_3 和六次反轴 $\bar{6}$ 的定义。

7.14　根据 α-硒的晶体结构(见图 7.2.6)及 Se 原子在晶胞中的坐标 $(0,u,0)$，$(u,0,2/3)$，$(\bar{u},\bar{u},1/3)$，$u=0.217$：

(1) 画出 α-Se 晶体的六方晶胞沿 c 轴的投影图，标明各个原子的分数坐标及其在晶胞中摊到的个数；

(2) 标明晶胞内两个三角形中心处的对称轴沿 c 轴的投影图；

(3) 画出点阵单位沿 c 轴的投影图，标出单位内两个三角形中心处的对称轴投影图，说明晶胞对称性和点阵单位对称性不同的原因。

7.15　在下面 3 个六方晶胞($a=b\neq c$，$\alpha=\beta=90°$，$\gamma=120°$)沿 c 轴的投影中，若 A(浅灰色)和 B(深灰色)两种原子是排列在晶胞顶点和晶胞内两个三角形的中心，它们的结构沿 c 轴投影示于下图，原子在 c 轴的坐标标在原子旁。试分别写出这 3 种晶体通过原点平行 c 轴的对称元素及晶体所属的晶系，并画出点阵单位及点阵点的位置、晶体所属的空间点阵型式。

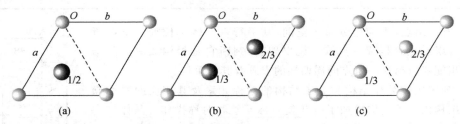

7.16　四方晶系的金红石晶体结构中，晶胞参数 $a=458$ pm，$c=298$ pm；原子分数坐标为：Ti(0,0,0；1/2,1/2,1/2)，O(0.31,0.31,0；0.69,0.69,0；0.81,0.19,1/2；0.19,0.81,1/2)。计算 z 值相同的 Ti—O 键长。

7.17　许多由有机分子堆积成的晶体属于单斜晶系，C_{2h}^5-$P2_1/c$ 空间群。说明空间群记号中各符号的意义，画出 $P2_1/c$ 空间群对称元素的分布，推出晶胞中和原子(0.15,0.25,0.10)属同一等效点系的其他 3 个原子的坐标，并作图表示。

7.18　写出在 3 个坐标轴上的截距分别为 $2a$，$-3b$ 和 $-3c$ 的点阵面的指标，写出指标为(321)的点阵面在 3 个坐标轴上的截距之比。

7.19　标出下面点阵结构的晶面指标(100)，(210)，(1$\bar{2}$0)，($\bar{2}$10)，(230)，(010)。每组面画出 3 条相邻的直线表示。

7.20　金属镍的立方晶胞参数 $a=352.4\ pm$，试求 d_{200},d_{111},d_{220}。

7.21　什么是晶体衍射的两个要素？它们与晶体结构（例如晶胞的两要素）有何对应关系？写出能够阐明这些对应关系的表达式，并指出式中各符号的意义。晶体衍射的两要素在 X 射线粉末衍射图上有何反映？

7.22　写出 Bragg 方程的两种表达形式，说明 (hkl) 与 $hkl,d_{(hkl)}$ 与 d_{hkl} 之间的关系以及衍射角 θ_n 随衍射级数 n 的变化。

7.23　已知二水合草酸晶体属单斜晶系、$P2_1/n$ 空间群，晶胞参数 $a=609.68\ pm,b=349.75\ pm$，$c=1194.6\ pm,\beta=105.78°$，试计算它的倒易点阵参数 $a^*,b^*,c^*,\alpha^*,\beta^*,\gamma^*$，作出垂直 b 轴通过原点的点阵和倒易点阵图。

7.24　用 Cu Kα X 射线收集二水合草酸晶体的衍射数据时，用 7.23 题所得数据计算由倒易点阵原点指向倒易点阵点的 H_{200} 和 H_{202} 的数值，画出衍射 202 产生衍射时倒易点阵和反射球的几何关系，计算 200 和 202 两个衍射的衍射角 2θ 的数值。

7.25　为什么用 X 射线粉末法测定晶胞参数时常用高角度数据（有时还根据高角度数据外推至 $\theta=90°$），而测定超细晶粒的结构时要用低角度数据（小角散射）？

7.26　用 X 射线衍射法测定 CsCl 的晶体结构，衍射 100 和 200 哪个强度大？为什么？

7.27　金属铝属立方晶系，用 Cu Kα 射线摄取 333 衍射，$\theta=81°17'$。由此计算晶胞参数。

7.28　S_8 分子既可结晶成单斜硫，也可结晶成正交硫。用 X 射线衍射法（Cu Kα 射线）测得某正交硫晶体的晶胞参数 $a=1048\ pm,b=1292\ pm,c=2455\ pm$。已知该硫磺的密度为 $2.07\ g\,cm^{-3}$，S 的相对原子质量为 32.06。

（1）计算每个晶胞中 S_8 分子的数目；

（2）计算 224 衍射线的 Bragg 角 θ；

（3）写出气相中 S_8 分子的全部独立的对称元素。

7.29　硅的晶体结构与金刚石相似。20 ℃下测得其立方晶胞参数 $a=543.089\ pm$，密度为 $2.3283\ g\,cm^{-3}$，Si 的相对原子质量为 28.0854，计算 Avogadro 常数。

7.30　已知某立方晶系晶体的密度为 $2.16\ g\,cm^{-3}$，相对分子质量为 234。用 Cu Kα 射线在直径 57.3 mm 的粉末相机中拍粉末图，从中量得衍射 220 的衍射线间距 $2L$ 为 22.3 mm，求晶胞参数及晶胞中的分子数。

7.31　核糖核酸酶-S 蛋白质晶体的晶体学数据如下：晶胞体积 167 nm^3，晶胞中分子数 6，晶体密度 $1.282\ g\,cm^{-3}$。如蛋白质在晶体中占 68%（质量分数），计算该蛋白质的相对分子质量。

7.32　CaS 晶体具有 NaCl 型结构，晶体密度为 $2.581\ g\,cm^{-3}$，Ca 和 S 的相对原子质量分别为 40.08 和 32.06。试回答下列问题：

（1）指出 $100,110,111,200,210,211,220,222$ 衍射中哪些是允许的？

（2）计算晶胞参数 a；

（3）计算 Cu Kα 辐射（$\lambda=154.2\ pm$）的最小可观测 Bragg 角。

7.33　δ-$TiCl_3$ 微晶是乙烯、丙烯聚合催化剂的活性组分。用 X 射线粉末法（Cu Kα 线）测定其平均晶粒度时所得数据如下表所示。

hkl	θ	B_0	B
001	7.55°	0.40°	1.3°
100	26°	0.55°	1.5°

请由公式(7.7.9)估算该 δ-$TiCl_3$ 微晶的大小。

7.34　冰为六方晶系晶体,晶胞参数 $a=452.27$ pm,$c=736.71$ pm,晶胞中含 $4H_2O$,括弧内为 O 原子分数坐标$(0,0,0;0,0,0.375;2/3,1/3,1/2;2/3,1/3,0.875)$。请据此计算或说明:

(1) 计算冰的密度;

(2) 计算氢键 O—H⋯O 键长;

(3) 冰的点阵型式是什么? 结构基元包含哪些内容?

7.35　某 MO 型金属氧化物属立方晶系,晶体密度为 3.581 g cm^{-3}。用 X 射线粉末法(Cu Kα 线)测得各衍射线相应的衍射角分别为:$18.5°,21.5°,31.2°,37.4°,39.4°,47.1°,52.9°,54.9°$。请据此计算或说明:

(1) 确定该金属氧化物晶体的点阵型式;

(2) 计算晶胞参数和一个晶胞中的结构基元数;

(3) 计算金属原子 M 的相对原子质量,说明 M 是什么原子。

7.36　L-丙氨酸与氯铂酸钾反应,形成的晶体(见右式)属于正交晶系。已知:$a=746.0$ pm, $b=854.4$ pm,$c=975.4$ pm;晶胞中包含 2 个分子,空间群为 $P2_122_1$,一般等效点系数目为 4,即每一不对称单位相当于半个分子。试由此说明该分子在晶体中的构型和点群,并写出结构式。

$$PtCl_2(NH_2\!\!-\!\!CH\!\!-\!\!COOH)_2$$
$$| $$
$$CH_3$$

参 考 文 献

[1]　唐有祺. 结晶化学. 北京:高等教育出版社,1957.

[2]　周公度. 晶体结构测定. 北京:科学出版社,1981.

[3]　周公度. 晶体结构的周期性和对称性. 北京:高等教育出版社,1992.

[4]　周公度,郭可信,李根培,王颖霞. 晶体和准晶体的衍射. 第二版. 北京:北京大学出版社,2013.

[5]　马喆生,施倪承. X 射线晶体学. 北京:中国地质大学出版社,1995.

[6]　王仁卉,郭可信. 晶体学中的对称群. 北京:科学出版社,1990.

[7]　周公度. 化学中的多面体. 第 2 次印刷. 北京:北京大学出版社,2015.

[8]　方奇,于文涛. 晶体学原理. 北京:国防工业出版社,2002.

[9]　江超华. 多晶 X 射线衍射:技术和应用. 北京:化学工业出版社,2014.

[10]　周公度. 关于晶体学的一些概念. 大学化学,2006,21(6):12~19.

[11]　梁丽. 青蒿素分子和立体结构测定的历史回顾. 生物化学与生物物理进展,2017,44(1): 6~16.

[12]　Hahn T. International Tables for Crystallography (Vol A), Space-group Symmetry. 5th ed. Dordrecht:D Reidel Publishing Company,2002.

[13]　Glusker J P, Lewis M, Rossi M. Crystal Structure Analysis for Chemists and Biologists. New York:VCH,1994.

[14]　Glusker J P, Trueblood K N. Crystal Structure Analysis:A Primer. 2nd ed. New York:Oxford University Press,1985.

[15]　Dunitz J D. X-ray Analysis and the Structure of Organic Molecules. 2nd ed. Corrected reprint. Weinheim:VCH,1995.

[16]　Wilson C C. Single Crystal Neutron Diffraction from Molecular Materials. Singapore:World Scientific,2000.

[17]　Massa W. Crystal Structure Determination. Berlin:Springer-Verlag,2000.

第8章 金属的结构和性质

8.1 金属键和金属的一般性质

8.1.1 金属键的"自由电子"模型

在一百多种化学元素中,金属约占 80%,它们有许多共同的性质:不透明、有金属光泽、导电和传热性能优良、富有延展性等。金属的这些性质是金属内部结构的反映。金属元素的电负性较小,电离能也较小。金属原子的最外层价电子容易脱离原子核的束缚,而在由各个正离子形成的势场中比较自由地运动,形成"自由电子"或称"离域电子"。这些在三维空间中运动、离域范围很大的电子,与正离子吸引胶合在一起,形成金属晶体。金属中的这种结合力称为金属键。金属的一般特性都和金属中存在着这种"自由电子"有关。自由电子能较"自由"地在整个晶粒内运动,使金属具有良好的导电和传热性;自由电子能吸收可见光并能立即放出,使金属不透明、有金属光泽;由于自由电子的胶合作用,当晶体受到外力作用时,原子间容易进行滑动,所以能锤打成薄片、抽拉成细丝,表现出良好的延展性和可塑性。金属间能形成各种组成的合金,也是由金属键的性质决定的。按"自由电子"模型,金属键没有方向性,每个原子中电子的分布基本上是球形的,自由电子的胶合作用使球形的金属原子作紧密堆积,形成能量较低的稳定体系。

按"自由电子"模型,把金属中的"自由电子"看作彼此间没有相互作用,各自独立地在平均势场中运动,势能取作 0,这就相当于把金属中的电子看作在三维势箱中运动的电子。若三维势箱为边长等于 l 的立方体,势场的边界条件和 1.3 节所述的相同,可得 Schrödinger 方程

$$-\frac{h^2}{8\pi^2 m}\left(\frac{\partial^2}{\partial x^2}+\frac{\partial^2}{\partial y^2}+\frac{\partial^2}{\partial z^2}\right)\psi = E\psi \tag{8.1.1}$$

或

$$\nabla^2\psi + \frac{8\pi^2 m}{h^2}E\psi = 0 \tag{8.1.2}$$

解之,得

$$\psi(x,y,z) = \left(\frac{2}{l}\right)^{\frac{3}{2}}\sin\left(\frac{n_x\pi x}{l}\right)\sin\left(\frac{n_y\pi y}{l}\right)\sin\left(\frac{n_z\pi z}{l}\right) \tag{8.1.3}$$

n_x, n_y, n_z 均为正整数。相应的能级为

$$E = \frac{h^2}{8ml^2}(n_x^2 + n_y^2 + n_z^2) = \frac{n^2 h^2}{8ml^2} \tag{8.1.4}$$

若波函数用指数形式

$$\psi = \left(\frac{1}{l}\right)^{\frac{3}{2}}\exp\left[\frac{\mathrm{i}2\pi}{l}(n_x x + n_y y + n_z z)\right] \tag{8.1.5}$$

表达,则 n_x, n_y, n_z 可为正整数、零和负整数,能级变为

$$E = \frac{h^2}{2ml^2}(n_x^2 + n_y^2 + n_z^2) = \frac{n^2 h^2}{2ml^2} \tag{8.1.6}$$

每一组量子数 (n_x, n_y, n_z) 确定一个允许的量子态。因 $n^2 = n_x^2 + n_y^2 + n_z^2$，对 E 值确定的状态，用 $n_x^2 + n_y^2 + n_z^2$ 相等的任意一组数均可。若考虑电子自旋，还要加入自旋磁量子数 m_s。

体系处在基态时，第一能级 $n^2 = 0$，可放 2 个电子，即为 $n_x = n_y = n_z = 0$，$m_s = \pm 1/2$ 的状态。第二能级 $n^2 = 1$，按 (n_x, n_y, n_z, m_s) 的可能值，计有 12 种简并态：1,0,0,$\pm 1/2$；-1,0,0,$\pm 1/2$；0,1,0,$\pm 1/2$；0,-1,0,$\pm 1/2$；0,0,1,$\pm 1/2$；0,0,-1,$\pm 1/2$。第三能级 $n^2 = 2$，可放 24 个电子，……。体系处在 0 K 时，电子从最低能级填起，直至 Fermi 能级 E_F，能量低于 E_F 的能级，全都填满了电子；而所有高于 E_F 的能级都是空的。对导体，E_F 就是 0 K 时电子所能占据的最高能级。若和 E_F 相应的量子数为 n_F，用下面简单办法可以计算 n_F 和 E_F。

在 x, y, z 坐标轴上，n_x, n_y 和 n_z 均为整数的坐标点符合 (8.1.6) 式的量子化条件，每个点相当于一个确定量子数的状态，这些点的排列如同简单立方点阵，每一单位体积摊到一个点，以 n_F 作为半径所得的球体积，相当于状态的数目。n 小于 n_F 的点数为 $(4/3)\pi n_F^3$，每一状态可放 2 个电子 $(m_s = \pm 1/2)$，故共可放 $(8/3)\pi n_F^3$ 个电子。若金属的立方体势箱的边长为 l，则体积为 l^3。若单位体积有 N 个电子，则共有 Nl^3 个，即

$$Nl^3 = (8/3)\pi n_F^3$$

或

$$\left(\frac{n_F}{l}\right)^2 = \left(\frac{3N}{8\pi}\right)^{\frac{2}{3}} \tag{8.1.7}$$

将此关系代入 (8.1.6) 式，得 0 K 时的 Fermi 能级

$$E_F = \frac{h^2}{2m}\left(\frac{n_F}{l}\right)^2 = \frac{h^2}{8\pi^2 m}(3\pi^2 N)^{\frac{2}{3}} \tag{8.1.8}$$

例如金属钠，密度为 $0.97\ \mathrm{g\,cm^{-3}}$，每一原子提供一个自由电子 (e)，电子密度 N（即每 $1\ \mathrm{cm^3}$ 中电子的数目）为

$$N = \frac{0.97\ \mathrm{g\,cm^{-3}}}{23\ \mathrm{g}} \times (6.02 \times 10^{23}\ \mathrm{e})$$
$$= 2.5 \times 10^{22}\ \mathrm{e\,cm^{-3}}$$
$$= 2.5 \times 10^{28}\ \mathrm{e\,m^{-3}}$$

将此 N 值代入 (8.1.8) 式，得

$$E_F = 5.04 \times 10^{-19}\ \mathrm{J} \quad (\text{或 } 3.15\ \mathrm{eV})$$

实验测定金属钠的 E_F 为 3.2 eV，与计算所得结果符合较好。由金属钠的 E_F 可见，即使在 0 K 时，电子仍有相当大的动能。

当温度升高，部分电子会得到热能，所得热能的数量级为 kT。室温下，kT 约为 4.14×10^{-21} J；而大多数金属 E_F 约为 $(3\sim 10) \times 10^{-19}$ J，kT 比 E_F 约小 2 个数量级。

由于 $kT \ll E_F$，只有其能量处在 E_F 附近 kT 范围的电子才能被激发到较高的空能级，这部分电子数目很少，即很少一部分电子对比热有贡献，所以金属的比热很小，而室温下 E_F 和 0 K 时的数值差别不大。

金属键的强度可用金属的原子化焓（气化焓）衡量。表 8.1.1 列出金属的原子化焓和熔点。原子化焓是指 1 mol 金属变成气态原子所吸收的能量。金属的许多性质和原子化焓有关：若原子化焓的数值较小，这种金属通常比较软，熔点比较低；若原子化焓的数值较大，这种金属通常较硬，熔点较高。

表 8.1.1 金属的气化焓和熔点[a]

Li	Be											Al		
147	297													
454	1560													
Na	Mg											Al		
97	128											294		
371	923											933		
K	Ca	Sc	Ti	V	Cr	Mn	Fe	Co	Ni	Cu	Zn	Ga	Ge	
77	155	333	425	459	340	221	340	377	378	300	124	254	334	
337	1115	1814	1941	2183	2180	1519	1811	1768	1728	1358	693	303	1211	
Rb	Sr	Y	Zr	Nb	Mo	Tc	Ru	Rh	Pd	Ag	Cd	In	Sn	Sb
76	136	365	573	690	617	585	592	494	392	258	100	232	296	193
312	1050	1799	2128	2750	2896	2430	2607	2237	1828	1235	594	430	505	904
Cs	Ba	La	Hf	Ta	W	Re	Os	Ir	Pt	Au	Hg	Tl	Pb	Bi
64	140	402	571	733	807	704	738	612	469	324	59	165	179	151
302	1000	1193	2506	3290	3695	3459	3306	2719	2041	1337	234	577	601	545

[a] 表中第一排为 298 K 时的气化焓数据(其中,汞的气化焓是其熔点时的数据),单位为 $kJ\,mol^{-1}$;第二排为熔点数据,单位为 K。数据引自参考文献[5]。

8.1.2 固体能带理论

晶体中的电子和孤立原子中的电子不同,也和自由运动的电子不同,它是在周期性重复排列的原子间运动。量子力学中的单电子近似方法,将晶体中某个电子看作在周期性排列且固定不动的原子核势场和其他大量电子的平均势场中运动,其 Schrödinger 方程为

$$\left[-\frac{h^2}{8\pi^2 m}\nabla^2 + V\right]\psi = E\psi \qquad (8.1.9)$$

对一维沿 x 轴排列、周期长度为 a 的晶体,在 x 位置的势能 $V(x)$ 和在 $(x+na)$ 处的势能 $V(x+na)$ 相同,式中 n 为整数。在实际晶体中,计算 $V(x)$ 很困难,可用一些近似方法求解。

在固体物理中,常对晶体中传播的平面波 ψ 用波矢量 k 表示,称它为 k 空间。

$$k = |\boldsymbol{k}| = 2\pi/\lambda \qquad (8.1.10)$$

不同的 k 标志电子运动的不同状态,它的动量 p 和动能 E 与 k 的关系为

$$p = \frac{h}{\lambda} = mv = hk/2\pi, \quad v = hk/2\pi m \qquad (8.1.11)$$

$$E_k = \frac{1}{2}mv^2 = \frac{h^2 k^2}{8\pi^2 m} = \frac{n^2 h^2}{8ml^2} = E_n \qquad (8.1.12)$$

上式中的 E_k 因为和一维箱中粒子所得的(1.3.4)式一致,所以得到(8.1.12)式后面的等式。

由于晶体的周期性结构,在 k 空间中传播的电子也遵循 Bragg 方程($2a\sin\theta = n\lambda$),当 $\theta = 90°$ 时,$\sin\theta = 1$,这时 $2a = n\lambda$,即

$$k = \frac{2\pi}{\lambda} = \frac{n\pi}{a}, \quad n = 0,1,2,3,\cdots \qquad (8.1.13)$$

由(8.1.13)式可见,在 k 空间中电子传播时,当 $\theta = 90°$,电子反向传播,能量出现不连续

性,这时的状态是能量不允许存在的区域,这种能量不允许存在的区域称为禁带,能量允许存在的区域称为能带。图 8.1.1 示出 E 和 k 的关系及能带。在每个能带中包含相同 k 值由周期性联系的 N 个电子。各个电子都有一个能量状态,即能级,每个能级可容纳自旋相反的两个电子,能级数目是 $N/2$。由于 N 数目很大,能级间隔极小。另外,原子的内层轨道所形成的能带较窄,外层较宽,排列成能带结构。

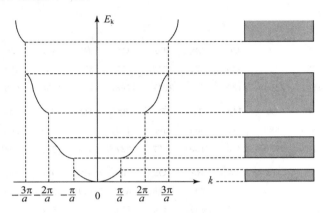

图 8.1.1　E 和 k 的关系及能带

根据能带的分布和电子填充情况,可分为下列几种:

(1) 充满电子的能带叫满带。

(2) 部分能级充满电子的能带叫导带。

(3) 能级最高的满带和导带总称为价带。

(4) 完全没有电子的能带叫空带。

(5) 各能带间不能填充电子的区域叫带隙,又称禁带。

若一种固体只有全满和全空的能带,它不能改变电子的运动状态,不能导电。含有部分填充电子的能带,电子受外电场作用,有可能在该能带中的不同能级间改变其能量和运动状态而导电。

在金属钠由原子的价层 3s 轨道叠加形成的能带中,能级数目和电子数目相同,而每个能级可容纳自旋相反的 2 个电子,出现部分填充电子的能带,见图 8.1.2(a)。金属镁由原子的价层中 s 轨道和 p 轨道形成的能带,因能量高低互相接近,彼此交盖重叠,也出现部分填充电子的能带,见图 8.1.2(b)。其他金属也具有相似的部分填充电子的能带,所以金属具有较好的导电性。

导体的能带结构特征是具有导带。绝缘体的特征是只有满带和空带,而且能量最高的满带和能量最低的空带之间的禁带较宽,$E_g \geqslant 5\,\text{eV}$,在一般电场条件下,难以将满带电子激发到空带,即不能形成导带。半导体的特征,也是只有满带和空带,但最高满带和最低空带之间的禁带较窄,$E_g < 3\,\text{eV}$。例如,Si 的禁带宽度为 $1.1\,\text{eV}$,Ge 为 $0.72\,\text{eV}$,GaAs 为 $1.4\,\text{eV}$ 等。图 8.1.3 示出导体、绝缘体和半导体的能带结构特征。

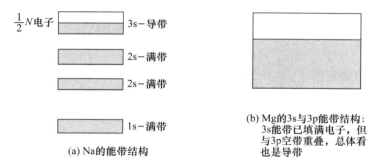

(a) Na 的能带结构

(b) Mg的3s与3p能带结构：
3s能带已填满电子，但
与3p空带重叠，总体看
也是导带

图 8.1.2　Na 与 Mg 的能带结构示意图

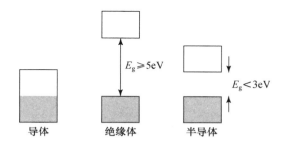

图 8.1.3　导体、绝缘体和半导体的能带结构特征

　　在硅的晶体中掺入不同杂质，可以改变其半导体性质。图 8.1.4(a)示出硅中掺入磷后的能级，磷的价电子较硅多，形成 n 型半导体；图(b)示出硅中掺入镓后的能级，镓的价电子较硅少，形成 p 型半导体。利用这两种型式的半导体，可制作 p-n 结，它是生产各种晶体管的基础。

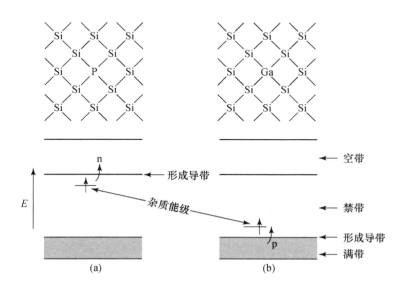

图 8.1.4　(a)n 型半导体和(b)p 型半导体

8.2　等径圆球的密堆积

上一节,从化学键的角度,分别利用"自由电子"模型和固体能带理论讨论了金属晶体的结构。把金属键看作球形原子之间的各向同性的相互作用。本节从几何角度出发,用等径圆球的密堆积模型讨论金属的结构。在金属晶体中,原子趋向于形成堆积密度大、配位数高、空间利用率大的稳定结构。

8.2.1　等径圆球的最密堆积

等径圆球的最密堆积结构可从密堆积层开始来了解。密堆积层的结构只有一种型式,如图8.2.1中底层球的排列。在层中每个球和周围 6 个球接触,即配位数为 6,每个球周围有 6 个空隙,每个空隙由 3 个球围成,这样由 N 个球堆积成的层中,有 $2N$ 个空隙,平均每个球摊到2个空隙。这些三角形空隙的顶点的朝向有一半和另一半相反。图 8.2.1 中底层球的球心位置为 A,称为 A 层;B 表示顶点向上的三角形空隙中心位置;C 表示顶点向下的三角形空隙中心位置。

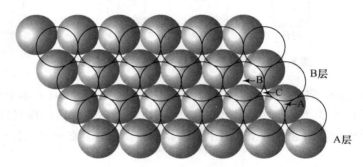

图 8.2.1　密堆积层(A)和密置双层(AB)的结构

由密堆积层进行堆积时,若采用最密堆积的方式,必须是密堆积层中原子的凸出部位正好处在相邻一密堆积层中的凹陷部位,即每一个原子都同时和相邻一密堆积层的 3 个原子相接触。图 8.2.1 中示出在 A 层之上加了 B 层球。这种由两层密堆积球紧密堆积形成的双层,称为密置双层。当密置双层中球的球心位置一层处于 A,另一层处于 B,这种密置双层可用 AB 表示。若所加球的球心所在的位置为 C,则形成 AC 密置双层。AB 和 AC 密置双层的结构是相同的,所以密置双层也只有一种类型。由密堆积层作最密堆积时,各个密堆积层中的球心位置实质上只有 3 种,即如图 8.2.1 标明的 A,B,C 所示。

等径圆球最密堆积结构类型,最常见的是立方最密堆积和六方最密堆积,此外,还有其他一些类型。现分述如下。

1. 立方最密堆积

将密堆积层的相对位置按照 A̲B̲C̲ABC⋯方式作最密堆积,这时重复的周期为 3 层,如图8.2.2(a)所示。由于这种堆积方式可划出立方晶胞,故称为立方最密堆积,英文名称简写为 ccp(cubic closest packing),记为 $A1$ 型。图 8.2.2(b)示出立方正当晶胞。图 8.2.2(c)示出移去左下前方晶胞顶点上的一个圆球后显示出来的(111)面,这个面和晶胞体对角线(三重旋转轴)垂直。密置层沿着体对角线方向叠加,按照ABCABC···方式堆积形成 ccp 结构。

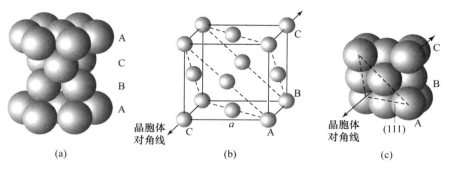

图 8.2.2 立方最密堆积结构

(a) 堆积层次序,(b) 正当晶胞,(c) 密堆积层在晶胞中的取向

2. 六方最密堆积

将密堆积层的相对位置按照ABAB···方式作最密堆积,这时重复的周期为两层,如图 8.2.3(a)所示。由于这种堆积方式可划出六方晶胞,如图 8.2.3(b),故这种堆积称为六方最密堆积,英文名称简写为 hcp(hexagonal closest packing),记为 $A3$ 型。从图 8.2.3 可以看出,密堆积层和(001)面平行。

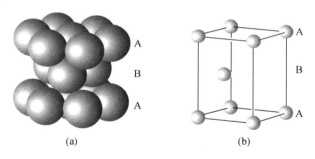

图 8.2.3 六方最密堆积结构

(a) 堆积层次序,(b) 正当晶胞

3. 其他最密堆积

除上述两种等径圆球的最密堆积外,已经发现在金属单质中还存在下面两种最密堆积方式。

(1) 双六方最密堆积

英文名称简写为 dhcp(double hexagonal closest packing)。这种堆积的周期为 4 层,ABACABAC···,用 $A3^*$ 记号表示。图 8.2.4 示出它的堆积情况和晶胞。镧系元素 La,β-Ce,Pr,Nd,Pm 以及超铀元素 Am,Cm,Bk,Cf 和 Es 等单质呈这种类型的结构。

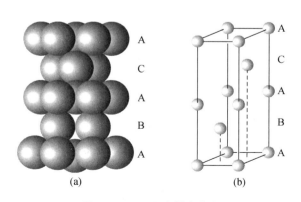

图 8.2.4 双六方最密堆积

(a) 密堆积层的堆积次序,(b) 正当晶胞

（2）Sm 型最密堆积

堆积的周期为 9 层，堆积层的次序为 <u>ABABCBCAC</u>…，在表 8.3.1 中用 $A3''$ 表示。图 8.2.5 示出它的晶胞结构。高压下，γ-Dy,γ-Gd,β-Ho 和 γ-Tb 等金属单质呈 Sm 型最密堆积结构。是什么因素促使金属钐采取这种方式的结构，还有待探讨。

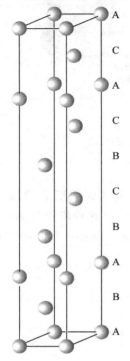

在上面讨论的各种最密堆积结构中，任取其中的一个密堆积层，它们的结构都是一样的，密置双层也具有同样的情况，差别仅在于和密置双层相邻的层的位置不同。例如，和 AB 密置双层中的 A 层相邻的密置层可为 B 或 C，和 B 层相邻的密置层可为 A 或 C。所以，各种最密堆积结构中的一些几何关系是相同的或仅存在一些细小的差异。

等径圆球的各种最密堆积型式均具有相同的堆积密度，其堆积系数（或称空间利用率，即球体积与整个堆积体积之比）均为 0.7405。例如 ccp，可按图 8.2.2(b) 的立方晶胞进行计算。设球的半径为 R，晶胞边长为 a，面对角线长为 $4R$，它等于 $\sqrt{2}\,a$，所以

$$a = \frac{4R}{\sqrt{2}} = 2\sqrt{2}R$$

晶胞体积　　　$V_{晶胞} = a^3 = (2\sqrt{2}R)^3 = 16\sqrt{2}R^3$

晶胞内 4 个圆球的总体积

$$V_{球} = 4 \times \left(\frac{4}{3}\pi R^3\right) = \frac{16}{3}\pi R^3$$

$$堆积系数 = \frac{V_{球}}{V_{晶胞}} = \frac{(16/3)\pi R^3}{16\sqrt{2}R^3} = 0.7405$$

图 8.2.5　Sm 型最密堆积的晶胞

在等径圆球最密堆积的各种型式中，每个球的配位数均为 12，中心的球和这 12 个球的距离相等，这 12 个球的配位型式只有在图 8.2.6 中示出的两种情况：立方最密堆积配位(a)和六方最密堆积配位(b)。

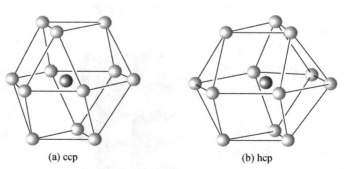

(a) ccp　　　　　　　　　　(b) hcp

图 8.2.6　两种最密堆积的配位情况

8.2.2　等径圆球的体心立方密堆积

许多金属单质采取体心立方密堆积结构，它简写为 bcp(body-centered cubic packing)，记

为 $A2$ 型。体心立方密堆积不是最密堆积,结构中不存在密堆积层和密置双层。

体心立方密堆积结构及其晶胞示于图 8.2.7 中,每个圆球均和 8 个处在立方体顶点上的配位圆球接触。在正当晶胞中包含 2 个圆球,一个处于立方体中心,另一个为处在立方体 8 个顶点上的球各贡献 1/8 所形成。反映这种结构堆积密度的堆积系数可按下列过程计算:立方晶胞的边长为 a,它的体对角线的长度为 $\sqrt{3}a$。圆球的半径为 R。圆球在体对角线上互相接触,所以

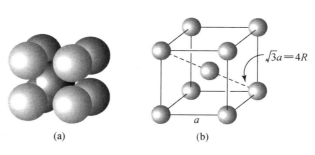

图 8.2.7 等径圆球体心立方密堆积的结构
(a) 球的密堆积,(b) 正当晶胞

$$\sqrt{3}a = 4R$$
$$a = 4R/\sqrt{3}$$

晶胞中 2 个球的体积

$$V_{球} = 2 \times \frac{4}{3}\pi R^3 = \frac{8}{3}\pi R^3$$

晶胞的体积

$$V_{晶胞} = a^3 = \left(\frac{4R}{\sqrt{3}}\right)^3 = \frac{64R^3}{3\sqrt{3}}$$

堆积系数

$$\frac{V_{球}}{V_{晶胞}} = \left(\frac{8}{3}\pi R^3\right)\bigg/\left(\frac{64R^3}{3\sqrt{3}}\right) = \frac{\sqrt{3}\pi}{8} = 0.6802$$

由上述计算结果可见,体心立方密堆积的堆积系数比最密堆积小。许多金属采取体心立方密堆积结构的现象,说明影响晶体结构的因素除了堆积密度外,还有其他因素,如参与成键的价电子数及其轨道的影响等。另外,计算堆积密度时,用不变形的圆球模型也过于简单。实际上,在成键过程中原子会发生变形,圆球模型的计算值只是真正堆积密度的一种近似。

8.2.3 等径圆球密堆积中空隙的大小和分布

在各种最密堆积中,球间的空隙数目和大小都相同。由 N 个半径为 R 的球组成的堆积中,平均有 $2N$ 个四面体空隙,可容纳半径为 $0.225R$ 的小球;还有 N 个八面体空隙,可容纳半径为 $0.414R$ 的小球。

在立方最密堆积和六方最密堆积中,八面体空隙和四面体空隙的分布情况分别示于图 8.2.8(a)和(b)中。

了解体心立方堆积中空隙的位置和数目,对于阐明这类晶体的结构和性质十分重要。在图 8.2.8(c)所示晶胞的每个面的中心和每条边的中心点上,均是由 6 个圆球围成的八面体空隙,每一个堆积球平均可摊到 3 个这种空隙。这种空隙不是正八面体,而是沿着一个轴压扁的变形八面体中心,空隙中最短处可容纳小球的半径 r 与堆积球的半径 R 之比 $r/R=0.154$。另一种空隙为变形四面体,处在晶胞的面上,每个面有 4 个四面体中心,这种空隙的 $r/R=0.291$,每个堆积圆球平均摊到 6 个这种四面体空隙。图 8.2.8(c)示出体心立方堆积中八面体和四面体空隙的分布。这些八面体空隙和四面体空隙在空间上是重复利用的,即空间

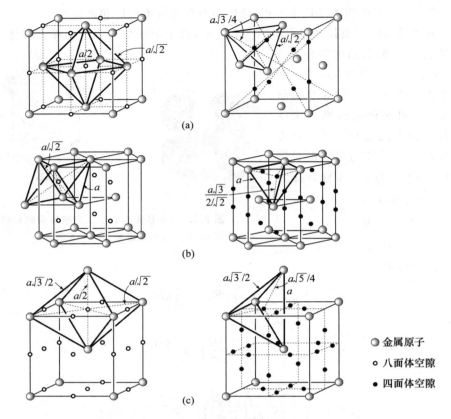

图 8.2.8　几种密堆积结构及其中的空隙分布

(a) ccp，(b) hcp，(c) bcp

某一点不是只属于某个多面体所有。由于划分方式不同，有时算这个多面体，有时算另外一个多面体，这些多面体共面连接，连接面为平面三角形空隙，也可看作变形的三方双锥空隙，它的数目较多，每个堆积圆球摊到 12 个。由上可见，在体心立方堆积中，每个圆球平均摊到 3 个八面体空隙，6 个四面体空隙，12 个三角形空隙，共计 21 个空隙。这些空隙的大小和分布特征直接影响到这种堆积结构的性质。

灰锡为金刚石型结构，这种结构的堆积系数仅为 0.3401。因为这种结构型式的共价键成分高，故计算堆积系数时，按原子共价半径计算原子的体积。

8.3　金属单质的结构

8.3.1　金属单质的结构概况

表 8.3.1 列出 74 种金属单质的结构型式。在金属单质中，由于温度和压力等外界条件的改变，可能出现多种同素异构体，但表中只列出室温下能相对稳定存在的晶型。表中每种元素符号下面注明金属结构型式：$A1,A2,A3$ 型如前所述，$A4$ 型为金刚石型结构[见图7.1.4(f)]，$A5$ 型为白锡型结构，$A6$ 型为由 $A1$ 型变形为四方晶系的结构，$A7$ 型和 $A10$ 型为三方晶系的

结构,$A11$ 型为金属 Ga 的结构,$A12$ 型和 $A13$ 型分别为 α-Mn 和 β-Mn 的结构(它们的结构较复杂,不易用简单堆积描述)。此外,表中还用 $C-1$,$O-4$,$O-8$,$M-16$ 等符号表示晶体结构,这些符号中前面的大写字母表示晶体所属的晶系(C 代表立方晶系,O 代表正交晶系,M 代表单斜晶系),短横后面的数字表示晶胞中的原子数。

表 8.3.1　金属单质的结构型式和金属的原子半径(单位:pm)

	Li	Be														
	A2	A3														
	152.0	111.2														
	Na	Mg											Al			
	A2	A3											A1			
	185.8	159.9											143.1			
	K	Ca	Sc	Ti	V	Cr	Mn	Fe	Co	Ni	Cu	Zn	Ga	Ge		
	A2	A1	A3	A3	A2	A2	A12	A2	A3	A1	A1	A3	A11	A4		
	227.2	197.4	164.0	144.8	132.1	124.9	136.6	124.1	125.3	124.6	127.8	133.3	122.1	122.5		
	Rb	Sr	Y	Zr	Nb	Mo	Tc	Ru	Rh	Pd	Ag	Cd	In	Sn	Sb	
	A2	A1	A3	A3	A2	A2	A3	A3	A1	A1	A1	A3	A6	A4	A7	
	247.5	215.2	180.1	160	142.9	136.3	135.8	132.5	134.5	137.6	144.5	149.0	162.6	140.5	143.9	
	Cs	Ba	La	Hf	Ta	W	Re	Os	Ir	Pt	Au	Hg	Tl	Pb	Bi	Po
	A2	A2	A3*	A3	A2	A2	A3	A3	A1	A1	A1	A10	A3	A1	A7	C-1
	265.4	217.4	187.9	156.4	143	137.1	137.1	133.8	135.7	138.8	144.2	160	170.4	175.0	182	168
镧系		Ce	Pr	Nd	Pm	Sm	Eu	Gd	Tb	Dy	Ho	Er	Tm	Yb	Lu	
		A1	A3*	A3*	A3*	A3″	A2	A3	A3	A3	A3	A3	A3	A1	A3	
		182.5	182.8	182.1	181	180.4	204.2	180.1	178.3	177.4	176.6	175.7	174.6	194.5	173.5	
锕系		Ac	Th	Pa	U	Np	Pu	Am	Cm	Bk	Ra					
		A1	A1	A6	O-4	O-8	M-16	A3*	A3*	A3*	A2					
		187.8	179.8	160.6	138.5	131	151.4	184	174	170.3	222.9					

　　由表中数据可见,许多金属单质的结构采用 $A1$ 和 $A3$(包括:双六方最密堆积,表中用 $A3^*$ 记号;Sm 型最密堆积,表中用 $A3''$ 记号)这两种最密堆积型式,还有十多种金属采用 $A2$ 型。

　　如何判断一种金属究竟属于哪种结构型式?有人为金属晶体的结构型式与电子组态间总结出一些定性的关系,认为晶体结构与金属原子价层 s 和 p 电子数目有关:当每个原子平均摊到 s,p 电子数较少时,容易采用 $A2$ 型结构;较多时,为 $A1$ 型结构;而介于两者中间时,则为 $A3$ 型结构。d 电子对成键强度影响较大,但并不直接决定晶体的结构型式。例如钠,其电子组态为[Ne]$3s^1$,价层 s,p 电子数为 1,晶体为 $A2$ 型;镁的电子组态为[Ne]$3s^2$,价层 s,p 电子数为 2,晶体为 $A3$ 型;铝的电子组态为[Ne]$3s^23p^1$,价层 s,p 电子数较多,晶体为 $A1$ 型。

8.3.2　金属原子半径

　　表 8.3.1 列出了金属的原子半径。对于 $A1$ 和 $A2$ 型结构,只要把原子间最近的接触距离除以 2,即得金属原子半径。例如 $A1$ 型结构的金属铜,原子间的接触距离为 255.6 pm,铜的原子半径为 127.8 pm。对于 $A3$ 型的结构,12 个配位原子分成两套不等同的配位,往往6 个配位原子距离短些,另外 6 个稍长些。这时有两种计算原子半径的方法:一是取平均值,二是取短的值。表 8.3.1 所列数值是采用平均值计算而得的。

　　半径和配位数有关,同一种元素,配位数高,半径大。表 8.3.1 中所列的数据是由室温下稳定晶型的实际原子接触距离求得的。若将这些数据用于配位数为 12 的情况,则应根据配位数与相对半径比予以换算。

配位数	12	8	6	4
相对半径比	1.00	0.97	0.96	0.88

由表所列数据可见,金属原子半径在周期表中的变化有一定的规律性:

(1) 同一族元素原子半径随原子序数的增加而增加。这是由于同族元素外层电子组态相同,电子层数增加,半径加大。

(2) 同一周期主族元素原子半径随原子序数的增加而下降。这是由于电子价层不变,有效核电荷随原子序数的增加而递增,使半径收缩。

(3) 同一周期过渡元素的原子半径随原子序数的增加开始时稳定下降,以后稍有增大,但变化幅度不大。这是由于一方面当原子序数增加时,电子因填在内层 d 轨道,有效核电荷虽有增大,但增大较少,半径下降不多;另一方面,随电子数增加,半径稍有增加,出现两种相反因素。

(4) 镧系元素在原子序数递增时,核电荷增加,核外电子数也增加,但电子充填在较内部的 4f 轨道上,不能全部屏蔽所增加的核电荷,出现半径随原子序数增加而缩小的"镧系收缩"效应。镧系元素的原子半径由 La 的 187.3 pm 下降到 Lu 的 172.7 pm。但值得注意的是,其中有两个例外:Eu 和 Yb 的原子半径特别大。这是由于这两种元素参加成键的电子只有 2 个,Eu 和 Yb 的化学性质以及 Eu^{2+} 和 Yb^{2+} 比较稳定存在等事实均可以佐证。

受镧系收缩效应的影响,第二长周期比第一长周期同族元素的半径大,但第三长周期与第二长周期的同族元素的半径却极相近,如:Zr 和 Hf,Nb 和 Ta,Mo 和 W 的半径极为近似,极难分离;而 Ru,Rh,Pd,Os,Ir,Pt 6 种元素的原子半径和化学性质相似,通称铂族元素。

8.4　合金的结构和性质

合金是两种或两种以上的金属经过熔合后所得的生成物。在形成合金的过程中,热效应一般比较小。从金属单质到合金的变化,一般不像其他化学反应那么显著。合金一般都具有一定的金属性能。研究合金的结构化学,在于了解合金的晶体结构,并联系合金的性质,阐明它们的相互关系及规律性。

按结构和相图等特点,合金一般可分为三类:(i)金属固溶体,(ii)金属化合物和(iii)金属间隙化合物。当两种金属元素的电负性、化学性质和原子大小等比较接近时,容易生成金属固溶体。若电负性和原子半径差别大,生成金属化合物的倾向就较大。金属化合物中又可分为组成可变的金属化合物与组成确定的金属化合物。过渡金属元素与半径很小的 H,B,C,N 等非金属元素形成的化合物,小的非金属原子填入金属原子堆积的空隙中,这种合金称为金属间隙化合物或金属间隙固溶体。

8.4.1　金属固溶体

两种金属组成的固溶体,其结构型式一般与纯金属相同,只是一部分原子被另一部分原子统计地置换,即每一原子位置两种金属均有可能存在,其概率正比于该金属在合金中所占的比例,这样的原子在很多效应上相当于一个统计原子。

形成固溶体合金的倾向取决于下列 3 个因素：

（1）两种金属元素在周期表中的位置及其化学性质和物理性质的接近程度；

（2）原子半径的接近程度；

（3）单质的结构型式。

过渡金属元素相互之间最易形成固溶体，当两种过渡金属元素的原子半径相近（差别＜15％）、单质的结构型式相同时，往往可以形成一完整的固溶体体系。例如，按金属元素的原子半径和单质的结构型式，可列出三组过渡金属（见右表）。在这三组中，每组金属至少可与一种同组金属形成一完整的固溶体，如：Ag-Au，Ni-Pd，Mo-W。

结构型式	金 属
ccp	Cu,Ag,Au,Ni,β-Co,γ-Fe,Pt, Ir, Rh
bcp	α-Fe,V,Cr, Mo, W
hcp	Ti, Zr

金属的互溶度不是可互易的，一般，在低价金属中的溶解度大于在高价金属中的溶解度（例见下表）。

在低价金属中的溶解度		在高价金属中的溶解度	
实 例	数 据	实 例	数 据
Zn 在 Ag 中	37.8％（原子 Zn）	Ag 在 Zn 中	6.3％（原子 Ag）
Zn 在 Cu 中	38.4％（原子 Zn）	Cu 在 Zn 中	2.3％（原子 Cu）

无序的固溶体在缓慢冷却过程中，结构会发生有序化，有序化的结构称为超结构。下面以 Au-Cu 体系作为实例进行讨论。

铜和金在周期表中属于同一族，具有相同的价电子组态；单质结构型式也相同，均为面心立方晶体；原子半径分别为 128 pm 和 144 pm，差别不大。两种金属混合熔化成液体，即形成互溶体系，凝固后的高温固溶体也完全互溶。

当固溶体被淬火处理，即快速冷却时，形成无序固溶体相，金原子完全无序地、统计地取代铜原子。这种合金的结构和单质一样，只是以统计原子 $Cu_{1-x}Au_x$ 代替 Cu 或 Au，保持立方晶系 O_h 点群对称性，这时晶胞参数随组成改变而略有变化，其结构如图 8.4.1(a)所示。

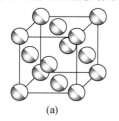 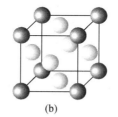 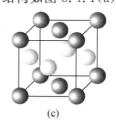

(a)   (b)   (c)

图 8.4.1 Au-Cu 体系的相结构

（a）无序的 $Cu_{1-x}Au_x$，（b）有序的 Cu_3Au，（c）有序的 CuAu

当合金进行退火，即缓慢地冷却时，金和铜原子的分布不再无序，两种原子各自趋向确定的几何位置。当组成为 Cu_3Au 的合金退火，在低于 395℃时通过等温有序化，形成图 8.4.1(b)所示的结构，晶体点阵型式为简单立方，这种相称为 α 相。当组成为 CuAu 的合金退火，在低于 380℃时通过等温有序化，得到图 8.4.1(c)所示的结构，晶体属四方晶系，称为 β 相。

CuAu 和 Cu_3Au 的有序结构在物理性质上与相同组成的无序结构不同。

将有序结构的合金加热,温度超过某一临界值(此临界值随组成而变)时,就会转变为无序结构。在临界温度时,合金的许多物理性质会有急剧变化,例如会出现比热的反常现象,因为随着合金温度的升高,必须提供额外的热能以破坏晶体的有序结构。

8.4.2　金属化合物

金属化合物物相有两种主要型式,一种是组成确定的金属化合物物相,另一种是组成可变的化合物物相。易于生成组成可变的金属化合物物相,是合金独有的化学性能。在相图和结构-性能关系图上具有转折点,是各种金属化合物物相的主要特点和形成金属化合物的标志。

金属化合物物相的结构特征一般表现在两个方面:(i) 金属化合物的结构型式一般不同于纯组分在独立存在时的结构型式;(ii) 在金属 A 与 B 形成的金属化合物物相中,各种原子在结构中的位置已经有了分化,它们已分为两套不同的结构位置,而两种原子分别占据其中的一套。下面结合 $CaCu_5$ 合金的结构进行讨论。

1. $CaCu_5$ 合金的结构

$CaCu_5$ 合金可看作由图 8.4.2 中所示的(a),(b)两种原子层交替堆积排列而成:(a)是由 Cu 和 Ca 共同组成的层,层中 Cu-Cu 之间由实线相连。(b)是完全由 Cu 原子组成的层,Cu-Cu 之间也由实线相连。图中由虚线勾出的六角形,表示由这两种层平行堆积时垂直于层的相对位置,即 3 个六方晶胞拼在一起的轮廓(3 个晶胞方向不同)。(c)是由(a)和(b)两种原子层交替堆积成 $CaCu_5$ 的晶体结构图,图中可见六方晶胞中包含 1 个 $CaCu_5$。在此结构中,Ca 有 18 个 Cu 原子配位。同一层的 6 个,Ca---Cu 距离为 294 pm;相邻两层各 6 个,Ca---Cu 距离为 327 pm。

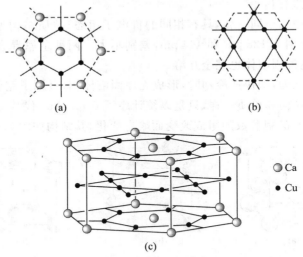

图 8.4.2　$CaCu_5$ 的结构

若干储氢材料如 $LaNi_5$,$LaCo_5$,$CeCo_5$ 等,其结构和 $CaCu_5$ 相同。

2. Laves 相合金

Laves(拉弗斯)相是由两种金属 A 和 B 组成的 AB_2 合金,数以百计的二元合金的结构都和它相关。由于 A 和 B 相对大小的不同,典型的结构有 $MgCu_2$,$MgZn_2$ 和 $MgNi_2$ 等类型。在这类合金结构中,金属原子 B 形成四面体原子簇结构,通过共用顶点形成骨架,A 原子处于骨架的空隙之中。图 8.4.3 示出 $MgCu_2$ 立方晶胞的结构，$MgZn_2$ 和 $MgNi_2$ 的结构较复杂。$MgCu_2$ 的结构可看作 Cu 原子形成 Cu_4 四面体，以它置换金刚石结构中的 C 原子，相互共用顶点连接成三维骨架，在骨架空隙处，有序地放置 Mg 原子。在图 8.4.3 的晶胞中，Mg 原子放置在晶胞的棱心、体心和体对角线的 1/4（或 3/4）等空隙处，这时 Mg 原子的排列也和金刚石结构中的 C 原子相同。在此结构中，Mg 原子的配位为 4Mg+12Cu，Cu 原子的配位为 6Mg+6Cu，所以是一个高配位的结构。

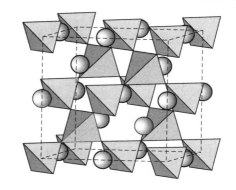

图 8.4.3　$MgCu_2$ 合金的结构

（四面体的 4 个顶点代表 Cu 原子，圆球代表 Mg 原子）

8.4.3　钢铁

钢铁是以铁和碳为基本元素的合金体系的总称，通常将含碳量<0.02％的叫纯铁，大于 2.0％的叫生铁，介于这中间的叫钢。钢铁是用量最大、对国计民生最重要的金属材料，2015 年全球钢产量达 16 亿吨，我国占一半，达 8 亿吨。它的优势地位源于下列因素：

（1）铁是地壳中含量高，仅次于铝，占金属元素第二位的元素。许多地方铁矿富集，易于开采。

（2）金属铁容易从矿石通过热化学方法冶炼成金属，成本低廉。

（3）富有延展性及其他优良的物理性质。

（4）熔点 1535℃，相对较低，容易和其他元素结合而改变其液相的化学成分，得到多种品种和用途的合金。

（5）可以通过浇铸、压模、锻打、冷轧和淬火等多种处理工艺，改变其组成、形状和物性，以满足使用的要求。

1. 钢铁的相组成和钢铁的性能

纯铁的熔点 1535℃，沸点 3000℃；常温下的铁为 α-Fe，它具有 bcp 结构。温度升至 912℃，α-Fe 发生相变变为 γ-Fe，它具有 ccp 结构；当温度升至 1400℃时，另一相变发生，由 γ-Fe 转变为 δ-Fe，它和 α-Fe 一样，具有 bcp 结构。低温的铁具有铁磁性，在 770℃以上铁磁性消失。

高炉冶炼所得的生铁由熔融液态快速冷却，断口颜色呈白色，称它为白口铁，主要成分为渗碳体（Fe_3C）和铁素体（α-Fe）；若慢慢冷却，断口颜色呈灰白色，称为灰口铁，主要成分为铁素体（α-Fe）和石墨薄片。白口铁硬而脆；灰口铁较软，具有优良切削加工性能。若在熔化铁液中加镁处理，使石墨呈球状，则成为可锻打和切削、机械强度较高的球墨铸铁。

钢中的相组成随着它的化学成分和热处理工艺而改变，可从铁-碳体系相图来理解（见图 8.4.4）。在钢的范围内，主要存在的相有：奥氏体（austenite）、铁素体（ferrite）、渗碳体（cementite）、马氏体（martensite）和石墨等。

奥氏体是碳在 γ-Fe 中的间隙固溶体，碳无序地分布在八面体空隙中，在 727℃时，奥氏体中溶入的碳约为 0.77％（质量分数），相当于铁原子和碳原子数之比约为 28：1，即平均 6～7 个立方晶胞中才有一个 C 原子。C 原子无序地分布在图 8.4.5 所示的虚线小球位置上。

铁素体是碳在 α-Fe 中的固溶体，α-Fe 为 bcp 型结构，八面体空隙很小，以 Fe 原子半径为

124 pm 计算,只能容纳半径为 19 pm 的小原子,所以铁素体溶碳能力极低,727℃时最高的碳质量分数为 0.022%,几乎就是纯的 α-Fe,铁素体的性质和纯铁相似。

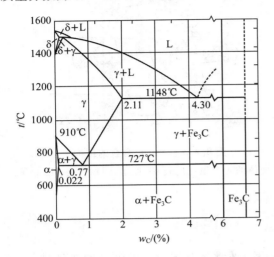

图 8.4.4　铁-碳体系相图(w_C 为 C 的质量分数)

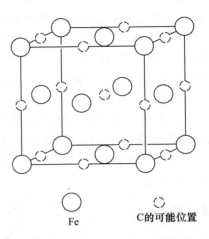

图 8.4.5　奥氏体的结构

渗碳体(Fe_3C)是铁和碳的化合物,含碳量6.67%(质量分数)。晶体属正交晶系,晶胞参数为 $a=505.98$ pm,$b=674.62$ pm,$c=450.74$ pm。晶胞中含 4[Fe_3C],Fe 原子的排列见图 8.4.6。C 原子处在由 6 个 Fe 原子组成的三方棱柱体中心。Fe---Fe 距离为 248~268 pm,Fe---C 距离为 196~203 pm。图 8.4.6(a)示出 Fe_3C 结构沿 b 轴(即垂直镜面)的投影,图中三角形为三方棱柱体沿棱柱方向的投影,两个 Fe 原子重合在一起,四方形为八面体的投影。图 8.4.6(b)示出结构沿 c 轴的投影,从图可以看出三方棱柱体并不规整,有一条棱边特别长。棱柱体间共边连接成沿 b 轴伸展的长链,链间共用顶点连接成三维骨架。在 Fe_3C 结构中,由 6 个 Fe 原子组成的八面体是空的,其中不含 C 原子。渗碳体是一种非常坚硬而又脆性的化合物。

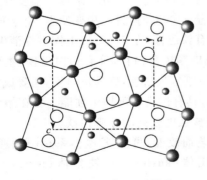

(a) 沿 b 轴(垂直镜面)的投影

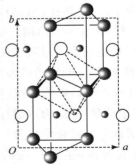

(b) 沿 c 轴的投影 (镜面在 $\frac{1}{4}b$ 和 $\frac{3}{4}b$ 处)

图 8.4.6　渗碳体的结构

[大球代表 Fe 原子,颜色深的 Fe 原子不在镜面上,
在(a)图中镜面上下两个 Fe 原子重叠成一个;小球代表 C 原子]

马氏体是 C 在 α-Fe 中的过饱和间隙固溶体。在由奥氏体骤冷过程中,C 原子和 Fe 原子都来不及扩散,溶进奥氏体中的 C 原子不能通过扩散析出成渗碳体和低碳的铁素体,这时只好 Fe 原子进行错动,产生位移相变,将原来面心立方晶体转变为体心四方的马氏体,C 原子无序地分布在和四重轴平行的棱心和晶胞的 C 心位置,如图 8.4.7 所示。马氏体是介稳体系,在图 8.4.4 的铁-碳体系相平衡图中不出现。

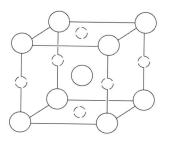

○ Fe   ◌ C的可能位置

图 8.4.7 马氏体的结构

室温下铁素体和渗碳体是稳定晶型,不同成分的钢铁慢慢冷至室温,都得到这两种晶型。碳钢淬火得到的主要是马氏体。碳的质量分数为 0.8% 的钢从高温慢慢冷却,所得的铁素体和渗碳体分布特别纤细均匀,有珍珠光泽,称为珠光体。表 8.4.1 列出碳质量分数为 0.8% 的碳钢经不同热处理后的情况。

表 8.4.1 碳质量分数为 0.8% 的碳钢热处理后的情况

热处理	显微结构	硬度/(kg mm^{-2})
从 γ 相区在空气中冷却	珠光体	280
从 γ 相区在电炉中冷却	粗珠光体,部分球化	210
在略低于低共熔温度下加热	完全球化	175
从 γ 相区淬火	马氏体	850
从 γ 相区淬火,然后在 500℃ 回火 1 h	铁素体中出现渗碳体晶粒	400

锰钢(Mn 的质量分数 12%～14%)特别硬,用于制造碾磨机器。含有钼、钨的合金钢,用于制造高速切削的工具。

不锈钢比普通碳钢和低合金钢有更强的抗锈蚀性能,它广泛用于化工生产的设备之中,例如合成尿素的反应塔需要用不锈钢制作。不锈钢的抗蚀性来源于铁碳合金中加入铬(Cr),增大了奥氏体相区范围,促使含碳量较低的钢能形成奥氏体结构,改善其耐蚀性。虽然其他元素如 Ni,Mo,Al 等也能提高钢的抗腐蚀性,但在缺少 Cr 的情况下,它们的有效性受到限制。目前普遍接受以 12%Cr 作为合金和不锈钢的分界线,Cr 含量＞12% 为不锈钢。通常耐酸不锈钢含 Cr 16%～18%,Ni 6%～8%,C 0.15%,Mn 2%,Si 1%(均为质量分数)。

8.4.4 形状记忆合金

20 世纪五六十年代,人们发现一些合金有"记忆"自己过去形状的能力。例如,用镍钛合金丝做成圆圈,加热到 150℃ 再冷却,随后把它拉成笔直的形状,当把这条笔直的合金丝加热到 95℃ 时,发现它重新恢复到原来圆圈的形状。又如,当用镍钛合金丝弯曲加工成"Nitinol"字样,然后加热、冷却,再把字形弄乱成一团,当给这合金丝通上交流电加热到一定温度,它又重现了"Nitinol"字样。这种能"记忆"起自己受外力作用而变形前的形状,并能自动恢复的合金,称为形状记忆合金。

形状记忆合金的这种"记忆"性能,源于马氏体相变及其逆转变的特性。镍钛合金的母相为有序结构的奥氏体。当温度降低,原子发生位移相变,变为马氏体,这种马氏体和淬火钢中的马氏体不同,称为热弹性马氏体,通常它比母相还要软。在马氏体存在的温度区间中,受外力作用产生变形,成为变形马氏体。在此过程中,马氏体发生择优取向,处于和应力方向有利的马氏体片增多;而处于和应力方向不利的马氏体减少,形成单一有利取向的有序马氏体。当这种马氏体加热到一定的温度时,出现逆转变,即马氏体转变为奥氏体,晶体恢复到高温母相,其宏观形状也恢复到原来的状态。和一般合金不同,形状记忆合金主要是存在热弹性马氏体,它含有许多孪晶,对它施加外力容易变形,但其原子的结合方式并没有产生变化。所以,将它再加热到一定的温度就会发生逆转变,又变成稳定的母相。由此可见,形状记忆合金应具备下面 3 个特点:(i) 马氏体是热弹性类型;(ii) 马氏体的形变主要通过孪晶取向改变产生;(iii) 母相通常是有序结构。

现已发现很多种具有形状记忆效应的合金,主要有 Ni-Ti 体系合金、Cu-Zn-Al 合金以及 Cu-Al-Ni 系合金。

形状记忆合金的应用非常广泛,举数例如下:

(1) 在航天工业上做成天线:将形状记忆合金做成大型伞状天线(像一把伞),在马氏体状态下将它变形缩成很小的体积(将伞收拢),这样便于卫星携带。当发射到卫星轨道上(或到月球表面),在太阳光照射下升温,天线自动打开(伞撑开),形成正常使用的伞状天线。

我国嫦娥一号登月卫星的太阳能电池板即采用形状记忆合金制作。卫星发射时折叠成层状,紧贴在卫星表面的外侧,待卫星升空后加热,使它伸展成两翼。

(2) 作合金管接头:把形状记忆合金加工成内径稍小于待接管外径的套管,在使用前将此套管在低温下加以机械扩管,使其内径稍大于待接管的外径,将这套管套在两根待接管的接头上,然后在常温下自然升温或加热,由于形状记忆效应而恢复至扩管前的较小内径,从而将两根管牢固而紧密地连接在一起。

(3) 作热敏感驱动器:形状记忆合金在超过规定温度时能自动恢复原来的形状,这种感温和驱动的双重功能,可用来设计制造控制装置,例如自动电子干燥箱、灯光调节、遥控门窗开关、自动启闭的电源开关等。

除上述热弹性形状记忆合金外,到 20 世纪末,还发现了通过磁场控制的磁性形状记忆合金,它对外界作用的响应多样化。欣逢信息产业蓬勃发展,这类材料可用来制作各种新型的换能器、驱动器、敏感元件和微电子机械操纵系统,成为材料科学和信息产业等领域研究的热点。现已发现有一百多种合金具有这种性能。可由三元合金或四元合金组成,其结构可看作由四方体心的马氏体单位拼成。图 8.4.8(a)示出 Ni$_2$MnGa 和 Cu$_2$MnAl 的结构;图 8.4.8(b)示出 CuMnAlCo 的结构。实际上,合金的组成和晶胞中原子的位置可在一定的范围内变动。

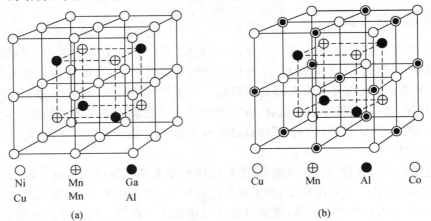

图 8.4.8　一些磁性形状记忆合金的结构:(a) Ni$_2$MnGa 和 Cu$_2$MnAl,(b) CuMnAlCo

8.4.5 金属间隙化合物

金属和硼、碳、氮等元素形成的化合物,可把金属原子看作形成最密堆积结构或形成简单的结构,而硼、碳、氮等较小的非金属原子填入间隙之中,形成间隙化合物或间隙固溶体。

AlN 具有六方 ZnS 型的结构,可将铝原子看作六方密堆积,而氮原子填在四面体空隙中,氮原子和铝原子之间实际上以共价键为主。ScN,TiN,ZrN,VN,HfN,LaN,CeN,PrN,NdN,NbN,TiC,ZrC,HfC,ThC,VC,NbC,TaC 等具有 NaCl 型结构,可将金属原子看作立方最密堆积,而氮原子和碳原子填在八面体空隙中。在 Fe_4N 结构中,铁原子按立方最密堆积,氮原子统计地处在铁原子的八面体空隙中。

间隙化合物具有下列特征:

(1)不论纯金属本身的结构型式如何,大多数间隙化合物采取 NaCl 型结构。

(2)具有很高的熔点和很大的硬度。很少数量的非金属原子,即可使纯金属的性质发生很大的变化。

(3)有导电性能良好、金属光泽等一般合金所具有的性质,填隙原子和金属原子间存在共价键。

8.5 固体的表面结构和性质

金属表面上原子排列的图像,理论上可以根据晶体结构加以推断,而实际上,表面结构是很复杂的。由于表面原子往往倾向于进入新的平衡位置,因而改变层内原子间的距离、改变配位数,甚至重建表面结构。表面晶体学的研究表明,不能简单地把表面看作体相的中止,应把表面结构看作体相结构的延续。对于由多种原子组成的固体,表面层的化学组成常和体相组成不同。在通常的实验条件下,表面总是被一层吸附分子所覆盖。由于吸附作用的活化能很小,当洁净的表面暴露在大气中,很快就吸附上一层分子。一般在约 10^{-4} Pa 真空条件下,大约几秒钟就能吸附上一层气体,所以对于表面结构的认识是随着超高真空技术的发展而逐渐深入的。

研究固体表面的组成和结构有许多方法,重要的有场离子显微镜(FIM)、低能电子衍射(LEED)、紫外光电子能谱(UPS)、X 射线光电子能谱(XPS)、俄歇电子谱(AES)、离子散射谱(ISS)、电子能量损失谱(EELS),等等。利用这些方法研究表面结构,得到许多有关表面结构的知识。从原子水平看,表面并不是光滑的,而有多种情况出现,如图 8.5.1 所示。

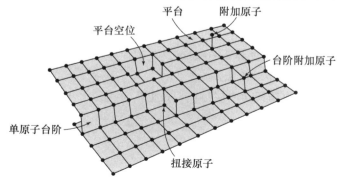

图 8.5.1 固体表面原子的情况

由图可见,在表面上原子的周围环境并不像二维点阵结构那样单一,而有多种不同的环境,图中示出有:附加原子(adatom)、台阶附加原子(step adatom)、单原子台阶(monatomic step)、平台(terrace)、平台空位(terrace vacancy)、扭接原子(kink atom),等等。这些表面原子间的差异,主要表现在它们的配位数不同。附加原子的配位数少,而平台原子的配位数较大。通常在表面上只存在很少量的附加原子,而存在大量台阶原子、平台原子和扭接原子。这些不同类型的原子,它们的化学行为不同,吸附热和催化活性差别很大。例如,附加原子和平台空位虽然数量很少,但它们对表面原子沿着表面迁移起很大作用。

研究表面结构以及表面层吸附分子的结构,对化学、物理学、材料科学等均有重要意义。

习　题

8.1　半径为 R 的圆球堆积成正四面体空隙,试作图显示,并计算该四面体的边长、高度、中心到顶点距离、中心距底面的高度、中心到两顶点连线的夹角以及中心到球面的最短距离。

8.2　半径为 R 的圆球堆积成正八面体空隙,计算中心到顶点的距离。

8.3　半径为 R 的圆球围成正三角形空隙,计算中心到顶点的距离。

8.4　半径为 R 的圆球堆积成 $A3$ 型结构,计算六方晶胞参数 a 和 c 的数值。

8.5　证明半径为 R 的圆球所作的体心立方堆积中,八面体空隙只能容纳半径为 $0.154R$ 的小球,四面体空隙可容纳半径为 $0.291R$ 的小球。

8.6　计算等径圆球密置单层中平均每个球所摊到的三角形空隙数目及二维堆积密度。

8.7　指出 $A1$ 型和 $A3$ 型等径圆球密堆积晶胞中密置层的方向各是什么。

8.8　根据下面(1)～(3)中的要求,请总结 $A1,A2$ 及 $A3$ 型金属晶体的结构特征。

(1) 原子密置层的堆积方式、重复周期($A2$ 型除外)、原子的配位数及配位情况;

(2) 空隙的种类和大小、空隙中心的位置及平均每个原子摊到的空隙数目;

(3) 原子的堆积系数、所属晶系、晶胞中原子的坐标参数、晶胞参数与原子半径的关系以及空间点阵型式等。

8.9　画出等径圆球密置双层图及相应的点阵素单位,指明结构基元。

8.10　金属铜属于 $A1$ 型结构,试计算(111),(110)和(100)等面上铜原子的堆积系数。

8.11　金属铂为 $A1$ 型结构,立方晶胞参数 $a=392.3$ pm,Pt 的相对原子质量为 195.1。试求金属铂的密度及原子半径。

8.12　硅的结构和金刚石相同,Si 的共价半径为 117 pm。求硅的晶胞参数、晶胞体积和晶体密度。

8.13　已知金属钛为六方最密堆积结构,钛原子半径为 144.8 pm。试计算六方晶胞参数及晶体密度。

8.14　铝为面心立方结构,密度为 2.70 g·cm^{-3}。试计算它的晶胞参数和原子半径;用 Cu Kα 射线摄取衍射图,333 衍射线的衍射角是多少?

8.15　金属钠为体心立方结构,$a=429$ pm。请计算:

(1) Na 的原子半径;

(2) 金属钠的理论密度和摩尔体积;

(3) (110)面的间距。

8.16　金属钽为体心立方结构,$a=330$ pm。试求:

(1) 金属钽的理论密度(Ta 的相对原子质量为 181);

（2）（110）面间距；

（3）若用 $\lambda=154\,\text{pm}$ 的 X 射线，衍射指标为 220 的衍射角 θ 是多少？

8.17　金属镁属 A3 型结构，镁的原子半径为 160 pm。

（1）指出镁晶体所属的空间点阵型式及微观特征对称元素；

（2）写出晶胞中原子的分数坐标；

（3）若原子符合硬球堆积规律，计算金属镁的摩尔体积；

（4）求 d_{002} 值。

8.18　Ni 是面心立方金属，晶胞参数 $a=352.4\,\text{pm}$。用 Cr Kα 辐射（$\lambda=229.1\,\text{pm}$）拍粉末图，列出可能出现的谱线的衍射指标及其衍射角（θ）的数值。

8.19　已知金属 Ni 为 A1 型结构，原子间接触距离为 249.2 pm。试计算：

（1）Ni 的密度及 Ni 的立方晶胞参数；

（2）画出（100），（110），（111）面上原子的排布方式。

8.20　金属锂晶体属立方晶系，（100）点阵面的间距为 350 pm，晶体密度为 $0.53\,\text{g}\,\text{cm}^{-3}$，从晶胞中包含的原子数目判断，该晶体属何种点阵型式？（Li 的相对原子质量为 6.941。）

8.21　灰锡为金刚石型结构，晶胞中包含 8 个 Sn 原子，晶胞参数 $a=648.9\,\text{pm}$。

（1）写出晶胞中 8 个 Sn 原子的分数坐标；

（2）计算 Sn 的原子半径；

（3）灰锡的密度为 $5.75\,\text{g}\,\text{cm}^{-3}$，求 Sn 的相对原子质量；

（4）白锡属四方晶系，$a=583.2\,\text{pm}$，$c=318.1\,\text{pm}$，晶胞中含 4 个 Sn 原子，通过计算说明由白锡转变为灰锡，体积是膨胀了还是收缩了；

（5）白锡中 Sn---Sn 间最短距离为 302.2 pm，试对比灰锡数据，估计哪一种锡的配位数高？

8.22　有一黄铜合金含 Cu 75%，Zn 25%（质量分数），晶体的密度为 $8.5\,\text{g}\,\text{cm}^{-3}$。晶体属立方面心点阵结构，晶胞含 4 个原子。Cu 的相对原子质量为 63.5，Zn 为 65.4。

（1）求算 Cu 和 Zn 所占的原子百分数；

（2）计算每个晶胞中含合金的质量；

（3）计算晶胞体积；

（4）计算统计原子的原子半径。

8.23　AuCu 无序结构属立方晶系，晶胞参数 $a=385\,\text{pm}$［如图 8.4.1（a）］，其有序结构为四方晶系［如图8.4.1（c）］。若合金结构由（a）转变为（c）时，晶胞大小看作不变，请回答：

（1）无序结构的点阵型式和结构基元；

（2）有序结构的点阵型式、结构基元和原子分数坐标；

（3）用波长 154 pm 的 X 射线拍粉末图，计算上述两种结构可能在粉末图中出现的衍射线的最小衍射角（θ）。

8.24　α-Fe 和 γ-Fe 分别属于体心立方堆积（bcp）和面心立方堆积（ccp）两种晶型。前者的原子半径为 124.1 pm，后者的原子半径为 127.94 pm。

（1）对 α-Fe：

（a）下列"衍射指标"中哪些不出现？

　　　110,200,210,211,220,221,310,222,321,…,521。

（b）计算最小 Bragg 角对应的衍射面间距；

（c）写出使晶胞中两种位置的 Fe 原子重合的对称元素的名称、记号和方位。

　　(2) 对 γ-Fe：

　　　　(a) 指出密置层的方向；

　　　　(b) 指出密置层的结构基元中形成的三角形空隙的数目和原子数目；

　　　　(c) 计算二维堆积密度；

　　　　(d) 计算两种铁的密度之比。

　　8.25　某新型超导晶体由镁、镍和碳 3 种元素组成,镁原子和镍原子一起作面心立方最密堆积,形成有序结构(即无统计原子)。结构中有两种八面体空隙,一种完全由镍原子构成,另一种由镍原子和镁原子共同构成,两种八面体的数量比为 1∶3,碳原子只填充在由镍原子构成的八面体空隙中。

　　(1) 推断该晶体的结构,并画出该晶体的一个正当晶胞,写出原子在晶胞中的坐标位置；

　　(2) 写出该新型超导晶体的化学式；

　　(3) 指出该晶体的空间点阵型式；

　　(4) 写出两种八面体空隙中心的坐标参数。

参 考 文 献

［1］　麦松威,周公度,李伟基.高等无机结构化学.第 2 版.北京:北京大学出版社,2006.

［2］　施开良.单质的结构.北京:高等教育出版社,1990.

［3］　范康年.物理化学.第 2 版.北京:高等教育出版社,2005.

［4］　阎守胜.固体物理基础.北京:北京大学出版社,2000.

［5］　Emsley J. The Elements. 3rd ed. Oxford：Clarendon Press,1998.

［6］　Barrett C S, Massalaki T B. Structure of Metals. 3rd ed. Oxford：Pergamon Press, 1980.

［7］　Wells A F. Structural Inorganic Chemistry. 5th ed. Oxford：Oxford University Press,1984.

［8］　Mak T C W（麦松威）, Zhou G D（周公度）. Crystallography in Modern Chemistry, A Resource Book of Crystal Structures. New York：Wiley,1992.

［9］　 Greenwood N N, Earnshaw A. Chemistry of the Elements. 2nd ed. Oxford：Butterworth-Heinemann,1997.

［10］　Cotton F A, Wilkinson G, Murillo C A, Bochmann M. Advanced Inorganic Chemistry. 6th ed. New York：Wiley, 1999.

第9章　离子化合物的结构化学

离子化合物是指由正、负离子结合在一起形成的化合物,它一般由电负性较小的金属元素与电负性较大的非金属元素生成。在离子化合物中,金属元素将部分价电子转移给非金属元素,形成具有较稳定的电子组态的正、负离子。正、负离子也可由多原子组成,如 NH_4^+,NO_3^-,SO_4^{2-} 等。正、负离子之间由静电作用力结合在一起,所形成的化学键称为离子键。以离子键结合的正、负离子倾向于形成晶体,以使每个离子周围结合尽可能多的异性离子,降低体系的能量。

9.1　离子晶体的若干简单结构型式

许多离子晶体的结构特征可以按密堆积结构了解。一般负离子半径较大,可把负离子看作等径圆球进行密堆积,而正离子有序地填在多面体空隙(如四面体空隙或八面体空隙)之中;有时也可看作正离子进行密堆积,负离子填在空隙之中,如 CaF_2 晶体。

图 9.1.1 示出填隙八面体和填隙四面体的图形。离子晶体的结构和组成不同,离子占据多面体空隙的方式、比率不同,有的能将某种空隙全部填满,有的只是填入一部分。下面分别阐述若干离子晶体的结构。

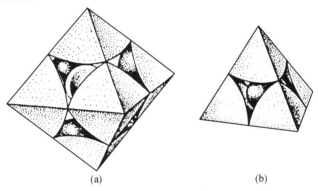

(a)　　　　　　　　(b)

图 9.1.1　填隙八面体(a)和填隙四面体(b)

1. NaCl

在 NaCl 晶体结构中,正、负离子的配位情况相同,配位数均为 6,都是八面体配位。若以密堆积层的形式描述其结构,即 Cl^- 堆积层的相对位置用 A,B,C 表示,Na^+ 层的相对位置用 a,b,c 表示,则 NaCl 晶体中正、负离子的堆积型式沿(111)方向周期为|AcBaCb|。许多二元离子化合物的晶体结构属 NaCl 型,键型可以从典型的离子键过渡到共价键或金属键。同是 NaCl 型结构,它们的电性、磁性和力学性能则随键型变化而有很大差异,图 9.1.2 示出 NaCl 型晶体的结构。

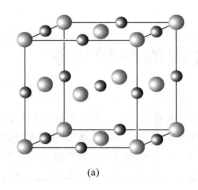

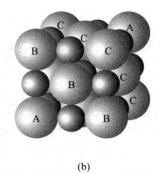

(a)　　　　　　　　　　　　　　　(b)

图 9.1.2　NaCl 型晶体的结构

（a）晶胞结构，（b）密堆积层排列

2. ZnS

ZnS 的晶体结构可看作 S^{2-} 作最密堆积，Zn^{2+} 填在一半四面体空隙之中，填隙时互相间隔开，使填隙四面体不会出现共面连接或共边连接。立方 ZnS 结构是 S^{2-} 作立方最密堆积，密堆积层堆积表示为 |AaBbCc|，结构见图 9.1.3(a)；六方 ZnS 结构是 S^{2-} 作六方最密堆积，密堆积层堆积表示为 |AaBb|，结构见图 9.1.3(b)。

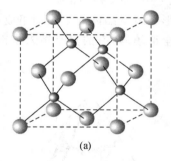

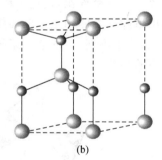

(a)　　　　　　　　　　　　　(b)

图 9.1.3　ZnS 的晶体结构

（a）立方 ZnS，（b）六方 ZnS

ZnS 的结构具有代表性，但它并不是典型的离子晶体。

3. CaF₂

萤石（CaF_2）的结构可看作 Ca^{2+} 作立方最密堆积排列，F^- 填在全部四面体空隙中，结构见图 9.1.4。也可看作 F^- 作立方面心堆积，Ca^{2+} 占据其中全部四面体空隙，称为反萤石型。

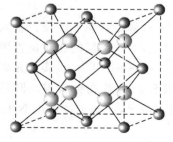

图 9.1.4　CaF₂ 的晶体结构

4. TiO₂

金红石（TiO_2）属四方晶系，D_{4h} 点群，是常见的重要结构型式之一。在该结构中，O^{2-} 近似地堆积成六方密堆积结构，密置层垂直晶胞 a 轴延伸，Ti^{4+} 填入其中一半的八面体空隙，而 O^{2-} 周围有 3 个近于正三角形配位的 Ti^{4+}。从结构的配位多面体连接来看，每个 $[TiO_6]$ 八面体和相邻 2 个八面体共边连接成长链，链平行于四重轴，链和链沿垂直方向共用顶点连成三维骨架。金红石的晶体结构见图 9.1.5(a)，图(b)示出配位多面体

的连接及 4_2 轴所在位置。

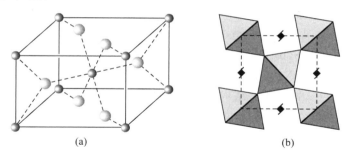

(a)   (b)

图 9.1.5 TiO$_2$(金红石)的晶体结构

（深灰球代表 Ti，浅灰球代表 O）

5. CdI$_2$ 和 CdCl$_2$

CdI$_2$ 和 CdCl$_2$ 晶体具有层形结构，即有的整个一层八面体空隙空缺，不被金属原子占据。它们的结构示于图 9.1.6(a)。在 CdI$_2$ 晶体中，层形分子沿垂直于层的方向堆积，I$^-$ 作六方最密堆积，Cd^{2+} 填入其中部分八面体空隙中，各层相对位置为 AcB AcB AcB，如图 9.1.6(b)所示。若画出六方晶胞，沿 c 轴周期为 cBAc，如图 9.1.6(c)所示。CdCl$_2$ 晶体中 Cl$^-$ 作立方最密堆积，Cd^{2+} 交替地一层填满一层空缺地填入八面体空隙中，相对位置表示为 AcB CbA BaC。CdI$_2$ 若是从熔融状态结晶而得，层的排列是 |AcB AbC|。

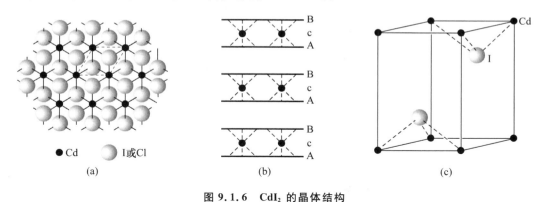

● Cd   ◯ I 或 Cl

(a)   (b)   (c)

图 9.1.6 CdI$_2$ 的晶体结构

（a）CdI$_2$ 和 CdCl$_2$ 层形分子，（b）CdI$_2$ 堆积层的结构，（c）CdI$_2$ 的六方晶胞

6. CsCl

除上述最密堆积的结构型式外，离子化合物中简单的结构型式尚有 CsCl 型结构。CsCl 结构可看作 Cl$^-$ 作简单立方堆积，Cs$^+$ 填入立方体空隙中。CsCl 晶体的点阵型式为简单立方，O_h 点群。正、负离子的配位数均为 8，图 9.1.7 示出 CsCl 的晶体结构。

7. CaTiO$_3$

钙钛矿（CaTiO$_3$）结构可看作 O^{2-} 和 Ca^{2+} 一起有序地作立方最密堆积，可划分出面心立方晶胞，晶胞的顶点为 Ca^{2+}，面心为 O^{2-}。Ti^{4+} 占据晶胞体心位置，即由 6 个 O^{2-} 组成的八面体空隙

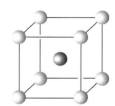

图 9.1.7 CsCl 的晶体结构

中心(晶胞中共计 4 个八面体空隙,但只有处在晶胞中心的八面体空隙是由 6 个 O^{2-} 组成,其他处在棱边中心的 3 个八面体空隙都是由 4 个 O^{2-} 和 2 个 Ca^{2+} 组成)。晶胞的结构(A 型)如图 9.1.8(a)所示。若将晶胞顶点移至 Ti^{4+} 位置,则 O^{2-} 处于棱边中心,Ca^{2+} 处在体心位置,晶胞的结构(B 型)如图 9.1.8(b)所示。

已知有许多通式为 ABX_3(A,B 为正离子,X 为负离子)化合物的结构属于钙钛矿型。还有许多化合物的结构可从钙钛矿型结构出发来理解。例如,ReO_3 的结构可看作将 $CaTiO_3$ 结构中的 Ca 除去后剩余的骨架的结构,如图 9.1.9(a)所示。由图可见,ReO_3 的结构是以 ReO_6 八面体基团共用顶点连接而成的三维骨架。

WO_3 的结构和 ReO_3 相同,由于 W 容易变价以及结构中有大的空隙适合于接纳其他原子,因而容易制得组成可变的化合物 M_xWO_3($0<x<1$),M 通常为 Na^+ 或 K^+。这种含有 W^{5+} 和 W^{6+} 的混合价态化合物,具有金属青铜的颜色,称为钨青铜,其结构如图 9.1.9(b)所示。

许多氧化物超导体的晶体结构,可从钙钛矿型结构出发,将晶胞以不同方式进行堆叠,将原子加以置换、位移和空缺等方式形成。

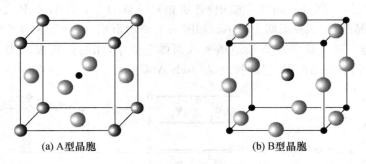

(a) A 型晶胞   (b) B 型晶胞

图 9.1.8 CaTiO₃ 的晶体结构

(图中深灰球代表 Ca^{2+},小黑球代表 Ti^{4+},浅灰球代表 O^{2-})

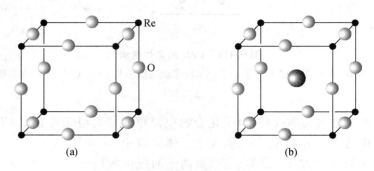

(a)   (b)

图 9.1.9 ReO₃(a)和 MₓWO₃(b)的晶体结构

La_2CuO_4 是第一个被发现的高温氧化物超导体。它的晶体结构可看作钙钛矿型结构的 A 型晶胞的 $LaCuO_3$ 单位为中心部分,在其上下各堆叠上 1 个去掉底层的 B 型晶胞。La_2CuO_4 的晶胞结构示于图 9.1.10(a)中。

$YBa_2Cu_3O_6$ 和 $YBa_2Cu_3O_7$ 的晶体结构可看作以钙钛矿结构的 B 型晶胞去掉棱边的 1 个

O 原子,形成 $YCuO_2$ 单位为中心部分,在其上下各堆叠一个去掉底层的 B 型晶胞的 $BaCuO_3$ 单位,再删去一些棱上的 O 原子,通过原子位置位移而成。如图 9.1.10(b) 和(c)所示。

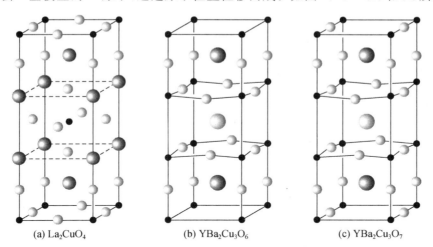

(a) La_2CuO_4 (b) $YBa_2Cu_3O_6$ (c) $YBa_2Cu_3O_7$

图 9.1.10   几种氧化物超导体的晶体结构

（小黑球代表 Cu,浅灰小球代表 O）

8. NiAs

在 NiAs 晶体结构中,Ni 和 As 的配位数虽然均为 6,但 Ni 是处在 As 的六方最密堆积的配位八面体中,而 As 则处在由 Ni 形成的配位三方柱体中,两者的配位结构并不相同,如图 9.1.11 所示。按密堆积型式描述,As 作六方最密堆积,其堆积层结构可表达为|AcBc|。在 NiAs 结构中,相邻 2 个 Ni 原子的配位八面体共面相连,从 NiAs 的晶胞参数($a = 360.2\ pm$, $c = 500.9\ pm$)可以看出,Ni---Ni 间的距离只有 $250\ pm$,与金属镍中的距离一致。NiAs 晶体有明显的金属性,是一种合金,所以在文中没有标明 Ni 和 As 的价态。

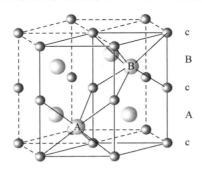

图 9.1.11   NiAs 的晶体结构

$\left(\text{深灰小球代表 Ni,浅灰大球代表 As。在晶胞中 2 个 As 原子的坐标：A 为}\ \dfrac{2}{3}, \dfrac{1}{3}, \dfrac{1}{4};\text{B 为}\ \dfrac{1}{3}, \dfrac{2}{3}, \dfrac{3}{4}\right)$

许多二元化合物属于 NiAs 型结构,例如：硫化物（如 CoS）、硒化物（如 FeSe）、碲化物（如 MnTe）、砷化物（如 MnAs）、锑化物（如 CrSb）、铋化物（如 MnBi）和锡化物（如 AuSn）等。许多晶体化学教材将 NiAs 结构列入离子晶体的一种常见结构型式。

9.2　离子键和点阵能

离子键的强弱可用点阵能的大小表示。以 $M_\mu X_\chi$ 晶体为例,点阵能是指在 0 K 时,由相互远离的 μ mol M^{z+}(g) 和 χ mol X^{z-}(g) 形成 1 mol $M_\mu X_\chi$ 离子晶体时所释放出的能量。若用化学反应式表示,点阵能(U)相当于下一反应的内能改变量。

$$\mu M^{z+}(g) + \chi X^{z-}(g) \longrightarrow M_\mu X_\chi(s)$$

点阵能负值越大,表示离子键越强,晶体越稳定。

如果晶体中的化学键完全是离子键,点阵能可以根据离子晶体中离子的电荷、离子的排列等结构数据加以计算。

离子间存在静电库仑力和短程排斥力,库仑力异号相互吸引,同号互相排斥,作用能和距离 r 成反比。短程排斥力作用能和距离高次方成反比,目前作用力本质不很清楚。

按照库仑定律,两个荷电为 $(Z_+)e$ 和 $(Z_-)e$、距离为 r 的球形离子,库仑作用能为

$$\varepsilon_C = \frac{(Z_+)(Z_-)e^2}{4\pi\varepsilon_0 r} \tag{9.2.1}$$

式中 ε_0 为真空电容率。当这两个离子近距离接触时,电子云间将产生排斥作用,相应的排斥能为

$$\varepsilon_R = br^{-m} \tag{9.2.2}$$

式中 b 和 m 均为常数。

在晶体中,正、负离子按照一定的规律排列,每个离子的周围都有许多正、负离子和它相互作用。现以 NaCl 型晶体为例,了解晶体中离子间作用能的情况。由 NaCl 的晶体结构可知,当 Na^+ 和 Cl^- 最近的距离为 r 时,每个 Na^+ 周围有

$$6 \text{ 个距离为 } r \text{ 的 } Cl^-,$$
$$12 \text{ 个距离为 } \sqrt{2}r \text{ 的 } Na^+,$$
$$8 \text{ 个距离为 } \sqrt{3}r \text{ 的 } Cl^-,$$
$$6 \text{ 个距离为 } \sqrt{4}r \text{ 的 } Na^+,$$
$$\cdots\cdots$$

所以,对这个 Na^+ 离子,其库仑作用能为

$$\varepsilon(Na^+) = \frac{Z_+ Z_- e^2}{4\pi\varepsilon_0 r}\left[6 + \frac{12}{\sqrt{2}}\frac{Z_+}{Z_-} + \frac{8}{\sqrt{3}} + \frac{6}{\sqrt{4}}\frac{Z_+}{Z_-} + \cdots\right]$$

因为 NaCl 型结构中,$Z_+/Z_- = -1$,所以

$$\varepsilon(Na^+) = \frac{Z_+ Z_- e^2}{4\pi\varepsilon_0 r}\left[6 - \frac{12}{\sqrt{2}} + \frac{8}{\sqrt{3}} - \frac{6}{\sqrt{4}} + \cdots\right] = \frac{Z_+ Z_- e^2}{4\pi\varepsilon_0 r}A \tag{9.2.3}$$

式中 $A \approx 1.7476$,代表 $\left[6 - \frac{12}{\sqrt{2}} + \frac{8}{\sqrt{3}} - \frac{6}{\sqrt{4}} + \cdots\right]$,称为 Madelung(马德隆)常数。实际上按此级数计算 A 值并不收敛。为使级数收敛,可按保持电中性原则,取不断扩大的立方体单位进行计算,直至数据收敛。计算时在立方体内的离子算 1,在面上的算 1/2,在棱上的算 1/4,在顶角上的算 1/8,在立方体外的算 0。例如,边长为 $2a(=1127.88\text{ pm})$ 的立方体,其中心 Na^+ 的

$\varepsilon(Na^+)$可按下式计算

$$\varepsilon(Na^+) = -\frac{e^2}{4\pi\varepsilon_0 r}\left[1\times\left(6-\frac{12}{\sqrt{2}}+\frac{8}{\sqrt{3}}\right)+\frac{1}{2}\left(-\frac{6}{\sqrt{4}}+\frac{24}{\sqrt{5}}-\frac{24}{\sqrt{6}}\right)\right.$$
$$\left.+\frac{1}{4}\left(-\frac{12}{\sqrt{8}}+\frac{24}{\sqrt{9}}\right)-\frac{1}{8}\times\frac{8}{\sqrt{12}}\right]$$
$$=-\frac{e^2}{4\pi\varepsilon_0 r}(1.7518)$$

继续扩大立方体的体积,Madelung 常数就会逐渐趋近于 1.7476 这一数值。

同理,分析一个 Cl^-,其库仑作用能为

$$\varepsilon(Cl^-) = \frac{Z_+ Z_- e^2}{4\pi\varepsilon_0 r}A \qquad (9.2.4)$$

由 1 mol Na^+ 和 1 mol Cl^- 组成的晶体中,Na^+ 和 Cl^- 的数目均为 N_A(Avogadro 常数),由于每一离子均计算了两次,应除以 2,所以

$$E_C = \frac{N_A}{2}[\varepsilon(Na^+)+\varepsilon(Cl^-)] = \frac{Z_+ Z_- e^2}{4\pi\varepsilon_0 r}AN_A \qquad (9.2.5)$$

而 1 mol NaCl 晶体中的排斥能为

$$E_R = Br^{-m} \qquad (9.2.6)$$

这样,对于 1 mol NaCl 晶体,总的势能函数为

$$u = E_C + E_R = \frac{Z_+ Z_- e^2 AN_A}{4\pi\varepsilon_0 r} + Br^{-m} \qquad (9.2.7)$$

u 显然随 r 而异。在晶体中,势能达到最低值时,相邻的 Na^+ 和 Cl^- 间的距离即为平衡距离 r_e,这时

$$\left(\frac{\partial u}{\partial r}\right)_{r=r_e} = -\frac{Z_+ Z_- e^2 AN_A}{4\pi\varepsilon_0 r_e^2} - \frac{mB}{r_e^{m+1}} = 0 \qquad (9.2.8)$$

由此得

$$B = -\frac{Z_+ Z_- e^2 AN_A}{m4\pi\varepsilon_0}r_e^{m-1} \qquad (9.2.9)$$

代入(9.2.7)式,得到 NaCl 型离子晶体点阵能

$$U = u = \frac{Z_+ Z_- e^2 AN_A}{4\pi\varepsilon_0 r_e}\left(1-\frac{1}{m}\right) \qquad (9.2.10)$$

式中 m 可从晶体的压缩性因子求得。Pauling 认为 m 应随离子的电子组态而变化,并给出 m 的数值(见下表):

离子的电子组态	He	Ne	Ar, Cu^+	Kr, Ag^+	Xe, Au^+
m	5	7	9	10	12

NaCl 晶体的 m 值可取 7 和 9 的平均值,即按 $m=8$ 计算。根据 NaCl 晶体的结构数据 $(Z_+=1, Z_-=-1, A=1.7476, r_e=2.8197\times10^{-10}$ m) 及其他常数,按(9.2.10)式计算得点阵能

$$U = -753 \text{ kJ mol}^{-1}$$

排斥作用能亦可近似表达为

$$E_R = -\frac{Z_+ Z_- e^2 A N_A}{4\pi\varepsilon_0 r_e}\left(\frac{\rho}{r_e}\right) \tag{9.2.11}$$

式中 ρ 为一常数。对于碱金属卤化物，ρ 值约为 0.31×10^{-10}（m），用此值计算点阵能，误差不大于 2%。所以，由 1 mol 气态 Na^+ 和 1 mol 气态 Cl^- 生成 1 mol 的 NaCl 晶体，内能的改变量（即点阵能）亦可表示为

$$U = E_C + E_R = -\frac{e^2 A N_A}{4\pi\varepsilon_0 r_e}\left(1-\frac{\rho}{r_e}\right) \tag{9.2.12}$$

将 e, N_A, ε_0 等按国际单位制数值代入计算，得

$$U = -1.3894\times10^{-7}\frac{A}{r_e}\left(1-\frac{\rho}{r_e}\right) \tag{9.2.13}$$

按（9.2.13）式计算，NaCl 的点阵能为

$$U = -1.3894\times10^{-7}\frac{1.7476}{2.8197\times10^{-10}}\left(1-\frac{0.31}{2.8197}\right)kJ\,mol^{-1}$$

$$= -766\ kJ\,mol^{-1}$$

$M_\mu X_\chi$ 晶体的点阵能也可用（9.2.10）式计算。由于晶体不同，离子配位不同，μ 和 χ 不同，这时（9.2.10）式中的 Madelung 常数 A 既考虑了离子的配位，也考虑了 μ 和 χ 的数值。表 9.2.1 列出几种结构型式的晶体的 Madelung 常数〔对应于（9.2.10）式〕。

表 9.2.1　几种结构型式晶体的 Madelung 常数值

结 构 型 式	A
NaCl	1.7476
CsCl	1.7627
立方 ZnS	1.6381
六方 ZnS	1.6413
CaF$_2$	2.5194
TiO$_2$（金红石）	2.4080
α-Al$_2$O$_3$	4.172

精确计算点阵能时，还需要考虑其他一些相互作用，例如色散能和零点能，这些能量相对较小。表 9.2.2 列出若干二元离子化合物的点阵能及各种作用能。

表 9.2.2　若干二元化合物的各种作用能（单位：kJ mol^{-1}）

晶　体	库仑能	排斥能	色散能	零点能	点阵能
LiF	-1200	$+180$	-16	$+16$	-1020
NaCl	-860	$+100$	-16	$+8$	-768
AgCl	-875	$+146$	-121	$+4$	-846
MgO	-4634	$+699$	-6	$+18$	-3923

由表 9.2.2 中数据可见，离子电荷对点阵能影响很大，因为库仑作用能与 Z_+ 和 Z_- 的乘积成正比。对比 NaCl 和 AgCl 的点阵能的分配可见，AgCl 的色散能特别大，说明极化力强的 Ag^+ 对可极化性大的 Cl^- 的极化作用较大。当这种作用能大到一定程度，原子间作用力不能

用简单的静电模型表达,键的性质发生改变,带有共价键因素,即需要考虑键型发生变异的因素。

点阵能的数值可以根据热力学第一定律通过实验间接测定。例如,NaCl 晶体的点阵能可通过下图所示的 Born-Haber(玻恩-哈伯)循环计算。

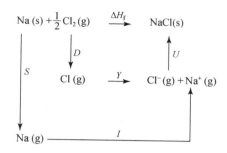

$$Na(s) \longrightarrow Na(g) \qquad\qquad S(升华热) = +108.4\ kJ\ mol^{-1}$$

$$Na(g) \longrightarrow Na^+(g) + e^- \qquad I(电离能) = +495.0\ kJ\ mol^{-1}$$

$$\frac{1}{2}Cl_2(g) \longrightarrow Cl(g) \qquad\qquad D(解离能) = +119.6\ kJ\ mol^{-1}$$

$$Cl(g) + e^- \longrightarrow Cl^-(g) \qquad Y(电子亲和能) = -348.3\ kJ\ mol^{-1}$$

$$Na(s) + \frac{1}{2}Cl_2(g) \longrightarrow NaCl(s) \qquad \Delta H_f(生成热) = -410.9\ kJ\ mol^{-1}$$

$$U = \Delta H_f - S - I - D - Y$$
$$= -(410.9 + 108.4 + 495.0 + 119.6)kJ\ mol^{-1} + 348.3\ kJ\ mol^{-1}$$
$$= -785.6\ kJ\ mol^{-1}$$

由上述循环计算点阵能时,从化学手册中查得的 $\Delta H_f, S, D$ 等是 298 K 的数据,而点阵能的定义规定为 0 K 的条件。这两者之差一般小于 $10\ kJ\ mol^{-1}$,其大小和循环中各步骤数据误差之和差不多,通常也就不予细致计算了。

根据 Born-Haber 循环计算点阵能,不同书的作者所用电子亲和能等数值不完全相同,所得点阵能也略有差异。但总的说来和理论计算值符合得很好,说明离子晶体中作用力的本质是静电力。

9.2.2 点阵能的应用

点阵能的数据既然可以由 Born-Haber 循环推得,有了点阵能的数据,就可用于估算其他不易直接测定的数据。

1. 估算电子亲和能

根据 Born-Haber 循环,当通过实验求得 $S, I, D, \Delta H_f$ 以及点阵能的数值,就可以计算电子亲和能 Y 的数值。例如欲求氧原子的电子亲和能,即下述反应的 Y 值

$$O(g) + 2e^- \longrightarrow O^{2-}(g)$$

可根据 MgO 的结构计算出点阵能,再通过实验测定 $S, I, D, \Delta H_f$ 等数据,就可求出 Y 值(参见习题 9.1)。

2. 估算质子亲和能

若要计算 $NH_3(g) + H^+(g) \longrightarrow NH_4^+(g)$ 的能量变化 P,可按下一循环进行

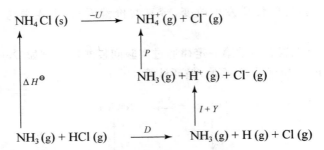

通过实验求得 NH_3 分子的质子亲和能(P)为 $-895\ kJ\ mol^{-1}$。

3. 计算离子的溶剂化能

离子的溶剂化能或水化热是指 1 mol 气态离子与无限量的溶剂结合时所释放的能量,即下一反应的焓变 ΔH_{aq}

$$M^+\,(g) + H_2O(l) \longrightarrow M^+\,(aq)$$

例如,欲求 Na^+ 的水化热,可根据下一循环,测定 $NaCl$ 的溶解热和点阵能,再知道 Cl^- 的水化热就可求得

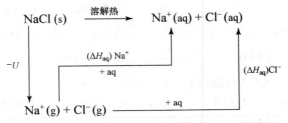

下表中列出了若干离子的水化热 $\Delta H_{aq}(kJ\ mol^{-1})$。

Na^+	K^+	Mg^{2+}	Ca^{2+}	Cl^-	OH^-	CN^-	NO_3^-	ClO_4^-
-420	-340	-1960	-1615	-350	-510	-345	-310	-225

4. 点阵能和化学反应

由于点阵能正比于正、负离子电价的乘积,而和正、负离子的距离成反比,因此,对于离子化合物,其进行复分解反应的趋势常常是:半径较小的正离子趋向于和半径较小的负离子相结合,同时半径较大的正离子和半径较大的负离子相结合;价数高的正离子趋向于和价数高的负离子相结合,而价数低的正离子和价数低的负离子相结合;半径小的离子趋向于和价数高的异号离子结合。这样可以降低能量,生成较稳定的离子化合物,例如

$$KF + LiBr \longrightarrow KBr + LiF$$
$$2NaF + CaCl_2 \longrightarrow 2NaCl + CaF_2$$
$$Na_2S + CaCO_3 \longrightarrow Na_2CO_3 + CaS$$

5. 估算非球形离子半径

含有非球形离子的化合物,Madelung 常数不易得到,Kapustinskii(卡普斯金斯基)提出半经验公式计算点阵能 U(单位:$kJ\ mol^{-1}$)

$$U = 1.202 \times 10^{-7}\,\frac{Z_+\,Z_-\,(\mu+\chi)}{r_+ + r_-}\left(1 - \frac{3.45 \times 10^{-11}}{r_+ + r_-}\right)$$

式中$(\mu+\chi)$是化学式中的离子数——NaCl 为 2,$CaCl_2$ 为 3,$KClO_4$ 为 2;r_+ 和 r_- 分别为六配位的正、负离子的半径,单位为 m。

当用热化学方法测定了化合物的点阵能后,利用这个公式可以计算非球形离子的离子半径,称为离子的热化学半径。例如 $KClO_4$ 的 $U=-591\,kJ\,mol^{-1}$,$Z_+=1$,$Z_-=-1$,令 $r_++r_-=r_e$,则

$$-591 = \frac{-1.202 \times 10^{-7} \times 2}{r_e}\left(1 - \frac{3.45 \times 10^{-11}}{r_e}\right)$$

解此方程,得

$$r_e = 3.69 \times 10^{-10}\,m = 369\,pm$$

已知 K^+ 的半径为 133 pm,所以 ClO_4^- 的半径为 236 pm。

用此法已求得若干离子的热化学半径,例如:BF_4^- 228 pm,BO_3^{3-} 191 pm,CN^- 182 pm,CO_3^{2-} 185 pm,ClO_3^- 200 pm,MnO_4^- 240 pm,NO_3^- 189 pm,SO_4^{2-} 230 pm 等。

9.2.3 键型变异原理

许多简单离子化合物的晶体结构,可以成功地用离子键模型加以处理。晶体点阵能的理论计算值和实验测定值相符合,说明离子键模型对这些晶体是适用的。这种利用晶体的离子键模型处理晶体的能量和结构型式的办法,获得许多重要成果,如离子晶体的点阵能、离子大小和配位关系、配位情况与能量关系等。但是在实际晶体中,单纯的离子键很少,甚至那些很熟悉的离子化合物,往往几种键型兼而有之。原子间结合力的性质少数是纯粹属于 3 种极限键型之一,而多数晶体中则偏离这 3 种典型的键型。这种现象称为键型变异现象。

1963 年在讨论有机物结构理论时,唐有祺教授提出键型变异原理,认为键型变异是和(i)离子的极化,(ii)电子的离域以及(iii)轨道的重叠成键等因素密切相关的。只要某种条件具备,就会产生和这种条件相应的成键作用。

卤化银的结构可作为由离子键向共价键过渡的例证。几种卤化银的结构和点阵能数据列于表 9.2.3 中,表中 $r(Ag^+)_{表观}$ 值是指 $d(Ag—X)$ 与 X^- 的离子半径之差[$r(X^-)$数据见同表]。由表可见,$r(Ag^+)_{表观}$ 的数值从 AgF 到 AgI 愈来愈小,偏离 Ag^+ 的半径(115 pm)愈来愈多。对 AgI 晶体,Ag---I 距离为 281 pm,与 Ag 和 I 的共价半径之和(153 pm+133 pm=286 pm)相近。这与离子极化有关。

表 9.2.3　卤化银的结构和点阵能数据

AgX	结构型式	$\dfrac{d(Ag\text{---}X)}{pm}$	$\dfrac{r(X^-)}{pm}$	$\dfrac{r(Ag^+)_{表观}}{pm}$	$U/(kJ\,mol^{-1})$		
					实验值	计算值	ΔU
AgF	NaCl 型	246	133	113	954	921	33
AgCl	NaCl 型	277	181	96	904	833	71
AgBr	NaCl 型	289	196	93	895	816	79
AgI	ZnS 型	281	220	61	883	778	105

下面分别讨论导致键型变异的因素:

1. 离子的极化

离子本身带有电荷,形成一个电场,它们在相互电场的作用下,电子分布的中心偏离原子核,发生电子云变形,这种变形称为离子的极化。离子极化将使正、负离子之间在原有的静电相互作用基础上,又附加新的作用,这种作用可以用诱导偶极矩(μ)和极化率 α 来衡量,如 4.4

节所述。

正、负离子虽然相互极化,但因正离子较小,电子云不易变形,它不易被极化,而有较高的极化力,使异号离子极化;负离子较大,电子云容易变形,容易被极化,而极化力较小。

离子极化现象的存在,将使离子键向共价键过渡。由卤化银的实例可见,由于 Ag^+ 具有较高的极化力,当 X^- 由小增大,原子核对外层价电子的吸引力减弱时,被极化程度增大,所以由 F^- 到 I^- 依次增加,促使 AgX 的键型逐步由离子键向共价键过渡;到 AgI 已经是按一定方向成键,成为以共价键为主的结构。而点阵能的计算值与实验值的偏差也愈来愈大。

对于由 A,B 两原子形成的极性共价键中离子键的成分,Pauling 提出经验的估算公式,即

$$离子性数量 = 1 - \exp\left[-\frac{1}{4}(\chi_A - \chi_B)^2\right]$$

式中 χ_A 和 χ_B 分别为 A,B 两元素的电负性。例如,H,F,Cl, Br, I 的电负性分别为 2.1,4.0, 3.0,2.8,2.5,按此公式可算出 HI,HBr,HCl 和 HF 的化学键中离子键的成分分别为 4%, 11%,19% 和 60%。

2. 电子的离域

一种原子将采用哪一种键型,常常和化合物本身的结构有关,不同的结构为原子提供成键的条件不同,键型会发生改变。金刚石和石墨均由碳原子组成,在金刚石结构中,C-C 之间按典型的共价单键成键;而在石墨晶体中,由于有条件形成离域 π 键,增大电子的离域范围,其导电性能、颜色、光泽均和金属相似。AgI 有多种晶型,常温下 ZnS 型的 γ-AgI,其共价键占优势;而高温下具有体心立方结构的 α-AgI,其离子键占优势。这时 Ag^+ 统计地分布在 I^- 按体心立方堆积成的变形四面体和八面体之中,在外电场作用下,能迁移导电。α-AgI 的电导率比 γ-AgI 约大 10^4 倍,而使它成为一类重要的固体离子导体材料。由此可见,不同的结构提供成键的条件不同,形成不同型式的化学键,使晶体具有不同的性质。

3. 轨道的重叠

在有 d 轨道参加成键的条件下,有时出现多种多样的键型,甚至有的很难确切说明是什么键。一种元素的原子在不同的化合物中,可以出现多种键型,甚至在一种化合物中一种原子也有多种键型。

每种元素都有它自己的成键规律,使其化合物的结构显现出丰富多彩的型式,这是结构化学研究的重要内容之一。

上述情况说明,在化合物中,各个原子之间只要满足成键的条件,就会以多种方式,最大可能地形成多种型式的化学键,各个原子参加成键的方式多种多样,形成化学键的型式也会多种多样。通过这些成键作用,可以改变分子中电荷的分布,促进原子轨道互相有效地重叠,使异号电荷间的吸引力加强,使分子和晶体的势能降低,稳定性增加。

9.3　离　子　半　径

在离子晶体中,相邻的正、负离子间存在着静电吸引力和离子的外层电子云间的排斥力。当这两种作用力达成平衡时,离子间保持一定的接触距离。排斥力是短距离性质的作用力,当正、负离子接近时,排斥力随距离的缩短而迅速增加。所以,离子可近似地看作具有一定半径的弹性球,两个互相接触的球形离子的半径之和等于核间的平衡距离。由原子结构可知,电子

在原子核外是连续分布的,并无明确的界限,因此,离子半径的数值是和离子所处的特定条件有关的。

9.3.1 离子半径的测定和 Pauling 离子半径

利用 X 射线衍射法可以很精确地测定正、负离子间的平衡距离。例如 NaCl 型晶体,其正当晶胞参数 a 的一半即为正、负离子的平衡距离或正、负离子的半径之和。而从这个平衡距离定出离子半径的基本问题是每个离子各占多少,即怎样划分正、负离子的接触距离成为两个离子半径。

Landé(朗德)在 1920 年通过对比下表中具有 NaCl 型结构的化合物的晶胞参数(表中括号内的数字为后来较精确的测定值)后,认为 MgS 和 MnS,MgSe 和 MnSe 的晶胞参数几乎相等,意味着在晶体中负离子和负离子已相接触。

晶　体	$\frac{1}{2}a/\mathrm{pm}$	晶　体	$\frac{1}{2}a/\mathrm{pm}$
MgO	210 (210.56)	MnO	224 (222.24)
MgS	260 (260.17)	MnS	259 (261.18)
MgSe	273 (272.5)	MnSe	273 (272.4)

他利用简单的几何关系,推出 S^{2-} 和 Se^{2-} 的离子半径

$$r(S^{2-}) = 260\ \mathrm{pm}/\sqrt{2} = 184\ \mathrm{pm}$$

$$r(Se^{2-}) = 273\ \mathrm{pm}/\sqrt{2} = 193\ \mathrm{pm}$$

从而给出第一批离子半径数据。

Wasastjerna(瓦萨斯雅那)在 1925 年按照离子的摩尔折射度正比于其体积的方法,划分离子的大小,获得 8 个正离子和 8 个负离子半径,包括 F^-(133 pm)和 O^{2-}(132 pm)。

Goldschmidt(哥尔什密特)在 1927 年采用 Wasastjerna 的 F^- 和 O^{2-} 的离子半径数据,根据实验测定的离子晶体中离子间的接触距离的数据,得出 80 多种离子的半径(Goldschmidt 离子半径),至今仍在通用。

1927 年,Pauling(鲍林)根据 5 个晶体(NaF,KCl,RbBr,CsI 和 Li_2O)的核间距离数据,用半经验方法推出大量的离子半径。因为离子的大小由它最外层电子的分布所决定,而最外层电子的分布与有效核电荷成反比,即

$$r = \frac{c_n}{Z - \sigma} = \frac{c_n}{Z^*} \tag{9.3.1}$$

式中 c_n 为由量子数 n 决定的常数,对于等电子的离子或原子,c_n 取相同数值。屏蔽常数 σ 可按 Slater 规则估算(见 2.4 节)。Pauling 给出 Ne 型离子的 $\sigma = 4.52$[①],这样可得

$$r(Na^+) = \frac{c_n}{11 - 4.52} \tag{9.3.2}$$

$$r(F^-) = \frac{c_n}{9 - 4.52} \tag{9.3.3}$$

---

① 按 Slater 规则计算屏蔽常数为 $\sigma = 2 \times 0.85 + 8 \times 0.35 = 4.50$ 或 $\sigma = 2 \times 0.85 + 7 \times 0.35 = 4.15$,两者所得 $Z^*(Na^+)/Z^*(F^-)$ 差别不大。

由实验测定 NaF 晶体的晶胞参数，从中得

$$r(Na^+) + r(F^-) = 231\ pm \tag{9.3.4}$$

解(9.3.2)～(9.3.4)这 3 个联立方程，即得 $r(Na^+) = 95\ pm$，$r(F^-) = 136\ pm$，$c_n = 615$。用此方法推引 1-1 价离子晶体所得的半径，适用于 1 价离子的场合。有了 c_n 值，即可计算各种 Ne 型离子的单价半径，例如 O^{2-} 的 $r_1 = 615/Z^* = 176\ pm$。其他 Ne 型离子的单价半径也可用 $r_1 = 615/Z^*$ 求算，其数值列入下表(单位:pm)。

离子	C^{4-}	N^{3-}	O^{2-}	F^-	Ne	Na^+
r/pm	414	247	176	136	112	95
离子	Mg^{2+}	Al^{3+}	Si^{4+}	P^{5+}	S^{6+}	Cl^{7+}
r/pm	82	72	65	59	53	49

Mg^{2+} 和 O^{2-} 是 2 价离子，在 MgO 晶体中，$(1/2)a = 210\ pm$，比单价半径和($82\ pm + 176\ pm = 258\ pm$)小。这是因为这时正、负离子间的引力 4 倍于单价离子相同距离的同型晶体。根据(9.2.10)式可知，当 $|Z_+| = |Z_-| = Z$ 时，(9.2.10)式可化为

$$\frac{Z^2 e^2 A N_A}{4\pi\varepsilon_0} r_e^{m-1} = -mB \tag{9.3.5}$$

若近似地将 Z 价和 1 价的平衡距离之比看作 Z 价和 1 价离子半径之比，则因(9.3.5)式等号右边是常数，可得 $Z^2 r_Z^{m-1} = 1^2 r_1^{m-1}$，即

$$r_Z = r_1(Z)^{-2/(m-1)} \tag{9.3.6}$$

表 9.3.1　若干种离子的 Pauling 离子半径

离子	r/pm	离子	r/pm	离子	r/pm	离子	r/pm	离子	r/pm
Ag^+	126	Co^{3+}	63	Hg^{2+}	110	Nb^{5+}	70	Si^{4+}	41
Al^{3+}	50	Cr^{2+}	84	I^-	216	Ni^{2+}	72	Sr^{2+}	113
As^{3-}	222	Cr^{3+}	69	In^+	132	Ni^{3+}	62	Sn^{2+}	112
As^{5+}	47	Cr^{6+}	52	In^{3+}	81	O^{2-}	140	Sn^{4+}	71
Au^+	137	Cs^+	169	K^+	133	P^{3-}	212	Te^{2-}	221
B^{3+}	20	Cu^+	96	La^{3+}	115	P^{5+}	34	Ti^{2+}	90
Ba^{2+}	135	Cu^{2+}	70	Li^+	60	Pb^{2+}	120	Ti^{3+}	78
Be^{2+}	31	Eu^{2+}	112	Lu^{3+}	93	Pb^{4+}	84	Ti^{4+}	68
Bi^{5+}	74	Eu^{3+}	103	Mg^{2+}	65	Pd^{2+}	86	Tl^+	140
Br^-	195	F^-	136	Mn^{2+}	80	Ra^{2+}	140	Tl^{3+}	95
C^{4-}	260	Fe^{2+}	76	Mn^{3+}	66	Rb^+	148	U^{4+}	97
C^{4+}	15	Fe^{3+}	64	Mn^{4+}	54	S^{2-}	184	V^{2+}	88
Ca^{2+}	99	Ga^+	113	Mn^{7+}	46	S^{6+}	29	V^{3+}	74
Cd^{2+}	97	Ga^{3+}	62	Mo^{6+}	62	Sb^{3-}	245	V^{4+}	60
Ce^{3+}	111	Ge^{2+}	93	N^{3-}	171	Sb^{5+}	62	V^{5+}	59
Ce^{4+}	101	Ge^{4+}	53	N^{5+}	11	Sc^{3+}	81	Y^{3+}	93
Cl^-	181	H^-	208[a]	Na^+	95	Se^{2-}	198	Zn^{2+}	74
Co^{2+}	74	Hf^{4+}	81	NH_4^+	148	Se^{6+}	42	Zr^{4+}	80

[a]　表中 H^- 数据(208 pm)偏大，一般常用 140 pm。

Ne 型离子 $m=7$,对 2 价离子 $Z=2$,则 $r_2=r_1(2)^{-1/3}$,即

$$r_2 = 0.794\, r_1$$

O^{2-} 的晶体半径应为 $0.794 \times 176\,pm = 140\,pm$,$Mg^{2+}$ 为 $0.794 \times 82\,pm = 65\,pm$。Pauling 即按上述方法从各种离子的单价半径,按(9.3.6)式算出晶体半径。这种晶体半径称为 Pauling 离子半径,它覆盖面较大,被广泛采用。

表 9.3.1 列出若干种离子的 Pauling 离子半径数据。

9.3.2 有效离子半径

Shannon(香农)等归纳整理了实验测定的上千个氧化物和氟化物中正、负离子间距离的数据,并假定正、负离子半径之和等于离子间的距离,考虑了配位数、电子自旋状况、配位多面体的几何构型等对正、负离子半径的影响,对某种固定的负离子、结构类型相同的一系列化合物,其晶胞体积正比于正离子的体积(但不一定是直线关系)。他们以 Pauling 提出的配位数为 6 的 O^{2-} 半径为 $140\,pm$,F^- 半径为 $133\,pm$ 作为出发点,用 Goldschmidt 方法划分离子间距离为离子半径,经过多次修正,提出一套较完整的离子半径数据,称为有效离子半径。所谓"有效",是指这些数据是由实验测定的数据推得,而离子半径之和与实验测定的离子间的距离符合得最好(若从 O^{2-} 半径为 $132\,pm$ 出发,可得另一套半径值)。

表 9.3.2 列出一些离子在不同价态、不同配位数和几何形状条件下的有效离子半径。在此表的配位数一栏中,(sq)代表平面四方形配位,(HS)代表高自旋状态,(LS)代表低自旋状态。

9.3.3 离子半径的变化趋势

在元素周期表中,离子半径的大小有一些共同变化趋势。

(1)在元素周期表 s 区和 p 区各族元素中,同族元素的离子半径随原子序数增加而增加。例如,第 1 族六配位的元素,其离子半径为

离子	Li^+	Na^+	K^+	Rb^+	Cs^+
r/pm	76	102	138	152	167

这是因为同一族原子的价电子层结构相同,而最外层电子的主量子数随原子序数的增加而增加。

(2)在元素周期表的每一周期中,核外电子数相同的正离子半径随着正电荷数的增加而下降。例如当配位数为 6 时,离子半径为

离子	r/pm	离子	r/pm	离子	r/pm	离子	r/pm
Na^+	102	Mg^{2+}	72	Al^{3+}	53.5		
Au^+	137	Hg^{2+}	102	Tl^{3+}	88.5	Pb^{4+}	77.5

这是因为在每一周期内,等电子离子随着原子序数的增加而核外电子数并没有增加,核对外层电子增加了吸引力;而且随着离子价数的增加,高价离子间静电吸引力增强,而使离子间距离缩短。对于同一周期相同价态的过渡元素,随着原子序数增大,半径总的趋向缩小,但并不平稳平滑。

表 9.3.2　一些离子在不同价态、不同配位数和几何形状条件下的有效离子半径

离子	配位数	r/pm	离子	配位数	r/pm	离子	配位数	r/pm
Ag^+	2	67	Co^{2+}	4(HS)	58	K^+	8	151
	4	100		6(LS)	65		12	164
	4(sq)	102		6(HS)	74.5	La^{3+}	6	103.2
	6	115	Co^{3+}	6(LS)	54.5		12	136
Al^{3+}	4	39		6(HS)	61	Li^+	4	59
	6	53.5	Cr^{2+}	6(LS)	73		6	76
As^{3+}		58		6(HS)	80	Lu^{3+}	6	86.1
As^{5+}	4	33.5	Cr^{3+}	6	61.5	Mg^{2+}	4	57
	6	46	Cr^{6+}	4	26		6	72
Au^+	6	137	Cs^+	6	167	Mn^{2+}	6(LS)	67
Au^{3+}	4(sq)	68	Cu^+	2	46		6(HS)	83
	6	85		4	60	Mn^{7+}	4	25
B^{3+}	3	1		6	77	Na^+	6	102
	4	11	Cu^{2+}	4	57	Ni^{2+}	6	69
	6	27		4(sq)	57	Ni^{3+}	6(LS)	56
Ba^{2+}	6	135		5	65		6(HS)	60
	8	142		6	73	O^{2-}	3	136
	9	147	F^-	2	128.5		4	138
Be^{2+}	4	27		3	130		6	140
	6	45		4	131		8	142
Br^-	6	196		6	133	P^{3+}	6	44
C^{4+}	4	15	Fe^{2+}	4(HS)	63	P^{5+}	4	17
	6	16		4(sq)	64	Rb^+	6	152
Ca^{2+}	6	100		6(LS)	61	S^{2-}	6	184
	9	118		6(HS)	78	S^{6+}	4	12
Cd^{2+}	4	78	Fe^{3+}	4(HS)	49	Si^{4+}	4	26
	6	95		6(LS)	55		6	40
Ce^{3+}	6	101		6(HS)	64.5	Ti^{4+}	4	42
Ce^{4+}	6	87	I^-	6	220	V^{5+}	6	54
Cl^-	6	181	K^+	6	138	Zn^{2+}	4	60

（3）同一元素各种价态的离子，电子数越多，离子的半径越大。例如

离子	Cr^{2+}	Cr^{3+}	Cr^{4+}	Cr^{6+}
r/pm	80	62	55	44

从整个元素周期表看，负离子的半径一般要比正离子的半径大，负离子的半径约在 130～230 pm，而正离子的半径则小于 190 pm。

（4）核外电子数相同的负离子对，随着负电价的增加而半径略有增加（例列于下表），但

离子	r/pm	离子	r/pm
F^-	133	O^{2-}	140
Cl^-	181	S^{2-}	184
Br^-	196	Se^{2-}	198

增加的数量很少。这是因为较高价的负离子以及和它配位的正离子吸引力增加,抵消了负电价增加引起的离子半径增加。

（5）一种正离子出现几种配位数时,随着配位数的增加,离子半径增大,如表 9.3.2 所列。过渡金属离子若存在高低自旋态时,高自旋态的半径较大。

（6）镧系元素三价离子的半径（六配位）,从 La^{3+} 的 103.2 pm 随着原子序数的增加逐渐下降到 Lu^{3+} 的 86.1 pm。此为镧系收缩效应所引起,它使镧系以后的元素离子半径相应地也有所减少,以致锆和铪、铌和钽、钼和钨等同族的第五和第六周期元素具有几乎相等的离子半径。

和镧系元素同族的 Sc^{3+}、Y^{3+} 的离子半径分别为 74.5 pm 和 90 pm,它们的性质和镧系相似。通称的稀土元素包括 Sc 和 Y 在内。

9.4　离子配位多面体及其连接规律

为了更好地描述复杂离子化合物的结构,揭示这些化合物的结构规律,通常引入离子配位多面体及有关离子晶体的结构规则:将正离子周围邻接的负离子的中心互相连成的多面体称为正离子配位多面体;将配位多面体作为结构单元,观察它们互相连接的方式,是描述离子晶体结构的重要方法。

9.4.1　正负离子半径比和离子的配位多面体

具有惰性气体电子组态的离子呈球形,它和荷电相反的离子的作用是各向同性的。若从简单的静电作用考虑,由球形的 M^{z+} 和 X^{z-} 离子组成的结构中,最稳定的排列是按对称的方式进行,并使正、负离子相互接触。通常由于负离子的半径比正离子大,可以认为在离子晶体中正离子位于负离子形成的配位多面体的中心,而多面体的型式主要取决于半径比 r_+/r_-。现以配位数为 6 的八面体配位为例予以说明。图 9.4.1(a)示出八面体配位。

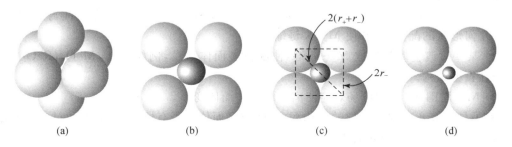

图 9.4.1　八面体配位及其中正、负离子的接触情况

在八面体配位中,离子间的接触情况有 3 种,分别示于图 9.4.1(b)～(d)中,图中大球代表负离子 X^-,小球代表正离子 M^+。

（1）正、负离子相互接触,而负离子之间不接触,如图(b);

（2）正、负离子之间和负、负离子之间都相互接触,如图(c);

（3）负离子之间接触,而正、负离子之间不接触,如图(d)。

由图 9.4.1(c)可以得到

$$r_- = (r_+ + r_-)/\sqrt{2}$$

$$r_+ / r_- = \sqrt{2} - 1 = 0.414$$

所以当 $r_+/r_- < 0.414$ 时,正、负离子不相接触,而负离子自己相互接触,这时静电排斥力大,而吸引力小,晶体不很稳定;当 $r_+/r_- > 0.414$ 时,正、负离子相接触,而负离子自己不接触,因而静电吸引力大,排斥力小,晶体比较稳定。另一方面,正离子周围负离子数越多,即配位数越高,由 Madelung 常数的表达式可知,配位数高,第一项数值大,静电吸引力大,晶体的势能低。为了使晶体稳定,最优条件是正、负离子相互接触,配位数尽可能高。所以配位数为 6 的条件是 $r_+/r_- \geqslant 0.414$。但当 r_+/r_- 大到 0.732 时,正离子周围就有可能安排 8 个负离子,使正、负离子相互接触。按照这种计算和推理,可得表 9.4.1 所示的配位多面体的半径比的极限(最小)值。

表 9.4.1　配位多面体的半径比的极限值

配位多面体	配位数	半径比$(r_+/r_-)_{\min}$
三角形体	3	0.155
四面体	4	0.225
八面体	6	0.414
立方体	8	0.732
立方八面体	12	1.000

对典型的离子晶体,根据离子半径数据,就可以从几何的观点推测其结构。例见下表。

半径比(r_+/r_-)	0.225~0.414	0.414~0.732	>0.732
推测结构	四面体配位	八面体配位	立方体配位

正负离子半径比只是影响晶体结构的因素之一,在复杂多样的离子晶体中,还有其他因素影响晶体的结构。例如:

(1) M—X 间共价键的成分增大,中心原子按一定数目的共价键的方向性与周围原子形成一定几何形状的配位体,并使 M—X 键缩短。

(2) 某些过渡金属常形成 M—M 键,使配位多面体扭歪,例如 VO_2,MoO_2,ReO_2 形成扭歪的金红石型结构。

(3) M^{n+} 周围 X^- 的配位场效应使离子配位多面体变形。

所以,离子晶体究竟采取什么样的结构型式,配位多面体是否有所变形,需要通过实验测定,而不能简单地从单一几何因素去推论。

9.4.2　配位多面体的连接

在无机化合物中,最重要的配位多面体是八面体和四面体。原则上这些多面体可共顶点或共棱或共面连接,但是共棱和共面会使处在多面体中心的离子相互间的距离缩短,如图 9.4.2所示。表 9.4.2示出两个规则的 MX_4 四面体连接时和两个规则的 MX_6 八面体连接时,处在多面体中心的 M---M 间的距离。表中共顶点和共棱的距离指的是最大值。由表可见,共面连接会大大缩短 M---M 间的距离,使同号离子间的排斥能增加,降低晶体结构的稳定性。所以,典型的离子化合物共面连接的方式很少。

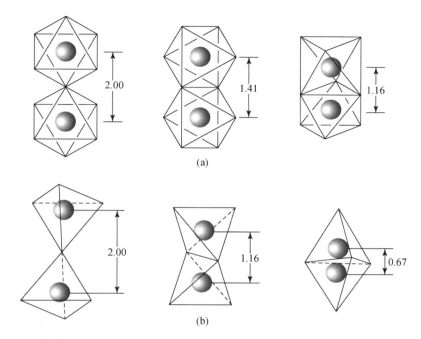

图 9.4.2 共顶点、共棱和共面时,处在多面体中心的离子间的距离与中心到顶点的距离之比
(a) 八面体,(b) 四面体

表 9.4.2 两个规则的 MX_4 四面体连接时和两个规则的 MX_6 八面体连接时 M---M 间的距离

多面体	和 X---X 距离相比			和 M---X 距离相比		
	共顶点	共棱	共面	共顶点	共棱	共面
四面体	1.22	0.71	0.41	2.00	1.16	0.67
八面体	1.41	1.00	0.82	2.00	1.41	1.16

多面体的连接方式和化学组成有密切关系,配位多面体的连接方式不同,化学组成也不同;反之,同样的组成,结构不同,多面体的连接方式可以有所不同。满足电中性,即正、负电荷相等是所有离子化合物必须遵循的原则,对了解多面体连接方式有一定的帮助。而复杂的离子化合物,将在 9.5 节中,以硅酸盐为例讨论配位四面体的若干连接方式。

9.4.3 Pauling 离子晶体结构规则

早在 1928 年,Pauling 就根据当时已测定的结构数据和点阵能计算公式反映的原理,提出了关于离子化合物结构的 5 个规则,简称 Pauling 规则。以后在《化学键的本质》(见 1960 年版,13.6 节)一书中,Pauling 将它归纳成下面三方面加以叙述。这些内容对于了解和说明复杂离子化合物的结构有重要意义。

1. 离子配位多面体规则

这一规则指出,正离子周围的负离子形成了配位多面体,称为正离子配位多面体。正离子与负离子之间的距离取决于正、负离子半径之和,而正离子配位多面体的型式和配位数取决于半径之比。这一规则的基础已在本节前面加以叙述。

2. 离子电价规则

这一规则说明,在一个稳定的离子化合物结构中,每一负离子的电价(绝对值)等于或近乎等于从邻近的正离子至该负离子的各静电键的强度的总和,即

$$Z_- = \sum_i s_i = \sum_i \frac{Z_i}{\nu_i}$$

式中 Z_- 为负离子的电荷;Z_i 为正离子所带的电荷,ν_i 为它的配位数;s_i 定义为静电键强度。

下表中归纳了几种稳定的氧化物中 O^{2-} 的电价(其值正好等于从邻近配位正离子提供的电价)。

稳定的氧化物	和 O^{2-} 配位的离子	O 的电价
石英(SiO_2)	2 个 Si^{4+}	$(4/4)+(4/4)=2$
黄玉($Al_2SiO_4F_2$)	1 个 Si^{4+},2 个 Al^{3+}	$(4/4)+2\times(3/6)=2$
橄榄石(Mg_2SiO_4)	1 个 Si^{4+},3 个 Mg^{2+}	$(4/4)+3\times(2/6)=2$

表中 Si^{4+}(四面体),Al^{3+}(八面体),Mg^{2+}(八面体);每一个 Si—O 键、Al—O 键和 Mg—O 键的静电键强度分别为 $4/4$,$3/6$ 和 $2/6$。

电价规则规定了共用同一配位多面体顶点的多面体数目,是 Pauling 规则的核心,涉及多面体的顶点如何共用的问题。

根据电价规则的计算,CO_3^{2-},NO_3^-,PO_4^{3-},SO_4^{2-},ClO_4^- 等在晶体中应为分立的离子团,它们在各自的晶体中不会共用 O^{2-}。例如 CO_3^{2-} 中,每一个 C—O 键强度为 $4/3$,由于 O 的电价为 2,除去 $4/3$,只剩 $2/3$,不能同时和两个 C 连接。所以 CO_3^{2-} 是分立的离子团。在 SiO_4^{4-} 中,O^{2-} 则能被两个 SiO_4^{4-} 四面体共用。

3. 离子配位多面体共用顶点、棱边和面的规则

这个规则指明,在一个配位多面体结构中,共边连接和共面连接会使结构的稳定性降低;而正离子的价数越高,配位数越小,这一效应就越显著。

离子晶体结构稳定性降低主要是由正离子间的库仑斥力所引起。当 2 个四面体共边连接时,将使位于四面体中心的正离子之间的距离缩短,由表 9.4.2 可知,共棱时的距离只有共顶点时的 $116/200=0.58$,共面时的距离则只有共顶点时的 0.33。所以,共边和共面连接,相应的库仑斥力项增大,晶体的稳定性降低。特别是对带高电荷的正离子来说,尤其如此。

根据这些考虑,还可推测出:在含有各种不同正离子的晶体中,价数高而配位数小的正离子,趋向于彼此间不共用多面体的几何元素。

9.5　硅酸盐的结构化学

9.5.1　概述

硅酸盐是数量极大的一类无机物,约占地壳重量的 80%。地壳中的岩石、砂子、黏土、土壤,建筑材料中的砖瓦、水泥、陶瓷、玻璃,大都由硅酸盐组成。在各种矿床中,硅酸盐起着重要的作用,它几乎是所有金属矿物的伴生矿物,而有的硅酸盐本身就是金属矿物(如 Be,Li,Zn,Ni 等金属矿)或非金属矿物(如云母、滑石、石棉、高岭石等)。

在硅酸盐中,结构的基本单位是[SiO₄]四面体,四面体互相共用顶点连接成各种各样的结构型式。四面体的连接方式决定硅氧骨干的结构型式,是了解硅酸盐结构化学的基础。

在硅酸盐的结构化学中,铝具有特殊的作用。由于 Al^{3+} 的大小和 Si^{4+} 相近,Al^{3+} 可以无序或有序地置换 Si^{4+},置换数量有多有少,这时 Al 处在配位四面体中和 Si 一起组成硅铝氧骨干,形成硅铝酸盐。为了保持电中性,每当骨干中有 Al^{3+} 置换 Si^{4+} 时,必然伴随着引入其他正离子补偿其电荷。Al^{3+} 的大小又适合于处在配位数为 6 的配位八面体中,这时 Al^{3+} 又可以作为硅氧骨干外的正离子,起平衡电荷的作用。硅酸盐的结构存在下列特点:

(1) 除少数例外,硅酸盐中 Si 处在[SiO₄]四面体中心,其键长、键角的平均值为:$d(Si-O) = 162 \text{ pm}$,$\angle OSiO = 109.5°$,$\angle SiOSi = 140°$。

(2) 在天然硅酸盐中,离子相互置换非常广泛而重要。Al 置换 Si 形成硅铝酸盐就很普遍,在[AlO₄]中,$d(Al-O) = 176 \text{ pm}$。Al 也可占据配位八面体(这时常称为硅氧骨干外的离子)。Al 置换 Si 伴随有正离子进入,以平衡其电荷。

(3) [(Si,Al)O₄]只共顶点连接,而不共边和共面,而且 2 个 Si—O—Al 的能量比 1 个 Al—O—Al 和 1 个 Si—O—Si 的能量之和低。

(4) [SiO₄]四面体的每个顶点上的 O^{2-} 最多只能共用于 2 个这样的四面体之间,并且 $\angle Si-O-Si$ 大多数处在 140°附近。

(5) 在硅铝酸盐中,硅铝氧骨干外的金属离子容易被其他金属离子置换,置换不同的离子,对骨干的结构影响较小,但对它的性能影响很大。

硅酸盐结构中硅(铝)氧骨干的结构型式可作为硅酸盐分类的基础。硅酸盐可分为 4 类:(ⅰ) 分立型,(ⅱ) 链形,(ⅲ) 层形和(ⅳ) 骨架型。

9.5.2　SiO₂ 的结构

在常压下,SiO_2 有多种晶型,它们的名称和稳定存在的温度范围如表 9.5.1 所列。

表 9.5.1　常压下 SiO₂ 的多晶型体[a]

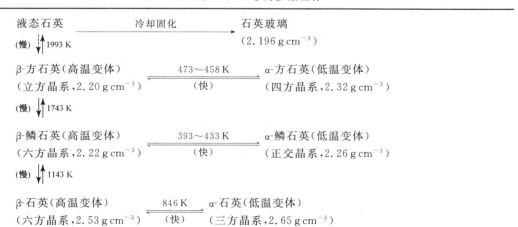

[a] 密度数值指室温下该多晶型体的数值。括号中的快慢是相互转变时的相对速度。

液态的 SiO_2 结晶比较困难，通常是固化成石英玻璃，石英玻璃热膨胀系数较小、软化点很高（≈ 1800 K）、可透过紫外光、耐酸性强，是非常重要的非金属材料，有广泛的用途。

石英（quartz）、鳞石英（tridymite）和方石英（cristobalite）3 种 SiO_2 的多晶型转变很不容易，在自然界中均可发现这些晶型的晶体，而且每一种晶型又存在两种高低温变体：(i) 低温晶型称为 α 型，对称性较低；(ii) 高温晶型称为 β 型，对称性较高。α-石英 ⟷ β-石英转变温度为 846 K，α-鳞石英 ⟷ β-鳞石英转变温度为 393～433 K，α-方石英 ⟷ β-方石英为 473～548 K，后两者的 α-β 转变是在不稳定的温度区间进行，说明这 3 种石英晶体间的变化是很困难的。

石英、鳞石英和方石英晶体均为由［SiO_4］四面体共用顶点连接而成的三维骨架。方石英和鳞石英的结构中硅原子位置分别相当于立方和六方 ZnS 结构中 Zn 和 S 原子的位置。通过 Si—O—Si 键连接而成，氧原子的位置稍为偏离 Si—Si 的连线，Si—O 键长 161 pm，这两种结构都比石英空旷，这可从它们的密度数据看出。

在自然界中，最常见的 SiO_2 多晶型体是 α-石英，其次是 β-石英。α-石英分布很广，也容易人工生长制备出大块晶体，成为重要的晶体材料。α-石英属三方晶系，D_3 点群，Si—O 键长 159.7 pm 和 161.7 pm，∠SiOSi 为 144°，它有很强的压电性和旋光性，是制作石英手表等类产品的关键材料。在石英晶体结构中，［SiO_4］四面体沿三重螺旋轴排列，螺旋有左手螺旋和右手螺旋的差别，所以 α-石英有左旋体和右旋体两种。图 9.5.1 示出 α-石英左旋体的结构，它的空间群属 $P3_121$（第 152 号）。注意，它的旋光性是左旋，而它的结构中四面体却按 3_1 轴的右手螺旋排列。但围绕通过晶胞原点的 C 轴，四面体排成左手大螺旋，这是它呈左旋旋光性的结构根源。右旋石英晶体结构中［SiO_4］四面体按左手螺旋排列，其空间群属于 $P3_221$（第 154 号），它的结构没有在书中示出，但取图 9.5.1 的镜像对映图即得。当石英发生 α-β 转变时，旋光性质仍能继承，即右旋 α-石英变为右旋 β-石英，左旋 α-石英变为左旋 β-石英。

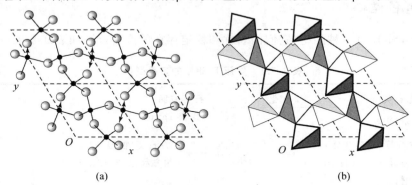

(a)　　　　　　　　　　　　　　(b)

图 9.5.1　α-石英（左旋体）的结构沿三重轴的投影（图中示出 4 个晶胞）
(a) 球棍模型（图中的箭头表示它连接的 O 原子处在箭头所指的 O 原子的下方）
(b) 四面体连接模型（四面体顶点代表 O 原子；Si 原子处于四面体中心，没有表示出来）

在高压下 SiO_2 出现一些密度较高的晶型，3 GPa 压力、室温下可得柯石英（coesite），它的密度达 2.89 g·cm^{-3}。当处于 1500～1700 K 和 16 GPa 的条件下，SiO_2 可转变成金红石型的超石英（stishovite），在其结构中，Si 为六配位，近于正八面体形。

9.5.3 各类硅酸盐的结构特点

1. 分立型硅酸盐

结构中含有分立的$[SiO_4]$硅氧骨干,如橄榄石(Mg_2SiO_4)、锆英石($ZrSiO_4$)、石榴石$[Mg_3Al_2(SiO_4)_3]$等。这类矿物堆积较密,属于重硅酸盐。另外,有由 2 个、3 个、6 个、12 个、…$[SiO_4]$四面体连成的分立骨干。

2. 链形硅酸盐

链形硅酸盐可分为单链和双链两类。单链的特点是每个$[SiO_4]$四面体共用两个顶点,连成一维无限长链。如硅灰石($CaSiO_3$)、透辉石$[CaMg(SiO_3)_2]$,图 9.5.2 示出几种周期较短的单链连接方式。

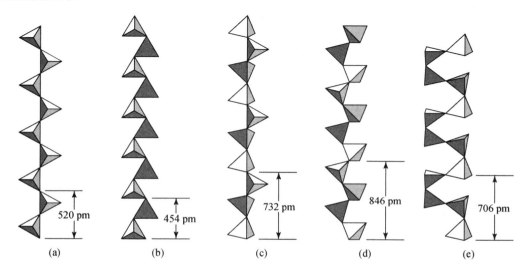

520 pm　454 pm　732 pm　846 pm　706 pm

(a)　(b)　(c)　(d)　(e)

图 9.5.2　几种周期较短的单链硅氧骨干的结构

双链结构中有一部分$[SiO_4]$四面体共用 3 个顶点而互相连接。石棉 $Mg_6(Si_4O_{11})_2(OH)_2 \cdot H_2O$ 的基本特征是能解理成纤维,沿着纤维方向具有角闪石双链的结构。但作为矿物,它是多种纤维的角闪石类的矿物的总称,如透闪石、钠闪石、阳起石、纤维蛇纹石等。石棉矿物中大半是纤维蛇纹石$[Mg_3Si_2O_5(OH)_4]$,它属层形硅酸盐,但由于层两边结构不同,它会卷曲,像地毯被卷起来一样,形成直径约 10 nm 的一个个圆柱形纤维。

3. 层形硅酸盐

在层形硅酸盐中,$[SiO_4]$四面体共用 3 个顶点,由于连接方式的不同,可形成多种类型。大多数层形硅酸盐中四面体共顶点连接成六方平面层,标记为"T",如图 9.5.3(a)所示。在这种层中共用的 O 原子处于同一平面,为惰性氧;顶端的氧为活性氧。OH^-基等组分则处于和活性氧同一平面六边形的中心。活性顶氧和 OH^- 需要和其他正离子结合,以平衡电荷。这些正离子主要为 Mg^{2+},Al^{3+},Fe^{2+} 等,它们为八面体配位,相互共边连接形成八面体层,标记为"O",如图 9.5.3(b)所示。

在层形硅酸盐中,T 层不能单独存在,而是和$[O]$层结合成$[TO]$或$[TOT]$的层;$[O]$层可以单独存在。在此基础上,许多层形硅酸盐结构可按层的堆积形成。例如高岭石的组成

$Al_4[Si_4O_{10}](OH)_3$，它的结构为[TO][TO][TO]…，如图 9.5.3（c）所示。

在白云母$\{KAl_2(OH)_2[AlSi_3O_{10}]\}$的层形结构中，$K^+$处于层形硅氧骨干之间，配位数为 12，每个 K—O 键的静电键强度为 1/12，很弱，是云母易解理成薄片的结构根源。云母是重要的绝缘材料。

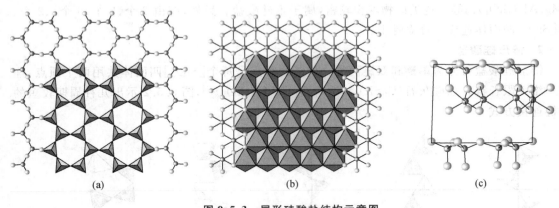

图 9.5.3　层形硅酸盐结构示意图

（a）四面体层[T]，（b）八面体层[O]，（c）高岭石

层形硅酸盐的结构可以存在多种型式；层内离子可以互相置换，化学成分可在很大的范围内变化；层间的水分子和金属离子有多有少，可有可无；层间的堆积型式可以有序，也可以无序，其结构和组成随着外界条件（水分的多少、盐的浓度、机械作用力等）改变而变化。所以，由层形硅酸盐组成的黏土和土壤，其结构和性质是非常复杂多样的，但它们都是层形结构，沿层方向容易解理，晶粒较小，具有柔软、易水合、容易进行离子交换等共性。

4. 骨架型硅酸盐

在硅石、长石、沸石等类骨架型硅酸盐中，$[SiO_4]$四面体的 4 个顶点都相互连接形成三维的骨架。除硅石外，各种骨架型硅酸盐均有 Al^{3+} 置换 Si^{4+}，使骨架带有一定的负电荷，需在骨架外引入若干正离子。

长石是地壳岩石的主要成分，岩石界的 2/3 系长石类的硅酸盐，像坚硬的花岗岩就是由长石、石英和云母组成的。各种长石的硅氧骨架$(AlSi_3O_8)_n^{n-}$都是相似的，在其骨架中，硅（铝）氧四面体组成四元环，2 个顶点向上，2 个顶点向下。四元环与四元环连接，形成曲折的无限长链，链间通过数量较少的 Si—O—Si 键结合而成三维骨架。

9.5.4　沸石分子筛

沸石是含水的骨架型硅铝酸盐，当它们被灼烧时，由于晶体中的水被赶出，产生类似沸腾的现象，故称为沸石。自然界中已经发现的沸石矿有 40 多种，除丝光沸石、斜发沸石、方沸石、钙十字沸石等少数几种数量较多外，其他数量都较少。人们根据沸石的化学组成和形成条件，从 20 世纪 40 年代末开始合成出和沸石结构相似的化合物，至 2005 年 5 月，国际沸石分子筛协会认定的骨架结构类型已有 165 种，其中 A 型、X 型、Y 型、ZSM 型等分子筛，已在工业生产中起了重大的作用。这类天然的或合成的硅铝酸盐，具有很空旷的硅氧骨架，有很多孔径均匀的孔道和内表面很大的孔穴，其中含有水分子，若将它加热，把孔道和孔穴内的水赶出，就能起吸附分离作用；直径比孔道小的分子能进入孔穴，直径比孔道大的分子被拒之门外，起着筛选分子的作用，故称分子筛。

A 型、X 型和 Y 型等分子筛可看作由 β 笼（又称方钠石笼）构成。β 笼是由 24 个硅（铝）氧四面体连接而成的孔穴，它是一个十四面体，由立方体和八面体围聚而成，如图 9.5.4 所示。

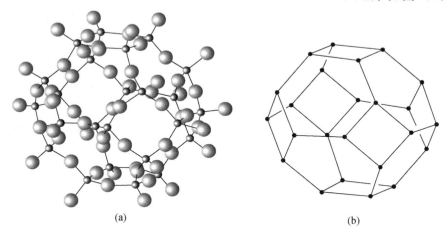

(a) (b)

图 9.5.4　方钠石笼（β 笼）的结构及其简单表示

（a）硅（铝）氧骨架的原子结构，（b）骨架的简单表示（多面体顶点代表［(Al，Si)O$_4$］四面体中心）

将方钠石笼放在立方体的 8 个顶点上，相互以四元环通过立方体笼连接，这样所得的骨架即为 A 型分子筛的骨架结构。8 个方钠石笼连接后，在中心形成一个大的 α 笼，它是一个二十六面体，孔穴直径达 1140 pm，各个 α 笼相互间通过八元环互相连通，这八元环是 A 型分子筛的主要通道或孔窗。图 9.5.5 为 A 型分子筛的结构示意图。化学式为 Na$_{12}$［Al$_{12}$Si$_{12}$O$_{48}$］·27H$_2$O 的 A 型分子筛，其晶体孔窗直径约为 4Å（0.4 nm）的称 4A 型分子筛。若以 K$^+$ 代 Na$^+$，孔窗变小，称 3A 型分子筛；若以 Ca^{2+} 代 Na$^+$，Ca^{2+} 数目少，孔径增大至约 5Å，称 5A 型分子筛。孔径不同，分子筛的用途也不同：5A 型分子筛可用于石油脱蜡、分离直链烷烃和侧链烷烃、气体和液体的深度干燥和纯化；4A 型分子筛用于制作 5A 和 3A 型分子筛的原料以及气体和液体的深度干燥和纯化；3A 型分子筛用于深度干燥乙烯和丙烯等气体。分子筛是优良的干燥剂，其吸水能力仅次于五氧化二磷，但是它不潮解、不膨胀、不腐蚀、不玷污，能反复使用。

方钠石笼有 8 个六元环，其中互不相邻的 4 个六元环呈四面体向分布。仿照金刚石中碳原子的四面体向连接方式，把方钠石笼连接起来，连接相邻 2 个方钠石笼的为六方柱笼，这样组成的三维骨架，即为 X 型和 Y 型分子筛骨架的结构，如图 9.5.6 所示。在骨架中，形成大的八面沸石笼，这个笼的自由径达 1180 pm，笼和笼间通过十二元环连通，因而有很大的孔窗。X 型分子筛的 SiO$_2$/Al$_2$O$_3$ 比值在 2.2～3.0 范围，大于 3.0 的称 Y 型分子筛。X 型和 Y 型分子筛主要作为催化剂，大量应用于石油炼制等工业中。作为催化剂，骨架外金属离子常用稀土或其他过渡金属离子交换制成。骨架外金属离子主要分布在图 9.5.6 中所示的 I、I′、II、II′、U 等位置附近。

ZSM-5 型分子筛骨架的结构示于图 9.5.7 中。它在结构上的特点是含有大量的五元环，并具有空旷的孔道；在组成上 Si/Al 比值很高，能耐高温。

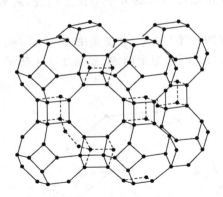

图 9.5.5　A 型分子筛的结构示意图

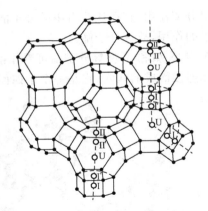

图 9.5.6　X 型和 Y 型分子筛骨架及骨架外离子位置分布图

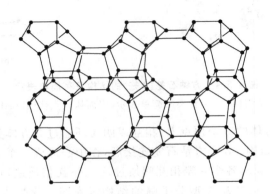

图 9.5.7　ZSM-5 型分子筛骨架的结构

　　谢有畅和唐有祺教授等发现,利用分子筛等高比表面的固态化合物作为载体,将它和氧化物(如 NiO,La_2O_3,MoO_3 等)及盐类(如 $NaCl$,$CuCl$,$NiSO_4$)等离子化合物磨细的粉末混合后,在低于其熔点的适当温度下焙烧,氧化物和盐类晶体在载体表面上自发分散成单层。他们发现这种分散是一种很普遍的现象,并对这种现象的本质、效应和应用进行了广泛的研究。由于这种分散是氧化物和盐类由三维有序的晶相变为二维单层分散的状态,是无序度增加即熵增加的过程;同时,这些氧化物和盐类单层分散可与载体表面形成相当强的表面化学键,与原来晶体内部的化学键强度差别不大,因而熵变不大;这种分散过程,体系的总表面积不会增加。所以,这种熵增过程是自由焓减少($\Delta G < 0$)的过程,是热力学自发变化的过程。

　　氧化物和盐类在载体表面的自发单层分散原理有许多用途,在指导催化剂的制备、设计和制备新型吸附剂、制备新型固体电解质以及材料科学的有关领域都有重要应用。例如,将 $CuCl$ 分散在 CuY 型分子筛表面,制备出 CuCl/CuY 吸附剂,研究证明 $CuCl$ 可达到原子水平的分散,使大量 Cu^+ 暴露在表面。由于这种吸附剂中的 Cu^+ 可和 CO 生成配位键,使它成为对 CO 具有高吸附容量和选择性的吸附剂。这种"使用单层分散型 CuCl/分子筛吸附剂分离一氧化碳技术"可从含 CO 的混合气中变压吸附分离制得纯的 CO,也可从 N_2,H_2 等气体中清除微量杂质 CO。目前,这种技术已在国内外许多化学工业推广应用,取得了很高的经济效益。

习　题

9.1　MgO 的晶体结构属 NaCl 型，Mg---O 最短距离为 210 pm。

（1）利用下面公式计算点阵能 U：

$$U = \frac{AN_A Z_+ Z_- e^2}{r_e (4\pi\varepsilon_0)}\left(1 - \frac{\rho}{r_e}\right) \qquad (\rho = 0.31 \times 10^{-10}\text{ m})$$

（2）O 原子的第二电子亲和能（Y_2，即 $O^- + e^- \longrightarrow O^{2-}$ 的能量）不能直接在气相中测定，试利用下列数据及（1）中得到的点阵能数据，按 Born-Haber 循环求算：

$$O^-(g) \longrightarrow O(g) + e^- \qquad 141.8\text{ kJ mol}^{-1}$$
$$O_2(g) \longrightarrow 2O(g) \qquad 498.4\text{ kJ mol}^{-1}$$
$$Mg(s) \longrightarrow Mg(g) \qquad 146.4\text{ kJ mol}^{-1}$$
$$Mg(g) \longrightarrow Mg^+(g) + e^- \qquad 737.7\text{ kJ mol}^{-1}$$
$$Mg^+(g) \longrightarrow Mg^{2+}(g) + e^- \qquad 1450.6\text{ kJ mol}^{-1}$$
$$Mg(s) + \frac{1}{2}O_2 \longrightarrow MgO(s) \qquad -601.2\text{ kJ mol}^{-1}$$

9.2　写出下列 NaCl 型晶体点阵能大小的次序及依据的原理：CaO，NaBr，SrO，ScN，KBr，BaO。

9.3　已知离子半径：Ca^{2+} 99 pm，Cs^+ 182 pm，S^{2-} 184 pm，Br^- 195 pm，若立方晶系 CaS 和 CsBr 晶体均服从离子晶体的结构规则，请判断这两种晶体的正、负离子的配位数，配位多面体型式，负离子的堆积方式及晶体的结构型式。

9.4　已知 Ag^+ 和 I^- 离子半径分别为 115 和 220 pm，若碘化银结构完全遵循离子晶体结构规律，Ag^+ 的配位数应为多少？实际上在常温下 AgI 的结构中，Ag^+ 的配位数是多少？为什么？

9.5　NH_4Cl 晶体为简单立方点阵结构，晶胞中包含 1 个 NH_4^+ 和 1 个 Cl^-，晶胞参数 $a = 387$ pm。

（1）若 NH_4^+ 热运动呈球形，试画出晶胞结构示意图；

（2）已知 Cl^- 半径为 181 pm，求球形 NH_4^+ 的半径；

（3）计算晶体密度；

（4）计算平面点阵族(110)相邻两点阵面的间距；

（5）用 Cu $K\alpha$ 射线进行衍射，计算衍射指标 330 的衍射角(θ)；

（6）若 NH_4^+ 不因热运动而转动，H 为有序分布，请讨论晶体所属的点群。

9.6　NaH 具有 NaCl 型结构。已知立方晶胞参数 $a = 488$ pm，Na^+ 半径为 102 pm，推算负离子 H^- 的半径。根据下述反应，阐明 H^- 的酸碱性。

$$NaH + H_2O \longrightarrow H_2 \uparrow + NaOH$$

9.7　第三周期元素氟化物的熔点从 SiF_4 开始突然下降（见下表），试从结构观点予以分析、说明。

化合物	NaF	MgF_2	AlF_3	SiF_4	PF_5	SF_6
熔点/℃	993	1261	1291	-90	-83	-50.5

9.8　经 X 射线分析鉴定，某一离子晶体属于立方晶系，其晶胞参数 $a = 403.1$ pm。晶胞中顶点位置为 Ti^{4+} 所占，体心位置为 Ba^{2+} 所占，所有棱心位置为 O^{2-} 所占。请据此回答或计算：

（1）用分数坐标表达诸离子在晶胞中的位置；

(2) 写出此晶体的化学式；

(3) 指出晶体的点阵型式、结构基元和点群；

(4) 指出 Ti^{4+} 的氧配位数与 Ba^{2+} 的氧配位数；

(5) 计算两种正离子半径值（O^{2-} 半径为 140 pm）；

(6) 检验此晶体是否符合电价规则，判断此晶体中是否存在分立的配位离子基团；

(7) Ba^{2+} 和 O^{2-} 联合组成哪种型式的堆积？

(8) O^{2-} 的配位情况怎样？

9.9 具有六方 ZnS 型结构的 SiC 晶体，其六方晶胞参数为 $a=308$ pm，$c=505$ pm；已知 C 原子的分数坐标（0,0,0;2/3,1/3,1/2）和 Si 原子的分数坐标（0,0,5/8;2/3,1/3,1/8）。请回答或计算下列问题：

(1) 按比例清楚地画出这个六方晶胞；

(2) 晶胞中含有几个 SiC？

(3) 画出点阵型式，说明每个点阵点代表什么？

(4) Si 作什么型式的堆积，C 填在什么空隙中？

(5) 计算 Si—C 键键长。

9.10 说明硅酸盐结构的共同特征。

9.11 Al^{3+} 为什么能部分置换硅酸盐中的硅？置换后对硅酸盐组成有何影响？

9.12 说明离子晶体结构的 Pauling 规则的内容。

9.13 回答下列有关 A 型分子筛的问题：

(1) 写出 3A，4A，5A 型分子筛的化学组成表达式及其用途；

(2) 最大孔窗由几个 Si 和几个 O 原子围成？

(3) 最大孔穴（笼）是什么笼？直径大约多大？

(4) 简述筛分分子的机理。

9.14 已知氧化铁 Fe_xO（富氏体）为氯化钠型结构，在实际晶体中，由于存在缺陷，$x<1$。今有一批氧化铁，测得其密度为 5.71 $g\,cm^{-3}$，用 Mo $K\alpha$ 射线（$\lambda=71.07$ pm）测得其衍射指标为 200 的衍射角 $\theta=9.56°$（$\sin\theta=0.1661$，Fe 的相对原子质量为 55.85）。

(1) 计算 Fe_xO 的正当晶胞参数；

(2) 求 x；

(3) 计算 Fe^{2+} 和 Fe^{3+} 各占总铁量的质量分数；

(4) 写出标明铁的价态的化学式。

9.15 NiO 晶体为 NaCl 型结构，将它在氧气中加热，部分 Ni^{2+} 被氧化为 Ni^{3+}，成为 Ni_xO（$x<1$）。今有一批 Ni_xO，测得其密度为 6.47 $g\,cm^{-3}$，用波长 $\lambda=154$ pm 的 X 射线通过粉末法测得立方晶胞 111 衍射指标的 $\theta=18.71°$（$\sin\theta=0.3208$，Ni 的相对原子质量为 58.70）。

(1) 计算 Ni_xO 的立方晶胞参数；

(2) 算出 x，写出标明 Ni 的价态的化学式；

(3) 在 Ni_xO 晶体中，O^{2-} 的堆积方式怎样？Ni 在此堆积中占据哪种空隙？占有率（即占有分数）是多少？

(4) 在 Ni_xO 晶体中，Ni---Ni 间最短距离是多少？

9.16 从 NaCl 晶体结构出发，考虑下列问题：

(1) 除去其中全部 Cl^-，剩余 Na^+ 是何种结构型式？

（2）沿垂直三重轴方向抽去一层 Na^+，保留一层 Na^+，是何种结构型式？

9.17　Ag_2O 属立方晶系晶体，$Z=2$，原子分数坐标为

Ag：　$1/4,1/4,1/4;3/4,3/4,1/4;3/4,1/4,3/4;1/4,3/4,3/4$；

O：　　$0,0,0;1/2,1/2,1/2$。

（1）若把 Ag 放在晶胞原点，请重新标出原子分数坐标；

（2）说明 Ag 和 O 的配位数和配位型式；

（3）晶体属于哪个点群？

9.18　一种高温超导体$[YBa_2Cu_3O_{7-x}(x\approx0.2)]$属正交晶系。空间群为 $Pmmm$；晶胞参数为 $a=381.87$ pm，$b=388.33$ pm，$c=1166.87$ pm。晶胞中原子坐标参数如下表所示：

原　子	x	y	z
Y	1/2	1/2	1/2
Ba	1/2	1/2	0.1844
Cu(1)	0	0	0
Cu(2)	0	0	0.3554
O(1)	0	1/2	0
O(2)	1/2	0	0.3788
O(3)	0	1/2	0.3771
O(4)	0	0	0.1579

试按比例画出晶胞的大小及晶胞中原子的分布，并和立方晶系的 $BaTiO_3$ 结构（9.8 题）对比，指出它们之间有哪些异同。

9.19　在 $\beta\text{-}TiCl_3$ 晶体中，Cl^- 作 A3 型密堆积。若按 Ti^{3+} 和 Cl^- 的离子半径分别为 78 pm 和 181 pm 计算，则 Ti^{3+} 应占据什么空隙？占据空隙的分数是多少？占据空隙的方式有多少种？

9.20　由于生成条件不同，球形 C_{60} 分子可堆积成不同的晶体结构，如立方最密堆积和六方最密堆积结构。前者的晶胞参数 $a=1420$ pm；后者的晶胞参数 $a=b=1002$ pm，$c=1639$ pm。

（1）画出 C_{60} 的 ccp 结构沿四重轴方向的投影图；并用分数坐标示出分子间多面体空隙中心的位置（每类多面体空隙中心只写一组坐标即可）。

（2）在 C_{60} 的 ccp 和 hcp 结构中，各种多面体空隙理论上所能容纳的"小球"的最大半径是多少？

（3）C_{60} 分子还可形成非最密堆积结构，使某些碱金属离子填入多面体空隙，从而制得超导材料。在 K_3C_{60} 所形成的立方面心晶胞中，K^+ 占据什么多面体空隙？占据空隙的百分数为多少？

9.21　Y 型分子筛属于立方晶系，空间群为 $O_h^7\text{-}F\dfrac{4_1}{d}\bar{3}\dfrac{2}{m}$，其晶胞参数为 $a=2460$ pm，晶胞组成为 $28Na_2O \cdot 28Al_2O_3 \cdot 136SiO_2 \cdot xH_2O$。

（1）说明该分子筛晶体所属的点群和空间点阵型式；

（2）说明该分子筛晶体的宏观对称元素和特征对称元素；

（3）计算硅铝比；

（4）已知该分子筛的密度为 1.95 g cm^{-3}，求晶胞中结晶水的数目。

9.22　$\alpha\text{-}MnS$ 晶体属立方晶系。用 X 射线粉末法（$\lambda=154.05$ pm）测得各衍射线 2θ 如下：$29.60°,34.30°,49.29°,58.56°,61.39°,72.28°,82.50°,92.51°,113.04°$。

（1）通过计算，确定该晶体的空间点阵型式；

（2）通过计算，将各衍射线指标化；

（3）计算该晶体正当晶胞参数；

（4）26℃测得该晶体的密度为 $4.05\,\mathrm{g\,cm^{-3}}$，请计算一个晶胞中的离子数；

（5）发现该晶体在 $(a+b)$ 和 a 方向上都有镜面，而在 $(a+b+c)$ 方向上有 C_3 轴，请写出该晶体点群的 Schönflies 记号和空间群国际记号；

（6）若某 α-MnS 纳米颗粒形状为立方体，边长为 α-MnS 晶胞边长的 10 倍，请估算其表面原子占总原子数的百分率。

参 考 文 献

[1]　麦松威，周公度，李伟基. 高等无机结构化学. 第 2 版. 北京：北京大学出版社，2006.

[2]　周公度. 无机结构化学. 北京：科学出版社，1982.

[3]　埃文思(Evans R C). 结晶化学导论. 胡玉才，戴寰，新民，译. 北京：人民教育出版社，1983.

[4]　鲍林(Pauling L). 化学键的本质. 第三版. 卢嘉锡，黄耀曾，曾广植，陈元柱，等译. 上海：上海科学技术出版社，1981.

[5]　邵美成. 鲍林规则与键价理论. 北京：高等教育出版社，1993.

[6]　秦善，王长秋. 矿物学基础. 北京：北京大学出版社，2006.

[7]　Xie Y C(谢有畅)，Tang Y-Q(唐有祺). Advance in Catalysis，1990，37：1.

[8]　谢有畅，张佳平，童显忠，等. 一氧化碳高效吸附剂 CuCl/分子筛. 高等学校化学学报，1997，18：1159～1165.

[9]　Wells A F. Structural Inorganic Chemistry. 5th ed. Oxford：Oxford University Press，1984.

[10]　Shannon R D. Acta Cryst，1976，A32：751.

[11]　Liebau F. Structural Chemistry of Silicates. Berlin：Springer-Verlag，1985.

[12]　Shriver D F，Atkins P W. Inorganic Chemistry. 3rd ed. New York：Freeman，1999.

[13]　Housecroft C E，Sharpe A G. Inorganic Chemistry. London：Prentice-Hall，2001.

[14]　Hude B G，Andersson S. Inorganic Crystal Structures. New York：Wiley，1989.

第 10 章　次级键及超分子结构化学

在 3.1 节中曾讨论到,次级键是除共价键、离子键和金属键以外,其他各种化学键的总称。次级键涉及分子间和分子内基团间的相互作用,涉及超分子、各种分子聚集体的结构和性质,涉及生命物质内部的作用等等,内涵极为丰富。但是,迄今人们对次级键的认识尚很肤浅。可以预言,次级键是 21 世纪化学键研究的主要课题。

由于次级键内容的广泛性,本章首先通过键价理论,利用经验规律,依据由实验测定的原子间距离数据,定量地计算各种键的键价,以了解键的性质。然后讨论氢键、非氢键型次级键、范德华力、有关分子的形状和大小。最后三节讨论和次级键密切相关的超分子、纳米材料和软物质的结构化学以及物质结构研究方法的新进展等内容。

10.1　键价和键的强度

L. Pauling 曾为键数小于 1 的分数键的键长(d_n)和键数(n)间的关系提出下一方程:

$$d_n = d_1 - 60 \times \lg n \tag{10.1.1}$$

式中 d_1 是同类型的单键的键长,即用同样的键轨道形成的单键的键长,单位为 pm。在离域 π 键中,键级不等于键数的条件下,例如苯分子中碳-碳键的键数为 1.5,而用 LACO 法或 HMO 法算得的键级略大一点,为 1.67,这时(10.1.1)式可改为

$$d_{n'} = d_1 - 71 \times \lg n' \tag{10.1.2}$$

式中 n' 为键级。利用这个公式,有时可以得到很好的结果。例如,已知 H—F 单键键长为 92 pm,在对称氢键[F—H—F]$^-$中,H—F 间的键级为 0.5,则键长为

$$d_{n'} = 92 \text{ pm} - (71 \text{ pm}) \times \lg(0.5) = 113 \text{ pm}$$

这和实验测定的键长完全吻合。但是由于键型的多样性,像(10.1.1)或(10.1.2)式中只含一个参数的方程,不可能普遍地适用于各种类型的化学键。为了探讨键长和键价的关系,I. D. Brown 等提出键价理论(bond valence theory),它是了解键的强弱的一种重要方法。

键价理论根据化学键的键长是键的强弱的一种量度的观点,认为由特定原子组成的化学键:键长值小,键强度高、键价数值大;键长值大,键强度低、键价数值小。他们根据实验测定所积累的键长数据,归纳出键长和键价的关系。键价理论的核心内容有两点:

(1) 通过 i,j 两原子间的键长 r_{ij} 计算这两原子间的键价 S_{ij}

$$S_{ij} = \exp\left[(R_0 - r_{ij})/B\right] \tag{10.1.3}$$

或

$$S_{ij} = (r_{ij}/R_0)^{-N} \tag{10.1.4}$$

式中 R_0 和 B(或 R_0 和 N,由于表达公式不同,两式的 R_0 值不同)是和原子种类及价态有关的经验常数,可根据 i,j 两原子的氧化态和精确的键长实验值拟合得到。

(2) 键价和规则:每个原子所连诸键的键价之和等于该原子的原子价。这一规则为键价理论的合理性提供了依据,并加深对键的强弱和性质等内容的理解。

表 10.1.1 列出若干元素不同氧化态的正离子和负离子成键时，按(10.1.3)式计算键价所用的参数，由于所列数据中的 B 值均为 37 pm，所以只列出适用于(10.1.3)式的 R_0 值。表注部分附上几种元素的原子和氧、氮、氟、氯等成键时按(10.1.4)式计算键价所用的参数 R_0 和 N。

表 10.1.1　若干元素原子和氧原子成键时计算键价的参数[a]

正离子	负离子	R_0/pm	正离子	负离子	R_0/pm	正离子	负离子	R_0/pm
Ag^+	I^-	238	Cu^+	O^{2-}	161	Na^+	O^{2-}	180.3
Ag^+	O^{2-}	180.5	Cu^{2+}	O^{2-}	167.9	Nb^{5+}	O^{2-}	191.1
Al^{3+}	O^{2-}	162	Eu^{3+}	O^{2-}	207.4	Ni^{2+}	O^{2-}	165.4
As^{5+}	F^-	162	Fe^{2+}	O^{2-}	173.4	P^{5+}	O^{2-}	161.7
As^{5+}	O^{2-}	176.7	Fe^{3+}	O^{2-}	175.9	Pb^{2+}	O^{2-}	211.2
B^{3+}	O^{2-}	137.1	Ga^{3+}	O^{2-}	173.0	Pb^{4+}	O^{2-}	204.2
Ba^{2+}	O^{2-}	228.5	Ge^{4+}	O^{2-}	174.8	Pd^{2+}	Cl^-	253
Be^{2+}	O^{2-}	138.1	Hg^{2+}	Cl^-	228	Rb^+	O^{2-}	226.3
Bi^{3+}	O^{2-}	209.4	Hg^{2+}	F^-	217	S^{4+}	O^{2-}	164.4
C^{4+}	O^{2-}	139	I^{7+}	O^{2-}	193	S^{6+}	O^{2-}	162.4
Ca^{2+}	F^-	184.2	In^{3+}	O^{2-}	190.2	Sb^{5+}	O^{2-}	194.7
Ca^{2+}	O^{2-}	196.7	Ir^{4+}	O^{2-}	187	Sc^{3+}	O^{2-}	184.9
Cd^{2+}	Cl^-	237	K^+	Cl^-	251.9	Se^{4+}	O^{2-}	181.1
Cd^{2+}	O^{2-}	190.4	K^+	O^{2-}	213.7	Se^{6+}	O^{2-}	178.8
Ce^{3+}	O^{2-}	215.1	La^{3+}	O^{2-}	217.2	Si^{4+}	O^{2-}	162.4
Ce^{4+}	O^{2-}	202.8	Li^+	O^{2-}	146.6	Sn^{4+}	O^{2-}	190.5
Cl^{7+}	O^{2-}	163.2	Mg^{2+}	O^{2-}	169.3	Sr^{2+}	O^{2-}	211.8
Co^{2+}	O^{2-}	169.2	Mn^{2+}	O^{2-}	176.5	Te^{4+}	O^{2-}	197.7
Co^{3+}	O^{2-}	163.7	Mn^{4+}	O^{2-}	175.3	Ti^{4+}	O^{2-}	181.5
Cr^{3+}	O^{2-}	172.4	Mn^{7+}	O^{2-}	179	V^{5+}	O^{2-}	180.3
Cr^{6+}	O^{2-}	179.4	Mo^{6+}	O^{2-}	190.7	W^{6+}	O^{2-}	192.1
Cs^+	Cl^-	279.1	N^{5+}	O^{2-}	136.1	Zn^{2+}	O^{2-}	170.4
Cs^+	O^{2-}	241.7	Na^+	Cl^-	215	Zr^{4+}	O^{2-}	193.7

[a] 本表是按(10.1.3)式取 B 值为 37 pm 时的 R_0 值。若按(10.1.4)式计算的 R_0/pm 和 N 值，则用下列参数：

　　$H(1)\cdots O(-2)$　$R_0=87, N=2.2$；　$Sb(3)\cdots F(-1)$　$R_0=177.2, N=3.7$；

　　$Sn(2)\cdots F(-1)$　$R_0=173.9, N=3.5$；　$V(4 或 5)\cdots N(-3)$　$R_0=177, N=5.2$。

将键价理论用于分子和晶体，可以深入地理解化合物的结构和性质。下面举例说明：

【例 10.1.1】　实验测定磷酸盐的 PO_4^{3-} 基团的 P—O 键键长为 153.5 pm，试计算 P—O 键的键价及 P 原子的键价和。

解　查表 10.1.1，将有关数据代入(10.1.3)式，得

$$S = \exp\left[\frac{161.7\ \text{pm} - 153.5\ \text{pm}}{37\ \text{pm}}\right] = \exp[0.222] = 1.25$$

即 PO_4^{3-} 中每个 P—O 键的键价为 1.25。P 原子的键价和为 $4 \times 1.25 = 5.00$，这和 PO_4^{3-} 中 P 原子的价态一致。

【例 10.1.2】　MgO 晶体具有 NaCl 型的结构，试根据表 10.1.1 的数据，估算 Mg---O 间

的距离和 Mg^{2+} 的离子半径(按 O^{2-} 的离子半径为 140 pm，Mg^{2+} 和 O^{2-} 的离子半径之和即为 Mg---O 间的距离计算)。

解 MgO 中的镁是 +2 价，Mg^{2+} 周围有 6 个距离相等的 O^{2-}。按键价和规则，每个键的键价(S)为 $2/6=0.333$。由表 10.1.1 查得 $R_0=169.3$ pm，按 (10.1.3) 式，得

$$S = \exp\left[\frac{169.3 \text{ pm} - r}{37 \text{ pm}}\right] = 0.333$$

将 0.333 换算成指数式
$$0.333 = \exp[-1.10]$$

$$\frac{169.3 \text{ pm} - r}{37 \text{ pm}} = -1.10, \quad r = 210 \text{ pm}$$

Mg^{2+} 的离子半径为

$$210 \text{ pm} - 140 \text{ pm} = 70 \text{ pm}$$

【例 10.1.3】 在冰中每个水分子都按四面体方式形成 2 个 O—H⋯O 及 2 个 O⋯H—O 氢键。氢键的键长通过实验测定为 276 pm，其中 O—H 96 pm，O⋯H 180 pm，试求这两种键长相应的键价，以及 O 和 H 原子周围的键价和。

解 按 (10.1.4) 式及表 10.1.1 所列数据，可得 O—H 键键价：
$$S = (96/87)^{-2.2} = 0.80$$

O⋯H 键键价：
$$S = (180/87)^{-2.2} = 0.20$$

所以，在冰中 O 原子和 H 原子周围键价的分布如下：

O 原子周围的键价和为 2，H 原子的键价和为 1，符合键价和规则。

10.2 氢 键[①]

氢键的概念、重要性及其作用力的本质，早在 1939 年 Pauling 著的《化学键的本质》一书中就已阐明，此后氢键在化学和生物学中的作用，日益受到人们的重视。

氢键以 X—H⋯Y 表示，由于 H 原子通常不在 X 和 Y 的连线上，而将 X---Y 间的距离定为氢键的键长，其中 X—H σ 键的电子云趋向高电负性的 X 原子，导致出现屏蔽小的正电性的氢原子核，它强烈地被另一个高电负性的 Y 原子所吸引。X，Y 通常是 F，O，N，Cl 等原子，以及按双键或三重键成键的碳原子。例如：

$$\diagdown\!\!\!\diagdown C\!-\!H\cdots O \quad \text{和} \quad \diagdown\!\!\!\diagdown C\!-\!H\cdots N$$

$$\equiv\!C\!-\!H\cdots O \quad \text{和} \quad \equiv\!C\!-\!H\cdots N$$

氢键键能介于共价键和范德华作用能之间，它的形成不像共价键那样需要严格的条件，它

———————

① 感谢康宁教授为增改本节内容提供资料和宝贵意见。

的结构参数如键长、键角和方向性等各个方面都可以在相当大的范围内变化,具有一定的适应性和灵活性。氢键的键能虽然不大,但对物质性质的影响却很大,其原因有二:

(1)氢键键能小,它的形成和破坏所需要的活化能也小,加上形成氢键的空间条件比较灵活,在物质内部分子间和分子内不断运动变化的条件下,氢键仍能不断地断裂和形成,在物质内部保持一定数量的氢键结合。

(2)在常温下含水的生命物质所进行的生理反应及相互作用,由于氢键作用显现出它们的互补性而形成稳定的状态,其他化学物质也会出现同样情况。因此,Pauling 等化学家归纳出"形成最多氢键原理",即物质内部趋向于尽可能多地生成氢键以降低体系的能量,在具备形成氢键条件的固体、液体甚至气体中都尽可能多地生成氢键。

氢键的形成对物质的各种物理化学性质都会发生深刻的影响,在人类和动植物的生理生化过程中氢键常起到自洽、互补等直接的重要作用。

10.2.1　氢键的几何形态

氢键的几何形态可用示于图 10.2.1 中的 R, r_1, r_2, θ 等参数表示。许多实验研究工作对氢键的几何形态已归纳出下列普遍存在的情况:

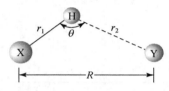

图 10.2.1　氢键的几何形态

(1)大多数氢键 X—H⋯Y 是不对称的,即 H 原子距离 X 较近,距离 Y 较远。

(2)氢键 X—H⋯Y 可以为直线形,$\theta=180°$;也可为弯曲形,即 $\theta<180°$。虽然直线形在能量上有利,但很少出现,因为它受晶体中原子的排列和堆积所限制。

(3)X 和 Y 间的距离作为氢键的键长,如同所有其他的化学键一样,键长越短,氢键越强。当 X---Y 间距离缩短时,X—H 的键长增长。极端的情况是对称氢键,这时 H 原子处于 X---Y 间距离的中心点,是最强的氢键。

(4)氢键键长的实验测定值比 X—H 共价键键长加上 H 原子和 Y 原子的范德华半径之和短。例如,通常 O—H⋯O 氢键键长为 276 pm,它比 O—H 的共价键键长 109 pm 及 H⋯Y 间范德华接触距离 120 pm＋140 pm 的总和 369 pm 短。

(5)氢键 X—H⋯Y 和 Y—R 键间形成的角度 α,通常处于 100°～140°之间。

$$X—H---Y$$
$$\alpha \quad R$$

(6)在通常情况下,氢键中 H 原子是二配位,但在有些氢键中 H 原子是三配位或四配位。

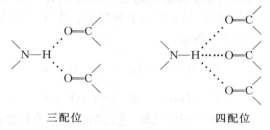

三配位　　　　　　　　　四配位

(7)在大多数氢键中,只有一个 H 原子是直接指向 Y 上的孤对电子,但是也有许多例外。在氨晶体中,每个 N 原子的孤对电子接受分属其他氨分子的 3 个 H 原子;在尿素晶体中,每个

O 原子同样地接受 4 个 H 原子。

对有机化合物中形成氢键的条件,可归纳出若干要点:

(1) 所有合适的质子给体和受体都能形成氢键。

(2) 若分子的几何构型适合于形成六元环的分子内氢键,则形成分子内氢键的趋势大于分子间氢键。

(3) 在分子内氢键形成后,剩余的合适的质子给体和受体相互间会形成分子间氢键。

10.2.2 氢键的强度

对氢键电子本性的研究说明,它涉及共价键、离子键和范德华作用等广泛的范围。非常强的氢键像共价键,非常弱的氢键接近范德华作用。大多数氢键处于这两种极端状态之间。除了一般的定义外,还利用测定物质性质的方法把出现效应的大小和氢键的强弱联系起来,并为强弱氢键的区分提供数据,如表 10.2.1 所示。

表 10.2.1 氢键的强弱及其性质

性 质	强氢键	中强氢键	弱氢键
X—H$\cdots$Y 相互作用	共价性占优势	静电性占优势	静电
键长	X—H$\approx$H—Y	X—H$<$H$\cdots$Y	X—H$\ll$H$\cdots$Y
H$\cdots$Y/pm	120~150	150~220	220~320
X$\cdots$Y/pm	220~250	250~320	320~400
键角 $\theta/(°)$	175~180	130~180	90~150
键能/(kJ mol^{-1})	$>$50	15~50	$<$15
IR 相对振动位移/(%)	25	10~25	$<$10
低场中 ^{1}H 化学位移/ppm	14~22	$<$14	—
实 例	强酸气相二聚体、酸式盐、质子受体、HF 配合物	酸、醇、酚水合物、生物分子	弱碱、碱式盐、C—H$\cdots$O/N、O/N—H$\cdots\pi$

表 10.2.1 中氢键强弱的主要判据是 X$\cdots$Y 键长及键能。键长可通过晶体结构准确地测定。表中对弱氢键所给的范围较大,是因为考虑到 Si—H$\cdots$N,N—H$\cdots\pi$ 等类弱氢键。对于键能,是指下一解离反应的焓的改变量 ΔH

$$X—H\cdots Y \longrightarrow X—H + Y$$

对少数非常强的对称氢键 O—H—O 和 F—H—F,ΔH 超过 100 kJ mol^{-1}。在 KHF$_2$ 中,F—H—F 氢键的 ΔH 达到 212 kJ mol^{-1},是迄今观察到的最强氢键。

在冰-I_h 中,O—H$\cdots$O 氢键键能为 25 kJ mol^{-1},它是下述相互作用的结果。

(1) 静电相互作用:这一作用可由下式表示,它使 H$\cdots$O 间的距离缩短。

$$\overset{\delta-}{O}—\overset{\delta'+}{H}\cdots\overset{\delta-}{O}$$

(2) 离域或共轭效应:H 原子和 O 原子间的价层轨道相互叠加所引起,它包括 3 个原子。

(3) 电子云的推斥作用:H 原子和 O 原子的范德华半径和为 260 pm,在氢键中 H$\cdots$O 间的距离趋于 180 pm 之内,这样将产生电子-电子推斥能。

(4) 范德华作用:如同所有分子之间的相互吸引作用,提供能量用于成键,但它的效应相对较小。

有关 O—H⋯O 体系的能量,通过分子轨道计算,其值列于表 10.2.2 中。

表 10.2.2　在 O—H⋯O 氢键中各种能量的贡献

能量贡献形式	能量/$(kJ\,mol^{-1})$
(1) 静电能	−33.4
(2) 离域能	−34.1
(3) 推斥能	+41.2
(4) 范德华作用能	−1.0
总能量	−27.3
键能实验测定值	+25.0

非常强的氢键出现在对称的 O—H—O 和 F—H—F 体系中。直线形的 HF_2^- 离子中,H 原子处在 2 个 F 原子的中心点

$$\left[F\!\!\underline{\quad 113\,pm\quad}\!\!H\!\!\underline{\quad 113\,pm\quad}\!\!F \right]^-$$

对称氢键为共价性的键,可将其视为三中心四电子(3c-4e)体系。若将分子轴取作 z 轴,H 原子的 1s 轨道和 2 个 F 原子(分别以 A 和 B 表示)的 $2p_z$ 轨道互相叠加,形成 3 个分子轨道:

$$\psi_1 = N_1[2p_z(A) + c1s + 2p_z(B)]$$
$$\psi_2 = N_2[2p_z(A) - 2p_z(B)]$$
$$\psi_3 = N_3[2p_z(A) - c1s + 2p_z(B)]$$

式中 c 是一个权重系数,而 N_1,N_2 和 N_3 为归一化常数。

图 10.2.2(a)示出分子轨道的叠加情况,(b) 定性地表示分子轨道能级高低的次序。由于参加这一体系成键作用有 4 个价电子,成键分子轨道 ψ_1 和非键分子轨道 ψ_2 均由电子占据,而

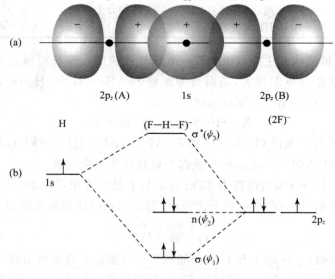

图 10.2.2　HF_2^- 中的氢键

(a) 分子轨道的叠加情况,(b) 分子轨道能级高低次序

反键分子轨道 ψ_3 是空的,形成3c-4e键。这样在 HF_2^- 中每一个 H—F 连线相当于键级为0.5。它可和 HF 分子进行对比,所得结果列于下表。

分 子	键 级	键长 d/pm	力常数 k/(N m^{-1})
HF	1	93	890
HF_2^-	0.5	113	230

近来对氢的成键情况的深入研究显示,氢原子在一定条件下还能和周围原子形成芳香氢键(又称 π 氢键,X—H$\cdots\pi$)、金属氢键(X—H$\cdots$M)和二氢键(X—H$\cdots$H—Y)等类型。大大扩展了人们对原子成键能力和化学键多样性的认识。

10.2.3 冰和水中的氢键

水分子具有弯曲形结构,O—H 键长 95.72 pm,HOH 键角 104.52°,O—H 键和孤对电子形成四面体构型的分布,如图 10.2.3 所示。水是极性分子,偶极矩 $\mu = 6.17 \times 10^{-30}$ C m。水分子的这种构型以及能够从 4 个方向和其他分子形成氢键的能力,是了解一切含水化合物的结构和性能的基础。

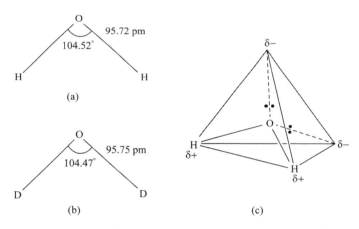

图 10.2.3 H_2O(a)和重水 D_2O(b)的分子构型,H_2O 分子的电荷分布(c)
(2 个键对电子与 2 个孤对电子按四面体形分布在 4 个顶点上)

水在不同的温度和压力条件下,可结晶成多种结构型式的冰。除已知的 11 种晶型外,近年陆续报道发现新的晶型,冰是迄今已知的由一种简单分子堆积出结构类型最多的化合物。

人们日常生活中接触到的雪、霜、自然界的冰和各种商品的冰都是冰-I_h。冰-I_h 是六方晶系晶体,它的晶体结构示于图 10.2.4。0 ℃时,六方晶胞参数为:$a = 452.27$ pm,$c = 736.71$ pm;晶胞中包含 4 个 H_2O 分子,空间群为 D_{6h}^4-$P6_3/mmc$;其密度为 0.9168 g cm^{-3}。

在冰-I_h 中平行于六重轴方向的 O—H$\cdots$O 的距离为 275.2 pm,而其他 3 个为 276.5 pm,$\angle OOO$ 接近于 109.5°。由于 H_2O 分子的 $\angle HOH$ 为 104.5°,O—H 键长为 96 pm,在 O—H$\cdots$O氢键中,H 原子是处在 O$\cdots$O 连线的附近,而不是正好处在连线上;氢原子靠近一个 O 原子,所以出现O—H$\cdots$O 和O$\cdots$H—O 两种方式。在冰-I_h 中,由于氢原子的无序分布,这两种方式相等。平均而言,就每一氢键,相当于距离其中一个氧原子为 96 pm 和 180 pm(按中

345

子衍射测定 D_2O 的数据为 101 pm 和 175 pm)处都有半个氢原子,如图 10.2.5 所示。正是由于氢原子的无序统计分布,提高了冰-I_h 的对称性,使它具有 D_{6h} 点群的对称性。

冰中的这种无序结构,使它在低温时仍有可以测出的熵值——残余熵。一块冰的晶体可能以许多构型中的任何一个存在,每种构型与水分子的某种取向相对应,当冰冷却到很低温度时,它就冻结在许多可能的构型中的某个构型,而不可能出现排布完全整齐的构型,因此它具有残余熵 $k\ln W$(k 为 Boltzmann 常数,W 为晶体可实现的构型数)。1 mol 冰有 $2N_A$ 个 H 原子,每个 H 在 O—O 间有 2 个位置可供选择,共有 2^{2N_A} 个构型;但是每个 O 原子只和 2 个 H 原子靠近,只占图 10.2.6 示出的全部 16 种可能构型中的 6 种,即 6/16。

$$W = 2^{2N_A}\left(\frac{6}{16}\right)^{N_A} = \left(\frac{3}{2}\right)^{N_A}$$

$$k\ln\left(\frac{3}{2}\right)^{N_A} = R\ln\left(\frac{3}{2}\right) = 3.372 \text{ J mol}^{-1}\text{ K}^{-1}$$

这一数据与实验测定值(3.430 J mol^{-1} K^{-1})符合得很好,为早期冰的无序结构的假设提供了有力的支持。

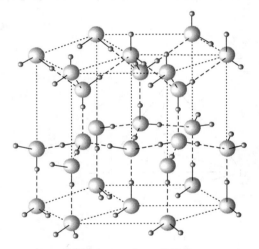

图 10.2.4 冰-I_h 的结构

(图中:大球代表 O 原子,小球代表 H 原子,每个氢键都存在 O—H⋯O 和 O⋯H—O 两种概率相等的 H 原子分布方式,图中任意地选了一种。但每个 O 原子严格地只和 2 个 H 原子以共价键相连。点线划出六方晶胞,有 3 个晶胞并在一起,更好地显示出它的对称性)

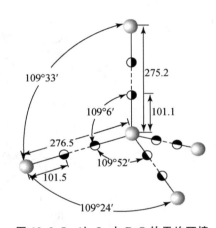

图 10.2.5 冰-I_h 中 D_2O 的平均环境

在 -50 ℃ 时,用中子衍射法测定(图中:大球代表 O 原子,一半涂黑的小球代表 D 原子在此占有率为 1/2,键长单位为 pm。中子衍射测定 D 原子位置和 H_2O 中的 H 原子位置略有差异)

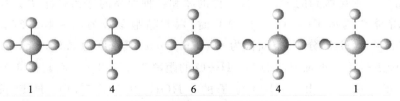

| 1 | 4 | 6 | 4 | 1 |

图 10.2.6 冰中水分子的可能构型

当温度升高冰熔化为水,这时大约有 15% 的氢键断裂,冰的空旷的氢键体系瓦解,一部分形成由氢键连接的链状和环状聚集体,另一部分冰的"碎片"环化成堆积密度较大的多面体,如五角十二面体。水中存在的多面体不一定完整独立地存在,也可包含带心的、不完整的、相互连接的并不断改变结合型式呈动态平衡的氢键体系。这种转变过程促使分子间堆积较密,体积缩小,密度增加。另一方面,温度上升,热运动加剧,使密度减小。两种影响密度的相反因素,导致水在 4 ℃时密度最大。冰、水和水蒸气(或称汽)三者间热学性质存在如下关系,由此也正好说明水中水分子由大量氢键结合在一起。

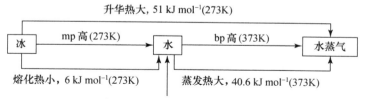

升华热大, 51 kJ mol^{-1}(273K)

冰 —— mp 高(273K) →→ 水 —— bp 高(373K) →→ 水蒸气

熔化热小, 6 kJ mol^{-1}(273K)　　蒸发热大, 40.6 kJ mol^{-1}(373K)

水的比热大, 76 J mol^{-1} K^{-1}

　　冰和水中分子间氢键连接的空旷结构,使它能和许多种小分子形成多种类型的晶态水合物,其中最重要的是天然气与水在高压低温条件下结晶成的天然气水合物,它的外形和冰相似,可以燃烧,又称为可燃冰。

　　天然气的主要成分为甲烷。甲烷气体水合物为Ⅰ型冰晶体,它属立方晶系,晶胞参数 $a = 1.20$ nm,晶胞的组成为 $8CH_4 \cdot 46H_2O$。晶体中水分子骨架的结构可看作水分子通过氢键连接成两种多面体,再由它们共面连接而成骨架,CH_4 分子处在多面体孔穴的中心。这两种多面体一种是由 12 个五边形面围成的五角十二面体(5^{12}),另一种是由 12 个五边形面和2个六边形面围成的十四面体($6^2 5^{12}$),分别如图 10.2.7(a)和(b)所示。甲烷水合物的晶体结构,可看作在晶胞的顶点和中心上分别安放五角十二面体(5^{12}),但彼此取向不同;在 6 个面的中心线上放 2 个共面连接的十四面体($6^2 5^{12}$),如图 10.2.7(c)所示。晶胞中含 2 个(5^{12})和 6 个($6^2 5^{12}$),每个多面体中放一个 CH_4 分子。晶胞的组成为 $8CH_4 \cdot 2(5^{12}) \cdot 6(6^2 5^{12})$ 或 $8CH_4 \cdot 46H_2O$。理论上,1 m^3 甲烷水合物在标准温度和压力下可释放出 170 m^3 的 CH_4 气体和 0.8 m^3 的淡水(参见习题 10.6)。

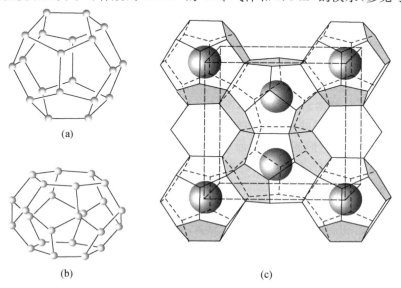

(a)

(b)

(c)

图 10.2.7　甲烷气体水合物的结构

(a) 五角十二面体(5^{12}),(b) 十四面体($6^2 5^{12}$),(c) 晶胞前面多面体连接情况[在(a)和(b)中小球代表 O 原子,连线代表 O—H⋯O 氢键;在(c)中多面体顶点代表 O 原子位置,大球代表 CH_4 分子]

天然气水合物广泛地存在于大海底部和永久冻土带的地层中,据估算全球资源量可达 2×10^{16} m³。若按其含碳量估算,为全球的煤、石油和常规天然气等总含碳量的 2 倍。它热值高、燃烧污染少,可望成为人类未来能源的重要组成部分。近来我国在南海北部陆坡进行勘探,可燃冰远景资源量可达上百亿吨油当量,沉积层厚度 18~34 m,气体中 CH_4 含量在 99.5% 以上。开采利用可燃冰已是当前的重要课题。

10.2.4　氢键和物质的性能

物质的许多性能可根据物质中分子间形成氢键的聚集状态,而不是单个分子的性质来理解。下面从三方面分析分子间通过氢键形成的聚集体与物质性能的关系。

1. 物质的溶解性能

水是应用最广的极性溶剂。汽油、煤油等是典型的非极性溶剂,通称为油。溶质分子在水中和油中的溶解性质,可用"相似相溶"原理表达。这个经验原理指出:结构相似的化合物容易互相混溶,结构相差很大的化合物不易互溶。其中"结构"二字主要有两层含义:(i) 指物质结合在一起所依靠的化学键型式,对于由分子结合在一起的物质,主要指分子间结合力形式;(ii) 指分子或离子、原子的相对大小以及离子的电价。

水是极性较强的分子,水分子之间有较强的氢键生成,水分子既可为生成氢键提供 H,又能有孤对电子接受 H。氢键是水分子间的主要结合力。油分子不具极性,分子间依靠较弱的范德华力结合。当以水为溶剂时,对于溶质分子,凡能为生成氢键提供 H 与接受 H 者,均和水相似,例如 ROH,RCOOH,Cl_3CH,$R_2C{=}O$,$RCONH_2$ 等等,均可通过氢键和水结合,在水中溶解度较大。而不具极性的碳氢化合物,不能和水生成氢键,在水中溶解度很小。

在同一类型的溶质分子中,如 ROH,随着 R 基团加大,在水中溶解度越来越小。

从热力学分析,$\Delta G = \Delta H - T\Delta S$,自发进行的过程自由焓减少。溶质分子和溶剂分子混合,熵总是增加的,即溶解过程 ΔS 为正值:只要 ΔH 项不是很大的正值,不超过 $T\Delta S$ 项,就会溶解。若溶质和溶剂相似,溶质和溶剂分子间相互作用能和原来溶质、溶剂单独存在时变化不大,ΔH 不大,故易互溶。如果溶质和溶剂差异很大,例如水和苯,当苯分子进入水内,会破坏原来水内部分子间较强的氢键,同时也破坏原来苯分子间的较强的色散力,而代之以水和苯分子间的诱导力。这种诱导力在分子间作用力中占的比重较小,故 ΔH 变成较大的正值,超过 $T\Delta S$ 项,ΔG 成为正值,使溶解不能进行,所以水和苯不易互溶。

丙酮、二氧六环烷、四氢呋喃等,既能接受 H 和 H_2O 分子生成氢键,又有很大部分和非极性的有机溶剂相似,所以它们能与水和油等多种溶剂混溶。

温度升高,$T\Delta S$ 项增大,互溶度一般也增大。

2. 物质的熔沸点和气化焓

由于气态物质分子间作用力可以忽略不计,气化过程将使分子间作用力消失。所以分子间作用力愈大的液态和固态物质,其气化焓愈大,沸点愈高,愈不易气化。熔化过程也需克服部分分子间作用力,但因影响熔点和熔化焓的因素较多,其规律性不如沸点和气化焓明显。

结构相似的同系物质,若系非极性分子,色散力是分子间的主要作用力;随着相对分子质量增大,极化率增大,色散力加大,熔沸点升高。但若分子间存在氢键,结合力较色散力强,会使熔沸点显著升高。图 10.2.8 示出各种氢化物的沸点和熔点,由图可见,HF,H_2O,NH_3 等由于分子间有较强的氢键生成,熔点和沸点就特别高。主族元素氢化物的气化焓,其大小规律和它们的沸点高低一致。

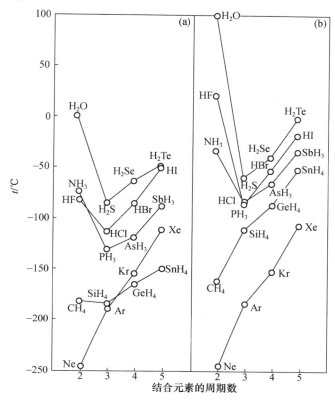

图 10.2.8 主族元素氢化物的熔点(a)和沸点(b)

分子间生成氢键,熔点、沸点会上升;分子内生成氢键,一般熔、沸点要降低。例如,邻硝基苯酚生成分子内氢键,熔点为 45 ℃;而生成分子间氢键的间位和对位硝基苯酚,其熔点分别为 96 ℃ 和 114 ℃。

图中 H_2O,NH_3 和 HF 等分子所具有的反常性质,说明在它们分子间有着明显的作用力。这是这些分子通过分子间氢键自组装成 $(H_2O)_n$,$(NH_3)_m$,$(HF)_p$ 等聚合体,使它们显示出特定功能的证明。

3. 黏度和表面张力

分子间生成氢键,黏度会增大,例如甘油和浓硫酸

$$CH_2{-}CH{-}CH_2 \qquad\qquad H_2SO_4(浓)$$
$$\;\;|\qquad\;\;|\qquad\;\;|$$
$$OH \quad OH \quad OH$$

等都是黏度较大的液体。水的表面张力很高,其根源也在于水分子间的氢键。

物质表面能的大小与分子间作用力大小有关,因为表面分子受到的作用力不均匀,能量较高,有使表面自动缩小的趋势。一些液态物质表面能的数值列于下表:

液态物质	水	苯	丙酮	乙醇	乙醚
表面能 $\dfrac{}{10^{-7}\,\mathrm{J\,cm^{-2}}}$	72.8	28.9	23.3	22.6	17.1

表中所列液态物质中,水的表面能最高,因为水分子之间有强的氢键作用。若加表面活性剂破坏表面层的氢键体系,就可降低表面能,这在工业生产中有着重要的意义。

10.2.5　氢键在生命物质中的作用

　　生命物质由蛋白质、核酸、碳水化合物、脂类等有机物以及水和无机盐组成。各组分都有其特殊的生命功能,例如:酶是蛋白质,在机体内催化各种生化反应;核酸是遗传的主要物质基础;碳水化合物是生命活动的主要能源;脂类起着供能和保温作用,也是组成细胞膜的主要成分;水起着溶剂作用,许多生化反应在水环境中进行。此外,水在生命活动中通过氢键起极为重要的生理作用,水是必不可少的生命物质。这些物质结合在一起具有生命的特性,氢键在其中起关键的作用。下面介绍蛋白质和核酸中的氢键,以及通过氢键形成的非周期性有序物质。

　　1. 蛋白质

　　蛋白质是由数十个或更多个氨基酸分子缩合,相互通过肽键连接形成的多肽长链分子。分子中不同氨基酸的排列顺序称为蛋白质的一级结构,它包括分子中由共价键连接的全部情况,还包括链内和链间的二硫键位置、氨基酸数目和类型以及连接的顺序。一级结构是蛋白质生物活性的分子基础。

　　蛋白质的二级结构是指多肽链中不同基团通过氢键,使链盘绕或折叠形成的特定的重复性的立体结构。在蛋白质中最典型和含量丰富的二级结构有两种模式:一种是 α-螺旋链,另一种是 β-折叠片,其结构分别示于图 10.2.9 和图 10.2.10 中。生物体中的 α-螺旋链大部分为右手螺旋结构,从结构中可以看到链中的 N—H 作为质子给体, C=O 作为质子受体,相互形成 N—H⋯O 氢键,稳定螺旋链的构型。β-折叠片中的多肽链处于较伸展的曲折状态,在其中多肽链侧向之间通过 N—H⋯O 氢键相连,形成曲折的、非平面的片状结构,如图 10.2.10 所示。

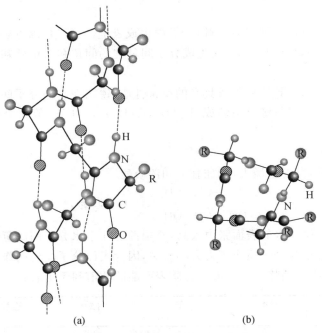

(a)　　　　　　　　　　(b)

图 10.2.9　α-螺旋的结构(右手螺旋)
(a) 侧面观,(b) 顶面观

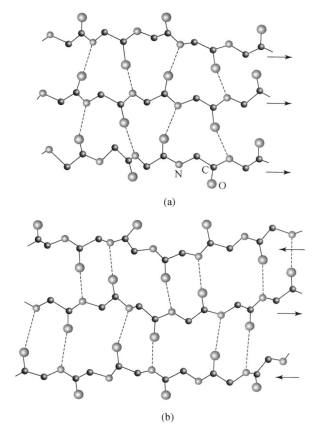

(a)

(b)

图 10.2.10　β-折叠片的结构

（a）平行 β-折叠片,（b）反平行 β-折叠片

（为清楚起见,图中略去了 R 基团和 H 原子,虚线表示 O—H···N 氢键）

　　蛋白质的三级结构是在二级结构基础上,进一步通过螺旋链间或折叠片间的氢键及其他化学键,使长链或折叠片结合成一个紧密的球状实体,形成蛋白质分子独立存在的功能单位,或称亚基。在三级结构中,大多数极性侧链基团暴露在分子表面,而非极性基团大多数处在分子内部。

　　蛋白质的四级结构是指在蛋白质晶体或其他聚集体中,三级结构单元和其他溶剂分子等通过氢键和各种次级键结合成的晶体或其聚集体的重复单元,它包括亚基的数目、种类和空间排布,是蛋白质的完整结构。具有四级结构的蛋白质,通常是由两条或多条多肽链构成的亚基,亚基的结构可以是相同的,也可以是不同的。亚基的种类一般是一种或两种。

　　蛋白质中氨基酸侧链基团上的

$$-NH_2，\!=\!NH，-C\!\!\begin{array}{c}O\\\\OH\end{array}，-OH，-C\!\!\begin{array}{c}O\\\\NH_2\end{array}　等$$

含氢基团又可作质子给体或质子受体,相互形成氢键,影响蛋白质的立体结构和功能。例如,它们通过精确定向的氢键和酶结合,进行生物催化作用。

2. 核酸

核酸是生命信息的物质基础。蛋白质的结构由遗传信息携带者 DNA 和 RNA 所决定,蛋白质在生物体内的合成取决于核酸,核酸保证了生命能精确地复制自己。从化学成分来看,核酸是一种多聚核苷酸,即由核苷和磷酸组成。

核酸分成两大类:脱氧核糖核酸(DNA)和核糖核酸(RNA)。前者是遗传信息的携带者,后者在生物体内蛋白质的合成中起重要作用。1953 年,Watson 和 Click 首次确立了 DNA 的双螺旋结构模型,阐明了碱基配对原则。DNA 双螺旋结构的确立,是 20 世纪自然科学最伟大的发现之一。DNA 由两条多核苷酸链组成,链中每个核苷酸含有一个戊糖、一个磷酸根和一个碱基。碱基分两类:一类为双环的嘌呤,包括腺嘌呤(adenine,A)和鸟嘌呤(guanine,G);一类为单环的嘧啶,包括胸腺嘧啶(thymine,T)和胞嘧啶(cytosine,C)。在 RNA 中不含胸腺嘧啶,而代之为尿嘧啶(uracil,U)。戊糖分子上第 $1'$ 位碳原子与一个碱基结合,形成核苷。如果戊糖是脱氧核糖,形成脱氧核糖核苷;如果戊糖是核糖,形成核糖核苷。DNA 中磷酸根上 2 个 O 原子分别和 2 个脱氧核糖核苷上的 $5'$ 位和 $3'$ 位的 C 原子相连成长链。两链的碱基相互通过氢键配对。A 和 T 间形成 2 个氢键,G 和 C 间形成 3 个氢键,如图 10.2.11(a)所示。由于形成氢键的要求,这种配对是互补的、专一的,而不可替代的,称为碱基互补配对。DNA 双链结构中,A 和 T 两种碱基的数量相同,G 和 C 数量也相同。由于碱基配对的要求,两条链的走向相反。

DNA 中两条长链分子因空间结构的要求,相互形成右手螺旋的结构。它好像一个螺旋梯子,磷酸根和戊糖构成梯子两侧的扶架,碱基对像梯子的踏板,碱基间距离 0.34 nm,每个螺旋周期含 10 对碱基,周期长 3.4 nm,如图 10.2.11(b)所示。DNA 碱基对之间的较短间距(0.34 nm)表明碱基间有 $\pi\cdots\pi$ 相互作用,它是使 DNA 双螺旋稳定的重要因素。

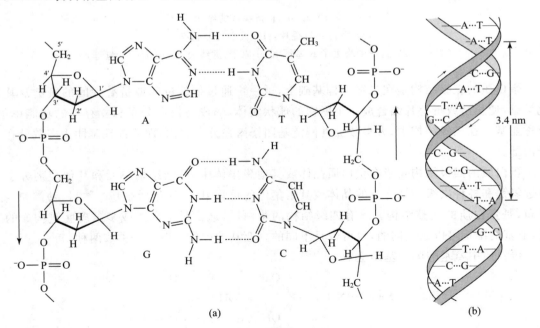

(a) (b)

图 10.2.11 DNA 双螺旋结构

在确立 DNA 结构以后，纤维衍射技术被用来测定 DNA 的结构，1978 年 Arnott 等测得含有 12 个碱基片段的大肠杆菌 DNA 寡核苷酸 d(CGCGAATTCGCG) 的结构。到 1980 年利用 X 射线单晶衍射技术，获得了第一个 DNA 双螺旋的单晶结构。2000 年，Boton 等利用 NMR 技术得到了 DNA 双螺旋结构在溶液中的构象。

从 DNA 双螺旋的结构可知，链中磷酸和糖的骨架结构完全规则地排列，但是碱基对的排列顺序则可以不同，一个很长的 DNA 分子有很多不同的碱基排列顺序。不同的排列顺序携带了遗传信息的密码，这些密码可以复制，复制的步骤是：第一步将双螺旋链中的氢键断裂，分开成为两条链；第二步是每条链都作为模板，和相关的碱基相互通过氢键配成碱基对，复制出两条双螺旋链。

基因是具有遗传效应的 DNA 片段，每个基因平均大约由 1 万个碱基对组成。基因通过上述的复制方式传递遗传信息。所以，基因是掌控遗传的因子，在染色体中有确定的位置。DNA 的结构帮助人们了解碱基对如何组成基因、每个基因的功能、基因如何相互影响以及控制人的生命过程。基因工程又称遗传工程或重组 DNA 技术。2005 年生物学家已完成人体细胞核染色体的 DNA 中 31.647 亿个碱基对的排列顺序，确定染色体上的基因分布，得到人体基因的遗传信息，以便进一步弄清每种基因控制的特定蛋白质的合成及其作用。

3. 非周期性有序物质[①]

Watson 和 Click 在测定 DNA 双螺旋结构后发表感想，他俩之所以热衷于探索遗传物质的分子结构，乃得益于 Schrödinger 的著作《生命是什么：活细胞的物理学观》的启示。

Erwine Schrödinger（1887—1961）是量子力学的主要创始人，他于 1926 年提出了 Schrödinger 方程（参见第 1 章），1933 年获得诺贝尔物理学奖。他坚信"科学一定是统一的和相通的"，他又致力于生命科学的研究。1944 年，他著的《生命是什么》一书出版，反映他对生命的本质问题作了深入思考，后人常称他为分子生物学的先驱者。

Schrödinger 指出生命的特异性是由基因决定的，要懂得什么是生命就必须知道基因是如何发挥作用的。对基因的结构，他提出了"非周期性有序物质"的概念，认为生命细胞的最基本部分——染色体结构是非周期性有序物质。他评论，物理学只涉及周期性晶体，它与非周期性有序物质相比，显得既简单又呆滞。在阐述生物大分子时，他认为一个小分子可作为固体的胚芽，从它开始有两种长大的方式：一种是在 3 个方向按相同结构重复的晶体，另一种是没有单调重复的聚集体，即"非周期性固体"。一个基因或染色体就是这种非周期性有序固体。非周期性蕴含着分子排列的多样性，即遗传物质包含大量丰富的遗传信息；另一方面它具有有序性，使全部原子或分子都与周围的原子或分子连接在一起，因而它有相当的稳定性。他指出，从遗传性质在世代传承中保持不变的事实，说明携带遗传性质的物质的稳定性，即在没有很大改变的情况下被后代复制。他还从热力学关于有序、无序和熵的观点来说明维持生命物质的高度有序性，提出"生命赖负熵为生"，即生物体要从生活中不断吸取负熵，在高度有序的状态下，保持它自身的稳定性。

DNA 结构中 A···T 和 G···C 氢键配对的原理，就是非周期性有序物质的结构和性能关系的阐述。现在已知基因是生物染色体上有遗传功能的 DNA 片段，测定 DNA 碱基间氢键的顺序、识别生物体的基因是基因工程的前提。Schrödinger 将物理学、化学、生物学三门自然科学

---

① 注意，有的文章中称"非周期性有序物质"为"非周期性晶体"。

基础结合在一起,以"Schrödinger 方程"和"生命是什么"等内容,将物理学和化学的概念用来考虑生物学的本质问题。他这种跨越学科、跨越时代的科学思维,是我们后辈学习的榜样。

10.3 非氢键型次级键

由于次级键的多样性,本节讨论除氢键和范德华力以外的次级键,并将它分成两个小节:非金属原子间的次级键以及金属原子和其他原子间的次级键。判断次级键形成的标准,主要以原子间的距离和典型的共价键及范德华半径之和作比较,用一些实际的结构为例进行说明。由于次级键的统一成键理论尚在发展之中,读者可通过这些实例进行思考。

10.3.1 非金属原子间的次级键

许多非金属原子间的次级键可在分子间或分子内部形成,下面列出若干实例。

【例 10.3.1】 碘(I_2)晶体

卤素分子 X_2 按 $F_2 \rightarrow Cl_2 \rightarrow Br_2 \rightarrow I_2$ 金属性增强。由 I_2 分子组成的碘晶体,具有金属光泽和较高的导电性。这是由于在碘晶体中,I_2 分子间存在次级键,分子间 I---I 的最短距离为 350 pm,比 I 原子的范德华半径和 430 pm 短得多。

【例 10.3.2】 $Ph_2I(\mu_2\text{-}X)_2IPh_2$ (X=Cl,Br,I)

$Ph_2I(\mu_2\text{-}X)_2IPh_2$ 的晶体结构显示分子具有对称中心的平面四元环结构,I---X 的距离列于结构式旁的表中。

I---X 键	I---X 距离 pm	气相 IX 分子中共价键长 pm	I---X 范德华半径之和 pm
I---Cl	308.5	232.1	395
I---Br	325.0	248.5	410
I---I	343.7	266.7	430

由表中数据可见,I---X 的键长介于共价单键键长和范德华半径和之间。

【例 10.3.3】 $(NO)_2$

NO 分子可通过 N---N 键形成二聚分子(如右图所示),实验测定,不论单体或二聚体,N=O 间的键长都是 115 pm。N---N 间的距离在晶体中的测定值为 218 pm,在气相中的测定值为 223.7 pm,都比 N—N 共价单键键长 150 pm 长得多,而比范德华半径和 300 pm 短得多。

【例 10.3.4】 S_4N_4

S_4N_4 分子结构如右图所示。该分子形成八元环,N 原子处在同一平面内,S 原子两两结合成次级键,键长 258 pm,比一般 S—S 共价单键 206 pm 长,但比 S 原子范德华半径和(368 pm)短得多。在通常结构中,N 原子形成 3 个共价单键,S 原子形成 2 个,可是在 S_4N_4 分子中却相反。

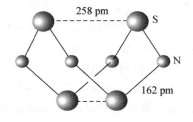

【例 10.3.5】 1,6-二氮双杂环[4,4,4]十四烷(**1**)

化合物 **1** 的结构示于图 10.3.1。分子 **1** 中 N---N 原子间距 280.6 pm,从结构看,尽管 2

个 N 原子相互以孤对电子相向,斥力应当较大,但仍比范德华半径和(300 pm)短 20 pm。

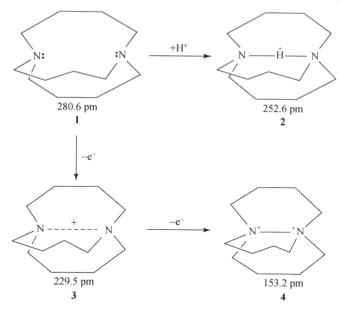

图 10.3.1 1,6-二氮双杂环[4,4,4]十四烷分子的氧化还原反应产物
(图中标明的键长数据是指 N---N 间的距离)

当有一个 N 原子质子化,形成分子 **2**,结构测定结果说明 H 原子处于两个 N 原子中央,形成对称氢键 N—H—N,其键长为 252.6 pm,是这类氢键中最短的。将分子 **1** 氧化,形成一价正离子 **3**,N 原子间距离显著缩短,键长为 229.5 pm,相当于二中心三电子(2c-3e)次级键。若再失去一个电子成二价正离子 **4**,则 N 原子间形成正常的共价 σ 单键,键长为153.2 pm。这些氧化还原反应呈可逆性,所得产物呈现出不同键型过渡的图像。

10.3.2 金属原子与其他原子间的次级键

在金属卤化物、氧化物以及配合物中,金属原子和其他原子成键结合在一起。通过大量晶体结构测定的数据和键价理论的计算,在其中存在许多次级键,它们使金属原子的配位环境显现出完整性和稳定性,也较好地符合键价和规则。下面列出若干实例。

【例 10.3.6】 VO(acac)$_2$ · Py

晶体中 VO(acac)$_2$ 和 Py 分子通过次级键结合在一起的图形示于图 10.3.2 中。根据实验测定 V 原子与周围的 6 个配位原子的键长以及用表 10.1.1 数据计算所得的键价如下:

键	V—O$_{(a)}$	V—O$_{(c)}$	V---N
键长/pm	157	201	248
键 价	1.86	0.52	0.17

键价和为 $1.86+4\times0.52+0.17=4.11$,和 V 的四价氧化态相近。

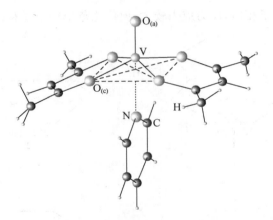

图 10.3.2　VO(acac)₂ · Py 的分子结构

【例 10.3.7】　V_2O_5

V_2O_5 是层形结构的氧化物,如图 10.3.3 所示。在此结构中,V 原子除和层内的 5 个 O 原子配位外,还和相邻层中的 1 个 O 原子以较弱的键结合,V 和 O 原子间的键长及键价列于下表中:

键	$V-O_{(a)}$	$V-O_{(b)}$	$V-O_{(c)}$	$V-O_{(d)}$	$V-O_{(e)}$
键长/pm	159	178	188	202	281
键价	1.83	1.03	0.78	0.54	0.10

键价和为 $1.83 + 1.03 + 2 \times 0.78 + 0.54 + 0.10 = 5.06$,和 V 的五价氧化态相符。

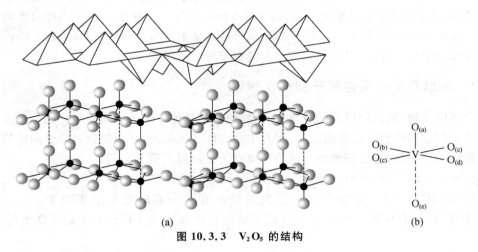

图 10.3.3　V_2O_5 的结构

【例 10.3.8】　Sn_4F_8(即 SnF_2)

Sn_4F_8 的分子结构示于图 10.3.4 中,该分子呈八元环,如图(a)所示,图(b)和(c)则示出分子中两个不等价的 Sn 原子在晶体中的周围配位情况。

根据晶体结构实验测定的原子间距离数据和表 10.1.1 所列的参数,可计算 Sn(1)和 Sn(2)周围原子间的键价如下:

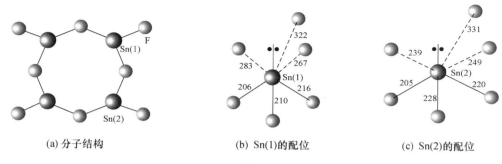

(a) 分子结构　　　　　(b) Sn(1)的配位　　　　　(c) Sn(2)的配位

图 10.3.4　Sn$_4$F$_8$ 的结构

Sn(1)							键价和
键　长/pm	206	210	216	267	283	322	
键　价	0.55	0.52	0.47	0.22	0.18	0.12	2.07
Sn(2)							键价和
键　长/pm	205	220	228	239	249	331	
键　价	0.56	0.44	0.39	0.33	0.28	0.10	2.10

由所得结果看,若不考虑 Sn 原子周围的次级键,Sn 原子呈三角锥形,孤对电子方向的配位不完整,也不满足键价和规则,而计及次级键后,可得到较完整的配位环境并使 Sn^{2+} 的价态与键价和一致。

金属原子间除存在金属键、共价键(金属簇合物中的金属-金属键)外,也已发现存在金属原子间的非键相互作用,即次级键。目前关注较多的是亲金作用(aurophilicity)和亲银作用(argentophilicity)。它们是指在含 Au^I 或 Ag^I 的晶体结构中,非共价键的 Au^I --- Au^I 或 Ag^I ---Ag^{I}间的距离明显地短于它们的范德华半径和。

10.4　范德华力和范德华半径

范德华力又称范德华键,它主要由三方面的作用力组成:(i) 静电力,(ii) 诱导力和(iii) 色散力。

1. 静电力

来自永久多极矩间的相互作用,主要是偶极矩。极性分子有永久偶极矩,偶极矩间产生静电吸引作用,其平均能量为

$$E_{静} = -\frac{2\mu_1^2\mu_2^2}{3kTr^6}\frac{1}{(4\pi\varepsilon_0)^2} \tag{10.4.1}$$

式中 μ_1 和 μ_2 分别是两个相互作用分子的偶极矩,r 是分子质心间的距离,k 为 Boltzmann 常数,T 为热力学温度,负值表示能量降低。由此式可见,偶极分子间作用能随分子永久偶极矩的增加而增大,对同类分子,$\mu_1=\mu_2$,$E_{静}$ 和偶极矩四次方成正比。当温度升高时,破坏偶极分子的取向,相互作用能降低,故它是和热力学温度成反比的。

在室温下($T=300$ K),具有偶极矩约 1D 的分子,相距为 0.3 nm,这时

$$\mu_1 = \mu_2 = 1D = 3.336 \times 10^{-30} \text{ Cm}$$

$$\varepsilon_0 = 8.854 \times 10^{-12}\ \mathrm{J^{-1}\ C^2\ m^{-1}}$$

$$k = 1.381 \times 10^{-23}\ \mathrm{J\ K^{-1}}$$

$$T = 300\ \mathrm{K}$$

$$r = 3 \times 10^{-10}\ \mathrm{m}$$

将这些数据代入式(10.4.1),得

$$E_静 = -2.2 \times 10^{-21}\ \mathrm{J} = -1.3\ \mathrm{kJ\ mol^{-1}}$$

一些非极性分子,如 N_2,CO_2 等,具有电四极矩 Q,它对静电能也有类似的贡献。偶极矩-四极矩和四极矩-四极矩间的作用能可分别表示如下:

$$E_{\mu Q} = -\frac{\mu_1^2 Q_2^2 + \mu_2^2 Q_1^2}{(4\pi\varepsilon_0)^2 kTr^8} \tag{10.4.2}$$

$$E_{QQ} = -\frac{14 Q_1^2 Q_2^2}{5(4\pi\varepsilon_0)^2 kTr^{10}} \tag{10.4.3}$$

2. 诱导力

永久偶极矩将诱导邻近分子使发生电荷位移,出现诱导偶极矩。永久偶极矩和诱导偶极矩之间存在吸引作用,此相互作用的能量称为诱导能。偶极矩为 μ_1 的分子 1 与极化率为 α_2 的分子 2 之间的平均诱导能为

$$E_诱 = -\frac{\alpha_2 \mu_1^2}{(4\pi\varepsilon_0)^2 r^6} \tag{10.4.4}$$

例如某一分子具有偶极矩 $\mu_1 = 1\ \mathrm{D}$,而相邻分子的极化率 $\alpha_2 = 1.11 \times 10^{-40}\ \mathrm{J^{-1}\ C^2\ m^2}$。它们相隔 0.3 nm 时,可算得

$$E_诱 = -0.08\ \mathrm{kJ\ mol^{-1}}$$

3. 色散力

非极性分子有瞬间的偶极矩。瞬间偶极矩将在邻近分子中诱导出偶极矩,瞬间偶极矩与诱导偶极矩间的相互作用力叫色散力。这种相互作用的能量叫色散能。London 推出两个分子之间色散能的近似表达式为

$$E_色 = -\frac{3}{2} \frac{I_1 I_2}{I_1 + I_2} \left(\frac{\alpha_1 \alpha_2}{r^6}\right) \frac{1}{(4\pi\varepsilon_0)^2} \tag{10.4.5}$$

式中 I_1 和 I_2 是两个相互作用分子的电离能,α_1 和 α_2 是它们的极化率。例如,对两个相同分子

$$\alpha_1 = \alpha_2 = 2.9 \times 10^{-40}\ \mathrm{J^{-1}\ C^2\ m^2}$$

$$I = 7\ \mathrm{eV} = 670\ \mathrm{kJ\ mol^{-1}}$$

当二者相隔 0.3 nm 时,可算得

$$E_色 = -4.7\ \mathrm{kJ\ mol^{-1}}$$

静电力和诱导力只存在于极性分子间,色散力则不管是极性分子或非极性分子间都存在。这些作用力不仅存在于不同分子间,而且还存在于同一分子内的不同原子或基团之间。实验表明,一般分子之间的这 3 种作用力,色散力是主要的。

一些纯化合物中分子间作用能的贡献列于表 10.4.1。由表可见,除个别极性很高的分子外,$E_色$ 是主要的,而 $E_诱$ 和 $E_静$ 都较小。$E_色$ 由分子的极化率(α)决定,α 反映分子中电子云是否容易变形,当分子中电子数目增加,原子变大,外层电子离核较远,α 增加。例如卤素分子,其 α 值随相对分子质量的增加而加大,$E_色$ 也加大。

表 10.4.1 若干分子的范德华作用能

分 子	偶极矩 μ 10^{-30} C m	极化率 α 10^{-40} J^{-1} C^2 m^2	$E_{静}$ kJ mol^{-1}	$E_{诱}$ kJ mol^{-1}	$E_{色}$ kJ mol^{-1}	$E_{总}$ kJ mol^{-1}
Ar	0	1.85	0.000	0.000	8.50	8.50
CO	0.390	2.20	0.003	0.008	8.75	8.76
HI	1.40	6.06	0.025	0.113	25.87	26.00
HBr	2.67	4.01	0.69	0.502	21.94	23.11
HCl	3.60	2.93	3.31	1.00	16.83	21.14
NH$_3$	4.90	2.47	13.31	1.55	14.95	29.60
H$_2$O	6.17	1.65	36.39	1.93	9.00	47.31

当分子中有 π 键,其电子云比 σ 键容易变形;若有离域 π 键,则 α 一般都较大,如苯和萘等。$E_{色}$ 增加,分子间作用力增加。

分子相距较远时,吸引力较明显;而当分子靠近时,就会出现排斥力。和吸引力相比,排斥力是短程力,其作用能可近似表达为

$$E_{排斥} = \frac{A}{r^n} \tag{10.4.6}$$

A 是个正值常数,n 是约 $9 \sim 12$ 的数值。这样,分子间相互作用的势能可表达为

$$E = \frac{A}{r^n} - \frac{B}{r^6} \tag{10.4.7}$$

Lennard-Jones(林纳德-琼斯)认为,对大多数物质 $n=12$ 符合得较好。这样分子间作用势能可用 Lennard-Jones 6-12 关系式表达:

$$E = \frac{A}{r^{12}} - \frac{B}{r^6} \tag{10.4.8}$$

式中常数 A 和 B 可通过实验(如在分子束中分子的散射)予以测定。根据这公式作 $E\text{-}r$ 曲线时,曲线会出现最低点,相应此最低点的距离即平衡距离。也就是说,当分子相互接近到吸引和排斥达到平衡时,体系能量最低,此时分子间保持一定的接触距离。相邻分子相互接触的原子间的距离即为该两原子的范德华半径和。范德华半径比共价半径大,变动范围也大,即守恒性差。现在应用最广的范德华半径是由 Pauling 所给定的数值;胡盛志等根据晶体结构测定所得的数据,经过长期的研究、归纳和整理,提出了一套覆盖元素周期表,由原子序数 $Z=1$ 到 $Z=95$ 的元素原子的范德华半径值,数据合理、可靠、完整。表 10.4.2 列出由 Pauling 和胡盛志等所给的一些原子和基团的范德华半径。

根据 Pauling 所给的范德华半径值,卤素原子 X 和 O,S,Se,Te 等原子的范德华半径,分别和它们相应的 1 价负离子 X$^-$ 和 2 价负离子 O^{2-},S^{2-},Se^{2-},Te^{2-} 的离子半径相近。例如:Cl 的范德华半径为 180 pm,Cl$^-$ 的离子半径为 181 pm;O 的范德华半径为 140 pm,O^{2-} 的离子半径为 140 pm。这是由于在离子晶体中,Cl$^-$ 离子间的接触状况与含氯分子中 Cl 在非键方向电子云分布的状况相似。

表 10.4.2　一些原子和基团的范德华半径^a

原 子	r_H/pm	r_P/pm	原 子	r_H/pm	r_P/pm	原 子	r_H/pm	r_P/pm
H	110	120	Si	193	—	He	140	140
Li	214	—	Ge	205	—	Ne	154	154
Na	238	—	Sn	223	—	Ar	163	188
K	252	—	Pb	237	—	Kr	184	202
Rb	261	—	N	153	150	Xe	216	218
Cs	275	—	P	188	190	Cu	196	—
Be	169	—	As	208	200	Ag	211	—
Mg	200	—	Sb	224	220	Au	214	—
Ca	227	—	Bi	238	—	Zn	201	—
Sr	242	—	O	143	140	Cd	218	—
Ba	259	—	S	181	184	Hg	223	—
B	168	—	Se	194	200	Ni	197	—
Al	192	—	Te	216	220	Pd	210	—
Ga	203	—	F	138	135	Pt	213	—
In	221	—	Cl	178	180	La	243	—
Tl	227	—	Br	192	195	U	241	—
C	160	172	I	211	215	CH₃	—	200

ª r_H 表示由胡盛志等所给的值;r_P 表示 Pauling 所给的值。

10.5　分子的形状和大小

一个分子具有什么形状? 它有多大? 这是分子结构包含的重要信息之一。本节先讨论与分子的形状、大小密切相关的构型和构象的内容,再估算分子的大小。

10.5.1　构型和构象

分子的构型(configuration)是指分子中的原子或基团在空间按特定的方式排布的结构形象。构型由分子中原子的排布次序、连接方式、键长和键角等决定。相同的化学成分而构型不同的分子称为构型异构体。构型异构体有顺反异构体和旋光异构体两类,后者是对手性分子而言。

二氯乙烯分子的顺反异构体及其所属点群示意如下:

Cl   Cl   Cl   H

C=C   C=C

H   H   H   Cl

顺式构型(C_{2v})　　　　反式构型(C_{2h})

旋光异构体的绝对构型能准确测定,但是描述它们的记号有 R 和 S,D 和 L 以及实验测定的旋光方向,右旋标"+",左旋标"-"(参见 4.5 节)。

R 和 S 标记法是将不对称碳原子连接的 4 个基团按原子序数大小的顺序排列,将最小的(例如 H)排在观测者对面、向外,其他 3 个形成的三角形向着观测者,当按大小顺时针排列时,称 R 构型(Rectus,右),逆时针排列时称 S 构型(Sinister,左)。乳酸的两种标记示出于下:

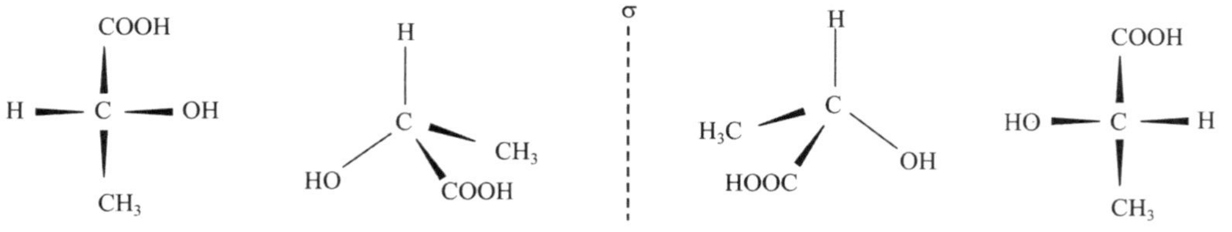

$$D(-), R \qquad\qquad\qquad\qquad\qquad\qquad L(+), S$$

D 和 L 标记是以甘油醛为基准,规定将分子主链中两基团按上下向后排列,—CHO 在上,H 和 OH 按左右向前排列的投影结构式中,H 在左边为 D,H 在右边为 L,其他分子按此规定进行标记,例如:

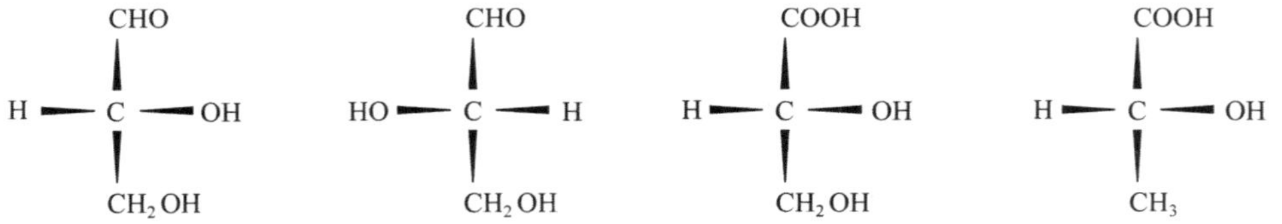

| D(+), R | L(−),S | D(−) 甘油酸 | D(−) 乳酸 |
| 甘油醛 | 甘油醛 | | |

由上可见,D,L 和 R,S 以及(+),(−)并没有确定的互相对应关系,使用时要多加注意。

当分子中有一个或多个共价单键和某些非球形的基团相连接,在围绕单键旋转时,分子中原子在空间的排布随旋转的不同而异,这种分子中原子的特定排列形式称为构象(conformation)。构象是用以描述分子在三维空间中的形状的。由可旋转的单键连接的基团因旋转角度不同,分子得到不同的形状称为分子的构象异构体。例如乙烷中的两个—CH$_3$ 围绕 C—C 单键可以形成重叠式、交叉式和多种中间形式的构象异构体。

知道了分子的构型和构象,可以得到分子骨架的形状,再将各个原子的范德华半径表达出来,就得到了分子的完整形状。

10.5.2 分子大小的估算

分子的大小、形状可由分子内部原子间的键长、键角、扭角和原子的范德华半径等求得。例如,单原子分子(如稀有气体)是圆球形分子,它的体积为$(4/3)\pi R^3$,R 为该原子的范德华半径。双原子分子的长度为两个原子的共价半径与范德华半径之和,最大直径为大原子的范德华半径的 2 倍,分子的体积($V_{分子}$)可以 Cl$_2$ 分子为例,按图 10.5.1 的数据计算如下:

$$V_{分子} = 2\left[\frac{4}{3}\pi R^3 - \pi h^2\left(R - \frac{h}{3}\right)\right]$$

$$= 2\pi\left[\frac{4}{3}(180)^3 - 81^2\left(180 - \frac{81}{3}\right)\right]\text{pm}^3$$

$$= 42.5\times10^{-3}\ \text{nm}^3$$

所以 Cl$_2$ 分子全长 558 pm,最大直径 360 pm,分子体积为 42.5×10^{-3} nm^3。

估算多原子分子的大小形状,则可先按共价键画出分子骨架,再按各原子的范德华半径将分子的边界画出。图 10.5.2 为乙烯(C$_2$H$_4$)分子的图形。由图可得乙烯分子的长、宽、高分别约为 520,400,340 pm。

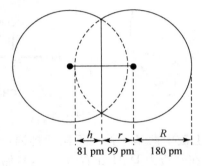

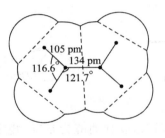

图 10.5.1 Cl₂ 分子体积的计算 图 10.5.2 乙烯分子的图形

烷烃分子 n-C_nH_{2n+2} 伸展时的碳原子骨架呈共面的曲折长链，C—C—C 角度为 $109°28'$，C—C 键长为 154 pm，两端—CH_3 基团范德华半径为 200 pm。由此可算得分子长度为

$$\left[154\sin\left(\frac{109.5°}{2}\right)(n-1)+2\times200\right]\text{pm}$$
$$=\left[126(n-1)+400\right]\text{pm}$$

圆柱分子直径约为 490 pm。

液体和固体中分子的大小可从物质的密度或摩尔体积求得。例如，水的摩尔体积是 $18\ \text{cm}^3\ \text{mol}^{-1}$，液态水中一个 H_2O 分子占有的体积为 $18\ \text{cm}^3/(6.02\times10^{23})=30\times10^{-24}\ \text{cm}^3$。这就是一个 H_2O 分子的大小，它包括了分子间的空隙。

分子间的空隙大小随分子形状的差异而不同。等径圆球作最密堆积的堆积系数为 74.05%，即空隙占总体积的 25.95%。石墨等层形分子只有层间有空隙，堆积系数可高达 90% 以上。一般晶体中分子的堆积系数为 0.65~0.75，液体一般为 0.5~0.6。

对有机分子，分子的体积可看作原子基团体积的和，表 10.5.1 列出若干原子基团体积的增量。一个有机分子的体积按照组成的基团体积相加在一起即得，如正辛烷（汽油的重要组

表 10.5.1 若干原子基团的体积增量

基 团	$\Delta V/(10^{-24}\ \text{cm}^3)$	基 团	$\Delta V/(10^{-24}\ \text{cm}^3)$
—CH₃	23.5	—NO₂	23.0
＞CH₂	17.1	—NH₂	19.7
＝CH₂	13.1	—F	9.6
—CH＜	11.1	—Cl	19.9
C—H（芳烃）	14.7	—Br	26.0
—C—	5.0	—CN	15.9
C＝	8.4	—COOH	23.1

分），其结构式为 $H_3C—(CH_2)_6—CH_3$，一个分子的体积为 2 个 $—CH_3$ 和 6 个 $\diagdown CH_2\diagup$ 体积增量之总和，即

$$(2\times23.5+6\times17.1)\times10^{-24}\ cm^3=149.6\times10^{-24}\ cm^3$$

若取一般液体堆积系数的平均值 0.55 计算，在液体中一个分子占据体积为

$$(149.6\times10^{-24}\ cm^3)/0.55=272\times10^{-24}\ cm^3$$

摩尔体积为

$$6.02\times10^{23}\ mol^{-1}\times272\times10^{-24}\ cm^3=163.7\ cm^3\ mol^{-1}$$

根据正辛烷的摩尔质量（$114\ g\,mol^{-1}$）和密度（$0.703\ g\,cm^{-3}$）可算出其摩尔体积为

$$\frac{114\ g\,mol^{-1}}{0.703\ g\,cm^{-3}}=162.2\ cm^3\ mol^{-1}$$

可见，从宏观性质计算所得结果与微观结构数据计算结果相当一致。

估算分子的形状和大小在实际工作中具有重要的意义，下面举例说明。

1.　了解空间阻碍效应

空间阻碍效应是一种基本的化学效应，它和共轭效应、诱导效应等一样，是了解化合物性质的重要依据之一。空间阻碍效应主要是分子内部基团之间的相互排斥作用，它会影响分子的构型和性质。联苯型分子由于邻位取代基 R_1，R_2 空间阻碍作用，当 R_1 和 R_2 较大时，两个苯环不能共面，破坏镜面对称性，使分子具有旋光性。

一系列有机反应，由于空间阻碍效应，减少了反应基团间互相接触机会，使产率降低。

将 X—⬡ 进行取代反应，在通常条件下，对位、间位和邻位的产品有一定的比例，很难获得单一的对位产品。欲得单一的对位产品，可利用空间阻碍效应控制反应进行的部位，方法之一是利用环糊精保护法。环糊精具有管状结构，其内壁由疏水基团组成。当在环糊精水溶液中加入 X—⬡ 后，环糊精内壁的亲油效应使分子进入管中，露出两头，再进行反应，可获得单一的对位取代产物 X—⬡—Y。

2.　了解表面吸附性质

评价催化剂的品位和性质需要了解催化剂的比表面，可根据催化剂对气体分子的单层饱和吸附量和分子的截面积求算。常用的几种分子的截面积为：H_2O 0.125 nm^2（25 ℃），N_2 0.162 nm^2（−195 ℃），C_6H_6 0.43 nm^2（20 ℃）。

水表面上单分子层吸附的性质与分子的大小密切相关。以一种长链有机酸为例，$CH_3(CH_2)_{16}COOH$，其相对分子质量为 284，密度为 0.85 $g\,cm^{-3}$，它的摩尔体积为

$$284\ g\,mol^{-1}/(0.85\ g\,cm^{-3})=330\ cm^3\ mol^{-1}$$

一个分子所占体积为 330 $cm^3/(6.02\times10^{23})=0.55\ nm^3$。而从曲折的碳氢链长度加上端基 $—CH_3$ 和 O 的范德华半径，可近似求得分子的长度为

$$18\times154\ pm\times\cos35°+200\ pm+140\ pm=2610\ pm=2.61\ nm$$

式中 35° 来自 $[90°−(110°/2)]$，分子的截面积为

$$0.55\ nm^3/2.61\ nm=0.21\ nm^2$$

这一数值和实验测定该有机酸在水表面上单层饱和吸附所得数值 0.205 nm^2 是比较符合的。

10.6　超分子结构化学

　　传统化学所指的分子主要是由共价键将原子结合在一起形成的物种,它包括相对分子质量很大的高聚物和生物大分子。由离子键和金属键两类强化学键将原子结合形成的晶体和物相,由于它们常以固态晶体出现,不使用分子这个名词,直接以它的成分和它的物相名称表示。

　　超分子(supermolecule)通常是指两种或两种以上的分子,通过分子之间的次级键结合在一起,形成分子以上层次的多分子体系。这时分子之间形成了有序的聚集体,显示出它特有的结构和功能。研究由两种以上分子所形成的聚集体的化学,称为超分子化学,它是超越分子的化学,而淡化了化学中原有的无机化学、有机化学、高分子化学等的界限,强调超分子体系所具有的结构、性质、功能及其应用,提出了分子组装、分子识别、分子器件、化学信息等一系列新概念和新内容,成为材料科学、生命科学等学科的重要基础。

　　超分子和超分子化学通常包括两个范围较广而部分交叠的领域:

　　(1) 将超分子定义为由确定的少数组分(受体和底物)在分子识别原则基础上经过分子间缔合形成确定组成的、分立的低聚分子物种。

　　(2) 由大量不确定数目的组分按其性质自发缔合成超分子聚集体(supramolecular assemblies),它又可分为两类:(i) 薄膜、囊泡、胶束、介晶相等,它的组成和结合形式在不断变动,但具有或多或少确定的微小组织,按其性质,可以宏观表征的体系;(ii) 由分子组成的晶体,它组成确定,并且具有整齐排列的点阵结构,研究这种超分子的工作常称为晶体工程。

10.6.1　超分子稳定形成的因素

　　超分子体系和其他化学体系一样,它由分子形成稳定超分子的因素可从热力学自由焓的降低($\Delta G < 0$)来理解

$$\Delta G = \Delta H - T\Delta S$$

式中 ΔH 是焓变,它代表降低体系的能量因素;ΔS 是熵变的因素,即增加体系的熵。

1. 能量降低因素

　　分子聚集在一起,依靠分子间的相互作用使体系的能量降低。下面列出常见的降低超分子体系能量的因素。

　　(1) 静电作用。包括盐键,即带电基团间的作用,如 $R-NH_3^+ \cdots {}^-OOC-R$;离子-偶极子作用以及偶极子-偶极子作用等。

　　(2) 氢键。包括常规的氢键 $X-H \cdots Y(X,Y=F,O,N,C,Cl)$;也包括非常规氢键,例如:$X-H \cdots \pi, X-H \cdots M, X-H \cdots H-Y$。

　　(3) M—L 配位键。金属原子(M)和配位体分子(L)间形成的各种各样的 M—L 配位键,其中以共价配键更为普遍和重要。

　　(4) $\pi \cdots \pi$ 堆叠作用。它既可以按面对面的形式,也可以采取边对面的形式。

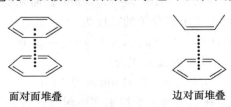

面对面堆叠　　　　　　　边对面堆叠

（5）诱导偶极子-诱导偶极子的作用。这种作用即范德华作用力中主要组成部分的色散力。

（6）疏水效应。它既包括能量因素也包括熵因素,从能量因素看,溶液中疏水基团或油滴互相聚集,将增加溶液中水分子间的氢键数量,使体系能量降低。

2. 熵增加因素

（1）螯合效应

指由螯合配位体形成的配位化合物,要比相同的配位原子和相同的配位数的单齿配位体所形成的配位化合物稳定。螯合效应的实质是熵增效应,已在 6.3 节中举例阐明。

（2）大环效应

它和螯合效应有关,在能量因素和熵因素上都增进体系的稳定性。下面给出实例:

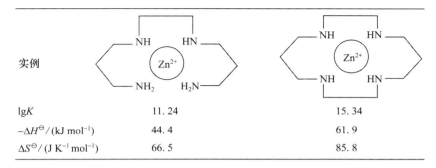

实例		
lg$K$	11.24	15.34
$-\Delta H^{\ominus}/(\text{kJ mol}^{-1})$	44.4	61.9
$\Delta S^{\ominus}/(\text{J K}^{-1}\text{mol}^{-1})$	66.5	85.8

（3）疏水空腔效应

此即疏水空腔所呈现的疏水效应或熵增效应。在疏水空腔中,水分子相对有序地通过氢键聚集在一起;当有疏水的客体分子(G)存在时,客体分子会自发地进入空腔,而排挤出水分子,这时水分子呈现自由的状态,无序度增加,即熵增加,如图 10.6.1 所示。

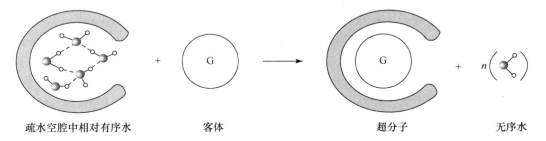

疏水空腔中相对有序水   客体   超分子   无序水

图 10.6.1　疏水空腔和客体结合产生熵增效应

如上所述,疏水基团结合在一起排挤出水分子,既可以增加水分子间的氢键,降低体系的能量;又可以使无序的自由活动的水增加,熵增大。两个因素都促进超分子体系稳定性增加。

3. 锁和钥匙原理

锁和钥匙原理是指受体和客体(或称主体和底物)之间,在能量效应和熵效应上互相配合、互相促进,形成稳定的超分子体系的原理。

典型的共价单键能量为 $300\sim950$ kJ mol^{-1};而上述分子间相互作用的能量效应较小,从色散力的 2 kJ mol^{-1} 到中等强度氢键的 25 kJ mol^{-1},到盐键的 200 kJ mol^{-1},它们单个作用的相

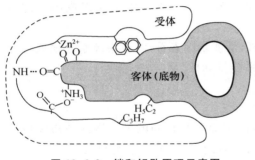

图 10.6.2　锁和钥匙原理示意图

对强度都较弱,但是在受体和客体(底物)间相互匹配,一方面形成数量较多的分子间相互作用,可以达到可观的能量降低效应;另一方面,通过大环效应和疏水空腔效应等,促进体系熵值的增加。这样,锁(指受体)和钥匙(指客体)间的每一局部是弱的相互作用,而各个局部间相互的加和作用、协同作用形成强的分子间作用力,形成稳定的超分子,如图 10.6.2 所示。锁和钥匙原理是超分子体系识别记忆功能和专一选择功能的结构基础。

10.6.2　分子识别和超分子自组装

1. 相关概念

（1）分子识别

分子识别(molecular recognition)是一种分子具有选择性地和另一种分子成键结合,产生特定功能的过程。它是由于不同分子间的一种特殊的、专一的相互作用,它既满足相互结合的分子间的空间要求,也满足分子间各种次级键力的匹配。在超分子中,一种受体分子的特殊部位具有某些基团,正适合和另一种客体分子的基团相结合,体现出锁和钥匙原理。当受体分子和客体分子相遇时,相互选择对方,一起形成次级键;或者受体分子按客体分子的大小尺寸,通过次级键构筑起适合客体分子居留的孔穴的结构。所以,分子识别的本质就是使受体和客体分子间有着形成次级键的最佳条件,互相选择对方结合在一起,使体系趋于稳定。

（2）超分子自组装

超分子自组装(supermolecular self-assembly)是指一种或多种分子,依靠分子间相互作用自发地结合起来,形成分立的或伸展的超分子。由分子组成的晶体,也可看作分子通过分子间作用力组装成一种超分子。有的文献又将自组装称为自组织(self-organization)。

超分子化学为化学科学提供了新的观念、方法和途径。设计和制造自组装构建元件,开拓分子自组装途径,使具有特定的结构和基团的分子自发地按一定方式组装成所需的超分子。

分子识别和超分子自组装的结构化学内涵,体现在电子因素和几何因素两个方面,前者使分子间的各种作用力得到充分发挥,后者适应于分子的几何形状和大小能互相匹配,使在自组装时不发生大的阻碍。分子识别和超分子自组装是超分子化学的核心内容。

（3）超分子合成子

合成子(synthon)一词是在有机合成中表示"用已知的或想象的合成操作所能形成或组装出来的分子中的结构单位"。将这个通用的、可变的定义用于超分子,即得:"超分子合成子是用已知的或想象的、包含分子间相互作用的合成操作所能形成或组装出来的超分子中的结构单位"。

超分子合成子是从设计的相互作用组合中推得的,是指超分子产物中的结构单位,而不等同于反应物的作用基团。超分子合成子把分子片的化学特征和几何识别特征结合在一起,即把明确的和含蓄的分子间相互作用的内容包含在内。下面列出几种以氢键结合、以电荷转移作用和 π⋯π 堆叠作用的超分子合成子:

2. 冠醚和穴状配体的识别和自组装

以冠醚和穴状配体作为主体和客体分子组装成超分子的研究,是 20 世纪 60～70 年代创立的超分子化学的基础内容。

(1) 球形离子大小的识别

不同的冠醚以其大小尺寸和电荷分布适合于不同大小的球形碱金属离子,使难以分离的碱金属离子在不同的冠醚中各得其所。表 10.6.1 列出各种冠醚孔穴的直径以及适合组装的碱金属离子。

表 10.6.1　各种冠醚的孔穴直径和适合组装的碱金属离子

冠　醚	孔穴直径/pm	适合组装的离子(离子直径/pm)
[12]C4	120～150	Li^+ (152)
[15]C5	170～220	Na^+ (204)
[18]C6	260～320	K^+ (276),Rb^+ (304)
[21]C7	340～430	Cs^+ (334)

图 10.6.3(a)示出(K^+[18]C6)的结构。在人体的生理现象中,Na^+ 和 K^+ 可选择性地通过细胞膜,其作用机理类似于冠醚和 Na^+,K^+ 间的作用。

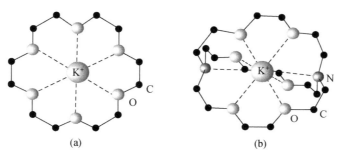

图 10.6.3　(a) K^+[18]C6 及(b) K^+C[222]的结构

二氮穴状配体是在 2 个 N 原子间以醚链桥连,具有穴状孔穴,可以选择性地和不同大小的离子结合。例如穴状配体 C[222],它在水溶液中对碱金属离子的稳定常数 K 以 K^+ 最大,Rb^+,Na^+ 次之,$\lg K$ 的数值:Na^+ 3.8,K^+ 5.4,Rb^+ 4.3。图 10.6.3(b)示出穴状配体和 KI 配位组装所得晶体($K^+ \cdot$ C[222])的结构。

(2) 四面体方向成键的识别

三环氮杂冠醚分子中有四面体配位点的孔穴,它除具有大小识别功能外,还能按成键方向

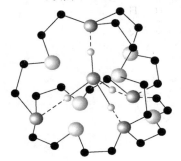

图 10.6.4 三环氮杂冠醚和 NH_4^+ 识别组装

选择合适的离子优先进行组装。例如,NH_4^+ 和 K^+ 具有非常近似的大小尺寸,普通冠醚不能进行选择区分。而三环氮杂冠醚只倾向于和 NH_4^+ 结合,因为在孔穴中 4 个 N 原子的排布位置,正好适合于和 NH_4^+ 形成 4 个 N—H$\cdots$N 氢键。图10.6.4 示出三环氮杂冠醚和 NH_4^+ 结合的结构。

3. 氢键识别和自组装

氢键是超分子识别和自组装中最重要的一种分子间相互作用,由于它的作用较强,涉及面极广,在生命科学和材料科学中都极为重要。例如,DNA 的碱基配对,互相识别,将两条长链自组装成双螺旋体,如 10.2 节所述。

利用不同分子中所能形成氢键的条件,可以组装成多种多样的超分子。图 10.6.5 示出三聚氰胺和三聚氰酸在分子的 3 个方向上形成分子间 N—H$\cdots$O 和 N—H$\cdots$N 氢键,组装成薄层。

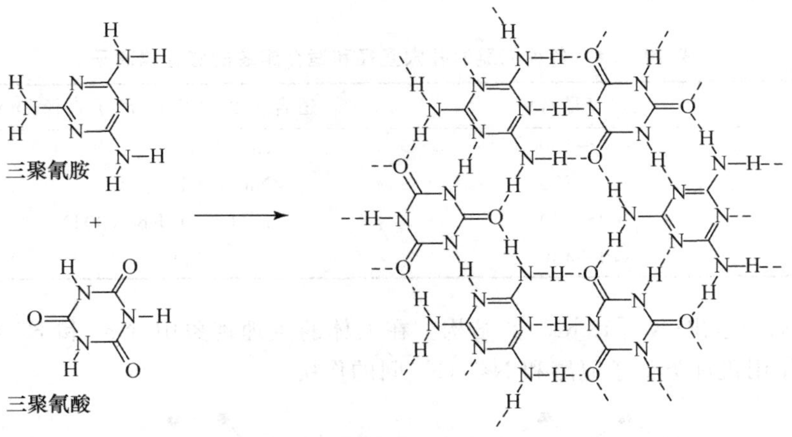

三聚氰胺

+

三聚氰酸

图 10.6.5 通过氢键自组装成超分子

4. 配位键的识别和组装

过渡金属的配位几何学以及和配位体相互作用位置的方向性特征,提供了合理地组装成各类超分子的蓝图。图10.6.6(a)是在酸性 Na_2MoO_4 溶液中,通过 Mo—O 配位键使 MoO_4^{2-} 互相缩合组装成大环超分子,大环的组成为 $Mo_{176}O_{496}(OH)_{32}(H_2O)_{80}$,在大环内外充满了 H_2O,晶体的组成为 $[Mo_{176}O_{496}(OH)_{32}(H_2O)_{80}] \cdot (600\pm50)H_2O$。图 10.6.6(b)是由 Mo—C 和 Mo—N 配位键使中心 Mo 原子将 2 个 C_{60} 分子、2 个 p-甲酸丁酯吡啶及 2 个 CO 分子组装成超分子。

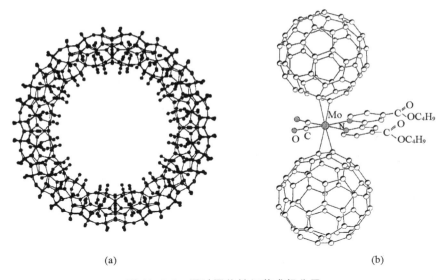

(a)   (b)

图 10.6.6   通过配位键组装成超分子

（a）Mo—O 键组装成大环超分子，大环的组成为 $[Mo_{176}O_{496}(OH)_{32}(H_2O)_{80}]$

（b）Mo—C 键和 Mo—N 键组装成球碳超分子

5. 疏水作用的识别和组装

如前所述，疏水基团互相结合在一起，并非在它们之间出现强的相互作用，而是它们结合时排挤水分子。其效果一方面增加水分子间的氢键，降低体系的能量；另一方面，使无序的自由活动的水增加，熵增大。两个因素都促使疏水基团互相识别，而自发地进行组装。

环糊精的内壁具有疏水性。如果在环糊精的小口径端置换上一个疏水基团，例如 $-C_6H_4CMe_3$，它的大小适合于进入环糊精内部。这种疏水基团能和环糊精内壁互相识别而自发地进行组装，形成长链，如图 10.6.7 所示。

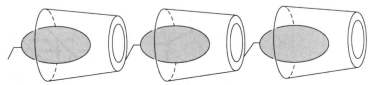

图 10.6.7   带有疏水基团的环糊精的自组装

10.6.3   晶体工程

1. 晶体工程的特点

许多晶体，特别是有机晶体，是完美的超分子，是在一个惊人的准确水平上，数以百万计的分子互相识别、自行排列。晶态超分子是分子通过分子间相互作用构建起来的。

晶体工程通常定义为：根据分子堆积以及分子间的相互作用，将超分子化学原理、方法以及控制分子间作用的谋略用于晶体，以设计和制出奇特新颖、花样繁多、具有特定的物理性质和化学性质的新晶体。晶体工程的目的是沿着分子识别指引的途径进行超分子的自发组装，使分子组间的功能得到多方面配合，优化分子间不同强度的、定向的和与距离有关的各种相互作用。

晶体工程的特点可归纳如下：

(1) 晶体工程是研究晶态超分子的科学。

(2) 分子间相互作用可直接用 X 射线晶体学进行研究，结论明确可靠。

(3) 设计方案既包括晶体中分子在空间的排列，也能将分子间强的和弱的相互作用独立地或结合起来考虑。

(4) 设计涉及的对象既包括单组分，也包括多组分物种。

(5) 在主宾配合物型的超分子中，主体孔穴可由几个相同的分子或几种不同的分子组成。

由于晶体工程具有上述特点，它已由化学家利用晶体学的知识加以发展，去设计新材料和固态反应。

2. 晶体工程的谋略

晶体的周期性结构，要求晶体中各种分子间相互作用必须遵循晶体学定律。在设计超分子晶体时，选择原子、分子或基团作为结点，以"●"表示；分子间较强的相互作用，例如氢键和配位键作为连接棒，以"——"表示。利用结点和连接棒组装出各种式样的超分子化合物，它们可以是分立有限的超分子，可以形成一维、二维或三维的超分子网络。图 10.6.8 示出一些超分子网络的式样。

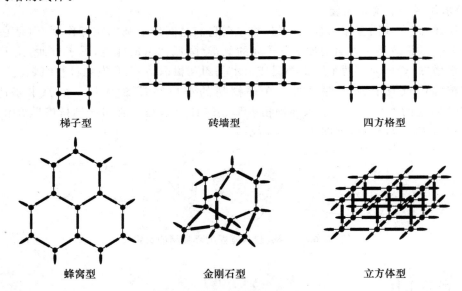

梯子型　　　　　　砖墙型　　　　　　四方格型

蜂窝型　　　　　　金刚石型　　　　　　立方体型

图 10.6.8　超分子网络的式样

羧酸通过氢键结合成分立的、一维、二维和三维超分子结构，就是一种组分起着互补作用功能的实例。图 10.6.9 示出通过羧酸的氢键结合成超分子的型式。

有时可利用多种组分间互相识别和互补地相互作用，构筑起稳定的多组分晶体。例如在 $(C_2H_5)_4N^+ \cdot HCO_3^- \cdot (NH_2)_2CO \cdot 2H_2O$ 晶体中，通过分子间氢键形成带负电的层形结构，其组成为 $[HCO_3^- \cdot (NH_2)_2CO \cdot 2H_2O]$，层间通过静电作用和带正电的 $(C_2H_5)_4N^+$ 离子结合起来。图 10.6.10 示出 $[HCO_3^- \cdot (NH_2)_2CO \cdot 2H_2O]$ 层的结构。

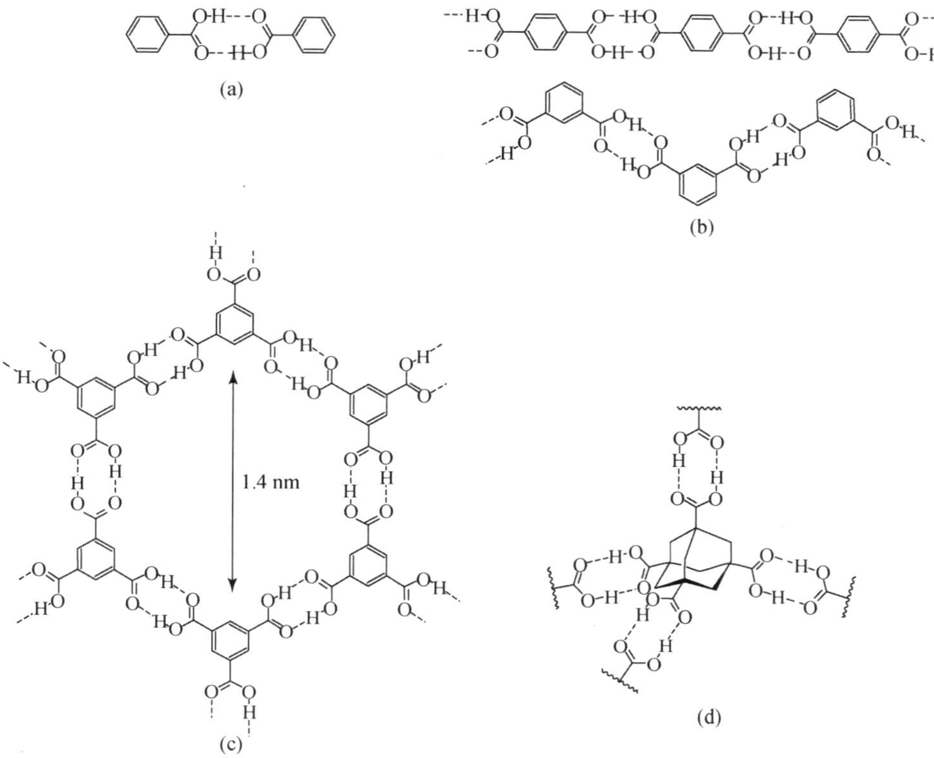

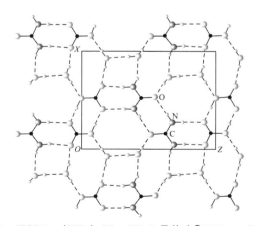

(a)

(b)

1.4 nm

(c)

(d)

图 10.6.9 羧酸通过氢键组装成超分子

（a）分立的结构,（b）一维结构,（c）二维结构,（d）三维结构

图 10.6.10 在 $(C_2H_5)_4N^+ \cdot HCO_3^- \cdot (NH_2)_2CO \cdot 2H_2O$ 晶体中 $[HCO_3^- \cdot (NH_2)_2CO \cdot 2H_2O]$ 层的结构

10.6.4 超分子和化学信息[①]

化学信息是超分子化学的重要内容,它是贯穿整个超分子领域的主线。超分子形成过程

① 感谢康宁教授为本小节的写作提供资料和宝贵意见。

中的识别性和自组装,是受体对作用物的选择性地结合,产生特定的功能,出现一系列新问题:超分子自组装的原动力是什么,信息存储于何处? 分子之间怎样互相匹配、互相识别? 通过自组装产生的超分子的结构和功能的关系怎样? 周围环境对自组装有何影响? 许多问题都涉及分子信息的产生、处理、传输和探测等内容。

　　信息是客观世界一切事物变化及其特征的反映,是事物之间相互联系的表征。化学信息不是物质,也不是能量,而是如左图所示三者鼎立地存在。化学信息指明物质在一定条件下,会发生原子间的化学键沿着特定的化学反应途径变化,出现新的结构和功能,成为化学科学的重要内容。例如,一个成年人的 DNA 约有 6×10^{-12} g,占人体重量(按 60 kg 计)的 10^{16} 分之一。DNA 的含量如此之少,在生命过程中由它引起的能量变化微乎其微,但它却包含着生命的发育和成长的全部信息。人体或生物体中的 DNA 通过它的自我复制和 RNA 等的变化,控制着蛋白质等生命物质的合成,其基础存在于简明的化学信息之中。

　　从结构化学的观点来分析超分子形成的过程和自组装获得的化学信息,首要的作用力是分子间能生成氢键。氢键具有较强的键能,具有较灵活地形成氢键的条件,没有严格的空间限制的约束。在含水的无机物和有机物中,分子间形成氢键的数量非常多,在生物体系中更是如此。人体大脑中含水量达 80% 以上,这是人的生物进化以及人的成长过程中,为了储存记忆信息的需要,大量地吸收水分子参加的结果。水在大脑存储记忆信息中起着重要的作用。氢键体系的形成对于信息的传递有重要作用。在电化学实验测定离子淌度时,H^+(或 H_3O^+)和 OH^- 两种离子的淌度要比其他离子的淌度大得多。物理化学家常用氢键体系内原子间电子的位移接力快速传递模型来理解,如图 10.6.11 所示。由此可见,大量存储信息和快速传递信息是人体中氢键体系的功能。

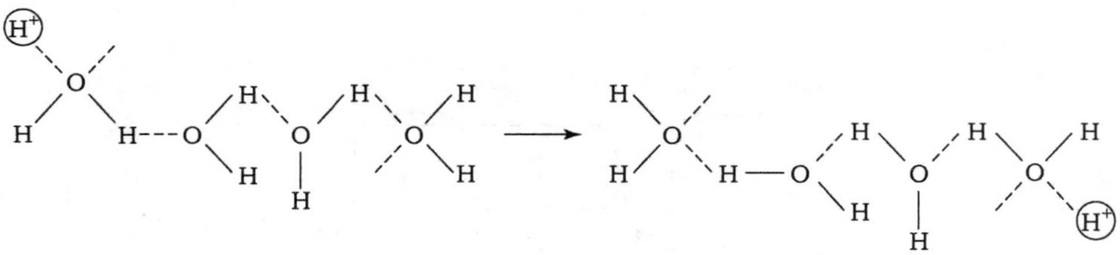

图 10.6.11　H^+(或 H_3O^+)在氢键体系中快速接力传递电荷的模型

　　DNA 主要有两个功能:第一,通过氢键相互匹配,进行自我复制,由亲代复制一份 DNA 传给子代;第二,通过信使 RNA 分子控制生命物质,即蛋白质的合成,使亲代的性状在子代的蛋白质结构上反映出来,使生物体能在生长发育、传种接代中保持性状的相对稳定,使后代表现出和亲代相似的性状。此外,DNA 可接受偶然的改变或突变,使生物体得以进化。

　　DNA 存在于细胞核中,而蛋白质的合成在细胞质中进行。DNA 携带的遗传信息通过 RNA 来传递。RNA 结构和 DNA 不同,它是由核苷酸分子连接成的单链。RNA 的功能有二:一是"转录",二是"翻译"。"转录"指子代以 DNA 的一条链为模板,按碱基配对原则来合成 RNA,这过程在细胞核中进行。"翻译"指以 RNA 为模板合成和亲代一样、具有一定氨基酸顺序的蛋白质的过程。

　　RNA 有 A,G,C,U 4 种碱基,3 个碱基决定形成一种氨基酸,所以有 $4^3 = 64$ 种组合。3 个相邻碱基叫密码子,20 种氨基酸则和相应的密码子对应。

人体有 3.5 万种基因,为了区别它们,将 DNA 片段的碱基对特征作为识别基因的方法,做成基因信息芯片。将待测的 DNA 在水溶液中先分解成单链,经荧光标记后,让它流过芯片,根据碱基配对原则,和识别的基因配对,再将芯片由荧光显微术输出信号,读出待测基因的信息。利用这种信息,可用于亲子鉴定,可进一步用于"克隆",即无性繁殖,可用于生物体的转基因工程的医学,制造药物,抗病治病。

DNA 长链分子间匹配所形成的 A⋯T 和 G⋯C 氢键体系,除上述生物基因和遗传密码等生物信息外,也成为化学信息的重要内容,组装成各种神奇的、功能各异的酶,它显示出自动的、高度有序的、无缺陷地进行的自组装,使许多分子个体形成一个整体,展现出化学信息应研究的内容。

10.6.5　应用

超分子结构化学原理的应用非常广泛,是生命科学、材料科学和信息科学等领域的重要基础内容。已发展起来的主-客体化学、包合物化学已成为化学的重要分支。下面举数例,简单说明这些原理和观点对实际工作的启发和指导作用。

1. 相转移

KF 是由离子键将 K^+ 和 F^- 结合在一起的典型的离子化合物,它不溶于有机溶剂。但在冠醚的乙腈溶液中,由于 K^+ 和冠醚结合,使 KF 溶于乙腈溶液,放出 F^-。溶液中的 F^- 能置换有机化合物中的 Cl^-,生成有机氟化物。

下面示出一个反应的实例:

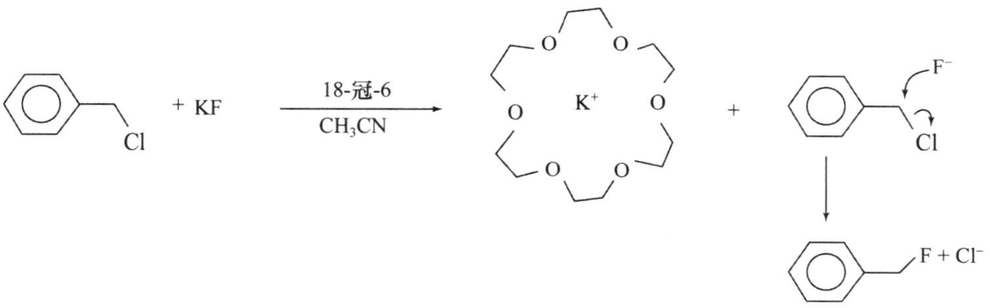

2. 分离

利用分子的大小和几何形状的不同,可对同类的有机化合物进行分离。再举两个实例予以说明。

【例 10.6.1】　尿素-烷烃包合物

尿素 $[(NH_2)_2CO]$ 可以和正烷烃($n\text{-}C_nH_{2n+2}$,$n\geqslant 8$)形成超分子包合物。在其中,尿素分子通过 N—H⋯O 氢键有序地组合成具有蜂窝状六角形通道结构的受体,如图 10.6.12(a)所示。正烷烃分子作为客体分子填入到通道之中,图 10.6.12(b)示出垂直于通道截面的结构。通道为六方柱形,直径约为 525 pm,正好容纳正烷烃分子,彼此通过范德华力结合,使体系能量降低,稳定存在。注意,单纯的尿素不可能结晶出具有空的六角形通道的晶体(甚至 $n<8$ 的正烷烃也不稳定),这也说明范德华力在超分子形成中的重要意义。

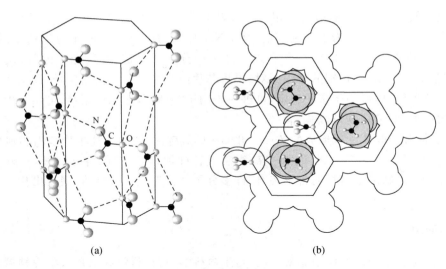

图 10.6.12　尿素和正烷烃形成的包合物

（a）尿素分子通过氢键形成六角形通道的结构，(b) 正烷烃填入蜂窝状六角形通道，形成晶体结构

由于支链烷烃直径较大，装不进通道之中，根据此原理可用在工业上作为正烷烃和支链烷烃的一种分离技术。

【例 10.6.2】 用杯芳烃纯化 C_{60}

p-叔丁基杯芳烃[8]的分子结构式示于图 10.6.13(a)中，它的形状像一只广口杯子，杯口和内壁为疏水性叔丁基和 π 键的苯基，其大小和作用力正适合于球形 C_{60} 分子，但 C_{70} 和其他杂质则不适合。

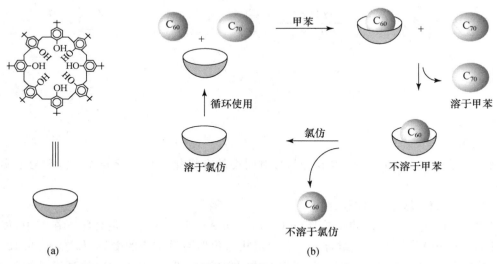

图 10.6.13　用 p-叔丁基杯芳烃[8]从 C_{60} 和 C_{70} 混合物中纯化 C_{60}

当将这种杯芳烃和 C_{60} 及 C_{70} 的甲苯溶液（即不纯的 C_{60} 溶液）一起作用，C_{60} 装入杯中形成加合物超分子，它不溶于甲苯而沉淀出来；C_{70} 及杂质溶于甲苯而分离除去。将杯芳烃 C_{60} 超分子悬浮于氯仿中，氯仿分子会顶替出 C_{60}。C_{60} 因不溶于氯仿，结晶沉淀出来，过滤分离即得纯

品。用这方法比色谱分离法高效价廉。

图 10.6.13(b)表示用杯芳烃纯化 C_{60} 示意图。

3. 制备 LB 膜

LB 膜是一种超薄有序膜,因纪念其创始人 I. Langmuir 和 D. B. Blodgett 而命名。LB 膜技术是在分子水平上制备有序的超分子薄膜的技术。它根据两亲分子在溶液表面的定向排列,进行二维的分子组装或多层的排列组合,形成各种分子水平的器件。图 10.6.14 示意出基片已进行化学处理从而具有亲水性表面的成膜过程:图(a)为基片上提时,表面定向排列分子的亲水基团沉积到基片上,疏水基团向外垂直于基片平面,形成单层有序膜的情况;图(b)为基片向下穿过单分子层,形成疏水基团和第一层疏水基团相向排列,将第二层固定沉积在其上;图(c)示出再向上提时,两亲分子的亲水基团和第二层的亲水基团相向排列,固定沉积成第三层。以此类推,可制得一定厚度和一定化学组成的超分子薄膜。

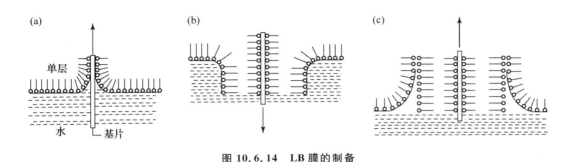

图 10.6.14 LB 膜的制备

10.7 纳米材料和软物质的结构化学[①]

10.7.1 纳米材料概况

纳米材料(nanomaterials)是指构成该材料的基本单元在三维空间中至少有一维的大小处于纳米尺度($1\sim100$ nm)的范围之内。纳米材料的基本单元可以为原子簇、纳米粒子、纳米线、纳米管、纳米棒、纳米片、超薄膜、多层膜等。纳米材料的制备和应用已有几千年的历史,例如,收集油烟的烟炱,以它为原料制成写字用的墨汁。近一百多年来胶体化学对纳米粒子的宏观体系(胶体)的系统研究,揭示出该体系的基本物理化学性质。近三十多年来,制备各种有独特性能的纳米材料掀起高潮,并用现代科技对纳米粒子的形态、特性、微观结构等进行系统研究,取得了巨大成绩,出现了许多新概念、新理论、新方法、新技术,为科学的发展提供了一个新平台。纳米材料的研究已成为高新技术的热门领域,在信息、能源、生命、环境、军事等方面的

① 本节和下一节为扩展知识自学读物,可参考:[1] 张耀君,纳米材料基础,第二版(双语版),化学工业出版社,2015;[2] 曹阳,结构与材料,高等教育出版社,2003;[3] V. K. Thakur and M. K. Thakur(eds.),Chemical Functionalization of Carbon Nanomaterials:Chemistry and Applications,CRC Press,2016;[4] E. M. Terentjev,D. A. Weitz(eds.),The Oxford Handbook of Soft Condensed Matter,Oxford University Press,2015。感谢康宁教授为本节的写作提供资料和宝贵意见。

应用都非常重要。

纳米材料有多种形态和应用,下面列出几个实例:

(1) 纳米微晶:指颗粒尺度在 100 nm 以下,介于宏观物质和微观物质之间的介观领域,表现出热力学不稳定性。它和宏观物质的性质有显著的差别。

(2) 纳米塑料:指纳米尺寸的无机填充物粒子分散于有机聚合物中形成的塑料。这种塑料既有无机物的刚性、热稳定性、绝热性,又有有机聚合物的韧性、易加工性和绝缘性,可制作高性能管材、机械零配件、电子和电器部件、包装管材等。

(3) 纳米陶瓷:指由大小在 100 nm 以下的晶粒组成的多晶陶瓷,或用粉体制成的薄膜、单相和复相陶瓷。纳米陶瓷质地致密,具有优良的室温和高温力学性能、抗弯强度、断裂韧性、抗腐蚀性、可加工性等特点。生产这种陶瓷的关键在于纳米粉体的制备和烧结条件的控制。

(4) 纳米气泡:指采用特定方法将气体在水中分散成纳米量级的气泡,并能稳定地存在一定时间。纳米气泡具有较大的表面积和表面能。当气泡为空气或氧气时,因它具有较大的表面积和较强的表面能,用于城市污水处理,可以更有效地使水体中的有机物含量降低,提高污水处理能力。血液中载有纳米级氧气,可以用于急救。

(5) 纳米器件:纳米材料的另一大类是在块体材料的表面上制造纳米器件。在单晶硅片表面上通过光刻或电子束刻蚀技术,制造出小于 100 nm×100 nm 的晶体管集成电路,在一个 1 cm^2 的芯片上组装数千万个晶体管元件,使微电子电路的功能更加优越,集成电路的容量和性能更加强大。这种器件的小型化和高度集成化,大大提高了集成电路的性能和功率,降低了制造成本。目前大小在 14 nm 特征尺寸的晶体管已在应用,而特征尺寸小于 10 nm 的晶体管也在试制中。

10.7.2　表面效应

表面(或界面)效应是指粒子的粒径变小时,粒子的比表面积增大,处在表面上的粒子数和总的粒子数的比值增大,由于面上粒子所处的环境、配位结构和相互作用力都与内部粒子不同,引起粒子性质发生变化。

粒子越小,处在表面上粒子的相对数目越多。下面以立方最密堆积($A1$ 型晶体结构)的切角八面体外形的粒子为例,按图 10.7.1 计算不同粒径时,表面上的原子数和该粒子中原子总数的比值。由图 10.7.1 可见,表面的原子数由三部分组成,按层数为 n 的表面计:

顶点原子数:24

棱边原子数:$(n-1)\times36$

面中原子数:6 个正方形面,$(n-1)^2\times6$

　　　　　　8 个正六边形面,$[1+3n(n-1)]\times8$

即第 n 层表面的原子数为

$$24+(n-1)\times36+(n-1)^2\times6+[1+3n(n-1)]\times8 \tag{10.7.1}$$

表 10.7.1 列出立方八面体粒子中表面的原子数和在该多面体内包合的总原子数及它们的比值。表中 n 由 1 到 6 的数据根据(10.7.1)式计算;虚线以下 $n=50$ 和 100 的粒子数则根据原子所占的体积近似求算。计算方法根据多面体几何学,设球形原子的直径为 1 单位,堆积成的切角八面体的边长为 l,该多面体的体积 V 为

$$V=11.314l^3 \tag{10.7.2}$$

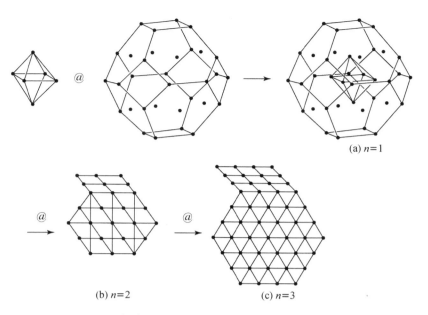

(a) $n=1$

(b) $n=2$ (c) $n=3$

图 10.7.1 切角八面体形粒子包合的原子数目计算示意图

表面上原子体积可按原子的直径为 1 单位厚度乘以表面积近似算得：

$$V_{面} = 6l^2 + 8 \times (2.6l^2) = 26.8l^2 \tag{10.7.3}$$

若 $l=50$，表面原子数所占百分数为

$$\frac{26.8l^2}{11.314l^3} = \frac{26.8 \times 50^2}{11.314 \times 50^3} = 4.7\% \tag{10.7.4}$$

若 $l=100$，表面原子数所占百分数为

$$\frac{26.8 \times 100^2}{11.314 \times 100^3} = 2.4\% \tag{10.7.5}$$

表 10.7.1 立方八面体粒子中表面原子数和总原子数的比值

层数 n	表面原子数	粒子总原子数	表面原子百分数/(%)
1	32	38	84.2
2	122	160	76.3
3	272	432	63.0
4	482	914	52.7
5	752	1666	45.1
6	1082	2478	39.4
50	67000	1414250	4.7
100	268000	11.314×10^6	2.4

原子的直径一般约为 0.2 nm，100 层切角八面体粒径约为 20 nm。由表 10.7.1 可见，随着纳米粒径变小，表面原子百分数增大，表面效应非常显著，促使它的物理性质和化学性质产生重大变化。以金属的熔点为例，闪亮的黄金晶体，熔点高达 1337 K，被赞为"真金不怕火

377

烧"。但是,贵金属的纳米微粒,表面上原子数目相对增大,处在表面上的原子受周围原子的约束较小,即金属键力降低,当温度升高时,表面原子的热运动幅度增大,容易移动,熔点显著下降,2 nm 的纳米粉金熔点只有 600 K。图 10.7.2 示出实验测定金的熔点和颗粒大小的关系。由图可见,当金的晶粒粒径小于 10 nm 时,熔点随着晶粒变小而急剧下降。同样,纳米银粉的熔点可降至 373 K。

纳米微粒的熔点降低效应,为粉末冶金工业制作高熔点合金开辟了新的工艺。

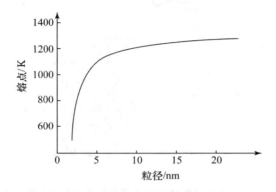

图 10.7.2　金的熔点和粒径大小的关系

许多有机化合物微粒粒径减小时,具有很高的化学反应活性,很容易和空气中的氧气等发生化学反应,即产生粉尘爆炸。例如我国台湾新北市八仙乐园于 2015 年 6 月 29 日举行彩虹派对时,喷洒淀粉,引起爆炸,致使 7 人死亡,许多人严重烧伤。

纳米材料颗粒的大小和磁学性能有密切的关系。例如 $\alpha\text{-Fe}$,Fe_3O_4 和 Fe_2O_3 的粒径各为 5 nm,16 nm 和 20 nm 时,就变成顺磁体,磁化率(χ)不服从 Curie-Weiss 定律。原因是微粒尺寸减小,各向异性也变小,当它的尺寸很小时,磁化方向就不再固定在一个易磁化的方向,微粒作无规律的变化,导致超顺磁性的出现。不同材料的临界尺寸不同,例如粒径为 85 nm 的镍微粒,矫顽力很高,χ 服从 Curie-Weiss 定律;当粒径小到 15 nm 时,矫顽力趋于 0,镍微粒进入超顺磁状态。

纳米微粒的尺寸在小于超顺磁临界尺寸时,常出现高矫顽力。因为当尺寸小到某一临界值时,每个微粒就是一个单磁畴,使微粒成为永久磁铁,呈现出高的矫顽力。纳米微粒的尺寸还影响它的磁化率和 Curie 温度,例如将 Fe-Co 合金和氧化铁的纳米强磁性颗粒的尺寸降到单磁畴时,它就具有很高矫顽力。

10.7.3　量子尺寸效应和隧道效应

固体能带理论显示,块状金属处在宏观尺寸时,Fermi 能级附近的电子能级间距几乎为 0,能级呈现连续性。对纳米微粒,因它包含的原子数目很少,能级间距增大,能隙变宽,当能隙大于热能、磁能、光子能量时,它的性质就显著地和宏观尺寸的状态不同,这种现象称为量子尺寸效应。

实验证明,块状金属银具有优良的导电性能,但当用纳米技术制得纳米尺寸的颗粒银时,导电能力大大降低。粒径<14 nm 的银粉,1 K 时为电绝缘体,出现明显的量子尺寸效应。

纳米微粒的量子尺寸效应和表面效应,显著地影响着材料的性质。以金属的光学性质为例:金属的纳米微粒由于它的反射率极低和吸收率极强,致使它几乎都呈黑色。例如,纳米尺寸的铂微粒,反射率只有 1%。又如一些氧化物和碳化物,如 Al_2O_3、SiC、Si_3N_4 等纳米微粒,表面上原子的平均配位数降低,没有一个单一的择优的键振动模,出现较宽的键振动模分布,使红外吸收带宽化。

固体的能隙随颗粒直径变小而增大,会使它的光谱发生蓝移。这可从键强来分析:颗粒变小,表面张力增大,键长缩短而导致键的本征振动频率增大,使光吸收带向高频率移动。例如,大块 SiC 红外吸收频率为 $794\ cm^{-1}$,纳米颗粒为 $814\ cm^{-1}$,蓝移约 $20\ cm^{-1}$。

在本书第 1 章中讨论了微观粒子具有不同于宏观物体的隧道效应。对于纳米微粒等介观粒子,在一些性质上也具有隧道效应,为了区别于微观粒子,有时称这种效应为宏观量子隧道效应。下面几种实例表现出纳米粒子的宏观量子隧道效应:

(1)当电子器件的尺寸小于电子平均自由程时,电子从一个电极传输到另一个电极,不会出现"随机游动"的散射现象,平稳地通过短而窄的隧道。

(2)纳米微粒的运动在一定条件下遵循 Schrödinger 方程的波动规律。例如当大于粒子能量的势垒区域窄到量子尺度,粒子可直接穿过该势垒,即粒子波包有穿越势垒的概率。

(3)一些宏观物理量,如纳米粒子的磁化强度和量子相干器件的磁通量,具有量子效应。

10.7.4 碳的纳米材料

传统体相晶态碳的单质有三类同素异构体:金刚石、石墨和球碳。本小节简单介绍一些由组成这三类晶体的原子和纳米量级的小晶粒衍生发展的材料。

1. 纳米金刚石

纳米金刚石(nanodiamond,ND)是指粒径大小处在纳米量级的金刚石晶体,它可用爆炸方法、冲击波方法或其他方法制得。现在每年已能成吨地批量生产。由于它具有较高化学稳定性、无毒性和巨大的比表面等性质,在许多领域得到应用。例如直接将粒径在约 5 nm 的 ND 放在胶体材料中,作为悬浮物,改变胶体的光学性质或力学性能,形成具有一定特性的材料。但是更主要的是纳米技术的发展,利用纳米金刚石的表面反应性能,通过多种表面功能化的方法,在 ND 晶粒表面上连接出含有多种功能的基团,再在这些基团的基础上,根据使用要求,得到多种多样的衍生物材料。

2. 石墨烯

石墨烯(graphene)是单层石墨分子的通用名称,它为层状结构,只有一个原子厚,是最薄、接近透明的碳原子层。在层中碳原子以 sp^2 杂化轨道互相形成 σ 键,连接成蜂窝状的六边形平面结构;垂直平面的 p_π 轨道互相叠加,形成多环芳烃的离域 π 键。在实际工作中,石墨烯材料包括多层石墨分子的层状物,层间有其他分子填充,层的边缘和其他多功能基团连接,使它的组成、结构、性能和应用非常丰富多彩。

2004 年,Geim 和 Novoselov 首先在实验室中用胶带从石墨晶体将单层厚度的石墨烯粘起并转移到硅晶片上,研究它的结构和性质,发现它具有独特的性质和应用,开辟了一个新材料领域,这两位科学家因此获得 2010 年诺贝尔物理学奖。

在石墨烯中,碳原子间由于有 σ 键和离域 π 键结合在一起,使它具有独特的物理性质和化学性质。它是迄今发现的最强、最轻的材料,其强度比同等质量的钢强 100 倍,它还可以弯曲到很大角度而不断裂,能耐受很高的压力。电子在其中的传导速率可达 $10^6\,\mathrm{m\,s^{-1}}$,是光速的 $1/300$;而且电子在石墨烯中运动受到的阻力几乎为 0,产生的热量很少,因此它是良好的热导体,能很快散发热量。单层石墨烯的比表面积非常大,达到 $2630\,\mathrm{m^2\,g^{-1}}$,可制作充电速度快、储电容量大的新型电容器,并具有功率高、寿命长等优点。石墨烯的超高透光性,可制作透明电极、太阳能电池和液晶显示器。石墨烯的上述力学、电学、热学和光学性能,可用于制作性能优异、高于硅材料的芯片、晶体管和电子器件,大幅度提升计算机的运算速度,在微电子领域存在美好前景。石墨烯可制作高性能的电极材料,用于锂离子电池等高性能电池。石墨烯的应用前景日益受到人们的重视和关注。

由碳原子组成的平面形石墨烯分子,在其边缘上和面上的原子都有一定的化学反应性能,可以和其他化学品制备出石墨烯化合物,成为近年来化学发展的一大热点。人们怀着巨大的期望,通过氧化和氢气作用等办法使碳骨架的原子和氧原子以及氢原子结合,进一步和其他试剂反应转变成所需的官能团,形成新的质轻的层形化合物,通过层间作用,可以形成夹层化合物,大量储存氢气等化学物质。在能源转化和储存方面,石墨烯可作为燃料电池的催化剂载体,将活性很高的铂等金属粒子沉积到片层中,提高催化活性,成为供燃料电池等能源和环境科学所需的材料。

要想将具有优异物理和化学性能的石墨烯制成实际应用的材料,需要克服面临的多方面的问题:首先,要开辟成熟又廉价的工艺,制备出规格统一而完整的石墨烯片;其次,要创新成熟的方法,来操作处理单原子层厚度的薄片,将它和其他材料整合在一起,制造一定规格的元器件;第三,石墨烯虽然具有优良的导电性能,但它没有带隙,电流在其中开始流动就很难关闭,要克服这个问题,才能将它用于制作数字电路核心的“开-关”转换器件。可见,开发石墨烯的应用是一个潜力无限而对科学技术要求很高的产业,盼望读者们努力学习,了解石墨烯的特性,为制出可供高端应用的材料作贡献。

层形 $(BN)_n$ 是石墨烯的等电子体,预计它的许多物理性质和石墨烯相似,应关注和探索它的制备和应用。

3. 纳米碳管

纳米碳管可看作球碳沿一个方向延伸形成的管状椭球,也可看作由石墨分子卷曲形成单层或多层的管状碳分子。由于它的特殊结构及优异的电学和力学性能,在材料科学、化学和纳米技术领域中均有广泛的应用潜能。

纳米碳管的凹形内表面在加成反应中显示出很低的反应活性,但管中可以填充金属原子、无机盐和无机小分子,改变管的性质。

纳米碳管在各种溶剂中溶解度都很低,对它的应用主要不是着眼于管内包合的原子或基团,而是着眼于管外壁和管口的功能化,即通过共价键使碳原子和其他官能团结合。单层碳管外管壁上的碳原子和球碳分子面上的碳原子相似,相互通过介于 sp^2 和 sp^3 之间的杂化轨道形成共价键,垂直管壁的 p 轨道相互叠加比平面石墨层减少,导电性也较石墨低。在碳管口上存在的碳原子活性较高,在功能化过程中容易发生反应,即它们容易转变成四面体形 sp^3 杂化轨道和基团连接。

许多研究工作已在纳米碳管外壁接上 $-COOH$,$-OH$,$-\overset{\overset{\displaystyle O}{\|}}{C}-CH_2-SH$,卤素和冠醚等

基团,改善纳米碳管的性质和功能,用作气体传感器和生物传感器等材料。

4. 球碳化合物

以 C_{60} 为例,在分子表面上的 C 原子被两个六元环和一个五元环共用,它的 3 个 σ 键的键角之和为 $348°$,呈三角锥形,不是平面三角形,C 原子采用 $sp^{2.28}$ 杂化轨道。球碳可以通过多种途径制得球碳化合物,它的直径约在纳米量级,有待开发它的应用价值。例如:

球碳 C_{60} 和 F_2 反应,制得全氟球碳分子 $C_{60}F_{60}$,呈白色粉末状,它是超级耐高温(约 $700℃$)的润滑剂。

球碳 C_{60} 能吸附 N_2,削弱 N_2 的多重键,使它和 H_2 反应生成 NH_3。这种不含金属的合成氨催化剂,对人工模拟生物固氮具有重要意义。

已发现球碳包合物 $M_n@C_{60}$ 有许多奇特性质,在材料、催化和生物功能等方面有着许多潜在的应用前景。例如 $La_2@C_{60}$ 中的 2 个 La 原子在温度升高时作环形运动,温度降低时停止运动,可探讨制作受温度控制的分子器件。球碳和碱金属形成的球碳盐在低温下具有超导性:$K_2@C_{60}$ 的 T_c 为 19 K,$Rb_3@C_{60}$ 为 28 K,$Cs_3@C_{60}$ 为 30 K,$RbCs_2@C_{60}$ 为 48 K,可探索制作有机超导体。

10.7.5　软物质

软物质(soft matter)又称软凝聚态物质(soft condensed matter),是一大类物质的存在形式,它一般由大分子或颗粒物组成,其大小和纳米材料中的基本单元接近,如液晶、橡胶、泡沫、凝胶、聚合物等。软物质的性能介于液体和固体之间。"软物质"的名称是 20 世纪 70 年代由法国科学家 P. G. de Gennes(德热纳)提出的。他发现,软物质具有短程有序性,而缺乏长距离的周期性,其形态和体系的熵值有重大关系,它对外界所给予的作用非常敏感。软物质非常容易变形,和"硬物质"相比,弹性常数非常低。de Gennes 发现,用于研究简单体系中的有序现象而发展起来的方法,特别是在研究液晶和高聚物等材料时,也适用于软物质的复杂体系的研究。由于 de Gennes 在研究软物质领域的贡献,他于 1991 年获诺贝尔物理学奖。

de Gennes 曾说:"天然橡胶的每 200 个碳原子中,只有一个原子和硫发生反应,尽管其化学作用如此微弱,却使其物理性质发生变化,由液态转变为固态。如同雕塑家轻轻地压一压黏土,就能改变其形状。这便是软物质的核心和基本定义。"

软物质领域涉及的面非常广,它是由许多经过长期研究的学科演变合并而成的,其内容包括各种分子间的作用力,以及对高聚物、胶体和液晶等学科所得的研究成果。而促进这些成果结合在一起形成软物质科学的原因,关键在生命科学的发展。由于生物体的每一个器官都是由软物质组成,对它进行研究需要综合应用纳米科学及上述各个自然科学分支的研究技术、方法和所得的成果。软物质的科学研究已成为 21 世纪跨越物理、化学、生物三大学科的前沿。

软物质是大小处于纳米量级的分子及其聚集体,因具有复杂性和柔软性而得名。复杂性至少有三层含义:一是构成软物质的基元多数是化学结构颇为复杂的链状和支状分子,如各种聚合物分子或分子基团;二是分子本身具有不同的官能团,如两亲分子中不同的部位显现不同的性质;三是这些分子常常通过自组装形成各种复杂的结构,如蛋白质分子的折叠,表面活性分子在溶液表面上的定向排列等。软物质的柔软性是指当它受到外界的微小作用力时,会发生巨大的状态变化,即对外界影响具有高度敏感性。

形成软物质特性的基本原因在于,软物质受外界作用力时,不会破坏分子内部原子间的强化学键,如共价键,不改变分子中原子间连接次序和化学键性质,而是改变分子的构象和扭角等分子的形状,同时大量地改变分子间的作用力和相互位置,改变分子内部和分子之间的氢键,破坏一些分子间和分子内部基团间的氢键,同时形成一些新的氢键,以适应外界作用力对它的影响。在变形过程中,分子内部基团间的相对位置以及分子间的相对位置常发生巨大变化,但是分子间相互作用的次级键的数量改变不大,致使变化时键能等能量的变化不太大,而熵值却发生较大的变化。

软物质最突出的性质是它的自组装能力,即体系受外界作用,为适应新条件,自发地转变为新的结构,这是软物质行为的核心。

软物质是一类柔软的物质,和固体硬物质相比,其形状容易发生变化。软物质容易受温度升降的影响,改变它的有序度,也容易受外力影响,使其结构或聚集状态发生改变。上述这些变化导致软物质的性质发生变化,在实际应用中起重大作用。例如,墨汁中加一点阿拉伯胶,其稳定存在的时间大大延长;豆浆中加一点卤水,就能凝结成豆腐;水中加几滴洗洁精,会产生一大堆泡沫;液晶手表的运转是液晶分子在耗能极低条件下使聚集状态可逆改变的结果。

软物质大多来自有机化合物,在介观尺寸下存在着有序结构特性。软物质和简单纯液体不同,纯液体在不同条件下不会形成有序的结构,所以简单纯液体不是软物质。软物质有着多种自由度,例如高聚物会出现构象自由度,液晶出现取向自由度,正是由于这些自由度引起软物质通过自组装变成局部的有序结构,显示出独特的功能,附加自由度产生作用,使构象熵和取向熵发生改变,使软物质结构和性能发生复杂的变化。

在最近由牛津大学出版社出版的《软凝聚态物质的牛津手册》中,其内容分成 13 章论述,它们分别是:胶态悬浮物,表面活性剂,液晶,泡沫,粒状体系,缠结聚合物的动态力学,嵌段聚合物,弹性体和类橡胶的弹性,高分子电解质溶液和凝胶,凝胶中的流体迁移,细胞外的基质,细胞骨架,界面和膜。从上述内容可以看出,研究软物质的化学主要包含在胶体化学和高分子化学之中,在其中熵值起主要作用的变化规律的物质,则属于软物质,即软物质是熵增加效应起主要作用的物质。

10.8　结构化学研究方法的新进展

1. 回顾和展望

通过前面各章的学习,使我们了解到结构化学是在原子-分子水平上,主要以量子力学理论、对称性理论、点阵理论和化学键理论为基础,利用计算推理方法和各种实验的测定技术,阐述下列三方面的知识:(i) 化学物质中电子的运动状态、原子的结构和性质、分子和晶体中原子的空间排布、化学键的本质以及结构和性能的联系等;(ii) 结构化学和化学的各个分支学科间的密切联系,为化学反应机理、各类新发现的化合物、生物大分子以及处于动态和激发态时的物质给出键型、构型和构效关系等基础知识;(iii) 结构化学和物理化学、生命科学、医药学、材料科学、地球化学等许多学科密切联系,共同进行研究。

课程内容中介绍的 20 世纪结构化学的主要实验研究方法如下:通过衍射法测定晶态物质的结构;通过磁共振法测定液态分子中分子的存在状况和结构特征;通过光谱法测定各种状态下原子和分子的结构和性质。这些研究物质微观结构方法的应用,使人们对各种状态下物质的结构和性质有着深入的了解,推动自然科学各个学科蓬勃发展,为社会生产力的提高、创造丰富的物质财富、改善医疗水平、促进人们的身体健康起着重大作用。

进入 21 世纪,研究物质结构的方法不断更新发展,对化学物质的认识水平不断提高深入,使化学的各个分支学科出现了崭新的面貌。展望结构化学的发展,可从下面的观察角度了解它的状况:

从化学键的角度看,新的发展对次级键的作用和重要性的认识不断深入。

从研究的总体对象看,不局限于组成确定、结构稳定的无机化合物、有机化合物和高分子化合物,进入到生物大分子以及复杂多变的溶液中"活的"生物大分子的形态和结构。

从测定结构的速度看,将原先投入以年月计算所需的时间测定一个化合物结构,进展到以天数和小时数计算测定复杂的化合物和生物大分子的结构。

从研究晶体和液体中大量分子的平均统计所显示的结构和性质,进入到单个分子的结构状况和特征性质的研究。

徐光宪教授曾提出,21 世纪化学的发展趋势有"五多":(i) 多学科交叉,不仅是化学中各分支学科之间的交叉,化学还会和生命科学、电子学、材料科学、纳米科学、能源科学等多学科交叉;(ii) 多层次发展,化学不满足于合成新化合物,而是向分子以上多层次发展,如分子器件、分子机器;(iii) 多尺度分布,调控颗粒的形貌和尺寸,改变物质的性能,例如纳米尺度的石墨烯,显示和石墨性质不同的新材料和新发展的领域;(iv) 多整合生产,将各类化合物的特异结构和性质结合在一起,例如将化合物中的刚性部分和柔性部分整合起来,制成刚柔结合、超强度超细纤维,以及多功能的新材料和新器件;(v) 多方法协作,将合成、组装、分离、分析、性能测试相结合,实验和理论共同并进,化学、物理和信息学等各种方法协作联用。

上述"五多"反映出化学是自然科学发展的中心环节,是为社会发展创造物质财富的基础科学。"工欲善其事,必先利其器",要使化学科学快速发展以适应社会发展的需求,必须关注物质结构研究方法的新发展,提高对物质结构的深入认识,为自然科学的高速发展和应用奠定坚实的基础。

下面仅以测定晶体结构的衍射法所用的 X 射线光源发展进程为例,说明学习结构化学不仅要认真关注前人所提出的理论、已测定的化学物质的结构和性能,还要关注不断出现的新思想、新理论、新概念、新技术和测定结构方法的新进展,扩大我们的思想境界,提高认识水平。

2. 同步辐射在结构化学中的应用

在历史上曾出现过四次对人类文明带来革命性推动的新光源:第一次是电光源,为夜晚带来光明;第二次是 X 光,它不仅将我们的视野扩展到物体内部,而且通过衍射"看到"物体中原子排列的结构;第三次是激光,它的波长的单一性、方向的准直性、相位的相干性,使得它在工业、通信、信息、国防、医疗、科研等领域中发挥了十分重要的作用;第四次指同步辐射,它已成为物理学、化学、材料科学、生命科学等众多学科领域进行研究的一种先进手段。

同步辐射(synchrotron radiation)是由接近光速运动的带电粒子在改变运动方向时放射的电磁波,又称为同步辐射光。它具有下列特性和在化学科学中的应用。

第一,光的强度非常强,是普通光源的几百倍到几万倍,光强特别稳定,适用于测定衍射能力很弱的晶体、晶胞特大的晶体以及耐辐射能力很差的生物大分子晶体等。同步辐射光源配合面探测器的技术,可在不到 1 秒的时间内记录超过 1 万个衍射的衍射斑点图。

第二,高准直性和高单色性。同步辐射是电子在加速器中沿着圆周轨道的切线方向从一个很小角度范围内放射出来的光,准直性高,对晶胞特大的晶体,衍射点间的距离非常小,利用同步辐射可减小衍射点的发散度，避免衍射点的重叠。同步辐射优异的准直性，大大提高了衍射点空间分布的清晰度，对晶胞参数的微小变化，以及晶体在外界条件改变时（如在电磁场中、高压下、热处理过程中）内部结构变化的动态过程，作实时的研究和观察。

第三，同步辐射是波长连续可调的光，它的波长由加速器中电子的能量（即运行速度）和运动轨道的弯转半径所确定，是用作多波长反常散射（MAD）和 Laue 衍射图像的理想光源。

第四，同步辐射是一种非常"干净"的光，因它是电子在超高真空的环境中受磁场作用产生，它不存在普通 X 光管中金属靶内包含的杂质以及管中残余气体所发的光，可用它分析极高纯度的样品，例如检测含量在 10^{-12} 量级的杂质元素。

第五，同步辐射是偏振光，可应用于 X 射线荧光分析法来测定含量很低的元素。

高强度的同步辐射为研究非晶态或有序度不高的物质结构开辟了新的方法，扩展的 X 射线吸收精细结构（extended X-ray absorption fine structure，EXAFS）就是一例。样品中的某种原子在波长连续变化的高强 X 射线照射时，吸收系数对特定波长有突然变化，这是由于入射的 X 射线光子能量等于该元素中电子的一种结合能，激发该电子成自由电子，按波粒二象性，该电子波到达邻近原子时产生反射波。这两种波叠加起来将出现干涉现象，使它的振幅增大或减小，由两种波的相位差而定。这个相位差则由 X 射线的波长，反射原子的距离、种类和数量（即配位情况）而定。不同结构的样品会出现不同的 EXAFS 谱。利用高强度的同步辐射光源，可以研究晶态和非晶态物质中原子周围配位层的配位数和配位距离，定性地鉴别配位原子的种类、配位结构型式、表面吸附态的结构等。例如，Br_2 分子在石墨表面吸附呈平躺式。

同步辐射的应用不仅提高了 X 射线衍射技术测定生物大分子结构的速度，缩短了测定结构所需的时间，而且所得结构模型的精度之高和数量之多，以往任何时期都无法比拟。蛋白质晶体结构数据库（PDB）中归档的结构数目快速增加，例如 2013 年 4 月库存数目为 89008 个，到 2013 年 5 月达到 90810 个，一个月就增加了 1800 个。生物大分子晶体衍射的发展，不仅丰富了结构化学和结构生物学等学科的内容，也为药物设计和合成提供了可靠的结构依据。

3. X 射线自由电子激光（X-ray free-electron lasers，XFEL）

XFEL 是一种新型超强 X 射线激光光源，光强度可达同步辐射光源的近亿倍，兼有同步辐射和激光两者的优点，它的发现为人们打开了进入和认识"超级快速""超级微小"的世界之门，使人们能够捕捉在飞秒（10^{-15} s）级短时间内的化学过程，拍摄原子尺度动态图像，使阐明生物的单分子行为和结构成为可能。

XFEL 以第三代同步辐射光源为光子源，核心设备为线性加速器、波荡器（或摇摆器）磁铁以及聚焦系统。XFEL 在生物大分子晶体学中的应用，将摆脱以往需要制备"大的、有衍射质量的"晶体样品和辐射衰减影响的困境，在室温（不用低温）下实现收集大小约 200 nm 的生物大分子微小晶体衍射数据。特别适合研究瞬时分子结构变化（过渡态），从而进一步扩充和拓宽了生物大分子研究领域。这个超强脉冲 X 射线源，即线性相干光源的高能、高效性，对晶体样品要求低等特点，将真正激起和开辟生物大分子飞秒 X 射线纳米晶体学，使连续飞秒晶体学的概念实用化，克服传统晶体学的两个瓶颈——制备晶体样品和相角问题的困境，揭示和阐明纳米晶体和单分子结构。

在结构化学基础课中，着重学习原子、简单分子和晶体等的结构和性质，这些是掌握化学知识的基础。在这些基础上进一步将它们和纳米材料、生物大分子、软物质及各种材料的特性和应用相结合,和物质结构研究方法的新进展相结合,看到所学基础和实际使用时所碰到问题的差距。一个人的想象力应当比他已拥有的知识更为重要,提出解决问题的方法和思路,比了解已解决的问题更重要。衷心希望读者们依靠所学的基础知识,在万众创新中发挥出高度的创新思维和解决实际问题的能力。

习 题

10.1 在硫酸盐和硼酸盐中,SO_4^{2-} 和 BO_3^{3-} 的构型分别为正四面体和平面正三角形,S—O 键和 B—O 键的键长平均值分别为 148 pm 和 136.6 pm,试计算 S—O 键和 B—O 键的键价以及 S 原子和 B 原子的键价和。

10.2 ClO_2^-(弯曲形),ClO_3^-(三角锥形)和 ClO_4^-(四面体形)离子中,Cl—O 键的平均键长值分别为157 pm,148 pm 和 142.5 pm,试分别计算其键价及键价和。

10.3 试计算下列化合物已标明键长值的 Xe—F 键键价。说明稀有气体 Xe 原子在不同条件下和其他原子形成化学键的情况。[按(10.1.3)式计算 Xe—F 键时,R_0 为:Xe^{2+} 200 pm,Xe^{4+} 193 pm,Xe^{6+} 189 pm;B 为 37 pm]。

(1) XeF_2(直线形):Xe—F 200 pm;

(2) $[Xe_2F_3]^+[SbF_6]^-$:$\left[F-Xe\overset{F}{\underset{151°}{\diagdown}}\overset{214\ pm}{Xe}\overset{190\ pm}{\diagup}F \right]^+$;

(3) $[NO_2]^+[Xe_2F_{13}]^-$:$\left[F_5Xe\overset{F}{\underset{F}{\diagup\diagdown}}\overset{255\ pm}{\diagdown\diagup}XeF_6 \right]^-$;

(4) $[(2,6-F_2C_6H_3)Xe]^+[BF_4]^-$:

(5) $[Me_4N]^+[XeF_5]^-$:平面五角形的 XeF_5^- 离子中 Xe—F 202 pm。

10.4 CaO 具有 NaCl 型的晶体结构,试根据表 10.1.1 的数据估算 Ca—O 的键长及 Ca^{2+} 的半径(按 O^{2-} 的离子半径为 140 pm,Ca^{2+} 和 O^{2-} 的离子半径和即为 Ca—O 的键长计算)。

10.5 NiO 具有 NaCl 型结构,试根据表 10.1.1 数据估算 Ni^{2+} 离子半径。

10.6 已知甲烷水合物晶体属于立方晶系,晶胞参数 $a=1.20$ nm,$Z=1(8CH_4 \cdot 46H_2O)$。试求晶体的密度,标准状态下 1 m^3 晶体可得多少甲烷和淡水?

10.7 怎样知道液态水中仍保留一定的氢键?怎样解释水在 4 ℃时密度最大?

10.8 下表给出 15 ℃时几种物质的黏度(单位:10^{-3} kg m^{-1} s^{-1}),试说明为什么会有这样的大小次序。

物 质	丙酮	苯	HAc	C_2H_5OH	H_2SO_4
黏 度	0.34	0.91	1.31	1.33	32.8

10.9 水和乙醚的表面能分别为72.8和17.1(10^{-7} J cm^{-2}),说明存在如此大差异的原因。

10.10 举例说明什么是配位水、骨架水、结构水和结晶水。为什么硫化物和磷化物一般不存在结晶水?

10.11　根据 SbF_3 晶体结构测定数据,Sb—F 间除 3 个较短的强键呈三角锥形分布外,还有 3 个弱键和 3 个非常弱的键。它们的键长(以 pm 为单位)如下:195,195,206;250,256,256;375,378,378。

试计算各键的键价及 Sb 原子的键价和。

10.12　什么是绝对构型? 画出 R 型甘油酸$H_2C(OH)$—$CH(OH)$—$COOH$的立体结构式。

10.13　已知乙酸、丙酸、丁酸、戊酸的密度分别为 1.049,0.993,0.959 和 $0.939\,g\,cm^{-3}$。试根据表 10.5.1 所列原子基团的体积增量数据,计算分子的堆积系数。讨论它们的变化规律,解释其原因。

10.14　邻位和对位硝基苯酚 20 ℃时在水中的溶解度之比为 0.39,在苯中为 1.93,请由氢键说明其差异的原因。

10.15　乙醚相对分子质量比丙酮大,但沸点(34.6℃)比丙酮沸点(56.5℃)低;乙醇相对分子质量更小,但沸点(78.5℃)更高。试分别解释其原因。

10.16　请根据分子中原子的共价半径和范德华半径,画出尿素分子的形状和大小。

10.17　环氧乙烷中含少量水,试画出它们的分子模型,估计最小分子直径,并判断能否用 3A 型分子筛(孔径 3.3 Å)作为环氧乙烷的干燥剂? 4A 和 5A 型(孔径分别为 4 Å 和 5 Å)又如何?

10.18　试根据苯分子的构型和原子的范德华半径估算分子的直径及厚度。

10.19　计算水分子的体积以及液态水中和冰中分子的堆积系数。

10.20　举例说明什么是分子识别。

10.21　疏水效应为什么能降低体系能量、增高熵值?

参 考 文 献

[1]　邵美成.鲍林规则与键价理论.北京:高等教育出版社,1993.

[2]　胡盛志.晶体化学中的次级键.大学化学,2001,16(3):6～14.

[3]　麦松威,周公度,李伟基.高等无机结构化学.第 2 版.北京:北京大学出版社,2006.

[4]　周公度.氢的新键型.大学化学,1999,14(4):8～16;今日化学,187～196.北京:高等教育出版社,2001.

[5]　林梦海,谢兆雄,等.结构化学.第三版.北京:科学出版社,2014.

[6]　周公度,郭可信,李根培,王颖霞.晶体和准晶体的衍射.第二版.北京:北京大学出版社,2013.

[7]　林建华,荆西平,等.无机材料化学.北京:北京大学出版社,2006.

[8]　刘育,尤长城,张衡益.超分子化学:合成受体的分子识别与组装.天津:南开大学出版社,2001.

[9]　胡盛志.键价理论的研究进展.大学化学,2007,22(6):1～12.

[10]　Weaver R F,著.分子生物学.原书第 4 版.郑用琏,张富春,徐启江,岳兵,等译.北京:科学出版社,2010.

[11]　Devlin T M,等著.生物化学——基础理论与临床.原书第 6 版.王红阳,等译.北京:科学出版社,2008.

[12]　Nelson D L,Cox M M,著.生物化学原理.原书第 3 版.周海梦,等译.北京:高等教育出版社,2005.

[13]　Tytko K H, Mehmke J, Kurad D. Bond length-bond valence relationships. Structure and

Bonding，1999，93：1～66.

[14] Jeffrey G A. An Introduction to Hydrogen Bonding. New York：Oxford University Press，1997.

[15] Brown I D. The Chemical Bond in Inorganic Chemistry：The Bond Valence Model. Oxford：Oxford University Press，2006.

[16] Gans W，Boeyens J C A. Intermolecular Interactions. New York：Plenum，1998.

[17] Beer P D，Gale P A，Smith D K. Supramolecular Chemistry. Oxford：Oxford University Press，1999.

[18] Lehn J-M. Supramolecular Chemistry—Concepts and Perspectives. Weinheim：VCH，1995.

[19] Lehn J-M (Series editor). Comprehensive Supramolecular Chemistry (Vol. 1～11). Oxford：Pergamon，1996.

[20] Steed J W，Atwood J L. Supramolecular Chemistry. Chichester：Wiley，2000.

附录 单位、物理常数和换算因子

表 1 国际单位制的基本单位

物 理 量 名 称	单 位 名 称	单 位 符 号
长　　度	米	m
质　　量	千克	kg
时　　间	秒	s
电流强度	安[培]	A
热力学温度	开[尔文]	K
物质的量	摩[尔]	mol
发光强度	坎[德拉]	cd

表 2 若干重要的导出单位

物 理 量 名 称	单 位 名 称	单 位 符 号
力	牛[顿]	$N\ (\mathrm{kg\,m\,s^{-2}})$
能量	焦[耳]	$J\ (\mathrm{N\,m})$
功率	瓦[特]	$W\ (\mathrm{J\,s^{-1}})$
电荷量	库[仑]	$C\ (\mathrm{A\,s})$
电位	伏[特]	$V\ (\mathrm{W\,A^{-1}})$
电容	法[拉]	$F\ (\mathrm{C\,V^{-1}})$
电阻	欧[姆]	$\Omega\ (\mathrm{V\,A^{-1}})$
频率	赫[兹]	$Hz\ (\mathrm{s^{-1}})$
磁通量	韦[伯]	$Wb\ (\mathrm{V\,s})$
磁感应强度	特[斯拉]	$T\ (\mathrm{Wb\,m^{-2}})$
电感	亨[利]	$H\ (\mathrm{Wb\,A^{-1}})$

表 3 常用物理常数

名　　称	符　　号	物 理 常 数
电子质量	m_e	9.10953×10^{-31} kg
质子质量	m_p	1.67265×10^{-27} kg
真空电容率	ε_0	$8.854188 \times 10^{-12}\ \mathrm{C^2\,J^{-1}\,m^{-1}}$
真空磁导率	μ_0	$4\pi \times 10^{-7}\ \mathrm{J\,s^2\,C^{-2}\,m^{-1}}$
真空光速	c	$2.997925 \times 10^{8}\ \mathrm{m\,s^{-1}}$
电子电荷	e	-1.60219×10^{-19} C
Boltzmann 常数	k	$1.38066 \times 10^{-23}\ \mathrm{J\,K^{-1}}$
摩尔气体常数	R	$8.31441\ \mathrm{J\,K^{-1}\,mol^{-1}}$
Planck 常数	h	6.62618×10^{-34} J s
Avogadro 常数	N_A	$6.02205 \times 10^{23}\ \mathrm{mol^{-1}}$
Bohr 磁子	$\beta_e\left(=\dfrac{eh}{4\pi m_e}\right)$	$9.2740 \times 10^{-24}\ \mathrm{J\,T^{-1}}$

续表

名　　称	符　　号	物理常数
核磁子	$\beta_N \left(= \dfrac{eh}{4\pi m_p} \right)$	5.05082×10^{-27} J T^{-1}
Bohr 半径	$a_0 \left(= \dfrac{\varepsilon_0 h^2}{\pi m_e e^2} \right)$	5.29177×10^{-11} m
Rydberg 常数	$R_\infty \left(= \dfrac{m_e e^4}{8ch^3 \varepsilon_0^2} \right)$	1.097373×10^5 cm^{-1}

表 4　能量和其他一些物理量单位间的换算

	J mol^{-1}	kcal mol^{-1}	eV	cm^{-1}
1 J mol^{-1}	1	2.390×10^{-4}	1.036×10^{-5}	8.359×10^{-2}
1 kcal mol^{-1}	4.184×10^3	1	4.336×10^{-2}	3.497×10^2
1 eV	9.649×10^4	23.060	1	8.065×10^3
1 cm^{-1}	1.196×10	2.859×10^{-3}	1.240×10^{-4}	1

1 Å $= 100$ pm $= 10^{-8}$ cm $= 10^{-10}$ m

1 atm $= 760$ mmHg $= 1.01325 \times 10^5$ N m^{-2} $= 1.01325 \times 10^5$ Pa

1 D(Debye) $\triangleq 3.33564 \times 10^{-30}$ C m

1 G(Gauss) $= 10^{-4}$ T

表 5　原子单位(au)

长　度	1 au $= a_0 = 5.29177 \times 10^{-11}$ m（Bohr 半径）
质　量	1 au $= m_e = 9.109534 \times 10^{-31}$ kg（电子静质量）
电　荷	1 au $= e = -1.6021892 \times 10^{-19}$ C（电子电荷）
能　量	1 au $= \dfrac{e^2}{4\pi\varepsilon_0 a_0} = 27.2116$ eV（2 个电子相距 a_0 的势能）
时　间	在原子单位中，$4\pi\varepsilon_0 = 1$，$\dfrac{h}{2\pi} = 1$，因而时间的原子单位不是秒，而是 2.418885×10^{-17} s（即电子在氢原子基态轨道转 1 a_0 所需的时间）
角动量	1 au $= \dfrac{h}{2\pi} (\equiv \hbar) = 1.0545887 \times 10^{-34}$ J s

表 6　用于构成十进倍数和分数单位的词头

词头符号	词头名称	所表示的因素	词头符号	词头名称	所表示的因素
E	艾（exa）	10^{18}	a	阿（atto）	10^{-18}
P	拍（peta）	10^{15}	f	飞（femto）	10^{-15}
T	太（tera）	10^{12}	p	皮（pico）	10^{-12}
G	吉（giga）	10^9	n	纳（nano）	10^{-9}
M	兆（mega）	10^6	μ	微（micro）	10^{-6}
k	千（kilo）	10^3	m	毫（milli）	10^{-3}
			c	厘（centi）	10^{-2}
			d	分（deci）	10^{-1}

索　引

390